U0311687

SECRET

The Story of
CRYPTOLOGY

密码历史与传奇

真相比故事更精彩

HISTORY

[美] 克雷格·鲍尔（Craig P. Bauer） 著

徐秋亮 蒋瀚 译

人民邮电出版社

北京

图书在版编目（CIP）数据

密码历史与传奇：真相比故事更精彩 /（美）克雷格·鲍尔（Craig P. Bauer）著；徐秋亮，蒋瀚译. --
北京：人民邮电出版社，2019.5
ISBN 978-7-115-49396-5

Ⅰ. ①密… Ⅱ. ①克… ②徐… ③蒋… Ⅲ. ①密码学
Ⅳ. ①TN918.1

中国版本图书馆CIP数据核字(2018)第216810号

内 容 提 要

本书以通俗易懂的方式讲述了密码学的历史和密码算法，并生动地介绍了密码学的一些应用实例。本书通过许多案例故事将原本非常专业的内容讲述得生动有趣，因此，即使你没有数学或密码学的知识基础，也可以阅读本书。同时，作者在写作本书时整理和引用了大量的首次公开发表的珍贵资料，使密码学专业人士也能够从书中获得新知识和新资料。本书适合对密码学感兴趣的大众读者阅读，也适合大学相关专业将之作为课程教材使用，尤其适合大学教师将其作为教学参考书使用。

◆ 著　　　[美]克雷格·鲍尔（Craig P. Bauer）
　　译　　　徐秋亮　蒋　瀚
　　责任编辑　代晓丽
　　责任印制　彭志环

◆ 人民邮电出版社出版发行　　北京市丰台区成寿寺路 11 号
　　邮编　100164　电子邮件　315@ptpress.com.cn
　　网址　http://www.ptpress.com.cn
　　北京印匠彩色印刷有限公司印刷

◆ 开本：700×1000　1/16
　　印张：34　　　　　　　　　2019 年 5 月第 1 版
　　字数：667 千字　　　　　　2019 年 5 月北京第 1 次印刷
　　著作权合同登记号　图字：01-2016-9744 号

定价：198.00 元
读者服务热线：(010)81055493　印装质量热线：(010)81055316
反盗版热线：(010)81055315

版权声明

本书献给书中所有引用到其文献内容的作者

译者序

当统稿完成最后一页的时候，我长长舒了一口气。这本书的翻译持续了一年多的时间，倾注了整个实验室所有师生的心血，今天终于看到了曙光。这本书对密码学领域的历史、现状做了一个非常完整的总结，并对未来进行了展望，其中含有丰富的史料，有些史料是第一次被呈现在读者面前。

本书作者追求轻松诙谐的写作风格，因此原文书中大量使用了英文俗语、俚语和一些著名人物、组织的别称或外号，这使本书的翻译充满了挑战。随着这本书翻译进程的继续，我越来越能够感觉到这本书的魅力，从而被这本书所展现的密码学瑰丽风景所吸引。

这本书资料丰富，语言风趣，而且涉及了各个历史时期有关密码学的历史事件。这给远离那个时代、远离那种文化的我们在理解、翻译上带来了极大困难。有时，我们为了查找相关的历史资料，整晚坐在电脑前搜索；有时，我们为了准确翻译一句对全文看似不那么重要的话，讨论两三个小时。因此，当这本书的翻译走到最后一页的时候，我忍不住激动心情立即写下这篇译者的话。

在这本书的翻译当中，我的博士生李真、张平原、王晨光、杨晓燕、蔡杰、赵圣楠、宋祥福、杨如鹏、丁杭超，硕士生柯俊明、刘怡然、尹栋等参与了大量的翻译工作，查阅历史资料，搜寻历史事件，查找合适的词语，讨论恰当的表达方式，付出了极大的努力。蒋瀚、魏晓超、王皓、赵川四位博士，在其中做了重要的组织工作，张波博士刚从国外归来，就也参与了书稿的校订工作。

在本书的翻译中，蒋瀚主要负责第 1 章～第 5 章，赵川主要负责第 6 章～第 10 章，魏晓超主要负责第 11 章～第 14 章，王皓主要负责第 15 章～第 20 章。他们分工合作，协调统筹，保证以高质量、高效率完成了本书的翻译工作。这本书最后由徐秋亮、蒋瀚主持统揽全稿，并做校订工作。

本书讲述了精彩的历史传奇，向读者展现了密码学发展过程的美丽画卷。在翻译过程当中，译者也学到了很多知识。我真心希望读者能喜欢这本书。这本书对于密码学工作者来讲，是了解密码学发展历史的一本不可多得的好书，它注定应该出现在密码学教师的书架上，它是一个可以提供丰富教学材料的"宝库"。

这本书的翻译是我们实验室集体努力的结晶，在此，我向实验室的全体师生表示真诚的谢意。

鉴于水平和知识面所限，书中必定存在翻译不准确、不恰当的地方，敬请读者批评指正。

感谢在翻译过程中给我们提供帮助的所有人。

译　者

2018 年 5 月

引 言

　　这个简短的引言定义了必要的术语，并且给出了本书的概览。读者可以随时翻阅引言的内容来查找后文中多次使用的术语，或利用详细索引找到该定义首次出现的位置。

　　从处处可见的通用产品码到邮政编码，编码已经成为日常生活的一部分，它并不是为保密而生。编码的一般方法是：用一组字母（有时是可发音的"单词"）或数字代表其他的单词或短语。事物和它的编码之间的联系通常不是数学法则。用于保密的编码通常要频繁变化，而非保密用的编码则不需要这样。例如邮编，数十年不变。事实上，不变更方便。

　　电报发明之后，人们希望缩短消息长度以降低费用（电报不像电子邮件一样免费），从而催生了非保密的商用编码，这种编码把短语换为短字母组（见图 I.1）。这是一个数据压缩的早期例子。数据压缩这个主题会在 2.13 节再次被提及。

　　当然，战争中用过的秘密编码多到不能在这里列出，更不用说整个历史中数不胜数的阴谋诡计中用到的秘密编码了。直到当今时代，秘密编码依然和我们如影随形。现在，我们只举一个例子。很多复印机和打印机都会在它们输出的每一页纸上产生一个编码，用来标识这张纸使用的是哪个机器。你需要蓝光、放大镜或显微镜才能揭示那些圆点的信息，所以很少有人注意到它们[1]。连环杀手 BTK（丹尼斯·雷德[2]）使用大学的一台复印机，复印了他给警方的挑衅信。尽管警方不是通过信纸上的编码锁定 BTK 的，但是这个编码也成为了抓捕他的一部分证据。

　　复印机和打印机的编码还是隐写术的例子。在隐写术中，消息是被故意隐藏的。隐写术采取的其他形式包括使用不可见的油墨和微小圆点。

　　编码和隐写术的例子在本书中随处可见，但不是本书的重点。本书的重点是加密。加密通常应用于单个的字符或比特以及成组的字符或比特，其方式为代换、置换（重新排序）或者两种方式组合。不同于编码，现代密码常常用数学法则和数学运算来定义。但是在早期，密码并不是这样。事实上，伟大的计算机科学先

1　电子前沿基金会（Electronic Frontier Foundation, EFF）有一个关于这个主题的网页。
2　译者注：BTK 由 3 个英文单词"捆绑、折磨、杀死"的开头字母组成。丹尼斯·雷德在给警方的信中自称 BTK。

驱查尔斯·巴贝奇（1791—1871），常常被认为是第一个用数学给密码建模的人，但这并不正确。本来有些工作比查尔斯·巴贝奇所做的工作更早，但是它们都没有流传开来[1]。无论如何，直到 20 世纪，密码学才真正数学化了。这里再多给出一些定义会使后续工作容易些。

49

The Signal Letters on the right denote the Universal Signals of Part I.

	CREDENTIALS—cont.	CQWT	Crop of ——.
	Have you (or has person indicated) the necessary credentials or certificate? - - - NWB		A good crop of ——. Crops look well. NSM
	CREDIT-S. CREDIT ON. - PJD		Crops not much injured yet. NSP
	Can you get credit? - PJF		Crops have suffered severely. NSQ
	Have you a credit on ——? PJG		A short crop of ——. NSR
	I will give you credit for——. PJM	CQWV	CROSS-ES-ING.
CQVW	—Letters of Credit.		Cross jack-yard. - - - JLS
	CREDITOR-S. - PJR	CRBD	—Cross trees.
CQWB	CREEK-S-ER.		Cross heads. - - - KHP
CQWD	CREEP. CREEPERS.	CRBF	—Cross ways.
	CREW. (See HANDS.) - DHN	CRBG	—The Victoria Cross.
	Boat's crew. - - - JBP	CRBH	CROW-S. Crow-bar.
	By the crew. - - - DHW	CRBJ	CROWD-S-ED-ING.
	Full crew. Hands enough. DJN		A crowd. - - - WRL
	Crew (number to be shown) have left the ship. - DJP	CRBK	CROWN-S-ED-ING. CORONET.
	Crew not all on board. - DJQ	CRBL	CRUEL-LY-TY-TIES.
CQWF	—Native crew.	CRBM	CRUISE-ING—OFF ——.
CQWG	—Foreign crew.		CRUISER-S. - - - CHQ
	Is your crew all on board? DJV	CRBN	—Cruisers are very vigilant.
	Crew not heard of. - DKC	CRBP	—Enemy's cruisers.
	Part of the crew (indicate the number ——). - DKF	CRBQ	CRUSH-ES-ED-ING.
	Crew will not pass. - DKG	CRBS	CRUTCH-ES.
	Not safe to go on with the crew as at present. DKH	CRBT	CRYSTAL-LINE-IZE-ES-ED.
	Crew will not leave the vessel. DKJ		CUBIC CONTENTS. - VNK
	Crew sick. - - - DKL		Cubic foot-feet. - VNL
	Crew healthy. - - - DKM	CRBV	CUDDY-IES.
	Crew discontented, will not work. DKN		Cuddy passenger-s. - - NQT
	Crew deserted. - - DKP	CRBW	CULPABLE-ILITY.
CQWH	—Crew have appealed to the authorities.	CRDB	CULTIVATE-S-D-ING-ION-URE.
CQWJ	—Some squabble or fight on shore with crew.	CRDF	CUNN (or CONN)-S-ED-ING.
	Crew imprisoned. - - DKQ	CRDG	CUNNING-LY-NESS.
CQWK	CRIME-S-INAL-LY.	CRDH	CUP-S.
CQWL	CRIMP-S.		CUPOLA SHIPS. - - SCP
CQWM	CRIMSON.	CRDJ	CURE-S-D-ING-ABLE.
CQWN	CRINGLE.	CRDK	CURIOUS-LY. CURIOSITY.
CQWP	CRIPPLE-S-D-ING.	CRDL	CURB-S-ED-ING.
	CRISIS. - - - PCH	CRDM	CURL-S-ED-ING.
	Has not reached the crisis. PCJ	CRDN	CURRANT-S.
	Crisis is over. - - PCK	CRDP	CURRENT-S-LY.
CQWR	CRITICAL-LY.		What current (rate and direction) do you expect? - - - MJN
	CROCKERY. - - NPC	CRDQ	—Do we feel any current? What is the current?
CQWS	CROOKED-LY-NESS.	CRDS	—Try the current.
	CROPS. - - - NSK		Current will run very strong (indicate miles per hour if necessary). MKL
	What is the opinion of the crop? - - - NSL		

图 I.1 1875 年的编码本中的一页，这个编码本包含常用短语，例如 “Some squabble or fight on shore with crew. Crew Imprisoned（船员与岸上群众发生了群体性的争吵和打架，全体船员被捕）” 的短编码组。

（来自 B.F.格林编辑的《各国信号编码》美国版的第 49 页。该书在海军部长的授权之下，由美国政府印刷所的导航局于 1875 年出版，出版地为美国华盛顿特区。承蒙美国国家密码博物馆的关照得以将该图收录到本书）

---

1 BUCK F J. Mathematischer Beweiß: daß die algebra zur entdeckung einiger verborgener schriften bequem angewendet werden könne[Z]. Königsberg, 1772. 这是已知的最早的关于代数密码学的工作。

密码编码学（cryptography）是建立加密系统的科学，这个词来自希腊语
"κρυπτός"，意为"隐藏"以及"γραφία"，意为"书写"。密码分析学（cryptanalysis）
是破解加密的科学与艺术（不使用密钥）。密码学（cryptology）是最一般的术语，
包含密码编码学和密码分析学。大多数密码书是关于密码学的，这是因为若不试
图破解密文，就不能确定加密是否安全。了解一个系统的弱点才能反映另一个系
统的优点。换句话说，不研究密码分析学而研究密码编码学是没有意义的。尽管
如此，"密码编码学"使用得更为广泛，而且等同于"密码学"。

"encipher"和"encrypt"都是指用密码算法把一个消息转化为一个伪装的形
式（密文）的过程。"decipher"和"decrypt"是指上述过程的反过程，即揭示原
来消息或明文的过程。有一个关于密码术语的标准（7498-2）。ISO 的标准使用术
语"encipher"和"decipher"。

现代的加密通信不仅包括不能让窃听者恢复出原来的消息，还包括更多的内
容。例如，人们希望在传输过程中，消息的任何改变都能被发现，这就是所谓的
"数据完整性"。假设一个加密的指令被发出，其内容为"以特定价格购买指定的
股票 500 股"。某人可能截获密文，并且使用其他字符替换其中一部分，这样做并
不需要具有解密能力，只需要知道消息中的"股票""数量"及"价格"等内容所
处的位置。改变其中任何内容将会导致一个不同的指令被发出。如果能够阻止未
经授权而改变的消息被发出，这种危害就不会造成问题。另一个重要的性质是认
证性，即可以判定消息是否真正出自它的原始发送者。如果不能达到数据完整性
和认证性，可能会损失掉数百万美元。

加密既可以保护个人隐私，也可以保护商业秘密。例如金融交易，从个人业
务，包括你在自动提款机上的提款和在线信用卡支付，到国际银行之间的资金转
账和跨国公司的主要交易，都有可能被截获，所以都需要保护。加密从来没有像
现在这样保护这么多的数据。

在当今世界，密码系统就是一个算法集合，试图解决上面罗列的各种问题。
其中一种算法负责实际的加密，而其他多个算法也在系统安全上起重要作用。在
后文中，有时会把极为简单的加密算法作为密码系统。在这样的情况下，只是为
了将它们与其他加密算法区分出来，并不表示它们有现代密码系统的特性。

即使你读到以下这些材料，也并不代表你一定要来从事密码学，除非你想得
到更多有关密码学的知识。

1. "在法国，密码学被认为是一种武器，而且需要一种特殊的执照。"本书的
写作花费多年，我把这条引述放在这里是因为它很有趣，而且它曾经确实是真的，
但是在 1998 年和 1999 年法国废除了它的反密码学法。一般来说，欧盟成员国比
其他国家对密码学限制得更少一些。

2. 《爱经》把保密通信作为女人必须了解并会使用的 64 项技能之一（保密通

信是第 45 项[1]）。

3. "不得任意干涉他人的隐私、家庭、住宅或通信信息，同时也不能攻击他人的荣誉和名誉。人人有权受到法律保护以免受到这种干涉或攻击。"《人权宣言》第十二条。Universal Declaration of Human Rights, United Nations, G.A. Res. 217A（III），U.N. Doc A/810at 71, 1948.[2]

本书的路线图

以第二次世界大战（后文简称"二战"）为代表的时期是密码学历史的主要转折点，因为它标志着计算机的引入。发明计算机其实是为了破解密码。当然，计算机很快就被发现有其他的用处，例如，寻找黎曼 ζ 函数的零点和玩视频游戏。二战前使用的密码系统构成了古典密码系统。有些这样的系统仍然被业余人士使用，但是绝大多数被使用计算机的方法（现代密码）取代了。我认为二战时期的密码也属于古典密码，因为尽管人们将加密和解密过程机械化，但是它们使用的算法都是从旧时期算法直接派生出来的。另一方面，现代密码学中的密码算法真正是计算机时代的产物，大部分是对比特或比特分组进行操作的。

因此本书分为两个部分。第一部分梳理古典密码学的知识，包括二战密码系统。第二部分梳理现代密码学的知识。本书内容安排的顺序，是平衡了严格的编年体顺序和概念发展的逻辑顺序之后产生的。举例来说，"一次一密"的想法可以自然地从"运动密钥密码"中得到。尽管两者产生的历史时间过程当中涌现了很多其他的密码编制方式，但是从逻辑的角度来看，"一次一密"还是被安排在"运动密钥密码"之后来介绍。

本书的简要框架如下所述。

第一部分

第 1 章详述了古希腊人和维京人使用的密码系统以及隐写术在古希腊历史中的影响力。第 2 章研究了单表代换密码（Mono Alphabetic Substitution Cipher, MASC），既包含单表代换在历史上真实的应用，也有埃德加·爱伦·坡、亚瑟·柯

1　VATSYAYANA. Kama sutra: the hindu ritual of love[M]. New York: Castle Books, 1963:14.

2　GARFINKEL S. Database Nation: the death of privacy in the 21st century[M]. Sebastopol, CA: O'Reilly, 2001: 257.

南·道尔（夏洛克·福尔摩斯故事的创作者）、J·R·R·托尔金以及其他作者创作的小说里出现的情节。一些重要的思想，如模运算等在本章首次出现，此外，本章还包括对单表代换的精巧现代攻击以及数据压缩、名字手册（同时利用加密和编码的系统）和图书密码的若干小节。正如前文已经提到的，第3章展示了从（使用多表代换的）维吉尼亚密码到运动密钥密码，进而到不可破解的一次一密的逻辑进程，提供了一些美国内战（涉及维吉尼亚密码）和第二次世界大战（涉及一次一密）的历史案例。第4章将视角转向换位密码的内容。在换位密码里，字母或单词被重新安排位置，而不是被替换成其他字母或单词。因为大多数现代系统混合使用代换和换位的方法，所以这样安排章节内容对讲述后面的章节（如第6章、第12章、第19章），提供了条件。在第5章里，我们会讲解一个隐写系统。据说这个隐写系统揭示了或许威廉·莎士比亚戏剧的真正作者是弗朗西斯·培根。尽管我希望这种推理是不对的，但事实上，隐写系统随处可见。本章也梳理了托马斯·杰斐逊的密码轮，该密码公开可见的最后使用案例是在第二次世界大战中。本章还可以见到，约翰·F·肯尼迪是如何在二战中依靠19世纪波雷费密码的安全性，从命悬一线状态下逃出生天。这里又一次讲到对古老密码系统的现代攻击。在第6章中，自然历史时间往回走了一点，本章梳理了密码学对第一次世界大战的影响，并且仔细审视了密码人物赫伯特·O·亚德里。他被精确地描绘成"密码界的汉·索罗"。本章还包括对审查制度的简要说明，重点是使用密码术的写作审查制度。第7章讲到了矩阵加密，在这里线性代数显示出其重要性。本章也展示了对这个系统的两种攻击，这些攻击从未以书籍形式被披露过。第8章的场景中出现了电子机械，这是因为德国人试图用恩尼格玛密码机保护他们二战时期的秘密。本章详述了波兰人如何在他们自己的机器的辅助下，破解了德国人的密码。随着波兰的沦陷，场景转向了英格兰的布莱奇利庄园以及计算机科学的先驱——阿兰·图灵的工作。本章还简要回顾了德国的洛伦兹密码以及英国人破解该密码用到的计算机。第9章转向第二次世界大战的太平洋战场，详细谈了一下日本外交密码和海军密码以及对这些密码的分析及其在二战中的作用。我们以纳瓦霍密码员在保证盟军胜利中扮演的角色结束本章以及第一部分。

第二部分

第10章从克劳德·香农的思想是如何塑造了信息时代和现代密码学开始，引出了本书的第二部分。本章阐述了他度量一条消息信息含量的方法[使用术语熵（Entropy）和冗余（Redundancy）]，也提供了计算这些量的简单方法，同时还介绍了这些概念在其他领域的影响。美国国家安全局的历史在第 11 章中给出。本章还包含了对电磁辐射如何使另外一个安全系统遭受风险的讨论。瞬变电磁脉冲辐射标准技术（Transient Electro Magnetic Pulse Emanations Standard Technology, TEMPEST）（美国防止信息泄露的技术规范）可以保护系统远离这样的弱点。本章还会对美国国家安全局取得的一些成功案例（这些案例是保密的）进行了猜测。关于美国国家安全局的这一章之后，接着在第 12 章中细致地梳理了一个由美国国家安全局参与设计的密码方案 DES。本章充分讨论了关于 DES 的密钥大小和它分类设计准则的争议以及电子前沿基金会对该系统的攻击。第 13 章通过迪菲—赫尔曼密钥交换和 RSA，介绍了革命性的公钥密码学的概念。在公钥密码学里，即使有窃听者存在，那些没有碰面并商定密钥的人们，也能够安全地通信。本章给出了数学背景知识，也给出了历史背景、关键人物的多重人格、美国政府试图控制密码学研究的企图以及受到专制对待的学术界的反应。第 14 章的内容集中在对 RSA 的攻击。本章先给出了 11 种不涉及因数分解的方法，然后讲述了一系列越来越精密的因数分解的方法。第 15 章详述了一些实现方法的考虑，例如，如何快速找到大小符合 RSA 加密需要的素数，也讲了复杂性理论的重要内容。本章还包括瑞夫·墨克（Ralph Merkle）和塔希尔·盖莫尔（Taher Elgamal）的公钥密码系统。尽管本章比其他许多章需要更多技术，但是本章所描述的一些关键工作的首次提出都是由本科生（墨克、卡雅尔、塞克斯那）首次完成的。第 16 章先从二战期间缺少消息认证造成的麻烦开始，然后介绍了 RSA 和 Elgamal 是如何通过允许发送者签名消息获得认证性的。不像传统的手写签名，如果以最直接的数字签名方式签署一个数字消息，其所花费的时间会随着消息大小的增长而增长。为了解决这个问题，散列函数能将消息压缩成较短的表示方法，从而可以快速地签名。因此，本章很自然地出现了对散列函数的讨论。第 17 章覆盖了 PGP 方案，并且展示了这个混合系统是如何安全地结合了传统加密的快速和（慢的）公钥系统的便利。许多在第 12 章、第 13 章中提到的历史事件，在本章中又从历史角度进行了扩展讲述。不可破解的一次一密不是很实用，所以我们使用更为方便的流密码去达到接近一次一密方法的效果。第 18 章叙述流密码的细节，一个现代的例子是它被用于加密实时手机通话。最后，第 19 章介绍椭圆曲线密码和高级加密标准（Advanced Encryption Standard，AES），这是非常好的现代（公开算法的）密码系统中的两个方法，它们都是美国国家安全局认可的系统。第 20 章结束了本书的第二部分以及本书，介绍了量子密码学以及量子计算机和 DNA 计算机可能对未来带来的影响。未来是不确定的，但是密码学家已经准备应对量子计算机一旦变为现实将会带来的威胁。本书还提供了有关后量子密码学这一新兴领域的一些参考文献。

接下来就请翻阅并享受本书的内容吧！

致　谢

感谢克里斯·克里斯坦森和罗伯特·莱万阅读了整个文稿，并且提供了有价值的反馈。感谢布瑞恩·J·温克尔，对于很多章内容给予的评论，并且多年来为我提供了很多帮助和很棒的建议以及难以置信的极为慷慨的密码资料。感谢雷内·斯坦，她为我在美国国家密码博物馆里进行了大量的查询。感谢大卫·卡恩为我提供的灵感和慷慨帮助。感谢美国国家安全局的密码历史中心（最佳工作场所）的每一个人。作为2011—2012年的访问学者，我在那里度过了美好的一年。感谢《密码学》期刊的编委们与我分享他们的专业知识。最后还要感谢杰·安德森使我当初对这个学科着迷。

我还要感谢美国密码协会、斯蒂·M·贝劳文、吉勒斯·布拉萨德杰伊·布朗、斯蒂芬·布狄安斯基、詹·贝瑞、基兰·克劳利、约翰·狄克逊、莎拉·福蒂内、本杰明·加蒂、山姆·哈拉斯、罗伯特·E·哈特维希、马丁·赫尔曼、里根·克兰德斯特拉普、尼尔·科布利茨、罗伯特·罗德、安德列·迈耶、维克多·S·米勒、亚当·赖夫斯奈德、巴巴拉·林格尔、肯尼·罗森、富兰克林与马歇尔学院图书馆的玛丽·雪莱、威廉·斯托林斯、鲍波·斯特恩、厄尼·斯迪森尔、帕特里克·瓦登、鲍勃·维斯、艾维·文德森、贝特西·沃尔海姆（DAW Books公司的董事长）、约翰·扬和菲利普·齐默尔曼。

感谢你们所有人！

1

致读者

本书特意使用非正式的幽默语言进行写作。对于那些对密码学的历史或数学内容感兴趣的人来说,本书是一本休闲读物。如果你对某些内容感到疑惑,不妨跳过。本书中介绍历史的部分可自成一书,以供阅读。其他专业人士,特别是数学、历史和计算机科学领域的老师和教授们,应该会认为本书是有用的,因为它可以被当作参考文献使用,或是在课堂里使用的、引人入胜的课本。尽管本书不需要读者阅读前掌握密码学知识,但作者创作本书使用了大量的专业材料,包括书籍、研究论文、报纸文章、信件、原创采访资料以及前人未梳理过的档案材料。因此,如果你是专家,也很有可能会发现本书中相当多内容是新的。

本书打算尽可能在一本书的篇幅里展现出密码学的全貌,同时还要保持易读性,且最重要的历史和数学主题都没有遗漏。本书的主要目标是使读者像我一样也爱上这门学科,而且继续寻找并阅读更多的密码学读物。每章最后的"参考文献和进阶阅读"部分有助于读者进行更深入的阅读。

我已经将本书应用于两个完全不同级别的课程。其中一个是低年级的一般选修课,名为"编码和加密的历史"。这门课面向的学生专业范围较广,而且没有先修要求。另一个是高年级的数学和计算机科学选修课,要求先修过"微积分 I"课程。提出先修要求仅是为了保证学生有一些数学经验,其实这门课本身并没有用上微积分的知识。对于低年级的学生来说,本书大部分数学内容可以跳过,但是对于高年级的学生而言,对其最低的先修要求保证了学生能够看懂本书的所有内容。

其他人如果想使用本书作为密码学课程的教材,还可以利用网上相关链接中提供的补充材料。资料包括数百个练习题。许多练习题提供了历史上真实存在的密码,这可以检验读者的实战技术。这些密码是由不同群体创造的,甚至有一个密码是沃尔夫冈·阿玛多伊斯·莫扎特创造的。有些其他练习题里的密码在小说和短故事中扮演重要角色。有的练习题简单,有的练习题却很难。在某些情况下,练习题需要读者编写计算机程序,或使用其他技术来解决问题,而绝大部分的问题不需要编程语言的知识也可以解决。对于非历史性的密码问题,我们仔细地选取了明文，使之对解密者有一些娱乐价值，也算是对寻找明文所付出努力的奖励。不是所有练习都与破解密码有关。对于有兴趣的读者来说，本书有很多练习题用来测试读者对一些数学概念的掌握程度，这些数学概念是各种系统中的关键构件。本书有针对不同级别课程的大纲样例和建议阅读路径。

如果你想联系作者，你可以发邮件给他，他的联系方式是 cryptoauthor@gmail.com。

目　录

第一部分　古典密码学

第二部分 现代密码学

第一部分

古典密码学

第1章

古代根源

神秘是魅力之源。

——威廉·吉布森，《神秘国度》

1.1 穴居人密码

文字记载中，有时会把来自古希腊文化之前的各种记录作为密码学的例子，但称它们为密码学一定太不严格了，这是因为那些方法都太原始了。密码学的起源能追溯到多早，取决于你把密码学的相关定义确定得有多宽泛。大多数作者都认为亨利·E·兰根在他的《密码分析——密码学教程》(*Cryptanalytics—A Course in Cryptography*)中，把密码学起源确定得太早：

> 早期的史前穴居人可能通过口中发出的声音，或象形标识，形成了一套彼此之间传递消息的系统。

我们更乐意从古代苏美尔的"密码学原型"的例子讲起。苏美尔人信奉很多神，但是只有 12 个神是"大圈（GreatCircle）"的一部分，其中包括六男六女。

男性	女性
60–Anu	55–Antu
50–Enlil	45–Ninlil
40–Ea/Enki	35–Ninki
30–Nanna/Sin	25–Ningal
20–Utu/Shamash	15–Inanna/Ishtar

10–Ishkur/Adad   5–Ninhursag

每位神对应的编号有时可以代替这位神的名字[1]，这样我们就得到了一套代换密码。一般来说，尽管在引言中解释过了，当整个单词或名字被更换为数字或字母时，就将其称之为编码而不是密码。

好像每一种发展了书写的文化在此之后不久就孕育出了密码（如果大部分人是文盲，书写本身就提供了某种秘密性）。尽管还可给出更多的例子，但是现在我们要开始讨论古希腊人如何使用密码。

1.2 希腊密码学

1.2.1 密码棒密码

公元前 404 年的斯巴达人使用如图 1.1 所示的密码棒（skytale，发音与"Italy"押韵）来揭示消息。一个发给莱桑德的消息警告说，波斯总督法那巴佐斯谋划了一场对斯巴达人的攻击[2]。该警告给莱桑德提供了充分的准备时间以进行成功的防御。

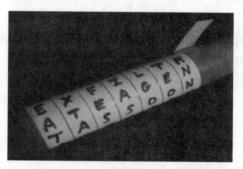

图 1.1　一个密码棒揭示一个消息

尽管很多作者讲述过这个历史故事，但是希腊史教授托马斯·凯利持不同意见[3]。凯利检查了现存的"密码棒（skytale）"一词的最早的记载，认为"skytale"一词表示"一个明文消息或一个保存记录的装置"。他还声称"skytale"一词后来用以表示一个加密装置是误读，它从来就没有这个用途。

1　RÖLLIG W, GÖTTERZAHLEN E, MEISSNER B. Reallexikon der assyriologie und vorderasiatischen archäologie, Vol.3[M]. Berlin: Walter de Gruyter & Co., 1971, 3: 499-500.

2　SINGH S. The code book[M]. New York: Doubleday, 1999: 9.

3　KELLY T. The myth of the skytale[J]. Cryptologia, 1998, 22(3): 244-260.

不管密码棒是否有加密用途，它的用法都是将一条细纸带[1]缠绕包裹在一个棒子上，然后在纸上写下数行信息，每一行均沿着棒子的方向书写。当纸带从棒子上取下时，字母的顺序就被打乱了。这是一种换位密码（相对于代换密码，字母没有被替换，只是它们的顺序被改变了）。任何人只要用与原来棒子直径相同的棒子均可恢复出正确信息。这个简单装置的名称的另外一种拼法是"scytale"。如果认为这个词源于希腊文，那么这些变体是自然的，其希腊原文为 σκυταλε。美国密码协会（2010年是其 80 周年纪念）在它的徽标（见图 1.2）中使用了一个密码棒。密码棒还被猜测为指挥官的指挥棒的起源，现在指挥棒已经变得只具有纯粹的象征意义了。

图 1.2 美国密码协会的徽标

1.2.2 波利比奥斯密码

波利比奥斯密码也是一个希腊密码的例子[2]。这种密码的缺点是密文长度是明文长度的 2 倍。

	1	**2**	**3**	**4**	**5**
1	A	B	C	D	E
2	F	G	H	I&J	K
3	L	M	N	O	P
4	Q	R	S	T	U
5	V	W	X	Y	Z

波利比奥斯密码中，每一个字母被替换为该字母在正方形矩阵中所处的位置编号。编号的第一个数为该字母所处的行号，第二个数为该字母所处的列号。

例如：

```
T  H  I  S  I  S  E  A  S  Y  T  O  B  R  E  A  K
44 23 24 43 24 43 15 11 43 54 44 34 12 42 15 11 25
```

这套系统最初是为远距离通信而设计的。为了发出第一个字母 T，需要右手举 4 把火炬，左手举 4 把火炬。为了发出第二个字母 H，需要右手举 2 把火炬，左手举 3 把火炬。第 2 章将会讲解如何破解这种密码。波利比奥斯密码是单表代换密码的特殊情形。单表代换密码总是把相同的字母替换为相同的符号。

5×5 的方阵迫使我们将字母 I 和 J 都用 24 替换。希腊语的字母数较少，所以希腊语无此不便。对我们来说，尽管解密的结果不只一种，但是根据上下文不难

---

1 据说希腊人会使用一个皮质带子，有时可以伪装成腰带。
2 大约公元前 170 年，波利比奥斯在他的第 10 本历史书的第 46 章中记载了这个系统。

判断哪一种正确。当然，我们可以使用 6×6 的方阵，这样就能对 26 个字母和 10 个阿拉伯数字进行编码了。对数字也可以采用先拼写再编码的方式。6×6 的方阵可以用于使用西里尔字母表构成的语言。另一方面，夏威夷语字母表只有 12 个字母：5 个元音字母（a、e、i、o、u）和 7 个辅音字母（h、k、l、m、n、p、w）。因此，对于夏威夷语字母表，4×4 方阵就够用了。

波利比奥斯方阵有时被称为波利比奥斯棋盘格。字母可以按任意顺序放置于方阵中。例如，密钥字 DERANGEMENT 可以将字母重排为：

	1	**2**	**3**	**4**	**5**
1	D	E	R	A	N
2	G	M	T	B	C
3	F	H	I&J	K	L
4	O	P	Q	S	U
5	V	W	X	Y	Z

注意：再次出现的字母就不必放进方阵了。密钥字一旦被放好了，字母表中剩下的字母就按顺序填充进方阵。

术语"错排"具有技术上的含义，指的是每一个重新排序的对象均不在它原来的位置上。因此，上述字母的排列方式并不是错排，因为字母 U、V、W、X、Y 和 Z 都在原来的位置上。

1.3　维京密码

如图 1.3 所示，瑞典罗特布鲁纳巨石上的图案看起来毫无意义，但是它确实是一种维京密码。如果我们注意到每组图案中长笔画和短笔画的数量，将得到一组数字 2、4、2、3、3、5、2、3、3、6、3、5。组合配对得到 24、23、35、23、36、35。现在考虑如图 1.4 所示的内容，维京人使用这样的图表把数字转化为符文。例如，24 表示第 2 行和第 4 列。在图 1.4 的左图中，24 表示 J 的符文。因此，这个加密系统本质上是一个波利比奥斯密码，这只是维京密码之一，并非全部。因为单词"符文（rune）"在盎格鲁—撒克逊语中意为"秘密"，所以对于这些，保密性肯定一开始就很重要。

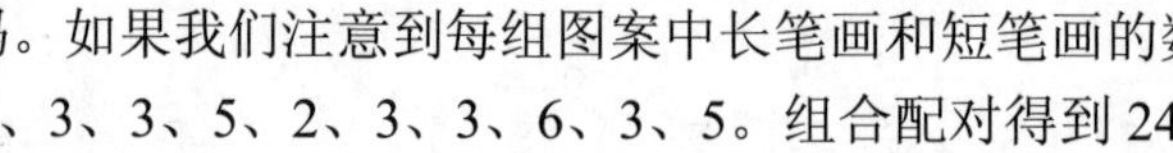

图 1.3　维京密码的例子
（重绘自 FRANKSEN O I. Mr. Babbage's Secret: The Tale of a Cypher—and APL[M].
Englewood Cliffs, NJ: Prentice Hall, 1984）

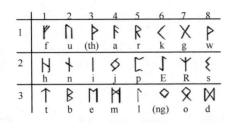 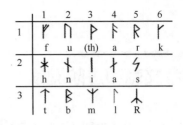

图 1.4 维京之前时期（左）和维京时期（右）的密码例子

1.4 早期隐写术

希腊人还使用隐写术。公元前 480 年，他们提前收到了波斯国王薛西斯将要攻击他们的警告。希罗多德解释了这是如何做到的[1]：

> 由于被发现的危险很大，他只能设计出一种方法把消息传出去：刮掉一副木制可折叠的平板上的蜡，在蜡下面的木头上写上薛西斯的企图，然后再使用蜡把消息覆盖上。通过这种方法，平板表面上看起来是空白的，不会招惹沿途的守卫。据我理解，当消息抵达目的地时，没有人能够猜出这个秘密，直到戈尔戈（克莱奥梅尼的女儿，也是列奥尼达斯的妻子）发现了秘密，并告诉其他人，如果把蜡刮掉就会发现蜡下面木头上写的东西。这样，消息被揭示和阅读，然后传递给其他希腊人。

由于这个警告，加上 300 名斯巴达勇士努力阻挡波斯人 3 天，希腊人赢得了准备时间，并成功防守。为了给希腊赢得必要的时间来建造更强的防线，许多人付出生命，列奥尼达斯是其中一员。在这个事例中，如果没有这个提前警告（或前文中提到的对希腊的下一次攻击中，没有用密码棒传递的预警），可想而知，希腊人会因缺乏准备而导致波斯人胜利。这种情况下就不会有"西方文明的摇篮"了。

另外一个隐写技巧是由希斯提亚埃乌斯实施的。公元前 499 年，他剃光一个奴隶的头，把一个消息纹到上面。消息的内容是鼓励米利都的阿里斯塔格拉斯背叛波斯国王。当奴隶的头发长好了，就隐藏了消息，然后奴隶被派遣出去，奴隶告诉预定的接收者剃掉自己的头发，就能看到秘密了。但是如果时间紧迫，或消息很长而且奴隶的头很小，这就不是一个好方法[2]。

1　Herodotus, The Histories, Book 7: Polymnia, Section 239.
2　Herodotus, The Histories, Book 5: Terpsichore, Section 35.

参考文献和进阶阅读

BALLIETT B. Chasing Vermeer[M]. New York: Scholastic Press, 2004. 这是一部涉及波利比奥斯密码的青少年小说，使用如下（非正方）矩阵，利用字母和数字的混合对字母进行加密：

	1	**2**	**3**
F	A	M	Y
I	B	N	Z
L	C	O	
N	D	P	
P	E	Q	
T	F	R	
U	G	S	
V	H	T	
W	I	U	
X	J	V	
Y	K	W	
Z	L	X	

　　因此 HELLO 变为 V1 P1 Z1 Z1 L2。这本书中多处引用了查尔斯·佛特的文献。

BELLOVIN S M. Compression correction confidentiality and comprehension: A modern look at commercial telegraph codes, Department of Computer Science, Columbia University, NY, 2009.这个关于商用编码书的 PowerPoint®演示，提供了很多有趣的例子，例如，如下摘自《戏剧密码》（1905）的例子：

Filacer	一个歌剧公司
Filament	他们愿意穿紧身衣上场吗
Filander	你们愿意穿紧身衣上场吗
Filar	女芭蕾演员们
Filaria	滑稽戏
Filature	滑稽戏公司
File	滑稽演员们
Filefish	歌舞团女演员
Filial	歌舞团女演员们
Filially	……的歌舞团女演员们
Filiation	身材好、脸又好看的歌舞团女演员们

Filibuster	身材好、脸又好看、又能唱歌的歌舞团女演员们
Filicoid	能唱歌的歌舞团女演员们
Filiform	歌舞团男演员
Filigree	歌舞团男演员们
Filing	能唱歌的歌舞团男演员们
Fillet	歌舞团演员们
Fillip	能唱歌的歌舞团演员们
Filly	歌剧
Film	歌剧公司
Filler	歌剧公司演员们
Filtering	令人满意的歌舞团女演员

HUNT A S. A greek cryptogram[C]//Proceedings of the British Academy 1929, 15: 1-10. 此文通俗易读，在文中作者给出了一种希腊密码。该密码中，字母被翻转半周，或用其他的简单方式进行修改，从而隐藏真正书写的内容。密文的英文翻译也给出了，所以不需要希腊语知识就能看懂这篇 10 页的论文。不幸的是，文中并没有给出上述密文的大概历史日期。

KAHN D. The Codebreakers[M]. 2nd ed., New York: Scribner, 1996.

下列 4 篇参考文献设计了一些有争议的解读。我只给出文章题目，它们的对错由读者自行判断。

LANDSVERK O G. Ancient norse messages on american stones[M]. Glendale, CA: Norseman Press, 1969.

LANDSVERK O G. Cryptography in runic inscriptions[J]. Cryptologia, 1984, 8（4）: 302-319.

MONGE A, LANDSVERK O G. Norse medieval cryptography in runic carvings[M]. Glendale, CA: Norseman Press, 1967.

REEDS J. Commercial code book database[M]. 2001. 此资源提供 1 745 个商业电码本文献的详细出处。

收集控们，这就是你们要的清单。

第 2 章

单表代换密码或 MASC：消息的伪装

这些简单的密码已经有数千年的历史了。受篇幅所限，本章讨论的内容是有限的，更多历史上和文献中的例子可以从本书附带的在线练习中找到。我们首先讨论凯撒密码。

2.1　凯撒密码

凯撒密码[1]在苏埃托尼乌斯所写的凯撒传记中以及凯撒本人[2]都有过描述。每一个字母用字母表中该字母后的第三个字母代替，当密文字母表到达最后一个字母时，就回到 A、B、C。

ABCDEFGHIJKLMNOPQRSTUVWXYZ　　　明文

DEFGHIJKLMNOPQRSTUVWXYZABC　　　密文

例如

ET TU BRUTE?　消息

变成

HW WX EUXWH?　密文

注：这句话不是凯撒真正的临终遗言，而是在莎士比亚戏剧中凯撒的临终遗言，并不完全符合历史上的真实情况。

我们不一定非要移动 3 个位置，也可以移动 3 以外的整数 K 个位置。如果用数字 0～25 表示字母 A～Z，加密的过程在数学上可表示为 $C=M+K(\mathrm{mod}\ 26)$，C

1　实际上，这只是凯撒的密码之一。在另外一种密码中，罗马字母被希腊字符代换。这代表了首次有记录的代换密码的使用，它发生在高卢战争期间。"他送出的这封信件用希腊字母书写，以免被敌人拦截从而了解我们的计划"（凯撒的《高卢战记》第五卷）。凯撒的其他一些密码系统显然已经失传。

2　KAHN D. The codebreakers[M]. 2nd ed., New York: Scribner, 1996: 83.

是密文字母，M 是明文字母，K 是密钥。"mod 26"（modulo 26 的缩写）表示如果 $M+K \geqslant 26$，就从 $M+K$ 中减去 26 得到结果。密钥空间（定义为 K 可能的取值的集合）有 25 个元素，这是因为 $K=0$ 没有使消息发生变化，只有密钥值严格在 0~26 之间时才会得到不同的加密结果。如果你学过抽象代数的课程，你就会知道这里我们使用的是群 Z_{26} 中的元素。正如布鲁图斯杀死了凯撒，暴力攻击（尝试所有可能的密钥）迅速攻破了凯撒密码（英文中布鲁图斯 Brutus 和暴力攻击 brute force 发音相近——译者注）。强密码系统的要求之一是大密钥空间。

　　或许是为了抵制现代密码而采取的实际行动，在美国内战中，艾伯特·庄士敦将军（为南方邦联而战）同意他的副指挥皮埃尔·博雷加德将军使用凯撒移位密码[1]。

2.2　其他单表代换密码系统

　　一个单表代换密码（MonoAlphabetic Substitution Cipher，MASC）总是把一个明文字母代换成相同的密文字母，然而这种代换并不总是通过移位来获得的。许多报纸上的漫画旁边会出现这样的密码，尽管密钥空间有 26! 个元素，但是它们很容易被破解。因此，尽管一个大的密钥空间是安全的必要条件，但它并不是充分条件。

　　注：$n!$ 读作 "n 的阶乘"，用来表示整数 1~n 的乘积。例如，$4! = 1 \times 2 \times 3 \times 4 = 24$。克里斯蒂安·克兰普在 1808 年提出了 ! 符号。因为随着 n 的增大，$n!$ 以惊人的速度增长，所以即使 n 的取值较小，$n!$ 的值也可能很大[2]。这不像喜剧演员史蒂文·赖特所声称的那样，这是一次使数学看起来令人兴奋的尝试。由于单表代换密码可以使用 26 个可能的字母中的任何一个来表示 A，并且用剩下的 25 个字母中的任何字母表示 B，这样操作直到只剩下一个字母来表示 Z，密钥空间的大小是 26! = 403 291 461 126 605 635 584 000 000。用你的计算器尝试复核这个数字。或者将 26! 输入 Mathematica、Maple 或其他计算机数学系统，你能输出所有的数字吗？

对于足够大的 n，斯特林公式[3]给出了 $n!$ 的近似值：

$$n! \sim (\sqrt{2\pi n})(n^n)(e^{-n}) \tag{2-1}$$

　　其中，$\pi \approx 3.1415$，$e \approx 2.71828$。$\sim$ 读作 "趋近于"，也就是：

1　KAHN D. The codebreakers[M]. 2nd ed., New York: Scribner, 1996: 216

2　GHAHRAMANI S. Fundamentals of probability[M]. Upper Saddle River, NJ: Prentice Hall, 1996: 45.

3　1730 年由詹姆斯·斯特林（1692—1770）发现。在第 15 章中你将再次看到~符号。第 15 章讨论了素数在密码学中的重要性。

$$\lim_{n\to\infty}\frac{n!}{(\sqrt{2\pi n})(n^n)(e^{-n})}=1 \tag{2-2}$$

因此，我们得到一个漂亮的、紧凑的公式，它把阶乘的概念和数学中一些最重要的常数联系在一起！

在经典密码学中，如果将密钥写下来就很容易被窃取，因此经常需要有一个方便记忆的密钥。记住对所有 26 个字母的代换是费时的，如 A 替换成 H，B 替换成 Q，C 替换成 R 等，因此出现了密钥字密码[1]。例如，使用密钥字 PRIVACY，我们有：

```
ABCDEFGHIJKLMNOPQRSTUVWXYZ    明文
PRIVACYBDEFGHJKLMNOQSTUWXZ    密文
```

在写出密文字母表时，密钥字中未使用的字母按照字母顺序排列在密钥字后。因此，我们得到一个优于凯撒移位的密码，但是保留在密码字母表中的某些顺序削弱了这个密码的安全性。如果把密钥字放在除字母表的开头之外的任一位置，这个密码可能会更复杂。例如，我们可以使用两个部分的密钥字（PRIVACY,H）来进行加密：

```
ABCDEFGHIJKLMNOPQRSTUVWXYZ    明文
QSTUWXZPRIVACYBDEFGHJKLMNO    密文
```

同样地，也可以用长的密钥短语来确定代换的顺序。当你写出密码字母表时，如果一个字母重复出现[2]，在它第二次出现时就直接忽略它。密钥短语可以包含字母表中的所有字母。

例如：

```
The quick brown fox jumps over a lazy dog    （33 个字母）
ABCDEFGHIJKLMNOPQRSTUVWXYZ    明文
THEQUICKBROWNFXJMPSVALZYDG    密文
```

理查德·莱德尔提供了使用全部 26 个字母的几个较短的短语[3]：

Pack my box with five dozen liquor jugs.   （32 个字母）

Jackdaws love my big sphinx of quartz.   （31 个字母）

How quickly daft jumping zebras vex.   （30 个字母）

Quick wafting zephyrs vex bold Jim.   （29 个字母）

Waltz, nymph, for quick jigs vex Bud.   （28 个字母）

Bawds jog, flick quartz, vex nymphs.   （27 个字母）

---

1 阿根廷人首先以这种方式使用密钥字（在 15 世纪 80 年代后期）。见 KAHN D. The codebreakers[M]. 2nd ed., New York: Scribner, 1996: 113.

2 因为发件人没有这样做，所以发送给埃德加·爱伦·坡的加密邮件变得更加难以破译（后面讲述更多内容）。

3 LEDERER R. Crazy English[M]. New York: Pocket Books, 1989: 159-160.

Mr. Jock, TV quiz Ph.D., bags few lynx.　　　（26 个字母，最小值）

有人发明了一些装置，便于将明文转换成密文以及转换回来。我们现在来看看其中的 2 个。莱昂·巴蒂斯塔·阿尔贝蒂密码盘（见图 2.1）可用于加密和解密，这种方法一目了然，不需要任何解释。内部字母表位于单独的盘上，可以相对于大盘进行旋转以形成其他代换。莱昂·巴蒂斯塔·阿尔贝蒂（1404—1472）于 1466 年或 1467 年发明了这个密码盘[1]。

A B C D E F G I L M N O P Q R S T V X Z 1 2 3 4

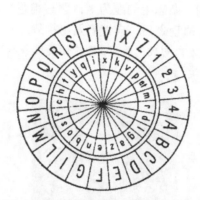

图 2.1　莱昂·巴蒂斯塔·阿尔贝蒂的密码盘

（来自 KAHN D. The Codebreakers[M]. 2nd ed., New York: Scribner, 1996: 113.图片使用已获许可）

另一个装置是圣西尔滑条，如图 2.2 所示[2]。类似地，一个字母表（在图片中写了 2 次）可以相对于另一个字母表移动。如果使用图 2.2 所示的连续字母表，并且将滑条保持在固定位置，该设备仅能用于执行凯撒密码类型的移位。然而，即使是完全混合的字母表，破解这样的密码也是毫不费力的。单表代换密码经常在小说中出现，故事里的英雄通常成功地进行密码分析，并解释他是如何做到的[3]。其中最好的故事之一由埃德加·爱伦·坡所写，后面将介绍他与密码学的关系。下面的章节描写了夏洛克·福尔摩斯与密码的邂逅，随后我们对爱伦·坡或亚瑟·柯南·道尔笔下著名侦探所不知道的解密方法进行讨论，并对单表代换密码进行总结。

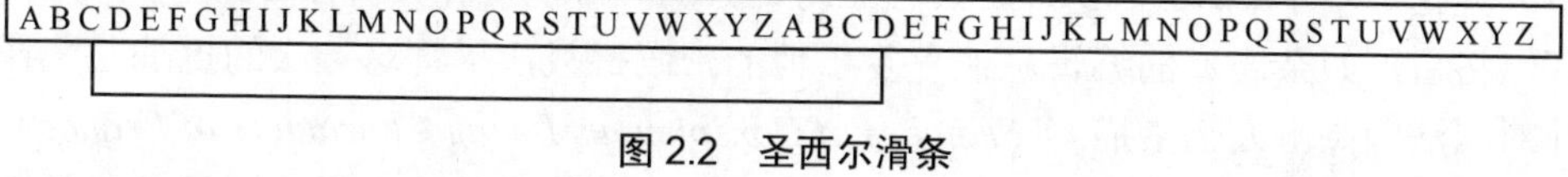

ABCDEFGHIJKLMNOPQRSTUVWXYZ
ABCDEFGHIJKLMNOPQRSTUVWXYZABCDEFGHIJKLMNOPQRSTUVWXYZ

图 2.2　圣西尔滑条

1　KAHN D. The Codebreakers[M]. 2nd ed., New York: Scribner, 1996: 126-128.

2　该设备以法国国家军事学院命名。

3　有关小说中编码和密码的概述请见 DOOLEY J F. Codes and ciphers in fiction:an overview[J]. Cryptologia, 2005, 29(4): 290-328. 这篇文章包含带有 132 个条目的注释参考书目。杜利一直关注新的小说并加以评述，同时也在维护另一个（不同的）关于更旧材料的参考书目。

2.3 埃德加·爱伦·坡

埃德加·爱伦·坡（见图 2.3）关于密码学的第一篇文献是 1839 年 12 月 18 日发表于《亚历山大周刊》杂志上的题为《谜题与难题》的文章。爱伦·坡在解释了单表代换密码的工作原理之后，向读者发出挑战：

请任何人以这种方式向我们致信，无论你使用多不常见的，或任意的字符，我们保证立即阅读。

图 2.3 埃德加·爱伦·坡
（承蒙"卡伦的奇想"网站提供）

爱伦·坡坚持要保留空格，他解密了收到的大部分密文，只有个别例外。一些自作聪明的读者发送给爱伦·坡的显然是假密文，这些密文由随机字母组成，并不包含任何信息。有些读者对名著进行加密，这使爱伦·坡的工作变得更容易，例如，有些密文爱伦·坡只需要看一眼就知道它是主祷文。爱伦·坡关于密码学的文章总共发表在 15 期杂志上，尽管有读者请求他公布解密方法，但是他并没有这样做。

爱伦·坡于 1840 年 5 月辞去《亚历山大周刊》的工作，并于 1841 年开始担任《格雷厄姆杂志》的编辑。他重复了他的密码挑战，尽管这一次的挑战隐藏在他对《法国杰出人物素描》（*Sketches of Conspicuous Living Characters of France*）的评论（1841 年 4 月）中。爱伦·坡关于这个专题的最长的文章的题目是非常奇怪的，即《关于秘密写作的几句话》（*A Few Words on Secret Writing*），它发表在 1841 年 7 月的刊物上。这篇文章再次受到欢迎，但是爱伦·坡仍然没有透露他的方法。因为保持悬念对销量有好处。

多音密码是爱伦·坡在《格雷厄姆杂志》（见图 2.4）中破译的系统之一。在多音密码中，多个字母可以被加密为相同的字符。这使得对密码分析者以及消息的接收者来说，解密都变得更加困难。我们一眼就可以看出，简单地用一对一的方式代换每一个字母不能得到图 2.4 中的密文，例如，第二行中的倒数第二个单词 inotiiiiv 把同一个字母重复 4 次并组合在一起，但是英语中没有这样的单词！然而，爱伦·坡破译了这个密文。他确定了密钥短语（拉丁语）是 Suaviter in modo, fortiter in re。所以，代换确定如下：

A B C D E F G H I J K L M N O P Q R S T U V W X Y Z　　　明文
S U A V I T E R I N M O D O F O R T I T E R I N R E　　　密文

密文中的字母 i 可能代表 E、I、S 或 W，其他字母也提供了多种可能的明文字母。而编码者有意或是无意的拼写错误使解密变得更加困难。另外，编码者使用的不一定是一个简单的单词。爱伦·坡对此的陈述是：

就像博学的词典编纂者自己所承认的那样，当无意义的短语以及无意义的单词组合隐藏在密文中时，可以使好奇的查询者感到困惑（原文如此，故意写错为 perpdex，应为 perplex——译者注），这比起博学的哲学家的最玄奥的格言（原文如此，故意写错为 apothems，应为 apothegms——译者注）更难以理解。学者们深切怀疑，他面前的密文是否是他母语中一些词汇的罗列。

Ofoiioiiaso ortsiii sov eodisoioe afduiostifoi ft iftvi
si tri oistoiv oiniafetsorit ifeov rsri inotiiiiv ridiiot,
irio rivvio eovit atrotfetsoria aioriti iitri tf oitovin
tri aetifei ioreitit sov usttoi oioittstifo dfti afdooitior
trso iteov tri dfit otftfeov softriedi ft oistoiv
oriofiforiti suitteii viireiiitifoi ft tri iarfoisiti, iiti
trir uet otiiiotiv uitfti rid io tri eoviieeiiiv rfasueostr
tf rii dftrit tfoeei.

图 2.4　由爱伦·坡破译的多音密码

爱伦·坡在这两个期刊中重复了他在短篇小说《金甲虫》（1843 年）中所宣称的主张，只是措词有所不同。下面的描述是在故事中的版本：

几乎可以断言，以人类的聪明才智，不可能创造出人类智慧无法破译的密码。

这是爱伦·坡关于密码学的最著名的语录。它是错误的，在本文后面我们会看到一个在理论上无法破译的密码。

在《金甲虫》中，爱伦·坡终于给读者提供了他们一直所要求的东西，那就是他透露了他的方法。《金甲虫》成为了他最受欢迎的短篇小说。我相信有一种倾向是，人们在阅读小说时比阅读纪实文学更加被动，或许这是因为不信任而自愿终止的。在大部分提到《金甲虫》的文献中，都没有提到这部小说里密码分析中的一个明显的错误。故事的主人公罗格朗通过观察密文中不存在空格来对消息进行密码分析，但是其中的一个符号可能已经代表一个空格。这个符号将有最大的频数——比 e 出现的频数还大。好吧，这个错误没什么大不了的，但是当罗格朗说：

目前，在英文中出现最频繁的字母是 e。之后，这个序列为：a o i d h n r s t u y c f g l m w b k p q x z。e 的优势如此显著，以致很少能看到一个任意长的句子，在其中 e 不是最多出现的字符。

我们犯了一个更严重的错误。你看到了吗？如果没有，请在继续阅读之前再看一遍。

威廉·贝内特在一本精彩的计算机科学教科书中[1]指出了爱伦·坡所犯的错误[2]。他把这一节命名为《是金甲虫还是骗子》，并将上述频数表的起源称为"整个短篇故事的最基础的奥秘"。字母 t 应该是第二常用的，但是为什么爱伦·坡把它放在第十位？由于罗格朗的解密过程与错误的频数表是一致的，所以这不是印刷错误。根据表格，将密文中第二高频的字符解密为 a（其实应该是 t）将会导致无法解密。因此，罗格朗丢弃了这张表，并使用了 THE 是最常用的单词的事实。

贝内特解决这个谜团时发现，故事里的密文最初是用西班牙文来写的，而应出版商的要求将故事翻译为英文时，频数表保持不变。然而，在寻找故事的早期版本以确认贝内特的猜想之前，对密码学文献的搜索揭示了一个更好的解决方案。

然而贝内特并不知道这个谜团在他的教科书出现的几十年之前就已经解决了。雷蒙德·T·邦德作为编辑编纂了一个涉及编码和密码的短篇小说选集，并为每个小说写了一个引言[3]。在爱伦·坡的故事引言中，他描述了亚伯拉罕·里斯的《百科全书：艺术与科学通用字典》（1819 年）中的一篇关于密码学的文章。这篇由威廉·布莱尔撰写的文章讨论了字母频数，但是对辅音和元音进行了分别处理。布莱尔根据频数将辅音分为 4 组，他没有试图对每个组内部的字母进行排序，而是将每个组按字母顺序排列：

d h n r s t　c f g l m w　b k p　q x z

在描述元音时，布莱尔声称 e 是最常见的，其次是 o、a 和 i，然后指出一些辅音，例如，s 和 t 比 u 和 y 使用更频繁。而相对新的字母 v 和 j 不包括在内！

读完这个之后，爱伦·坡把 u 和 y 按照上面给出的顺序放在 s 和 t 之后，然后把其他的元音放在开始处，不小心调换了 o 和 a 的顺序得到：

e a o i d h n r s t u y c f g l m w b k p q x z

1　BENNETT JR W R. Scientific and engineering problem-solving with the computer[M]. Upper Saddle River, NJ: Prentice Hall, 1976: 159-160.

2　爱伦·坡在他出色的短篇小说《一桶阿蒙蒂亚度酒》中也犯下了关于葡萄酒的错误。嘿，埃德加，阿蒙蒂亚度是雪利酒！关于《一桶阿蒙蒂亚度酒》中的更多错误，请见 FADIMAN C. Dionysus: A case of vintage tales about wine[M]. New York: McGraw-Hill, 1962.

3　BOND R T. Famous stories of code and cipher[M]. New York: Rinehart, 1947: 98-99. 平装版的内容不同于精装版，但两个版本中都有《金甲虫》。

因为爱伦·坡开创了侦探小说这一类型，所以我想他会喜欢解决"不正确的字母频数之谜"的工作。

大卫·卡恩指出了《金甲虫》中的其他一些与密码学无关的错误[1]。阅读整个故事，看看你能找到多少。

其他作者也在解释密码分析时犯了错误。当我认为我在读一些与密码毫不相关的东西时，偶然发现了一个有趣的例子。如果你懂一点德语，可以看看海因里希·沃尔夫所写的《河底隧道的秘密》（美国国家教科书公司，1988 年）。一个类似的元音识别算法（见 2.8 节）表明，这个故事中的侦探并不比爱伦·坡的主人公好多少。

在奥诺雷·德·巴尔扎克的《婚姻生理学》（1829 年出版，作为他的《人间喜剧》的一部分）中，有 4 页没有意义的文字[2]，它包含无意义的字母组合以及颠倒的字母和标点符号。自从它第一次出现以来从未被破译过，而且密码分析人员普遍认为巴尔扎克或许神志不清醒。事实上，这几页无意义的文字从一个版本到另一个版本不停变化。

这种挑剔不是为了贬损爱伦·坡的伟大。几代密码学家都将他们对密码学的兴趣追溯到童年时期所读的《金甲虫》，我们将在第 3 章中更多地谈论爱伦·坡的密码挑战。现在，我们注意到爱伦·坡在下面的 14 行诗中隐藏了一个消息。你能找到它吗？在本章末尾我们将告知答案。

An Enigma　（1848）

by Edgar Allan Poe

"Seldom we find,"　says Solomon Don Dunce,

"Half an idea in the profoundest sonnet.

Through all the flimsy things we see at once

As easily as through a Naples bonnet–

Trash of all trash!–how can a lady don it?

Yet heavier far than your Petrarchan stuff–

Owl-downy nonsense that the faintest puff

Twirls into trunk-paper the while you con it."

And, veritably, Sol is right enough.

The general tuckermanities are arrant

Bubbles–ephemeral and so transparent–

But this is, now–you may depend upon it–

Stable, opaque, immortal–all by dint

Of the dear names that he concealed within't.

1　KAHN D. The Codebreakers[M]. 2nd ed., New York: Scribner, 1996: 790-791.

2　KAHN D. The Codebreakers[M]. 2nd ed., New York, Scribner, 1996: 781.

2.4 亚瑟·柯南·道尔

在密码学家看来，最著名的夏洛克·福尔摩斯故事是《跳舞的小人》（1903年）。在这个故事中，福尔摩斯试图破译的密码消息是用跳舞的小人代替字母，因此故事的标题叫作《跳舞的小人》。密文如图2.5所示。

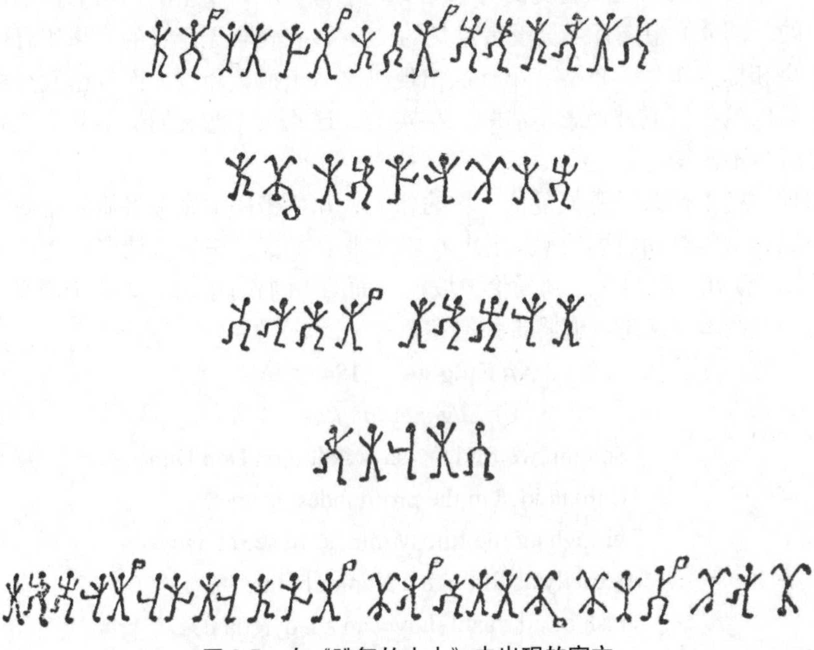

图2.5　在《跳舞的小人》中出现的密文

我们将在本章后面几节介绍一些破译这种密码的技术，但是现在让我们进行一些简单的观察。首先观察到消息要么包含非常长的单词，要么空格被隐藏了起来。假设后者成立，要么空格被完全消除，要么用一个特殊的符号代表空格。如果用一个特殊的符号表示空格，那么它应当有非常高的频数，但是密文中频数最高的符号有时会出现在消息的末尾。如果它真的代表了一个空格，这将是没有意义的。

最后，我们偶然发现了旗帜代表空格。由于现在我们知道了单词如何划分，这使我们的任务变得更加容易。但是，还是存在一些使任务变复杂的因素。信息很短而且包含专有人名和地点（不只是你在一本词典中能找到的单词），还至少存在一个拼写错误！拼写错误的数量因版本而异，但每个版本至少包含一个！

福尔摩斯从未提到过拼写错误，所以人们可能会假设它们是道尔或印刷者所犯的错误，并不是想使事情变得更加困难。任何人试图破译消息，必须能够处理拼写错误。现实世界的消息中经常出现拼写错误，它们可能是由粗心的编码者或传输中的问题造成的。有时人们用术语"摩尔斯损失"描述使用摩尔斯电码接收的消息中包含错误，这些错误是在传输过程中产生的。

里奥·马克斯是二战期间英国特别行动局（Special Operations Executive，SOE）的编码和密码组[1]的负责人，经常苦于应付"不能解密"的密文，这些密文来自被占领的欧洲的特工，他们没有正确地加密。当他于 1942 年开始这项工作时，收到的消息中大约有 25％由于各种原因而无法解密。在当时，只有 3％的信息能被恢复，但是马克斯向他的团队开设关于恢复技术的讲座并开发了新的方法。破译数量的比例迅速上升到了 92％的峰值，最终达到了 80％的平均值。在马克斯的团队找到真正的错误之前，一条信息要平均进行 2 000 次的解密尝试[2]。这样做是值得的，因为唯一的替代方案是让特工重新发送信息。这项活动是危险的，因为纳粹德国不断地使用测向设备搜寻正在发送无线电信息的特工，尝试第二次发送消息很容易导致特工被逮捕和拷问。

最近，一个代号为十二宫杀手二世的模仿杀手发送了一条加密的消息给《纽约邮报》。为了正确地解密消息，密码分析人员必须处理杀手所犯的一些拼写错误。详情请见这个密文的在线练习。

夏洛克·福尔摩斯当然能够完全破译跳舞的小人，并用它来生成他自己的一条消息（见图 2.6）。福尔摩斯在这个故事中的对手不知道这条消息来自福尔摩斯，这种欺骗导致对手被逮捕。因此，这个故事提出了一个我们将在本书中再次遇到的问题：也就是说，我们怎么才能确定这条信息来自我们认为的那个人呢？福尔摩斯知道了密文的秘密，因此他能够假冒另外一个人，但是在一个理想的系统中，这是不可能的。

图 2.6　夏洛克·福尔摩斯的跳舞的小人密文

在第二次世界大战期间，许多特工被俘虏并被冒充。有这样一个例子，当怀疑某一个英国特别行动局的特工已经投降，并且怀疑纳粹德国正在使用他的无线电通话终端时，对方可以设计一个测试来确定真相。对特工身份表示怀疑的英国

1　英国特别行动局大致相当于美国战略情报处。他们在敌后进行秘密行动。

2　MARKS L. Between silk and cyanide: a codemaker's war[M]. New York: The Free Press, 1941-1945: 192, 417.

无线电操作者向特工发送以 HH 结尾的消息，即纳粹之间一种标准形式的"再见"。若操作者自动回应 HH，就会暴露他自己是冒充的[1]。

道尔使用跳舞的小人来代表字母看起来像是原创的吗？事实证明，有人早在道尔写下他的故事之前就已经在使用这种方法保护消息。在得知之前已经有这种使用方法时，道尔把它解释为巧合[2]。道尔的跳舞的小人也使人联想到一种被称为"朗格朗格"（Rongorongo）的失传文字中的图形，它被复活节岛上的人们所使用，而且它与另一种在当时无法解密的文字——印度河谷文字奇妙地相似（见图 2.7）。权威专家不认为这两种文字之间存在联系，因为这两种文字无论在距离上还是在时间上都相距遥远。

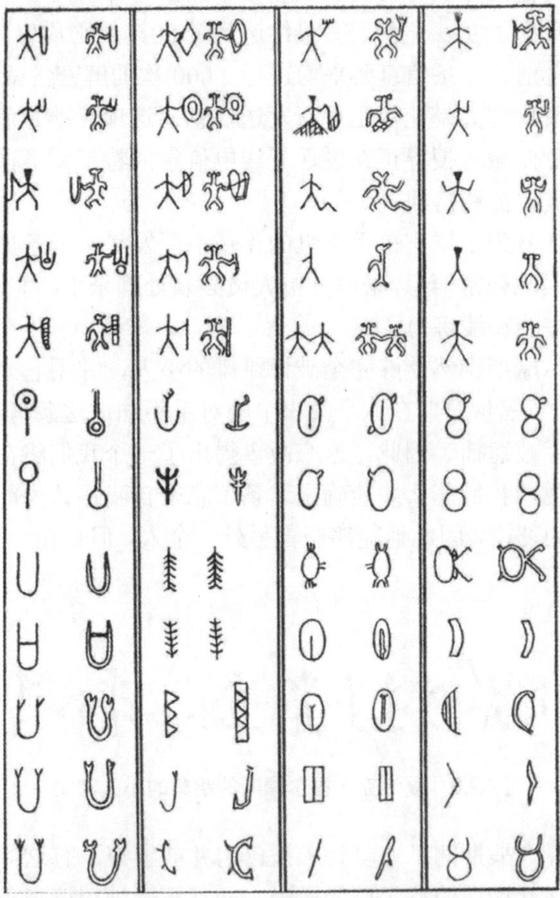

图 2.7 朗格朗格（每列的右侧）和印度河谷文字（每列的左侧）的比较

（改编自 IMBELLONI J SR. The Journal of the Polynesian Society, 1939, 48（189）：68）

---

1 MARKS L. Between silk and cyanide: a codemaker's war[M]. New York: The Free Press, 1941-1945: 348-349.

2 SHULMAN D. The origin of the dancing men[J]. The Baker Street Journal, 1973, 23(1): 19-21.

尽管这个话题只是顺便提及，但是解密失传的文字引起了许多密码学家的兴趣。参见参考文献"关于朗格朗格文字"部分，《密码术》中发表的论文。《跳舞的小人》不是道尔笔下的侦探邂逅密码学的唯一故事。另一个故事将在本章稍后讨论。

2.5　频数分析

单表代换密码很容易被破译，这是因为每个字母在重复出现时总是以相同的方式加密。消息所使用的语言的统计信息很快泄露了明文。实际上，在很多情况下，如果一开始明文所使用的语言是未知的，我们可以使用这些统计数据来进行识别，不用解密就可以确定正确的语言。表 2.1 提供了英语的一个统计抽样。这些只是样本统计，你的结果可能会有变化。例如，字母 E 通常非常突出，这是因为它比其他任何字母有更高的频数，然而有一部小说（E.V.赖特所写的《盖兹比》，1939 年出版）整本都没有使用这个字母。《盖兹比》的第一段如下，供你消遣。

If youth, throughout all history, had had a champion to stand up for it; to show a doubting world that a child can think; and, possibly, do it practically; you wouldn't constantly run across folks today who claim that "a child don't know anything."　A child's brain starts functioning at birth; and has amongst its many infant convolutions, thousands of dormant atoms, into which God has put a mystic possibility for noticing an adult's act, and figuring out its purport.

表 2.1　英语样本统计

字母	相对频数	字母	相对频数
A	8.2%	N	6.7%
B	1.5%	O	7.5%
C	2.8%	P	1.9%
D	4.3%	Q	0.1%
E	12.7%	R	6.0%
F	2.2%	S	6.3%
G	2.0%	T	9.0%
H	6.1%	U	2.8%
I	7.0%	V	1.0%
J	0.2%	W	2.4%
K	0.8%	X	0.2%
L	4.0%	Y	2.0%
M	2.4%	Z	0.1%

赖特并不是唯一应对这一挑战的人。法国作家乔治·佩雷克没有使用一个字母 E 完成了《逃亡》（1969 年）。由于语言的不同，频数表会有所变化，但 E 的频数通常很高。佩雷克的表现可能更令人印象深刻，这是因为字母 E 在法语中比在英语中使用更频繁（17.5％）。吉尔伯特·阿代尔翻译了这部作品，他也没有使用一个 E。他将这部小说命名为《真空》，开头如下：

> Today, by radio, and also on giant hoardings, a rabbi, an admiral notorious for his links to masonry, a trio of cardinals, a trio, too, of insignificant politicians (bought and paid for by a rich and corrupt Anglo-Canadian banking corporation), inform us all of how our country now risks dying of starvation. A rumour, that's my initial thought as I switch off my radio, a rumour or possibly a hoax. Propaganda, I murmur anxiously—as though, just by saying so, I might allay my doubts—typical politicians' propaganda. But public opinion gradually absorbs it as a fact. Individuals start strutting around with stout clubs. "Food, glorious food!" is a common cry (occasionally sung to Bart's music), with ordinary hard-working folk harassing officials, both local and national, and cursing capitalists and captains of industry. Cops shrink from going out on night shift. In Mâcon a mob storms a municipal building. In Rocadamour ruffians rob a hangar full of foodstuffs, pillaging tons of tuna fish, milk and cocoa, as also a vast quantity of corn—all of it, alas, totally unfit for human consumption. Without fuss or ado, and naturally without any sort of trial, an indignant crowd hangs 26 solicitors on a hastily built scaffold in front of Nancy's law courts (this Nancy is a town, not a woman) and ransacks a local journal, a disgusting right-wing rag that is siding against it. Up and down this land of ours looting has brought docks, shops and farms to a virtual standstill.

虽然这段文字没有使用字母 E，但没有它就不能阅读！阿代尔用数字 26 代替字母，从而避免了使用 E。

频数统计用于密码分析首先出现在阿拉伯语的工作中。有人在此基础上更进一步，将这些数据应用于加密的消息上。

2.6 圣经密码学

在《圣经》中也存在一些密码。一种被称为阿特巴希的系统被用来加密希伯来语，它通过交换字母表的第一个和最后一个字母、第二个和倒数第二个字母等来进行加密。用我们的字母表表示的话，它看起来像这样：

ABCDEFGHIJKLMNOPQRSTUVWXYZ　　　明文

ZYXWVUTSRQPONMLKJIHGFEDCBA　　　密文

阿特巴希（Atbash）这个名字来源于前两对交换的希伯来字母：aleph、taw 和 beth、sin（见图 2.8）。《耶利米书》25:26 和《耶利米书》51:41 使用了这个系统，在书中示沙克（Sheshach）作为巴别塔（Babel）的密文出现。在《圣经》学者还不知道这种加密方式时，他们花费了许多时间苦苦思索示沙克的位置在哪里！

aleph	beth	gimel	daleth	he	waw	zayin	heth	theh	yod	kaph
א	ב	ג	ד	ה	ו	ז	ח	ט	י	כ
ת	ש	ר	ק	צ	פ	ע	ס	נ	מ	ל
taw	sin shin	resh	qoph	sadhe	pe	ayin	samekh	nun	mem	lamed

图 2.8　阿特巴希代换

（来自 KAHN D. The codebreakers[M]. 2nd ed., New York: Scribner, 1996: 78. 图片使用已获许可）

在 2.1 节中，我们讨论了凯撒密码。这个阿特巴希系统被称为反向凯撒密码的一种变体，在反向凯撒密码系统中，密文字母在移位之前被从后向前书写。如果对此有怀疑，可以简单地用阿特巴希方式变换密文，然后像破解普通凯撒密码一样破解它。

不幸的是，媒体关注的焦点都集中在一个不存在的《圣经》密码上，《圣经》文字中的等距序列被宣称揭示了从《圣经》时代到现在以及未来的事件的信息。比起在这里浪费篇幅，我更喜欢简单地引用一篇揭穿这种无稽之谈的文章，并指出这样的"消息"可以在任何足够长的书中找到[1]。

2.7　更多的频数和模式词

我们已经看到了字母的频数表，但是如果我们对字母的特定位置感兴趣，这些频数就会改变。例如，E 作为一个单词的最后一个字母比作为首字母的频数要高得多。尽管 E 是最常用的字母，但英语中最有可能用作开头的字母不是 E，而是 T。这是因为 THE 这个词经常出现（见表 2.2）。

1　NICHOLS R K. The bible code[J]. Cryptologia, 1998, 22(2): 121-133.

表 2.2 字母在开始和结尾位置的频数

字母	频数		字母	频数	
	初始位置	终止位置		初始位置	终止位置
A	123.6	24.7	N	21.6	67.6
B	42.4	0.9	O	70.8	41.4
C	47.0	3.7	P	40.9	6.4
D	20.6	111.0	Q	2.2	—
E	27.7	222.9	R	31.2	47.5
F	41.9	49.3	S	69.1	137.0
G	12.3	25.1	T	181.3	98.1
H	47.5	34.2	U	14.1	2.3
I	59.0	0.9	V	4.1	—
J	7.0	—	W	63.3	3.7
K	1.8	8.7	X	0.4	1.4
L	22.4	24.7	Y	7.5	66.2
M	39.2	20.1	Z	0.4	—

来源：PRATT F. SecretandUrgent[M]. NewYork: Bobbs-Merrill, 1939: 258.

备注：上面的数字代表在 1 000 个单词中字母的出现频数。V、Q、J 和 Z 很少出现在单词结尾处，因此它们的频数没有在此表中表示。

表 2.3 列出了常见的双字母组合，我们可以在许多书籍和在线资源中找到所有双字母组合的频数表。图 2.9 提供了一张双字母组合频数表。通常，TH 是使用最频繁的双字母组合，但是在弗里德曼对政府电报统计得到的双字母组合频数表中，EN 是最常见的双字母组合，TH 仅位于第五位。

表 2.3 最常见的双字母

字母	频数	字母	频数	字母	频数
LL	19	FF	9	MM	4
SS	15	RR	6	GG	4
EE	14	NN	5	DD	1.5
OO	12	PP	4.5	AA	0.5
TT	9	CC	4	BB	0.25

来源：PRATT F. Secret and urgent[M]. New York: Bobbs-Merrill, 1939: 258.

备注：上面的数字代表在 1 000 个单词中双字母组合的出现频数。

模式词列表也有助于在没有密钥的情况下解密。单词中的字母模式可以像查字典一样查找。考虑 ABCADEAE 模式的例子，这表明第 1 个、第 4 个和第 7 个字母都是相同的。另外，第 6 个和第 8 个字母也相同。因为 B、C 和 D 表示不同的字母，所以不存在其他相同的字母对。很少有几个单词符合这种形式，这里引用的参考文献中指出只有 ARKANSAS、EXPENDED 和 EXPENSES 是有可能的单词[1]。如果这种罕见的模式词出现在单表代换密码中，我们可以快速获得密码字

---

1 CARLISLE S. Pattern words three letters to eight letters in length[M]. Laguna Hills, CA: Aegean Park Press, 1986: 65. 还有更多包含其他可能性的完整列表。

母表中的几个字母。如果以 ARKANSAS 替换它们，从而在其他地方产生了不可能的单词，只需尝试列表中的下一个选择即可。

TABLE 6-A.—*Frequency distribution of digraphs, based on 50,000 letters of Governmental plaintext telegrams; reduced to 5,000 digraphs*

SECOND LETTER

FIRST LETTER	A	B	C	D	E	F	G	H	I	J	K	L	M	N	O	P	Q	R	S	T	U	V	W	X	Y	Z	Total	Blanks
A	3	6	14	27	1		4	6		2	17	1	2	32	14	64	2	12		44	41	47	13	7	3	12	374	3
B	4			18				2	1			6	1			4		2	1	1		2				7	49	14
C	20		3	1	32	1		14	7		4	5	1	1	41			4	1	14	4		1		1		155	8
D	32	4	4	8	33	8	2	2	27	1		3	5	4	16	5	2	12	13	15	5	3	4	1		1	209	3
E	35	4	32	60	42	18	4	7	27	1		29	14	111	12	20	12	87	54	37	3	20	7	7	4	1	648	1
F	5			1	10	11	1		39				1	40		1		3	11	3		1			1		141	9
G	7			1	14	2	1	20	5	1			5		2			5	3	4	2		1			7	82	7
H	20	1		2	20	5			33			3	3	20	1	1	17	4	28	8			1		1		171	7
I	8	2	22		6	13	10	19		2	23	9	75	41		27	35	27		25		15		2			368	7
J	1			2									2				2										7	22
K	1			6				2			1		1				1										13	19
L	28	3	3	9	37	3	1	1	20		27	2	1	13	3		2	6	8	2	2	2		10			183	5
M	36	6	3	1	26	1		1	9		13	10	8			2	4	2				2					126	10
N	26	2	19	52	57	9	27	4	30	1	2	5	5	18	3	1	4	24	82	7	3	3		5			397	2
O	7	4	8	12	3	25	2	3	5	1	2	19	25	77	6	25	64	14	19	37	7	8	1		2		376	2
P	14	1		1	23	2		3	6		13	4	1	17	11	18	6	8	3	1	1		1				135	6
Q												1			1			15									17	23
R	39	2	9	17	98	6	7	3	30	1	1	5	9	7	28	13	11	31	42	5	5	4		9			382	3
S	24	3	13	5	49	12	2	26	34	1	2	4	15	10	5	19	63	11	1	4	1						307	4
T	28	3	6	6	71	7	1	78	45		3	6	7	50	2	1	17	19	19	5	36		41	1			454	4
U	5	3	3	3	11	1	8		5		6	5	21	4	31	12	12	1									130	9
V	6				57				12				1				1										77	21
W	12				22			4	13				2	19		1	1										76	16
X	2		2	1	1			1	2			1	1	2		1	1	7									23	13
Y	6	2		4	9	11	1	1			6	10	3		4	11	15	1	1								96	7
Z	1			2					1																		4	23
Total	370	46	154	217	657	137	82	170	374	8	14	189	123	397	373	130	17	368	304	462	130	75	77	23	99	4	5,000	
Blanks	1	11	6	7	1	7	12	10	3	18	19	6	6	7	3	8	21	4	4	5	7	15	11	23	10	23		248

图 2.9　双字母组合的频数表

（来自 FRIEDMAN W F, CALLIMAHOS L D. Military cryptanalytics, Part I[M]. Washington, D.C: National Security Agency, 1956: 257）

可以在相关网站上下载模式词文件和方便地查询模式词的程序。许多语言存在模式词，包括西班牙语、葡萄牙语、德语和法语。当然，以电子形式处理数据是非常容易的，但是在过去是没法这么做的。几本模式词书籍的作者杰克·莱文的采访摘录阐明了这一点：

莱文：密码学是我的爱好。我喜欢研究它。几年前，研究密码学的数学家非常少，但今天有很多杰出的数学家在研究这一领域，尤其是代数密码学。顺便一提，代数密码学这个名称是我最早提出的。我在 20 世纪 70 年代制作的模式词列表现在是该领域的标准。

伯尼斯顿：能详细说一下您是怎么做的吗？

莱文：我所做的是从收录超过 500 000 个单词的韦伯斯特未删节版词典中，复制每一个单词并按其模式分类。换句话说，如果你想知道包含 6 个字母，并且第 1 个字母和第 4 个字母相同的所有单词，你可以从我的书中快速找到具有这一模式的所有单词。

伯尼斯顿：现在让我先把这个事情弄清楚。您抄录了韦伯斯特的未删节版字典里的所有单词？

莱文：是的。事实上，我是从第 2 版开始的，当我的工作正在进行中时，字典的第 3 版出版了。我不得不差不多又重新开始整个工作。这是一个痛苦的过程。

伯尼斯顿：这项工作花费了您多长时间？

莱文：大约 15 年。我在校园（美国北卡罗来纳州立大学）内的印刷店里自费印刷了模式词列表，并将副本赠送给美国密码协会的成员，我是这个协会的前任主席。由于副本数量非常有限，现在它已非常值钱。它也差点毁掉了我的视力。

在第二次世界大战期间，人们使用了模式词列表，但是美国的模式词列表并不像后来莱文制作的那样完整。令人惊讶的是，我一直没有找到一个像样的列表，搜索的时间扩展到二战之前。这样一种显而易见的解决单表代换密码的方法似乎应该有数百年的历史，但是，如果是这样，列表在哪里呢？

在列表中包含非模式词也是有用的。在这些单词中，任何字母的使用次数都不超过一次。英语中也称它们为 isogram。非模式词长度的最大值好像是 15 个字母。下面是几个例子：

Uncopyrightable	15 个字母[1]
dermatoglyphics[2]	15 个字母
ambidextrously	14 个字母
thumbscrewing	13 个字母
sympathized	11 个字母
pitchforked	11 个字母
gunpowdery	10 个字母
blacksmith	10 个字母
prongbucks	10 个字母
lumberjack	10 个字母

1　来自 LEDERER R. Crazy english[M]. New York: Pocket Books, 1989: 159.的包含 14 个和 15 个字母的等值线图。
2　皮纹（dermatoglyphics）是指纹的科学。

可以在上面的单词列表中添加更多长度更短的单词。你能找到多少？

在计算机程序中使用模式（和非模式）词字典，可以迅速破译本章中讨论的简单密码。但是，在我们开始破译密码之前，让我们来看看更多可能有用的工具。

2.8　元音识别算法

要想了解各种元音识别算法的核心思想，请考虑以下挑战。构建包含以下双字母组合的单词（包含在开头、中间或结尾，随你选择）。你想花多少时间都行，然后继续阅读：

AA	BA
AB	BB
AC	BC
AD	BD
AE	BE
AF	BF
AG	BG
AH	BH
⋮	⋮
AZ	BZ

构建第二列双字母组合是一个更困难的任务吗？我确信第二列对你来说更加困难，因为元音要比辅音连接更多的字母，这是区分元音和辅音的关键特征。因此，上面的工作表明，A 比 B 更有可能是一个元音，因为你能找到的词，其中包含在 A 列中双字母组合的比包含在 B 列中双字母组合的百分比更高。现在我们看一下可能应用于单表代换密文以及未知文字的算法。

2.8.1　苏霍京方法

① 计算每个字母与其他各字母连接的次数，并将这些值置于 $n×n$ 的正方形中（n =字母表长度）。

② 使正方形的对角线全部为零。

③ 对每行求和并假设所有字符都是辅音。

④ 找到行相加的和最高的"辅音"并假设它是一个元音（如果没有一个正数就停止）。

⑤ 从每一个辅音的行相加的和中减去这个辅音出现在新发现的元音后的次数的 2 倍，然后，返回到步骤④。

一如既往，举个例子可以使事情更清楚。考虑短语：NOW WE'RE RECOGNIZING VOWELS。

步骤 1

	C	E	G	I	L	N	O	R	S	V	W	Z
C	0	1	0	0	0	0	1	0	0	0	0	0
E	1	0	0	0	1	0	0	3	0	0	2	0
G	0	0	0	0	0	2	1	0	0	0	0	0
I	0	0	0	0	0	2	0	0	0	0	0	2
L	0	1	0	0	0	0	0	0	1	0	0	0
N	0	0	2	2	0	0	1	0	0	0	0	0
O	1	0	1	0	0	1	0	0	0	1	2	0
R	0	3	0	0	0	0	0	0	0	0	0	0
S	0	0	0	0	1	0	0	0	0	0	0	0
V	0	0	0	0	0	0	1	0	0	0	0	0
W	0	2	0	0	0	0	2	0	0	0	0	0
Z	0	0	0	2	0	0	0	0	0	0	0	0

步骤 2 和步骤 3

	C	E	G	I	L	N	O	R	S	V	W	Z	合计	辅音/元音
C	0	1	0	0	0	0	1	0	0	0	0	0	2	C
E	1	0	0	0	1	0	0	3	0	0	2	0	7	V
G	0	0	0	0	0	2	1	0	0	0	0	0	3	C
I	0	0	0	0	0	2	0	0	0	0	0	2	4	C
L	0	1	0	0	0	0	0	0	1	0	0	0	2	C
N	0	0	2	2	0	0	1	0	0	0	0	0	5	C
O	1	0	1	0	0	1	0	0	0	1	2	0	6	C
R	0	3	0	0	0	0	0	0	0	0	0	0	3	C
S	0	0	0	0	1	0	0	0	0	0	0	0	1	C
V	0	0	0	0	0	0	1	0	0	0	0	0	1	C
W	0	2	0	0	0	0	2	0	0	0	0	0	4	C
Z	0	0	0	2	0	0	0	0	0	0	0	0	2	C

步骤 4

E 看起来像一个元音，因为它的行相加的和最高，然后我们调整行相加的和。

步骤 5

	C	E	G	I	L	N	O	R	S	V	W	Z	合计	辅音/元音
C	0	1	0	0	0	0	1	0	0	0	0	0	0	C
E	1	0	0	0	1	0	0	3	0	0	2	0	7	V
G	0	0	0	0	0	2	1	0	0	0	0	0	3	C
I	0	0	0	0	0	2	0	0	0	0	0	2	4	C
L	0	1	0	0	0	0	0	0	1	0	0	0	0	C
N	0	0	2	2	0	0	1	0	0	0	0	0	5	C
O	1	0	1	0	0	1	0	0	0	1	2	0	6	V
R	0	3	0	0	0	0	0	0	0	0	0	0	−3	C
S	0	0	0	0	1	0	0	0	0	0	0	0	1	C
V	0	0	0	0	0	0	1	0	0	0	0	0	1	C
W	0	2	0	0	0	0	2	0	0	0	0	0	0	C
Z	0	0	0	2	0	0	0	0	0	0	0	0	2	C

返回步骤 4

现在 O 看起来像一个元音，我们再次调整行相加的和（步骤 5）。

	C	E	G	I	L	N	O	R	S	V	W	Z	合计	辅音/元音
C	0	1	0	0	0	0	1	0	0	0	0	0	−2	C
E	1	0	0	0	1	0	0	3	0	0	2	0	7	V
G	0	0	0	0	0	2	1	0	0	0	0	0	1	C
I	0	0	0	0	0	2	0	0	0	0	0	2	4	C
L	0	1	0	0	0	0	0	0	1	0	0	0	0	C
N	0	0	2	2	0	0	1	0	0	0	0	0	3	C
O	1	0	1	0	0	1	0	0	0	1	2	0	6	V
R	0	3	0	0	0	0	0	0	0	0	0	0	−3	C
S	0	0	0	0	1	0	0	0	0	0	0	0	1	C
V	0	0	0	0	0	0	1	0	0	0	0	0	−1	C
W	0	2	0	0	0	0	2	0	0	0	0	0	−4	C
Z	0	0	0	2	0	0	0	0	0	0	0	0	2	C

在调整 O 之后，I 看起来像是下一个元音。

	C	E	G	I	L	N	O	R	S	V	W	Z	合计	辅音/元音
C	0	1	0	0	0	0	1	0	0	0	0	0	−2	C
E	1	0	0	0	1	0	3	0	0	2	0	0	7	V
G	0	0	0	0	0	2	1	0	0	0	0	0	1	C
I	0	0	0	0	0	2	0	0	0	0	2	0	4	V
L	0	1	0	0	0	0	0	0	1	0	0	0	0	C
N	0	0	2	2	0	0	1	0	0	0	0	0	−1	C
O	1	1	0	1	0	1	0	0	0	1	2	0	6	V
R	0	3	0	0	0	0	0	0	0	0	0	0	−3	C
S	0	0	0	0	1	0	0	0	0	0	0	0	1	C
V	0	0	0	0	0	0	1	0	0	0	0	0	−1	C
W	0	2	0	0	0	0	2	0	0	0	0	0	−4	C
Z	0	0	0	2	0	0	0	0	0	0	0	0	−2	C

继续这个过程，G 和 S 被当作了元音！这项技术并不完美，但是对于长文本来说效果好得多。这个过程非常适合在计算机上实现，因此我们只需要点击一下鼠标就可以将一段密文中的元音和辅音区分出来。最常用的字符通常是 E 和 T，有了帮助我们区分它们的技术，我们将更容易找到答案。

2.9　更多的单表代换密码

许多受欢迎的作家在他们的作品中使用了密码。除了前面讨论过的以外，这些密码还包括由如儒勒·凡尔纳、多萝西·塞耶斯、查尔斯·道奇森（他的笔名路易斯·卡罗更为人熟知）以及其他后面的章节中遇到的作家所创作的另一个层次的"密码"。图 2.10 展示了 J·R·R·托尔金的《指环王三部曲》第一部的众多版本之一的护封。托尔金创建了一个符文字母表，它经常用于隐藏封面上的秘密消息。你可以使用本章讨论的统计法和技术来破解它吗？奥齐·奥斯本的《恶魔语录》专辑使用了托尔金书籍正反封面的符文字母表。对于那些品味更偏向于古典音乐的人来说，图 2.11 提供了由沃尔夫冈·阿马多伊斯·莫扎特"谱写"的密码，每个音符仅仅代表一个字母。

图 2.10　寻找隐藏在本书封面中的信息

图 2.11　沃尔夫冈·阿马多伊斯·莫扎特创作的密文——不打算用于演奏

（由尼古拉斯·莱曼重新录入，来自 MCCORMICK D. Love in Code[M]. London: Eyre Methuen, 1980: 49）

密码学就是数学，就像音乐是数学一样。

———H·盖瑞·奈特[1]

中小学生有时会使用一种普通的单表代换密码，这种密码仅由非字母符号组成，但却很容易记忆，它的工作原理如图 2.12 所示。密文符号只是简单地表示字母所在的区域。图 2.13 显示了解密消息的方法，确保你已经掌握了它的诀窍。

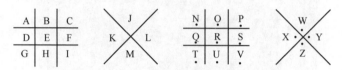

图 2.12　梅森和中小学生常用的单表代换密码

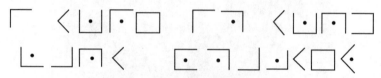

图 2.13　用于解密的消息取样

这个系统被称为猪圈密码，这是因为这些字母就像围栏中的猪一样被分开。由于它曾被共济会协会所使用，因此它也被称为共济会密码。17 世纪英格兰内战时曾使用过这种密码，甚至在更晚一些的美国南北战争时期，也有囚犯使用它向朋友发送信息[2]。

图 2.14 所示的墓碑上的密文使用了猪圈密码的一个变种。请注意，密文中没有类似于大于号和小于号的符号，不论它如何旋转，是否包含圆点都是如此，另一方面，有些密文符号里面有 2 个点。你可以在美国纽约市的三一教堂中看到这块墓碑，它标志着死于 1794 年的詹姆斯·利森的墓地[3]。同样的消息出现在只相距几个街区的圣保罗教堂区的一块平板上，这块平板标志着詹姆斯·莱西船长（死于 1796 年）的墓地。然而，这条消息使用了不同的密钥[4]。

1　KNIGHT H G. Cryptanalyst's corner[J]. Cryptologia, 1978, 2(1): 68.

2　MCCORMICK D. Love in Code[M]. London: Eyre Methuen, 1980: 4-5.

3　KRUH L. The churchyard ciphers[J]. Cryptologia, 1977, 1(4): 372-375.

4　同上。

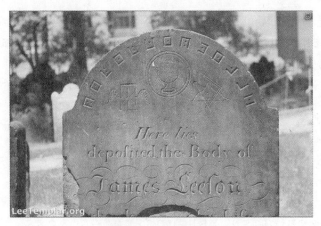

图 2.14 墓地的传说

2.10 单表代换密码的密码分析

现在我们已经看到了密文无处不在，是时候通过一个例子来了解它们是如何被破译的。假设我们截获了下面的密文：

JDS CGWMUJNCQV NSIBVMJCBG QGW

CJU ZBGUSHMSGZSU DQIS ASSG Q

WCUQUJSN XBN JDS DMTQG NQZS.

我们可以通过构造密文字母的频数表来开始攻击（见表 2.4）。字母 S 由于具有最高的频数而十分显眼，因此它可能代表明文字母 E。包含 3 个字母的密文单词 JDS 出现了 2 次。最常用的三字母组合（以及最常用的 3 个字母的单词）是 THE。这也验证了我们对 S 代表 E 的猜测是正确的。J 是否可能代表 T？T 在英语中很常见，密文字母 J 出现了 6 次，因此这种猜测貌似有理。把我们的猜测写在对应的密文字母之上得到：

```
THE       T      E    T
JDS CGWMUJNCQV NSIBVMJCBG QGW

     T      E   E   H   EE
CJU ZBGUSHMSGZSU DQIS ASSG Q

     TE       THE  H        E.
WCUQUJSN XBN JDS DMTQG NQZS.
```

　　从这里开始有很多可行的方法。由于我们有一个包含 12 个字母的单词 ZBGUSHMSGZSU，所以我们考虑它的模式，它具有 ABCDEFGECAED 的形式。如果你已经下载了前面提到的程序，你可以输入这个模式，你会看到只有一个匹配的单词，即 CONSEQUENCES。对所有现在已揭示的字母进行代换得到：

THE　N UST　　　E　UT ON　N
JDS　CGWMUJNCQV　NSIBVMJCBG　QGW

TS CONSEQUENCES H　E　EEN
CJU　ZBGUSHMSGZSU　DQIS　ASSG　Q

S STE　O　THE HU　N　CE.
WCUQUJSN　XBN　JDS　DMTQG　NQZS.

　　第 5 个单词只可能是 ITS。把 I 放在每一个 C 上面会迅速得到更多的字母，信息解密为：

THE INDUSTRIAL REVOLUTION AND

ITS CONSEQUENCES HAVE BEEN A

DISASTER FOR THE HUMAN RACE.

这是前数学家西奥多·卡钦斯基的一句话，用于加密的代换如下：

ABCDEFGHIJKLMNOPQRSTUVWXYZ　　明文

QAZWSXEDCRFVTGBYHNUJMIKOLP　　密文

现在你是否看到代换的模式已经完全显现出来了[1]？

表 2.4　样本密文字母的频数

字母	频数	字母	频数
A	1	N	5
B	4	O	0
C	5	P	0
D	4	Q	7
E	0	R	0
F	0	S	11
G	7	T	1
H	1	U	6
I	2	V	2
J	6	W	3
K	0	X	1
L	0	Y	0
M	4	Z	3

1　本章末尾提供了一个提示。

请注意，本章给出的统计方法虽然对我们有所帮助，但它们与我们的消息并不完全匹配。在我们之前的频数表中，T 是第二常用的字母，但它在样本密文中并列第 4 位。尽管如此，它的频数高到足以使它看起来像一个合理的代换。一般来说，我们在尝试破译密码时可能会做出一些不正确的猜测。发生这种情况时，只需返回并尝试其他猜测！

现在我们已经获得了破译单表代换密码的一些技巧，是时候嘲笑那些不了解这些技巧的人了；愿他们永远沉浸在无知中！一个家伙，他的名字已经消失在历史当中，当他自豪地解释他是如何破译一个信息时，我们已经研究过这个信息的加密类型了，这无意中表现出了他的无知[1]：

从笔记落入我手中的那一刻起，我从未停止过研究它所留下的符号……

直到上帝帮助我理解了这些符号的那一刻，尽管没有人告诉我它们是什么，

大约 15 年过去了。

对一个更重要的笔记，由于罗昂骑士没有能力破译一条信息，直接导致了他自己的死亡[2]。原始消息是用法语写的，密文是：

mg dulhxcclgu ghj yxuj lm ct ulgc alj

2.11　杀手和作曲家的未被破译的密码

上面的段落以一个重要的笔记结束，但对于一个更加重要的笔记，请在相关网站上查看精神病患者用来嘲讽警察的密文。这些密文中的一部分仍未破译，而杀手依然逍遥法外。显然，未破译的密码并不是我们已经讨论过的密码的直接应用。你怎么能分辨出来？下面是一个例子，如图 2.15 所示。

图 2.15　十二宫杀手的密文

1　KAHN D. The codebreakers[M]. 2nd ed., New York: Scribner, 1996: 99.

2　完整的内容请见 PRATT F. Secret and urgent[M]. New York: Bobbs Merrill, 1939: 137-139.

　　美国国家安全局、美国中央情报局和美国联邦调查局得到了十二宫杀手寄出的 3 组密文的第 1 组，然而两个业余爱好者破译了它们。唐纳德·哈登是一名高中历史和经济学教师，他开始研究这个密文，后来他的妻子贝蒂·哈登一起加入进来，她没有任何密码学方面的经验。尽管如此，她提出了一个可能单词搜索的想法，并和唐纳德一起还原了密文的内容。这项工作花费了两人 20 小时，他们遇到的困难主要集中在密文里出现的 5 个拼写错误。图 2.15 中呈现了密文的第一部分，它解密为：

　　　　我喜欢杀人，因为它非常有趣，比在森林里猎杀野生动物更有趣，因为
　　人类是所有被杀死的动物中最危险的。

　　图 2.16 再次显示了由十二宫杀手后来创建的被证明是更加难以解密的密文。罗伯特·雷史密斯在他的书《十二宫》中宣称破译了密文，但是这个说法没有被广泛接受[1]。

图 2.16　未被破译的密文

1　GRAYSMITH R. Zodiac[M]. New York: St. Martin's/Marek, 1986: 238-244.

现在似乎是时候让气氛轻松起来了。几乎每个毕业典礼上都会演奏由爱德华·埃尔加（见图 2.17）作曲的《威风凛凛进行曲》。虽然这是他最被人熟知的作品，但是他在 1897 年也编写了一条密码消息，没有人能够破译它[1]。密文如图 2.18 所示。

图 2.17　爱德华·埃尔加

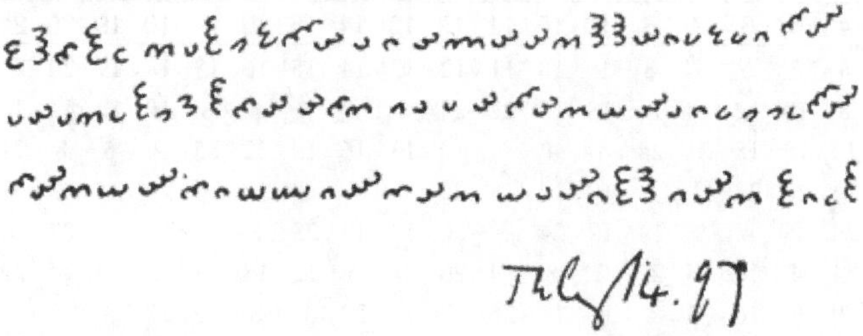

图 2.18　另一个公开的问题——这是什么意思？

2.12　仿射密码

当我们引入混合字母表时，加密的数学表达（通过模运算）似乎消失了！另一方面，密码分析又出现了。在密码分析中，我们一直在使用一些简单的统计方法。回到凯撒密码中，我们可以一般化地将加密用数学公式表达。凯撒使用 $C = M + 3$ (mod 26)。我们将密钥设为任意值，给出 $C = M + K \pmod{26}$。但为什么不进一步一般化呢？我们通过引入乘数 a 来实现这一点。

1　更多信息请见 KRUH L. Stillwaitingtobesolved:Elgar's1897ciphermessage[J]. Cryptologia, 1998, 22(2): 97-98.

考虑 $C = aM + b \pmod{26}$。这里我们的密钥是一个有序对 $K=(a, b)$。$K=(0, b)$ 不允许被使用，这是因为每个字母都会变为 b，并且消息将无法被破译——只能知道消息的长度。$K=(1, 3)$ 就是凯撒移位。其他取值会怎么样呢？只有当 a 和 26 的最大公约数为 1 时，我们才能得到明文和密文之间的一一映射。也就是说，a 和 26 必须互为质数（也称为互素）。

可以分别检验 a 的各种取值。除了 13 以外，1~25 的所有奇数值都与 26 互素。欧拉函数 $\varphi(n)$ 给出了小于 n 且与 n 互素的正整数的个数。因此，我们可以写出 $\varphi(26)=12$。在 13.3 节将看到，这个函数在公钥密码学中非常有用。现在 b 可以取 0~25 范围内的任何值，因此该密码的密钥空间是 $12\times26=312$。解密通过等式 $M=a^{-1}(C-b)$ 来完成，其中 a^{-1} 是 a 的乘法逆元，也就是这个数与 $a\pmod{26}$ 相乘得 1。

仿射密码的密钥空间太小，以至于不能抵抗暴力攻击。虽然我们在这里使用了一些数学知识，但是可能的密钥集合只是一般单表代换密码的一小部分。回想一下，单表代换密码的密钥空间是 $26!=403\ 291\ 461\ 126\ 605\ 635\ 584\ 000\ 000$。为了方便你使用仿射密码，我们提供了一个模 26 乘法表（见表 2.5）。

表 2.5　模 26 乘法表

	1	2	3	4	5	6	7	8	9	10	11	12	13	14	15	16	17	18	19	20	21	22	23	24	25
1	1	2	3	4	5	6	7	8	9	10	11	12	13	14	15	16	17	18	19	20	21	22	23	24	25
2	2	4	6	8	10	12	14	16	18	20	22	24	0	2	4	6	8	10	12	14	16	18	20	22	24
3	3	6	9	12	15	18	21	24	1	4	7	10	13	16	19	22	25	2	5	8	11	14	17	20	23
4	4	8	12	16	20	24	2	6	10	14	18	22	0	4	8	12	16	20	24	2	6	10	14	18	22
5	5	10	15	20	25	4	9	14	19	24	3	8	13	18	23	2	7	12	17	22	1	6	11	16	21
6	6	12	18	24	4	10	16	22	2	8	14	20	0	6	12	18	24	4	10	16	22	2	8	14	20
7	7	14	21	2	9	16	23	4	11	18	25	6	13	20	1	8	15	22	3	10	17	24	5	12	19
8	8	16	24	6	14	22	4	12	20	2	10	18	0	8	16	24	6	14	22	4	12	20	2	10	18
9	9	18	1	10	19	2	11	20	3	12	21	4	13	22	5	14	23	6	15	24	7	16	25	8	17
10	10	20	4	14	24	8	18	2	12	22	6	16	0	10	20	4	14	24	8	18	2	12	22	6	16
11	11	22	7	18	3	14	25	10	21	6	17	2	13	24	9	20	5	16	1	12	23	8	19	4	15
12	12	24	10	22	8	20	6	18	4	16	2	14	0	12	24	10	22	8	20	6	18	4	16	2	14
13	13	0	13	0	13	0	13	0	13	0	13	0	13	0	13	0	13	0	13	0	13	0	13	0	13
14	14	2	16	4	18	6	20	8	22	10	24	12	0	14	2	16	4	18	6	20	8	22	10	24	12
15	15	4	19	8	23	12	1	16	5	20	9	24	13	2	17	6	21	10	25	14	3	18	7	22	11
16	16	6	22	12	2	18	8	24	14	4	20	10	0	16	6	22	12	2	18	8	24	14	4	20	10
17	17	8	25	16	7	24	15	6	23	14	5	22	13	4	21	12	3	20	11	2	19	10	1	18	9
18	18	10	2	20	12	4	22	14	6	24	16	8	0	18	10	2	20	12	4	22	14	6	24	16	8
19	19	12	5	24	17	10	3	22	15	8	1	20	13	6	25	18	11	4	23	16	9	2	21	14	7
20	20	14	8	2	22	16	10	4	24	18	12	6	0	20	14	8	2	22	16	10	4	24	18	12	6
21	21	16	11	6	1	22	17	12	7	2	23	18	13	8	3	24	19	14	9	4	25	20	15	10	5
22	22	18	14	10	6	2	24	20	16	12	8	4	0	22	18	14	10	6	2	24	20	16	12	8	4
23	23	20	17	14	11	8	5	2	25	22	19	16	13	10	7	4	1	24	21	18	15	12	9	6	3
24	24	22	20	18	16	14	12	10	8	6	4	2	0	24	22	20	18	16	14	12	10	8	6	4	2
25	25	24	23	22	21	20	19	18	17	16	15	14	13	12	11	10	9	8	7	6	5	4	3	2	1

为了掌握这个加密系统，让我们使用密钥（11，8）对一个短消息进行加密：

HOW ARE YOU? I'M AFFINE.

我们将消息转换为数字（忽略标点符号）得到：

7, 14, 22, 0, 17, 4, 24, 14, 20, 8, 12, 0, 5, 5, 8, 13, 4

通过 $11M + 8 \pmod{26}$ 得到每个密文字母，其中 M 是消息字母。请务必使用模 26 乘法表来节省时间。

$$11（7）+8 =7$$
$$11（14）+8 =6$$
$$11（22）+8 =16$$
$$11（0）+8 =8$$
$$11（17）+8 =13$$
$$11（4）+8 =0$$
$$11（24）+8 =12$$
$$11（14）+8 =6$$
$$11（20）+8 =20 \tag{2-3}$$
$$11（8）+8 =18$$
$$11（12）+8 =10$$
$$11（0）+8 =8$$
$$11（5）+8 =11$$
$$11（5）+8 =11$$
$$11（8）+8 =18$$
$$11（13）+8 =21$$
$$11（4）+8 =0$$

因此，密文的数字形式是 7、6、16、8、13、0、12、6、20、18、10、8、11、11、18、21、0。转换回字母并加上标点符号（不利于安全），我们得到：

HGQ INA MGU? S'K ILLSVA

为了解密，我们需要将它们转换回数字并应用等式 $M=a^{-1}(C-b)$。我们选择 a 的值为 11，模 26 乘法表显示 11（19）= 1，所以 a^{-1} 是 19。继续对每个密文的字母应用 $M=19（C-8）$ 以恢复原始消息。你可以做减法，然后做乘法，或将公式转换为：

$$M =19（C-8）=19C-19（8）=19C-22=19C+4 \tag{2-4}$$

然后使用公式 $M = 19C + 4$ 来解密，解密方式与我们最初加密所使用的方式相同。

虽然仿射密码的密钥空间非常小，以至于我们不需要寻找任何比暴力攻击更复杂的方法就可以快速破译它，但是我会指出它的另一个弱点。如果我们能够获得一对明确的明文字母及其对应的密文（例如通过猜测消息的开头或结尾），我们通常就可以通过数学方法来恢复密钥。

例 1

假设我们截获了一条消息，并且我们猜测它以 DEAR……开头。如果前 2 个密文字母是 RA，我们可以将它们与 D 和 E 配对得到：

$$R = Da + b, \quad A = Ea + b \tag{2-5}$$

将字母替换成对应的数字，得到：

$$17 = 3a + b, \quad 0 = 4a + b \tag{2-6}$$

我们可以使用以下几种方法来求解这个方程组。

① 线性代数提供了几种技巧。

② 我们可以在一个方程中求解 b 的表达式，并代入另一个方程中得到关于未知数 a 的一个方程。

③ 我们可以从一个方程中减去另一个方程来消除未知的 b。

我们采取方法③：

$$
\begin{array}{r}
17 = 3a + b \\
-\ (0 = 4a + b) \\
\hline
17 = -a
\end{array}
\tag{2-7}
$$

由于我们以 26 为模，所以解为 $a = -17 = 9$。将 $a = 9$ 代入 $0 = 4a + b$，得到 $36 + b = 0$，即 $b = -36 = 16$。现在我们已经完全恢复出密钥，它是（9，16）。

例 2

假设我们截获了由赛·迪沃斯（Cy Deavours）发送的消息，并且我们猜测最后 2 个密文字母来自他的签名：CY。如果密文以 LD 结尾，那么我们有：

$$L = aC + b, \ D = aY + b \tag{2-8}$$

将字母替换成对应的数字得到：

$$11 = 2a + b, \ 3 = 24a + b \tag{2-9}$$

让我们再次采取方法③来求解这个方程组：

$$
\begin{array}{r}
3 = 24a + b \\
-\ (11 = 2a + b) \\
\hline
-8 = 22a
\end{array}
\tag{2-10}
$$

由于我们使用模 26，解变成 $18 = 22a$。看看我们的模 26 乘法表，我们看到 a 有 2 和 15 这两个可能的值。让我们看一下当代入 $a = 2$ 时每个方程给出的结果：

$$3 = 24a + b \rightarrow 3 = 22 + b \rightarrow -19 = b \rightarrow b = 7$$
$$11 = 2a + b \rightarrow 11 = 4 + b \rightarrow 7 = b \tag{2-11}$$

现在让我们尝试在每个等式中代入 $a = 15$：

$$3 = 24a + b \rightarrow 3 = 22 + b \rightarrow -19 = b \rightarrow b = 7$$
$$11 = 2a + b \rightarrow 11 = 4 + b \rightarrow 7 = b \tag{2-12}$$

　　所以，b 的值为 7，但我们不能确定 a 是 2 还是 15。在这种情况下，我们需要另一个明文/密文对来决定 a 的值。当然，由于我们知道它是 2 或 15，我们可以尝试用两个密钥对（2, 7）和（2, 15）来解密消息，并查看哪一个密钥对给出了有意义的文本。

　　那么，为什么例 2 不如例 1 好呢？我们为什么没有获得唯一解？我们的问题始于 $18 = 22a$ 给了我们两个 a 值的选择。为了解决核心问题，让我们回到之前的步骤：

$$\begin{array}{r} 3 = 24a + b \\ - (11 = 2a + b) \\ \hline -8 = 22a \end{array} \tag{2-13}$$

　　现在让我们通过让 C_1 和 C_2 代表密文值，M_1 和 M_2 代表明文值来使它更一般化：

$$\begin{array}{r} C_2 = M_2 a + b \\ - (C_1 = M_1 a + b) \\ \hline C_2 - C_1 = (M_2 - M_1)\, a \end{array} \tag{2-14}$$

　　因此，每当方程式 $C_2 - C_1 = (M_2 - M_1)\, a$ 没有唯一解时，我们就不会得到唯一解。如果 $M_2 - M_1$ 具有模 26 的逆（与某个数的乘积模 26 得 1），那么对于 a 将有唯一解，即 $a = (M_2 - M_1)^{-1}(C_2 - C_1)$，其中 $(M_2 - M_1)^{-1}$ 表示 $M_2 - M_1$ 的逆。

　　在例 1 中，$M_2 - M_1$ 为 1，它模 26 是可逆的。但是，对于例 2，$M_2 - M_1$ 是 22，它模 26 不是可逆的（模 26 表中没有某个数与 22 的乘积等于 1）。

　　在进入下一部分之前，我们提出一个挑战。你可以在图 2.19 所示的书的封面上找到隐藏的信息吗？如果没有找到，可以在阅读接下来的几页后重新尝试。

图 2.19　神秘的科幻小说封面
（由 DAW Books 提供）

2.13 摩尔斯电码和霍夫曼编码

另一种把每个字母始终替换为相同表示的系统，是我们熟悉的摩尔斯电码。它实际上有 2 个版本——美国版本和国际版本。表 2.6 所示的是国际版本的摩尔斯电码。虽然它看起来像一个代换密码，但如果将此系统称为摩尔斯密码，你会感到困惑。请注意最常见的字母有最短的表示，而最不常用的字母有最长的表示。这是有意的，以便于更快地传递消息。

表 2.6　国际摩尔斯电码

字母	电码	字母	电码
A	• —	N	— •
B	— • • •	O	— — —
C	— • — •	P	• — — •
D	— • •	Q	— — • —
E	•	R	• — •
F	• • — •	S	• • •
G	— — •	T	—
H	• • • •	U	• • —
I	• •	V	• • • —
J	• — — —	W	• — —
K	— • —	X	— • • —
L	• — • •	Y	— • — —
M	— —	Z	— — • •

数字 0～9 也可以用点和下划线的组合来表示，但是由于数字可以用单词表示出来，所以它们不是必需的。请注意，最常见的字母 E 和 T 由单个字符表示，而 V 由 4 个字符表示。利用贝多芬第五交响曲的开头部分，V 很容易被记住。二战期间盟军使用 V 作为胜利的标志，并使用贝多芬的第五交响曲进行宣传。

仔细观察图 2.20 所示的硬币背面。注意外围周边的一系列点和破折号，用摩尔斯电码可以将它们拼出一条消息。从硬币底部顺时针开始读取，直到 CENTS 中 N 的左侧，解密的消息是 WE WIN WHEN WE WORK WILLINGLY（当我们自愿工作时，我们赢了[1]）。

1　ANON. DPEPE DPJO[J]. Cryptologia, 1977, 1(3): 275-277 (图片在第 275 页).

图 2.20 带有隐藏信息的加拿大硬币

（感谢兰斯·斯奈德帮助提供这张图片）

作为一个历史性的记录，1909 年，杰克·宾思首先发射了摩尔斯电码为...----...的国际求救信号（SOS），当时他的船只 SS 共和号（SS Republic）与 SS 佛罗里达号（SS Florida）相撞。

由于摩尔斯电码没有密钥，因此它不能提供保密。每个人都可以进行代换。事实上，广播消息很容易被拦截，也可能直接发送给了敌人。相比较而言，由信使来传递的信息要困难得多，因此电报（和无线电）使密码学变得更加重要。如果敌人想要得到你的消息副本，那么你最好能很好地保护它们。由于电报和无线电通信的便利性，再加上人们通常对加密（无论采用的是何种加密方式）的过度自信，使电报和无线电通信成为一种非常有吸引力的方法。用于军事目的的电报首先在克里米亚战争（1853—1856）中使用，然后在美国内战中得到更大范围的使用。

看起来摩尔斯电码只需要两个符号，即点和短横线，但是还有第 3 个字符，即空格。如果所有的点和短横线都连成一体，我们就无法判断一个字母结束和下一个字母开始的位置，例如：

        ... ――― ..-. .. .-   解码为 "Sofia"

      . ..- ―. . .- .. .-解码为 "Eugenia"

还有另一种更现代的编码系统可以预防这一问题，并且真正地做到只需要 2 个字符。这归功于戴维·阿尔伯特·霍夫曼（见图 2.21），他在 MIT 攻读计算机科学博士学位时提出了这个想法 [1]。霍夫曼编码使用与摩尔斯电码相同的思想，不同于计算机标准中用 8 位来表示每个字符，霍夫曼编码的常用字符被分配较短

---

1 HUFFMAN D A. A method for the construction of minimum-redundancy codes[J]. The Institute of Radio Engineers, 1952, 40: 1098-1101.

的表示，而不常用的字符使用较长的表示（见表 2.7）。然后压缩的数据将与一个代换使用的密钥一起存储。

图 2.21 戴维·阿尔伯特·霍夫曼（1925—1999）

（承蒙美国加利福尼亚大学圣克鲁斯分校唐·哈里斯提供）

表 2.7 霍夫曼编码

字母	霍夫曼编码	字母	霍夫曼编码
E	000	M	11010
T	001	W	11011
A	0100	F	11100
O	0101	G	111010
I	0110	Y	111011
N	0111	P	111100
S	1000	B	111101
H	1001	V	111110
R	1010	K	1111110
D	10110	J	11111110
L	10111	X	111111110
C	11000	Q	1111111110
U	11001	Z	1111111111

霍夫曼编码是数据压缩这一重要领域的一个简单例子。高压缩率可以使信息更快地发送，并且占用更少的存储空间。Zip 文件就是一个例子。如果文件没有被压缩，文件的下载时间会变长。霍夫曼编码也用于压缩图像，如 JPEG 等。

使用表 2.7 中显示的编码，MATH 将表示为 1101001000011001。你现在可以尝试以任何你喜欢的方式解密这些 0 和 1，但你可以得到的唯一单词是 MATH。为了弄明白其中的原因，请观察图 2.22 中的二叉树。要阅读此图，请从顶部开始并按照 0 和 1 标记的路径行进，直到你找到了一个字母。你所遵循的路径是在霍夫曼编码中代表该字母的位串。在摩尔斯电码中，字母 N（–.）可以分开以获得–和，从而生成 TE，但这不会发生在图 2.22 所示的图所表示的字母上，这是因为一个表示特定字母的串在路径上不经过其他任何字母。我们只在路径的末尾标注字母，树可以向右扩展直到包含字母表的其余部分，但它已经足以使我们清晰地了解霍夫曼编码的基本思想了。

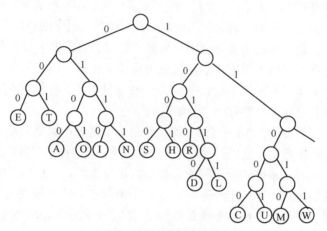

图 2.22　霍夫曼编码

霍夫曼编码的另一个作用是用位串替换字符串。一个常见单词需要的空间可能会缩减到比单个字符通常需要的空间还要少，而不常用的单词在编码后会变得更长。这种方法应当只应用于大文件，以这种方式编码一个短的单词是低效的。

虽然在上下文中使用了术语"编码"和"解码"，但数据压缩与编码理论并不相同。编码理论为了使错乱的位能够恢复而增加了消息的长度，它增加了冗余，而数据压缩设法将其删除，密码学也是如此。

上面描述的编码技术使霍夫曼在本书中占有一席之地，但是他可能做了其他相关的工作。约翰·纳什[1]在 1955 年写给美国国家安全局格罗斯让少校的一封信中包含了以下内容：

> 近期在这里与霍夫曼教授的一次谈话表明他最近一直在研究一台有类似目标的机器。由于他将要为美国国家安全局提供咨询服务，我将与他讨论我的结果。

20 世纪下半叶，许多伟大的数学家和计算机科学家都与美国国家安全局有联系。我希望在未来几十年，他们的工作脱密后将揭示更多迷人的故事。

1　是的，这是书和电影《美丽心灵》中的约翰·纳什。这本书非常出色，但是这部电影做了很大的改动，在我看来它并不能准确描述纳什的生活。

2.14 单表代换密码杂记

片刻之间我们就把简单的代换密码扔到一边了。这并不是因为这个话题没有什么可说的有趣的事情。事实上，我们遗漏了很多东西！本章中的简单密码一直是整本书的主题[1]，但是，许多内容必须被跳过，否则经典密码学的研究将占据数千页。

应该指出的是，波利比奥斯密码（见第 1.2 节）直到文艺复兴时期才真正得到改进。其他单表代换方案的优点不会使消息长度加倍，但它们并不难破解（假设所有单表代换体制都使用了混合字母表）。在这些年密码学领域缺乏进步，以至于许多历史学家把这一时期称为"黑暗时代"。

罗吉尔·培根（约 1214—1294）的工作是一个例外，他是已知欧洲第一本描述密码的书籍的作者。在这段时期，甚至整个文艺复兴时期，密码学的艺术/科学被认为是魔法，而从事密码学研究的人被认为是魔法师，或更糟糕的是，他们被认为是恶魔联盟成员[2]。今天仍有一些人，对于消除密码的神秘性毫无贡献（参见本章前面引用的奥齐·奥斯本专辑封面）。图 2.23 中显示了法师的字母表。

The Alphabet of the Magi

图 2.23 法师的字母表

（来自基督教徒保罗（基恩·巴普蒂斯特·皮托伊斯的化名），Histoiredela Magie, du Monde Surnaturel etda la Fatalité à travers les Temps et les peuples, 1870: 177）

---

1 参见本章末尾的参考文献和进阶阅读。
2 西班牙国王菲利普二世对法国密码分析师韦埃特的看法。菲利普二世给教皇写信时试图让维泰特在红衣主教法院受审。请见 SINGH S. The code book[M]. New York: Doubleday, 1999: 28.

密码学的文学根源非常深厚，甚至乔叟（一位天文学家）也涉猎了这个领域。我们用他作品中的一个例子来结束这一部分。图 2.24 是乔叟《行星赤道仪》中的 6 个密码之一，它显然是他的《论星盘》的姊妹篇，但它只是一个单表代换密码和简要的赤道仪的使用说明。

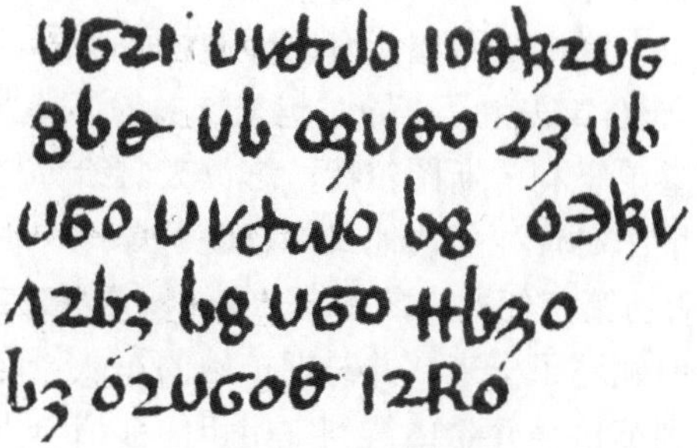

图 2.24　乔叟的密码

（来自 KAHN D. The Codebreakers[M]. 2nd ed., New York: Scribner, 1996: 90. 图片使用已获许可）

2.15　名字手册

1400—1850 年，名字手册在欧洲国家的密码系统中占统治地位，它们基本上是一组编码和一个单表代换密码的组合，单表代换密码可用于拼写编码部分中没有的单词。编码部分最初只是由名字组成，"名字手册"这一名称由此而来。图 2.25 显示了苏格兰女王玛丽使用的一种名字手册。

图 2.25　苏格兰女王玛丽的命名法

（来自 SINGH S. The CodeBook[M]. NewYork: Doubleday, 1999: 38. 图片使用已获许可）

你也许能猜到，当玛丽命悬一线时，发生什么事取决于密码分析者是否能在没有密钥的情况下破译密文中的消息。玛丽明智地在名字手册中包含了空值，但没有"同音字"（不同的符号代表相同的字母，如十二宫杀手密码），而且编码部分中的单词非常少。

1543 年，玛丽仅在 9 个月大的时候被加冕为苏格兰女王。1559 年，她嫁给了法国王子弗朗西斯，这个联姻是希望能有助于加强两个罗马天主教国家之间的联系，但是弗朗西斯于 1560 年去世了。同时越来越多的苏格兰人开始信奉新教。然后，玛丽嫁给了她的堂弟亨利·斯图尔特，这位夫君给苏格兰带来很多的麻烦。有人计划趁他在房子里面时炸死他，他最终逃脱了爆炸，但却被人勒死了，这看起来当然很可疑。玛丽的第三任丈夫詹姆斯·赫本，于 1567 年遭到苏格兰新教徒流放，玛丽被囚禁，但她逃了出来，并与拥护她的军队一起试图夺回她的王权，但失败了。因而她逃到英格兰并希望得到堂姐伊丽莎白一世的保护。但是，伊丽莎白女王知道英国的天主教徒认为玛丽是真正的英格兰女王。她囚禁了玛丽，以减少对自己王权的潜在威胁。

玛丽以前的随从安东尼·巴宾顿和其他人，在 1586 年制订了一个营救玛丽并暗杀伊丽莎白女王的计划，同谋者们决定，如果没有玛丽的同意，他们不会执行计划，他们设法偷偷地向监狱里的玛丽传递消息。他们使用图 2.25 所示的名字手册加密消息。然而，同谋者们并没有意识到帮助偷偷传递这封信的吉尔伯特·吉福德（之前的消息由玛丽的其他拥护者传递）是一个双重间谍。他把信息转交给了伊丽莎白女王的首席大臣弗朗西斯·沃辛厄姆爵士。因此，消息在交给玛丽之前被复制了，密码分析师托马斯·菲利普斯成功地破译了它们。

玛丽回信说，只要在暗杀之前或暗杀时释放她，她就支持这个密谋。因为如果先暗杀伊丽莎白女王，她担心自己的生命会受到威胁。就像之前的消息一样，菲利普斯破译了这条消息并将它转发给沃辛厄姆。巴宾顿和玛丽女王现在都被定为死罪，但是仍然不知道其他同谋者是谁。为了扼杀余党，沃辛厄姆让菲利普斯用玛丽自己的风格给她的回信添加了更多加密的文本（见图 2.26）。解密后的消息如下：

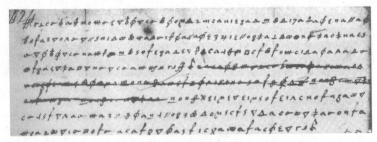

图 2.26　伪造的密文

（来自 KAHN D. The Codebreakers[M]. 2nd ed., New York: Scribner, 1996: 123. 图片使用已获许可）

　　我很乐意知道要完成这项计划的 6 位先生的名字和特长，因为我可以根据这些情况，提供给你们一些有必要遵循的进一步的建议，特别是每一步应当如何进行。如果你们愿意的话，为了同样的目的，也可以告诉我，迄今为止，还有谁秘密地参与以及你们私下里做了哪些准备。

　　然而，事件的发展是，由于巴宾顿要为推翻伊丽莎白女王做准备，他即将离开英格兰（他得到了西班牙菲利普二世的支持），因此必须要逮捕他。在审判之后，玛丽于 1587 年被斩首[1]，但是如果玛丽使用了更强的密码，这个计划是否会成功？我们可以讲述更多关于在欧洲使用名字手册的故事，但是现在我们讲讲美国独立战争中关于名字手册的故事。

　　乔治·华盛顿将军在吸取了间谍活动中的一些惨痛的教训后（如弥敦·哈尔的死亡），很好地保护了代号为老库尔珀和小库尔珀的间谍的真实身份，直到 1930 年，他们的身份对历史学家们来说仍然是一个谜！莫顿·彭尼帕克最终发现了他们的真实姓名，他从罗伯特·汤森的信件中发现了他的笔迹与间谍小库尔珀的笔迹完美匹配[2]。汤森不希望他代表他的国家做的事情引起任何关注。间谍活动一直被认为是耻辱的，直到 20 世纪，才被认为是一种荣耀。在美国独立战争时期，间谍活动也被认为是不光彩的。

　　图 2.27 再现了库尔珀间谍网在被占领的纽约使用的名字手册中的一页。库尔珀的名字手册并不总是以最好的方式使用。一封信中写有部分加密的短语"大卫·马修斯，10 市长"（"David Mathews, Mayor of 10"）[3]。如果这条消息被拦截，你认为英国密码学家需要多长时间就能确定 10=纽约？尽管小库尔珀的身份最终被揭示出来，但是我们对他的外貌仍然不太了解。彭尼帕克将一个剪影（见图 2.28（a））看作罗伯特·汤森，但它实际上是汤森的兄弟的剪影。目前唯一被接受的罗伯特的画像（见图 2.28（b））是由他的侄子彼得·汤森绘制的。

　　在美国独立战争期间，华盛顿将军在间谍活动上只花费了 17 617 美元，而且是他自掏腰包开展这些活动的！后来他向国会提交了法案，但这样的预算与今天的情况相比，仍然有非常大的差别，参见第 11 章。

2.16　名字手册的密码分析

　　现在我们已经看到了一些名字手册例子，让我们考虑一下如何破解一个名字

1　玛丽的故事与辛格的《编码手册》第 1-3 页、第 32-44 页相关，并以此为基础进行了改编。

2　PENNYPACKER M. The two spies,Nathan Haleand Robert Townsend[M]. Boston, MA: HoughtonMifflin, 1930.

3　PENNYPACKER M. General washington's spies[M]. NewYork: Long Island Historical Society, 1939: 50.

图 2.27　美国独立战争中使用的名字手册

（来自 George Washington Papers at the Library of Congress, 1741—1799:Series4.General Correspondence.1697—1799, Talmadge, 1783, Codes）

图 2.28　（a）被彭尼帕克误认为是罗伯特·汤森的剪影

（由雷纳姆大厅的朋友提供）

（b）罗伯特·汤森的唯一画像，由他的侄子彼得·汤森绘制

（由雷纳姆大厅博物馆的朋友提供）

手册——相对之前的破解来说，工作量更大而且更具挑战性！好的名字手册有成千上万的编码组，然而，编码部分可能有一个明显的缺点，即编码字按照字母顺序排列，对应的编号按照数字顺序排列[1]。如果是这种情况，可以在许多概率教科书中找到一个很好的公式，用来估计编码的大小[2]：

$$Size \approx \frac{n+1}{n} \max - 1 \qquad (2-15)$$

其中，n 是观察到的编码组的数量，而 max 是观察到的编码组中最大的值。

例如，如果拦截的消息包含 22 个编码组，并且编码组中最大的值是 31 672，则整个编码书中的条目数量大约为：

$$\frac{n+1}{n} \max - 1 = \frac{22+1}{22}(31\ 672 - 1) \approx 33\ 111 \qquad (2-16)$$

在这里，减去 1 实际上不能产生明显的区别，但从数学角度而言，减去 1 才是正确的。上面的公式还有其他用途，在我引用的推导这个公式的概率教科书中，它被用来根据观察到的坦克数量和它们中的编号的最大值估计敌方坦克的数量。

一旦我们知道了编码的数量，就可以查阅一本类似大小的字典。因为字典不可能是命名手册，所以我们不能指望简单地在编码数位置插入单词。然而，有很大的可能，词的第一个字母，也可能是第二个字母是正确的。因此，我们可以记下对每一个单词的前 2 个字母的假设。这与上下文结合后，我们可能会猜到一些明文的短语。

表 2.8 显示了在一个包含 60 000～65 000 个单词的字典中，以给定字母为开头的单词在字典中停止的位置。

表 2.8　代码字典

AA	5	DA	11 646	GL	21 300	LO	30 690	PE	38 121	TE	55 336
AB	207	DE	12 850	GN	21 344	LU	30 850	PH	38 385	TH	55 778
AC	467	DI	13 935	GO	21 592	LY	30 890	PI	38 828	TI	56 036
AD	695	DO	14 210	GR	22 267	MA	31 730	PL	39 245	TO	56 466
AE	741	DR	14 620	GU	22 530	ME	32 362	P0	39 970	TR	57 232
AF	845	DU	14 840	GY	22 588	MI	32 903	PR	41 260	TU	57 432
AG	942	DW	14 855	HA	23 320	MO	33 525	PS	41 320	TW	57 498
AI	1018	DY	14 900	HE	23 942	MU	33 826	PU	41 740	TY	57 556
AL	1325	EA	15 000	HI	24 180	MY	33 885	PY	41 815	UB	57 571
AM	1415	EC	15 075	HO	24 764	NA	34 075	QUA	41 984	UG	57 589
AN	1957	ED	15 126	HU	24 989	NE	34 387	QUE	42 036	UL	57 638

1　5.2 节讨论了避免这种缺陷的 2 部分代码。

2　关于推导请见 GHAHRAMANI S. Fundamentals of Probability[M]. Upper SaddleRiver, NJ: Prentice Hall, 1996: 146-148. 然而，这里不是这个结论第一次出现或是第一次被证明的地方。

（续表）

AP	2081	EF	15 187	HY	25 190	NI	34 529	QUI	42 159	UM	57 685
AM	1415	EC	15 075	HO	24 764	NA	34 075	QUA	41 984	UG	57 589
AR	2514	EG	15 225	IC	25 270	NO	34 815	QUO	42 181	UN	59 885
AS	2737	EI	15 235	ID	25 347	NU	34 928	RA	42 573	UP	59 957
AT	2860	EL	15 436	IG	25 370	NY	34 946	RE	44 346	UR	60 014
AU	3014	EM	15 630	IL	25 469	OA	34 970	RH	44 422	US	60 050
AV	3073	EN	16 030	IM	25 892	OB	35 140	RI	44 712	UT	60 080
AW	3100	EP	16 145	IN	27 635	OC	35 230	RO	45 207	VA	60 363
AZ	3135	EQ	16 210	IR	27 822	OD	35 270	RU	45 441	VE	60 692
BA	3802	ER	16 290	IS	27 868	OF	35 343	SA	46 192	VI	61 113
BE	4250	ES	16 387	IT	27 910	OG	35 356	SC	46 879	VO	61 277
BI	4470	ET	16 460	JA	28 046	OI	35 390	SE	47 945	VU	61 307
BL	4760	EU	16 505	JE	28 135	OL	35 450	SH	48 580	WA	61 830
BO	5180	EV	16 610	JI	28 168	OM	35 496	SI	49 024	WE	62 133
BR	5590	EX	17 165	JO	28 290	ON	35 555	SK	49 152	WH	62 472
BU	5930	EY	17 190	JU	28 434	OO	35 575	SL	49 453	WI	62 800
BY	5954	FA	17 625	KA	28 500	OP	35 727	SM	49 600	WO	63 079
CA	6920	FE	17 930	KE	28 583	OR	35 926	SN	49 788	WR	63 175
CE	7110	FI	18 390	KI	28 752	OS	35 993	SO	50 266	X	63 225
CH	7788	FL	18 964	KN	28 857	OT	36 018	SP	51 132	YA	63 282
CI	7970	FO	19 610	KO	28 878	OU	36 159	SQ	51 259	YE	63 345
CL	8220	FR	20 030	KR	28 893	OV	36 348	ST	52 678	YO	63 397
CO	10,550	FU	20 265	KU	28 910	OW	36 361	SU	53 701	YU	63 409
CR	11,030	GA	20 700	LA	29 457	OX	36 395	SW	53 977	ZE	63 452
CU	11,300	GE	20 950	LE	29 787	OY	36 410	SY	54 206	ZI	63 485
CY	11,380	GI	21 088	LI	30 283	PA	37 226	TA	54 783	ZO	63 542
										ZY	63 561

数据来源：MANSFIELD L C S. The Solution of Codes and Ciphers[M]. London: Alexander Maclehose, 1936: 154-157.

2.17 图书密码

具有大量编码的名字手册可以使用编码书将它们全部列出，但是这不应该与图书密码混淆。我将通过波洛克在《恐怖谷》中发送给福尔摩斯的一个例子来说明图书密码的概念，并相信福尔摩斯能够在没有密钥的情况下阅读它[1]：

534 C2 13 127 36 31 4 17 21 41

1　DOYLE A C. The valley of fear[M]. New York: Doran, 1915.这个故事从 1914 年 9 月到 1915 年 5 月首次在"斯特兰德杂志"上连载。纽约版本连载 3 个月后，又发布了一个英国版本。

DOUGLAS 109 293 5 37 BIRLSTONE
26 BIRLSTONE 9 47 171

　　福尔摩斯确定 534 表示某本书的第 534 页，C2 表示第二列。然后数字代表单词，而且几个名字被拼写出来，这是因为它们不会出现在给定页面上。威廉·弗里德曼曾经在没有找到所用的书的情况下破译过这样的密码，但福尔摩斯采取了更直接的方法。这本书最少有 534 页，并且由于方案的实用性，要求这是一本福尔摩斯能方便获取的书。福尔摩斯考虑符合这些条件的书籍。华生提出的一种可能性是《圣经》，但是福尔摩斯评论说他"不会列举出一个莫里亚蒂党徒手边不太能出现的书"。福尔摩斯最终确定这本书是当年的《年鉴》。但使用它破译得到的明文没有任何意义，反而用前一年的《年鉴》有用，并且故事得以继续进行。

　　其他使用图书密码的反派角色包括企图将西点军校出卖给英国人的本尼迪克特·阿诺德以及小说《沉默的羔羊》中的汉尼拔·莱克托。阿诺德使用的书是一本字典，莱克托使用的书是《烹饪的乐趣》。

　　图 2.29 显示了一个图书密码，该秘密被威廉·弗里德曼在没有使用任何图书的情况下解密出来，加解密使用的图书后来才被人们发现。请注意，这个特定的编码不是针对单词，而是针对单个字母来生成密文的。

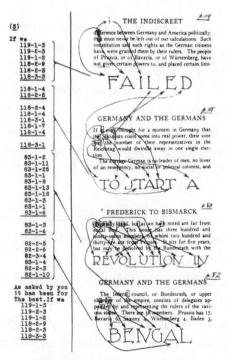

图 2.29　书本式密码的解密

（来自 KAHN D. The Codebreakers[M]. 2nd ed., New York: Scribner, 1996: 373. 图片使用已获许可）

参考文献和进阶阅读

关于爱伦·坡

BRIGHAM C S. Edgar allan poe's contributions to alexander's weekly messenger[J]. American Antiquarian Society, 1942, 52: 45-125. 本文标志着重新发现了爱伦·坡的密码学专栏。

FRIEDMAN W F. Edgar Allan Poe, cryptographer[J]. American Literature, 1936, 8（3）: 266-280.

FRIEDMAN W F. Edgar Allan Poe, cryptographer[J]. Signal Corps Bulletin, 1937, 97: 41-53. FRIEDMAN W F. Edgar Allan Poe, cryptographer（addendum）[J]. Signal Corps Bulletin, 1937, 98: 54-75. 这些内容重新印刷于 FRIEDMAN W F. Cryptography and Cryptanalysis Articles[M]. Laguna Hills, CA: Aegean Park Press, 1976.

PIRIE D. The patient's eyes: the dark beginnings of sherlock holmes[M]. New York: St. Martin'sMinotaur, 2002. 这是一部关于密码分析的小说。有趣的是，作者复制了爱伦·坡的频数排序，并通过忽略字母 x 引入了另一个错误。

SILVERMAN K, EDGAR A. Poe: mournful and never-ending remembrance[M]. New York: Harper Collins, 1991.

WIMSATT J R W K. What Poe knew about cryptography[J]. Publications of the Modern Language Association, 1943, 58: 754-779.

与兴趣无关

ROSENHEIM S J. The cryptographic imagination: secret writing from edgar poe to the Internet（Parallax: Re-Visions of Culture and Society）[M]. Baltimore, MD: The Johns Hopkins University Press, 1997.

有关详细信息，请参阅滑铁卢大学计算机科学教授的以下评论：

SHALLIT J. Book review of Menezes, van Oorschot, and Vanstone, handbook of applied Cryptography, and Rosenheim, The cryptographic imagination: secret writings from edgar poe to the internet[J]. American Mathematical Monthly, 1999, 106: 85-88.

关于夏洛克·福尔摩斯和密码

下面提供的许多参考资料都提供了用跳舞的小人作为密码的来源。道尔声称跳舞的小人是他独立创造出来的，它与以前的密码相似是一种巧合。奇怪的是，他的一些粉丝，应该认为他的故事是原创并富于想象力的（或者他们不是粉丝），不相信是道尔自己想到这个主意的。

BOND R T. Famous stories of code and cipher[M]. New York: Rinehart, 1947: 98-99. 平装版的内容与精装本的内容，在一个故事上是不同的，但《跳舞的小人》出现在这两本书中（平装本，第 171-172 页；精装本，第 136-137 页）。

Donegall, Lord, Baker Street and beyond: essays on Sherlock Holmes[J]. The NewStrand, 1962, 1: 1048-1050; 1963, 2, 1717-1720.

HEARN O. Some further speculations upon the dancing men[J]. The Baker Street Journal, 1969, 19: 196-202. Hearn is a pseudonym of Walter N. Trenerry.

KAHN D. The Codebreakers[M]. New York: Macmillan, 1967: 794-798. 我在此引用的是第一版，以便使你看到卡恩何时提出了这个问题。

MCCORMICK D. Love in Code[M]. London: Eyre Methuen, 1980: 5.

ORR L. A case of coincidence relating to Sir A. Conan Doyle[J]. The Bookman, 1910, 38: 178-180. 本文转载于 The Baker Street Journal, 1969, 19: 203-205.

PATTRICK R H. A study in crypto-choreography[J]. The Baker Street Journal, 1955, 5: 205-209.

PRATT F. The secret message of the dancing men, in Smith EW, Ed. Profile by Gaslight: an irregular reader about the private life of sherlock holmes[M]. New York: Simon &Schuster, 1944: 274-282.

SCHENK R T E. Holmes, cryptanalysis and the dancing men[J]. The Baker Street Journal, 1955 , 5(2): 80-91.

SCHORIN H R. Cryptography in the canon[J]. The Baker Street Journal, 1963, 13: 214-216.

SHULMAN D. Sherlock Holmes: cryptanalyst[J]. The Baker Street Journal, 1948, 3: 233-237.

SHULMAN D. The origin of the dancing men[J]. The Baker Street Journal, 1973, 23(1): 19-21.

TRAPPE W, WASHINGTON L C. Introduction to cryptography with coding theory[M]. Upper Saddle River, NJ: Prentice Hall, 2002: 26-29. 这些作者总结了这个故事（某种克里夫点评版本）并讨论了各种版本中的拼写错误。

关于小说中使用的编码和密码的更多例子，你不可能做得比下面这篇文章更好：

DOOLEY J F. Codes and ciphers in fiction: an overview[J]. Cryptologia, 2005, 29(4): 290-328.

关于早期密码学历史的最好的文献是:

KAHN D. The Codebreakers[M]. 2nd ed., New York: Scribner, 1996.

关于朗格朗格文字

如果您想了解更多关于朗格朗格的参考文献，请参考更多书籍和论文。

FISCHER S R. Glyphbreaker[M]. New York: Copernicus, 1997.

MELKA T S. Structural observations regarding the Rongorongo tablet Keiti[J]. Cryptologia, 2008, 32(2): 155-179.

MELKA T S. Some considerations about the Kohau Rongorongo script in the light ofstatistical analysis of the 'Santiago staff[J]. Cryptologia, 2009, 33(1): 24-73.

关于阿拉伯密码

Al-KADI I A. Origins of cryptology: the Arab contributions[J]. Cryptologia, 1992, 16(2): 97-126.

MRAYATI M, MEER ALAM Y, AT-TAYYAN M H, SERIES Eds. Series on arabic origins of cryptology. Vol. 1[Z]. al-Kindi's treatise on cryptanalysis, King Faisal Center for Research and Islamic Studies and King Abdulaziz City for Science and Technology, Riyadh, 2003.

MRAYATI M, MEER ALAM Y, AT-TAYYAN M H, SERIES Eds. Series on Arabic Origins of Cryptology. Vol. 2[Z]. Ibn Adlan's Treatise al-muallaf lil-malik al-'Ašraf, King Faisal Center for Research and Islamic Studies and King Abdulaziz City for Science and Technology, Riyadh, 2003.

MRAYATI M, MEER ALAM Y, AT-TAYYAN M H, SERIES Eds. Series on arabic origins of cryptology. Vol. 3[Z]. Ibn ad-duryahim's treatise on cryptanalysis, King Faisal Center for Research and Islamic Studies and King Abdulaziz City for Science and Technology, Riyadh, 2004.

MRAYATI M, MEER ALAM Y, AT-TAYYAN M H, SERIES Eds. Series on arabic origins of cryptology. Vol. 4[Z]. Ibn Dunaynir's book: expositive chapters on cryptanalysis, King Faisal Center for Research and Islamic Studies and King Abdulaziz City for Science and Technology, Riyadh, 2005.

MRAYATI M, MEER ALAM Y, AT-TAYYAN M H, SERIES Eds. Series on arabic origins of cryptology. Vol. 5[Z]. Three treatises on cryptanalysis of poetry, King Faisal Center for Research and Islamic Studies and King Abdulaziz City for

Science and Technology, Riyadh, 2006.

SCHWARTZ K A. Charting Arabic cryptology's evolution[J]. Cryptologia, 2009, 33(4): 297-305.

关于密码分析

BARKER W G. Cryptanalysis of the simple substitution cipher with word divisions using non-pattern word lists[M]. Laguna Hills, CA: Aegean Park Press, 1975. 这本书还讨论了区分元音与辅音的技巧。

EDWARDS D J. OCAS——On-line Cryptanalysis Aid System[Z]. MIT Project MAC, TR-27, May 1966. 布鲁斯沙茨写道："专门用于密码分析设计的类似 SNOBOL 的编程语言的报告。"

GAINES H F. Cryptanalysis: A study of ciphers and their solutions[M]. 2nd ed., NewYork: Dover, 1956: 88-92. 第一版出现在 1939 年。

GIRSDANSKY M B. Cryptology the computer and data privacy[J]. Computers and Automation, 1972, 21: 12-19. 这是一个自动密码分析的综述，所以你可以看到这已经公开研究了相当长的一段时间。

GUY J B M. Vowel identification: an old（but good）algorithm[J]. Cryptologia, 1991, 15(3): 258-261.

MELLEN G E. Cryptology computers and common sense in AFIPS '73[C]// National Computer Conference and Exposition, June 4-8, 1973, New York: ACM: 569-579. 自动密码分析的综述。

MOLER C, MORRISON D. Singular value analysis of cryptograms[J]. American Mathematical Monthly, 1983, 90(2): 78-87. 他的论文使用奇异值分解进行元音识别。

OLSON E. Robust dictionary attack of short simple substitution ciphers[J]. Cryptologia, 2007, 31(4): 332-342.

SCHATZ B R. Automated analysis of cryptograms[J]. Cryptologia, 1977, 1(2): 116-142.

SILVER R. Decryptor, MIT Lincoln Laboratory Quarterly Progress Report[Z]. Division 5（Information Processing）, December, 1959: 57-60.

SUTTON W G. Modified Sukhotin: a manual method[Z]. The Cryptogram, Sept./Oct., 1992: 12-14.

模式词书籍

今天，您最好通过下载模式词文件或编写一个单词目录的程序来创建你自己的文件，可以通过古登堡计划提供的书籍获得单词。我列出了一些书籍，这显示出人们在计算机普及之前投入了大量时间来制作这个功能强大的密码分析工具。

ANDREE R V. Pattern and nonpattern words of 2 to 6 letters[M]. Norman, OK: Raja Press, 1977. 这项工作被描述为作者和他的学生在俄克拉何马大学进行的研究的副产品。它使用韦伯斯特的新大学词典第 7 版，通过加入结尾扩大到 152 296 个单词。单词最大长度达到 35，但是没有长度为 32 或 34 的条目。这些数字是所有卷包含单词的总数。它是用电脑编译的。

ANDREE R V. Pattern and nonpattern words of 7 and 8 letters[M]. Norman, OK: Raja Press, 1980.

ANDREE R V. Pattern and nonpattern words of 9 and 10 letters[M]. Norman, OK: Raja Press, 1980.

CARLISLE S. Pattern words three-letters to eight-letters in length[M]. Laguna Hills, CA: Aegean Park Press, 1986. 这项工作包括约 60 000 个单词。作者写道："如果不使用计算机，这个编译将是不可能的。"好吧，希拉，你不知道杰克（莱文）!"

GODDARD E, GODDARD T. Cryptodyct[M]. Davenport, IA: Wagners, 1976.看到标题后，我认为它一定是用我不熟悉的外语写成的，然而，它是用英语写的，并且这只是一本 272 页的模式词词典，包含了长度为 14 及以下的单词。这项工作花了 2 年时间，似乎是私人印刷的。

GODDARD E, GODDARD T. Cryptokyt I: Non-pattern nine letter word list[M]. Davenport, IA: Wagners, 1977: 28.

GODDARD E, GODDARD T. Cryptokyt II: Non-pattern five letter word list[M]. Davenport, IA: Wagners, 1977: 64.

HEMPFNER P, HEMPFNER T. Pattern word list for divided and undivided cryptograms[M]. self-published, 1984. 这本 100 页的书使用一本电子词典生成了 30 000 多个词条，长度最长的单词有 21 个字母。

LEVINE J. A list of pattern words of lengths two through nine[M]. self-published, 1971: 384.

LEVINE J. A list of pattern words of lengths ten through twelve[M]. self-published, 1972: 360.

LEVINE J. A list of pattern words of lengths thirteen to sixteen[M]. self-published, 1973: 270.

LYNCH F D. Col. USAF Ret. Pattern-Word list volume 1: Containing words up to 10 letters in length[M]. Laguna Hills, CA: Aegean Park Press, 1977: 152. "林奇上校的大部分工作仍然保密"，但这项工作是"由作者在多年时间内手工编辑"的，他使用的是韦伯斯特第 3 版新版国际词典。字母最多只重复一次的单词

不包括在内。

关于十二宫杀手

CROWLEY K. Sleep my little dead: The true story of the zodiac killer[M]. New York: St. Martin's, 1997. 这是一本关于纽约的一个模仿杀手的书，这个杀手不是原来的十二宫杀手。模仿是最真诚的恭维。作者在我买的书上签名，"致克雷格：你的星座是什么？"这让我打个了寒颤，谢谢！

GRAYSMITH R. ZODIAC[M]. New York: St. Martin's/Marek, 1986. 这是关于十二宫杀手最好的书。 这本书令人毛骨悚然，2007 年被拍成了一部同名而且同样令人毛骨悚然的电影。不要将它与 2005 年出现的名为《十二宫杀手》的极低成本的电影混淆起来，这一年也发行了电影《十二宫》。

GRAYSMITH R. Zodiac unmasked: the identity of american's most elusive serial killer revealed[M]. New York: Berkley Books, 2002.

PENN G. Times 17: The amazing story of the zodiac murders in California and Massachusetts 1966-1981[M]. Sharon Springs, NY: Foxglove Press, 1987. 佩恩似乎比十二宫杀手本人对杀人事件有更多的想法。在我看来，他挑选的大多数模式词都是巧合的，但其中有一些很吸引人。

关于单表代换密码

BAMFORD J. Body of Secrets[M]. New York: Doubleday, 2001. 虽然这是一本关于美国国家安全局的书，但每一章都以密码开头，你能正确的解密吗？

HUFFMAN D A. A method for the construction of minimum-redundancy codes[J]. Institute of Radio Engineers, 1952, 40: 1098-1101.

KRUH L. The churchyard ciphers[J]. Cryptologia, 1977, 1(4): 372-375.

REEDS J. Solved: the ciphers in Book III of Trithemius' Steganographia[J]. Cryptologia, 1998, 22(4): 291-317. 这篇文章涉及特里特米乌斯的一个古老而神秘的密码，只有在他死后数百年才被识别和破译。特里特米乌斯的生活和他的密码学工作将在 3.2 节中讨论，但这里引用的论文现在就可以理解。

关于名字手册和它们使用的时代

BUDIANSKY S. Her Majesty's Spymaster: Elizabeth I, Sir Francis Walsingham and the Birth of Modern Espionage[M]. New York: Viking, 2005.

DOOLEY J. Reviews of cryptologic fiction[J]. Cryptologia, 2010, 34(1): 96-100. 杜利评论这个问题的书籍之一是芭芭拉·迪的《佐伊的解密》（*Margaret K.*

McElderry Books, 2007）。这本书包括了苏格兰玛丽女王名字手册的字母代换部分，杜利观察到这些密码符号与弗雷德威克森的《编码与密码》中的密码符号相符，但是与《密码故事》中的西蒙·辛格提供的密码符号不匹配。显然，辛格的版本是正确的，这是因为它符合存留的信息（在本文中转载）。杜利总结道："这导致了这个问题，威克森的密码从何而来呢？"我喜欢这种有见解的、批判的评论。

FORD C. A Peculiar Service[M]. Brown, Boston, MA: Little, 1965. 这本书把独立战争期间发生的间谍活动写成了小说。当然，对话必须是虚构的，但是作者仔细地指出了几处地方，就事件而言，猜想必须取代既定事实。其结果是在表达时间、地点和人物性格的方面起了很大作用，使阅读变得非常有趣。

GROH L. The Culper Spy Ring[M]. Philadelphia PA: Westminster Press, 1969. 这是作为一本儿童书推广的，但除了篇幅短之外，我不明白为什么要这样做。

NICHOLL C. The Reckoning: The murder of christopher marlowe[M]. San Diego, CA: Harcourt Brace, 1992.

PENNYPACKER M. The two spies, Nathan Hale and Robert Townsend[M]. Boston, MA: Houghton Mifflin, 1930. 这项工作第一次揭示了库尔珀的间谍身份。

PENNYPACKER M. General Washington's Spies[M]. New York: Long Island Historical Society, 1939. 这可能被认为是彭尼帕克 1930 年的书的第 2 版，但是有很多新的内容，因此他决定给它一个新的标题。这本书大部分由字母组成，它具有重大的历史价值，但是阅读起来可能有些枯燥。

SILBERT L. The Intelligencer[M]. New York: Atria Books, 2004. 这本小说涉及许多密文，但没有提供明文。这里引用它是因为故事发生在伊丽莎白一世统治期间，而托马斯菲利普斯是其中一个角色。

SINGH S. The Code Book[M]. New York: Doubleday, 1999. 这项工作针对普通读者，并以生动的方式将历史背景中的密码编制者与密码破译者联系起来。辛格在标题中使用的术语"编码"的含义比通常意义上的要宽泛，并且包含密码的意思。

爱伦·坡的十四行诗的答案：如果你沿着对角线阅读（第 1 行/第 1 个字符，第 2 行/第 2 个字符等），可以拼写出十四行诗所写的女人的名字。

卡钦斯基例子中的密码字母表中的模式的提示：查看键盘。

第 3 章

进展到一个不可破译的密码

本章描述了一个简单的密码系统，并继续针对各种攻击来完善，使之最终成为理论上不可破译的密码系统。

3.1　维吉尼亚密码

在前一章，我们看到了埃德加·爱伦·坡是如何破译读者发来的挑战单表代换密文的。对于如图 3.1 所示的一段密文，爱伦·坡无法提供解密办法，然而，他能够证明发送者没有遵守他的规则。也就是说，这段密文并不是由单表代换体制加密而成的。爱伦·坡（错误地）认为那是"一些随机字符，没有任何意义"[1]。

Ge Jeasgdxv,

　Zij gl mw, *laam*, xzy zmlwhfzek ejlvdxw

kwke tx lbr atgh lbmx aanu bai Vsmukkss pwn

vlwk agh gnumk wdlnzweg jnbxvv oaeg enwb

zwmgy mo *mlw* wnbx mw al pnfdcfpkh wzkex

hssf xkiyahul.　Mk num yexdm wbxy sbc hv

wyx Phwkgnamcuk?

图 3.1　爱伦·坡无法解决的密文

（来自 WINKEL B J. Cryptologia, 1977, 1(1): 95;
密文最早出现在 POE E A. Alexander's Weekly Messenger, February 26, 1840）

1　爱伦·坡在他的文章《更多的谜题》（"More of the Puzzles," Alexander's Weekly Messenger, February 26, 1840）中阐述了此密码是无稽之谈，并在一年后的文章《关于密写的几句话》（"A Few Words on Secret Writing," issue of Graham's Magazine, July 1841, pp.33-38.）中给出了证明。具有讽刺意味的是，爱伦·坡的《关于密写的几句话》是他撰写的有关密码学方面最长的文章。

追溯到 20 世纪 70 年代，马克·莱斯特，阿尔比恩学院布瑞恩·温克尔的密码学课上的一个本科生，出于好奇试图解决这个问题。布瑞恩教授和他一起给出了解决方案。然后布瑞恩在《密码术》发布了图 3.1 引用文章中的密文，并让读者尝试用自己的方法去解决。在 1977 年 8 月的《科学美国人》期刊中，马丁·加德纳向他的读者发起挑战来解决这个问题。在阅读本章后面的密码分析材料后，你可能会接受这个挑战！在 1977 年 10 月的《密码术》（第 318～325 页）中，布瑞恩·温克尔在文章《爱伦·坡密码挑战的解答》中提出了一个解决方案。请在认真尝试亲自解决这个问题后，再看看这篇论文吧！

爱伦·坡密码背后的系统长期以来一直被称为 le chiffre indéchiffrable（"不可破译的密码"）。今天，它被简单地叫作维吉尼亚（Vigenère）密码——我们必须进行一些改进才能使其变得真正的不可破译！

图 3.2　布莱斯·德·维吉尼亚（1523—1596）

单表密码的主要弱点是保留了字母频数（只是代表字母的符号改变）和组词模式，如第 2 章所述。因此，密码安全的一个必要条件是要对这些攻击无懈可击。维吉尼亚密码通过对明文字母表中的每个字母使用各种代换来实现这一点，密文中字母的频数因此变得不再明显，带模式的词也消除了。这是一个多表代换密码的例子。事实上，它不应该以维吉尼亚命名（见图 3.2），不过我们就让密码的历史等待片刻，先来看看下面这个密码例子，它使用 ELVIS 作为密钥字，密钥字放在了代换表中的第一列：

```
ABCDEFGHIJKLMNOPQRSTUVWXYZ  明文
EFGHIJKLMNOPQRSTUVWXYZABCD  字母表 1
LMNOPQRSTUVWXYZABCDEFGHIJK  字母表 2
VWXYZABCDEFGHIJKLMNOPQRSTU  字母表 3
IJKLMNOPQRSTUVWXYZABCDEFGH  字母表 4
```

STUVWXYZABCDEFGHIJKLMNOPQR　字母表 5

字母表 1 用于加密消息中的第一个字母，字母表 2 用于加密第二个字母，依次类推，当我们到达第六个字母时，就返回到字母表 1。一个加密例子如下：

THANK YOU, THANK YOU VERY MUCH　　明文
ELVIS ELV ISELV ISE LVIS ELVI　　密钥
XSVVC CZP,BZEYF GGY GZZQ QFXP　　密文

THANK YOU 这个词在明文中出现了 2 次，因为位置不同，所以加密的结果也不同。另外，在密文中出现了重叠字母 VV 和 ZZ，而明文中并没有重叠字母。当这个系统第一次出现时，现有的密码分析技术都不如单纯猜测密钥更简单。一般来说，长密钥更好。如果密钥只有一个字符，则该系统退化为凯撒密码。

3.2　维吉尼亚密码的发展史

那么，这个系统应该以谁的名字命名？有好几个人为这个密码系统的建立做出了贡献。第一个是莱昂·巴蒂斯塔·阿尔贝蒂（1404—1472，见图 3.3）。还记得图 2.1 中的密码盘吗？它是可旋转的！阿尔贝蒂建议每隔三四个词就把它转一次，以防攻击者拥有大量的统计数据从而破解任何特定的代换字母表。他在 1466 年或 1467 年将它发展为多表代换密码。然而，他从来没有建议使用一个单词作为密钥并根据每个字母来转换字母表。

图 3.3　莱昂·巴蒂斯塔·阿尔贝蒂（1404—1472）

第二位是约翰尼斯·特里特米乌斯（1462—1516，见图 3.4），他是第一本密码学印刷书《隐写术》（*Polygraphiae*）（见图 3.5）的作者。这本书在 1508 年写成，并于 1518 年首次印刷。这实际上是他的第二本关于密码学的书，但是第一本书《隐

写术》，直到 1606 年才得以印刷。《隐写术》长时间以手稿形式发行，甚至引起了罗马天主教会的注意，罗马天主教会把它放在禁书索引中。如今这本书可通过相关网址在线获得。特里特米乌斯时代的大多数密码学家也是炼金术士和魔术师。事实上，特里特米乌斯了解真正的浮士德博士（他认为浮士德是个骗子），据说他是帕拉塞尔苏斯和科尼利厄斯·阿格里帕的导师[1]。据传说，特里特米乌斯本人曾把马克西米利安一世的妻子从死亡线上拯救出来[2]。

图 3.4　出版密码学第一本印刷读物的作者约翰尼斯·特里特米乌斯

（图片承美国蒙密西根州米德堡国家密码学博物馆提供）

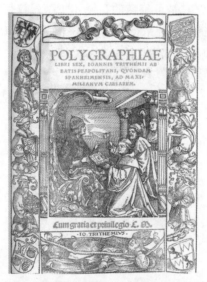

图 3.5　特里特米乌斯的著作《Polygraphiae》的标题页

（图片承美国蒙密西根州米德堡国家密码学博物馆提供）

1　KAHN D. The Codebreakers[M]. 2nd ed., New York: Scribner, 1996: 131.

2　GOODRICK-CLARKE N. Thewestern esoteric traditions: a historical introduction[M]. New York: Oxford University Press, 2008: 52.

　　Polygraphiae 包含第一个"方形表"，下面这张图代表了所有可能的移位密码，其中第一行是明文。

```
A B C D E F G H I J K L M N O P Q R S T U V W X Y Z
B C D E F G H I J K L M N O P Q R S T U V W X Y Z A
C D E F G H I J K L M N O P Q R S T U V W X Y Z A B
D E F G H I J K L M N O P Q R S T U V W X Y Z A B C
E F G H I J K L M N O P Q R S T U V W X Y Z A B C D
F G H I J K L M N O P Q R S T U V W X Y Z A B C D E
G H I J K L M N O P Q R S T U V W X Y Z A B C D E F
H I J K L M N O P Q R S T U V W X Y Z A B C D E F G
I J K L M N O P Q R S T U V W X Y Z A B C D E F G H
J K L M N O P Q R S T U V W X Y Z A B C D E F G H I
K L M N O P Q R S T U V W X Y Z A B C D E F G H I J
L M N O P Q R S T U V W X Y Z A B C D E F G H I J K
M N O P Q R S T U V W X Y Z A B C D E F G H I J K L
N O P Q R S T U V W X Y Z A B C D E F G H I J K L M
O P Q R S T U V W X Y Z A B C D E F G H I J K L M N
P Q R S T U V W X Y Z A B C D E F G H I J K L M N O
Q R S T U V W X Y Z A B C D E F G H I J K L M N O P
R S T U V W X Y Z A B C D E F G H I J K L M N O P Q
S T U V W X Y Z A B C D E F G H I J K L M N O P Q R
T U V W X Y Z A B C D E F G H I J K L M N O P Q R S
U V W X Y Z A B C D E F G H I J K L M N O P Q R S T
V W X Y Z A B C D E F G H I J K L M N O P Q R S T U
W X Y Z A B C D E F G H I J K L M N O P Q R S T U V
X Y Z A B C D E F G H I J K L M N O P Q R S T U V W
Y Z A B C D E F G H I J K L M N O P Q R S T U V W X
Z A B C D E F G H I J K L M N O P Q R S T U V W X Y
```

　　特里特米乌斯按顺序使用上面各行字母表，每个字母表加密 24 个明文字母（他的拉丁字母表中有 24 个字母，这似乎是他选择这个数字的原因）。他也采用每个字母表加密完一个字母后就使用下一个字母表，不过他总是按顺序使用字母表。和阿尔贝蒂一样，使用一个单词作为密钥的想法也没有实现。1553 年，乔·巴蒂斯塔·贝拉索在他的著作 *La cifra del Sig. Giovan* 中实现了这一想法。

　　现在所有的想法都出现了，乔瓦尼·巴蒂斯塔·波尔塔[1]（1535—1615，见图 3.6）将它们结合起来。他用贝拉索的密钥字来确定要使用哪个字母表，但是他也将密文表中的字母进行混合，就像阿尔贝蒂用他的密码盘一样。应该注意的是，混合字母表比顺序的维吉尼亚密码字母表提供更高级别的安全性。波尔塔的著作在 1563 年出版，名为 *De Furtivis Literarum Notis*。这本著作也包括第一个双字母密码，我们将在 5.4 节回到这个话题。

1　另外值得注意的是，波尔塔在那不勒斯创立了"秘密学院"。欲了解更多信息，请参阅 ZIELINSKI S. Magic and experiment: giovan battista della porta, in Zielinkski,S, Ed. Deep time of the media: toward an archaeology of hearing and seeing by technical means[M]. Cambridge, MA: MIT Press: 57-100.

图 3.6　乔瓦尼·巴蒂斯塔·波尔塔（1535—1615）

布莱斯·德·维吉尼亚（1523—1596）于 1586 年在 *Traicté des Chiffres* 出版了他的著作，那时上述的密码已经存在了。维吉尼亚仔细地引用了前人们的成果，但不知何故，他的名字与一个不是他发明的系统联系在了一起，而他的真正贡献——自动密钥（AutoKey），却被忽略了[1]，直到现在我们都忽略了它。*Traicté des Chiffres* 也因为包含制作黄金的秘诀而出名，这也是早期密码学家参与炼金术和魔法的更进一步的例子。

维吉尼亚密码是当时最好的密码系统之一，特别是在使用混合字母表时。尽管如此，仍然有各种各样被攻破的例子。一个有趣的轶事涉及卡萨诺瓦（见图 3.7），他破解了这样一段维吉尼亚密码，并以此作为诱惑的工具[2]。他写道：

图 3.7　卡萨诺瓦——帅气的密码破译者

五六个星期后，她问我是否破译了经过转化的手稿。我告诉她我已经破译了。

"可是没有密钥，先生，你怎么能让我相信这是可能的呢。"

1　然而，即使这种贡献应该真正归功于以前的发现者，乔·巴蒂斯塔在 1564 年给出了描述，请参阅 LABRONICUS A B. Historical tidbits[J]. The Cryptogram, 1992, 58(3): 9.

2　KAHN D. The Codebreakers[M]. 2nd ed., New York: Scribner, 1996: 153.

"你要我说出你的密钥吗，夫人？"

"如果你能，请说出来。"

然后，我告诉她这个不属于任何语言的词，我看到了她惊讶的表情。她告诉我，这是不可能的，因为她相信她自己是这个词的唯一拥有者，而且她只把这个词留在她的记忆中，从来没有写下来过。

我本来可以告诉她真相——手稿的破译使我得到了密钥字——但是，一个怪诞的念头驱使我向她撒谎说是一个精灵向我展示了这个词。这个错误的解释使杜邦夫人崇拜我，使我成了她灵魂的主人。我滥用了我的能力。如今，每当我想起这件事，我就感到苦恼和惭愧，现在我正在努力地写下自己的回忆，写下事实的真相。我带着她的灵魂、她的心、她的智慧以及她留下的一切美好的感觉。

不过，令人遗憾的是，卡萨诺瓦没有透露他的密码分析方法。

3.3　维吉尼亚密码分析

那么，我们怎么能像卡萨诺瓦一样，破译维吉尼亚密码呢？知道密钥的长度通常会简化破译的过程。例如，如果密钥的长度是 2，那么第一、三、五等字母将全部用相同的字母表加密，第二、四、六等也用相同的字母表加密，尽管这 2 个字母表是不同的。将同组的字母放在一起，出现频数最高的那个字母通常是对字母 E 的加密。不过如果密文太短，则出现频数最高的字母可能就不是 E 了。这个问题在下面的例子中将得到解决。现在，我们假设可以识别出 E。因为使用了一个有序的字母表，所有其他的字母也会立刻被识别出来。因此，这段密文很容易被破解。如果使用混合字母表，则解密速度较慢，但只要有耐心，通过使用频数表仍可以破解。密钥变长则需要将密文分成更多的组。例如，如果密钥的长度是 5，我们将把这些字母按照如下所示分组：

1,	6,	11,	16,	…	字母表 1
2,	7,	12,	17,	…	字母表 2
3,	8,	13,	18,	…	字母表 3
4,	9,	14,	19,	…	字母表 4
5,	10,	15,	20,	…	字母表 5

请注意，每个组都是一个模 5 剩余类。

那么我们如何确定密钥的长度呢？有好几种可用的方法。最简单的是假设消息的某些明文部分在密钥的作用下出现了相同的密文。例如，如果 2 位计算机科学教授正在进行通信，则 COMPUTER 这个词可能会在消息中重复出现。如果密钥是 ORANGE，我们将会有以下几种不同的相对位置：

COMPUTER	COMPUTER	COMPUTER
ORANGEOR	RANGEORA	ANGEORAN
COMPUTER	COMPUTER	COMPUTER
NGEORANG	GEORANGE	EORANGEO

对于单词 COMPUTER 的多次出现，很容易计算上面 6 个相对位置之一重复出现的概率。当然，如果 COMPUTER 在消息中出现 7 次或更多次，则保证某个相对位置一定会重复出现，这导致密文中 8 个字母的重复密文。这些重复密文的第一个字母之间的距离必然是密钥长度的倍数。许多其他的单词与密钥字的相对位置也会重复出现，例如，常用短语 THE 和 AND。在密文中找到所有 3 个或 3 个以上重复出现的字母，并计算它们之间的距离，这些距离应该是密钥长度的倍数，这暗示了密钥的长度。可能会出现不同的明文短语通过不同的相对位置加密成相同密文的情况，但这通常可作为背景噪声来处理，真正的密钥长度会很明显。这个过程被称为卡西斯基（Kasiski）测试[1]（本来可能会被称为巴贝奇（Babbage）测试，因为查尔斯·巴贝奇在卡西斯基之前就发现了，但他并没有继续研究下去并公布这个结果，这是巴贝奇的一贯作风）[2]。卡西斯基测试将会简要举例介绍，但是我们先来看一下另一种确定密钥长度的方法。

威廉·弗里德曼（见图 3.8）[3]于 1920 年发表了一种奇妙的攻击，它来自一个被称为重合指数（Index of Coincidence，IC）的计算。简单地说，重合指数是指从长度为 N 的文本中随机选择 2 个字母，它们的概率相同。

图 3.8 威廉·弗里德曼（William Friedman，1891—1969）
（图片承蒙美国密西根州米德堡国家密码学博物馆提供）

1　弗里德里希·W·卡西斯基(1805—1881) 是一位退休的普鲁士步兵少校，他于 1863 年在《Die Geheimschriften und die Dechiffrir-kunst》上发表了他的方法。

2　关于这一点，请参阅 SIMON S. The code book[M]. New York: Doubleday, 1999: 78.对于更多的信息，请参阅. BABBAGE. The tale of a cypher and APL[M]. Prentice Hall, 1984.

3　FRIEDMAN W. The index of coincidence and its applications in cryptography[M]. IL: Publ. No. 22, Riverbank Laboratories, Geneva, 1920.

比如 2 个字母都是 A 的概率计算式为：

$$P(第一个字母A) \times P(第二个字母A) = \frac{F_A}{N} \times \frac{F_A - 1}{N - 1} \tag{3-1}$$

其中，F_A 表示字母 A 出现的频数。

由于这 2 个字母可能都是 B，或 2 个字母可能都是 C 等，因此我们必须将每个在字母表中出现的字母相同的概率相加，然后得到重合指数为：

$$IC = \frac{\sum_{i=A}^{Z} F_i(F_i - 1)}{N(N-1)} \tag{3-2}$$

在一个密码系统中使用多个代换字母表会使字母的频数分布趋于平坦，因此，与原始明文消息相比，在密文中随机选择 2 个字母，它们相同的概率减小了。因此，重合指数可以说是衡量频数平坦度的指标。换句话说，重合指数可用来估计使用字母表的数量。

由于正常明文中字母频数存在变化，我们不会在每次给定长度相等的密钥字后，都能得到相同的重合指数；然而，对于每种长度的密钥字，IC 的期望值可以被计算，下表中提供了这些数值。这些值部分地依赖于文本的长度，对于不同的消息长度可单独构建表格，而该表针对的是长的消息。

字母表数量（密钥字长度）	重合指数的期望值
1	0.0660
2	0.0520
3	0.0473
4	0.0449
5	0.0435
6	0.0426
7	0.0419
8	0.0414
9	0.0410
10	0.0407

当密钥字长度变大时，我们会接近一个近似极限值 0.0388。这是我们对纯粹的随机文本所取得的值——也就是说，所有的字母都以同样的频数出现，因此概率是 1/26。

请注意，当使用的字母表数量较少时，期望值之间的差异较大。因此我们可以很容易区分使用的是 1 个字母表（单表代换密码）还是 2 个字母表，但是区分使用了 9 个字母表还是 10 个字母表则是困难的。

假设重合指数为 0.04085，表示使用的是 9 个或 10 个字母表。我们可以通过假设正确的密钥长度是 9 并且将密文分成 9 组进行进一步测试。如果我们的假设是正确的，则每组字母是被同一个字母表加密。第 1 组密文将包含位置 1、10、19、28 等的字母。因为如果密钥长度为 9，我们就不得不在位置 10 处重新使用密钥字的第一个字母，然后是位置 19 和 28 等。第 2 组将包含用第 2 个字母表进行加密的所有字母，也就是位置 2、11、20、29 等的字母。现在将 IC 应用到第 1 组后就应该能够看出（如果结果值接近 0.066）这些字母是否真的是由同一个字母表加密而来的。如果 IC 的值接近 0.038，我们则怀疑密钥长度可能不是 9，但是第一组不能作为唯一的依据。这个 IC 值有可能是一个误导性的特例！分别测试所有 9 组字母，将会给出一个更可靠的结果，应该以此来确定 9 到底是不是密钥的正确长度。如果这 9 组的 IC 值都不符合期望值，那么我们可以假设密钥长度为 10 并重新开始。将密文字母分成 10 组，并计算每组的 IC 值，从而判断 10 是不是真正的密钥长度。对于计算结果符合 IC 分布的较小的密文分组，也称为十中抽一字母表（Decimated Alphabets），尽管有可能符合结果的密文分组不是 10 个。

以下几个例子可表明卡西斯基测试和 IC 测试的可靠性。第一个将在下面介绍，其他的例子留作练习。

> **注：** 有些书故意编制了一些使这些测试工作很完美的例子，从而给人一种错误的印象，让他们认为这种情况总是如此。

当知道密文中的字符数（N）和密文重合指数（IC）时，可以对 IC 等式变形，从而得到密钥长度（L）：

$$L \approx \frac{0.028N}{(IC)(N-1) - 0.038N + 0.066} \tag{3-3}$$

虽然不需要了解它的推导过程也可以使用上述公式，但它的正确性也很容易推导。假设我们有一个由 N 个字母组成的密文，并且加密密钥的长度为 L。如果我们随机选择 2 个字母，它们的相同的概率是多少？（只看它们作为密文的情况，它们所对应的明文字母不必相同）。如果这 2 个字母都用相同的字母表加密，则它们相同的概率要高得多，我们考虑以下 2 种不同的情况，并将它们组合起来作为我们最终的证明。

第一种情况：2 个字母是由相同的字母表加密而成的。

我们先选哪个字母没有关系，但第 2 个字母必须使用同一个字母表来加密，所以它必须是剩下的 N/L–1 个同字母表加密的字母之一（L 个字母表将 N 个字母的文本大致分为 N/L 组，每组用不同的字母表加密）。因此，剩下的 N–1 个字母中还有 N/L–2 个符合要求。所以，概率是：

$$\frac{\dfrac{N}{L}-1}{N-1} \tag{3-4}$$

但是我们还需要这 2 个字母是一样的。由于使用同一个字母表加密而来,因此这个概率是 0.066,也就是使用一个字母表加密的 IC 值。我们将这 2 个值相乘得到:

$$\frac{0.066(\dfrac{N}{L}-1)}{N-1} \tag{3-5}$$

第二种情况:2 个字母使用不同的字母表加密。

与第一种情况一样,我们先选哪个字母没有关系,但现在第 2 个字母必须用不同的字母表加密得到。既然我们已经找到第 2 个字母使用同一个字母表加密的概率,我们可以求补来得到它使用不同字母表加密的概率。于是有:

$$1-\left(\frac{\dfrac{N}{L}-1}{N-1}\right) \tag{3-6}$$

现在我们有 2 个用不同字母表加密的字母,它们相同的概率是上述概率乘以不同字母表加密字符相等的概率。这个概率大致等于随机文本的 IC 值(或相当于大量的字母表),即 0.038。所以,我们在第 2 种情况下得到的概率是:

$$0.038\left(1-\frac{\dfrac{N}{L}-1}{N-1}\right) \tag{3-7}$$

结合这 2 种情况,我们得到:

$$IC \approx \frac{0.066\left(\dfrac{N}{L}-1\right)}{N-1}+0.038\left(1-\frac{\dfrac{N}{L}-1}{N-1}\right) \tag{3-8}$$

现在只需要利用公式变形来求解 L(请参考习题 23)以得到最终结果:

$$L \approx \frac{0.028N}{(IC)(N-1)-0.038N+0.066} \tag{3-9}$$

使用这个公式,你不需要像前面的例子那样给出计算值的表格。不过,这个公式只适用于英文明文的密文。对于其他语言,常数可能会不同。

卡西斯基测试和重合指数可能起初听起来很复杂,但实际上很容易使用。我们通过下面的例子来看看利用它们完成维吉尼亚密码分析是多么的简单。

```
IZPHY  XLZZP  SCULA  TLNQV  FEDEP  QYOEB  SMMOA  AVTSZ  VQATL  LTZSZ
AKXHO  OIZPS  MBLLV  PZCNE  EDBTQ  DLMFZ  ZFTVZ  LHLVP  MBUMA  VMMXG
FHFEP  QFFVX  OQTUR  SRGDP  IFMBU  EIGMR  AFVOE  CBTQF  VYOCM  FTSCH
ROOAP  GVGTS  QYRCI  MHQZA  YHYXG  LZPQB  FYEOM  ZFCKB  LWBTQ  UIHUY
LRDCD  PHPVO  QVVPA  DBMWS  ELOSM  PDCMX  OFBFT  SDTNL  VPTSG  EANMP
MHKAE  PIEFC  WMHPO  MDRVG  OQMPQ  BTAEC  CNUAJ  TNOIR  XODBN  RAIAF
UPHTK  TFIIG  EOMHQ  FPPAJ  BAWSV  ITSMI  MMFYT  SMFDS  VHFWQ  RQ
```

这里有几组字符重复，我们需要标注它们的位置以便使用卡西斯基测试。

字母组合	起始位置	起始位置的间距
IZP	1 和 57	56
HYX	4 和 172	168
EPQ	24 和 104	80
MBU	91 和 123	32
TSM	327 和 335	8

考虑上表中的最后一列，所有的值都是 8 的倍数。这意味着密钥字的长度应该是 8。当然密钥字长度也有可能是 4（或 2），不过如果是这种情况，最后一列中应该会有 4（或 2）的倍数，而不都是 8 的倍数。

计算重合指数需要更多的工作，我们从构建密文字母的频数（见表 3.1）开始。

表 3.1　计算重合指数用到的字母频数

字母	频数	字母	频数
A	18	N	7
B	14	O	18
C	12	P	22
D	12	Q	17
E	15	R	10
F	22	S	16
G	9	T	20
H	14	U	8
I	13	V	18
J	2	W	5
K	4	X	7
L	15	Y	9
M	26	Z	14

本例中重合指数的分子按照如下方法计算得到：

$$\sum_{i=A}^{Z}F_i(F_i-1) = 18\times17+14\times13+12\times11+12\times11+15\times14+22\times21+9\times8+14\times13+13\times12+2\times$$

$$1+4\times3+15\times14+26\times25+7\times6+18\times17+22\times21+17\times16+10\times9+16\times15+20\times1$$

$$9+8\times7+18\times17+5\times4+7\times6+9\times8+14\times13=$$

$$5\,178$$

$$(3\text{-}10)$$

于是，重合指数为：

$$IC=\frac{\sum\limits_{i=A}^{Z}F_i(F_i-1)}{N(N-1)}=\frac{5178}{347\times346}\approx0.0431 \qquad (3\text{-}11)$$

这个值尽管没有完美匹配的一个预期值，但仍然表明加密使用了五六个字母表。我们可以假设密钥长度为 5，将密文字母分成若干组，每组使用相同的字母表进行加密，并对每组的 IC 进行计算。我们得到的值分别为 0.046、0.050、0.041、0.038 和 0.046。这些值远低于 0.066，所以它们不太可能来自相同的字母表。因此我们假设密钥长度为 5 显然是错误的。然后我们基于长度为 6 的密钥，重复计算 IC 值得到 0.050、0.041、0.035、0.048、0.038 和 0.037。同样，密钥的长度也不可能是 6。

我们可以按照 IC 值的推测，再用 4 个字母表和 7 个字母表进行重新尝试，但卡西斯基测试推测了密钥的长度是 8，所以我们直接跳到这个值。将密文分成 8 组，并计算每个组的 IC 值，得到 0.105、0.087、0.075、0.087、0.056、0.069、0.065 和 0.046。这些值是迄今为止我们得到的最大的 IC 值，所以我们再用另一个测试来支持卡西斯基测试的结果。练习 22 中描述了利用 IC 计算来支持卡西斯基测试结果的方法。现在我们重写密文并将其分成长度为 8 的块，以便同一列中的字母是由同一个字母表加密得到的。我们可以为每一列构建一个频数表（见表 3.2）。这将不得不又得到上面段落中给出的 IC 值，但是我会等到可以得出肯定的结论后再把这些工作展示出来。在回到这里之前先花一些时间来考察表 3.2 和相关文本。

对于每列，有 26 种可能用于表示字母 E。在列 1 中，字母 E、A 和 T 的频数之和的最大值是 21，并且是当 M 代表 E 时得到这样的结果。现在，对于列 2，假设 P 代表 E，则得到的 E、A 和 T 的频数之和只有 9。不过当 Q 代表 E 时，最大的总和是 11。对于列 3，当 Q 代表 E 时也获得最大总和，这次的总和为 17。对于列 4～列 8，使用这个方法可得到 E 分别是由 S、V、X、E 和 P 来代表的。我们发现，如果这些代换是正确的，则 E 只是列 1、3、4 和 5 中最常见的字符；在列 7 中并列第一位。我们鼓励读者在练习 14 中研究其他方法来确定每个字母表的

表 3.2　每列的字母频数

1	2	3	4	5	6	7	8
I	Z	P	H	Y	X	L	Z
Z	P	S	C	U	L	A	T
L	N	Q	V	F	E	D	E
P	Q	Y	O	E	B	S	M
M	O	A	A	V	T	S	Z
V	Q	A	T	L	L	T	Z
S	Z	A	K	X	H	O	O
I	Z	S	M	B	L	L	L
V	P	Z	C	N	E	E	D
B	T	Q	D	L	M	F	D
Z	F	T	V	Z	L	H	L
V	P	M	B	U	M	A	V
M	M	X	G	F	H	F	E
P	Q	F	F	V	X	O	Q
T	U	R	S	R	G	D	P
I	F	M	B	U	E	I	G
M	R	A	F	V	O	E	C
B	T	Q	F	V	Y	O	C
M	F	T	S	C	H	R	O
O	A	P	G	V	G	T	S
Q	Y	R	C	I	M	H	Q
Z	A	Y	H	Y	X	G	L
Z	P	Q	B	F	Y	E	O
M	Z	F	C	K	B	L	W
B	T	Q	U	I	H	U	Y
L	R	D	C	D	P	H	P
V	O	Q	V	V	P	A	D
B	M	W	S	E	L	O	S
M	P	D	C	M	X	O	F
B	F	T	S	E	T	N	L
V	P	T	S	G	E	A	N
M	P	M	H	K	A	E	P
I	E	F	C	W	M	H	P
O	M	D	R	V	H	O	Q
M	P	Q	B	T	A	E	C
C	N	U	A	J	T	N	O
I	R	X	O	D	B	N	R
A	I	A	F	U	P	H	T
K	T	F	I	I	G	H	J
M	H	Q	F	P	P	E	J
B	A	W	S	V	I	T	T
M	I	M	M	F	Y	S	B
M	F	D	S	V	H	F	W
Q	R	Q					

	列号							
	1	2	3	4	5	6	7	8
A	1	3	5	2	0	2	5	0
B	6	0	0	4	0	4	0	0
C	1	0	0	7	2	0	0	3
D	0	0	4	1	2	0	2	2
E	0	1	0	0	2	4	6	2
F	0	5	4	5	4	0	3	1
G	0	0	0	2	1	4	1	1
H	1	1	0	3	0	5	5	0
I	4	2	0	1	3	1	1	0
J	0	0	0	0	1	0	0	1
K	1	0	0	1	2	0	0	0
L	2	0	0	0	2	4	3	4
M	11	3	4	1	2	4	0	1
N	0	2	0	0	1	0	3	1
O	2	2	0	2	0	1	6	5
P	2	8	3	0	1	4	0	4
Q	2	3	9	0	0	0	0	3
R	0	4	2	1	1	0	1	1
S	1	0	1	8	0	0	2	4
T	1	4	4	1	1	3	3	2
U	0	1	1	1	0	1	1	0
V	5	0	0	3	9	0	0	1
W	0	0	0	1	0	0	0	2
X	0	0	0	0	1	4	0	0
Y	0	1	2	0	2	3	0	1
Z	4	4	1	0	1	0	0	4

考虑第 1 列，M 是目前频数最大的字母，所以我们假设 M 代表 E。这意味着 B 代表 T，I 代表 A。B 和 I 的频数也很高，所以看上去是合适的。对于一个小样本来说，E 并不总是频数最大的字母。例如，在第 2 列中，频数最大的字符是 P，但这意味着 E（频数 1）代表 T，而 L（频数 0）代表 A，这看起来不太合适。一个更好的策略是寻找使 E、A 和 T 这 3 个最频繁的明文字母的频数之和最大化的移位。

移位。上面的代换意味着密钥字（在每个字母表中用于表示 A 的字母按顺序串起来）是 IMMORTAL。因为这是一个有实际意义的词，所以增强了可以对此推导结论的信心。通过将这个密钥字应用于密文并模 26 可以得到：

```
IZPHY  XLZZP  SCULA  TLNQV  FEDEP  QYOEB  SMMOA  AVTSZ  VQATL  LTZSZ
IMMOR  TALIM  MORTA  LIMMO  RTALI  MMORT  ALIMM  ORTAL  IMMOR  TALIM
ANDTH  ELORD  GODSA  IDBEH  OLDTH  EMANI  SBECO  MEASO  NEOFU  STOKN

AKXHO  OIZPS  MBLLV  PZCNE  EDBTQ  DLMFZ  ZFTVZ  LHLVP  MBUMA  VMMXG
MORTA  LIMMO  RTALI  MMORT  ALIMM  ORTAL  IMMOR  TALIM  MORTA  LIMMO
OWGOO  DANDE  VILAN  DNOWL  ESTHE  PUTFO  RTHHI  SHAND  ANDTA  KEALS

FHFEP  QFFVX  OQTUR  SRGDP  IFMBU  EIGMR  AFVOE  CBTQF  VYOCM  FTSCH
RTALI  MMORT  ALIMM  ORTAL  IMMOR  TALIM  MORTA  LIMMO  RTALI  MMORT
OOFTH  ETREE  OFLIF  EANDE  ATAND  LIVEF  OREVE  RTHER  EFORE  THELO

ROOAP  GVGTS  QYRCI  MHQZA  YHYXG  LZPQB  FYEOM  ZFCKB  LWBTQ  UIHUY
ALIMM  ORTAL  IMMOR  TALIM  MORTA  LIMMO  RTALI  MMORT  ALIMM  ORTAL
RDGOD  SENTH  IMFOR  THFRO  MTHEG  ARDEN  OFEDE  NTOTI  LLTHE  GROUN

LRDCD  PHPVO  QVVPA  DBMWS  ELOSM  PDCMX  OFBFT  SDTNL  VPTSG  EANMP
IMMOR  TALIM  MORTA  LIMMO  RTALI  MMORT  ALIMM  ORTAL  IMMOR  TALIM
DFROM  WHENC  EHEWA  STAKE  NSOHE  DROVE  OUTTH  EMANA  NDHEP  LACED

MHKAE  PIEFC  WMHPO  MDRVG  OQMPQ  BTAEC  CNUAJ  TNOIR  XODBN  RAIAF
MORTA  LIMMO  RTALI  MMORT  ALIMM  ORTAL  IMMOR  TALIM  MORTA  LIMMO
ATTHE  EASTO  FTHEG  ARDEN  OFEDE  NCHER  UBIMS  ANDAF  LAMIN  GSWOR

UPHTK  TFIIG  EOMHQ  FPPAJ  BAWSV  ITSMI  MMFYT  SMFDS  VHFWQ  RQ
RTALI  MMORT  ALIMM  ORTAL  IMMOR  TALIM  MORTA  LIMMO  RTALI  MM
DWHIC  HTURN  EDEVE  RYWAY  TOKEE  PTHEW  AYOFT  HETRE  EOFLI  FE
```

明文结果是《圣经》中关于获得永生的一段经文[1]。

重合指数对于判断使用的字母表数量价值极小。经常会发生这种情况，当使用 2 个或更多个"不同的"字母表时，重合指数实际上是相同的。在这个例子中，密钥字 IMMORTAL 中重复的字母 M 是导致这种情况的罪魁祸首。

在这个例子中，卡西斯基测试效果更好，但是弗里德曼的重合指数通常是一个更强大的技术。弗里德曼可以仅通过这项工作就获得很高的认可，即使他别的事情什么都没有做。重合指数可以应用在许多不同的环境中，甚至可以在某些情况下用于区分不同的语言[2]：

语言	IC
英语	0.0667
法语	0.0778
德语	0.0762
意大利语	0.0738
俄语	0.0529（30 个字母的斯拉夫语言）
西班牙语	0.0775

1　出版似乎是最可靠的途径。有些人通过体育成就来寻求不朽，但你能指出多少古希腊运动员的名字？而与之对应的，你却可以说出几位希腊剧作家、数学家、科学家以及哲学家。

2　KAHN D. The codebreakers[M]. 2nd ed., New York: Scribner, 1996: 378.

还有很多其他的方法可以在不解密的情况下区分单表代换密码中的语言。其中一个方法，即文本的熵（本书后面会详细讨论），甚至可以用来确定（非常粗略地）一个文本产生的时代。一种语言的熵似乎随着时间而增加，服从热力学第二定律![1]

维吉尼亚密码已经在数百年中被广泛使用。美国南北战争时期，美国南方邦联曾经使用过它，而且确信在很长时间中他们只用过 3 个密钥：MANCHESTER BLUFF、COMPLETE VICTORY 和（李将军投降后）COME RETRIBUTION。然而，在 2006 年，肯特·波克琅试图破译美国南方邦联以前的信息时，发现了第 4 个密钥[2]。少的密钥数量当然帮助了美国北方联邦的破译者！在这场战争期间，卡西斯基攻击就被发布了，但似乎被美国南方邦联忽视了。

数学家查尔斯·道奇森（Charles Dodgson，1832—1898），曾以笔名刘易斯·卡罗尔（Lewis Carroll）写下《爱丽丝漫游仙境》和《镜中奇遇记》，他独立地发现了我们所说的维吉尼亚密码。他写道："即使在表格的帮助下，任何一个不知道密钥字的人都不可能破译这个信息（原文如此）[3]。"

即使到了 1917 年，也并不是每个人都知道这个系统已经被破译了。在那一年，《科学美国人》重印了费城工程师俱乐部的一篇文章，宣称这个系统是新的和"不可能破译"[4]的。这篇文章还指出："密钥改变的简便性是那些渴望传递重要消息的人们支持采用此密码的另一点原因，他们希望其消息被政治或商业竞争对手读取后没有丝毫的危险。"然而，人们最终意识到了这个错误，并于 1921 年在某期《科学美国人》上刊登了奥托·霍尔斯坦的一篇题为《波尔塔和维吉尼亚的密码，最初的不可破译密码及其解密》"的文章[5]。

3.4　克里普托斯

维吉尼亚密码最近的一个例子是一种叫作克里普托斯（Kryptos）的有趣雕塑（见

1　BENNETT JR W R. Scientific and engineering problem-solving with the Computer[M]. Englewood Cliffs, NJ: Prentice Hall, 1976. 4.13 节、4.14 节与这里有关。

2　BOKLAN K. How i broke the confederate code (137 years too late)[J]. Cryptologia, 2006, 30(4): 340-345. 博克兰后来通过破译旧的邦联密码来平息事态。

3　此引文的来源通常被引用为 1868 年出版的儿童杂志《字母表密码》。到目前为止，我一直无法获得更多的书目信息。我有 2 页纸的影印件，但即使这样也没有帮助，因为页面上没有标题、日期、作者姓名或页码。佳士得在 2153 交易中拍卖了一幅原创作品 117 拍品。拍卖成交价为 1 000 美元，该拍品被描述为"宽幅卡片纸（180 mm×123 mm）"。 一面印有字母表，另一面是解释。所以也许从来不在杂志上？

4　The article "A New Cipher Code" was published in a supplement to the January 17,1917, issue of Scientific American.

5　HOLSTEIN O. The ciphers of porta and vigenère, the original undecipherable code and how to decipher it[J]. Scientific American Monthly, 1921, 4(4): 332-334.

图 3.9）。该作品由詹姆斯·桑伯恩于 1990 年创作，位于美国中央情报局（CIA）的户外广场上。虽然地点不对公众开放，但却吸引了公众的关注，甚至在丹·布朗的小说《达·芬奇密码》的封皮上提到了一个经度和纬度，而这个坐标就是指向克里普托斯雕塑。

雕塑的左半部分是密文，可以分为 2 个面板，称为面板 1（左侧的上半部分）和面板 2（左侧的下半部分）。这 2 个面板内容具体显示在图 3.10 和图 3.11 中，每个都包含 2 个不同的密文。这些密文在这里的图中是有区分的，但在原始的雕塑中没有区分。克里普托斯的右侧（面板 3 和面板 4）提供了关于在左侧使用的加密手段的线索，这些面板内容显示在图 3.12 和图 3.13 中。面板 3 和面板 4 清楚地表明了一个带有混合字母表的维吉尼亚密码。

图 3.9　詹姆斯·桑伯恩的雕塑克里普托斯
（图片承蒙美国密西根州米德堡国家密码学博物馆提供）

```
EMUFPHZLRFAXYUSDJKZLDKRNSHGNFIVJ
YQTQUXQBQVYUVLLTREVJYQTMKYRDMFD
VFPJUDEEHZWETZYVGWHKKQETGFQJNCE
GGWHKK?DQMCPFQZDQMMIAGPFXHQRLG
TIMVMZJANQLVKQEDAGDVFRPJUNGEUNA
QZGZLECGYUXEENJTBJLBQCRTBJDFHRR
YIZETKZEMVDUFKSJHKFWHKUWQLSZFTI
HHDDDUVH?DWKBFUFPWNTDFIYCUQZERE
EVLDKFEZMOQQJLTTUGSYQPFEUNLAVIDX
FLGGTEZ?FKZBSFDQVGOGIPUFXHHDRKF
FHQNTGPUAECNUVPDJMQCLQUMUNEDFQ
ELZZVRRGKFFVOEEXBDMVPNFQXEZLGRE
DNQFMPNZGLFLPMRJQYALMGNUVPDXVKP
DOUMEBEDMHDAFMJGZNUPLGEWJLLAETG
```

图 3.10　克里普托斯的面板 1，已经添加了一条水平线以便将密文 1 与密文 2 分开

```
E N D Y A H R O H N L S R H E O C P T E O I B I D Y S H N A I A
C H T N R E Y U L D S L L S L L N O H S N O S M R W X M N E
T P R N G A T I H N R A R P E S L N N E L E B L P I I A C A E
W M T W N D I T E E N R A H C T E N E U D R E T N H A E O E
T F O L S E D T I W E N H A E I O Y T E Y Q H E E N C T A Y C R
E I F T B R S P A M H N E W E N A T A M A T E G Y E E R L B
T E E F O A S F I O T U E T U A E O T O A R M A E E R T N R T I
B S E D D N I A A H T T M S T E W P I E R O A G R I E W F E B
A E C T D D H I L C E I H S I T E G O E A O S D D R Y D L O R I T
R K L M L E H A G T D H A R D P N E O H M G F M F E U H E
E C D M R I P F E I M E H N L S S T T R T V D O H W ? O B K R
U O X O G H U L B S O L I F B B W F L R V Q Q P R N G K S S O
T W T Q S J Q S S E K Z Z W A T J K L U D I A W I N F B N Y P
V T T M Z F P K W G D K Z X T J C D I G K U H U A U E K C A R
```

图 3.11　克里普托斯的面板 2，已经添加了一条（主要的）水平线以便将密文 3 与密文 4 分开

```
A B C D E F G H I J K L M N O P Q R S T U V W X Y Z A B C D
A K R Y P T O S A B C D E F G H I J L M N Q U V W X Z K R Y P
B R Y P T O S A B C D E F G H I J L M N Q U V W X Z K R Y P T
C Y P T O S A B C D E F G H I J L M N Q U V W X Z K R Y P T O
D P T O S A B C D E F G H I J L M N Q U V W X Z K R Y P T O S
E T O S A B C D E F G H I J L M N Q U V W X Z K R Y P T O S A
F O S A B C D E F G H I J L M N Q U V W X Z K R Y P T O S A B
G S A B C D E F G H I J L M N Q U V W X Z K R Y P T O S A B C
H A B C D E F G H I J L M N Q U V W X Z K R Y P T O S A B C D
I B C D E F G H I J L M N Q U V W X Z K R Y P T O S A B C D E
J C D E F G H I J L M N Q U V W X Z K R Y P T O S A B C D E F
K D E F G H I J L M N Q U V W X Z K R Y P T O S A B C D E F G
L E F G H I J L M N Q U V W X Z K R Y P T O S A B C D E F G H
M F G H I J L M N O U V W X Z K R Y P T O S A B C D E F G H I
```

图 3.12　克里普托斯的面板 3 提供了加密的线索

```
N G H I J L M N Q U V W X Z K R Y P T O S A B C D E F G H I J
O H I J L M N Q U V W X Z K R Y P T O S A B C D E F G H I J L
P I J L M N Q U V W X Z K R Y P T O S A B C D E F G H I J L M
Q J L M N Q U V W X Z K R Y P T O S A B C D E F G H I J L M N
R L M N Q U V W X Z K R Y P T O S A B C D E F G H I J L M N Q
S M N Q U V W X Z K R Y P T O S A B C D E F G H I J L M N Q U
T N Q U V W X Z K R Y P T O S A B C D E F G H I J L M N Q U V
U Q U V W X Z K R Y P T O S A B C D E F G H I J L M N Q U V W
V U V W X Z K R Y P T O S A B C D E F G H I J L M N Q U V W X
W V W X Z K R Y P T O S A B C D E F G H I J L M N Q U V W X Z
X W X Z K R Y P T O S A B C D E F G H I J L M N Q U V W X Z K
Y X Z K R Y P T O S A B C D E F G H I J L M N Q U V W X Z K R
Z Z K R Y P T O S A B C D E F G H I J L M N Q U V W X Z K R Y
A B C D E F G H I J K L M N O P Q R S T U V W X Y Z A B C D
```

图 3.13　克里普托斯的面板 4，继续提供线索

对明文 "MATHEMATICS IS THE QUEEN OF THE SCIENCES"，用 "GAUSS"
作密钥来显示其加密过程。首先，字母表以混合顺序写出，从 KRYPTOS 开始，
然后按字母表顺序依次列出未出现的字母：

```
KRYPTOSABCDEFGHIJLMNQUVWXZ          明文
GHIJLMNQUVWXZKRYPTOSABCDEF          字母表 1
ABCDEFGHIJLMNQUVWXZKRYPTOS          字母表 2
UVWXZKRYPTOSABCDEFGHIJLMNQ          字母表 3
SABCDEFGHIJLMNQUVWXZKRYPTO          字母表 4
SABCDEFGHIJLMNQUVWXZKRYPTO          字母表 5
```

在这下面，密钥字 GAUSS 垂直写在左侧，提供给我们的 5 个密文字母表的第
一个字母。每个密文字母表都从这个字母开始，按照最初的混合字母表中相同的
顺序依次写出。现在，为了加密，5 个密文字母表按顺序使用，直到消息结束，
所以我们得到：

```
MATHEMATICS IS THE QUEEN OF THE SCIENCES     明文
GAUSSGAUSSG AU SSG AUSSG AU SSG AUSSGAUS     密钥
OHZQLOHZUIN VR DQX RJLLS FA DQX GTULSJSF     密文
```

这种密码被美国密码协会（ACA）的成员，比如詹姆斯·J·吉罗利，称为
"Quagmire III"。整个明文还没有得到恢复，但是吉罗利用他自己设计的计算机程
序，在 1999 年破译了密文的大部分内容。有几个因素使他的工作变得更加困难。

① 没有明显的迹象表明左边包含 4 个密文而不是一个密文。

② 字母表的混乱是用一个密钥字来完成的，但并不是右边提示的线索
KRYPTOS。

③ 桑伯恩故意在密码中引入了一些错误。

④ 只有前 2 个密码是 Quagmire III。密码 3 和密码 4 来自另一个系统。

确定正确的密钥和恢复前 2 条明文的挑战留给读者，大家可以很容易地在网
上找到答案。你能用本章介绍的技术来迎接这个挑战吗？第二部分应该比第一部
分容易，因为有更多的密文可以使用。

第 3 个密文利用了换位技术（见第 4 章），也被吉罗利破译了。剩下的 3 行多
的密文将他困住了，他无法破译第 4 个密文和最后的秘密。

在吉罗利取得成功之后，CIA 透露了其一名员工大卫·斯坦早就破译了吉罗
利在 1998 年破译的那部分密文。斯坦的成果刊登在一个机密刊物上，詹姆斯没有
机会看到。不止是 CIA，美国国家安全局（NSA）透露他们的一些雇员在 1992 年
解决了这个问题，但最初 NSA 不提供他们的名字。2005 年这些信息才得以公开，
实际上是美国国家安全局的一个团队（肯·米勒、丹尼斯·麦克丹尼尔斯和另外
两个尚未公开的人）破译的。尽管获得了强烈的关注，但是克里普托斯的最后一

部分还是没能破译，至少公开的情况是这样的！

"人们称我为撒旦的代言人，"艺术家桑伯恩说，"因为我不会说出我的秘密[1]。"

至少，桑伯恩（见图 3.14）最近揭示了一个有价值的线索。2010 年 11 月 20 日，他指出在未解密部分的第 64 个字母开始（即 NYPVTT）应该解密为 BERLIN。但是，按照这样的解密，现有的已知明文攻击可能对密码分析人员没有任何帮助[2]！

图 3.14　詹姆斯·桑伯恩（1945—）

根据目前的线索，最好的猜测是第 4 个密文是由矩阵加密产生的（见第 7 章）。桑伯恩在以前密文中故意犯错误的位置可能指出了用于加密最终秘密使用的加密矩阵中的值。

3.5　自动密钥

我们已经学习了密码编码学、密码分析学以及维吉尼亚密码的历史，现在让我们来看看布莱斯·德·维吉尼亚对这个密码系统的真实贡献，之前我们已经提到过。维吉尼亚的自动密钥只使用一次给定的密钥（下面例子中为 COMET）。在密钥使用一次之后，原始消息（或生成的密文）将被用作其余消息的密钥。

```
SENDSUPPLIES...          明文

COMETSENDSUP...          密钥
```

1　LEVY S. Mission impossible: the code even the CIA can't crack[J]. Wired, 2009, 17(5).

2　SCRYER. Kryptos clue[J]. The Cryptogram, 2011, 77(1): 11. 斯克莱尔是美国密码协会的詹姆斯·J·吉罗利的笔名。

USZHLMTCOAYH… 　　　　　　密文

密文继续用作"密钥"：

SENDSUPPLIES… 　　　　　　明文

COMETUSZHLOH… 　　　　　　密钥

USZHLOHOSTSZ… 　　　　　　密文

克劳德·香农在他的经典论文《保密系统的通信理论》中介绍了这个特殊的例子[1]。

由于每个字母的加密依赖于以前的明文或密文字母，因此我们在这里使用了一种链。当矩阵加密出现时，这种技术再一次得到应用，并继续应用在现代分组密码中。在本书的第 12.6 节中将更详细地讨论它，其中涵盖了各种加密模式。使用密文作为密钥，虽然听起来好像更复杂，但是却生成一个容易被攻破的密文！

与各种自动密钥方法相关的一个风险是单个位置的错误可以通过其余密文传播。比如大家可以回顾我们之前的例子，第 3 个字符被错误地加密为 N，而不是 Z。下面我们给出一个无错误的加密系统，以供比较。这个密码系统用于生成"密钥"：

SENDSUPPLIES… 　　　　　　明文

COMETUSNHLOH… 　　　　　　密钥

USNHLOHCSTSZ… 　　　　　　真正获得的密文

USZHLOHOSTSZ… 　　　　　　应该得到的密文

继续下去，我们会发现，在我们最初的错误之后，每到第 5 个密文字符也是不正确的。

本章介绍了维吉尼亚密码，然后又介绍了攻破它的方法，现在我们准备进行修改，使之成为一个更强大的系统。然而，应该指出的是，维吉尼亚密码在现实世界中并没有得到如此快速的修补，它运行得非常成功。我们可能再也看不到一个可以存活数百年的系统，在这期间没有被成功攻破过。

3.6　运动密钥密码系统及其分析

由于维吉尼亚密码的主要弱点是密钥字的定期重复导致了上述的攻击，因此自然想到的改进方案是仍然以类似的方式进行加密，只是不使用重复的密钥。一种方法是使用一本书的文本作为密钥。这种方法通常被称为运动密钥（Running

---

1　SHANNON C. Communication theory of secrecy systems[J]. The Bell System Technical Journal, 1949, 28(4): 656-715. 香农指出，"本文中的材料出现在 1945 年 9 月 1 日出版的机密报告《加密数学理论》中，现已不是机密文件。"

Key）（维吉尼亚）密码系统。下面是一个例子：

BEGIN THE ATTACK AT DAWN　　　明文

ITWAS THE BESTOF TI MESI　　　密钥

JXCIF MOI BXKTQP TB PEOV　　　密文

这里明文使用查尔斯·狄更斯的《双城记》作为密钥来加密。

卡西斯基攻击对这种升级版的维吉尼亚密码无效，因为这里的密钥从不重复，并且弗里德曼的重合指数只会表明这里使用了大量的密文字母表。然而，这并不意味着弗里德曼被运动密钥密码所击败。他在一封介绍他的论文《运动密钥密码系统的解决方案》的附信中写道[1]：

关于解密一个或一系列用运动密钥加密的消息的可能性，据说直到 3 个月前回答都是"不能解密"或"这是值得怀疑的"。或许你已经知道使用运动密钥的美国陆军磁盘被用作野战服务密码已经很多年了，据我们所知，这些密码现在还在使用。我认为它之所以能长期使用以及对其安全性有足够的信心，以致作为一种野战密码使用，很可能是由于没有人自找麻烦去考虑是否"可以这么做"。一个长期准备发动战争的敌人完全有可能并没有忽视我们的野战密码，并且我倾向于认为他的知识等于或高于我们自己。我们已经能够证明，不仅美国陆军磁盘或任何类似装置所加密的单一短消息能够容易且迅速地被破译，而且用相同密钥加密的一系列消息可能会以比加密它们更快的速度被解密！

弗里德曼的新攻击是基于一些非常简单的数学运算，现在来验证一下它。为便于参考，表 3.3 再次给出了英文字母的频数。

表 3.3　英文中的字母出现频数

字母	频数	字母	频数
A=0	0.08167	N=13	0.06749
B=1	0.01492	O=14	0.07507
C=2	0.02782	P=15	0.01929
D=3	0.04253	Q=16	0.00095
E=4	0.12702	R=17	0.05987
F=5	0.02228	S=18	0.06327
G=6	0.02015	T=19	0.09056
H=7	0.06094	U=20	0.02758
I=8	0.06966	V=21	0.00978
J=9	0.00153	W=22	0.02360
K=10	0.00772	X=23	0.00150
L=11	0.04025	Y=24	0.01974
M=12	0.02406	Z=25	0.00074

来源：BEUTELSPACHER A. Cryptology[M]. Mathematical Association of America, Washington, D.C.,1994: 10.

---

1 FRIEDMAN W. Methods for the solution of running-key ciphers[M]. Geneva, IL: Publ. No. 16, Riverbank Laboratories, 1918.

现在假设密文中的字母 A 是由运动密钥生成的。它可能是由明文 A 在密钥字中的 A 作用下产生的，也可能是由明文 B 在密钥字中的 Z 作用下产生的。哪个更有可能呢？由于字母 A 出现的频数比 B 或 Z 更高，所以第一种可能性更大。还有一些其他的可能组合会在密文中产生 A。表 3.4 列出了所有的明文/密钥组合及其频数（由表 3.3 得到）。

表 3.4　明文/密钥组合及其频数

组合	频数			排名
AA	0.0066699889	=	0.0066699889	3
BZ	0.0000110408	×2 =	0.0000220816	13
CY	0.0005491668	×2 =	0.0010983336	9
DX	0.0000637950	×2 =	0.0001275900	12
EW	0.0029976720	×2 =	0.0059953440	4
FV	0.0002178984	×2 =	0.0004357968	10
GU	0.0005557370	×2 =	0.0011114740	8
HT	0.0055187264	×2 =	0.0110374528	1
IS	0.0044073882	×2 =	0.0088147764	2
JR	0.0000916011	×2 =	0.0001832022	11
KQ	0.0000073340	×2 =	0.0000146680	14
LP	0.0007764225	×2 =	0.0015528450	7
MO	0.0018061842	×2 =	0.0036123684	6
NN	0.0045549001	=	0.0045549001	5

请注意，如果密钥字母和明文字母不同，则这个频数必须加倍。例如，B 和 Z 的这对组合用于生成 A 时，可以是明文 B 和密钥 Z，或明文 Z 和密钥 B。因此，这 2 个字母可以用 2 个不同的组合方式得到 A。但是，字母 A 和 A 的组合只能以一个方式来产生 A。同样，N 和 N 也只能以一种方式才能产生 A。所以，如果是 2 个相同的字母组合在一起生成密文字母，这个频数不用加倍。

表 3.4 中的排名表明，密文 A 最有可能由组合 H 和 T 产生。但是，其他组合有时也是正确的。考虑频数前 5 名一般就足以找到正确组合，其余字母可通过类似于修正拼写错误的方式找到。表 3.5 给出了每个字母组合频数的排名[1]。

1　感谢 Adam Reifsneider 编写计算机程序来计算这些排名。

表 3.5　每个字母对的排名

A		B		C		D	
HT	0.0110374528	IT	0.012616819	OO	0.0056355049	AD	0.0069468502
IS	0.0088147764	NO	0.0101329486	EY	0.0050147496	LS	0.0050932350
AA	0.0066699889	HU	0.0033614504	LR	0.0048195350	OP	0.0028962006
EW	0.0059953440	AB	0.0024370328	AC	0.0045441188	MR	0.0028809444
NN	0.0045549001	DY	0.0016790844	IU	0.0038424456	HW	0.0028763680
MO	0.0036123684	FW	0.0010516160	NP	0.0026037642	KT	0.0013982464
LP	0.0015528450	MP	0.0009282348	HV	0.0011919864	IV	0.0013625496
GU	0.0011114740	KR	0.0009243928	KS	0.0009768888	FY	0.0008796144
CY	0.0010983336	GV	0.0003941340	GW	0.0009510800	BC	0.0008301488
FV	0.0004357968	EX	0.0003810600	JT	0.0002771136	EZ	0.0001879896
JR	0.0001832022	JS	0.0001936062	BB	0.0002226064	NQ	0.0001282310
DX	0.0001275900	LQ	030000764750	FX	0.0000668400	JU	0.0000843948
BZ	0.0000220816	CZ	0.0000411736	DZ	0.0000629444	GX	0.0000604500
KQ	0.0000146680			MQ	0.0000457140		

E		F		G		H	
AE	0.0207474468	OR	0.0089888818	NT	0.0122237888	OT	0.0135966784
NR	0.0080812526	NS	0.0085401846	OS	0.0094993578	DE	0.0108043212
LT	0.0072900800	MT	0.0043577472	CE	0.0070673928	AH	0.0099539396
IW	0.0032879520	BE	0.0037902768	AG	0.0032913010	NU	0.0037227484
MS	0.0030445524	AF	0.0036392152	IY	0.0027501768	PS	0.0024409566
BD	0.0012690520	HY	0.0024059112	PR	0.0023097846	LW	0.0018998000
GY	0.0007955220	CD	0.0023663692	DD	0.0018088009	CF	0.0012396592
CC	0.0007739524	LU	0.0022201900	MU	0.0013271496	BG	0.0006012760
KU	0.0004258352	IX	0.0002089800	LV	0.0007872900	MV	0.0004706136
PP	0.0003721041	KV	0.0001510032	BF	0.0006448352	QR	0.0001137530
HX	0.0001828200	JW	0.0000722160	KW	0.0003643840	IZ	0.0001030968
OQ	0.0001426330	PQ	0.0000366510	HZ	0.0000901912	JY	0.0000604044
FZ	0.0000329744	GZ	0.0000298220	JX	0.0000045900	KX	0.0000231600
JV	0.0000299268			QQ	0.0000009025		

I		J		K		L	
EE	0.0161340804	RS	0.0075759498	RT	0.0108436544	EH	0.0154811976
AI	0.0013782644	EF	0.0056600112	DH	0.0051835564	ST	0.0114594624
OU	0.0041408612	CH	0.0033907016	EG	0.0051189060	AL	0.0065744350
RR	0.0035844169	NW	0.0031855280	SS	0.0040030929	DI	0.0059252796
PT	0.0034938048	BI	0.0020786544	CI	0.0037858824	RU	0.0033024292
DF	0.0018951368	DG	0.0017139590	OW	0.0035433040	NY	0.0026645052
BH	0.0018184496	LY	0.0015890700	AK	0.0012609848	PW	0.0009104880
NV	0.0013201044	OV	0.0014683692	MY	0.0009498888	FG	0.0008978840
MW	0.0011356320	PU	0.0010640364	FF	0.0004963984	BK	0.0002303648
CG	0.0011211460	AJ	0.0002499102	PV	0.0003773124	OX	0.0002252100
KY	0.0003047856	QT	0.0001720640	NX	0.0002024700	CJ	0.0000851292
LX	0.0001207500	MX	0.0000721800	LZ	0.0000595700	MZ	0.0000356088
QS	0.0001202130	KZ	0.0000114256	QU	0.0000524020	QV	0.0000185820
JZ	0.0000022644			BJ	0.0000456552		

（续表）

	M		N		O		P
EI	0.0176964264	AN	0.0110238166	AO	0.0122619338	EL	0.0102251100
TT	0.0082011136	TU	0.0049952896	HH	0.0037136836	HI	0.0084901608
AM	0.0039299604	FI	0.0031040496	DL	0.0034236650	TW	0.0042744320
SU	0.0034899732	RW	0.0028258640	SW	0.0029863440	CN	0.0037551436
OY	0.0029637636	GH	0.0024558820	GI	0.0028072980	AP	0.0031508286
FH	0.0027154864	CL	0.0022395100	BN	0.0020139016	RY	0.0023636676
BL	0.0012010600	SV	0.0012375612	EK	0.0019611888	BO	0.0022400888
RV	0.0011710572	PY	0.0007615692	TV	0.0017713536	DM	0.0020465436
CK	0.0004295408	BM	0.0007179504	CM	0.0013386984	UV	0.0005394648
GG	0.0004060225	DK	0.0006566632	UU	0.0007606564	FK	0.0003440032
DJ	0.0001301418	EJ	0.0003556812	RX	0.0001796100	SX	0.0001898100
NZ	0.0000998852	OZ	0.0001111036	FJ	0.0000681768	GJ	0.0000014060
PX	0.0000578700	QX	0.0000028500	QY	0.0000375060	QZ	0.0000014060
QW	0.0000448400			PZ	0.0000285492		

	Q		R		S		T
EM	0.0061122024	EN	0.0171451596	EO	0.0190707828	AT	0.0147920704
DN	0.0057406994	AR	0.0097791658	AS	0.0103345218	IL	0.0056076300
II	0.0048525156	DO	0.0063854542	HL	0.0049056700	EP	0.0049004316
CO	0.0041768948	TY	0.0035753088	FN	0.0030073544	FO	0.0033451192
SY	0.0024978996	GL	0.0016220750	BR	0.0017865208	CR	0.0033311668
FL	0.0017935400	CP	0.0010732956	DP	0.0016408074	HM	0.0029324328
UW	0.0013017760	FM	0.0010721136	UY	0.0010888584	GN	0.0027198470
BP	0.0005756136	HK	0.0009409136	IK	0.0010755504	BS	0.0018879768
GK	0.0003111160	VW	0.0004616160	GM	0.0009696180	VY	0.0003861144
TX	0.0002716800	IJ	0.0002131596	WW	0.0005569600	DQ	0.0000808070
HJ	0.0001864764	SZ	0.0000936396	TZ	0.0001340288	WX	0.0000708000
AQ	0.0001551730	UX	0.0000827400	CQ	0.0000528580	UZ	0.0000408184
VV	0.0000956484	BQ	0.0000283480	VX	0.0000293400	JK	0.0000236232
RZ	0.0000886076			JJ	0.0000023409		

	U		V		W		X
HN	0.0082256812	ER	0.0152093748	ES	0.0160731108	ET	0.0230058624
DR	0.0050925422	IN	0.0094027068	IO	0.0104587524	FS	0.0028193112
AU	0.0045049172	HO	0.0091495316	DT	0.0077030336	IP	0.0026874828
CS	0.0035203428	DS	0.0053817462	AW	0.0038548240	GR	0.0024127610
IM	0.0033520392	CT	0.0050387584	FR	0.0026678072	DU	0.0023459548
GO	0.0030253210	AV	0.0015974652	HP	0.0023510652	LM	0.0019368300
BT	0.0027023104	BU	0.0008229872	LL	0.0016200625	KN	0.0010420456
WY	0.0009317280	GP	0.0007773870	CU	0.0015345512	BW	0.0007042240
FP	0.0008595624	KL	0.0006214600	YY	0.0003896676	CV	0.0005441592
EQ	0.0002413380	JM	0.0000736236	KM	0.0003714864	AX	0.0002450100
JL	0.0001231650	XY	0.0000592200	BV	0.0002918352	JO	0.0002297142
KK	0.0000595984	FQ	0.0000423320	JN	0.0002065194	HQ	0.0001157860
VZ	0.0000144744	WZ	0.0000349280	GQ	0.0000382850	YZ	0.0000292152
XX	0.0000022500	XZ	0.0000022200				

（续表）

	Y		Z
HR	0.0072969556	IR	0.0083410084
EU	0.0070064232	HS	0.0077113476
LN	0.0054329450	LO	0.0060431350
FT	0.0040353536	GT	0.0036495680
AY	0.0032243316	MN	0.0032476188
GS	0.0025497810	EV	0.0024845112
CW	0.0013131040	DW	0.0020074160
KO	0.0011590808	FU	0.0012289648
DV	0.0008318868	BY	0.0005890416
MM	0.0005788836	KP	0.0002978376
IQ	0.0001323540	AZ	0.0001208716
JP	0.0000590274	CX	0.0000834600
BX	0.0000447600	JQ	0.0000029070
ZZ	0.0000005476		

我们现在来看一个运动密钥密码的密文，以便了解弗里德曼如何使用上面给出的排名来获得原始消息和密钥。例如：

LAEKAHBWAGWIPTUKVSGB

密文的第一个字母 L 很可能是由 E + H、S + T、A + L、D + I 或 R + U 产生的，因为这些是可以生成 L 的前 5 个配对。我们把这些字母组合垂直写成一列放在字母 L 的下面，然后再将每一对反序将它们写出来，并对密文中其他每个字母的前 5 个配对进行同样的处理，这样就得到了表 3.6。

表 3.6 运动密钥密文的例子

L	A	E	K	A	H	B	W	A	G	W	I	P	T	U	K	V	S	G	B
E	H	A	R	H	O	I	E	H	N	E	E	E	A	H	R	E	E	N	I
H	T	E	T	T	T	T	S	T	T	S	E	L	T	N	T	R	O	T	T
S	I	N	D	I	D	N	I	I	O	I	A	H	I	D	D	I	A	O	N
T	S	R	H	S	E	O	O	S	S	O	I	I	L	R	H	N	S	S	O
A	A	L	E	A	A	H	D	A	C	D	O	T	E	A	E	H	H	C	H
L	A	T	G	A	H	U	T	A	E	T	U	W	P	U	G	O	L	E	U
D	E	I	S	E	N	A	A	E	A	A	R	C	F	C	S	D	F	A	A
I	W	W	S	W	U	B	W	W	G	W	R	N	O	S	S	S	N	G	B
R	N	M	C	N	P	D	F	N	I	F	P	A	C	I	C	C	B	I	D
U	N	S	I	N	S	Y	R	N	Y	R	T	P	R	M	I	T	R	Y	Y
H	T	E	T	T	T	T	S	T	T	S	E	L	T	N	T	R	O	T	T
E	H	A	R	H	O	I	E	H	N	E	E	E	A	H	R	E	E	N	I
T	S	R	H	S	E	O	O	S	S	O	I	I	L	R	H	N	S	S	O
S	I	N	D	I	D	N	I	I	O	I	A	H	I	D	D	I	A	O	N
L	A	T	G	A	H	U	T	A	E	T	U	W	P	U	G	O	L	E	U
A	A	L	E	A	A	H	D	A	C	D	O	T	E	A	E	H	H	C	H
I	W	W	S	W	U	B	W	W	G	W	R	N	O	S	S	S	N	G	B
D	E	I	S	E	N	A	A	E	A	A	R	C	F	C	S	D	F	A	A
U	N	S	I	N	S	Y	R	N	Y	R	T	P	R	M	I	T	R	Y	Y
R	N	M	C	N	P	D	F	N	I	F	P	A	C	I	C	C	B	I	D

　　在第 2 个块里（表格的下半部分），颠倒的字母对的顺序可以实现很好的对应关系。如果 L 下面的第 3 个字母就是真正用来生成 L 的明文或密钥，那么在底部块中的第 3 个字母就是其配对。大家很快就会看到这对密码分析有什么帮助。与自己配对的字母会两次出现在我们的表格中。这虽然看来是多余的，但从美学观点上来看是必要的，因为它能保持所有的列长度相同。

　　我们现在把重点放在第一个文本块上，关注密文下面的 10 行字母，并尝试从每列中选择一个单独的字母，使其在横向读出时形成一串有意义的消息。可能有很多种可能的情况，但是我们慢慢向前推进，并能容易判断是否在正确的轨道上。我们之所以能做到这点，是因为部文本块中的字母与那些形成消息的字母位置相同。如果底部文本块中的字母也能形成有意义的消息的话，则使我们对此答案更有信心。随着例子的继续，这一点将变得更加清晰。

　　因为 THE 是英语中最常用的词，所以我们不妨尝试从这里开始。我们选择能拼出 THE 的顶部文本块的字母，然后看看从底部文本块的那些位置会得到什么（见表 3.7）。

表 3.7　从第 1 块中寻找 THE，在第 2 块中对应 STA

L	A	E	K	A	H	B	W	A	G	W	I	P	T	U	K	V	S	G	B
E	**H**	A	R	H	O	I	E	H	N	E	E	E	A	H	R	E	E	N	I
H	T	**E**	T	T	T	S	T	T	S	E	L	T	N	T	R	O	T	T	T
S	I	N	D	I	D	N	I	I	O	I	A	H	I	D	D	I	A	O	N
T	S	R	H	S	E	O	O	S	S	O	I	I	L	R	H	N	S	S	O
A	A	L	E	A	A	H	D	A	C	D	O	T	E	A	E	H	H	C	H
L	A	T	G	A	H	U	T	A	E	T	U	W	P	U	G	O	L	E	U
D	E	I	S	E	N	A	A	E	A	A	R	C	F	C	S	D	F	A	A
I	W	W	S	W	U	B	W	W	G	W	R	N	O	S	S	S	N	G	B
R	N	M	C	N	P	D	F	N	I	F	P	A	C	I	C	C	B	I	D
U	N	S	I	N	S	Y	R	N	Y	R	T	P	R	M	I	T	R	Y	Y

L	A	E	K	A	H	B	W	A	G	W	I	P	T	U	K	V	S	G	B
H	**T**	E	T	T	T	S	T	T	S	E	L	T	N	T	R	O	T	T	T
E	H	**A**	R	H	O	I	E	H	N	E	E	E	A	H	R	E	E	N	I
T	S	R	H	S	E	O	O	S	S	O	I	I	L	R	H	N	S	S	O
S	I	N	D	I	D	N	I	I	O	I	A	H	I	D	D	I	A	O	N
L	A	T	G	A	H	U	T	A	E	T	U	W	P	U	G	O	L	E	U
A	A	L	E	A	A	H	D	A	C	D	O	T	E	A	E	H	H	C	H
I	W	W	S	W	U	B	W	W	G	W	R	N	O	S	S	S	N	G	B
D	E	I	S	E	N	A	A	E	A	A	R	C	F	C	S	D	F	A	A
U	N	S	I	N	S	Y	R	N	Y	R	T	P	R	M	I	T	R	Y	Y
R	N	M	C	N	P	D	F	N	I	F	P	A	C	I	C	C	B	I	D

我们得到 STA，这看起来很有希望。它可以继续拼出 STAY、STATION、STAB、STRATOCASTER、STALINGRAD、STALACTITE、STAPHYLOCOCCUS 等，有很多种可能！然而，每个矩形的顶部行中包含最有可能连续使用的字母组合。所以最好首先在那里寻找最有可能的组合。

在 STAY（刚才想到的第一个单词）中的 Y 甚至没有出现在底部矩形的适当列中。有可能 STAY 是正确的，但不是最可能的。在进一步阅读之前，建议大家花点时间仔细检查一下底部的矩形，你认为是哪个单词？

当我们开始生成单词时，还不能分辨哪个是明文，哪个是密钥。希望当我们完成后，我们将能够区分两者。

好的，你找到 START 这个词了吗？这似乎是最好的选择。让我们看看它在上面矩形的对应位置是什么（见表 3.8）。

表 3.8　在第 1 块中寻找 THE TH，在第 2 块中对应 START

```
L A E K A H B W A G W I P T U K V S G B
E H A R H O I E H N E E A H R E E N I
H T E T T T S T T S E L T N T R O T T
S I N D I D N I I O I A H I D D I A O N
T S R H S E O O S S O I I L R H N S S O
A A L E A A H D A C D O T E A E H C H
L A T G A H U T A E T U W P U G O L E U
D E I S E N A A E A A R C F C S D F A A
I W W S W U B W W G W R N O S S S N G B
R N M C N P D F N I F P A C I C C B I D
U N S I N S Y R N Y R T P R M I T R Y Y

H T E T T T S T T S E L T H T R O T T
E H A R H O I E H N E E A H R E E N I
T S R H S E O O S S O I I L R H N S S O
S I N D I D N I I O I A H I D D I A O N
L A T G A H U T A E T U W P U G O L E U
A A L E A A H D A C D O T E A E H H C H
I W W S W U B W W G W R N O S S S N G B
D E I S E N A A E A A R C F C S D F A A
U N S I N S Y R N Y R T P R M T T R Y Y
R N M C N P D F N I F P A C I C C B I D
```

顶部的矩形现在读出的是 THE TH，这看起来没问题。这可能是 THE THOUGHT IS WHAT COUNTS 或 THE THREE AMIGOS 或 THE THREAT OF DEFEAT LOOMS

LARGE。但是如果我们猜测底部矩形块读出的是 STAGE（见表 3.9），我们来看看会出现什么结果。

表 3.9　在第 2 块中寻找 STAGE

L	A	E	K	A	H	B	W	A	G	W	I	P	T	U	K	V	S	G	B
E	**H**	A	R	H	O	I	E	H	N	E	E	E	A	H	R	E	E	N	I
H	T	**E**	T	T	T	S	T	T	S	E	L	T	N	T	R	O	T	T
S	I	N	D	I	D	N	I	I	O	I	A	H	I	D	D	I	A	O	N
T	S	R	H	S	E	O	O	S	S	O	I	I	L	R	H	N	S	S	O
A	A	L	**E**	A	A	H	D	A	C	D	O	T	E	A	E	H	H	C	H
L	A	T	G	A	H	U	T	A	E	T	U	W	P	U	G	O	L	E	U
D	E	I	S	E	N	A	A	E	A	A	R	C	F	C	S	D	F	A	A
I	W	W	S	**W**	U	B	W	W	G	W	R	N	O	S	S	S	N	G	B
R	N	M	C	N	P	D	F	N	I	F	P	A	C	I	C	C	B	I	D
U	N	S	I	N	S	Y	R	N	Y	R	T	P	R	M	I	T	R	Y	Y
H	**T**	E	T	T	T	S	T	T	S	E	L	T	H	T	R	O	T	T	
E	H	**A**	R	H	O	I	E	H	N	E	E	E	A	H	R	E	E	N	I
T	S	R	H	S	E	O	O	S	S	O	I	I	L	R	H	N	S	S	O
S	I	N	D	I	D	N	I	I	O	I	A	H	I	D	D	I	A	O	N
L	A	T	**G**	A	H	U	T	A	E	T	U	W	P	U	G	O	L	E	U
A	A	L	E	A	A	H	D	A	C	D	O	T	E	A	E	H	H	C	H
I	W	W	S	W	U	B	W	W	G	W	R	N	O	S	S	S	N	G	B
D	E	I	S	**E**	N	A	A	E	A	A	R	C	F	C	S	D	F	A	A
U	N	S	I	N	S	Y	R	N	Y	R	T	P	R	M	T	T	R	Y	Y
R	N	M	C	N	P	D	F	N	I	F	P	A	C	I	C	C	B	I	D

最上面的文本将会是 THE EW，这使我们在接下来的分析中会遇到麻烦，或可能是 THEE W，但是 THEE 这个单词如果不是出自莎士比亚或托尔的作品的话，那么它似乎是一个不太可能用到的词。

所以，继续我们已经恢复的文本，THE TH 和 START，我们可以看看哪个矩形块更容易继续。我更喜欢分析顶部的矩形块。自己检查一下，看看你的选择是否与我在表 3.10 中给出的选择一致。

表 3.10　第 1 块中从 THE TH 开始，第 2 块中从 START 开始

L	A	E	K	A	H	B	W	A	G	W	I	P	T	U	K	V	S	G	B
E	**H**	A	R	**H**	O	I	E	H	**N**	E	E	E	A	H	R	E	E	N	I
H	T	**E**	**T**	T	T	T	**S**	T	T	S	E	L	T	N	T	R	O	T	T
S	I	N	D	I	D	N	I	I	O	I	A	H	I	D	D	I	A	O	N
T	S	R	H	S	E	O	O	S	S	O	I	I	L	R	H	N	S	S	O
A	A	L	E	A	A	H	D	**A**	C	**D**	O	T	E	A	E	H	H	C	H
L	A	T	G	A	H	**U**	T	A	E	T	U	W	P	U	G	O	L	E	U

（续表）

L	A	E	K	A	H	B	W	A	G	W	I	P	T	U	K	V	S	G	B
D	E	I	S	E	N	A	A	E	A	A	R	C	F	C	S	D	F	A	A
I	W	W	S	W	U	B	W	W	G	W	R	N	O	S	S	S	N	G	B
R	N	M	C	N	P	D	F	N	I	F	P	A	C	I	C	C	B	I	D
U	N	S	I	N	S	Y	R	N	Y	R	T	P	R	M	I	T	R	Y	Y
H	**T**	E	T	**T**	**T**	T	S	T	**T**	S	E	L	T	H	T	R	O	T	T
E	H	**A**	**R**	H	O	I	E	**E**	H	N	E	E	E	A	H	R	E	N	I
T	S	R	H	S	E	O	O	S	S	O	I	I	L	R	H	N	S	S	O
S	I	N	D	I	D	N	I	I	O	I	A	H	I	D	D	I	A	O	N
L	A	T	G	A	H	U	T	**A**	E	**T**	U	W	P	U	G	O	L	E	U
A	A	L	E	A	A	**H**	D	A	C	D	O	T	E	A	E	H	H	C	H
I	W	W	S	W	U	B	W	W	G	W	R	N	O	S	S	S	N	G	B
D	E	I	S	E	N	A	A	E	A	A	R	C	F	C	S	D	F	A	A
U	N	S	I	N	S	Y	R	N	Y	R	T	P	R	M	I	T	R	Y	Y
R	N	M	C	N	P	D	F	N	I	F	P	A	C	I	C	C	B	I	D

THE TH 可以扩展成 THE THOUSAND，同时底部的矩形产生 START THEATT。这一定是 START THE ATTACK。看来我们这次在底部块中得到了明文，在顶部块中得到了密钥。我们尝试在底部矩形中完成 ATTACK 一词，并检查以确保顶部矩形仍然给予有意义的东西。但是我们碰到了一个障碍——在我们需要的地方找不到 K！不过这没关系，因为矩形列出了最可能的配对，但不太可能的配对也可能发生。我们只需要在我们需要的地方加上 K（在上面的矩形中）和 J，并使之结合得到密文字母 T（见表 3.11）。

表 3.11　按照需要添加 J 和 K

L	A	E	K	A	H	B	W	A	G	W	I	P	T	U	K	V	S	G	B
E	**H**	A	R	**H**	O	I	E	H	**N**	E	E	E	A	H	R	E	E	N	I
H	**T**	E	T	T	T	**S**	T	T	S	E	L	T	**N**	T	R	O	T	T	
S	I	N	D	I	D	N	I	I	O	I	A	H	I	D	D	I	A	O	N
T	S	R	H	S	E	O	O	S	S	**O**	**I**	I	L	R	H	N	S	S	O
A	A	L	E	A	A	H	D	**A**	C	**D**	O	T	E	A	E	H	H	C	H
L	A	T	G	A	H	**U**	T	A	E	T	U	W	P	U	G	O	L	E	U
D	E	I	S	E	N	A	A	E	A	A	R	C	F	C	S	D	F	A	A
I	W	W	S	W	U	B	W	W	G	W	R	**N**	O	S	S	S	N	G	B
R	N	M	C	N	P	D	F	N	I	F	P	A	C	I	C	C	B	I	D
U	N	S	I	N	S	Y	R	N	Y	R	T	P	R	M	I	T	R	Y	Y
													J						
H	**T**	E	T	**T**	**T**	T	S	T	**T**	S	E	L	T	H	T	R	O	T	T
E	H	**A**	R	H	O	I	E	**E**	H	N	E	E	E	A	H	R	E	N	I

（续表）

L	A	E	K	A	H	B	W	A	G	W	I	P	T	U	K	V	S	G	B
T	S	R	H	S	E	O	O	S	S	O	I	I	L	R	H	N	S	S	O
S	I	N	D	I	D	N	I	I	O	I	**A**	H	I	D	D	I	A	O	N
L	A	T	G	A	H	U	T	**A**	E	**T**	U	W	P	U	G	O	L	E	U
A	A	L	E	A	A	**H**	D	A	C	D	O	T	E	A	E	H	H	C	H
I	W	W	S	W	U	B	W	W	G	W	R	N	O	S	S	S	N	G	B
D	E	I	S	E	N	A	A	E	A	A	R	**C**	F	C	S	D	F	A	A
U	N	S	I	N	S	Y	R	N	Y	R	T	P	C	R	M	T	T	R	Y
R	N	M	C	N	P	D	F	N	I	F	P	A	C	I	C	C	B	I	D
												K							

　　我们可以随时以这种方式添加字母，但是不到万不得已不应该这样做，也就是说除非我们相信它们一定是正确的或没有其他合理的选择。现在我们的 2 个文本读出的是 START THE ATTACK 和 THE THOUSAND INJ。同样请读者在继续阅读之前花一点时间在顶部矩形中查找 INJ 的后续拼词（我们将看到这并不是很难）。

　　当然，也可以沿着另一个方向进行，即尝试扩展 START THE ATTACK。然而，一般来说，完成部分单词比找到新单词要更容易，除非前面的单词是一个众所周知的短语的开头。说到这一点，可能会有读者已经识别出这里使用的密钥的来源，马上我们将揭示更多。

　　好的，你是否把顶端的文本扩展到 THE THOUSAND INJURIES？这使底部块的文本读出 START THE ATTACK AT NOO。最后一次查看底部文本，我们用另一个字母扩展它，然后在顶部矩形中执行相同操作。现在我们得到的消息和密钥如下：

THE THOUSAND INJURIES O 　　　密钥

START THE ATTACK AT NOON 　　消息

　　顺便说一下，密钥是埃德加·爱伦·坡的短篇小说《阿芒提拉多的水桶》的开头部分。

　　上面用于演示这种攻击的例子比一般情况要容易一些。最有可能产生某个特定密文字母的明文密钥对中的 20 个字符中，有 9 个（45%）确实产生了那个字母。实验表明，这种情况发生的平均次数不到 1/3。另外，这个例子只有一个密文字母（密文的 5%）不是从 5 个最可能的配对之中产生的，这个百分比低于平常水平。

　　尽管如此，这仍是一个伟大的攻击。弗里德曼甚至能够通过切割列使攻击速度更快。这使他可以上下移动单独的列。当他从顶部矩形块中获得一个单词或短语时，他可以看底部的矩形块，也可以直接看相应位置的字母。我使用粗体和下划线字体，因为这样在书中更容易表述清楚，但上下滑动纸张更适合于课堂演示。

　　虽然弗里德曼没有进一步深入分析，但他的攻击可以继续扩展。不是一次考虑一个密文字符，而是考虑字母组合。例如，假设密文开始的组合是 MOI。我们的表格显示：

M 最可能由 E+I 得到；

O 最可能由 A+O 得到；

I 最可能由 E+E 得到。

但是，这些表格不考虑上下文，且提出产生 O 的最高可能配对时没考虑在密文前后出现什么字母。把字母 MOI 作为一个组合，并使用三字母频数来排列其可能性，我们将看到它最有可能来自 THE+ THE。

N·S·泰特，当时还是大学生，和我一起研究了这个新的攻击。我们将密文分成不同的字符组，并使用字母组合的频数来排列之前的配对。例如，如果密文是 HYDSPLTGQ，并且我们使用 3 个字符组来发起攻击，那么我们将密文分成 HYDSPLTGQ，并用最有可能产生它的那个对来代替每个三元组。

这个想法需要进行测试，最简单的方法是编写计算机程序来进行计算和分析结果。我们测试了单字符分析法（就像弗里德曼那样）、二字母组合、三字母组合、四字母组合、五字母组合以及六字母组合。

我期望在得到结果之后可以把这种新的攻击法与弗里德曼的方法进行比较并能说："我做的这个真是好太多了。"但是，情况并非如此。结果只是稍好一点！我们试图将结果发表到尽可能好的刊物。我们认为就算是对弗里德曼有很小的改进也是值得出版的，因此提交了论文。一位和蔼的编辑接受了论文并提出一些修改意见。

幸运的是，美国北卡罗来纳州立大学生物信息学博士生亚历山大·格里芬看到了论文，并把这个攻击变成了真正实现。他的方法不只一个接一个地分析密文字符块，同时也在计算最可能的解决方案时考虑那些重叠部分[1]。因此，当考虑密文 HYDSPLTGQ 时，格里芬的方法并不只是看 HYD、SPL 和 TGQ 是怎么生成的，而是考虑 HYD、YDS、DSP、SPL、PLT、LTG 和 TGQ。图 3.15 所示的是从他的论文中复制出来的，此图表明了他的方法如何比泰特和我提出的考虑每个大小的字母组合的方法更好，并且当遇到 5 个字母的组合和 6 个字母的组合时，他的方法明显是更好的。

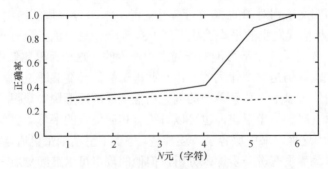

图 3.15　格里芬的结果（实线）与之前其他尝试的结果（虚线）的比较

1　GRIFFING A. Solving the running key cipher with the Viterbi algorithm[J]. Cryptologia, 2006, 30(4): 361-367.

　　使用本章讨论的技术，可以攻破任何长度的运动密钥密码系统。 然而，极短的消息不可能有唯一的解。图 3.16 显示了潜在的解的数量如何随着明文长度的变化而变化。超过 8 个字符后，我们期望只有一个单一的解。

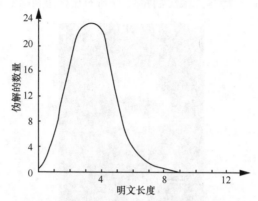

图 3.16　伪解的数量与明文长度的函数关系

（来自 DEAVOURS C A. Cryptologia, 1977, 1（1）: 62）

3.7　一次一密或维尔南密码

　　维吉尼亚密码由于存在密钥字重复出现这一弱点，因此被认为很容易破译。修改这个密码系统使密钥不重复，即运动密钥密码系统。虽然新的系统不能被攻击维吉尼亚密码的方法所破解，但正如我们所看到的，还存在其他有效的攻击方法。这个密码系统的弱点在于，密钥和明文都是由有意义的单词组成的。因此，下一步改进密码系统安全性的方法似乎是显而易见的——使用随机选择的字母组成运动密钥。这样的系统可以抵抗已经描述的攻击和所有其他攻击。使用得当的话，它将是不可破译的！实际上，这是理论上唯一不可破解的密码[1]。埃德加·爱伦·坡在写"人类的聪明才智不能构造出一种人类智慧无法破译的密码系统"时，他还不知道这一点。我们可以原谅他，因为当时这种方法尚未被发现。尽管不可破译的密码系统似乎从"修补"运动密钥密码自然地发展而来，但历史学家认为[2]，在 1917—1918 年之前都没有出现这种系统，直到它被吉尔伯特·维尔南（见图3.17）和 AT&T 的约瑟夫·O·莫博涅少校（见图 3.18）推出。它所采取的形式

1　SHANNON C. Communication theory of secrecy systems[J]. The Bell System Technical Journal, 1949, 28(4): 656-715. 香农指出，"本文中的材料出现在 1945 年 9 月 1 日出版的机密报告《加密数学理论》中，现已不是机密文件。"

2　如果你想了解弗兰克米勒，请耐心等待。我在本章最后讨论他所做过的工作。

与这里介绍的形式不同，但在功能上是等同的。我们将简短地回顾维尔南和莫博涅是怎样描述他们的系统的。有时它被称为维尔南密码，但叫作一次一密（One-Time Pad，OTP）更好一点，因为它强调密钥只使用一次！如果一个随机密钥用于多于一个明文，就不会像我们将要看到的那样不可破译。

图 3.17 吉尔伯特·维尔南 Gilbert Vernam（1890—1960）

图 3.18 约瑟夫·O·莫博涅（1881—1971）
（来自信号部队公告（The Signal Corp Bulletin），1937 年 11—12 月）

一次一密应该很容易在数百年之前就被发现，因为它的工作原理，除了密钥是随机的并且必须与消息一样长之外，与维吉尼亚密码或运动密钥密码相同。例如，假设一次一密的密钥本以 USNHQ LFIYU 作为开始，Bob 想发送 I LOVE ALICE 这个消息。使用上面密码本作为密钥，在明文上逐个加上密钥的字母（使用它们的数字等值），我们有：

```
I LOVE ALICE        明文
```

U SNHQ LFIYU　　　密钥

C DBCU LNQAY　　　密文

如果 Eve 截获信息并正确猜测密钥，她将会得到明文消息。但是，她没有理由猜测出这个特定的密钥。如果她反而猜到了 UWMYQ LFIYU 这个密钥，那么这个明文就解释为 I HATE ALICE 了。或者，假设她尝试了密钥 USNHQ SJKYJ。在这种情况下，明文又变成 I LOVE SUSAN。任何长度为 10 个字符的消息都会由某个密钥产生。由于 Eve 没有理由从一些密钥中选出一个密钥，因此除了明文的长度以外，她没有得到任何有用的信息。实际上，密文的长度只提供了明文长度的上限，因为人们可以通过填充字符使一个非常简短的明文显示得更长。

随着不可破译的密码系统的发展，我们可以期待它能很快被所有人采用，并且其他所有的加密方法都将消失。但是情况并非如此！事实上，直到 20 世纪 20 年代初，这个由美国人发现的方法才被大量使用，而且是被德国人使用[1]！他们把它作为他们外交编码的额外步骤；也就是说，在将明文转换为数字编码组之后，0～9 随机数字的列表形式的一次一密密码本，被用来移位每个密文值。只要采取了这样一个额外的步骤，不管密钥是否是随机的，我们都将该系统称为加密编码。一次一密也被战略服务办公室（OSS）[2]使用，这是一个二战时期的美国机构，它既演变成美国中央情报局，也演变成绿色贝雷帽（美国陆军特种部队——译者注），而从 1930 年开始，苏联则在外交通信中大量使用一次一密[3]。

1957 年，美国联邦调查局（FBI）在纽约逮捕了一位名叫鲁道夫·阿贝尔的苏联间谍，同时缴获了一个一次一密密码本[4]。被捕 5 年后，他被用于交换弗朗西斯·加里·鲍尔斯，后者在驾驶一架 U-2 间谍飞机飞越苏联时被击落。这个交易发生在连接东柏林和西柏林的勃兰登堡桥上。

图 3.19 所示的是 1961 年日本特工人员所使用的一次一密密码本中的一页[5]。其中的一边可能是为了加密，另一边是为了解密。

虽然已经谈判了很长时间，但直到 1963 年古巴导弹危机之后，华盛顿和莫斯科之间才建立了"热线"（见图 3.20）。实际上，有两条热线（备份总是一个好主意），而且都由一次一密机制保护，该一次一密机制使用的是一个可用于商业的系

1　参见 KAHN D. The codebreakers[M]. 2nd ed., New York: Scribner, 1996: 402. 然而，DENNISTON A G 在回忆录中回忆了从 1919 年开始德国的使用情况（写于 1944 年），题为《政府法典和战争之间的塞缪尔学派》，他死后这篇发表在《情报和国家安全》，1986，1（1）：48-70（这里引用的是第 54 页）。卡恩对 1921—1923 的估计是基于 1962 年与德国密码学家进行的访谈。

2　但不完全是，因为它只是他们所使用的许多系统之一。参见 KAHN D. The Code breakers[M]. 2nd ed., New York: Scribner, 1996: 540.

3　KAHN D. The Codebreakers[M]. 2nd ed., New York: Scribner, 1996: 650.

4　同上，第 664 页。

5　同上，第 665 页。

统，密钥由磁带内容生成[1]。

```
39892 09897 07361 35736 38309        69801 56628 37254 61467 52308
33571 01448 63458 24848 30238        08098 14542 31851 07595 77970
27135 40220 47079 71707 80533        01536 97896 88209 71480 42063
49941 56035 48846 15111 59324        57188 83556 96509 08657 46851
10051 21816 63253 86240 99495        75643 56639 05326 97662 54705
40048 55040 17710 60896 94366        58493 69423 44744 07023 50651
11512 18996 91403 40539 50135        43896 70213 66610 65808 03001
74168 69956 53870 02897 18192        06724 13542 87558 11061 71468
20349 15133 12850 56853 47799        16904 59833 10280 50870 51183
20883 94649 78587 63065 94545        92600 10425 35051 98370 35554
51802 14552 07608 38392 22224        99718 57838 08540 62986 40799
20348 29842 76282 49048 51771        95196 30638 03983 76992 72652
98905 46438 78295 72769 07178        77170 45854 58100 40649 42651
53669 53304 18152 17691 54117        35868 60370 62207 91750 93298
08658 97627 93221 37250 66427        66368 08297 37727 99832 89892
52053 66220 87679 61332 81960        83742 23755 03930 41515 10297
54208 37131 32366 77519 57374        95762 25255 38703 20509 40545
06587 04827 18084 80286 29274        23049 07180 95128 34875 81629
54419 64469 20538 15087 89185        72724 98390 98735 09156 04417
52776 73748 01537 27259 51549  038   23888 63783 92325 29209 10390  038
```

图 3.19　1961 年日本的特工人员使用的一次密码本。
其中一边可能是用于加密，另一边用于解密

（KAHN D. The Codebreakers[M]. 2nd ed, New York: Scribner, 1996: 665.图片使用已获许可）

图 3.20　在华盛顿和莫斯科之间的热线电话，图片左侧可以看到一次性磁带

（图片承蒙美国密西根州米德堡国家密码学博物馆提供）

1　KAHN D. The Codebreakers[M]. 2nd ed., New York: Scribner, 1996: 715-716.

3.8 破解不可破译的密码

尽管一次一密体制在历史上还有许多应用，并被记录下来，但是它的使用远远达不到普遍的程度，其原因是它在密钥分发方面存在严重的问题。如果在战争期间需要发送数百万条加密的消息，则需要数百万页的密钥。生成真正随机的序列是困难的，保管大量的密钥同时能分享给需要的人也很困难。如果读者认为这些问题毕竟不是那么艰难，就看一下如下介绍的该系统一些失败的实现。

在第二次世界大战期间，德国外交部使用一次一密来加密最重要的信息，但密码本是由机器产生的，不能产生真正的随机序列。在 1944—1945 年的冬天，美国的信号安全局能够破译这些消息[1]。

另一种导致系统失败的方式是两次使用相同的密钥。为了说明这是如何被破译的，用 M_1 和 M_2 表示两个不同的消息，这些消息是用密码本中相同的页上的密钥 K 发送的。然后我们将得到两个密文：

$$C_1=M_1+K, \quad C_2=M_2+K \tag{3-12}$$

任何能窃听到这两个密文的人可以通过计算得到明文的差：

$$C_1-C_2=(M_1+K)-(M_2+K)=M_1+K-M_2-K=M_1-M_2 \tag{3-13}$$

所以窃听者可以创建一个文本，它是两个有意义消息的差。将消息做减法而不是加法没有什么重要的区别。两次使用一次一密就相当于使用运动密钥，而这有时确实会发生。

第二次世界大战期间，苏联的一个外交密码系统使用了加密编码。消息转换为编码组之后，再添加来自一次一密密码本的随机数，因此重复的编码组将显得不同。这是一个很棒的系统。然而，1942 年年初是苏联非常艰难的时期（1941 年 6 月德国入侵苏联），几个月内他们就印刷了两次超过 35 000 页的一次一密密码本。我们已经看到这种密码本同一页使用两次就可能被破译，但美国密码分析者发现并不这么容易！这些页面按不同的顺序被绑定成书，所以相同的页面可能会被使用不同的次数，并且会相隔不同的时间，甚至几年之后被不同的人使用。大部分重复的页面都是在 1942—1944 年使用的，但是有一些用到了 1948 年[2]。另外，

1　ERSKINE R. Enigma's security:what the Germansreally knew, in Erskine R and Smith M. Eds. Action This Day[M]. London: Bantam Press, 2001: 372.

2　PHILLIPS C J. What made Venona possible? in Benson RL and Warner M. Eds., Venona: Soviet Espionage and the American Response, 1939-1957[Z]. National Security Agency and Central Intelligence Agency, Washington, D.C., 1996.

除去一次一密密码本之外，密码分析者仍然需要处理编码。尽管存在这些障碍，但最终还是有超过 2 900 条信息被破译[1]。1953 年年底，经过多年的努力，发现了在 1945 年 4 月[2]被人找到的部分烧毁的密码本的副本，它在 1942 年以及 1943 年的大部分时间里被用来加密消息[3]；但在当时，一些重大的破解工作已经通过更困难的方式完成[4]。

从这些资料中获得的情报先是被命名为"玉（Jade）"，但后来又变成了"新娘（Bride）"，最后是历史学家今天提到的名字——"维诺那（Venona）"。直到 20 世纪 60 年代和 70 年代，许多资料才被解密出来[5]。从 1995 年 7 月开始包含这些明文消息的解密文档才被逐渐公开。

由于所有的安全性都依赖于保密密钥，因此如果特工受到威胁，密钥必须容易被隐藏并容易被销毁。否则，有另一种方式可能导致系统失败。

一个如图 3.21 所示的一次一密密码本，由海伦和彼得·克罗格所拥有，他们是 1961 年在英格兰被捕的两个苏联间谍。但他们其实是两个美国人，真名是莫里斯和洛娜·科恩。他们在美国做过间谍工作，但在朱利叶斯·罗森伯格被捕后逃离了这个国家。被捕之后，他们被判 20 年监禁，但 8 年后他们被交换到苏联。

图 3.21　一次一密密码本，很像那些冷战间谍使用的

（版权属于 Dirk Rijmenants, 2009）

1　BENSON R L, WARNER M, Eds. Venona: soviet espionage and the american response, 1939-1957[Z]. National Security Agency and Central Intelligence Agency, Washington, D.C., 1996: VIII.

2　它最初是在 1941 年，由芬兰军队闯入苏联在芬兰的领事馆时发现的。然后德国人从芬兰人那里得到了这本书，后来在 1945 年 5 月，美国人在德国萨克森的德国信号情报档案库中找到了一份副本。参见 HAYNES J E, KLEHR H. Venona: decoding soviet espionage in america[M]. New Haven, CT: Yale University Press, 1999: 33.

3　HAYNES J E, KLEHR H. Venona: decoding soviet espionage in america[M]. New Haven, CT: Yale University Press, 1999: 33.

4　BENSON R L. The venona story, center for cryptologic history[Z]. National Security Agency, Fort Meade, MD, 2001.

5　BENSON R L, WARNER M. Eds. Venona: Soviet Espionage and the American Response, 1939–1957[Z]. National Security Agency and Central Intelligence Agency, Washington D.C., 1996.

我们最初的例子是使用字母作为密钥，但是上面描述的密码本使用了数字。假设我们使用一个随机数发生器来获得一串值，每一个值都在 0～9。然后我们将明文中的每个字母使用对应的数字进行逐个移位。例如：

```
IS THIS SECURE?    消息
74 9201 658937     密钥
PW CJIT YJKDUL     密文
```

对上面消息（IS THIS SECURE?）提出的问题，回答是否定的！如果每个字母只有 10 个可能的移位，那么每个密文字符只有 10 个可能的解密。例如，密文字母 P 不可能表示明文 A，因为这将要求密钥的第一个数字是 15。

为了安全地实现数字的一次一密密码本，必须先将明文消息转换为数字。使用数字编码是没有问题的，而先使用波利比奥斯密码将明文转换成数字也可以。

在冷战时期，这种密码仍然受到间谍的欢迎，尽管密码领域在机器加密方面持续取得进展。这是有许多原因的，其中最主要的是加密可以用铅笔和纸完成，间谍不必携带密码机，而携带密码机的人明显有问题。

3.9　伪随机性

随机性对于一次一密是必不可少的，但是产生随机性是相当困难的，因此我们不止是难以产生大量密钥，实际上是难以产生任何密钥！除了人工制造之外，太阳辐射和其他自然现象都被用来生成密钥。然而，人工制造不可能是真正随机的，我们把它们称为伪随机数发生器。如果我们使用其中的一种，经常是选择更加方便的一种，就拥有一种被称为流密码的系统。这些系统将在第 18 章讨论。

正如前面提到的那样，在这里展示的一次一密并不是维尔南实现的加密系统。他的故事开始于 1917 年，当时他设计了一台使用磁带进行加密的机器。他的机械实现方案的一个后续版本如图 3.22 所示。

维尔南的方案是为有线或无线消息传送设计的，所以它不在我们的 26 个字母表或数字上操作，而是将消息逐个字符地打孔到一长串纸带上。这是通过使用现有的五单元电报代码（见图 3.23）来完成的，其中每个符号都是通过在纸上打孔的排列来表示的。对每个符号最多可以用 5 个孔来表示，所以共可以表示 $2^5 = 32$ 种不同的字符。字母只需要其中的 26 种，其余 6 种用来代表空格、回车、换行、图形移位、字母移位以及空白或空闲信号。

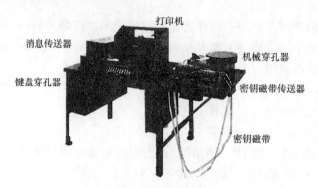

图 3.22　密码电报机

（VERNAM G S. Journal of the American Institute of Electrical Engineers, 1926, 45: 109）

NUMBER OF SIGNAL	START ELEMENT	1	2	3	4	5	STOP ELEMENT	AMERICAN TELETYPE COMMERCIAL KEYBOARD	
		CODE ELEMENTS							
1		●	●				●	A	-
2		●			●	●	●	B	?
3			●	●	●		●	C	:
4		●			●		●	D	3
5		●					●	E	!
6		●		●	●		●	F	&
7			●		●	●	●	G	£
8				●		●	●	H	8
9			●	●			●	I	.
10		●	●		●		●	J	(
11		●	●	●	●		●	K	)
12			●			●	●	L	.
13				●	●	●	●	M	
14				●	●		●	N	9
15					●	●	●	O	0
16			●	●		●	●	P	1
17		●	●	●		●	●	Q	4
18			●		●		●	R	BELL
19		●		●			●	S	5
20						●	●	T	?
21		●	●	●			●	U	:
22			●	●	●	●	●	V	2
23		●	●			●	●	W	/
24		●		●	●	●	●	X	6
25		●		●		●	●	Y	.
26		●				●	●	Z	.
27					●		●	CARRIAGE RERURN	
28			●				●	LINE FEED	
29		●	●	●	●	●	●	LETTERS	
30		●	●		●	●	●	FIGURES	
31				●			●	SPACE	
32							●	BLANK	

图 3.23　五单元电报代码。它有时也被称为博多码，以其发明者法国的 J·M·E·Baudot 命名，他也是术语 "波特" （baud）这个词的来源

（图片承蒙 Sam Hallas 绘制并提供）

除了所表示的字符序列是随机的之外，密钥磁带看起来很像消息磁带。维尔南建议通过"随机使用键盘"来预先生成密钥。每对消息和密钥字符由机器组合在一起产生一个密文字符。这种方法类似于利用维吉尼亚密码中的表格，只是用了 32 个移位字母表而不是 26 个。在收件人的一端，密文带与密钥带副本相结合来恢复明文，然后以字母形式自动打印。

维尔南打算将磁带循环使用，但是这种重复使其相当于维吉尼亚密码。工程师莱曼·F·莫尔豪斯想出了一种两个磁带循环使用的方法，其中一个磁带比另一个长一个字符。组合字符对（每个磁带取一个）产生的字符将被用作密钥字。虽然他知道这样的一个序列不可能是真正随机的，但是他确实得到了比单独使用每个磁带（2 个长度的总和）更长的密钥段（2 个长度的乘积）[1]。

随着维尔南密码的演化，莫博涅在 1918 年的贡献使他认识到，如果密钥是随机的并且从不重复的话，系统将是完全不可破译的。几年后，维尔南在一篇论文中，通过描述手工实现这个不可破译的密码有多么不切实际，来推广他的密码设备[2]：

> 这种方法，如果手工进行，将是缓慢和费力的，并且容易出错。如果发生错误，例如遗漏了一个或多个字母，则收件人将难以解密。准备、复制和保护长的随机密钥也会遇到一些困难。除非采用机械方法，否则这些困难会使这个系统不适合一般使用。

维尔南在这篇论文中也指出："这个密码已经在 1920 年 10 月举行的初等国际通信大会的代表面前进行了演示[3]。"在当今世界，政府雇员不会在国际会议上展示最新的加密技术，也不会将其发表在一个公开期刊上！

3.10　自 1915 年以来未解密的密码

另一个由莫博涅在 1915 年创建的密码，直到目前还没有任何已知的破解方案，如表 3.12 所示[4]。如果表 3.12 中的加密文本是通过一次一密得到的，那么没有密钥我们将无法读取它。然而，人们认为莫博涅在 1915 年还没有一次一密的想法。另一方面，1915 年（或更早）的已知系统应该不至于用现代的攻击方法和技术还难以破解。那么，为什么我们还没能得到明文呢？我猜最可能的是它使用了

1　他还指出，这 2 种长度可能会随着数量的变化而不同，只要该数量不是任一条磁带的长度就行。　如果这听起来不太合适，那好！如果我们想要获得很长的密钥字，有一个更好的方法来限制 2 个磁带的长度。

2　VERNAM G S. Cipherprinting telegraph systems forsecret wire and radio telegraphic com-munications[J]. Journal of the American Institute of Electrical Engineers, 1926, 45: 113.

3　同上，第 115 页。

4　KRUH L. A 77-year old challenge cipher[J]. Cryptologia, 1993, 17(2): 172-174.

5.2 节所述的密码轮。

表 3.12 1915 年莫博涅生成的密码

PMVEB	DWXZA	XKKHQ	RNFMJ	VATAD	YRJON	FGRKD	TSVWF	TCRWC
RLKRW	ZCNBC	FCONW	FNOEZ	QLEJB	HUVLY	OPFIN	ZMHWC	RZULG
BGXLA	GLZCZ	GWXAH	RITNW	ZCQYR	KFWVL	CYGZE	NQRNI	JFEPS
RWCZV	TIZAQ	LVEYI	QVZMO	RWQHL	CBWZL	HBPEF	PROVE	ZFWGZ
RWLJG	RANKZ	ECVAW	TRLBW	URVSP	KXWER	DOHAR	RSRJJ	NFJRT
AXIJU	RCRCP	EVPGR	ORAXA	EFIQV	QNIRV	CNMTE	LKHDC	RXISG
RGNLE	RAFXO	VBOBU	CUXGT	UEVER	ZSZSO	RZIHE	FVWCN	OBPED
ZGRAN	IFIZD	MFZEZ	OVCJS	DPRJH	HVCRG	IPCIF	WHUKB	NHKTV
IVONS	TNADX	UNQDY	PERRB	PNSOR	ZCLRE	MLZKR	YZNMN	PJMQB
RMJZL	IKEFV	CDRRN	RHENC	TKAXZ	ESKDR	GZCXD	SQFGD	CXSTE
ZCZNI	GFHGN	ESUNR	LYKDA	AVAVX	QYVEQ	FMWET	ZODJY	RMLZJ
QOBQ								

3.11 OTPs 和 SOE

第二次世界大战期间，为英国特别行动局（SOE）工作的利奥·马克斯（见图 3.24）独立地发明了字母版本的一次一密（One-time Pad，OTP），并将其称为字母版一次一密（Letter One-time Pad），或简称 LOP，但他被达德利·史密斯司令告知，"字母版一次一密已经非常成功地工作很长一段时间了[1]"。SOE 最终利用它与他们的特工联系，这些特工被温斯顿·丘吉尔分派任务来"点燃欧洲"。这些密钥是用丝绸印制的，可以缝制到衣服里面，它比携带纸质密码本在衣服上产生的小块凸起，更不容易引起人们的怀疑。与纸密钥一样，丝绸密钥已经使用过的部分可以被撕掉并被销毁。一些丝绸上被印刷上了用隐形墨水书写的密钥。当然，如果要这样使用丝绸的话，必须要有一个强有力的理由，因为战时丝绸是短缺的，同时降落伞也需要丝绸。在马克斯重新发现字母版一次一密系统之前，SOE 使用了换位密码。这些将在第 4 章讨论。

3.12 历史重写

在一开始讨论一次一密时，我曾写道："历史学家直到最近才相信，直到

---

1 MARKS L. Between silk and cyanide: a codemaker's war 1941-1945[M]. New York: The Free Press, 1998: 250.

图 3.24　用丝绸制作的一次一密密码本

（左图承蒙国际间谍博物馆提供；右图为利奥·马克斯，图片来自沙拉·科卢韦齐/纽约时报/ Redux Pictures。
图片使用已获许可）

1917—1918 年，一次一密才被吉尔伯特·维尔南和 AT&T 公司的约瑟夫·莫博涅少校发明出来。"2011 年，历史被斯蒂夫·M·贝劳文，一个计算机科学教授和密码本收藏家，重新改写。当贝劳文在美国国家安全局密码学史研究中心赞助的 2009 年密码学历史研讨会上发表题为"压缩、校正、机密性和理解：商业电报代码的现代审视"的娱乐性讲座时，他的爱好已与其职业生涯交织在一起。在他利用翻阅美国国会图书馆收藏的一些密码书来度过他的闲暇时光时（沉溺于他的爱好），没费什么力气，他挖到了黄金。其中一本标注的日期是 1882 年，由弗兰克·米勒撰写的，其中居然包含了对一次一密的描述[1]！

　　在那一瞬间，贝劳文有了可以发表的结果。这可能是他写的最简单的论文。事实上，我看到网上发表的一则评论，批评他把结结巴巴的解释密码书当作学术研究。网友 Adacrypt 写道："收集一些已经被抛弃的密码素材，很难被称为密码研究。"大卫·利瑟回答说："就像你说的那样，它实际上什么也没有……所以很奇怪你自己做不了"[2]。我提到这个对话，强调的是机会通常垂青于正在寻找它的人而不是忙于批评别人的人。在华盛顿特区有很多事情要做，贝劳文不必花时间在国会图书馆看密码书。因为他在寻找，所以他更有可能做出这样的发现。而且，他使用了他全部研究的能力来做出这个发现。没有人可以做到这一点。事实上，贝劳文写了一篇 20 页的论文，有 78 篇参考文献。这篇文章给《密码术》的编辑

1　MILLER F. Telegraphic code to insure privacy and secrecy in the transmission of telegrams[M]. New York: Charles M. Cornwell, 1882.

2　同上.

留下了深刻的印象，以至于在 2011 年 7 月的期刊中获得了最重要的位置。纽约时报也报道了这一点[1]。类似于贝劳文的这些发现，有时候是对一生热衷于研究的人应得的回报。

参考文献和进阶阅读

关于维吉尼亚密码

BERNTSEN M C. Automating the cracking of simple ciphers, Bachelor 's thesis[M]. Lewisburg, PA: Bucknell University, 2005.

BOKLAN K. How I broke the Confederate code （137 years too late）[J]. Cryptologia, 2006, 30（4）: 340-345.

BOWERS W M. Decipherment of the Casanova cryptogram[J]. Casanova Gleanings, 1971, 14: 11-16.

BRAWLEY J V, LEVINE J. Equivalences of Vigenère systems[J]. Cryptologia, 1977, 1（4）: 338-361. 本文使用抽象代数的符号和形式来刻画维吉尼亚系统，它也推广了密码系统。

DUNIN E. Elonka's Kryptos page. 这个专注于克里普托斯的页面对于想要了解更多关于神秘雕塑及其创作者的人来说是一个很好的资源。

FRIEDMAN W F. Jacques Casanova de Seingalt, cryptologist[J]. Casanova Gleanings, 1961, 4: 1-12.

GARDNER M. Mathematical games: a new kind of cipher that would take millions of years to break[J]. Scientific American, 1977, 237（August）: 120-124. 这篇重要的论文将在 13.4 节中重新讨论。目前，相关部分插入在本文的第 123 页，涉及发送给爱伦·坡的那段维吉尼亚密码的解密。

GARSIA A. Breaking the Vigenère Encryption System, 这个页面有个不错的维吉尼亚密码小程序。

HAMILTON M, YANKOSKY B. The Vigenère cipher with the TI-83[J]. Mathematics and Computer Education, 2004, 38（1）: 19-31. 本文撰写时，汉密尔顿是美国北卡罗莱纳州卫斯理学院的一名本科生。

LEVY S. Mission impossible: the code even the CIA can't crack[J]. Wired, 2009, 17（5）.

---

1 MARKOFF J. Code book shows a nencry ption form dates back to telegraphs[N]. The New York Times, July 25, 2011.

LIPSON S H, ABELES F. The key-vowel cipher of Charles L. Dodgson[J]. Cryptologia, 1991, 15（1）: 18-24. 本文描述了由《爱丽丝梦游仙境》的作者（笔名刘易斯·卡罗尔）发明的一种密码，它其实是系统地插入空值的维吉尼亚密码。

MCCLOY H. Panic[M]. New York: William Morrow, 1944. 这是一本小说。作者认为她发现了一个很好的解决方案，并解决了在不需要用户写下任何字符的前提下就能把字母表混合生成一个难以猜测的密钥的问题；也就是说，密钥和字母表在需要时很容易生成。这项工作对密码学家来说没有任何价值，但可能会让文学爱好者感兴趣。密码似乎是这本小说的写作动机。

SCRYER. The Kryptos sculpture cipher: a partial solution[J]. The Cryptogram, 1999, 65（5）: 1-7. Scryer is the ACA pen name used by James J. Gillogly.

SCRYER. Kryptos clue[J]. The Cryptogram, 2011, 77（1）: 11. Scryer is the ACA pen name used by James J. Gillogly.

TUCKERMAN B. A study of the vigenère–Vernam single and multiple loop enciphering systems[R]. IBM Research Report RC-2879, T.J. Watson Research Center, Yorktown Heights, NY, 1970. 这份长达 115 页的报告显示这些系统不安全。

DE VIGENÈRE B. Traicté des chiffres ou secrètes manières d'escrire[M]. Paris: Abel l'Angelier, 1586.

WINKEL B J. Casanova and the Beaufort cipher[J]. Cryptologia, 1978, 2（2）: 161-163.

关于运动密钥密码系统

BAUER C, TATE C N S. A statistical attack on the running key cipher[J]. Cryptologia, 2002, 26（4）: 274-282.

BAUER C, GOTTLOEB E. Results of an automated attack on the running key cipher[J]. Cryptologia, 2005, 29（3）: 248-254. 本文描述了对运动密钥密码系统的计算机攻击，该密码使用大量英文单词文件来查找消息中的所有单词组合以及将产生密文的密钥。此解决方案没有按概率排列或检查语法的正确性。由于这个遗漏，又出现了很多潜在的解决方案。

FRIEDMAN W F. Methods for the solution of running-key ciphers[M]. Geneva, IL: Publ. No. 16, Riverbank Laboratories, 1918. 弗里德曼表示，美国陆军的野战密码在本文中是不安全的，即使是很短的明文。这篇论文和弗里德曼的其他论文一起转载于 FRIEDMAN W F. The Riverbank Publications, Volume 1[M]. Laguna Hills, CA: Aegean Park Press, 1979. 由于原始刊物仅包含 400 份，我建议在转载中查看。

GRIFFING A. Solving XOR plaintext strings with the Viterbi algorithm[J].

Cryptologia, 2006, 30（3）：257-265. 本文攻击运动密钥密码系统，其中字间距信息在明文和密钥中都有保留。

GRIFFING A. Solving the running key cipher with the Viterbi algorithm[J]. Cryptologia, 2006, 30（4）：361-367. 这篇论文极大地改进了鲍尔和泰特以及鲍尔和戈特洛布的研究成果，以至于使他们的论文不再有存在的意义。

关于一次一密

注意： 一次一密的论文与随机数发生器的论文有些重叠。重叠中的论文仅在本书第 18 章流密码中引用。流密码作为一次一密的近似物，不存在与真正的一次一密相关的问题。

ANON. Science news[J]. Science, 1926, 63（1625）（Science News section）. ANON. A secret-code message machine[J]. The Literary Digest, 1926, 89: 22. 本文在介绍性段落之后，转载了科学社每日新闻简报中的文字："新机器由美国电报电话公司工程师吉尔伯特·维尔南描述，他声称它是为美国陆军通信兵在战争期间使用，但直到最近都一直在保密。保守秘密？ 为什么？ 好像陆军通信兵实际上并没在使用它。

BELLOVIN S M. Frank Miller: inventor of the one-time pad[J]. Cryptologia, 2011, 35（3）：203-222.

BENSON R L, WARNER M, Eds. Venona: Soviet Espionage and the American Response, 1939-1957[Z]. Washington DC National Security Agency and Central Intelligence Agency: 1996. 这本书的大部分是以前保密文件的复制品。 序言很好，但其余部分一般。 虽然复制品对历史学家有价值，但普通读者会喜欢约翰·厄尔·海因斯和哈维·克莱尔的书，见下面的参考文献。

BENSON R L. The Venona Story, Center for Cryptologic History[Z]. Fort Meade, MD: National Security Agency, 2001.

BURY J. From the archives: breaking OTP ciphers[J]. Cryptologia, 2011, 35（2）：176-188.

FILBY P W. Floradora and a unique break into one-time pad ciphers[J]. Intelligence and National Security, 1995, 10（3）：408-422.

FOSTER C C. Drawbacks of the one-time pad[J]. Cryptologia, 1997, 21（4）：350-352. 本文简要介绍了确定用作密钥的随机序列的问题。 如果它不是真正的随机数，那么密码不再是不可破译的。

在计算机上运行的算法从来都不是随机的。 随着量子计算机的发展，未来可能会看到一个例外。

HAYNES J E, KLEHR H. Venona: Decoding Soviet Espionage in America[M]. New

Haven, CT: Yale University Press, 1999: 33. 虽然着眼于历史，但本书有一章（"破解代码"），从而使它比其他作品更详细地介绍了密码学。

MARKS L. Between Silk and Cyanide: A Codemaker's War, 1941—1945[M]. New York: The Free Press, 1998. 马克斯是美国特别行动局（SOE）密码专家，以非常有趣的方式写下他的经历（战后，但在本卷出现之前，他是编剧，所以他很会写作）。封底的运动广告来自于戴维·卡恩和马丁·斯科塞斯。

MAUBORGNE B P. Military Foundling[M]. Philadelphia, PA: Dorrance, 1974. 这部小说结合了事实和虚构，主要是因为它的奉献精神：

本书恭敬地致力于纪念我的才华横溢、多才多艺的父亲，约瑟夫·莫博涅少将（1937—1941），他是科学家、发明家、密码学家、肖像画家、蚀刻师、精致的小提琴制造者和作者。

军事历史记载，他是第一个在地面和飞行中的飞机之间建立双向无线通信的人；他发明了一种不可破译的密码；而且他可能是历史上最伟大的密码分析的"直接责任人"—破译日本"紫色"代码—在偷袭珍珠港事件一年多之前。

MILLER F. Telegraphic Code to Insure Privacy and Secrecy in the Transmission of Telegrams[M]. New York: Charles M. Cornwell, 1882.

PHILIPS C. The American solution of a German one-time-pad cryptographic system[J]. Cryptologia, 2000, 24（4）: 324-332.

REDACTED. A new approach to the one-time pad[J]. NSA Technical Journal, 1974, 19（3）. 本文的标题由美国国家安全局发布，作为该期刊编辑索引的一部分。事实上，提交人的姓名已被修改。但我们确实知道它出现在古林、雅各布、雅各布斯和沃尔特之间。还有别的猜测吗？

RUBIN F. One-time pad cryptography[J]. Cryptologia, 1996, 20（4）: 359-364. 本文提供了使用一次一密更实用的尝试。

SHANNON C. Communication theory of secrecy systems[J]. The Bell System Technical Journal, 1949, 28（4）: 656-715. 香农表示，一次一密是不可破译的，任何不可破译的密码都必须是一次一密。尽管他在 60 年前发现了这个结果，但不需要为被称为不可破译的其他密码系统而努力。

VERNAM G S. Cipher printing telegraph systems for secret wire and radio telegraphic communications[J]. Journal of the American Institute of Electrical Engineers, 1926, 45: 109-115.

VINGE V. A Fire Upon the Deep[M]. New York: St. Martin's Press, 1993. 这部科幻小说中使用了一次一密，但必须先由 3 名星舰队长拼凑起来。

YARDLEY H. Are we giving away our state secrets[J]. Liberty, 1931, 8: 8-13. 亚德利认为我们应该利用一次一密。

第 4 章

换位密码

21 世纪将见证换位的重要性。

——弗里德里希·*L*·鲍尔[1]

4.1 简单的重排和列换位

换位密码不同于我们之前所讨论的代换密码。想象一部小说,将所有字母 A 放在前面,紧接着是字母 B,然后依次类推。尽管这个过程仅仅改变了字母的位置,而没有改变字母本身,它仍是一个很难攻破的密码。由于它的解密或解读可能并不唯一,因此它并不十分有用。重排哪怕是少量的字母也经常会产生几个可能的短语。例如,EILV,它可以是 VEIL、EVIL、VILE 或 LIVE。因为这种密码在加密过程中没有改变字母出现的频数,所以很容易被认出。不同换位密码之间的区别,在于它们置乱以及恢复字母位置的规则不同。我们先从几个简单的例子开始讨论。

4.1.1 栅栏换位

例 1

Anyone who looks at us the wrong way twice will surely die.
我们从顶部和底部之间,用锯齿形的方式,将消息来回移动地写出来:

---

1 BAUER F L. Decrypted Secrets[M]. 2nd ed., Berlin: Springer, 2000: 100.

A Y N W O O K A U T E R N W Y W C W L S R L D E

N O E H L O S T S H W O G A T I E I L U E Y I

然后，从上到下，从左到右，读出密文：

AYNWO OKAUT ERNWY WCWLS RLDEN OEHLO STSHW OGATI EILUE YI

没必要非限制栏杆为 2 行，我们也可以加密相同的消息如下：

A　　W　　K　　T　　N　　W　　L　　　L

N　E　H　O　S　　S　H　O　G　T　I　I　L　　E　Y

　Y　N　　O　O　A　U　　E　R　　W　Y　　C　W　　S　R　　D　E

　　O　　L　　T　　W　　A　　E　　U　　I

密文是：

AWKTN WLLNE HOSSH OGTII LEYYN OOAUE RWYCW SRDEO LTWAE UI

4.1.2　矩形换位

我们也可以将消息内容用一种特殊的方式写成一个矩形，然后用另一种形式读出来。

例 2

ATTACK DAMASCUS AT DAWN.

我们将消息写成一个矩形的形式（任意维数都可以），按行从上到下填满矩形，密文按照列的方向从左到右读取：

ATTACK

DAMASC → ADUWT ASNTM AKAAT ECSDT KCAW

USATDA

WNKETW

注意：消息中最后 4 个字母，仅起到填充矩形的作用。通常用字母 X 进行填充，但是，用常用字母会更好，因为这样会使密码分析工作更难。

矩形可以是任意维数的。如果一个密码破译者怀疑密文被这种方式加密，那么可能的矩阵维数则依赖于密文长度的因子个数。例如，考虑下面的截获密文：

YLAOH TEROO YNNEO WLNUW FGSLH ERCHO UTIIS DAIRN

AKPMH NPSTR ECAWO AOITT HNCNM LLSHA SU

该密文有 72 个字母，加密矩形可以是 2×36、3×24、4×18、6×12、8×9、9×8、12×6、18×4、24×3 或 36×2。如果我们需要分析这些可能的情况，或许从近似正方形的情况入手是比较明智的选择，但是我们有一个更漂亮的方法避免这个枯燥的工作。

在密文中查找一个可能出现的单词经常会起到很好的作用。由于每个消息都有某些语境特点，利用它猜测矩阵的边界是很合理的。假设我们能够猜到单词 WHIP 会出现在消息中。将密文中合适的字母用横线和黑体标出，就揭示了某种模式（我们只需考虑第一个 W 和最后一个 P 之间的字符就可以了）。

YLAOH TEROO YNNEO **W**LNU**W** FGSL**H** ERCH**O** UT**II**S DA**I**RN
AK**P**MH N**P**STR ECAWO AOITT HNCNM LLSHA SU

观察这些已标记字母的位置和它们之间的距离：

$W_1 = 16$

$W_2 = 20$

$H_1 = 25 \qquad H_1 - W_1 = 9 \qquad H_1 - W_2 = 5$

$H_2 = 29 \qquad H_2 - W_1 = 13 \qquad H_2 - W_2 = 9$

$I_1 = 33 \qquad I_1 - H_1 = 8 \qquad I_1 - H_2 = 4$

$I_2 = 34 \qquad I_2 - H_1 = 9 \qquad I_2 - H_2 = 5$

$I_3 = 38 \qquad I_3 - H_1 = 13 \qquad I_3 - H_2 = 9$

$P_1 = 43 \qquad P_1 - I_1 = 10 \qquad P_1 - I_2 = 9 \qquad P_1 - I_3 = 5$

$P_2 = 47 \qquad P_2 - I_1 = 14 \qquad P_2 - I_2 = 13 \qquad P_2 - I_3 = 9$

显示的每对字母之间的距离中，9 是仅有的可作为 WHIP 中每对相邻字符的距离。看上去 13 也有可能，但是连接这些字母得到 WHIP 是不可能的，因为我们不得不要用到 2 个 H。为了方便，我们重新产生图表并用黑体标注距离差是 9 的式子，得到：

$W_1 = 16$

$W_2 = 20$

$H_1 = 25 \qquad \mathbf{H_1 - W_1 = 9} \qquad H_1 - W_2 = 5$

$H_2 = 29 \qquad H_2 - W_1 = 13 \qquad \mathbf{H_2 - W_2 = 9}$

$I_1 = 33 \qquad I_1 - H_1 = 8 \qquad I_1 - H_2 = 4$

$I_2 = 34 \qquad \mathbf{I_2 - H_1 = 9} \qquad I_2 - H_2 = 5$

$I_3 = 38 \qquad I_3 - H_1 = 13 \qquad \mathbf{I_3 - H_2 = 9}$

$P_1 = 43 \qquad P_1 - I_1 = 10 \qquad \mathbf{P_1 - I_2 = 9} \qquad P_1 - I_3 = 5$

$P_2 = 47 \qquad P_2 - I_1 = 14 \qquad P_2 - I_2 = 13 \qquad \mathbf{P_2 - I_3 = 9}$

为构成 WHIP，选定字母间的距离是 9，我们如果从 W_1 开始，就不得不用到 H_1。这样也可以消除对字母 I 模棱两可的选择。因为我们选了 H_1，也就必须选 I_2，继而选 P_1。因此，我们有了一个一致的答案。这些距离 9 表明矩阵是 9 行的。

同样地，我们如果从 W_2 开始，要组成 WHIP，就必须选择 H_2，因为只有它与 W_2 的距离是 9。这样可以排除了 I 其他的可能性。既然选了 H_2，就必须选择 I_3，然后是 P_2。于是我们得到另一种一致的选法。实际上，单词 WHIP 在消息中出现了 2 次。再一次地，这些距离 9 表明矩阵有 9 行。如果要解密，我们需要按列写出密文，按行读出消息。

```
Y O U C A N O N
L Y W H I P A M
A N F O R S O L
O N G U N T I L
H E S T A R T S
T O L I K E T H
E W H I P C H A
R L E S M A N S
O N R D H W C U
```

消息：YOU CAN ONLY WHIP A MAN FOR SO LONG UNTIL HE STARTS TO LIKE THE WHIP—CHARLES MANSON.

少量随机的字母会用来填充矩形块。上述分析方法仅在可能出现的单词位于密文的同一行时起作用。

4.1.3　更多换位路径

许多换位路径都是可行的。我们不必非要依次按行填充矩形，再依次按列读出密文，还可以沿对角线方向，或按螺旋线旋进或旋出方向，或其他任何方式，得到每个密文字母[1]。对于解密，只需要按照密文被取出的顺序将字符填充回矩形，并且按照当初明文填充矩形的顺序读出即可。一般来讲，对于一个长度为 n 的消息块，换位密码的个数是 $n!$。因此对于大的 n，密钥空间非常大。实际应用中，很少有换位密码采用容易记忆的路径。大部分路线会疯狂地跳来跳去。一个常见的打乱消息块的技术是列换位。

例 3

我们用自然常数 e 代表加密消息的密钥字。

THIS CONSTANT WAS THE COMBINATION TO THE

SAFES AT LOS ALAMOS DURING WORLD WAR II[2]

然后将消息按每行 10 个字母写出，并且用 e（忽略重复的数字）中的数字标记这些列。由 e≈2.71828182845904523536，我们得到：

1　DOOLEY J. Reviews of cryptologic fiction[J]. Cryptologia, 2010, 34(2): 180-185.

2　FEYNMAN R. Surely You're Joking, Mr. Feynman! [M]. New York: W.W. Norton, 1985. 同时也可以参见本书的 17.5 节内容。

```
2 7 1 8 4 5 9 0 3 6
T H I S C O N S T A
N T W A S T H E C O
M B I N A T I O N T
O T H E S A F E S A
T L O S A L A M O S
D U R I N G W O R L
D W A R I I T A N R
```

依照密钥字顺序，按列读出密文[1]：

IWIHORA TNMOTDD TCNSORN CSASANI OTTALGI

AOTASLR HTBTLUW SANESIR NHIF AWT

密钥字不一定是数字类型的，它可以是一个单词，如 VALIDATE。

例 4

利用密钥字 VALIDATE 加密消息 SECRECY IS THE BEGINNING OF TYRANNY，我们得到：

```
V A L I D A T E
S E C R E C Y I
S T H E B E G I
N N I N G O F T
Y R A N N Y E T
```

我们希望按照字母表的先后顺序而不是数字顺序，一列一列读出密文。但是我们发现有 2 个 A，这也没有问题。可以先写出第一个 A 的那一列，接着写出第 2 个 A 的那一列，然后按字母表顺序写出其他。我们得到的密文是：

ETNR CEOY EBGN IITT RENN CHIA YGFE SSNY

在上述例子中，如果用 5 个字母一组（标准做法）表示最后的密文，是一个更明智的做法，这样就不会泄露矩形的行数。

4.2 列换位密码的分析

怎样攻破列换位密码？利用图纸和剪刀就可以！举个例子大家就清楚了。假设我们怀疑如下拦截的密文使用了列换位：

HAESE UTIER KHKHT ERIPB SADPA IREVH HUIOU TELTO RTHFR

TTSTV RETLO AGHRY STASE UUEUT SYPEI AEIRU CEDNY ABETH

---

1 译者注：此处密文中少了 0 所对应的列，原书就是如此。

LOBVT ALBDO HTTYT BOLOE EAEFN TTMAT TOTOT I

我们可以快速地计算出密文有 126 个字符。这个数可以分解为 $2 \times 3 \times 3 \times 7$，因此加密矩形的几个可能的维数是：

$2 \times 63, 3 \times 42, 6 \times 21, 7 \times 18, 9 \times 14, 14 \times 9, 18 \times 7, 21 \times 6, 42 \times 3, 63 \times 2$

猜错了维数并不是世界末日。如果你曾经在考试或布置的作业中遇到一个"证明成立或证明不成立"的问题，你就知道应该怎么做了。如果你不能证明成立，那就试着找出一个反例。或者说，你一开始就在找反例，但是没能找到，然后就考虑它可能是正确的，并试着去证明它。因此，我们从某个维数开始，如果不能正确解读密文，那么再尝试其他的维数。如果是一个团队正在试图攻破截获密文，那么每个成员可以尝试不同的情况。因此，我们猜测 9 行 14 列，按列写出密文，得到：

```
H R P E E T O S P E L O O M
A K B V L T A E E D O H E A
E H S H T S G U I N B T E T
S K A H O T H U A Y V T A T
E H D U R V R E E A T Y E O
U T P I T R Y U I B A T F T
T E A O H E S T R E L B N O
I R I U F T T S U T B O T T
E I R T R L A Y C H D L T I
```

当然，这些列不一定是按正确顺序写的，所以我们还不能读出消息。如果我们猜测的矩形维数是正确的，按照正确的顺序重排每一列，将会产生正确的消息。然而，试图重排所有的可能是很繁琐的，这是因为 14 个列一共有 14!=87 178 291 200 种可能的排列。

与使用暴力分析相比，一种更好的寻找正确列顺序的方法是试图在一行中组成一个常用的词，并且看看它是否为其他行提供了合理的组合。例如，因为在第一行中出现了 T、H 和 E，我们可以将这些字母组合在一起，得到英语中最常见的词。实际上，第 1 行中有 3 个 E，因此，我们首先将第 1 个字母 E 和 T、H 进行组合看看能得到什么，然后依次将第 2 个、第 3 个 E 和 T、H 组合。比较这些结果，我们得到：

```
THE  THE  THE
TAV  TAL  TAD
SEH  SET  SEN
TSH  TSO  TSY
VEU  VER  VEA
```

```
RUI RUT RUB
ETO ETH ETE
TIU TIF TIT
LET LER LEH
```

在继续向下阅读之前，仔细观察一下，并决定哪一项对你来说，看上去最好。我们可以通过对每种情况下三字母组合的频数求和，并且找到哪种情况得分最高，从而很容易对可能性进行排序。也就是说，这个过程很容易自动化。

如果不检测频数，我会选择中间的选项。第 1 个选项中，从第 2 行到最后一行有 TIU，这个组合好像不会出现（虽然我不排除一些可能性，如 anTIUnion、anTIImmigration 等）。对于第 3 个选项，第 2 个位置是 TAD，这也暗示除了 sTADium 和 amisTAD 之外没有太大的可能性。现在，通过将其他列一次一个地加在选定选项的左手或右手边，创建我们的矩形：

```
THER THEP THEE THEO THES THEP THEE THEL THEO THEO THEM
TALK TALB TALV TALA TALE TALE TALD TALO TALH TALE TALA
SETH SETS SETH SETG SETU SETI SETN SETB SETT SETE SETT
TSOK TSOA TSOH TSOH TSOU TSOA TSOY TSOV TSOT TSOA TSOT
VERH VERD VERU VERR VERE VERE VERA VERT VERY VERE VERO
RUTT RUTP RUTI RUTY RUTU RUTI RUTB RUTA RUTT RUTF RUTT
ETHE ETHA ETHO ETHS ETHT ETHR ETHE ETHL ETHB ETHN ETHO
TIFR TIFI TIFU TIFT TIFS TIFU TIFT TIFB TIFO TIFT TIFT
LERI LERR LERT LERA LERY LERC LERH LERD LERL LERT LERI
```

上面的 11 个可能性中，你觉得哪一种最好、可能性最大？在继续下一步分析之前，请先做出决定。同时，也要注意，上面可能没有一个是正确的排列！或许第 1 行就是以 THE 结束的。在那种情况下，每一列应该加在前面步骤中生成矩形的左手边。

你最喜欢选择第一选项吗？如果是，那么你大脑中可能会呈现出一个或一对单词来补全一行中显现的片段。你可以将其他列自由地复制到这 4 列的前后，并重新排列，以形成你脑中的单词。我们要看的是，这些排列是否构成了其他地方产生不可能的组合，或导致其他的词跃入你的脑海并形成快速的解读。我的解决方案如下，但是如果你自己尝试一下的话，你将会得到更多方案。

如果你选择第 1 个选项，那么 TIFR 使我有点紧张。是 ANTIFRENCH 还是 ANTIFRUGAL？但是，TSOK 好像可能是 IT'S OKAY 或 THAT'S OKAY，而其他的选项在那个位置似乎没提供更多有用的东西。存在 3 列有字母 A，可以放在相应的位置形成单词 OKAY。在下面，这 3 种情况都被考虑到，并且因为仅有一列含有字母 Y，这是形成 OKAY 必须的，我们将这一列也加在后面：

```
THERPE  THERPE  THEROE
TALKBD  TALKED  TALKED
SETHSN  SETHIN  SETHEN
TSOKAY  TSOKAY  TSOKAY
VERHDA  VERHEA  VERHEA
RUTTPB  RUTTIB  RUTTFB
ETHEAE  ETHERE  ETHENR
TIFRIT  TIFRUT  TIFRTT
LERIRH  LERICH  LERITH
```

你认为哪种可能性最大？因为 TALKBD 出现在第 2 行，所以第一选项几乎可以肯定地被排除掉，并且因第 9 行的 TIFRTT，第 3 选项也不可能出现。考虑第 2 选项的可能性，并且在左手边加字母，我们发现在必要的位置并没有 I 以形成 IT'S OKAY。但是，我们有 2 列在必要位置出现了 A，可以组成 THAT'S OKAY。我们试着写出每种情况：

```
OTHERPE    PTHERPE
ETALKED    BTALKED
ESETHIN    SSETHIN
ATSOKAY    ATSOKAY
EVERHEA    DVERHEA
FRUTTIB    PRUTTIB
NETHERE    AETHERE
TTIFRUT    ITIFRUT
TLERICH    RLERICH
```

考虑第 5 行，EVERHEA 和 DVERHEA 哪个看起来更好一些？貌似第一个可能性要大，当然其他行也支持我们的选择。我们继续完成 THAT'S OKAY，发现在必要的位置分别有 2 个 T 和 2 个 H，这样组合起来就有 4 种可能，我们将在下面对它们进行比较：

```
OOOTHERPE  OEOTHERPE  MOOTHERPE  MEOTHERPE
HAETALKED  HVETALKED  AAETALKED  AVETALKED
TGESETHIN  THESETHIN  TGESETHIN  THESETHIN
THATSOKAY  THATSOKAY  THATSOKAY  THATSOKAY
YREVERHEA  YUEVERHEA  OREVERHEA  OUEVERHEA
TYFRUTTIB  TIFRUTTIB  TYFRUTTIB  TIFRUTTIB
BSNETHERE  BONETHERE  OSNETHERE  OONETHERE
OTTTIFRUT  OUTTIFRUT  TTTTIFRUT  TUTTIFRUT
```

115

LATLERICH LTTLERICH IATLERICH ITTLERICH

第 1 选项的第 1 行连续出现 3 个 O，这是可笑的。第 2 选项也好不到哪去，第 3 选项如果是正确的，那一定是奶牛写的。所以，我们选择第 4 种情况：

```
        MEOTHERPE
        AVETALKED
        THESETHIN
        THATSOKAY
        OUEVERHEA
        TIFRUTTIB
        OONETHERE
        TUTTIFRUT
        ITTLERICH
```

现在破译密文应该快多了。你能猜到 AVETALKED 或 OUEVERHEA 或 ITTLERICH 之前是哪些字母吗？现在，最奇怪的行都变得有意义了。TIFRUTTIB 和 TUTTIFRUT 本身看起来可能很古怪，但如果大家熟悉早期的摇滚乐就应该认识它们。

而且，随着未使用的列减少，确定它们的位置就变得越来越容易，这是因为它们只有很少可能出现的位置。基于这一点，完成矩形，得到下面的结果，对你来讲应该没什么困难的了：

```
        SOMEOTHERPEOPL
        EHAVETALKEDABO
        UTTHESETHINGSB
        UTTHATSOKAYHAV
        EYOUEVERHEARDT
        UTTIFRUTTIBYPA
        TBOONETHERESAL
        SOTUTTIFRUTTIB
        YLITTLERICHARD
```

因此，插入标点后的最后消息是：

Some other people have talked about these things, but that's okay. Have you heard Tutti Frutti by Pat Boone? There's also Tutti Frutti by Little Richard.

虽然上面列换位密码的密文是通过密钥字加密得到的，但是我们恢复消息并没有得到密钥字的任何信息。它实际是一个人名 Joseph A Gallian。这句话也是他的，而且是在他最受欢迎的演讲之一的开头讲的。

上面显示的攻击可以很容易地转换为计算机程序。从任何列开始，然后从每列的左边或右边添加列，并为其计算一个得分（基于双字母频率）。高分的选项保留，并且对剩余的列中重复上述处理，直到没有剩余的列，并且消息可读。

4.3 历史应用

第二次世界大战期间，大约和珍珠港事件同一时间，中国香港也被日本攻击。英国皇家空军（Royal Air Force，RAF）飞行员唐纳德・希尔被捕，并且他在 1941 年 12 月 7 日到 1942 年 3 月 31 日，对自己的经历写了一份日记。尽管伦敦军政部是禁止这种行为的，他们害怕情报可能会通过这样的文字泄露给敌人，但希尔把他的日记伪装成数学表格（换位操作之前，他把这些字母转换成数字），从而愚弄了抓他的日本人。关于唐纳德・希尔和他爱人的故事以及和他的密码、对他密码的分析（菲利普・阿斯顿的分析）、明文怎样被揭示的故事，都详细记录在安德罗・林克莱特的《爱情密码》（*The Code of Love*）[1]中。图 4.1 所示内容重现了希尔密码中的一页。

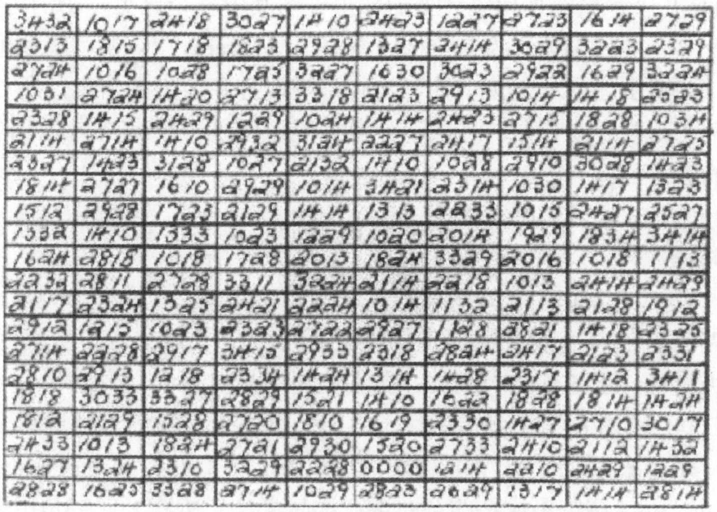

3432	1017	2418	3027	1410	2423	1227	2723	1614	2729
2313	1815	1718	1823	2928	1327	2414	3029	3223	2329
2724	1016	1028	1723	3227	1630	3023	2922	1629	3224
1031	2724	1420	2713	3318	2123	2913	1014	1418	2023
2328	1415	2429	1229	1024	1414	2423	2715	1828	1034
2114	2714	1410	2932	3124	2227	2417	1514	2114	2725
2327	1423	3128	1027	2132	1410	1028	2410	3028	1423
1814	2727	1610	2929	1014	3421	2314	1030	1417	1323
1512	2928	1723	2129	1414	1313	2233	1015	2427	2527
1332	1410	1333	1023	1229	1020	2014	1929	1834	3414
1624	2818	1018	1728	2013	1824	3329	2016	1018	1113
2232	2811	2728	3311	3224	2114	2218	1013	2414	2429
2117	2324	1325	2421	2224	1014	1132	2113	2128	1912
2912	1215	1023	2323	2722	2927	1128	2821	1418	2325
2714	2228	2917	3415	2933	2318	2824	2417	2123	2331
2810	2913	1218	2334	1424	1314	1428	2317	1412	3411
1818	3033	3327	2829	1521	1410	1622	1828	1814	1424
1812	2129	1328	2720	1810	1619	2330	1427	2710	3017
2433	1013	1824	2721	2930	1520	2733	2410	2112	1432
1627	1324	2310	3229	2228	0000	1214	2210	2429	1229
2828	1623	3328	2714	1029	2823	2629	1317	1414	2814

图 4.1 这是一页来自于战俘唐纳德・希尔的加密日记

（感谢破解加密日记的数学家菲利普・阿斯顿提供此图像）

第二次世界大战期间，英国特别行动局（Britain's Special Operations Executive，

1 LINKLATER A. The Code of Love[M]. New York: Doubleday, 2001.

SOE）除了使用 3.11 节提到的一次一密方法外，还使用了各种形式的换位密码。其中，最好的形式为两重换位，下面将有很简短的介绍。

最近，研究者发现在大学航空炸弹客的小屋里有大量的加密文字。很明显，它是通过使用某种代换或编码生成的，然后进行了大量的换位。一个天才数学家，比如大学航空炸弹客，能想出一个可以经得起我们国家最优秀的密码分析专家分析的、仅用铅笔和纸设计的密码吗？我们可能永远也不会知道，因为这个系统的密钥字也在小屋里找到了。没有人对这个密码的细节做过学术性的描述。它只是在大众传播的层面上被简单地描述过。原始密文以及曾经属于大学航空炸弹客的许多其他财产，在政府拍卖会上被卖掉了。募集到的资金给了他的受害者及家人[1]。

4.4 易位构词

相对于消息的长度，如果换位密钥字很长并且随机（不是由有效单词产生的），那么这个密码系统就很难破解。特别地，如果换位密钥字的长度等于消息的长度，破译者实际上是在玩有大量填空的拼字游戏，并且也许够形成几个有意义的解决方案，而这几个解没有任何统计上的理由说明其中一个比另一个的可能性更大。字母的一个重新排列也被称为易位构词游戏（Anagrams）[2]。伽利略和牛顿通过易位构词方法隐藏了他们的发现。他们没有系统地打乱他们的信息，所以他们不能像上面的例子那样容易恢复。威廉·弗里德曼也用了一个易位构词来陈述了他对伏尼契手稿的看法。

例 5

伽利略

```
Haec immature a me iam frustra leguntur O. Y.
```

伽利略将他的一个发现用易位构词方式形成了上述文本，并发送给朱利亚诺·德·美第奇。正如你所看到的，伽利略利用易位构词，形成了另一个句子；但是，他的新句子并没有用到原始句子中的所有字母。他将字母 O 和 Y 剩下，且把它们简单地放在后面。这个消息翻译成英文为 "These unripe things are now readby me in vain（这些不成熟的东西现在读起来一无所获）"。它是用来伪装：

```
cynthiae figures aemulatur mater amorum
```

翻译成英文为 "The mother of love [Venus] imitates the phases of Cynthia [the moon]（金星模仿月亮的相位）"。这是伽利略在 1611 年 1 月 1 日披露的。

---

1 HOOBER S. Items in Unabomber auction net more than $200,000[EB].2011.
2 一些人保留这个形式，因为一个单词的字母可以重新排列成另一个单词。我用它来更一般地表示任意重排。

例 6

克里斯蒂安·惠更斯

$$a^7c^5d^1e^5g^1h^1i^7l^4m^2n^9o^4p^2q^1r^2s^1t^5u^5$$

在这个字母换位中，数字表明每个字母在原始消息中出现的次数。解密成：

annulo cingitur tenui plano, nusquam cohaerente,
ad eclipticam inclinato

翻译成英文为 "[Saturn] is girdled by a thin flat ring, nowhere touching,inclined to the ecliptic（[土星]被一个薄的扁环环绕，没有任何接触，倾向于黄道）。"

例 7

艾萨克·牛顿

$$a^7c^2d^2e^{14}f^2i^7l^3m^1n^8o^4q^3r^2s^4t^8v^{12}x^1$$

这些关系到是谁先建立了微积分，牛顿将上述的字母换位，写在他给莱布尼兹的第二封信中（1677 年）。解密成：

Data aequatione quodcumque fluentes quantitates
involvente, fluxiones invenire et vice versa

翻译成英文 "From a given equation with an arbitrary number of fluentes to find the fluxiones, and vice versa（已知包含若干流量的方程，可以求出流数，反之亦然）。"

例 8

威廉·F·弗里德曼

I put no trust in anagrammatic acrostic ciphers, for they are of little real value——a waste——and may prove nothing-Finis.

关于伏尼契手稿（一个超过 200 页的加密手稿，没有人能够破解），弗里德曼写道：他自己 "多年来有一种新的理论来解释它的奥秘，但没有完全准备好以通俗易懂的语言来表述。跟随 3 个杰出前辈的先例，他希望用简明的方式表达他的理论实质。" 他的理论采用了易位构词的方式（见上面），和伽利略的例子一样，字符重排完仍有意义，但是他比伽利略好的地方是没有留下任何字符。这个易位构词被他人给出了 3 种（错误的）解读方式[1]：

William F. Friedman in a feature article arranges to use cryptanalysis to prove he got at that Volynich manuscript. No?

This is a trap, not a trot. Actually I can see no apt way of unravelling the rare Voynich manuscript. For me, defeat is

---

1 ZIMANSKY C A, WILLIAM F. Friedman and the Voynich manuscript[J]. Philological Quarterly,1970, 49(4): 433-442. BRUMBAUGH R S. Ed. The Most Mysterious Manuscript[M]. Carbondale: Southern Illinois University Press, 1978: 99-108.这本书转载了上述文章。

grim.

To arrive at a solution of the Voynich manuscript, try these general tactics: a song, a punt, a prayer. William F. Friedman.

1970 年，弗里德曼提出了正确的破译：

The Voynich MSS was an early attempt to construct an artificial or universal language of the a priori type. ——Friedman

由于这种易位构词会产生多种解读，破译者希望最好是能截获相同长度的第二个消息，并且使用同一个移位密钥。密码破译者可以像解决列换位密码那样，并排它们，只是现在仅有 2 行。不可能有多于一种的重排方式对 2 个截获密文都产生有意义的明文。事实上，克劳德·香农将周期为 d 的换位密码系统的唯一解密距离设为 $1.7d$[1]。

4.5 两重换位

就像以前那样，每当一个密码系统受到攻击，我们就考虑怎样防止攻击，从而形成一个更强的密码系统。对上述换位密码来说，它的缺点是：如果我们尝试一种可能的排列方式，并试图形成单词的话，会有很多行可以参考，因此能够以群体为单位计算该排列方式的可能性，并与其他排列方式比较可能性的大小。为了阻止这种攻击，我们使用称为两重换位的方法。该方法描述如下：

例 9

我们利用两重换位密钥字 FRIEDRICH NIETZSCHE 对下面的消息进行加密：

YES SOMETHING INVULNERABLE UNBURIABLE IS WITH ME SOMETHING THAT WOULD REND ROCKS ASUNDER IT IS CALLED MY WILL SILENTLY DOES IT PROCEED AND UNCHANGED THROUGHOUT THE YEARS

一开始，我们严格按照列换位方式开始操作：

```
F R I E D R I C H N I E T Z S C H E
Y E S S O M E T H I N G I N V U L N
E R A B L E U N B U R I A B L E I S
W I T H M E S O M E T H I N G T H A
T W O U L D R E N D R O C K S A S U
N D E R I T I S C A L L E D M Y W I
```

---

1 SHANNON C. Communication theory of secrecy systems[J]. Bell System Technical Journal, 1949, 28(4): 695.

```
L L S I L E N T L Y D O E S I T P R
O C E E D A N D U N C H A N G E D T
H R O U G H O U T T H E Y E A R S N
```

但是我们仍然将密文放在该密钥字下面：

F R I E D R I C H N I E T Z S C H E

```
T N O E S T D U U E T A Y T E R O L
M L I L D G S B H U R I E U G I H O
L O H E N S A U I R T N Y E W T N L
O H H B M N C L U T L I H S W P D S
S A T O E S E O E U S R I N N A N R
T R L D C H I U E D A Y N T E R I W
D L C R M E E D T E A H V L G S M I
G A I A I C E E A Y N B N K D S N E
```

并且再次换位得到：

UBULO UDERI TPARS SSDNM ECMIE LEBOD RAAIN IRYHB LOLSR WIETM
LOSTD GUHIU EETAO HNDNI MNOIH HTLCI DSACE IEETR TLSAA NEURT
UDEYN LOHAR LATGS NSHEC EGWWN EGDYE YHINV NTUES NTLK

　　19 世纪下半叶，沙皇的无政府主义敌人使用了另一种两重换位密码。这个无政府主义者密码，并不是执行 2 次列换位，而是分别换位行和列。其他的无政府主义者密码也有基于代换操作的。

　　弗里德曼称两重换位是一种"极好"的方法[1]。然而，他确实提到了其中某些特殊情况会导致失败。最让人担心的是，一个粗心大意的加密者会忘记执行第 2 次换位。在这种情况下，拦截的消息可以很容易地被破译，而且会为其他正确换位 2 次的消息提供密钥字。其他可以获得攻击方案的特殊情况包括以下内容。

　　① 被拦截的两个消息具有相同长度。

　　② 单个加密消息用的是正方形表。

　　③ 非正方形的矩形是完全被填充的。

　　弗里德曼是在 1923 年，即高速计算机攻击出现之前，写了这些结论。现在只要能满足他提到的 3 个特殊条件中的任何一个，对密钥字的字典攻击就可以产生一个可行攻击方案。然而，我们并不需要等待数字时代的到来，一个一般的攻击方案已经在 1934 年被（秘密）发表了[2]。它的作者是所罗门·库尔伯克，我们在

1　FRIEDMAN W F. Elements of Cryptanalysis[M]. Laguna Hills, CA: Aegean Park Press, 1976: 103. 这是一个很容易得到的继 1923 年 5 月第一版之后的重印版，它被标记为官方使用，并由政府印刷办公室为陆军部出版。

2　KULLBACK S. General Solution for the Double Transposition Cipher[M]. Washington, DC: U.S. Government Printing Office, 1934. 它最后由美国国家安全局破译并很快地于 1980 年由爱琴公园出版社进行转载。

第 9 章中将会有更多的介绍。

一种平方级增长密钥数量以抵抗字典攻击的方法，是利用 2 个不同的单词来完成的，一个词用来执行第一次换位，另一个词用来执行第二次换位。虽然 2 次换位的复合也可以看成一次换位，但是"复合词"不太可能出现在字典里。库尔伯克的论文中也提出了对这一改进版本的攻击。

几年后，在被占领的欧洲，英国特别行动局和他们的特工之间使用单一和两重换位密码进行联系。利奥·马科斯试图用一次一密去替代这种系统，但是最终结果是 2 种方法都被使用，尽管不是为了加密相同的消息！在（大西洋以及战争的）另一边，直到 1941 年春天，身在拉丁美洲的德国特工还一直使用列换位[1]密码。

4.6 词换位

虽然换位最常用字母（或比特）用于计算机加密，但是它也可以按单词的级别进行。美国内战期间，北方联邦以这种方式进行了大量的信息交流。我们以 1863 年 6 月 1 日，亚伯拉罕·林肯发出的一个密文消息作为一个实例进行分析[2]：

GUARD ADAM THEM THEY AT WAYLAND BROWN FOR KISSING
VENUS CORESPONDENTS AT NEPTUNE ARE OFF NELLY TURNING
UP CAN GET WHY DETAINED TRIBUNE AND TIMES RICHARDSON
THE ARE ASCERTAIN AND YOU FILLS BELLY THIS IF
DETAINED PLEASE ODOR OF LUDLOW COMMISSIONER

GUARD 表明了矩形的大小和换位的路径。在这种情况下，对破译者来讲，这些词应该按照第一列从下往上，第 2 列从上往下，第 5 列从下往上，第 4 列从上往下和第 3 列从下往上的排列规则进行填充。GUARD 之后，每到第 8 个词就去掉，也就是说可以忽略掉[3]。我们得到：

FOR	VENUS	LUDLOW	RICHARDSON	AND
BROWN	CORRESPONDENTS	OF	THE	TRIBUNE
WAYLAND	AT	ODOR	ARE	DETAINED
AT	NEPTUNE	PLEASE	ASCERTAIN	WHY
THEY	ARE	DETAINED	AND	GET
THEM	OFF	IF	YOU	CAN

1　BRATZEL J F, ROUT JR L B. AbwehrciphersinLatinAmerica[J]. Cryptologia, 1983, 7(2): 132-144.

2　KAHN D. The Codebreakers[M]. 2nd ed., New York: Scribner, 1996: 215.

3　也就是说，我们忽略掉 KISSING、TURNING、TIMES、BELLY 和 COMMISSIONER.

ADAM   NELLY   THIS   FILLS   UP

如果换位是唯一的保护，那么我们现在就会读出消息，但是，美国北方联邦又额外增加了一层保护——编码字：

VENUS=colonel

WAYLAN=captured

ODOR=Vicksburg

NEPTUNE=Richmond

ADAM=President of the United States

NELLY=4:30 p.m.

应用上面的码字（除去最后单词 THIS FILLS UP，这是填充上面块的空值）产生原始消息：

For Colonel Ludlow,

Richardson and Brown, correspondents of the
Tribune, captured at Vicksburg, are detained at
Richmond. Please ascertain why they are detained
and get them off if you can.

——The President,4:30 pm

这个系统使美国南方邦联陷入了困境。在密码著作中经常提到，美国南方邦联甚至在南方报纸上印刷某些截获密文，并悬赏请求帮助。尽管这是一个经常被重复提到的说法，但是，我在寻找那些悬赏的过程中，并没有发现真实的悬赏，只是发现其他人也在寻找！最后，在 2012 年 4 月，我找到了一篇文章，我相信这篇文章解开了失踪的美国南方邦联广告的谜团。它是陆军通信部队的艾伯特·J·迈尔的一篇标题是《陆军通信部队的密码》的文章中的一段。它出版于 1865 年 10 月 7 日，美国《陆军海军杂志》（*Army Navy Journal*）第 99 页。我知道这是对立方的材料，并且是在战争结束后发表的，但请继续往下看。文章报道如下：

陆军通信部队的密码

一篇出现在报纸上的文章引起了人们的注意，这既因为文章作者曾经在陆军部工作过，也因为文章鲁莽的言辞。其中，文章中说陆军通信部队的主要职责是截获和解读叛军通信官员的消息，就像他们截获和解读我们的一样，"因为我们应该知道：我们的通信信号与他们的通信信号基本上是一样的，并且目前还没有发明出一种不能被专家破译的可见信号系统。"

下面的消息是用陆军通信部队的简单设备加密的：

CLBHBQHBAG   &YFSINGVBINGS   AMPCT-KTION

MZYPXOTSXB   INGU&PSDZSYN   VTELYTIONTQJY

WKINGLQPM&	OEINGHFOY	FILOUSPN
INGTIONEAHCS	RSAVJOSXCYJ	QJAG

可以认为，第一，除了信号部队的专家之外，现在或过去受雇于美国陆军部或美国部队的专家，在战争期间，没有人能解读这则消息。第二，除了陆军通信部队的专家，在美国没有人可以用少于 3 天的时间来解读它。

作为对破译者的努力的补偿，《陆军海军杂志》的编辑自己决定，将支付 50 美元给第一个成功破译的人。

密文是通过在 20 秒内挥舞旗帜来传递的，这样它会变得更困难。而在印刷物上的密文比起通信中的信号更明晰。第二个消息不必和这个类似。它将有益于了解破译消息的规则，并且没有人会比作者更愿意相信它可以被破解。

——A·J·M

因为上述所引用的文章，是在内战结束后不久出现的，多年后，人们回看这篇文章的时候，会很容易把日期搞混，并相信它在战争期间也曾发生过。此外，它要求读者破译一个美国北方联邦密码，回忆那个广告的人可能会认为它一定是在南方的报纸上。多年之后，记忆模糊，一切似乎都很合理。我认为这是叛军报纸悬赏这一传说的起源。

4.6.1　再会美国内战密文

2010 年，肯特·波克琅和阿里·阿萨博找到了一个美国北方联邦密文，就像上面的换位密码例子一样，没有解决方案。他们继续解决这个问题，这对先前曾破译了南方邦联的一个未解密码（见第 3.3 节）[1]的主要作者来讲达成某种平衡。

4.7　换位装置

在第 1.2 节中我们讨论了密码棒这一古希腊装置去完成换位加密，另一个被称为卡尔达诺格栅的装置也可以用来达到这个目的。在详述它的用法之前，我们先简单地介绍吉罗拉莫·卡尔达诺的一生（见图 4.2）。

卡尔达诺是发表三次方程求根公式的第一人（《大衍术》，*Ars Magna*，1545年），因此被人们熟知。然而，争议很快地随之而来，因为当时他是经过再三请求和承诺保守秘密，才从塔尔塔利亚那里得到了这个公式。卡尔达诺也被认为是一

1　BOKLAN K D, ASSARPOUR A. How we broke the Union code(148 years too late)[J]. Cryptologia,2010, 34(3): 200-210.

本关于概率的书《机会性游戏手册》（*Liber de Ludo Aleae*）[1]的作者，并被认为在计算中第一次明确地使用了复数（《大衍术》）。而他在个人生活方面，并不那么一帆风顺。1560 年，卡尔达诺的儿子詹巴蒂斯塔因杀死自己的妻子而被拘留并被处决。另一个儿子则被卡尔达诺割掉耳朵，据称是因为某种罪行。

图 4.2　"我极其聪明，以至于每个人都惊叹于我非凡的技能。"
（吉罗拉莫·卡尔达诺, 1501—1576）

（来自 University of Pennsylvania, Rare Book & Manuscript Library,Elzevier Collection, Elz D 786.
感谢里根·克拉斯普提供此图像）

卡尔达诺本人在 1570 年被监禁，他因为推算耶稣的出生星位并且写书赞美尼禄[2]而被指控为大逆不道。对他的惩罚远没有他在宗教法庭的审判中所面临的那样严重，他在监狱里待了 77 天，然后被软禁在家很长时间。尽管他在一段时间里被禁止出版著作（甚至写作），但他一生创作了 100 部作品，其中一些作品不只包含一本"书"。

卡尔达诺一生都饱受健康问题的困扰。他患的疾病包括粘膜炎、消化不良、先天性心悸、痔疮、痛风、疝气、膀胱问题、失眠症、瘟疫、痈、间日疟、急腹痛、血液循环不良，还有其他各种小病。有人还想给他添加抑郁症。他似乎很高兴叙述自己的疾病问题："我的努力，我的担忧，我的痛苦，我的错误，我的失眠，肠道问题，哮喘、皮肤病和虱病，我孙子的软弱，我自己儿子的罪过……更不用提我女儿的不育，与医学院的争斗，不断的阴谋、诽谤，糟糕的健康状态，我没有真正的朋友。"和"这么多阴谋针对我，这么多花招来捉弄我，我女佣的偷窃，马车夫的酗酒，整体都是虚伪、懦弱、叛逆、傲慢，这些都是我生活中需要处理的不幸[3]。"

1　然而，他并不像他想象的那样了解机会法则，1533 年，他被迫典当妻子的珠宝和一些家具来偿还赌债。

2　SHUMAKER W. Renaissance Curiosa, Medieval and Renaissance Texts and Studies, Vol. 8, Center for Medieval & Renaissance Studies[M]. NY: Binghamton, 1982: 53-90. 包括一个介绍。

3　MUIR J. Of men and mathematics: the story of the great mathematicians[M]. New York: Dodd, Mead &Co., 1965: 45.

　　起初，卡尔达诺格栅是用于隐写的——为了隐藏消息的存在。它是由多个位置挖有矩形洞的一张纸构成（足够结实，可供重复使用）。加密者将表格放在纸上，在洞内写他的消息。这些洞应该足够大，并且能放开整个单词或独立的字母。移走表格后，他会尝试着在真正消息周围填写其他单词从而形成一个伪装的消息，希望它能骗过任何拦截者，以为它是真正的消息。最后一步可能是很复杂的，笨拙的短语和好像不怎么流畅的书写可能提示拦截者使用格栅的事实。尽管如此，我们仍然看到了卡尔达诺格栅的应用。 在美国独立战争中，使用过一个有着沙漏形状的格栅。正如目前所描述的，这不是一个换位方案。这些单词或字母的排列仍然是它们原本的顺序，然而一个轻微的旋转将其转变成一种换位装置，称为旋转格栅。为了看清它是怎样工作的，我们考虑图4.3所示的密文。就其本身而言，它的样子就像无法继续的一个填字游戏，或是一个单词搜索谜题，但是当我们把图4.4中所示的表格滑动到密文上面时，看看会发生什么。

	T	F	C	H	O	P	M		
L	A	T	P	E	N		D	A	R
A	E	B	H	E	D	E	E	I	T
		L	F	O	I		I	R	T
C	Y	S	T		O		E	I	
N	D	S		T	A	O	R	T	I
H	G	E	T	N	I			F	H
	P	V	I	D	E	C	O	I	W
S	T	J	E	A	R	R	A	D	E
N	O	R	Y			T	O		A

图 4.3　原始密文

图 4.4　THE ABILITY TO DESTROY A

　　保留单词间的空格，THE ABILITY TO DESTROY A，虽然消息看起来并不完整，但开始成形。我们顺时针旋转格 90°，观察更多的消息（见图 4.5）。我们的消息还在继续，PLANET IS INSIGNIFICANT，虽然句子本身是有意义的，但仍然读不出消息的更多含义。

图 4.5　PLANET IS INSIGNIFICANT

我们再次顺时针旋转格栅 90°（见图 4.6），就能得到更多的消息，COMPARED TO THE POWER O。继续旋转 90°（最后一次，见图 4.7）得到消息的最后部分，F THE FORCE—DARTH VADER。完整的消息现在显示出来，是引用西斯黑暗尊主的一段话：

THE ABILITY TO DESTROY A PLANET IS INSIGNIFICANT

COMPARED TO THE POWER OF THE FORCE—DARTH VADER

仔细看一下原始的密文，就会发现有 4 个字母没有被使用。我们需要的话，在格栅上再打一个洞就可以使用那 4 个额外的位置。事实上，这 4 个字母可以通过易位构词完善消息的主题。

旋转格栅最近一次是德国人在一战中的使用，尽管只持续了 4 个月，就被法国密码破译者攻破了这个密码。德国人很快转向了一个更好的系统，将会在第 6.2 节中描述。大多数现代密码学家同时使用代换和换位，其中一些将在本书的后半部分做详细的介绍。

图 4.6　COMPARED TO THE POWER O

图 4.7　F THE FORCE—DARTH VADER

参考文献和进阶阅读

BARKER W. Cryptanalysis of the double transposition cipher[M]. LagunaHills, CA: Aegean Park Press, 1996.

BRATZEL J F, ROUT JR L B. Abwehr ciphers in Latin America[J]. Cryptologia, 1983, 7（2）: 132-144. 这篇文章详细叙述了第二次世界大战期间，德国特工在拉丁美洲使用密码的过程。

CARROLL J M, ROBBINS L E. Computer cryptanalysis of product ciphers[J]. Cryptologia, 1989, 13（4）: 303-326. 乘积密码，作者的意思是 2 种技术的组合，例如代换和换位。我们将在 6.2 节学到更多的这样的系统。

DIMOVSKI A, GLIGOROSKI D. Attacks on the transposition ciphers using optimization heuristics[C]//ICEST 2003, October, 2003, Sofia, Bulgaria. 摘要是：本文将呈现 3 种优化的启发式攻击换位密码的方法。这些启发式算法是模拟退火算法、遗传算法和禁忌搜索算法。我们将说明每一种启发式算法都会为密码分析者破解密文提供有效的自动化技术。密码易受攻击在于它不够复杂、不能隐藏明文中内在特点或语言统计性。

EYRAUD C. Precis de Cryptographie Moderne[M]. Paris: Editions Raoul Tari, 1953. 本文介绍了一种对两重换位密码的攻击。

FRIEDMAN W F. Formula for the Solution of Geometrical Transposition Ciphers[M]. Geneva, IL: Publ. No. 19 Riverbank Laboratories, 1918.

FRIEDMAN W F, FRIEDMAN E S. Acrostics, anagrams, and Chaucer[J]. Philological Quarterly, 1959, 38（1）.

GIDDY J P, SAFAVI-NAINI R. Automated cryptanalysis of transposition ciphers[J].

Computer Journal, 1994, 37（5）：429-436. 摘要如下：在本文中，我们使用模拟退火算法对换位密码进行自动密码分析。换位密码是一类密码体制，与代换密码结合在一起，形成现代对称密码算法的基础。在换位密码中，用固定的置换将明文块加密成密文块。我们将换位密码的分析看成组合优化问题进行研究，并且利用模拟退火算法去寻找一个成本函数的全局极小值，这里的成本函数是给定密文可能的解密和明文消息样本之间距离度量。算法的成功取决于密文的长度与块的大小的比率。对于较低的比率，有一些情况，明文不能正确地找到。这个是所有密码分析都有的预期行为。但是，这种情况下，检查算法的输出为指导密码分析提供了有价值的"线索"。总之，模拟退火使换位密码的分析变得更容易，并且为分析更复杂的密码提供了一种潜在的强大方法。

KULLBACK S. General solution for the double transposition cipher[M]. Washington, DC: U.S. Government Printing Office, 1934. 这份文献最终被美国国家安全局解除密级，并且于 1980 年由爱琴海公园出版社，加利福尼亚（Aegean Park Press, Laguna Hills, CA），很快地转载。

LEIGHTON A C. Some examples of historical cryptanalysis[J]. Historia Mathematics, 1977, 4: 319-337. 这篇论文包括了一份来自美国南北战争的美国北方联邦换位密码。

LEIGHTON A C. The statesman who could not read his own mail[J]. Cryptologia, 1993, 17（4）：395-402. 在本文中，雷顿（Leighton）阐述了从 1678 年开始，他是怎样破译列换位密码的。

MICHELL D W. "Rubik's cube" as a transposition device[J]. Cryptologia, 1992, 16（3）: 250-256. 虽然密钥空间使这个密码听起来令人印象深刻，但是我给出的一个密文例子被布雷特·格若桃丝（Brett Grothouse）一个通宵就破译了，他是我的一个学生，也是一个魔方爱好者。回想一个大的密钥空间是保障密码安全性的必要条件之一，但却不是一个充分条件。最近发现任何混乱后的魔方都可以在 20 步或更短的时间内解决[1]。

RITTER T. Transposition cipher with pseudo-random shuffling: the dynamic transposition combiner[J]. Cryptologia, 1991, 15（1）：1-17.

ZIMANSKY C A, William F. Friedman and the Voynich manuscript[J]. Philological Quarterly, 1970, 49（4）：433-442. 本文被下面这本书转载，BRUMBAUGH R S. Ed. The Most Mysterious Manuscript[M]. Carbondale: Southern Illinois University Press, 1978: 99-108.

1　FILDES J. Rubik's cube quest for speedy solution comes to an end[N]. BBC News, August 11, 2010.

第 5 章

莎士比亚、杰斐逊和约翰·F·肯尼迪

本章我们讨论一些争议，涉及了威廉·莎士比亚的作品、托马斯·杰斐逊的贡献和约翰·F·肯尼迪一生中的关键时刻。

5.1 莎士比亚 V.S.培根

弗朗西斯·培根爵士（见图 5.1）最被人所熟知的是他的哲学家以及应用科学和科学方法的提倡者的身份，这种科学方法被他称作"新工具"。他死后，其观点变得更有影响力。特别地。他为皇家学会的创立者提供了灵感。培根还因为开发了二进制密码——只需要 2 个不同的符号来传递消息，在本书中获得一席之地。下面是他的变形二元密码的一个例子：

A = aaaaa		N = abbab
B = aaaab		O = abbba
C = aaaba		P = abbbb
D = aaabb		Q = baaaa
E = aabaa		R = baaab
F = aabab		S = baaba
G = aabba		T = baabb
H = aabbb		U = babaa
I = abaaa		V = babab
J = abaab		W = babba
K = ababa		X = babbb
L = ababb		Y = bbaaa
M = abbaa		Z = bbaab

人们可以用这种方法来加密一个消息，发送25个字母的字符串 aabbb aabaa ababb abbba 来表示"hello"。但是这是一种特别低效的单表代换方法，这种密码的优势在于它的隐藏性。让普通文本字符表示 a，粗体字符表示 b。现在观察隐藏在文字背后的信息如下：

```
Joe will help in the heist. He's a good man
 and he knows a lot about bank security.

Joewi llhel pinth eheis t.He'sa goodm anand hekno wsalo
aaabb abbba abbab baabb  baabb baaab babaa baaba baabb
   D     O     N     T     T     R     U     S     T
```

```
        tabou tbank secur ity.
        baabb abbba aabaa
           J     O     E
```

　　可以采用不那么明显的方法区分 a 和 b。例如，可以使用 2 种略有不同的字体。只要能用某种方式区分它们，就可以恢复隐藏的信息。这个简单的系统最终被用来支持下述论点：莎士比亚的戏剧实际上是由培根写的。但是这种说法的出现早于所谓的密码证据的出现。

图 5.1　弗朗西斯·培根（1561—1626）

　　据弗莱彻·普拉特所说，培根是莎士比亚戏剧的真正作者这一观点，最早是由霍勒斯·沃波尔在《历史性的质疑》（*Historic Doubts*）中提出的。普拉特还报道说，沃波尔声称尤利乌斯·凯撒从未存在过[1]。查阅《历史性的质疑》的人将会失望，因为这两种说法实际上在书中都不存在。知道普拉特是怎么犯错的是一件很有趣的事。

　　伊格内修斯·唐纳里（见图 5.2）是一位来自美国明尼苏达州的政治家，在他1888 年出版的作品《大密码：所谓的莎士比亚戏剧中的弗朗西斯·培根的密码》中，以 998 页的篇幅对莎士比亚戏剧的作者身份进行了论证。他还写了一本关于

1　PRATT F. Secret and Urgent[M]. New York: Bobbs Merrill, 1939: 85.

亚特兰蒂斯的书。他为培根是作者所提供的证据，涉及一种错综复杂的数学方案，该方案具有很大弹性，在确定明文时，这种弹性导致了大多数人的极大怀疑。

图 5.2　伊格内修斯·唐纳里（1831—1901）

　　事实上，在唐纳里的书发表的同一年，约瑟夫·吉尔平·派尔效仿唐纳里的作品写了一本《小密码》。在这本书中，他只用了 29 页，使用唐纳里的技术，生成了他自己的消息，该消息不可能是培根所写的。尽管派尔的方法并不能提供一个严格的证明来说明唐纳里是错的，但效果还是令人满意的。

　　一般来说，取决于我们愿意接受什么样的证据，我们可以得出各种不同的结论。例如，让我们看一下《圣经旧约诗篇》第 46 章，将诗篇中的单词从开头和结尾处分别向后或向前开始编号到第 46 个位置：

```
    1   2   3    4     5      6
God is our refuge and strength,
    7  8    9    10   11    12
a very present help in trouble.
      13    14 15 16  17
Therefore will not we fear,
    18   19   20   21    22      23
though the earth be removed, and
    24   25     26    27    28
though the mountains be carried
 29  30   31  32 33 34
into the midst of the sea;
    35   36   37    38      39
Though the waters thereof roar
 40 41   42      43    44
and be troubled, though the
      45       46
mountains shake with the
with the swelling thereof. Selah.
There is a river, the streams whereof shall make glad the city
 of God, the holy place of the tabernacles of the most High.
God is in the midst of her; she shall not be moved: God shall
 help her, and that right early.
```

```
The Heathen raged, the kingdoms were moved: he uttered his
 voice, the earth melted.
The Lord of hosts is with us; the God of Jacob is our refuge.
 Selah.
Come, behold the works of the Lord, what desolations he hath
 made in the earth.
He maketh wars to cease unto the end of the earth; he breaketh
 the bow,
                    46   45   44
and cutteth the spear in sunder;
43   42   41    40    39 38 37
he burneth the chariot in the fire.
36   35   34  33   32 31 30  29
Be still, and know that I am God:
28 27  26   25   24  23   22
I will be exalted among the heathen,
21 20  19   18   17 16   15
I will be exalted in the earth.
14  13  12  11  10  9   8
The Lord of hosts is with us;
 7   6   5   4   3   2   1
the God of Jacob is our refuge. Selah.
```

　　相应的两个单词是 shake 和 spear！这样看来，我们可以得到结论：莎士比亚就是作者！或许不那么有戏剧性，我们可以认为，在翻译《圣经》旧约诗篇的时候，为了庆祝莎士比亚 46 岁生日，翻译者做了小小的改动（这里使用了詹姆斯王译本）。又或许这所有的一切仅是一种巧合。

　　伊丽莎白·盖洛普是第一个利用本章中介绍的密码方法，发表反莎士比亚理论的。她 1899 年的作品名为《弗朗西斯·培根的二元密码》。在书里，她声称，在莎士比亚戏剧的印刷物中，那些代表相同字母的，看上去是不同的字符，实际上表示两个不同的符号，并且用培根二元密码能够读出消息，从而表明了培根是真正的作者。1623 年，培根公开了这一隐藏消息的系统，也是在这一年，莎士比亚戏剧合集《第一对开本》出版了。因此，时间上是能对应的，不过也仅此而已。

　　不支持盖洛普观点的证据是令人信服的。在《第一本对开本》印刷的时期，各种各样的字模通常混合在一起，残破的字模通常与新字模一起使用。因此，新老字模印刷出来的文字好像是连续混排的，而不是明显的区分使用。另外，盖洛普还在据说是培根隐藏的消息中，找到那个时期不存在的词[1]。盖洛普的书出现之后，过了半个世纪，威廉和伊丽莎白·弗里德曼写了一本书来检验这个争议[2]。他们最终的结论是培根支持者是错误的。这本书的非压缩版（1955 年）获得了福尔杰莎士比亚图书馆的 1 000 美元文学奖奖金[3]。

1　PRATT F. Secret and Urgent[M]. New York: Bobbs Merrill, 1939: 91.

2　FRIEDMAN W F, FRIEDMAN E S. The Shakespearean Ciphers Examined[M]. Cambridge, U.K.: Cambridge University Press, 1957.

3　KAHN D. The Codebreakers[M]. 2nd ed., New York: Scribner, 1996: 879.

弗里德曼夫妇从这场争议中得到的远不止一本书的出版和一个奖项，实际上这也促成了他们的相遇。他们都在河岸实验室工作，该实验室位于伊利诺斯州的杰尼瓦，就在芝加哥城外，由古怪的百万富翁乔治·费比恩经营，研究领域包括声学、化学、密码学（只有一个目标，就是美化培根为那些著名戏剧的作者——盖洛普在那里工作），还有遗传学。威廉·弗里德曼作为一位遗传学家被聘用，但他用放大那些确信带有隐藏消息的照片和文本的技术，帮助了十几名在密码学方面工作的人。可以这么说，威廉在河岸实验室两次坠入爱河。除了认识了他从事密码学的未婚妻伊丽莎白外[1]，他也为了费比恩开始了密码的研究。当一个密码学家听到有人提到"河岸出版物"时，第一个让人想起的是弗里德曼的密码学著作，尽管他的其他作品也被实验室的出版社出版了。随着美国加入第一次世界大战，弗里德曼的密码学教育被证明是有价值的。记住，美国仍然没有一个常设的密码机构。美国的每一场战争结束后，像间谍、编码者和编码破译者等都重新回到了其他工作。

在莎士比亚《第一本对开本》中，那些残破的文字不会透露隐藏的消息，但是我们仍可以从书籍的印刷中得到一些信息。美国宾夕法尼亚州立大学生物学教授 S·布莱尔·亨吉斯通过比较在印刷插图时，木制雕刻板的裂缝留下的痕迹，找到了一种估计书的各种版本印刷日期的方法。这些裂缝的变化是一种连续的过程。其他利用铜版印刷的书籍，也可以用这种方式估算印刷图像的日期[2]。

尽管还有几个其他候选人参与谁是莎士比亚戏剧真正作者的论战，但是试图证明弗朗西斯·培根是莎士比亚戏剧的真正作者的企图，似乎已经逐渐被试图证明爱德华·德·维尔是莎士比亚戏剧的真正作者的企图所取代。现今对德·维尔是真正作者的讨论，和对他的前任一样多，并没有引起专业密码学家的认真对待。

从好的一方面看，对莎士比亚本人的研究仍然取得了进展。2009 年，一张莎士比亚同时代的肖像第一次被公布出来。它是在 1610 年被创作的，如图 5.3 所示。在都柏林周边的一所房子中，这幅画由科布家族世代相传，没有人知道画中的人是谁。最后，有些人注意到了一些相似处，一些顶级专家一致认为这就是威廉·莎士比亚本人。

图 5.3　莎士比亚肖像

1　他们于 1917 年 5 月结婚。

2　MARINO G. The biologist as bibliosleuth[J]. Research Penn State, 2007, 27(1): 13-15.

5.2　托马斯·杰斐逊：总统、密码学家

　　托马斯·杰斐逊在密码方面的工作中，包含一个他（重新）发明的密码，弗朗西斯·培根之前描述过该密码。这个系统被一次又一次地发明，直到第二次世界大战时还在使用。但是，在我们研究它之前，我们首先要详细地描述杰斐逊的其他密码工作。对于刘易斯和克拉克的远征，杰斐逊指示刘易斯要"每隔一段时间，定时地与我们联系，复制一份你的日志、笔记、观察记录和任何东西，把那些泄露会造成危害的文件加密成密文"。杰斐逊脑中一直有维吉尼亚密码，但它从未被使用过。假设因为杰斐逊了解一个简单系统中存在的弱点，从而选择这样一个系统，这看上去是合理的。

　　1785 年，杰斐逊创建的一本名字手册也可以展示一些密码分析的知识。这本手册的部分代码如图 5.4 所示。注意，杰斐逊并没有将这些词连续编号，他知道对连续编号存在攻击方法（见 2.16 节），因此要确保自己的密码不能被该方法攻破。我们现在来看一下他最著名的发现（见图 5.5）。旧的密码轮如图 5.5 的右图所示，描述如下：

图 5.4　托马斯·杰斐逊的两部分代码

（来自 KAHN D. The Codebreakers[M]. 2nd ed., NewYork: Scribner, 1996: 185. 图片使用已获许可）

图 5.5　一对密码轮

在 20 世纪 80 年代早期，美国国家安全局从西弗吉尼亚州获得了这个加解密装置。它最初被认为是"杰斐逊密码轮"的一种模型，之所以这样称呼它，是因为托马斯·杰斐逊在他的作品中描述过一种类似的装置。我们认为这是世界上现存的最古老的装置，但与杰斐逊的关系尚未得到证实。早在 1605 年，和弗朗西斯·培根同期，这类装置已被作家描述过，并且该类装置在欧洲各国政府神秘的"黑室"中，可能已经相当普遍了。这个密码轮显然是基于法语来使用的，法语是第一次世界大战时的全球外交语言。不清楚它怎么会出现在西弗吉尼亚州。

杰斐逊，还有其他几个人各自独立地发明了如图 5.5 所示的加密装置。出于这个原因，它有时指的是"托马斯·杰斐逊轮子密码"。用轮子密码来加密，只需转动各个轮子，以在其中一排形成所需的消息。复制其他任意行得到密文。破译也同样简单，转动密码轮，在一行上形成密文，然后在其他行中搜索有意义的文本。

图 5.5 左侧的密码轮有 25 个轮子，围绕每个轮子的圆周，有不同顺序的字母表（注意图 5.5 中，4 个 R 之上的字母是不同的）。密钥是通过轮子放置在转轴上的顺序给出的。因此，25 个轮子的模型拥有一个几乎和单表代换密码一样大的密钥空间，然而它更难破解。杰斐逊版本的密码轮有 36 个轮子[1]。

在杰斐逊之后，其他人也独立地提出了这个想法。1891 年，少校艾蒂安·巴泽里为法国战争部提出了一种拥有 20 个圆盘的装置（被拒绝了）[2]。1914 年，帕克·希特上尉在他的带状密码变体[3]（Strip-ciphervariant）中使用了这一思想。在这里，写有乱序字母表的竖直滑带纸条，通过允许竖直运动的靠背水平地放置。上下移动的纸条带相当于在杰斐逊的装置上转动轮子。如果可以连接每条纸带子的两端，这个装置就变成一个密码轮。将希特的装置变成圆柱形后，就是 1922 年美国陆军的野战密码，它被称为 M-94，直到二战中期才被使用[4]。海军在 1928 年采用该装置，将其命名为 CSP 488。海岸警卫队在 1939 年使用它，将其命名为 CSP 493[5]。直到 20 世纪 60 年代中期，美国海军仍在使用这种密码的某个版本[6]。一个密码轮如图 5.6 所示。

1　SALOMON D. Data Privacy and Security[M]. New York: Springer, 2003: 82.

2　KAHN D. The Codebreakers[M]. 2nd ed., New York: Scribner, 1996: 247.

3　同上，第 493 页。

4　MELLEN G, GREENWOOD L. The cryptology of multiplex systems[J]. Cryptologia, 1977, 1(1): 13.

5　GADDY D W. The cylinder cipher[J]. Cryptologia, 1995,19(4): 386. 请注意各种军种采用的日期因作者的变化而变化。例如，在 WELLER R. Rear Admiral Joseph N. Wenger USN (Ret) and the Naval Cryptologic Museum[J]. Cryptologia, 1984, 8(3): 214, these cipher wheels were delivered to the Navy in December 1926 and use by the Coast Guard began "about 1935."

6　MELLEN G, GREENWOOD L. The cryptology of multiplex systems[J]. Cryptologia, 1977, 1(1): 5.

图 5.6　高中密码学学生达斯汀·罗迪斯在美国国家密码博物馆图书馆里检查一个密码轮的场景，给我们一种年代感。背景中的一张海报似乎显示了大卫·卡恩的喜悦之情，他慷慨地将自己的密码术图书馆捐赠给了博物馆

密码轮是一种多元（Multiplex）系统的一个例子。这意味着用户能够为每一个消息选择多个密文。这个术语实际上是威廉·弗里德曼为多种可能密文（Multiple Possible Ciphertexts）而创造的缩写名字。在这个系统中，密文有 25 种选择，可能有时禁止直接选择消息下方的一行或两行作为密文。一种多元系统的优点就是消息中相同的明文部分，不必与密文中的对应部分相同。

5.3　密码轮密码的分析

假设我们获得一个 M-94 装置，并且截获到一条密文。我们可能会转动轮子在一行形成密文，然后急切地想看看其他 25 行，这样只会得到失望。很明显，密钥（圆盘顺序）改变了。如果发送者错误地使用了格式化的开头语，或将同样的消息在另一个（不安全的）系统中发送，我们就会得到一个"嫌疑明文（Crib）"，并能用于尝试确定密钥。存在 25! 种可能的顺序，所以我们需要一种比暴力攻击要精细的方法。美国海军密码轮上的字母表如下[1]：

　1　BCEJIVDTGFZRHALWKXPQYUNSMO

　2　CADEHIZFJKTMOPUQXWBLVYSRGN

　3　DGZKPYESNUOAJXMHRTCVBWLFQI

　4　EIBCDGJLFHMKRWQTVUANOPYZXS

　5　FRYOMNACTBDWZPQIUHLJKXEGSV

1　这是根据 SALOMON D. Data Privacy and Security[M]. New York: Springer, 2003: 84. 得来的。在其他资料里，声明该密码轮使用其他的字母表。

```
 6    GJIYTKPWXSVUEDCOFNQARMBLZH

 7    HNFUZMSXKEPCQIGVTOYWLRAJDB

 8    IWVXRZTPHOCQGSBJEYUDMFKANL

 9    JXRSFHYGVDQPBLIMOAKZNTCWUE

10    KDAFLJHOCGEBTMNRSQVPXZIYWU

11    LEGIJBKUZARTSOHNPFXMWQDVCY

12    MYUVWLCQSTXHNFAZGDRBJEOIPK

13    NMJHAEXBLIGDKCRFYPWSZOQUVT

14    OLTWGANZUVJEFYDKHSMXQIPBRC

15    PVXRNQUIYZSJATWBDLGCEHFOKM

16    QTSEOPIDMNFXWUKYJVHGBLZCAR

17    RKWPUTQEBXLNYVFCIMZHSAGDOJ

18    SONMQUVAWRYGCEZLBKDFIJXHTP

19    TSMZKXWVRYUFIGJDABEOPCHNLQ

20    UPKGSCFJOWAYDHVELZNRTBMQIX

21    VFLQYSORPMHZUKXACGJIDNTEBW

22    WHOLBDMKEQNIXRTUZJFYCSVPAG

23    XZPTVOBMQCWSLJYGNEIUFDRKHA

24    YQHACRLNDPBOVZSXWITEGKUMJF

25    ZUQNXWRYALIVPBESMCOKHGJTFD
```

　　如果允许使用现代的技术，一种可能会攻破它的方法是组合轮子以得到一个可能会出现的词。假设我们相信单词 MONEY 会出现在消息中，需要 5 个轮子加密这个词，则这 5 个轮子的排列方式一共有 P_{25}^5 =25×24×23×22×21=6 375 600 种可能。对于每种可能性，计算机可以依次检测，并且给出对应的密文结果。如果其中一个与已经截获的部分密文相符，我们就可能知道那 5 个轮子的顺序（同时也会出现一种可能，那就是 MONEY 或许没在消息中出现）。这种攻击是假设我们知道每个轮子上字母的顺序，仅不知道轮子在轴上的顺序。一旦我们知道小部分轮子的顺序，确定剩下部分的顺序所用的时间就会缩短。有许多的轮子放在嫌疑明文的后面，都可以在当前行形成密文，这时我们可以检查明文所在的行是否继续有意义。如果对于一个长度是 25 或更长的密文，我们知道或能猜到它所对应的明文，那么，仅用笔和纸就能恢复出轮子的顺序。

例 1

　　或许一个最常见的被发送消息是：NOTHING TO REPORT AT THIS TIME。假设我们猜想密文 YTWML GHWGO PVRPE SDKT QDVJO 表示这个消息，我们将两者进行配对，检查这 25 个圆盘中的每一个明文/密文字母之间的距离。表 5.1

显示了结果。因为每个密文字符与它表示的明文字符在它出现的轮子上比较时，距离是一样的，我们需要找到在每一列都出现的一个数值。

表 5.1　明文/密文对字母距离（25 个圆盘）

	N	O	T	H	I	N	G	T	O	R	E	P	O	R	T	A	T	T	H	I	S	T	I	M	E
	Y	T	W	M	L	G	H	W	G	O	P	V	R	P	E	S	D	K	T	A	Q	D	V	J	O
1	24	08	08	12	10	12	04	08	09	14	16	13	12	07	21	01	25	09	21	09	22	25	01	05	23
2	22	24	07	07	14	25	06	07	12	15	10	07	11	16	19	21	18	25	06	22	19	18	15	23	09
3	23	07	04	25	23	19	14	04	17	20	24	15	06	14	15	22	09	12	02	12	17	08	20	24	04
4	03	21	24	01	06	12	04	24	11	08	21	21	18	09	11	07	15	22	07	15	15	15	22	20	
5	23	05	03	13	03	18	20	05	03	20	02	17	12	24	12	14	18	02	12	17	16	02	10	15	07
6	12	15	03	22	21	09	25	03	11	02	09	05	11	05	17	09	01	05	17	09	08	06	03		
7	17	25	03	05	07	13	12	03	23	22	01	05	05	15	19	10	08	18	16	09	06	08	02	18	08
8	13	23	21	12	25	14	22	21	03	05	17	21	21	03	10	12	13	14	23	24	13	02	21	19	
9	12	05	02	10	25	13	04	02	09	12	23	19	04	12	14	23	16	03	04	14	20	11	17		
10	09	05	12	07	08	21	23	12	02	18	09	25	08	04	24	14	15	14	06	06	01	15	22	18	23
11	10	24	09	05	23	13	12	09	15	03	15	27	05	03	16	03	11	21	23	06	09	11	20	11	12
12	15	13	21	15	08	04	12	21	20	04	05	20	02	14	01	16	24	17	28	06	08	06	20	01	
13	16	04	19	24	25	10	19	19	15	07	12	07	19	03	06	15	12	13	22	21	03	12	15	01	16
14	07	02	08	02	06	24	12	08	04	01	11	13	24	09	12	12	13	12	10	03	14	04	18	15	
15	04	16	01	04	10	14	03	01	21	20	06	01	04	01	23	03	11	05	21	03	24	12	06		
16	06	23	11	16	15	10	25	11	15	05	02	12	21	06	02	06	13	09	18	24	06	11	08	03	
17	01	07	23	24	20	11	23	24	21	22	10	01	23	08	23	21	12	05	12	18	23	08	17		
18	08	23	10	06	21	09	12	10	07	07	08	16	15	19	01	13	04	20	12	18	14				
19	12	07	06	06	12	16	09	06	20	12	03	15	12	15	15	04	04	06	02	11	05	14			
20	19	12	15	09	18	11	10	15	21	12	11	05	11	09	12	19	18	16	11	19					
21	09	16	03	09	22	19	03	11	25	18	01	01	01	17	12	22	24	24	07	09	09				
22	09	12	12	05	18	15	02	12	23	15	15	02	15	10	20	24	19	21	14	17	11	11	01		
23	24	24	07	09	20	25	09	07	10	09	11	02	17	06	14	12	18	20	05	07	23	18	12	06	14
24	19	07	24	21	15	13	08	24	09	06	16	03	04	01	11	03	16	02	01	18	11	01	18		
25	04	05	08	22	25	18	25	08	03	12	24	25	14	06	17	07	02	22	03	24	13	02	01	06	04

　　第 1 列不包含 2、5、11、14、18、20、21 和 25，因此这些不是可能的移位。移位的可能性是留下的 1、3、4、6、7、8、9、10、12、15、16、17、19、22、23 和 24。但是，第 2 列没有 1、3、6、9、10、17、19 和 22，我们的列表只有 4、7、8、12、15、16、23 和 24。第 3 列没有 16，所以只剩下 4、7、8、12、15、23 和 24。第 4 列可以排除 8 和 23，剩下 4、7、12、15 和 24。第 5 列观察后，只剩下 7、12 和 15。第 6 列没有 7，现在知道剩下的移位是 12 或 15，现在开始判断起来变得慢一些了。直到第 18 列，没有 15。最后，我们得出结论（还剩下 7 列没有用到），移位是 12。

　　在表 5.1 中找出所有 12 的位置将会帮助我们找到轮子的顺序（见表 5.2）。表 5.2 显示 N 后面跟着 Y 距离差是 12 的轮子是 6、9、19，但是我们不知道真正的是哪一个。往后面看到信息中第五个字母，I 跟着 L 距离差是 12 的仅有轮子 19。

表5.2　定位表中12

	N	O	T	H	I	N	G	T	O	R	E	P	O	R	T	A	T	T	H	I	S	T	I	M	E
	Y	T	W	M	L	G	H	W	G	O	P	V	R	P	E	S	D	K	T	A	Q	D	V	J	O
1	24	08	08	**12**	10	**12**	04	08	09	14	16	13	**12**	07	21	10	25	09	21	09	22	25	01	05	23
2	22	24	07	07	14	25	06	07	**12**	15	10	07	11	16	19	21	10	25	06	22	19	18	15	23	09
3	23	07	04	25	23	19	14	04	17	20	24	15	06	15	22	09	**12**	02	**12**	17	08	20	24	04	
4	03	21	24	01	06	**12**	04	24	11	08	21	21	18	09	11	07	15	22	06	17	15	15	15	22	20
5	23	05	03	13	03	18	20	03	20	02	17	**12**	24	**12**	14	18	02	**12**	17	17	16	02	10	15	07
6	**12**	15	03	22	11	09	21	25	04	05	**12**	08	15	04	01	05	17	09	09	08	06	03			
7	17	25	03	05	07	13	**12**	03	23	22	01	06	15	19	10	08	18	16	09	06	08	02	18	08	
8	13	23	**12**	25	14	22	21	03	05	17	21	21	03	10	16	13	16	24	23	24	13	02	21	19	
9	**12**	05	02	10	25	13	24	02	09	14	**12**	23	**12**	09	04	**12**	23	16	03	04	14	20	11	17	
10	09	05	**12**	07	08	21	23	**12**	02	18	09	25	08	04	24	14	15	14	06	01	15	22	18	23	
11	10	24	09	05	23	13	**12**	09	15	03	15	27	23	06	16	03	11	21	23	06	09	11	20	11	**12**
12	15	13	21	15	08	04	21	24	20	04	03	05	22	06	**12**	20	08	16	24	17	28	08	06	20	01
13	16	04	19	24	25	10	19	19	15	07	**12**	07	19	03	06	15	**12**	13	22	21	03	**12**	01	16	
14	07	02	08	02	06	24	**12**	08	04	02	11	13	24	24	09	**12**	**12**	13	**12**	10	03	**14**	14	18	15
15	04	16	01	06	10	14	03	01	21	20	06	01	06	23	07	24	03	11	18	05	21	03	20	**12**	03
16	06	23	11	16	15	10	25	11	15	05	02	**12**	21	06	02	04	06	15	13	09	18	24	06	11	08	01
17	01	07	23	24	20	11	23	24	24	22	11	02	03	02	25	18	22	**12**	05	**12**	18	23	08	17	
18	08	23	10	06	21	09	**12**	10	10	18	**12**	07	08	16	15	19	20	19	01	13	04	20	**12**	18	14
19	**12**	07	06	06	**12**	16	09	06	20	11	02	13	15	**12**	18	11	15	04	04	04	02	15	21	**12**	01
20	19	**12**	15	09	18	11	10	15	21	15	**12**	13	11	08	21	20	18	08	07	**12**	19	18	16	11	19
21	09	16	03	25	09	22	19	03	11	25	13	18	01	01	01	06	24	17	**12**	22	24	24	07	09	09
22	09	**12**	**12**	05	18	15	02	**12**	23	15	15	05	11	00	24	19	13	13	14	17	11	11	01		
23	24	24	07	09	20	25	09	07	10	09	11	02	17	06	14	**12**	18	20	05	07	23	18	**12**	06	14
24	19	07	24	21	15	13	08	24	09	06	16	03	20	04	01	11	16	03	16	**12**	13	16	21	01	18
25	04	05	08	22	25	18	25	08	03	**12**	24	25	14	06	17	07	02	22	03	24	13	02	01	06	04

　　因此轮子19必须在密码轮轴上第5个位置。类似地，轮子2、25、12、17和11必须分别在位置9、10、15、21和25。我们可以这样标记这些测定结果：

```
        19              2 25              12              17              11
 N O T H I N G T O R E P O R T A T T H I S T I M E
 Y T W M L G H W G O P V R P E S D K T A Q D V J O
```

　　现在我们抹掉这些表中已经确定好的轮子（见表5.3）。注意到轮子4只将消息的一个字符，即第6个位置的字符，移动到相应的密文字符。尽管有其他轮子将位置6的明文移动到密文，但是对第6个位置的明文，一定是轮子4起的作用，这是因为在加密过程中轮子4必须要用到，而它又没在其他位置起作用。我们可以抹掉表5.3中的轮子4，并且去掉其他可能加密位置6的下划线。

表5.3　去掉轮子

	N	O	T	H	I	N	G	T	O	R	E	P	O	R	T	A	T	T	H	I	S	T	I	M	E
	Y	T	W	M	L	G	H	W	G	O	P	V	R	P	E	S	D	K	T	A	Q	D	V	J	O
1	24	08	08	**12**	10	**12**	04	08	09	14	16	13	**12**	07	21	10	25	09	21	09	22	25	01	05	23
3	23	07	04	25	23	19	14	04	17	20	24	15	06	14	15	22	09	**12**	02	**12**	17	08	20	24	04
4	03	21	24	01	06	**12**	04	24	11	08	21	21	18	09	11	07	15	22	06	17	15	15	15	22	20
5	23	05	03	13	03	18	20	03	20	02	17	**12**	24	**12**	14	18	02	**12**	17	17	16	02	10	15	07
6	**12**	15	03	22	21	09	25	03	11	21	20	04	05	**12**	08	16	09	01	05	17	09	09	08	06	03
7	17	25	03	05	07	13	**12**	03	23	22	01	05	04	01	05	10	08	10	04	09	06	08	02	18	08
8	13	23	21	**12**	25	14	22	24	03	05	17	21	03	10	16	24	23	24	13	02	21	19			
9	**12**	05	02	10	25	13	24	02	09	14	**12**	23	**12**	09	04	**12**	14	23	16	03	04	14	20	11	17
10	09	05	**12**	07	08	21	23	**12**	02	18	09	25	08	04	24	14	15	14	06	06	01	15	22	18	23
13	16	04	19	24	25	10	19	19	15	07	**12**	07	19	03	06	15	**12**	13	22	21	03	**12**	15	01	16
14	07	02	08	02	06	24	**12**	08	04	02	11	24	24	09	**12**	**12**	13	**12**	10	03	14	14	18	15	
15	04	16	01	04	10	14	03	01	21	20	06	23	07	04	03	11	18	05	21	03	20	**12**	03		
16	06	23	11	16	15	10	25	11	15	05	02	**12**	21	06	02	04	06	13	09	18	24	06	11	08	01
18	08	23	10	06	21	09	**12**	10	10	18	**12**	07	08	16	15	19	20	19	01	13	04	20	**12**	18	14
20	19	**12**	15	09	18	11	10	15	21	15	**12**	11	08	21	20	18	08	07	**12**	19	18	16	11	19	
21	09	16	03	25	09	22	19	03	11	25	11	18	01	01	16	24	17	**12**	22	24	24	07	09	09	
22	09	**12**	**12**	05	18	15	02	**12**	23	15	25	11	10	20	24	17	19	13	13	14	17	11	11	01	
23	24	24	07	09	20	25	09	07	09	11	02	17	06	14	**12**	18	20	05	07	23	18	**12**	06	14	
24	19	07	24	21	15	13	08	24	09	06	16	03	20	04	01	11	16	03	16	**12**	13	16	21	01	18

　　同样的原因，我们去处理轮子 7、8、15、16、21 和 24。这些操作结果反映在下面的密钥更新表以及表5.4。

```
            8 19 4 7    2 25   16      12           21 24 17      15 11
N O T H I N G T O R E P O R T A T T H I S T I M E
Y T W M L G H W G O P V R P E S D K T A Q D V J O
```

表5.4　从表格中去除更多的轮子

	N	O	T	H	I	N	G	T	O	R	E	P	O	R	T	A	T	T	H	I	S	T	I	M	E
	Y	T	W	M	L	G	H	W	G	O	P	V	R	P	E	S	D	K	T	A	Q	D	V	J	O
1	24	08	08	12	10	12	04	08	09	14	16	13	**12**	07	21	10	25	09	21	09	22	25	01	05	23
3	23	07	04	25	23	19	14	04	17	20	24	15	06	14	15	22	09	**12**	02	12	17	08	20	24	04
5	23	05	03	13	03	18	20	03	20	02	17	12	24	**12**	14	18	02	**12**	17	17	16	02	10	15	07
6	**12**	15	03	22	21	09	25	03	11	21	20	04	05	**12**	08	16	09	01	05	17	09	09	08	06	03

（续表）

	N	O	T	H	I	N	G	T	O	R	E	P	O	R	T	A	T	T	H	I	S	T	I	M	E
	Y	T	W	M	L	G	H	W	G	O	P	V	R	P	E	S	D	K	T	A	Q	D	V	J	O
9	**12**	05	02	10	25	13	24	02	09	14	**12**	23	**12**	09	04	**12**	14	23	16	03	04	14	20	11	17
10	09	05	**12**	07	08	21	23	**12**	02	18	09	25	08	04	24	14	15	14	06	06	01	15	22	18	23
13	16	04	19	24	25	10	19	19	15	07	**12**	07	19	03	06	15	**12**	13	22	21	03	**12**	15	01	16
14	07	02	08	02	06	24	12	08	04	02	11	13	24	24	09	**12**	**12**	13	12	10	03	**12**	14	18	15
18	08	23	10	06	21	09	12	10	10	18	**12**	07	08	16	15	19	20	19	01	13	04	20	**12**	18	14
20	19	**12**	15	09	18	11	10	15	21	15	**12**	13	11	08	21	20	18	08	07	12	19	18	16	11	19
22	09	**12**	**12**	05	18	15	02	**12**	23	15	15	25	11	10	20	24	17	19	13	13	14	17	11	11	01
23	24	24	07	09	20	25	09	07	10	09	11	02	17	06	14	**12**	18	20	05	07	23	18	**12**	06	14

前几步去除了一些划线的距离 12，可以看到，我们可以继续这样进行。轮子 1 和 3 必须分别排在 13 位和 18 位。现在我们继续更新密钥和见表 5.5。

```
      8 19 4 7    2 25    16 1    12    3 21 24 17    15 11
N O T H I N G T O R E P O R T A T T H I S T I M E
Y T W M L G H W G O P V R P E S D K T A Q D V J O
```

表 5.5　更新表

	N	O	T	H	I	N	G	T	O	R	E	P	O	R	T	A	T	T	H	I	S	T	I	M	E
	Y	T	W	M	L	G	H	W	G	O	P	V	R	P	E	S	D	K	T	A	Q	D	V	J	O
5	23	05	03	13	03	18	20	03	20	02	17	12	24	**12**	14	18	02	12	17	17	16	02	10	15	07
6	**12**	15	03	22	21	09	25	03	11	21	20	04	05	**12**	08	16	09	01	05	17	09	09	08	06	03
9	**12**	05	02	10	25	13	24	02	09	14	**12**	23	12	09	04	**12**	14	23	16	03	04	14	20	11	17
10	09	05	**12**	07	08	21	23	**12**	02	18	09	25	08	04	24	14	15	14	06	06	01	15	22	18	23
13	16	04	19	24	25	10	19	19	15	07	**12**	07	19	03	06	15	**12**	13	22	21	03	**12**	15	01	16
14	07	02	08	02	06	24	12	08	04	02	11	13	24	24	09	**12**	**12**	13	12	10	03	**12**	14	18	15

N	O	T	H	I	N	G	T	O	R	E	P	O	R	T	A	T	T	H	I	S	T	I	M	E
Y	T	W	M	L	G	H	W	G	O	P	V	R	P	E	S	D	K	T	A	Q	D	V	J	O

	N	O	T	H	I	N	G	T	O	R	E	P	O	R	T	A	T	T	H	I	S	T	I	M	E
18	08	23	10	06	21	09	12	10	10	18	**12**	07	08	16	15	19	20	19	01	13	04	20	**12**	18	14
20	19	**12**	15	09	18	11	10	15	21	15	**12**	13	11	08	21	20	18	08	07	12	19	18	16	11	19
22	09	**12**	**12**	05	18	15	02	**12**	23	15	15	25	11	10	20	24	17	19	13	13	14	17	11	11	01
23	24	24	07	09	20	25	09	07	10	09	11	02	17	06	14	**12**	18	20	05	07	23	18	**12**	06	14

由上面显示易知，轮子 5 必须排在 14 的位置。我们再次更新得到密钥和表 5.6。

```
    8 19 4  7       2 25      16 1 5 12      3 21 24 17          15 11
N O T H I  N  G  T  O  R E  P  O R T A T T  H I S T I M E
Y T W M L  G  H  W  G  O P  V  R P E S D K  T A Q D V J O
```

表 5.6 更新表

	N	O	T	H	I	N	G	T	O	R	E	P	O	R	T	A	T	T	H	I	S	T	I	M	E
	Y	T	W	M	L	G	H	W	G	O	P	V	R	P	E	S	D	K	T	A	Q	D	V	J	O
6	**12**	15	03	22	21	09	25	03	11	21	20	04	05	12	08	16	09	01	05	17	09	09	08	06	03
9	**12**	05	02	10	25	13	24	02	09	14	**12**	23	12	09	04	**12**	14	23	16	03	04	14	20	11	17
10	09	05	**12**	07	08	21	23	**12**	02	18	09	25	08	04	24	14	15	14	06	06	01	15	22	18	23
13	16	04	19	24	25	10	19	19	15	07	**12**	07	19	03	06	15	**12**	13	22	21	03	**12**	15	01	16
14	07	02	08	02	06	24	12	08	04	02	11	13	24	24	09	**12**	**12**	13	12	10	03	**12**	14	18	15
18	08	23	10	06	21	09	12	10	10	18	**12**	07	08	16	15	19	20	19	01	13	04	20	**12**	18	14
20	19	**12**	15	09	18	11	10	15	21	15	**12**	13	11	08	21	20	18	08	07	12	19	18	16	11	19
22	09	**12**	**12**	05	18	15	02	**12**	23	15	15	25	11	10	20	24	17	19	13	13	14	17	11	11	01
23	24	24	07	09	20	25	09	07	10	09	11	02	17	06	14	**12**	18	20	05	07	23	18	**12**	06	14

这样就暴露轮子 6 必须排在位置 1，再次得到更新后的密钥和表 5.7。

```
6        8 19 4 7    2 25   16 1 5 12        3 21 24 17      15 11
N O T H I N G T O R E P O R T A T T H I S T I M E
Y T W M L G H W G O P V R P E S D K T A Q D V J O
```

表 5.7　更新表

N	O	T	H	I	N	G	T	O	R	E	P	O	R	T	A	T	T	H	I	S	T	I	M	E
Y	T	W	M	L	G	H	W	G	O	P	V	R	P	E	S	D	K	T	A	Q	D	V	J	O

| 9 | 12 | 05 | 02 | 10 | 25 | 13 | 24 | 02 | 09 | 14 | **12** | 23 | 12 | 09 | 04 | **12** | 14 | 23 | 16 | 03 | 04 | 14 | 20 | 11 | 17 |
| 10 | 09 | 05 | **12** | 07 | 08 | 21 | 23 | **12** | 02 | 18 | 09 | 25 | 08 | 04 | 24 | 14 | 15 | 14 | 06 | 06 | 01 | 15 | 22 | 18 | 23 |

| 13 | 16 | 04 | 19 | 24 | 25 | 10 | 19 | 19 | 15 | 07 | **12** | 07 | 19 | 03 | 06 | 15 | **12** | 13 | 22 | 21 | 03 | **12** | 15 | 01 | 16 |
| 14 | 07 | 02 | 08 | 02 | 06 | 24 | 12 | 08 | 04 | 02 | 11 | 13 | 24 | 24 | 09 | **12** | **12** | 13 | 12 | 10 | 03 | **12** | 14 | 18 | 15 |

| 18 | 08 | 23 | 10 | 06 | 21 | 09 | 12 | 10 | 10 | 18 | **12** | 07 | 08 | 16 | 15 | 19 | 20 | 19 | 01 | 13 | 04 | 20 | **12** | 18 | 14 |

| 20 | 19 | **12** | 15 | 09 | 18 | 11 | 10 | 15 | 21 | 15 | **12** | 13 | 11 | 08 | 21 | 20 | 18 | 08 | 07 | 12 | 19 | 18 | 16 | 11 | 19 |

| 22 | 09 | **12** | **12** | 05 | 18 | 15 | 02 | **12** | 23 | 15 | 15 | 25 | 11 | 10 | 20 | 24 | 17 | 19 | 13 | 13 | 14 | 17 | 11 | 11 | 01 |
| 23 | 24 | 24 | 07 | 09 | 20 | 25 | 09 | 07 | 10 | 09 | 11 | 02 | 17 | 06 | 14 | **12** | 18 | 20 | 05 | 07 | 23 | 18 | **12** | 06 | 14 |

位置 17 和 22 必定是留给轮子 13 和 14 的（以 13、14 的顺序或以 14、13 的顺序），因此轮子其他划线的选项就不需要再考虑这 2 个轮子了（见表 5.8）。

表 5.8　更新表

N	O	T	H	I	N	G	T	O	R	E	P	O	R	T	A	T	T	H	I	S	T	I	M	E
Y	T	W	M	L	G	H	W	G	O	P	V	R	P	E	S	D	K	T	A	Q	D	V	J	O

| 9 | 12 | 05 | 02 | 10 | 25 | 13 | 24 | 02 | 09 | 14 | **12** | 23 | 12 | 09 | 04 | **12** | 14 | 23 | 16 | 03 | 04 | 14 | 20 | 11 | 17 |

（续表）

	N	O	T	H	I	N	G	T	O	R	E	P	O	R	T	A	T	T	H	I	S	T	I	M	E
	Y	T	W	M	L	G	H	W	G	O	P	V	R	P	E	S	D	K	T	A	Q	D	V	J	O
10	09	05	**12**	07	08	21	23	**12**	02	18	09	25	08	04	24	14	15	14	06	06	01	15	22	18	23
13	16	04	19	24	25	10	19	19	15	07	12	07	19	03	06	15	**12**	13	22	21	03	**12**	15	01	16
14	07	02	08	02	06	24	12	08	04	02	11	13	24	24	09	12	**12**	13	12	10	03	**12**	14	18	15
18	08	23	10	06	21	09	**12**	10	10	18	**12**	07	08	16	15	19	20	19	01	13	04	20	**12**	18	14
20	19	**12**	15	09	18	11	10	15	21	15	**12**	13	11	08	21	20	18	08	07	12	19	18	16	11	19
22	09	**12**	**12**	05	18	15	02	**12**	23	15	15	25	11	10	20	24	17	19	13	13	14	17	11	11	01
23	24	24	07	09	20	25	09	07	10	09	11	02	17	06	14	**12**	18	20	05	07	23	18	**12**	06	14

以同样的方式，位置 3 和 8 必定是留给轮子 10 和 22 的（以 10、22 的顺序或以 22、10 的顺序），因此其他划线的选项就不用再考虑轮子 22 了（见表 5.9）。

表 5.9　更新表

	N	O	T	H	I	N	G	T	O	R	E	P	O	R	T	A	T	T	H	I	S	T	I	M	E
	Y	T	W	M	L	G	H	W	G	O	P	V	R	P	E	S	D	K	T	A	Q	D	V	J	O
9	12	05	02	10	25	13	24	02	09	14	**12**	23	12	09	04	**12**	14	23	16	03	04	14	20	11	17
10	09	05	**12**	07	08	21	23	**12**	02	18	09	25	08	04	24	14	15	14	06	06	01	15	22	18	23
13	16	04	19	24	25	10	19	19	15	07	12	07	19	03	06	15	**12**	13	22	21	03	**12**	15	01	16
14	07	02	08	02	06	24	12	08	04	02	11	13	24	24	09	12	**12**	13	12	10	03	**12**	14	18	15
18	08	23	10	06	21	09	12	10	10	18	**12**	07	08	16	15	19	20	19	01	13	04	20	**12**	18	14
20	19	**12**	15	09	18	11	10	15	21	15	**12**	13	11	08	21	20	18	08	07	12	19	18	16	11	19
22	09	12	**12**	05	18	15	02	**12**	23	15	15	25	11	10	20	24	17	19	13	13	14	17	11	11	01
23	24	24	07	09	20	25	09	07	10	09	11	02	17	06	14	**12**	18	20	05	07	23	18	**12**	06	14

刚才更新的表暴露了位置 2 一定是轮子 20。我们得到更新的密钥和表 5.10。

```
6 20    8 19 4 7    2 25    16 1 5 12        3 21 24 17    15 11
N O T H I N G T O R E P O R T A T T H I S T I M E
Y T W M L G H W G O P V R P E S D K T A Q D V J O
```

表 5.10 更新表

	N	O	T	H	I	N	G	T	O	R	E	P	O	R	T	A	T	T	H	I	S	T	I	M	E
	Y	T	W	M	L	G	H	W	G	O	P	V	R	P	E	S	D	K	T	A	Q	D	V	J	O
9	12	05	02	10	25	13	24	02	09	14	[12]	23	12	09	04	[12]	14	23	16	03	04	14	20	11	17
10	09	05	[12]	07	08	21	23	[12]	02	18	09	25	08	04	24	14	15	14	06	06	01	15	22	18	23
13	16	04	19	24	25	10	19	19	15	07	12	07	19	03	06	15	[12]	13	22	21	03	[12]	15	01	16
14	07	02	08	02	06	24	12	08	04	02	11	13	24	24	09	12	[12]	13	12	10	03	[12]	14	18	15
18	08	23	10	06	21	09	12	10	10	18	[12]	07	08	16	15	19	20	19	01	13	04	20	[12]	18	14
22	09	12	[12]	05	18	15	02	[12]	23	15	15	25	11	10	20	24	17	19	13	13	14	14	17	11	11	01
23	24	24	07	09	20	25	09	07	10	09	11	02	17	06	14	[12]	18	20	05	07	23	18	[12]	06	14

注意，对于依然不确定的位置，我已经用两种不同深浅的阴影和下划线/方框标出。这是因为我们不能再像上面那样继续进行下去了。在这个阶段使用暴力攻击可以得到正确解密，好像需要 128 种密码轮的配置（7 个不确定的轮子，每个都有 2 种可能）。或许一个很小的推理将会减少可能性，但是根据我们已有的信息是不能够将其减少到只有一种可能性的。拥有更多的明文和密文对或许能够做到这一点，但是我们没有。

考虑 4 个浅色阴影值，位置 3 和 8 被轮子 10 和 22（或 22 和 10）占据着。第一眼看到好像是 4 种可能，但实际上只有两种可能，因为一个轮子不可能同时出现在两个位置。类似地，划线/方框的值也只有两种可能。对于深色阴影部分的值，分配轮子 9 到任一位置，都会迫使轮子 18 和 22 到一个特定位置。因而，仅有两种方式分配这 3 个轮子。分配以上两种阴影值和划线/方框值都是相互独立的。

因此，剩下需要检查（只能手写检查）的可能性数量是 2×2×2=8。这些可能性都能将例 1 中给定的消息转换为对应的密文，但只有一个能正确解读收到的下一条消息。

这里介绍的攻击依赖于知道一些明文和相应的密文以及每个轮子上的字母顺序，只有密钥不知道。更复杂的攻击不需要这么多条件。如果你想知道更多的这种攻击，可以阅读参考文献和进阶阅读部分的第二篇——梅伦写的文章。

这种密码的另一个缺点就是一个字母从不加密成它自己。如果我们相信有一个短语会出现在消息中，那么这个缺点有时会帮助我们决定它在哪个位置。

尽管主要因"发明"密码轮而闻名，但有趣的是，托马斯·杰斐逊（1743—1826）也写了《独立宣言》，成为美国的第三任总统，建立了弗吉尼亚大学。人们可能会认为，像托马斯·杰斐逊这样重要的人物受到如此严密的审查，以至于肯定没有进行原创性研究的空间，但是情况并非如此。2007 年的冬天，数学家劳伦·斯密斯林从他的一个邻居那里得知，杰斐逊的书信和文章中有几篇是用编码或密码写的，他的邻居正在为一项工程工作，该工程收集并出版杰斐逊所有的书信和文章。在 2007 年 6 月，这个邻居注意到其中一篇罗伯特·帕特森写给杰斐逊的书信，包含一段密码或编码的部分，不能被读取。书信里讨论的是密码学，不能被读取的段落是一个简单的密文，帕特森认为不能被破译。劳伦得到书信的副本，上面写的日期是 1801 年 12 月 19 日，并开始研究它。劳伦发现它实际上是一个列换位密文，他能够破译这份密文。明文应该是《独立宣言》的序[1]。我们从中吸取了两个教训。第一，不要仅仅因为一个主题很古老或已经了解了很多而想着不会从中发现新的东西。第二，善于社交。因为劳伦和朋友聊天，双方都获益。或许你会惊讶，让别人知道你的兴趣后，意想不到得受益会来得多么频繁。

数学中，我们会以少量的不能被证明的假设开始，依据它们再试图去证明其他问题。我们称这些是公理或假设（Axioms or Postulates），理想情况下，它们虽然没能被证明，但是好像认为是"显然正确的"。当杰斐逊以"我们认为这些真理是不言而喻的……"开始他最伟大的作品时，一定是用了数学思维方式。

---

[1]　SMITHLINE L M. A cipher to Thomas Jefferson: a collection of decryption techniques and the analysis of various texts combine in the breaking of a 200-year-old code[J]. American Scientist, 2009, 97(2): 142-149.

5.4 波雷费密码

在 19 世纪的伦敦，对那些恋人或即将成为恋人的人们来讲，加密他们的个人通信消息，并付费给《泰晤士报》（*The Times*）刊登密文，是很平常的一件事。这被统称为"痛苦专栏"，这些消息常使用单表代换密码。这些简单的密码为男爵里昂·波雷费和查尔斯·惠特斯通[1]提供了一些娱乐：

> 星期天我们通常聚在一起，通过解密《泰晤士报》的密码广告来消遣时光。佩斯读书会中的一个牛津大学的学生，对自己的加密非常有信心，他与一位伦敦的年轻女士始终保持通信联系。但是我们读出内容并不困难。最后，他提出了私奔。惠特斯通在《泰晤士报》上插入一则广告，用相同的加密方式，对年轻的女士进行了规劝，最后的内容是"亲爱的查尔斯，不要再给我写信了，我们的加密方式已经被发现。"

> ——里昂·波雷费

以波雷费（虽然他不是这个密码系统的发明者）命名的密码系统比那些出现在报纸上的加密更加复杂。它是一个双字母代换加密的例子，意味着一次将两个字母代换。

在波雷费密码之前，因为密钥笨拙并且不容易记住，双字母加密要求用户将密钥写下来，并保存起来，就像图 5.7 所呈现的波尔塔密码的例子（被认为是第一个双字母代换加密）一样。

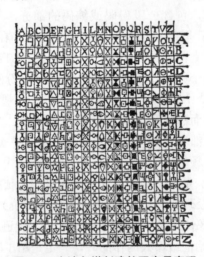

图 5.7　由波尔塔创建的双字母密码

（来自 KAHN D. The Codebreakers[M]. 2nd ed., New York: Scribner, 1996: 139. 图片使用已获许可）

1　MCCORMICK D. Love in Code[M]. London: Eyre Methuen, 1980: 84.

我们用这个表格加密 REVOLT。首先将消息分成两字母一组：RE VO LT。为了加密第一组 RE，在字母表顶端找到 R，向下移动直到找到右手边字母 E 所在的行，用这个位置的符号 ⛊ 替代 RE。用相同的方式，VO 变成 ♣，且 LT 变成 ♛，所以完整的密文是 ⛊♣♛。

对一个如图 5.7 所示的随机双字母代换密码，唯一解距离是 1 460.61[1]。因此，我们需要大约 1 461 个密文字符才能得到一个唯一的解。

图 5.8　查尔斯·惠特斯通（1802—1875）

波雷费密码是由查尔斯·惠特斯通（见图 5.8）发明的，他在 1854 年描述了这个体制[2]。由于惠特斯通和波雷费都是英国人（并且是朋友），这并没有像牛顿和莱布尼兹中是谁发现微积分那样，引起很大的论战。惠特斯通也在萨缪尔·摩尔斯之前发明了电报系统，所以他至少少了两次冠名的机会。对他有利的一面是，沃兹沃思发明了一种密码，但被人熟知为惠特斯通密码[3]。我们现在将研究波雷费密码是如何工作的。

例 2

一开始，我们用字母填充一个矩形。I 和 J 再次等同（见波利比奥斯）：

```
A    B    C    D      E
F    G    H    I&J    K
L    M    N    O      P
Q    R    S    T      U
V    W    X    Y      Z
```

给定消息：

LIFE IS SHORT AND HARD - LIKE A BODYBUILDING ELF.[4]

1　DEAVOURS C A. Unicity points in cryptanalysis[J]. Cryptologia, 1977, 1(1): 46-48.
2　KAHN D. The Codebreakers[M]. 2nd ed., New York: Scribner, 1996: 198.
3　CLARK R. The Man Who Broke Purple[M]. Boston: Little Brown, 1977: 57-58.
4　来自血性猎犬帮的"高高抬起你的头（并且敲打你的大脑）"。

我们先将消息按每两个字母一组分开：

LI FE IS SH OR TA ND HA RD LI KE AB OD YB UI LD IN GE LF

为了加密第一对 LI，我们在上面矩形中找到这些字母。然后，我们再找到两个字母 F 和 O，与 L 和 I 一起构成一个矩形的 4 个角。

A	B	C	D	E
F	G	H	**I&J**	K
L	M	N	**O**	P
Q	R	S	T	U
V	W	X	Y	Z

我们把两个新得到的矩形角上的字母作为密文对。但是，我们应该是按 FO 还是 OF 的顺序？顺序可以规定为：密文对的第一个字母应该与明文的第一个字母在同一行。记录第一个加密结果，然后以相同方式继续，得到：

$$LI \rightarrow OF$$
$$FE \rightarrow KA$$
$$IS \rightarrow HT$$
$$SH \rightarrow ??$$

这里我们遇到了一个问题，S 和 H 出现在同一列，因此通过之前的方式找不到其他两个字母 "组成矩形"。我们需要为这种特殊的情况做新的规定：如果两个字母出现在同一列，直接用出现在它们各自下方的字母加密。然后我们得到：

$$SH \rightarrow XN$$

如果其中一个字母出现在最后一行，我们就绕回到这一列的顶部找到它的密文。现在我们继续其他明文对：

$$OR \rightarrow MT$$
$$TA \rightarrow QD$$
$$ND \rightarrow OC$$
$$HA \rightarrow FC$$
$$RD \rightarrow TB$$
$$LI \rightarrow OF$$
$$KE \rightarrow PK$$
$$AB \rightarrow ??$$

又出现问题了！A 和 B 出现在同一行。同样形成不了矩形。这种情况下，我们直接简单地取明文右边的字母，得到：

$$AB \rightarrow BC$$

现在按照我们的规则可以完成加密：

$$
\begin{array}{ccc}
\text{OD} & \rightarrow & \text{TI} \\
\text{YB} & \rightarrow & \text{WD} \\
\text{UI} & \rightarrow & \text{TK} \\
\text{LD} & \rightarrow & \text{OA} \\
\text{IN} & \rightarrow & \text{HO} \\
\text{GE} & \rightarrow & \text{KB} \\
\text{LF} & \rightarrow & \text{QL}
\end{array}
$$

因此，密文是：

OFKAH TXNMT QDOCF CTBOF PKBCT IWDTK OAHOK BQL.

尽管在我们这条例子中没有出现，但实际加密过程中还存在一种模棱两可的情况。当明文对包含 2 个相同的字母时，我们该怎么做呢?我们向下移位（因为它们在同一列）或向右移位（因为它们在同一行）？

解决方案就是要避免这种情况的发生。加密之前，在 2 个相同的字母之间加上一个 X，使它们分开。因为 X 是一个罕见的字母，它不会造成任何困扰。对于接收者来说，解密后看到 2 个 L 或 2 个 O 之间有 X，直接去掉 X。这个例子仅是为了教学目的，实际中，矩形格中的字母表通常会被打乱（或许是使用一个容易记住的密钥字来打乱）。

首个有据可查的波雷费密码的破解方案，是由莫博涅在 1914 年发表的。当时，波雷费密码是英国人的野战密码。有报道说在布尔战争（Boer War）中 （1899—1902）使用过这个密码[1]，但是下一个例子在时间上是更近的。想象一下，作为一个澳大利亚的海岸瞭望哨，你是一个在太平洋战争中期，于 1943 年 8 月 2 日发送的波雷费密码的指定接收者（见图 5.9）。

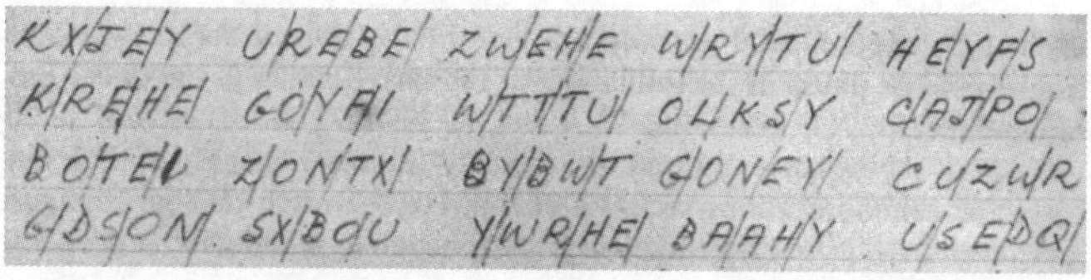

图 5.9　第二次世界大战期间在太平洋战区发出的波雷费消息

（来自 KAHN D. The Codebreakers[M]. 2nd ed., New York: Scribner, 1996: 592. 图片使用已获许可）

密文是以典型的 5 个字母一组发送的，并且已经被两字母一组分开。在第二行中你会注意到有两个重复字母，TT。你担心消息已经被混乱，或者，也许它不是一个波雷费密码。

无论哪种情况，密钥是 ROYAL NEW ZEALAND NAVY，于是你写出下面的正方形：

1　KAHN D. The Codebreakers[M]. 2nd ed., New York: Scribner, 1996: 202.

```
R   O   Y   A   L
N   E   W   Z   D
V   B   C   F   G
H   I   K   M   P
Q   S   T   U   X
```

你开始解密：（再强调一下，这里 I 和 J 仍不做区分）

KX→PT	JE→BO	YU→AT	RE→ON	BE→EO
ZW→WE	EH→NI	EW→NE	RY→LO	TU→ST
HE→IN	YF→AC	SK→TI	RE→ON	HE→IN
GO→BL	YF→AC	IW→KE	TT→??	TU→ST
OL→RA	KS→IT	YC→TW	AJ→OM	PO→IL
BO→ES	TE→SW	IZ→ME	ON→RE	TX→SU
BY→CO	BW→CE	TG→XC	ON→RE	EY→WO
CU→FT	ZW→WE	RG→LV	DS→EX	ON→RE
SX→QU	BO→ES	UY→TA	WR→NY	HE→IN
BA→FO	AH→MR	YU→AT	SE→IO	DQ→NX

把它们合在一起，得到：

PTBOATONEOWENINELOSTINACTIONINBLACKE??STRAITTWOMIL
ESSWMERESUCOCEXCREWOFTWELVEXREQUESTANYINFOMRATIONX

暂时被解密成?? 的神奇密文对 TT，在明文 BLACKE??STRAIT 的语境中很容易确定。明文一定是 BLACKE STRAIT。TT 被省略了，甚至没加密[1]！插入适当的单词分割得到：

PT BOAT ONE OWE NINE LOST IN ACTION IN
BLACKETT STRAIT TWO MILES SW MERESU COCE X
CREW OF TWELVE X REQUEST ANY INFOMRATION X

这其中存在一个错误，但是再一次地，根据语境很容易修正。你会产生最后的消息：

PT BOAT ONE OWE NINE LOST IN ACTION IN
BLACKETT STRAIT TWO MILES SW MERESU COVE X
CREW OF TWELVE X REQUEST ANY INFORMATION X

这条消息描述了约翰·肯尼迪所乘坐的巡逻鱼雷艇的信息，它已经被日本的一艘驱逐舰撞成两截。更多的信息接踵而至，最终使已经游上岸的船员从敌人后方获救。也许很多年以后你会想起日本人读到这个消息（和其他消息）时会感到多么失败，因为它可能救了一位美国未来的总统的命[2]。

---

1 虽然是一个明显的弱点，波雷费密码实际上有时是这样使用的，就像现在的例子所显示的那样！

2 MAUBORGNE J O. An advanced problem in cryptography and its solution[M]. 2nd ed., Fort Leavenworth, KS: Army Service Schools Press, 1918.

把未知的代换分为两字母一组，检查这些组，看看是否有一个组是由相同的字母组成的，就像 SS 一样。如果是这样，这个密码就不是一个波雷费密码。

——J·O·莫博涅

莫博涅虽然是这个仅有的不可破解密码的（重新）发现者之一，但是这次，上面的建议是不正确的。具体加密的人在高度紧张的状态下，加密通常会使用不当。同时，一个字母偶尔会因摩尔斯信号损失而重复出现。

5.5　波雷费密码分析

波雷费密码的唯一解距离是 22.69 个字母，因此消息要比这个值大才能有唯一的解[1]。乔治·阿斯顿发布了一个 30 个字母的波雷费密码挑战如下[2]：

BUFDA GNPOX IHOQY TKVQM PMBYD AAEQZ

阿尔夫·蒙日用下面的方式（手算）破解了它[3]。将密文分成两字母一组，再将每对进行编号以便引用。我们得到：

1	2	3	4	5	6	7	8	9	10	11	12	13	14	15
BU	FD	AG	NP	OX	IH	OQ	YT	KV	QM	PM	BY	DA	AE	QZ

对于位置 7 和位置 10 的字母对 OQ 和 QM，蒙日指出 O 和 Q 在顺序字母表中互相挨得很近，Q 和 M 也一样。寻找另外 2 对在字母表中挨得很近的高频字母，并且在 2 对中有一个共同的字母。蒙日想出了 NO 和 OU（他并没有说一开始尝试了多少次其他的可能）。提出的密文/明文对将会在下面的正方形表中产生。

1	2	3	4	5
6	7	8	9	10
11	12	13	14	15
M	N	O	Q	U
V	W	X	Y	Z

因此，蒙日已经完成了 40%的正方形表。返回到密文中，尽可能多地填充每一个其他位置对应的明文（按上面的不完整正方形），并列出它们存在的多种可能，

1　DEAVOURS C A. Unicity points in cryptanalysis[J]. Cryptologia, 1977, 1(1): 46-68.

2　ASTON G. Secret Service[M]. London: Faber & Faber, 1933.

3　MONGÉ A. Solution of a Playfair cipher[J]. Signal Corps Bulletin, 93, 1936. 此文被 FRIEDMAN W F, Cryptography and Cryptanalysis Articles, Vol. 1[M]. Laguna Hills, CA: Aegean Park Press, 1976 和 WINKEL B J. A tribute to Alf Mongé[J]. Cryptologia, 1978, 2(2): 178-185 转载.

这并不太多。

1	2	3	4	5	6	7	8	9	10	11	12	13	14	15
BU	FD	AG	NP	OX	IH	OQ	YT	KV	QM	PM	BY	DA	AE	QZ
--	--	--	--	-O	--	NO	--	--	OU	--	--	--	--	UY
M		M					V	W		N	Q			
N		O					W	X		O	V			
O		X					X	Y		Q	W			
Q		U					Z	Z		U	X			
							Q	M			Z			

对于位置 8 和 9，你认为哪个字母应该是最优的选择？在阅读下面的答案之前，请先思考一分钟。

蒙日选择 W 和 Y 以构成单词 NOW 和 YOU，但是位置 8 和 9 各自代表着一对字母，因此在明文中必定存在两字母构成的词连接 NOW 和 YOU。要能完成上述部分代换，在正方形表中，T 必定会出现在位置 2、7 或 12，且 K 必定会出现在位置 4、9 或 14。蒙日假设 K 不会出现在密钥字中，那么迫使它必须出现在位置 14。然后他得到下面部分恢复的正方形表：

1	T?	3	4	5
6	T?	8	9	10
11	T?	13	K	15
M	N	O	Q	U
V	W	X	Y	Z

位置 15 上一定是 L，因此正方形表立刻变成：

1	T?	3	4	5
6	T?	8	9	10
11	T?	13	K	L
M	N	O	Q	U
V	W	X	Y	Z

再次返回到密文/明文对，依据目前的正方形表，给出：

1	2	3	4	5	6	7	8	9	10	11	12	13	14	15
BU	FD	AG	NP	OX	IH	OQ	YT	KV	QM	PM	BY	DA	AE	QZ
--	--	--	--	-O	--	NO	W-	-Y	OU	--	--	--	--	UY
M		M								N	Q			
N		O								O	V			
O		Q								Q	W			
Q		U								U	X			
L											Z			

于是蒙日开始专注于密文组 8 和 9 中的字母 T 和 K。如果 T 出现在正方形表

位置 12，那么密钥的长度至少是 12，并且由字母 A、B、C、D、E、F、G、H、IJ、P、R、S 和 T 组成。蒙日拒绝这种可能性，因此 T 会出现在正方形表的位置 2 或 7。

如果密钥字长度小于 11，那么字母 A、B、C、D、E、F、G、H 和 IJ 中的 3 个字母将会出现在位置 11、12 和 13。

蒙日观察到 H 和 IJ 不可能出现在正方形表位置 11，这是因为那样的话在它们和 K 之间没有足够的字母填充位置 12 和 13。于是位置 11 必须是字母 A、B、C、D、E、F 和 G。蒙日简单地尝试每一种可能性，发现只有一种成立。例如，将 A 固定在位置 11 会造成第 9 块密文解密成为 AY，那么会使明文成为 NOW -A YOU。不存在写在 A 前面的字母使句子有意义。同样地，其他的可能性都是失败的。

固定字母 F 在位置 11 使第 9 块密文译成 FY，因此明文包含短语 NOW -F YOU。直到找到"-"所代表的未知字母，这种写法可能看起来更合适。然后容易看出明文一定是 NOW IF YOU。因此，这也暴露了 I 必须在正方形表的位置 4 或 9。一旦 F 在位置 11，I 在位置 4 或 9，那么位置 12 和 13 就只能是 G 和 H。我们现在得到：

```
1    T?   3    I?   5
6    T?   8    I?   10
F    G    H    K    L
M    N    O    Q    U
V    W    X    Y    Z
```

继续在正方形表和密文之间进行观察验证，蒙日写出：

```
1    2    3    4    5    6    7    8    9    10   11   12   13   14   15
BU   FD   AG   NP   OX   IH   OQ   YT   KV   QM   PM   BY   DA   AE   QZ
--   --   --   --   HO   -K   NO   W-   -Y   OU   --   --   --   --   UY
```

并且发现 NOW IF YOU 实际上是 KNOW IF YOU。

如果攻击者能够恢复出密钥，那么明文就会立刻得到。目前为止，蒙日的工作表明 IJ、P、R、S 和 T 必须是密钥的一部分。他希望有多于一个的元音字母会出现在密钥中，因此他假设 A 或 E 或 2 个都是密钥的组成部分。因为 B、C 和 D 可能不是密钥的组成部分，因此放在后面。于是，蒙日将这些字母填充在下面的正方形中，如下：

```
1    T?   3    I    5
6    T?   B    C    D
F    G    H    K    L
M    N    O    Q    U
V    W    X    Y    Z
```

这样对确定模棱两可的 I 位置有额外的好处（如果判断正确的话）。这一猜想可以通过密文进行测试，如下：

1	2	3	4	5	6	7	8	9	10	11	12	13	14	15
BU	FD	AG	NP	OX	IH	OQ	YT	KV	QM	PM	BY	DA	AE	QZ
DO	L-	--	--	HO	-K	NO	W-	-Y	OU	--	CX	--	--	UY

最初将第 12 组解密成 CX 可能会使人气馁，但是我们回想起，如果明文中出现双重字母同时加密时，会在 2 个字母中间加上 X 这种情况，就不会感到奇怪了。因为字母 C 常常重叠出现在单词中，所以我们继续解密过程，在第 13 组上写上 C-。这样的假设字母 A 应该出现在正方形的位置 7：

```
1  T  3  I  5
6  A  B  C  D
F  G  H  K  L
M  N  O  Q  U
V  W  X  Y  Z
```

从而 T 的位置也确定了。

于是，蒙日可以确定密钥字包含字母 E、I、P、R、S、T，但是他通过再次观察密文继续解释分析。在阅读蒙日接下来的解释之前，你可以花点时间来确定密钥！现在密文/明文对变成了[1]：

1	2	3	4	5	6	7	8	9	10	11	12	13	14	15
BU	FD	AG	NP	OX	IH	OQ	YT	KV	QM	PM	BY	DA	AE	QZ
DO	L-	TA	--	HO	-K	NO	WI	FY	OU	--	CX	C-	--	UY
	LP		MA		PK							CP		
	LR		MT		RK							CR		
	LS		OT		SK							CS		
	LE		UT		EK							CE		

第 2 组一定是 LE，这就迫使 E 会出现在正方形表的位置 6 中，进而使第 13 组和第 14 组分别是 CE 和 ED。因此消息以 CXCEEDUY 结尾。回忆字母 X，明文中起的作用仅是将 CC 分开，因此最后的消息应该是--CCEEDUY。此时，敌手或许能猜测到 SUCCEED，其后面跟着的两个没意义的字母是为了使密文能被分成 5 个字符组，或再次观察已经几乎完全恢复出的正方形，通过组建有意义的明文对，检测剩下的密钥。无论用哪种方法，正方形表和消息都会被迅速揭示为：

```
S  T  R  I  P
E  A  B  C  D
F  G  H  K  L
M  N  O  Q  U
V  W  X  Y  Z
```

---

1 因为可能的情况太多，所以蒙日舍弃了对第 11 组和第 14 组的讨论。

和

```
BU FD AG NP OX IH OQ YT KV QM PM BY DA AE QZ
DO LE TA UT HO RK NO WI FY OU SU CX CE ED UY
  DO LET AUTHOR KNOW IF YOU SUCCEED
```

在上面的破译过程中，有几个地方是凭借猜测或假设确定的。它们被证明都是正确的，但是如果其中一个或多个是错误的，也不会产生灾难。我们仅会简单地产生一些不可能的明文，然后退回去猜测其他可能的情况。这与试图仅用手算解决一个单表代换密码时常用的回退方法没有什么不同。

蒙日没有指出他曾经尝试了多少次错误的猜测，但是由于挑战密文出现于 1933 年，蒙日的破译出现在 1936 年，破解所需时间的上界是几年。然而，这不可能是一个紧的界。威廉·弗里德曼曾写道：“作者曾经有一个学生（蒙日），专门研究波雷费密码，他变得很擅长破译这种密码，可以在 30 分钟内破译包含 50～60 个字母的消息[1]。”

5.5.1　计算机密码分析

2008 年，迈克尔·考恩发表了一篇文章，描述了针对短的波雷费密码（80～120 个字母）的一种新攻击方法[2]。这种攻击和蒙日提出的方法没有什么共同点。事实上，仅用手算实现考恩的攻击是完全不实际的。但是，利用计算机的优势，这是一个非常高效的方法。注意到，考恩的攻击方法并不假设密钥是某一单词，这非常重要。用来加密的正方形中字母的顺序有可能是随机的。考恩用的方法是模拟退火算法，这是一种对爬山算法的改进算法。

在爬山算法中，我们从猜测一个解（单表代换密码的代换字母表或波雷费密码的一个密钥）开始。然后改变猜测（例如，交换几个字母）。将原始的猜测和有轻微改动的猜测进行比较。我们期望，按照它们解密的结果与可读信息的接近程度，为它们打个成绩。打分是可以做到的，例如，对每个字母或字母组合的频数求和。对于原始的或改进的猜测，我们保留得分高的那个，舍弃另一个，然后轻微改动猜测并再次进行比较。将这个过程重复上千次，这也是为什么用手算执行该方法是不可行的原因。爬山算法的思想是：得分持续爬升，直到我们到达山顶，也就找到了正确的解。

与亲身攀爬一个真正的山丘类比，我们可以看到这个方法是如何失败的。假设我们要到达附近的最高点。采取随机的路线前进，如果我们没有在特定方向上升，就返回，这似乎是个好主意，但是我们会止步于一座小山的山顶，在这个小山顶上能看到更高的山峰，但是无法到达，因为沿任何方向的下一步将会引领我们下

1　FRIEDMAN W F. Military Cryptanalysis, Part I[M]. Laguna Hills, CA: Aegean Park Press, 1996: 97（转自 WINKEL B J. A tribute to Alf Mongé[J]. Cryptologia, 1978, 2(2): 178）.

2　COWAN M J. Breaking short Playfair ciphers with the simulated annealing algorithm[J]. Cryptologia, 2008, 32(1): 71-83.

山。用数学术语讲，我们已经找到一个局部（相对）最大值，而不是全局（绝对）最大值。

模拟退火算法通过以一定的概率仅在上坡方向移动（朝向更高得分猜测），提供了一种机会可以脱离局部最大值，并得到全局最大值。这种方法是，在给两种猜测记分后，在 40%的时间里，我们可能会选择较低的得分猜测。这个百分比被称为退火过程的"温度"。经过成千上万的改进，这个温度慢慢降低。模拟退火的名称来自于刀剑淬火工艺的比喻，淬火就是在两次高温之间将剑浸入水的冷却过程。

为了比较得分结果，考恩对密钥的改变方法包括行互换、列互换和独立字母互换的混合，同时偶尔会将正方形沿着东北—西南方向对称位置互换。为了记分，他发现四字母的频数最有效。

考恩在他文章中给出了更多细节。他的方法似乎是可靠的，但是其运行时间可能非常依赖于被检测的密文及初始的猜测。对特定密文（对许多初始猜测求平均值）来讲，他的求解时间范围是 6 秒到半小时多点。

一次性替换 2 个字符的想法被仔细考虑之后，一个好的数学家应该很快地想到将它一般化。为什么不一次性替换 3 个、4 个或 n 个字符？在 7.1 节描述了实现这些想法的一个很漂亮的数学方法（使用矩阵）。

5.6 柯克霍夫原则

我已经指出了如何通过密文来确定它使用的加密方法，一般这是没必要的。通常我们假设加密方法是已知的，密文的安全性必须依赖于密钥的安全性。你不能隐藏算法（见下面 K2）。这个基本的密码学原则可以追溯到奥古斯特·柯克霍夫（见图 5.10）。在文章《军事密码学》[*La Cryptographie Militaire*（1883）]中，他陈述了 6 条原则，至今仍然有效，仅改动了一两个单词[1]：

K1：即使不是理论上的不可破译，系统也应在实际使用中不可破译。

K2：系统泄露也不应对通信者带来不便。

K3：选择特殊密钥所使用的方法应该容易记忆和改动。

K4：密文可以被电信传输。

K5：仪器应该是便携式的。

1　KONHEIM A. Cryptography, Aprimer[M]. New York: JohnWiley&Sons, 1981: 7.

图 5.10　奥古斯特·柯克霍夫（1835—1903）

（来自 KAHN D. The Codebreakers[M]. 2nd ed., New York: Scribner, 1996. 图片使用已获许可）

K6：系统使用不需要记得长串的规则或让使用者的脑力过分操劳。

克劳德·香农多年后在文章《保密系统的通信理论》中将第 6 条写成："加密和解密过程，当然要尽可能简单。如果这些过程是手写的，复杂性会导致时间损失、错误等。如果机器运算，复杂性会导致大型昂贵的机器的使用[1]。"香农同时缩短第 2 条为"敌人了解系统"，这句话有时被称为香农准则。

揭示系统的细节实际上是一个很好地确保系统安全的方法。如果世界上最好的密码破译家无法破解它，你就有了一个金钱也买不到的广告。尽管如此，一些现代的密码系统的拥有者仍然试图保密算法。在 18.5 节会给出更详细的例子，即 RSA 数据安全公司出售的 RC4 算法。尽管他们尽力去维护算法的私密性，但是它还是出现在了解密高手的邮件列表上。

参考文献和进阶阅读

关于培根密码 [以及它带来的坏主意（指的是莎士比亚戏剧作者的争议）]

BACON F. Of the proficience and advancement of learning, Divine and Humane[M]. London: Henrie Tomes, 1605. 只有这里指出培根密码是二元密码。

BACON F. De dignitate et augmentis scientarum[M]. London, 1623. 培根在这里详细描述了他的密码。后来人们翻译了它。

1　SHANNON C. Communication theory of secrecy systems[J]. The Bell System Technical Journal, 1949, 28（4）: 670. 香农提到，"这篇论文的材料出现在一份现在已经被破译的机密报告中，'密码学的数学理论' 日期是 1945 年 9 月 1 日。"

DONNELLY I. The Great Cryptogram[M]. Chicago: R.S. Peale & Co., 1888.

DONNELLY I. The Cipher in the Plays and on the Tombstone[M]. Minneapolis, MN: Verulam Publishing, 1899. 唐纳里没有放弃!

FRIEDMAN W F. Shakespeare, secret intelligence, and statecraft[J]. the American Philosophical Society, 1962, 106（5）: 401-411.

FRIEDMAN W F, FRIEDMAN E S. The Shakespearean Ciphers Examined[M]. Cambridge, U.K.: Cambridge University Press, 1957. 对于这项工作，我能够做的仅有的评论就是：他花了很长时间来写密码学。揭示曲柄理论的书和文章，其中包括很多——占星术、圣经编码、智能设计、心理假设——确实有一些东西可以为科学做出贡献的人写的一类公益服务，但是他们需要注意，揭穿一些东西并不占用他们所有的时间。

FRIEDMAN W F, FRIEDMAN E S. Afterpiece[J]. Philological Quarterly, 1962, 41（1）, 359-361.

GALLUP E W. The Bi-literal Cypher of Francis Bacon[M]. Detroit, MI: Howard Publishing, 1899.

HEDGES S B. A method for dating early books and prints using image analysis[J]. the Royal Society A: Mathematical, Physical, and Engineering Sciences, 2006, 462（2076）: 3555-3573. 这篇论文在马里诺的通俗术语中做了描述（2007）。

HOWE N. Blue Avenger Cracks the Code[M]. New York: Henry Holt, 2000.这是一篇儿童小说，通过用给出一种解释和使用它来关联信息的方式，将培根密码融入文章中。尽管我不支持它的论点是把戏剧的作者归为爱德华·德·维尔（很显然，这是目前最受争议的人），但是我仍然很喜欢它。在我看来，文中所表达的鼓励年轻人独立思考并且不要害怕与众不同是一个很好的主题，并且作者来源的问题并没有在书中扮演令人恼火的重要角色。虽然这本书是续集，但它本身就很好。

JENKINS S. Waiting for William[J]. The Washington Post Magazine, 2009: 8-15, 25-28. 这篇文章报道了新发现的莎士比亚的肖像。我早就认为它是真实的，但是专家们并没有一致同意接受它。

MARINO G. The biologist as bibliosleuth[J]. Research Penn State, 2007, 27（1）: 13-15.

PYLE J G. The Little Cryptogram[M]. St. Paul, MN: Pioneer Press, 1888: 29 这是一篇对唐纳里作品的讽刺性文章。

SCHMEH K. The pathology of cryptology: a current survey[J]. Cryptologia, 2012, 36（1）: 14-45. 施梅建议用派尔的方法去研究已断言的隐藏信息：如果该技术在类似的情况中产生消息，随机选择或来自原始源的不同消息，那么它很可能是无效的技术。

STOKER B. Mystery of the Sea[M]. New York: Doubleday, 1902. 布莱姆·斯托克（Bram Stoker）在这篇小说中大量应用了二元密码，并不是为了隐藏文本中的消息，而是为了故事中的两个人物互相沟通。密码所需要的两个符号表现在许多方面，而不仅限于印刷书籍或文章。

WALPOLE H. Historic Doubts on the Life and Reign of King Richard the Third[M]. London: J. Dodsley, 1768. （Reprinted by Totowa, NJ: Rowman & Littlefield, 1974.） 普拉特说在这里没有找到沃波尔。

ZIMANSKY C A, WILLIAM F. Friedman and the Voynich manuscript[J]. Philological Quarterly, 1970, 49（2）: 433-443. 最后 2 页通过培根的二元密码复制文本屏蔽信息。本文被 BRUMBAUGH R S. Ed. The Most Mysterious Manuscript[M]. Carbondale: Southern Illinois University Press, 1978: 99-108, with notes: 158-159. 转载。

关于密码轮

BAZERIES É. Les Chiffres Secrets Dévoilés[M]. Paris: Charpentier-Fasquelle, 1901.

BEDINI S A. Thomas Jefferson: Statesman of Science[M]. New York: Macmillan, 1990. 虽然这篇传记中仅有一小部分的段落讲述处理密码技术，但它确实关注了杰弗逊的科学兴趣和成就。

DE VIARIS G. L'art de Chiffrer et Déchiffrer les Dépêches Secretes[M]. Paris: Gauthier-Villars, 1893. 德·韦尔斯所描述的攻击方法与这一章的例子做了相同的假设。

FRIEDMAN W F. Several Machine Ciphers and Methods for Their Solution[M]. Publ. No. 20 Geneva, IL: Riverbank Laboratories, 1918. 弗里德曼在这篇文章中的第三部分说明了对轮子密码的攻击。This paper was reprinted together with other Friedman papers in FRIEDMAN W. The Riverbank Publications, Vol. 2[M]. Laguna Hills, CA: Aegean Park Press, 1979. 因为最初的印刷只有 400 份，我建议寻找转载的。

GADDY D W. The cylinder cipher[J]. Cryptologia, 1995, 19（4）: 385-391. 加迪（Gaddy）争辩说轮子密码可能不是杰斐逊的独立发明，而是其思想来自已有的轮子或描述。

KRUH L. The cryptograph that was invented three times[J]. The Retired Officer: 1971, 20-21.

KRUH L. The cryptograph that was invented three times[J]. An Cosantoir: The Irish Defense Journal, 1972, 32（1-4）: 21-24. This is a reprint of Kruh's piece from The Retired Officer.

KRUH L. The evolution of communications security devices[J]. The Army Communicator, 1980, 5（1）: 48-54.

KRUH L. The genesis of the Jefferson/Bazeries cipher device[J]. Cryptologia, 1981, 5（4）: 193-208.

MELLEN G, GREENWOOD L. The cryptology of multiplex systems[J]. Cryptologia, 1977, 1（1）: 4-16. 这是一个有趣的介绍和概述的密码轮/带密码系统。密码分析在后续文章中完成，引用如下。

MELLEN G, GREENWOOD L. The cryptology of multiplex systems[J]. Part 2. Simulation and cryptanalysis, Cryptologia, 1977, 1（2）: 150-165. 有人用 FORTRAN V 语言编译的程序去模拟 M-94。对 3 类情况进行密码分析研究：① 已知字母表和栅栏；② 未知字母表和已知栅栏（"需要 1 000～1 500 个字符的栅栏，几百个字符的栅栏也可以用，但是会延长工作时间"）；③ 未知字母表和未知栅栏。梅伦指出，"这种情况的一般方法是起源于 1893 年马奎斯·德·韦尔斯（Marquis de Viaris）[15]和弗里德曼所阐述[16]。"在这篇文章的最后的参考文献部分，我们看到[15]涉及了大卫·卡恩的文章 The Codebreakers，页码是 247-249，但是[16]后面是空白的。也许弗里德曼的这项工作在当时是保密的，不能被引用！

ROHRBACH H. Report on the decipherment of the American strip cipher O-2 by the German foreign office（Marburg, 1945）[J]. Cryptologia, 1979, 3（1）: 16-26. 罗尔巴赫（Rohrbach）是第二次世界大战期间的电码译员，他破译了这个密码。后来，他在 1945 年发表的关于如何做到这一点的报告被转载了。

SMITHLINE L M. A cipher to Thomas Jefferson: a collection of decryption techniques and the analysis of various texts combine in the breaking of a 200-year-old code[J]. American Scientist, 2009, 97（2）: 142-149.

SPEAR J, WORAWANNOTAI C, MITCHELL E. Jefferson Wheel Cipher.

29 年中（116 个期号），《密码术》（Cryptologia）几乎没有一个是重复的封面。当决定固定一个封面，仅更改每一次的日期时，最后确定图像是一个密码轮（见图 5.11）。作为一个密码轮封面标志在杂志的首次亮相，这个密码轮封面标志是合适的。

关于波雷费密码

COWAN M J. Breaking short Playfair ciphers with the simulated annealing algorithm[J]. Cryptologia, 2008, 32（1）: 71-83.

GILLOGLY J J, HARNISCH L. Cryptograms from the crypt[J]. Cryptologia, 1996, 20（4）: 325-329.

IBBOTSON P. Sayers and ciphers[J]. Cryptologia, 2001, 25（2）: 81-87. 这是一篇关于桃乐丝·塞耶斯（Dorothy Sayers）密码的文章。

KNIGHT H G. Cryptanalysts' corner[J]. Cryptologia, 1980, 4（3）: 177-180.

MAUBORGNE J O. An Advanced Problem in Cryptography and Its Solution[M]. 2nd ed., Fort Leavenworth, KS: Army Service Schools Press, 1918. 这本小册子阐述了怎样破解波雷费密码。

MITCHELL D W. A polygraphic substitution cipher based on multiple interlocking applications of Playfair[J]. Cryptologia, 1985, 9（2）: 131-139.

图 5.11　密码术（Cryptologia）封面

RHEW B. Cryptanalyzing the Playfair Cipher Using Evolutionary Algorithms[Z]. 2003: 8.

STUMPEL J. Fast Playfair Programs. 考恩的程序是基于 Stumpel 平台的。

WINKEL B J. A Tribute to Alf Mongé[J]. Cryptologia, 1978, 2（2）: 178-185.

第 6 章

第一次世界大战和赫伯特·O·亚德里

在第一次世界大战中，人们使用了本书前面所有讨论过的密码，即使是最弱的密码也被使用过。我们这里只关注两个最精彩的密码系统，ADFGX 和 ADFGVX。除此之外，本章还讲述了赫伯特·O·亚德里富有魅力的一生，但我们首先来看一封对这场战争产生巨大影响的编码电报。

6.1 齐默尔曼电报

卢西塔尼亚号沉没才使美国卷入第一次世界大战，这件事实际上是一个普遍存在的误解。我们通过对日期进行简单的核查就会对这种观点产生严重怀疑。德国在 1915 年 5 月 7 日击沉卢西塔尼亚号，而美国直到 1917 年 4 月 6 日才宣布和德国开战。将后者的日期与现称为齐默尔曼电报的揭露时间进行比较，齐默尔曼电报是（应威尔逊总统的要求）在 1917 年 3 月 1 日对外公布的。

著名的齐默尔曼电报如图 6.1 所示。它是由德国外交部长阿瑟·齐默尔曼向德国驻墨西哥大使费利克斯·冯·埃卡特发出的。它是使用编码，而不是密码来进行书写的。更确切地说，它的基本替换单元是单词。比如，alliance 这个单词写成 12137，Japan 写成 52262。德国人通常会进行一个额外的步骤——数字加密（即对编码进行加密），但是在这条消息中略过了这个步骤。这段报文被解密和翻译后如下：

2 月 1 日，我们计划展开无限制潜艇战。无论如何我们的意向还是要美国继续实行中立政策。如果这个计划不成功的话，我方和墨西哥将会在以下基础上进行联盟：我们将一起加入战争并一起得到和平。你来负责草拟建议书的细节。一旦确定美国将会宣战，你要秘密地通知墨西哥总统我们的计划，并建议他主动邀请日本即刻参与这个计划，同时提议在日本和我国之间斡旋。请你令总统留意这样一个事实，我们冷酷的潜水艇战可以令英国在几个月内求和。

——齐默尔曼书

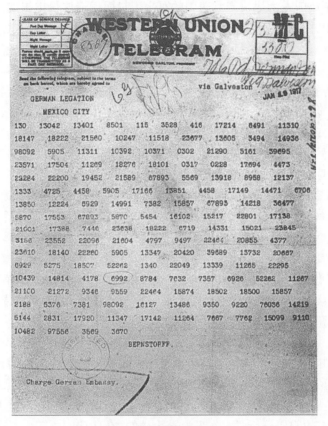

图 6.1 齐默尔曼电报

现如今，墨西哥对美国几乎不造成军事威胁。但是在 1917 年，那时距美军讨伐墨西哥仅过去了一年的时间。这一点有助于我们了解墨西哥会如何对德国的提议做出积极回应。赫伯特·O·亚德里指出"墨西哥是公开支持德国的。被派往墨西哥的美方间谍报告说，在宣战时逃出边界的数百名德国预备役军人正在招募和训练墨西哥军队[1]。"

当时，英国人截获了这份电报的副本（实际上是 3 份副本）[2]并且破解了它。这个消息连同拉哥尼亚号的沉没（卢西塔尼亚号被击沉两年后）促使美国成为英国的同盟国并加入了一战。如果美国没有加入一战，德国可能成为战胜国。英国在破获了这份电报后，面临一个具有挑战性的问题：他们如何向美国共享这些信

1 YARDLEY H O. The American Black Chamber[M]. New York: Espionage/Intelligence Library, Ballantine Books, 1981: 90.
2 KIPPENHAHN R. Code breaking: a history and exploration[M]. New York: Overlook Press, 1999: 60.

息并且即不能让德国知道他们的电报已经被破解，又让威尔逊总统相信这份电报的真实性。第二个问题由齐默尔曼本人解决了，他在 3 月 3 日承认了电报是真实的，这打破了英国人为尽快得到美国的军事力量而编造这份电报的阴谋论[1]。

这份电报并不像电子邮件一样直接送达。由于电报的最终目的地没有最初发送地的编码本，因此电报经过了华盛顿特区，在那里它被解码并使用更古老的方式重新编码。英国获得了电报的第二个版本，即墨西哥收到的版本，这个版本就是在解码后与威尔逊总统共享的版本，它与最初的版本略有不同。德国人识别出了这些差异，然而并没有意识到他们的密码被破解了，而是认为在墨西哥一定存在一个叛徒，或安全协议中存在一个缺陷。

虽然密码学书中通常只提到这一份齐默尔曼电报，但是还有另一个更早的，于 1915 年 1 月 26 日发出的加密消息被破译如下[2]：

> 致武官：你可以从下列人员里获得适合在美国和加拿大境内执行破坏任务人员的详细资料：一，约瑟夫麦加里蒂，费城；二，约翰·P·基廷，芝加哥密歇根大道；三，耶利米·奥利里，公园街 16 号，纽约。第一位和第二位是绝对诚实和可靠的，第三位也可以信赖但并不那么谨慎。这些人由罗杰·凯斯门特爵士领导。美国境内的破坏活动可以在各类军工厂内进行，但是不能够破坏铁路和桥梁。大使馆绝对不能受到牵连。对于爱尔兰的亲德派的宣传也必须采取类似的预防措施。
>
> ——齐默尔曼书

此时此刻应该提一下英国的密码学家们。首先，他们走在德国人前面，因为在战争的前两年德国在西线甚至没有任何密码分析学家[3]。但是，相比于如今庞大的密码研究机构，英国那时密码机构的数量十分少。1914 年 10 月至 1919 年 2 月，共有 50 名左右的密码分析学家在旧海军大楼的 40 号房间内工作，在那里他们破获了大约 15 000 条编码或加密的消息[4]。想象一下你和 50 个同事们在一个房间里，你们团队可以破获多少消息呢？虽然这些密码分析学家们是精心挑选出的高智商人才，且其中很多都具备良好的外语水平，但是相对于已经阅读到此处的读者来说，他们最初对密码分析工作知道得还要更少。因此这种比较是公平的，好在身处 40 号房间的人都具有快速学习的能力。

这些密码分析学家们几次以恢复出的德国密码本的形式获得了帮助，其中一个是来自俄国人的馈赠。1914 年 8 月 26 日，德国轻型巡洋舰马格德堡号困在了波罗的海，俄方军队在残骸中恢复了德国军队的主要密码本，尽管德国人

1　同前页 2，第 65 页.

2　SAYERS M, KAHN A E. Sabotage! The Secret War Against America[M]. New York: Harper & Brothers, 1942: 8.

3　KAHN D. The Codebreakers[M]. 2nd ed., New York: Scribner, 1996: 313.

4　同上，第 273 和 275 页.

曾试图摧毁这一切。之后俄国人把密码本交给了英国人，英方具有更强大的军事力量可以使它发挥更加强大的作用。事实上，德国人持续多年使用了这种特定的密码[1]。

由于化学在战争中发挥了主要作用，第一次世界大战被称为"化学家的战争"；而在第二次世界大战中使用了原子弹，因此二战被称为"物理学家的战争"。有人声称，如果发生第三次世界大战，那将会是"数学家的战争"（如果有人能幸存下来谈论这件事的话）。想象一下网络攻击使敌人全部的计算机系统瘫痪并中断敌人所有的通信会是什么结果。

6.2　ADFGX：一种新的密码

虽然化学家在第一次世界大战中发挥了主要作用，但是在这期间密码学也有了新的发展。比如两个著名的德国密码系统：ADFGX 和 ADFGVX。这两个密码随后将被介绍，它们并不是德国唯一采用的密码系统。实际上在战争过程中，德国采用了形形色色的密码，甚至包括单表代换密码[2]。

图 6.2　埃里希·鲁登道夫将军在一个看似安全的新型密码系统的庇护下指挥了德国春季总攻

1　RISLAKKI J. Searching for cryptology's great wreck[J]. Cryptologia, 2007, 31(3): 263-267.

2　KAHN D. The Codebreakers[M]. 2nd ed., New York: Scribner, 1996: 307.

在总攻来临之前推出新的密码总是个好主意，德国就是这么做的。鲁登道夫将军（见图 6.2）在 1918 年 3 月 21 日发动了总攻，在此大约两周前，ADFGX 的电线和无线电波遭受了攻击，因此在 6 月 1 日更换成了 ADFGVX 系统[1]。这个密码的名字源于密文中仅出现的英文字母。这些字母是经过细心挑选的，因为在使用摩尔斯电码传送时它们很容易被区分出来。这些密码注入了很多新的思想并且经过了很多测试。设计者弗里茨·内伯尔在部署系统之前曾让 60 名密码分析学家尝试破解它[2]。

内伯尔的这个新密码系统虽然看起来充满了神秘感，实际上它是我们之前看到的波利比奥斯方阵（见 1.2 节）和列换位（见 4.1 节）的简单结合。当这 2 种密码算法结合在一起时，我们称它为"复式加密"。这是用到的是波利比奥斯方阵[3]：

	A	D	F	G	V	X
A	c	o	8	x	f	4
D	m	k	3	a	z	9
F	n	w	1	0	j	d
G	5	s	i	y	h	u
V	p	l	v	b	6	r
X	e	q	7	t	2	g

如果我们的消息是 GOTT MIT UNS[4]，第一步要把它转换成：

XX AD XG XG DA GF XG GX FA GD

下面我们使用密钥的第二部分，它是一个单词。在加密过程的换位部分，该单词决定了各列的读取顺序：

3	2	4	1
X	X	A	D
X	G	X	G
D	A	G	F
X	G	G	X
F	A	G	D

读出的密文为 DGFXD XGAGA XXDXF AXGGG。在实际使用中，消息通常更长，换位密钥也随之更长。虽然密钥长度不同，但通常有 20 个值。这是一个分叉密码（Fractional Cipher）的例子，之所以叫分叉密码是因为最初的消息字母被一

1　同上页 2，第 344 页.

2　NORMAN B. The ADFGVX men[J]. The Sunday Times Magazine, 1974: 11.

3　KAHN D. The Codebreakers[M]. 2nd ed., New York: Scribner, 1996: 345.

4　这句话可以转化成"God is with us"，它出现在第一次世界大战和第二次世界大战中一些德国军队的腰带上。如果是真的，在世界大战中，上帝似乎是以 0∶2 输了。

对字符替代并在换位操作中被叉开。

6.3 ADFGX 的密码分析

乔治斯·佩恩文（见图 6.3）拯救了法国。他在将近 3 个月的时间内做出了巨大的努力。他首先攻破了使用 5×5 波利比奥斯方阵的 ADFGX，然后破解了 ADFGVX，在此过程中他瘦了大约 15 kg，最终找到了解决方案并且揭示了德军下一次攻击的地点[1]。前美国外交官 J·里夫斯·查尔兹指出[2]：

图 6.3　法国密码学家乔治斯·佩恩文
（来自美国国家密码博物馆的大卫卡恩系列收藏）

佩恩文的解决方案并不能够解密所有的 ADFGVX 密码，但是确实能够破解一些特例。直到战争结束后，人们才研究出了通用的解决方案。我们研究下面一个特例，其中的一些观点可以被更广泛地应用。如果下面的段落过于抽象，读者也可以直接跳到后面的例子。

1　KAHN D. The Codebreakers[M]. 2nd ed., New York: Scribner, 1996: 347.

2　CHILDS J R. My recollections of G.2 A.6[J]. Cryptologia, 1978, 2(3): 206.

为了攻击 ADFGVX 密码，我们唯一烦恼的就是如何解开换位部分。一旦这个问题解决了，接下来的波利比奥斯方阵是很容易破解的。解开换位部分的第一步是要确定一共使用了多少列。我们假设拦截到的消息没有"短列"，也就是说消息形成了一个完美的矩形。这样将会使事情变得相对容易一些。第一步，我们确定列数是偶数还是奇数，这可以通过比较 2 组频数来实现。想要搞清楚这一点，考虑如下的一般例子。

将表示每个消息字母的密文字母对表示成 BE（B 表示"开头"，E 表示"结尾"），我们的矩形在换位之前将取自下面 2 种形式之一，这取决于列数是奇数还是偶数。

列数为偶数	列数为奇数
B E B E B E … B E	B E B E B E … B E B
B E B E B E … B E	E B E B E B … E B E
B E B E B E … B E	B E B E B E … B E B
B E B E B E … B E	E B E B E B … E B E
⋮ ⋮ ⋮	⋮ ⋮
B E B E B E … B E	（最后一行的字母取决于行数）

对于列数是偶数的情况，在进行列换位之后，每一列仍然全是 B 或全是 E。对于列数是奇数的情况，在进行列换位以后，每一列仍是 B 和 E 交替出现。

除非在波利比奥斯方阵中将字母谨慎放置，否则单个字母 A、D、F、G、V 和 X 的频数将因密文对中的开始和结束字母的不同而不同。这就使密码分析人员可以使用上述模式来确定列数是偶数还是奇数。现在我们描述一下这是怎么进行操作的。

给定一个具有 n 个字符的消息，除以一个我们感觉是列数上界的数 c，则 n/c 将是行数的下界。例如，如果 $n/c=18$，那么密文的前 18 个字符来自同一列。这一列或全是 B，或全是 E，或是 B、E 各占一半。取出奇数位置的字符并构建频数分布。无论列数是奇数还是偶数，取出的这些字母必须是相同类型的（全部都是 B 或全部都是 E）。现在在取出在偶数位置的字母并构建其频数分布。

同样，这些字符必须全部都是 B 或 E。现在我们来比较一下这 2 个频数分布，如果它们看起来相似，那么这一列中所有字母都是同一类型的，所以列数一定是偶数。如果它们看起来不相似，那么列数一定是奇数。

如果我们确定 2 个频数分布相同，则列数为偶数。可能的列数有 2，4，6，…，22，24，26，28，…列（列数不可能极大），把密文分别排进上述列的矩形中。对于每种情况，我们可以计算每一列的频数分布。对于正确的情况，这些分布应该分成 2 个不同的组，每一组包含相同数量的列。当列数为奇数时，可以采用类似的方法来确定列数（见例 7）。

一旦知道列数，就可以在适当大小的矩形中写出密文。为了消除换位操作，我们首先使用不同的频数分布将列标记为 B 或 E（奇数情况下该标签将仅指示该列开头字符的类型）。虽然现阶段我们没有办法知道到底哪个是 B 哪个是 E，但这不是问题！我们简单地将任意一列标记为 B，将其他具有相似频数分布的列也标记为 B，最后将其余列标记为 E。

如果我们标记的第一列是正确的，一切都很好。如果第一列是 E 列，那也没有关系。因为唯一的变化是现在通过列和行来索引波利比奥斯方阵的元素，而不再通过行和列来索引。

然后我们可以将 B 列和 E 列配对，使生成的密文字母具有与可疑明文语言类似的频率分布。将 B 列和 E 列连接后一旦得到这些字母，我们应该能够挑出一些高频明文字母，例如 E 和 T，这样将有助于我们正确地排列配对的列，特别是如果我们有一个作弊词或能够发现诸如"THE"和"AND"这些单词。当所有列被正确地排序后，剩下的就很容易了——只是一个没有字间距的单表代换密码。下面的例子应该会让我们更清楚地认识这种攻击。

例 1

我们攻击一个用原始版本——ADFGX 加密的消息，这样我们在消除换位操作之后就不必关心各个数字的频数了。我们假设这个消息是英文的，由于一个 5×5 的方格只允许放置 25 个明文字符，因此 I 和 J 被加密为同一对字符。密文如下：

```
AXDXD XDDDX DXXDD DXXDD DXXDG DXGXX XDFGA AGGAF FGGFA
AAFFA ADGGF GFFAD FAFAD FGGAF DFDXD XDFFX AXDXG FGFGX
DXGXX DXFAD XGFDA AFADF FFGGA DFGDF FADFA GAAFF GAAGG
XFFDF GGDFG FDFFF GAFDA FAFAF GAFAA FAFFX DXFXF GDDGX
DFFFG XDFXX XDFFX ADAFA FDXFX FGADD GGDDA AXXXX FFGXX
FDXXD FXFGD DFFFD DXDDA DDXDD GXAFD DXXXX DGGDF XXXXF
XXDDD AGGDA FAAGF GGGFA GFGAG FFXAG FFFGF FXXFX AFXDG
DXXXD XXXXD XAADF FXDDF GXGXX XFXXX AGGXD AFFAX FGFAX
XXXAD FFDFD DFDXD XFFXX XDXDA DDGFX XGDFA FGXFG DDXXX
XXGXF XFXXF AXGXF DXDDD AXDDD XFXFD XAFDG XFGGA AAAGF
GAAAA FGAGA AGAAA FDGAF DAGAA GGFDF FGGGG GGAGG AFGAA
GFFFG FGAFF DFAFA GGAGA FGAAD AGGGF GFGFG FFAGA GGAAF
AAAGD GGXGF GGAFF AGAFG AAAAF GDAAG DGFGF FGGXX DDXFD
FXXXG GAXXX GGDDG FFGXD XGDGX FXXGA AGAFG ADAGG FXFGG
GAAGA FFGFD DAAAA DGAFF AFGDA ADFGD FAAGG AFAAG FGGGG
FFGDG
```

一共有 680 个字符，假设列数不超过 30，所以每一列必须有至少 22 个字符

（680/30 ≈ 22.67）。首先取出前 22 个字符 AXDXD XDDDX DXXDD DXXDD DX，奇数位置的字符频数分布为：

A = 1, D = 8, F = 0, G = 0, X = 2

偶数位置的字符频数分布为：

A = 0, D = 4, F = 0, G = 0, X = 7

经验可以帮助我们决定这 2 个分布是相似的还是不相似的。X 频数的显著差异可能会使我们认为这 2 个分布是不相似的，但是 F 和 G 均有相同的频数，A 的频数虽然不相同但是非常接近。5 个字母中有 3 个匹配非常密切，所以我们得出结论，上述 2 个频数分布是相同的。

基于矩形被完全填充的假设，我们也可以检查最后 22 个字符 GD FAAGG AFAAG FGGGG FFGDG，从而进一步验证我们的结论是否得到证实。对奇数位置的字符，得到：

A = 2, D = 1, F = 4, G = 4, X = 0

对偶数位置的字符，得到：

A = 3, D = 1, F = 1, G = 6, X = 0

D 和 X 对应的频数完全一致，A 对应的频数只相差 1，G 对应的频数相差 2，所以我们的结论得到进一步支撑。另外，我们观察到这 2 个分布（没有 X！）与前 22 个字符分布有明显差别。这些字母所表示的列似乎都不是同一类型的（B 或 E）。

因此我们有偶数个列，且该数必须整除 680。我们的选择有 2、4、8、10、20、34、68、170、340 或 680。我们已经假设列数少于 30，所以只剩下 2、4、8、10、20。很小的值看起来并不可能，因此我们使用 10 和 20 进行测试。

10列											
列	字母	A	D	F	G	X	列	字母	A	D	F	G	X
1	1–68	12	18	12	12	14	6	341–408	7	13	15	9	24
2	69–136	13	13	18	12	12	7	409–476	21	11	12	12	12
3	137–204	11	12	27	8	10	8	477–544	19	1	19	27	0
4	205–272	5	20	12	8	23	9	545–612	10	10	13	21	14
5	273–340	10	12	16	14	16	10	613–680	21	8	15	22	2

第 8 列和第 10 列中 X 的数量很少，因此看着很显眼，但是我们需要把这些列分为 2 组：B 组和 E 组，所以每一组都必须包含 5 个列。与这 2 列类似的是哪 3 列呢？X 接下来出现的最低次数是 10、12 和 12，这是一个相当大的跳跃！

20 列												
列	字母	A	D	F	G	X	列	字母	A	D	F	G	X
1	1–34	1	15	1	3	14	11	341–374	5	6	9	3	11
2	35–68	11	3	11	9	0	12	375–408	2	7	6	6	13
3	69–102	3	8	7	5	11	13	409–442	3	9	8	2	12
4	103–136	10	5	11	7	1	14	443–476	18	2	4	10	0
5	137–170	8	4	16	5	1	15	477–510	7	2	12	13	0
6	171–204	3	8	11	3	9	16	511–544	12	1	7	14	0
7	205–238	3	8	8	5	10	17	545–578	9	3	3	13	1
8	239–272	2	12	4	3	13	18	579–612	1	7	5	8	13
9	273–306	7	4	11	11	1	19	613–646	12	0	4	10	2
10	307–340	3	8	5	3	15	20	647–680	9	4	9	12	0

在上述表格中，很容易将列分成具有不同频数分布的 2 组。X 本身的频数就明确区分出这些列。因此，我们得出列数为 20 的结论。2 个不同的分组是：

组 1：列 1, 3, 6, 7, 8, 10, 11, 12, 13, 18

组 2：列 2, 4, 5, 9, 14, 15, 16, 17, 19, 20

我们现在必须将它们配成一对来表示明文字母。我们的工作目前为止未能说明组 1 的列是一对中的开头还是结尾。幸运的是，这并不影响什么。正如在这个例子之前提到的那样，颠倒从波利比奥斯密码产生的密文对的顺序只是相当于某人误用了表格——先写出列头然后是行头，而不是反过来进行。只要所有的密文对都被转换，那么就没问题。所以，我们假设拥有高频数 X 的组为开头。为了确定组 2 中的哪一列对应组 1 中的哪一列，佩恩文和美国密码分析学家在接下来的几年中对这个问题不断地进行研究，对各种可能性的频数分布进行简单的查看，并选出了那些看起来最像英语的。我们愿意采取更客观的方法，但明显的方法不会产生很好的结果。下面将考察两种方法。

重合指数似乎应该是一个很好的方法，尽管在第一次世界大战后人们才发现该方法。如果列的潜在配对产生一个接近 0.066 的值，我们则认为这个对要比其他对更好。下表中列出了完整的结果，并把正确的配对用下划线标出。

开始列	结束列									
	2	4	5	9	14	15	16	17	19	20
1	0.0909	0.0802	0.1087	0.0891	0.1462	0.1052	**0.1034**	0.0856	0.0963	0.0873
3	0.0517	0.0481	0.0749	**0.0624**	0.0731	0.0517	0.0784	0.0481	0.0481	0.0446
6	0.0535	0.0463	**0.0766**	0.0553	0.0766	0.0713	0.0731	0.0517	0.0446	0.0588
7	0.0570	**0.0446**	0.0606	0.0606	0.0660	0.0642	0.0677	0.0535	0.0517	0.0535
8	**0.0731**	0.0553	0.0856	0.0695	0.0998	0.0820	0.0784	0.0677	0.0980	0.0624
10	0.0713	0.0606	0.0749	0.0588	0.1248	**0.0802**	0.1230	0.0570	0.0588	0.0695
11	0.0624	0.0535	0.0517	0.0446	0.0873	0.0695	0.0820	**0.0463**	0.0624	0.0677
12	0.0606	0.0713	0.0677	0.0660	0.0731	0.0695	0.0731	0.0624	0.0570	**0.0695**
13	0.0570	0.0535	0.0660	0.0606	0.0873	0.0624	0.1141	0.0588	**0.0535**	0.0570
18	0.0713	0.0624	0.0570	0.0499	**0.1016**	0.0713	0.0677	0.0606	0.0660	0.0749

正确值的范围是 0.044 6～0.103 4。因此，这个测试没有我们所期望的那么有用。

另一个明显的方法是，对每个可能的配对检查频率表并与常规英语比较。为此，我们把每个配对的频率和常规字母表频率进行排序，然后在各组中比较最高的频率，再比较次高的频率，以此类推。为了用数值来刻画，我们求出观察所得频率和期望频率之间差的平方和，于是产生了下面的表格。再一次把正确的配对用下划线标出。

开始列	结束列									
	2	4	5	9	14	15	16	17	19	20
1	0.020 8	0.014 0	0.031 0	0.018 7	0.055 6	0.027 7	<u>**0.0285**</u>	0.016 7	0.024 5	0.019 1
3	0.003 9	0.002 9	0.012 3	<u>**0.006 4**</u>	0.010 5	0.003 9	0.016 1	0.002 9	0.007 2	0.004 0
6	0.006 1	0.004 5	<u>**0.011 5**</u>	0.005 6	0.014 9	0.010 9	0.010 5	0.004 6	0.003 3	0.005 5
7	0.005 0	<u>**0.004 0**</u>	0.006 8	0.007 6	0.007 8	0.008 4	0.009 9	0.007 0	0.004 6	0.005 4
8	<u>**0.011 2**</u>	0.006 9	0.016 2	0.008 4	0.026 9	<u>**0.017 5**</u>	0.013 5	0.010 5	0.025 4	0.006 4
10	0.011 9	0.007 6	0.014 0	0.005 2	0.038 8	0.012 7	0.043 8	0.005 3	0.007 4	0.008 4
11	0.007 1	0.004 5	0.003 5	0.002 8	0.019 2	0.009 2	0.014 4	<u>**0.004 5**</u>	0.008 3	0.010 3
12	0.007 3	0.010 9	0.008 7	0.010 0	0.010 5	0.011 5	0.010 5	0.006 3	0.006 1	<u>**0.011 9**</u>
13	0.004 7	0.003 8	0.009 2	0.005 8	0.017 4	0.008 4	0.034 7	0.005 5	<u>**0.004 6**</u>	0.006 2
18	0.010 3	0.006 3	0.005 7	0.004 9	<u>**0.025 3**</u>	0.009	0.008 9	0.007 5	0.009 2	0.013 5

观察第 4 行（7 开头），我们看到最小的值代表了正确的配对。很遗憾，只有这一行出现了这种情况。因此这种方法也无法很有效地将列进行配对。

正如之前提到的，佩恩文和后来解决这个问题的美国密码分析家并没有采用这些方式中的任何一种。他们只是观察了可能配对的频数分布并用肉眼决定哪个最有可能。当使用 20 列时，列配对的方式共有 10! 种，这一定花费了他们大量的时间。这显然是破解 ADFGX 和 ADFGVX 密码中最困难的一步。

用今天的技术，我们可以考虑全部 10! 种可能性。每个可能性会给出 10 列（每一列的每行由 2 个字母组成），共有 10! 种排列方法。正确的排列结果代表了没有字符间距的单表替换密码，这可以通过技术或手算很容易地解决。

现在继续我们的攻击，假设正确的配对在经过大量反复试验后已经得到确定。这些配对分别是：

$$1 \leftrightarrow 16$$
$$3 \leftrightarrow 9$$
$$6 \leftrightarrow 5$$
$$7 \leftrightarrow 4$$
$$8 \leftrightarrow 2$$

$$10 \leftrightarrow 15$$
$$11 \leftrightarrow 17$$
$$12 \leftrightarrow 20$$
$$13 \leftrightarrow 19$$
$$18 \leftrightarrow 14$$

现在需要找出该列 10 个配对的正确顺序，然后破解他们提供的（无单词拆分的）波利比奥斯密码。对该列的 10 个配对进行排列，共有 10! = 3 628 800 种，所以我们可以用计算机进行暴力攻击得到答案。

如果我们愿意坚持使用第一次世界大战时期的技术，可以使用所有配对的频数分布来猜测一些字母，然后通过组成单词将列拼凑在一起：

AA = 6	DA = 27	FA = 19	GA = 15	XA = 36
AD = 3	DD = 7	FD = 8	GD = 6	XD = 8
AF = 12	DF = 22	FF = 23	GF = 7	XF = 31
AG = 5	DG = 31	FG = 12	GG = 13	XG = 43
AX = 0	DX = 1	FX = 2	GX = 0	XX = 3

根据这些频数分布，我们推测 XG=E，XA=T，将这些值代入它们出现的位置得到：

1↔16	3↔9	6↔5	7↔4	8↔2	10↔15	11↔17	12↔20	13↔19	18↔14
AG	AD	DF	XF	FA	**E̲**	XD	DG	XX	**E̲**
E̲	FD	XF	FD	DA	XF	FG	**T̲**	FG	**E̲**
DA	DD	FD	GA	DG	FD	**E̲**	FF	**T̲**	DA
E̲	FA	XF	AA	**E̲**	XF	XX	FF	FA	DA
DA	DG	FG	DF	DA	AF	**E̲**	**T̲**	**E̲**	**T̲**
XF	**E̲**	GG	DA	DF	FG	AF	XF	**T̲**	FA
DG	DD	DD	GD	AF	**E̲**	GG	**E̲**	FF	DG
DA	**T̲**	DF	GF	DG	DG	GG	DD	AG	FF
DA	DF	GG	DF	DG	GG	**T̲**	**T̲**	**T̲**	FF
XD	FA	XF	DF	XF	DG	DF	DA	GD	**T̲**
DA	FA	DD	AG	DA	**E̲**	AF	AD	**T̲**	**T̲**
E̲	**E̲**	FF	AG	DA	**T̲**	FA	GF	FG	GA
E̲	AF	FF	**T̲**	GA	**E̲**	FG	DG	DG	GA
DG	**E̲**	FF	XD	XF	DG	AA	GD	XF	AF
DF	DG	GG	XF	AF	**T̲**	XF	FF	DX	**E̲**
DG	**E̲**	**T̲**	**E̲**	FA	XF	FG	**T̲**	DF	**T̲**
XF	GF	DF	FD	DA	**E̲**	GA	**T̲**	DG	**E̲**
E̲	FA	FD	FF	DD	**T̲**	FA	GG	AG	GA
DF	GG	**T̲**	GF	**E̲**	DA	AA	DG	**E̲**	GA
DG	FF	XF	**T̲**	**E̲**	**E̲**	**T̲**	FA	DA	DG
DF	GG	**T̲**	XD	XF	AF	XF	AF	DA	DA

（续表）

1↔16	3↔9	6↔5	7↔4	8↔2	10↔15	11↔17	12↔20	13↔19	18↔14
XF	T	DF	FF	E	AF	E	FA	DG	GA
T	DG	FA	DA	DF	DF	XD	GA	T	FA
DG	XF	FF	E	GF	FG	AA	E	FF	FF
GA	GF	E	T	GA	FF	DA	FF	XF	GD
DG	XX	AA	DA	DD	E	FG	GG	FG	E
E	T	DF	FF	FF	DA	FD	DG	DF	DA
GA	DG	AA	XF	T	DF	DG	DG	XD	XF
T	XF	FA	FG	XF	FF	FF	E	AD	GD
XF	FF	AF	GA	T	GD	DG	XF	FA	DA
T	AF	FA	DA	XD	XF	DF	XF	DA	GG
DA	DG	DF	DG	FF	GA	FF	E	GA	T
FA	XF	XF	FG	E	DF	DG	XD	T	FA
GG	GF	FX	FX	E	T	E	GG	FD	E

我们将使用高频的三字母单词 THE 来进行列排列。从 1↔16 这一列开始，观察第 12 和 18 的位置发现，E 与 10↔15 中 T 的位置相匹配。我们希望有一列位于这 2 列之间，该列在第 12 和第 18 的位置有一个明文 H。我们要找到一列使其在第 12 和第 18 位的字母对能够匹配，现在提出两种可能性：11↔17 和 18↔14，将它们分开考虑。

情况1			情况2		
10↔15	11↔17	1↔16	10↔15	18↔14	1↔16
E	XD	AG	E	E	AG
XF	FG	E	XF	E	E
FD	E	DA	FD	DA	DA
XF	XX	E	XF	DA	E
AF	E	DA	AF	T	DA
FG	AF	XF	FG	FA	XF
E	GG	DG	E	DG	DG
DG	GG	DA	DG	FF	DA
GG	T	DA	GG	E	DA
DG	DF	XD	DG	T	XD
E	AF	DA	E	T	DA
T	FA	E	T	GA	E
E	FG	E	E	GA	E
DG	AA	DG	DG	AF	DG
T	XF	DF	T	E	DF
XF	FG	DG	XF	T	DG
T	GA	XF	T	GA	XF
T	FA	E	T	GA	E
DA	AA	DF	DA	GA	DF
E	T	DG	E	DG	DG

（续表）

情况1			情况2		
10↔15	11↔17	1↔16	10↔15	18↔14	1↔16
AF	XF	DF	AF	DA	DF
AF	**E**	XF	AF	GA	XF
DF	XD	**T**	DF	FA	**T**
FG	AA	DG	FG	FF	DG
FF	DA	GA	FF	GD	GA
E	FG	DG	**E**	**E**	DG
DA	FD	**E**	DA	DA	**E**
DF	DG	GA	DF	XF	GA
FF	FF	**T**	FF	GD	**T**
GD	DG	XF	GD	DA	XF
XF	DF	**T**	XF	GG	**T**
GA	FF	DA	GA	**T**	DA
DF	DG	FA	DF	FA	FA
T	**E**	GG	**T**	**E**	GG
如果情况 1 是正确则 FA=H			如果情况 2 正确则 GA=H		

目前，我们没有足够的信息来确定哪个是正确的，所以我们开始进一步探索每一种可能性。对于情况 1，我们寻找一个列，它可以出现在我们正在构造的链的开头，目的是让一个 T 连接到 10↔15 的一个 E 上。有 4 列满足要求：7↔4、12↔20、13↔19 和 18↔14。初步看 7↔4 最好，因为它将 2 个 T 和 E 组成对，其他的列只组成一个 TE 对。但是，没有一列能放在 7↔4 和 10↔15 之间使每个 T 和 E 之间可以放置 H。回想到情况 1 中 H 被标识为 FA，因此我们要找的列在这 2 个位置上的字母对不仅相同，还希望这个字母对是 FA（12↔20 有一个 FA 符合那些位置，但另一个 T-E 的中间会是别的字母，这是可能的）。现在假设 12↔20 属于情况 1。我们希望其余列中有些列的第 17 位有一个 FA（填成 H），但是我们没有这样的列。接下来是 13↔19，我们希望 FA 出现在第 11 位，3↔9 满足这一点。最后一种情况是一样的：对于 18↔14，我们希望 FA 出现在第 11 位，3↔9 满足。因此，共存在 3 种可能。我们略微偏袒后 2 个，因为它们不需要要求在 T 和 E 之间的某个位置出现除 H 外的字母。作为情况 1 的子情况，对最后 2 种可能进行分析。

子情况1a					子情况1b				
13↔19	3↔9	10↔15	11↔17	1↔16	18↔14	3↔9	10↔15	11↔17	1↔16
XX	AD	**E**	XD	AG	**E**	AD	**E**	XD	AG
FG	FD	XF	FG	**E**	**E**	FD	XF	FG	**E**
T	DD	FD	**E**	DA	DA	DD	FD	**E**	DA
FA	FA	XF	XX	**E**	DA	FA	XF	XX	**E**
E	DG	AF	**E**	**E**	**T**	DG	AF	**E**	DA
T	**E**	FG	AF	XF	FA	**E**	FG	AF	XF
FF	DD	**E**	GG	DG	DG	DD	**E**	GG	DG
AG	**T**	DG	GG	DA	FF	**T**	DG	GG	DA

（续表）

子情况1a					子情况1b				
13↔19	3↔9	10↔15	11↔17	1↔16	18↔14	3↔9	10↔15	11↔17	1↔16
T	DF	GG	T	DA	E	DF	GG	T	DA
GD	FA	DG	DF	XD	T	FA	DG	DF	XD
T	FA	E	AF	DA	T	FA	E	AF	DA
FG	E	T	FA	E	GA	E	T	FA	E
DG	AF	E	FG	E	GA	AF	E	FG	E
XF	E	DG	AA	DG	AF	E	DG	AA	DG
DX	DG	T	XF	DF	E	DG	T	XF	DF
DF	E	XF	FG	DG	T	E	XF	FG	DG
DG	GF	E	GA	XF	E	GF	E	GA	XF
AG	FA	T	FA	E	GA	FA	T	FA	E
E	GG	DA	AA	DF	GA	GG	DA	AA	DF
DA	FF	E	T	DG	DG	FF	E	T	DG
DA	GG	AF	XF	DF	DA	GG	AF	XF	DF
DG	T	AF	E	XF	GA	T	AF	E	XF
T	DG	DF	XD	T	FA	DG	DF	XD	T
FF	XF	FG	AA	DG	FF	XF	FG	AA	DG
XF	GF	FF	DA	GA	GD	GF	FF	DA	GA
FG	XX	E	FG	DG	E	XX	E	FG	DG
DF	T	DA	FD	E	DA	T	DA	FD	E
XD	DG	DF	DG	GA	XF	DG	DF	DG	GA
AD	XF	FF	FF	T	GD	XF	FF	FF	T
FA	FF	GD	DG	XF	DA	FF	GD	DG	XF
DA	AF	XF	DF	T	GG	AF	XF	DF	T
GA	DG	GA	FF	DA	T	DG	GA	FF	DA
T	XF	DF	DG	FA	FA	XF	DF	DG	FA
FD	GF	T	E	GG	E	GF	T	E	GG

在子情况 1a 中，T 后紧跟 FA 的情形出现了 3 次。但在子情况 1b 中该情形出现了 4 次。由此我们得出结论：子情况 1b 看起来更好。现在我们试图进一步扩大子情况 1b。

考虑第 6 个位置，FA（假设为 H）后边紧跟着的是下一列中的 E。因此，我们寻找一个第 6 个位置为 T 的列来完成另一个 THE。我们发现 13↔19 是唯一符合条件的列，所以现在有：

13↔19	18↔14	3↔9	10↔15	11↔17	1↔16
XX	E	AD	E	XD	AG
FG	E	FD	XF	FG	E
T	DA	DD	FD	E	DA
FA	DA	FA	XF	XX	E
E	T	DG	AF	E	DA
T	FA	E	FG	AF	XF
FF	DG	DD	E	GG	DG
AG	FF	T	DG	GG	DA
T	E	DF	GG	T	DA

（续表）

13↔19	18↔14	3↔9	10↔15	11↔17	1↔16
GD	**T**	FA	DG	DF	XD
T	**T**	FA	**E**	AF	DA
FG	GA	**E**	**T**	FA	**E**
DG	GA	AF	**E**	FG	**E**
XF	AF	**E**	DG	AA	DG
DX	**E**	DG	**T**	XF	DF
DF	**T**	**E**	XF	FG	DG
DG	**E**	GF	**E**	GA	XF
AG	GA	FA	**T**	FA	**E**
E	GA	GG	DA	AA	DF
DA	DG	FF	**E**	**T**	DG
DA	DA	GG	AF	XF	DF
DG	GA	**T**	AF	**E**	XF
T	FA	DG	DF	XD	**T**
FF	FF	XF	FG	AA	DG
XF	GD	GF	FF	DA	GA
FG	**E**	XX	**E**	FG	DG
DF	DA	**T**	DA	FD	**E**
XD	XF	DG	DF	DG	GA
AD	GD	XF	FF	FF	**T**
FA	DA	FF	GD	DG	XF
DA	GG	AF	XF	DF	**T**
GA	**T**	DG	GA	FF	DA
T	FA	XF	DF	DG	FA
FD	**E**	GF	**T**	**E**	GG

　　我们可以继续向前恢复密钥，但现阶段我们没能做出任何一个极具说服力的匹配，所以我们向后恢复密钥。注意到，1↔16 在第 23、29 和 31 位上有 T。由于 6↔5 在所有这些位置上都有 FA（假设为 H），因此它提供了一个极好的匹配。现在将它放在部分重建的密钥中。

13↔19	18↔14	3↔9	10↔15	11↔17	1↔16	6↔5
XX	**E**	AD	**E**	XD	AG	DF
FG	**E**	FD	XF	FG	**E**	XF
T	DA	DD	FD	**E**	DA	FD
FA	DA	FA	XF	XX	**E**	XF
E	**T**	DG	AF	**E**	DA	FG
T	FA	**E**	FG	AF	XF	GG
FF	DG	DD	**E**	GG	DG	DD
AG	FF	**T**	DG	GG	DA	DF
T	**E**	DF	GG	**T**	DA	GG
GD	**T**	FA	DG	DF	XD	XF
T	**T**	FA	**E**	AF	DA	DD
FG	GA	**E**	**T**	FA	**E**	FF
DG	GA	AF	**E**	FG	**E**	FF

179

（续表）

13↔19	18↔14	3↔9	10↔15	11↔17	1↔16	6↔5
XF	AF	**E**	DG	AA	DG	FF
DX	**E**	DG	**T**	XF	DF	GG
DF	**T**	**E**	XF	FG	DG	T
DG	**E**	GF	**E**	GA	XF	DF
AG	GA	FA	**T**	FA	**E**	FD
E	GA	GG	DA	AA	DF	**T**
DA	DG	FF	**E**	**T**	DG	XF
DA	DA	GG	AF	XF	DF	**T**
DG	GA	**T**	AF	**E**	XF	DF
T	FA	DG	DF	XD	**T**	FA
FF	FF	XF	FG	AA	DG	FF
XF	GD	GF	FF	DA	GA	**E**
FG	**E**	XX	**E**	FG	DG	AA
DF	DA	**T**	DA	FD	**E**	DF
XD	XF	DG	DF	DG	GA	AA
AD	GD	XF	FF	FF	**T**	FA
FA	DA	FF	GD	DG	XF	AF
DA	GG	AF	XF	DF	**T**	FA
GA	**T**	DG	GA	FF	DA	DF
T	FA	XF	DF	DG	FA	XF
FD	**E**	GF	**T**	**E**	GG	FX

我们继续尝试把剩下的 3 列放在已经部分恢复的密钥中。但是没有一个十分强烈的理由在这个阶段去进行另一种放置，所以我们改为把这些剩下的列作为一个整体来考虑。3 个物体有 6 种排列方式，我们很快注意到这些排列方式中有 2 种：12↔20、8↔2、7↔4 和 7↔4、8↔2、12↔20 出现了 THE（分别在第 16 和第 20 位），如下：

12↔20	8↔2	7↔4	vs.	7↔4	8↔2	12↔20
DG	FA	XF		XF	DG	FA
T	DA	FD		FD	**T**	DA
FF	DG	GA		GA	FF	DG
FF	**E**	AA		AA	FF	**E**
T	DA	DF		DF	**T**	DA
XF	DF	DA		DA	XF	DF
E	AF	GD		GD	**E**	AF
DD	DG	GF		GF	DD	DG
T	DG	DF		DF	**T**	DG
DA	XF	DF		DF	DA	XF
AD	DA	AG		AG	AD	DA
GF	DA	AG		AG	GF	DA
DG	GA	**T**		**T**	DG	GA
GD	XF	XD		XD	GD	XF

（续表）

12↔20	8↔2	7↔4	vs.	7↔4	8↔2	12↔20
FF	AF	XF		XF	FF	AF
T	FA	E		E	T	FA
T	DA	FD		FD	T	DA
GG	DD	FF		FF	GG	DD
DG	E	GF		GF	DG	E
FA	E	T		T	FA	E
AF	XF	XD		XD	AF	XF
FA	E	FF		FF	FA	E
GA	DF	DA		DA	GA	DF
E	GF	E		E	E	GF
FF	GA	T		T	FF	GA
GG	DD	DA		DA	GG	DD
DG	FF	FF		FF	DG	FF
DG	T	XF		XF	DG	T
E	XF	FG		FG	E	XF
XF	T	GA		GA	XF	T
XF	XD	DA		DA	XF	XD
E	FF	DG		DG	E	FF
XD	E	FG		FG	XD	E
GG	E	FX		FX	GG	E

我们可以更仔细地单独观察这两种可能性，但是我们也可以看它们是如何匹配已部分组合出的密钥的。例如，在部分密钥前边放置 12↔20、8↔2、7↔4 这 3 列产生了一些很好的结果：

12↔20	8↔2	7↔4	13↔19	18↔14	3↔9	10↔15	11↔17	1↔16	6↔5
DG	FA	XF	XX	E	AD	E	XD	AG	DF
T	DA	FD	FG	E	FD	XF	FG	E	XF
FF	DG	GA	T	DA	DD	FD	E	DA	FD
FF	E	AA	FA	DA	FA	XF	XX	E	XF
T	DA	DF	E	T	DG	AF	DA		FG
XF	DF	DA	T	FA	E	FG	AF	XF	GG
E	AF	GD	FF	DG	DD	E	GG	DG	DD
DD	DG	GF	AG	FF	T	DG	GG	DA	DF
T	DG	DF	T	E	DF	GG	T	DA	GG
DA	XF	DF	GD	T	FA	DG	DF	XD	XF
AD	DA	AG	T	T	FA	E	AF	DA	DD
GF	DA	AG	FG	GA	E	T	FA	E	FF
DG	GA	T	DG	GA	AF	E	FG	E	FF
GD	XF	XD	XF	AF	E	T	AA	DG	FF
FF	AF	XF	DX	E	DG	T	XF	DF	GG
T	FA	E	DF	T	E	XF	FG	DG	T

（续表）

12↔20	8↔2	7↔4	13↔19	18↔14	3↔9	10↔15	11↔17	1↔16	6↔5
T	DA	FD	DG	E	GF	E	GA	XF	DF
GG	DD	FF	AG	GA	FA	T	FA	E	FD
DG	E	GF	E	GA	GG	DA	AA	DF	T
FA	E	T	DA	DG	FF	E	T	DG	XF
AF	XF	XD	DA	DA	GG	AF	XF	DF	T
FA	E	FF	DG	GA	T	AF	E	XF	DF
GA	DF	DA	T	FA	DG	DF	XD	T	FA
E	GF	E	FF	FF	XF	FG	AA	DG	FF
FF	GA	T	XF	GD	GF	FF	DA	GA	E
GG	DD	DA	FG	E	XX	E	FG	DG	AA
DG	FF	FF	DF	DA	T	DA	FD	E	DF
DG	T	XF	XD	XF	DG	DF	DG	GA	AA
E	XF	FG	AD	GD	XF	FF	FF	T	FA
XF	T	GA	FA	DA	FF	GD	DG	XF	AF
XF	XD	DA	DA	GG	AF	XF	DF	T	FA
E	FF	DG	GA	T	DG	GA	FF	DA	DF
XD	E	FG	T	FA	XF	DF	DG	FA	XF
GG	E	FX	FD	E	GF	T	E	GG	FX

最后一列在第 19 位有一个 T。当从这个矩形中读出明文时，这一行结束后将在第 20 行的开头继续，在那里我们得到了 HE。这表明这 3 个剩下的列也得到很好的放置。

把 12↔20、8↔2、7↔4 放在最后反而没有产生如此好的结果，把 7↔4、8↔2、12↔20 放在任意一端也是这样。因此，我们假设现在已经有了正确的列顺序，并假设已经正确地标识出 T、H 和 E。以上是对子情况 1b 的所有分析。如果我们陷入了僵局，我们可以回过头去考虑子情况 1a，甚至考虑情况 2。但是因为目前事情似乎进展顺利，所以这里没有必要。

我们填入全部的 19 个 H 可以获得部分明文，如下：

DG	H	XF	XX	E	AD	E	XD	AG	DF
T	DA	FD	FG	E	FD	XF	FG	E	XF
FF	DG	GA	T	DA	DD	FD	E	DA	FD
FF	E	AA	H	DA	H	XF	XX	E	XF
T	DA	DF	E	T	DG	AF	E	DA	FG
XF	DF	DA	T	H	E	FG	AF	XF	GG
E	AF	GD	FF	DG	DD	E	GG	DG	DD
DD	DG	GF	AG	FF	T	DG	GG	DA	DF
T	DG	DF	T	E	DF	GG	T	DA	GG
DA	XF	DF	GD	T	H	DG	DF	XD	XF
AD	DA	AG	T	T	H	E	AF	DA	DD
GF	DA	AG	FG	GA	E	T	H	E	FF

DG	GA	T	DG	GA	AF	E	FG	E	FF
GD	XF	XD	XF	AF	E	DG	AA	DG	FF
FF	AF	XF	DX	E	DG	T	XF	DF	GG
T	H	E	DF	T	E	XF	FG	DG	T
T	DA	FD	DG	E	GF	E	GA	XF	DF
GG	DD	FF	AG	GA	H	T	H	E	FD
DG	E	GF	E	GA	GG	DA	AA	DF	T
H	E	T	DA	DG	FF	E	T	DG	XF
AF	XF	XD	DA	DA	GG	AF	XF	DF	T
H	E	FF	DG	GA	T	AF	E	XF	DF
GA	DF	DA	T	H	DG	DF	XD	T	H
E	GF	E	FF	FF	XF	FG	AA	DG	FF
FF	GA	T	XF	GD	GF	FF	DA	GA	E
GG	DD	DA	FG	E	XX	E	FG	DG	AA
DG	FF	FF	DF	DA	T	DA	FD	E	DF
DG	T	XF	XD	XF	DG	DF	DG	GA	AA
E	XF	FG	AD	GD	XF	FF	FF	T	H
XF	T	GA	H	DA	FF	GD	DG	XF	AF
XF	XD	DA	DA	GG	AF	XF	DF	T	H
E	FF	DG	GA	T	DG	GA	FF	DA	DF
XD	E	FG	T	H	XF	DF	DG	H	XF
GG	E	FX	FD	E	GF	T	E	GG	FX

从这里开始就有很多方法来继续进行解密了。现在这个问题已经简化成没有字间距的波利比奥斯密码,因此可以采取元音识别算法(如 2.8 节所述),也许在经过几次猜测之后,A、O 和 I 可以全部被填入。这样应该很容易猜测只言片语。这将会加速解决问题的过程。当然也可以采取其他方法。采用哪种方法最终取决于你,我们把最后的步骤留作一个练习。

如果矩形没有被完全填充,这个例子中使用的方法就不会这么有效(尽管可以对其修补);然而,如果换位密钥的长度是 20,那么 5% 的消息应该碰巧构成一个矩形。在不知道密钥长度的情况下,要对每条消息进行攻击,一旦发现了密钥,其他消息可能就很容易被破解了。每场战争中充斥着大量的消息,5% 将给密码分析人员带来大量工作。

直到 1966 年,ADFGVX 的创造者弗里茨·内伯尔才知道他设计的密码系统已经被攻破。对此他表示[1]:

我个人本来希望第二个加密阶段有一个双重换位置换而不是单一换位置换,但是在与无线电报部门和破译部门的负责人讨论后,这个想法被否决了。这是技术和战术之间相妥协的结果,双重换位本来是比较安全的,但是在实践中速度缓慢并且步骤复杂。

1　NORMAN B. The ADFGVX men[J]. The Sunday Times Magazine, 1974: 11.

内伯尔在 1968 年遇到了佩恩文，他形容这是"昨天见面是敌人，今天见面是朋友"。在这次见面中，佩恩文回忆道："我跟他说，如果他坚持己见，采用双重换位的方式，我绝对无法完成破解[1]。"

在经历了前几次战争之后，美国的间谍和密码破译者们回到了他们服役前的生活，而现在美国进入了一个拥有处理这类活动常驻机构的时代。

随着从河岸实验室转到政府部门工作，威廉·弗里德曼将会扮演重要的角色。我们很快就会回到他身上，但现在我们来看看赫伯特·O·亚德里的贡献和争议。

6.4 赫伯特·O·亚德里

我们接下来要看到的可能是密码世界中一位最丰富多彩的人物。赫伯特·O·亚德里（见图 6.4）可谓是密码学界的汉·索罗。关于他对美国是否忠诚的辩论还在进行中。虽然两人都为美国的密码分析工作做出了重要的贡献，但亚德里和弗里德曼两人几乎处处都形成了强烈对比。弗里德曼衣着整齐干净，而亚德里经常衣衫不整，甚至有时只穿着内裤给草坪浇水，在他去世的时候甚至没有一条自己的领带，别人送给他的遗孀一条领带与亚德里埋葬在一起[2]。弗里德曼有一段很长很幸福的婚姻，但有人对他的印象是他在女人面前并不自信，而亚德里却一点都不害羞，他为来访的记者和外交官举办狂欢活动[3]。甚至他们的笔迹也代表了他们不同的性格（见图 6.5 和图 6.6），尽管这并不像是一个好的衡量标准。

图 6.4 赫伯特·O·亚德里
（1889—1958）

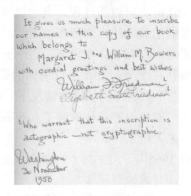

图 6.5 弗里德曼的笔迹
（来自作者的收藏）

---

1 NORMAN B. The ADFGVX men[J]. The Sunday Times Magazine, 1974: 15.
2 KAHN D. The Reader of Gentlemen's Mail[M]. New Haven, CT: Yale University Press, 2004: 288.
3 KAHN D. The Reader of Gentlemen's Mail[M]. New Haven, CT: Yale University Press, 2004: 196.

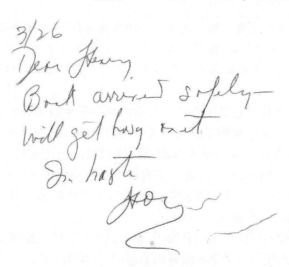

图 6.6　亚德里的潦草涂鸦
（来自作者的收藏）

　　亚德里一开始在美国国务院的一个非密码职位工作，他只是一名报务员和译电员，但是他可以获取被编码的消息，包括那封发送给威尔逊总统的密信，他曾尝试着去破译它们。他最终给老板提交了一份名为"美国外交编码解决方案"的报告。他的成就强有力地说明了美国密码部门（又称黑室）急需改进。1917 年，他的自我推销技能又使他坐上了战争部门下新组织的主席职位，这个新组织被官方称为密码局（Cipher Bureau）。黑室在欧洲历史上扮演过重要的角色，但在美国这种密码分析单位还是新鲜事。在 18 个月里，亚德里的团队（军情八处，或称 MI-8）在 579 个密码系统中读取了近 11 000 条消息。更加让人惊奇的是，有人认为这个团队最初只由亚德里本人和两名职员组成。1918 年 11 月是巅峰时期，此时该团队由 18 名军官、24 名平民和 109 名打字员组成[1]。

　　当然，保护美国的电报也是亚德里组织里的一个重要工作。往返欧洲的电报在跨大西洋电缆上传输时，德国人用他们的潜艇在这些电缆旁放置长电缆（数百英尺长）并通过电磁感应来获取消息。亚德里的团队彻底改革了美国的编码和加密方式，即便消息被拦截也没关系。针对在此改革前德国人截取美国在一战中的通信一事带来的后果，亚德里感叹道[2]：

1　LEWAND R E. Cryptological Mathematics[M]. Washington, DC: Mathematical Association of America, 2000: 42. 卡恩认为总数为 165（也许多出来的这一小部分不符合这里列出的任何类别）. 参考这本书第 xvii 页的前言：YARDLEY H O. The American Black Chamber[M]. New York: Espionage/Intelligence Library, Ballantine Books, 1981.

2　YARDLEY H O. The American Black Chamber[M]. New York: Espionage/Intelligence Library, Ballantine Books, 1981: 19.

如果德国人没有得到预先警告，那么美国在 1918 年 9 月 12 日的进攻会被认为是一个巨大胜利，但它现在只代表了战争史上某个庞大故事的一小部分。对不完善编码和密码系统的自负已经在前线作战中付出了代价。

亚德里有一个获得拦截的方法，比电磁感应简单得多。他，或者也有可能是国务院的一位官员，找到了有线电视公司的一些高官并向其索要报文。在当时，对任何人来说答应这种请求都要受法律制裁，但还是有人答应了。"政府可以拥有任何想要的东西"，这是全美有线电视公司的 W·E·罗斯福给出的回答[1]。曾有一段时间，有线电视公司切断了对亚德里的报文供应，但是他通过贿赂又重新得到了这些报文[2]。

密码局的工作不仅仅是编码和密码，他们的工作还涉及秘密墨水和速记系统。他们有能力侦察到使用秘密墨水隐藏的信息，从而曝光了德国在美国的间谍网络，但是他们也付出了代价。在一个秘密墨水的化学品实验中，亚德里的一部分手指被炸断了（见图 6.7）。

图 6.7　亚德里受伤的右手

（来自 KAHN D. The Reader of Gentlemen's Mail[M]. New Haven, CT: Yale UniversityPress, 2004: 58.
照片使用已获许可）

第一次世界大战结束时，这个组织可能已经解散了，但是亚德里说服了他的上级使它继续运转。这对美国来说是一个巨大的变化。美国的破译者们首次在战争结束后没有回归以前的生活。亚德里解释说："由于几乎所有的大国都存在类似密码局的机构，所以美国的'防卫系统'也必须如此[3]。"

1　KAHN D. The Reader of Gentlemen's Mail[M]. New Haven, CT: Yale University Press, 2004: 58.
2　同上，第 84 页.
3　YARDLEY H O. The American Black Chamber[M]. New York: Espionage/Intelligence Library, Ballantine Books, 1981: 133.

6.5　和平时期的胜利和一本回忆录

和平时期亚德里的美国密码局搬迁到纽约[1]。他的第一个任务是破译日本人的密码，即使他不认识日文，他依旧出色地完成了任务。亚德里把他在 1919 年破译的第一个日本密码标记为"J_a"。"J"代表日本，"a"是下标。随着日本新密码的产生和破译，亚德里将他们分别命名为"J_b"，"J_c"等。

1921 年 11 月 12 日，华盛顿裁军会议召开，此次会议的目的是解决远东的争端。其中一项议题就是美国、英国和日本海军的吨位比例。美国希望美国、英国和日本的比例为 10∶10∶6，也就是说，美国人和英国人可以拥有相同的吨位，但是日本海军不能超过这个数字的 60%。而日本人希望是 10∶10∶7 的比例。日本方面，谈判的人和他们老板之间的消息是使用亚德里编号为 J_p 的密码来加密的。其中亚德里团队解密出的，在该系统中发送的最重要的一条消息如下[2]：

　　来自：东京

　　发送到：华盛顿

　　1921 年 11 月 28 日会议

　　密级：秘密

　　针对你的 74 号会议电报文件，我们认为有必要避免与英美，尤其是避免与美国在军备限制问题上发生任何冲突。你们要尽可能保持中立态度，加倍努力执行我们的政策。在无法避免的情况下，你要努力提出第二条建议，即将比例改为 10∶6.5。尽管你们竭尽全力，但是如果鉴于形势的逼迫或由于一般政策的需要导致你们的第三条建议被驳回，你们要尽力限制太平洋上的集中力量和演习，保证减少或至少维持目前太平洋防御的现状，并尽量不要明确表明我们可以接受 10∶6 的比率。

　　应尽可能不提出第四条建议。

知道了日本在船吨位比率方面的底线，美国信心十足，只等待日本人放弃他们的坚持。最终，日本人于 1921 年 12 月 10 日接受了 10∶10∶6 的比例。

这是美国密码局在和平时期的巨大成果，同时，他们也攻击了许多其他系统并最终破获了多个国家的密码。然而，随着 1928 年赫伯特·胡佛总统上台，关于

1　国务院的资金无法在华盛顿特区使用，因此需要进行搬迁。详见 YARDLEY H O. The American Black Chamber[M]. New York: Espionage/Intelligence Library, Ballantine Books, 1981: 156.

2　YARDLEY H O. The American Black Chamber[M]. New York: Espionage/Intelligence Library, Ballantine Books, 1981: 208.

破译密码的政治主张发生了变化。实际上，在向胡佛总统的国务卿亨利·L·史汀生提供破译结果的时候，史汀生被冒犯了。后来他用一句名言"君子不会阅读别人的信件。"总结了他的感受。史汀生撤回了美国密码局的资金，美国密码局于1929 年 31 日正式关闭[1]。

当然，这样的机构无论怎样总有它存活下去的方式，通常情况下它们只是改个名字。在这种情况下，威廉·弗里德曼掌管了亚德里的文件和记录，并且这个工作仍然在陆军信号部队的信号情报处[2]（SIS）继续进行着。显然史汀生并没有注意到这个小组！有人提供给了亚德里一个 SIS 的职位，但是薪水很低，大家觉得他可能会拒绝，事实上他确实拒绝了。

股市崩盘后，亚德里失业了，生活捉襟见肘，所以亚德里决定写一些关于他破译密码的冒险故事。1931 年 6 月 1 日，亚德里的书——《美国黑室》出版了。他在前言处说道："既然黑室被毁灭了，也就没有什么合理的理由要隐瞒它的秘密了[3]。"这本书售出了 17 931 本，这在当时是个了不起的数字[4]。一个未经授权的日文版甚至更受欢迎。美国官员否认密码局的存在，但在私下里曾试图起诉亚德里叛国。书中提到的那些密码已经被破译的国家意识到了这一现状，并且都准备修改密码系统。人们经常声称，由于亚德里破解了密码，日本人改变了他们的密码，最终开始使用他们称之为"秘密打字机二号"的难以破解的加密机器。这就是在珍珠港事件时使用的加密系统，美国人称之为"紫密"。然而，大卫·卡恩提供了一个好的例子，证明了亚德里的揭露没有造成危害。《美国黑室》发表之后，从图 6.8 中可以看出，日本（还有其他国家）的编码和密码的破解数量并没有下降。第二次世界大战期间，弗兰克·罗列特在破译日本密码方面起了至关重要的作用，实际上他认为亚德里的书帮助了美国的密码破译员们[5]。

---

1 从前言（第 xii 页）到 YARDLEY H O. The American Black Chamber[M]. New York: Espionage/Intelligence Library, Ballantine Books, 1981. 多年以后，在 1944 年，美国国务卿爱德华·斯蒂廷纽斯采取了类似的行动，战略服务办公室（OSS）将苏联加密文件（由开放源码软件公司于 1944 年从芬兰密码破译者购买）返还给苏联大使馆！详见 BENSON R L, WARNER M. Eds. Venona: Soviet Espionage and the American Response, 1939-1957[M]. Washington DC: National Security Agency/Central Intelligence Agency, 1996: xviii, 59.

2 不同时间的 SIS 的规模由以下文献给出 FOERSTEL H N. Secret Science: Federal Control of American Science and Technology[M]. Westport, CT: Praeger, 1993: 103.

3 YARDLEY H O. The American Black Chamber[M]. New York: Espionage/Intelligence Library, Ballantine Books, 1981: xvii.

4 从前言（第 xiii 页）到 YARDLEY H O. The American Black Chamber[M]. New York: Espionage/ Intelligence Library, Ballantine Books, 1981.

5 KAHN D. The Reader of Gentlemen's Mail[M]. New Haven, CT: Yale University Press, 2004: 136.

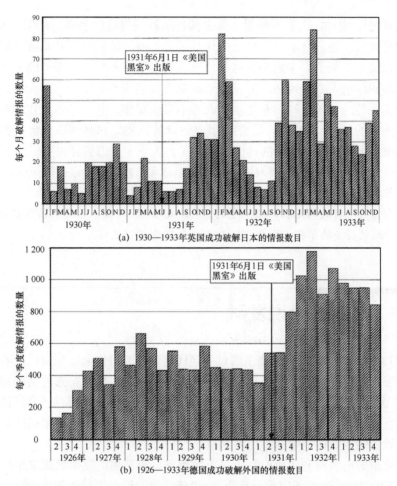

图 6.8　图表显示从亚德里的书发表之后，密码破译成功的案例并未减少

（来自 KAHN D. The Reader of Gentlemen's Mail[M]. New Haven, CT: Yale University Press, 2004: 134-135. 使用已获许可）

6.6　收缴手稿事件

尽管亚德里被控犯有叛国罪，但是他还准备了另一份名为"日本外交的秘密"的手稿。当时，美国检察官的办公室助理托马斯·E·杜威决定收缴这个手稿[1]。美国政府于 1933 年 2 月开始执行，后来超过 1 000 页的手稿直到 1979 年 3 月 2

1　FOERSTEL H. Secret Science: Federal Control of American Science and Technology[M]. Westport, CT: Praeger, 1993: 101.

日才被解密[1]。现在，人们可从爱琴海公园出版社获得这些手稿。对此，历史学家感到十分兴奋，他们终于能读到这个作品了，然而当他们真正开始阅读时，他们的兴奋很快就消失了。卡恩形容这是"令人窒息的沉闷[2]"。亚德里的上一本书是一种生动的激动人心的风格，但是这一本似乎看起来不是由同一个人写的。事实上，确实不是同一人所写。亚德里本人并不喜欢写作，并且大部分作品都是由代笔作家完成的。《日本外交的秘密》[3]就是这样完成的。虽然现在任何人都可以购买这本书，但是还有一个新的谜团与之相关。大卫•卡恩解释说[4]：

> 我在很多年前看到了保存在美国国家档案馆的这份传奇手稿，并在我记录关于亚德里的书中引用了它。但是最近当我再次要求查看这份手稿时，已经有大约半打的马尼拉信纸是空的，总计大约有 970 页。然而在档案里并没有手稿被提走的单据，因此我不知道手稿究竟在哪里。

6.7 再次通过小说发财

1933 年 6 月，作为对亚德里通过（同代笔作家）写作来增加自己的收入这件事的回应，美国通过了一项法律来禁止公布任何曾用在任意官方外交编码中的材料[5]。这让《美国黑室》无法再次进行印刷，不过它最终还是得以（合法地）重见光明。在此期间，首印版和盗版仍继续流通。这都不能阻止亚德里试图从他作为密码破译者的专业技能中获得更多利益。

亚德里的出版商利用政府打压《美国黑室》所产生的宣传效果来推广宣传书籍。图 6.9 中的广告顶部印着一行小字："确信你的国会议员在华盛顿——然后把这张纸浸入水中"。这样做可以显示出如下的隐藏信息：

> 本书的唯一作者曾经被美国国会法案禁言，他曾创作了一本关于美国黑室的虚构小说——《金发伯爵夫人》，作者是陆军少校赫伯特•O•亚德里，由朗曼格林出版社出版，地址是纽约第 15 大道 114 号。

亚德里写过几本别的书，包括像《金发伯爵夫人》这种虚构的间谍/冒险小说，没有一本像前 2 本一样引起争议。他最后一本书销量超过了 10 万，书名是《一名

---

1 同前页。

2 从前言（第 xiv 页）到 YARDLEY H O. The American Black Chamber[M]. New York: Espionage/ Intelligence Library, Ballantine Books, 1981.

3 实际上真正的作者是玛丽•斯图尔特•库鲁兹。

4 KAHN D. The death of a ghost-writer. 请注意，手稿的附录超过 1 000 页。卡恩 970 的数字更适合文本。

5 从前言（第 xiv 页）到 YARDLEY H O. The American Black Chamber[M]. New York: Espionage/ Intelligence Library, Ballantine Books, 1981.

扑克玩家的教育》[1]。亚德尝试用他的名声在其他领域赚钱，包括 1935 年播出的电台节目《黑室故事》，还有 2 部电影，见图 6.10，一部是《龙都》（米高梅公司，1935 年），改编自亚德里的小说《金发伯爵夫人》；另一部是 1938 年的《密码局》。

图 6.9　一个宣传亚德里的小说《金发伯爵夫人》的广告

（来自 HANNAH T M. Herbert O.Yardley 的角色[J]. Cryptologic Spectrum, 1981, 11（4）：14。图片使用已获许可）

图 6.10　好莱坞的演译能让频数计数令人兴奋吗

（感谢美国国家密码博物馆图书管理员雷内斯坦为我找到这张海报，并允许给尼古拉斯阿尔特兰德拍照）

亚德里除了用密码术方面的书籍赚钱外，他还想继续从事密码工作。在亚德里逝世几年后，詹姆斯・班福德拜访亚德里的遗孀时，震惊地发现壁橱里有一份积满灰尘的手稿。

从 1941 年 6 月到 1941 年 11 月，亚德里在加拿大担任破译员，在那里他破解了德国间谍在南美使用的换位密码[2]。有一些传闻（你也可以说是证言）表明，亚

1　LEWAND R E. Cryptological Mathematics[M]. Washington, DC: Mathematical Association of America, 2000: 44.

2　KAHN D. The Reader of Gentlemen's Mail[M]. New Haven, CT: Yale University Press, 2004: 206.

德里之后再次与美国情报机构合作，但是同与亚德里有关的其他诸多传闻一样，我们没有任何证据。接下来我们将详细叙述亚德里最大的谜。

6.8 赫伯特·O·亚德里是叛徒吗

亚德里一直想尽办法来增加他的收入。1967 年，拉迪斯拉斯·法拉戈指控亚德里在 1928 年通过叛国来增加收入。法拉戈控告书中的相关段落如下[1]：

新月广场 1661 号是康涅狄格大街旁边一座典雅的灰石屋，日本大使馆的顾问参赞濑田嗣和泽田节三在这里接待了他（亚德里）。亚德里一针见血，他首先介绍自己是美国政府的高级密码学家，并且简要描述了自己的背景，然后告诉泽田他准备出售一份美国保密程度最高的秘密——以此换取一万美元的现金。

这个报价着实令人震惊，这引起了泽田的怀疑。根据他第一次在东京的报道，他描述了这个奇怪的遭遇，他当时对亚德里说：“你在工作上赚这么多钱，为什么还想要出卖你的国家？”

根据泽田的描述，亚德里回答说：“先生，很简单，只是因为我需要更多的钱。”

这是一个无与伦比的机会，泽田迅速采取行动来充分利用它。当他的报告到达东京后，两位最重要的密码学官员被送到华盛顿，此行的目的是调查亚德里的提议，并通知泽田。其中一位是井上钦吾，他命令外交部组织一个密码研究小组，另一位是密码员尾关尚志。

交易达成了，但不是不可以讨价还价。与人们普遍认为的日本人拥有这种交易的无限资金相反，日本外交部的秘密基金预算非常紧张。泽田一开始出价 3 000 美元，后来出价 5 000 美元。亚德里起初拒绝降低交易金额，但最终双方达成一致，亚德里最后收了 7 000 美元，他觉得如果继续为日本人工作会得到更多报酬。

以任何价格购买这份情报的性价比都非常高。以钱作为交换，日本人获得了“黑室”的所有秘密——亚德里破解日本密码的方法，他的工作表的副本以及他对其他编码的解决方案，包括他们迫切想得到的英国外交部的密码。此外，亚德里也同意减少对日本密码的破译工作。

以上内容提供了大量看起来令人信服的细节。但是，我们必须注意不能把良

1　FARAGO L. The Broken Seal: The Story of "Operation Magic" and the Pearl Harbor Disaster[M]. New York: Random House, 1967: 57-58.

好的文学作品和严谨的历史混为一谈。

约翰·F·杜利追溯到法拉戈引用的原始资料,也在寻求其他调查途径。最终他得出结论,亚德里在这一特殊的罪行上是无辜的。法拉戈的工作一般来说不是很可靠,他不是一个谨慎的研究员。事实的确如此,杜利发现上面重现的段落中的一些细节并不真实[1],其他一些细节不能从法拉戈参考的材料中得到支撑。我们鼓励读者去研究文献,特别是杜利的文件,并得出自己的结论。虽然我在这个问题上与杜利持相同观点,但我相信辩论还会继续。就像英国教授总沉思哈姆雷特的思想和精神,对亚德里有罪或无罪的争论我们也会继续进行。

你可能会认为,仅仅是亚德里的著作就会永远把他置于某些"国家敌人"的名单上,但是亚德里进入了美国国家安全局的荣誉殿堂,他先前的工作最终得到认可。他死后以军事荣誉埋葬在阿灵顿公墓[2]。

通常在寻找某一事物时,会有其他有趣的事情出现。杜利对亚德里的研究就是如此。他翻译了下面的电报,并在他的论文中首次列出:

电报部门

保密#48

日期:1925 年 3 月 10 日

发件人:美国代理大使伊田三郎

致:外交部长志手原喜十郎

回复:电报代码

W·弗里德曼先生,美国人,来自美国康奈尔大学,似乎很擅长破译密码。因为他曾经在欧洲的战争(即第一次世界大战)中破译密码,现在就职于美国陆军。他最近来看我的时候,提到美国军队在破译密码方面没有什么困难。为了防止被破译,我们只能非常频繁地更改编码。我发送这个记录以供参考。

所以,即使杜利设法解决了亚德里所谓的叛国罪,这里又出现了另一个谜:弗里德曼想要干什么?

6.9 审查制度

"日本外交的秘密"被称为是美国政府曾收缴的唯一手稿。这是不正确的。美

---

1 杜利写到:"法拉格说'新月广场 1661 号,康涅狄格大道的一栋灰色石头的小房子'但是这样的建筑现在并不存在。现在最接近的一个建筑就是这个地址为 1661 号的新月广场西北方的一个 6 层的公寓楼,位于第十六和第十七街之间的西北距离康涅狄格大道大约 5 或 6 个街区。"

2 从前言(第 xvi 页)到 YARDLEY H O. The American Black Chamber[M]. New York: Espionage/ Intelligence Library, Ballantine Books, 1981.

国国家安全局（NSA）扣押了第二次世界大战期间参与海军密码活动的约瑟夫·罗什福尔上尉的口述历史[1]。在另一起案例中，美国政府购买了一份手稿来阻止其出版。由威廉·F·弗里克撰写的《以太战争的秘密》描述了德国 1919—1945 年信息窃听和密码分析的过程，包括罗斯福与丘吉尔之间的电话交谈是如何被破解的。这本书从美国陆军安全局交由美国国家安全局，被划分到"限制"级别[2]。

美国国家安全局考虑采取这种"购买和隐藏"的方法来阻止大卫·卡恩出版《密码破译者》。他们甚至考虑对卡恩进行"秘密服务申请"，这听起来很阴险。詹姆斯·班福德对此解释到，这可能意味着"从物理监视到非法秘密搜查等各种行为"。通向卡恩家的"秘密入口"没有留下任何解释的余地。最后，美国国家安全局让卡恩将小说删除 3 段来平息问题。然而，任何愿意追踪消息来源的人，通过一个尾注就能够看到被删除的大部分东西。几年后，被删除的材料在詹姆斯·班福德的《谜宫》中出现了，这些内容和当初卡恩所写的一样[3]。

到 1942 年，关闭美国密码局的史汀生对绅士该有的行为有了不同的看法。他现在极力赞成阅读别人的邮件[4]。作为战争部长，史汀生写信给美国图书馆协会（ALA）[5]：

美国图书馆协会的成员图书馆收到了许多有关爆炸物、秘密墨水和密码方面的书籍请求，这引起了战争部门的注意。

这些书籍被禁止流通，且这些图书馆需向联邦调查局的当地办事处提供请求人的姓名。

史汀生的信在结尾写道：

这份文件中包含的信息涉及美国国防，涉及《间谍法》，涉及《美国法典》第 50 编的第 31 和 32 节。法律禁止向任何未经授权的人传播或披露其内容。

由于书店可以买到大量关于密码的书籍，有些图书馆员们认为史汀生的行为毫无意义，但是他们不能公开质疑。这种手段近年来一直以美国联邦调查局国家安全信函的形式使用。

尽管有禁言令，但是消息很快传开了，正如安东尼·鲍彻的一篇短篇小说《QL69.C9》所描述的那样。小说在 1943 年发布，其中讲述了图书馆员与美国联邦调查局所合作的这一计划，尽管这只是故事背景的一部分而不是故事的重点。

1　LEWIN R. The American Magic[M]. New York: Farrar Straus Giroux, 1982: 139.

2　CLARK R. The Man Who Broke Purple[M]. Boston: Little, Brown & Co., 1977: 209.

3　BAMFORD J. The Puzzle Palace[M]. New York: Penguin Books, 1983: 168-173.

4　当然，此时的发送者很难被认为是绅士！

5　1942 年 8 月 13 日，美国伊利诺伊大学厄巴纳—香槟分校战争部档案，纪录丛书 89/2/6（战争服务委员会），专栏 2，ALA 档案馆致亨利·L·史汀生致卡尔·H·米兰的信。

幸运的是，史汀生的审查制度在战后几个月就结束了[1]：

　　　　由于战事已经结束，人们普遍认为已经没有必要限制这类图书的流通和使用，并且应将告知参与这一计划的图书馆。

显然，美国联邦调查局并没有从那些借阅密码学书籍的人中抓到任何有不良企图的人，但是这种官方的审查制度并不是什么新鲜事：

　　　　1918 年，美国陆军部告诉美国图书馆协会，让他们从兵营图书馆里除去一些具有和平主义和"令人不安"的书籍，包括安布罗斯·比尔斯的《这种事会怎样？》，后方图书馆也要实施该指令。

冷战时期政府也提出了政治审查制度的需求：

　　　　在 20 世纪 50 年代，根据沃尔特·哈丁的说法，参议员约瑟夫·麦卡锡曾经让美国新闻处经营的海外图书馆从书架上收回一本美国文学选集，因为它里边有梭罗的《公民不服从》。

英国政府也严厉打击了他们认为不适合公众了解的作品。他们根据 1984 年的"官方机密法"收缴了乔克·凯恩的手稿《GCHQ：负资产》。它从未出版过，但是詹姆斯·班福德在收缴之前获得了该手稿的副本，并将其中一部分编入他自己的书《秘密机构》中[2]。

美国食品药品管理局（FDA）也从事了书籍审查，他们宣称审查制度是用于标记违禁的食品和药品。例如，FDA 收缴了大量的《民间医学》，这本书的作者是医学博士 C·D·贾维斯，其宣称是用来促销蜂蜜和醋的。1964 年 11 月，美国上诉法院裁定这种收缴是不对的。法院还否决 FDA 收缴一本促销糖浆的书，FDA 声明由于这本书与糖浆一起装船，因此给它打上了违禁品标签。FDA 还没收了赫尔曼·泰勒博士所写的《卡路里不算数》[3]。

　　除了以上这些例子外，美国还有很多针对作品的审查制度，这些作品因为性内容而显得无比粗俗。詹姆斯·乔伊斯的《尤利西斯》就是一个比较典型的例子。它被视为淫秽书籍并被美国封禁了 15 年。美国邮政当局在 1918 年和 1930 年甚至查获了它的副本。这个禁令在 1933 年最终被取消了。现代图书馆最近选择《尤利西斯》作为 20 世纪的最佳小说。这个例子很经典，因为许多曾经被认为是淫秽的书籍后来都成为了现代经典作品。天主教会有个"禁书索引"，里面包含了几个世纪以来许多经典的科学著作，该索引直到 1966 年才被废除。

　　本章并不是想要提供一个全面的综述，但是另外两个例子将有助于阐明 20 世纪美国审查制度所涉及的范围：

1　1945 年 9 月 21 日，亨利·L·史汀生致卡尔·H·米兰的信，战争部档案，纪录丛书 89/2/6（战争服务委员会），专栏 2，伊利诺伊大学厄巴纳—香槟分校 ALA 档案馆。

2　BAMFORD J. Body of Secrets[M]. New York: Doubleday, 2001: 645.

3　GARRISON O V. Spy Government: The Emerging Police State in America[M]. New York: Lyle Stuart, 1967: 145-149.

1915 年，玛格丽特·桑格的丈夫因为散布他的《家庭限制》一书而被判入狱，这本书描述并倡导了各种避孕方法。桑格她自己为了避免被起诉而逃离了美国，但是在 1916 年她回国创建了美国生育控制联盟，并最终与其他团体合并组建了计划生育组织。

第一次世界大战期间，美国政府监禁了那些散发反草案宣传册的人。宣传册的出版商申克被定了罪，并且最高法院在 1919 年维持了他的定罪（这个决定就是著名的"剧院中的火灾"的来源）。

现如今的情况似乎是好多了，但是一种更微妙的审查制度正在兴起。美国绝大部分的图书销售市场被少数几个大集团占据着，分别就销售额和销售量而言，独立出版商仅占市场份额的 12.1%和 9.7%[1]。有多少出版商觉得企业巨头不推广的作品是值得出版的呢？所以，尽管这些作品没有被官方禁止，但是它们却面临着主流作品所没有的严峻挑战。

参考文献和进阶阅读

第一次世界大战期间的编码和密码

ANON. Strategic use of communications during the World War[J]. Cryptologia, 1992, 16（4）：320-326.

BEESLY P. Room 40: British Naval Intelligence 1914-18[M]. London: Hamish Hamilton, 1982.

CHILDS J R. The History and Principles of German Military Ciphers, 1914-1918[M]. Paris, 1919.

CHILDS J R. German Military Ciphers from February to November 1918, War Department[M]. Washington, DC: Office of the Chief Signal Officer, U.S. Government Printing Office, 1935.

CHILDS J R. General Solution of the ADFGVX Cipher System, War Department[M]. Washington, DC: Office of the Chief Signal Officer, U.S. Government Printing Office, 1934. 这一卷于 1999 年重印，加利福尼亚州，爱琴海公园出版社，一同出版的还有康海姆的论文以及一战真实拦截的消息。

EWING A W. The Man of Room 40: The Life of Sir Alfred Ewing[M]. London:

1　数据统计时间是 2009 年的前 28 周。详见 Neilan, C., Indies steal market share, despite closures, October 1, 2009. 这篇文章的标题是指这些百分比实际上代表了同一周的 2 008 个数据的增加，即使有更少的独立商家仍然在运作。

Hutchinson, 1939.这是他儿子写的阿尔弗雷德·尤因爵士的传记。尤因因此影响了舆论使这个房间很快被称为 40 室。

FERRIS J. Ed. The British Army and Signals Intelligence during the First World War, Vol. 8[M]. London: Army Records Society, 1992.

FREEMAN P. The Zimmermann telegram revisited: a reconciliation of the primary sources[J]. Cryptologia, 2006, 30（2）: 98-150. 弗里曼是 GCHQ 的历史学家，GCHQ 指的是英国密码代理机构。

FRIEDMAN W F. Military Cryptanalysis, Vol. 4[M]. Washington DC: U.S. Government Printing Office: 97-143. A general solution for ADFGVX is discussed.

FRIEDMAN W F, MENDELSOHN C. The Zimmermann Telegram of January 16, 1917, and Its Cryptographic Background[M]. Laguna Hills, CA: Aegean Park Press, 1976.

FRIEDMAN W F. Solving German Codes in World War I[M]. Laguna Hills, CA: Aegean Park Press, 1976.

HINRICHS E H. Listening In: Intercepting Trench Communications in World War I[M]. Shippensburg, PA: White Mane Books, 1996.

HITT P. Manual for the Solution of Military Ciphers[M]. Fort Leavenworth, KS: Army Service Schools Press, 1916. （1976 年被 Laguna Hills, CA: Aegean Park Press, 重新出版）在本书中，Hitt 讨论了替代和换位一起使用的情况，这要领先于 Nebel 发明的 ADFGX 和 ADFGVX 密码。 这也是第一本在美国出版的密码学书籍，虽然在这之前也有关于密码学的文章和小册子发行。第 2 版于 1918 年出版。

HOY H C. 40 O.B. or How the War Was Won[M]. London: Hutchinson & Co., 1932. "如何赢得战争"这本书里解释了作者如何赢得它。但不是在这种情况下！霍伊从来没有在 40 号房间。 在标题中表示 40 号房在（海军部）旧楼。

JAMES W M. The Code Breakers of Room 40: The Story of Admiral Sir William Hall, Genius of British Counter-Intelligence[M]. New York: St. Martin's Press, 1956.

KNIGHT H G. Cryptanalysts corner[J]. Cryptologia, 1980, 4（4）: 208-212. Knight 描述了一种类似于 ADFGVX 的密码，该密码在 Christopher New's 的 1979 年的短篇小说中出现，并在系统中提供了他自己的几个密文，供读者解决。请注意，这些密码比 ADFGVX 要容易得多，因为波利比亚斯方阵在换位阶段不会分裂。

KONHEIM A. Cryptanalysis of ADFGVX encipherment systems, in BLAKLEY G R. and CHAUM D. Eds., Advances in Cryptology[C]// Proceedings of CRYPTO 84, Lecture Notes in Computer Science, Vol. 196, Berlin: Springer, 1985: 339-341.

这是一个"扩展的摘要"，而不是一个完整的论文。Konheim 关于这个主题的完整论文将出现在附录 A 的 CHILDS J R. General Solution of the ADFGVX Cipher Systemas 上。1999 年被 Laguna Hills, CA: Aegean Park Press，重新出版。

LANGIE A. How I Solved Russian and German Cryptograms during World War I[M]. Lausanne: Imprimerie T. Geneux, 1944（1964 年 Bradford Hardie 把它从法语翻译成了英语）。

LERVILLE E. The radiogram of victory （La radiogramme de la victoire）[Z]. La Liason des Transmissions, 1969: 16-23（Steven M. Taylor 把它从法语翻译成了英语）。

LERVILLE E. The cipher: a face-to-face confrontation after 50 years[Z]. L'Armee, 1969: 36-53 （Steven M. Taylor 把它从法语翻译成了英语）。

MENDELSOHN C. Studies in German Diplomatic Codes Employed during the World War, War Department[M]. Washington, DC: Office of the Chief Signal Officer, U.S. Government Printing Office, 1937.

MENDELSOHN C. An Encipherment of the German Diplomatic Code 7500, War Department[M]. Washington, DC: Office of the Chief Signal Officer, U.S. Government Printing Office, 1938. 这是上面列出的项目的补充。

NORMAN B. The ADFGVX men[J]. The Sunday Times Magazine, 1974: 8-15. 对于这件作品，诺曼采访了 ADFGVX 密码的德国创造者弗里茨·奈贝尔和破解它的法国人乔治·佩斯文。

OLLIER A. La Cryptographie Militaire avant la guerre de 1914[M]. Panazol: Lavauzelle, 2002.

RISLAKKI J. Searching for cryptology's great wreck[J]. Cryptologia, 2007, 31（3）: 263-267. 本文总结了俄罗斯从发现马格德堡的残骸后和大卫·卡恩 1992 年后短途旅行时获得的德国海军主要的编码书籍。这就是密码学史学家在度假时所做的！

TUCHMAN B W. The Zimmermann Telegram[M]. New York: Macmillan, 1970. 这本书已经出版了很多版本，这并不是第一版。von zur GATHEN J. Zimmermann telegram[J]. Cryptologia, 2007, 31（1）: 2-37.

亚德里的著作和期刊（或代笔作家的作品）

YARDLEY H O. Universal Trade Code[M]. New York: Code Compiling Co., 1921. 阅读此书并不会让你感到特别兴奋；亚德里的第一本书是一本商业性质的编码书。

YARDLEY H O. Secret inks[M]. Saturday Evening Post, 1931: 3-5, 140-142, 145.

YARDLEY H O. Codes[M]. Saturday Evening Post, 1931: 16-17, 141-142.

YARDLEY H O. Ciphers[M]. Saturday Evening Post, 1931: 35, 144-146, 148-149.

YARDLEY H O. The American Black Chamber[M]. Indianapolis, IN: Bobbs-Merrill, 1931.

YARDLEY H O. How they captured the German spy, Mme. Maria de Victorica, told at last[J]. Every Week Magazine, 1931.

YARDLEY H O. Secrets of America's Black Chamber[J]. Every Week Magazine, 1931.

YARDLEY H O. Double-crossing America: Liberty[Z]. 1931: 38-42.

YARDLEY H O. Cryptograms and their solution[M]. Saturday Evening Post, 1931: 21, 63-65.

YARDLEY H O. Are we giving away our state secrets?[Z]. Liberty, 1931: 8-13.

YARDLEY H O. Yardleygrams[M]. Indianapolis, IN: Bobbs-Merrill, 1932. 这是 Clem Koukol 作为代笔作家书写的。

YARDLEY H O. Ciphergrams[M], London: Hutchinson & Co., 1932. 由 Clem Koukol 作为代笔作家书写的另一个主题的小说。

YARDLEY H O. The beautiful secret agent[Z]. Liberty. 1933: 30-35.

YARDLEY H O. Spies inside our gates[J]. Sunday [Washington] Star Magazine and New York Herald Tribune Magazine, 1934.

YARDLEY H O. H-27: the blonde woman from Antwerp[Z]. Liberty, 1934: 22-29.

YARDLEY H O. The Blonde Countess, Longmans[M]. New York: Green & Co., 1934. 整个撰写是由 Carl Grabo 负责的，1935 年被 Metro-Goldwyn-Mayer 拍成了电影 Rendezvous。

YARDLEY H O. Red Sun of Nippon, Longmans[M]. New York: Green & Co., 1934. Carl Grabo 是主要作者。

YARDLEY H O. Crows Are Black Everywhere （with Carl Grabo）[M]. New York: G.P. Putnam's Sons, 1945. Carl Grabo 又一次在幕后协作。

YARDLEY H O. The Education of a Poker Player[M]. New York: Simon & Schuster, 1957.

YARDLEY H O. The Chinese Black Chamber An Adventure in Espionage[M]. Boston: Houghton Mifflin, 1983. 这本书写于 1941—1945 年的某个时间，但由于亚德里过去与联邦政府的一些过节，直到 1931 年 "美国黑室" 出版之后才被发表。

YARDLEY H O. From the archives: the achievements of the Cipher Bureau （MI-8） during the First World War[J]. Cryptologia, 1984, 8（1）: 62-74.

关于亚德里

ANON. Yardley sold secrets to Japanese[J]. Surveillant, 1999, 2（4）.

DENNISTON R. Yardley's diplomatic secrets[J]. Cryptologia, 1994, 18（2）: 81-127.

DOOLEY J F. Was Herbert O. Yardley a traitor?[J]. Cryptologia, 2011, 35（1）: 1-15.

FARAGO L. The Broken Seal: The Story of "Operation Magic" and the Pearl Harbor Disaster[M]. New York: Random House, 1967: 56-58.

HANNAH T M. The many lives of Herbert O. Yardley[J]. Cryptologic Spectrum, 1981, 11（4）: 5-29. KAHN D. Nuggets from the archive: Yardley tries again, Cryptologia[J]. 1978, 2（2）: 139-143.

KAHN D. The Reader of Gentlemen's Mail[M]. New Haven, CT: Yale University Press, 2004.

TURCHEN L V. Herbert Osborne Yardley and American Cryptography[M]. University of South Dakota, Vermillion: Master's thesis, 1969. Turchen 对 Farago 的书做出如下评论: "显然对 Yardley 先生的 The Broken Seal 这本书的偏见可以在其结论中得到更清晰的记录（第 95 页）。"

附录

在遇到他的第一次世界大战的敌人弗里茨·内贝尔之前，佩斯文会见了他的美国同行赫伯特·亚德里。他们见面的图片（见图 6.11）是马里兰州米德堡国家密码博物馆保存的众多珍品之一。

图 6.11　乔治·佩斯文和赫伯特·O·亚德里

（由美国密西根州米德堡国家密码博物馆提供）

第 7 章

矩阵加密

多字母代换密码将字符以小组为单位进行代换，摒弃了一次只处理一个字符的方式。5.4 节中介绍的波雷费密码是一次代换 2 个字符，因此它也属于这一类。现在我们看一个更具数学色彩的复杂实例：矩阵加密。

7.1 莱文和希尔

莱斯特·希尔（见图 7.1）大概是因为发现了矩阵加密而声名鹊起，但是正如大卫·卡恩在他关于这个问题的权威历史中指出的那样，杰克·莱文在该领域的工作要先于希尔。莱文（见图 7.2）在 1958 年的一篇论文中也提到了这一点[1]。尽管如此，矩阵加密通常被称为希尔密码，莱文道出了来龙去脉[2]：

图 7.1　莱斯特·希尔（1890—1961）
（照片出处卡恩所著《破译者》中的插图，
图片使用已获许可）

图 7.2　杰克·莱文（1907—2005）
（致谢美国北卡罗来纳州立大学杰克·莱文档案室）

1 LEVINE J. Variable matrix substitution in algebraic cryptography[J]. American Mathematical Monthly, 1958, 65: 170-179.
2 The Jack Levine Papers, 1716-1994, North Carolina State University, MC 308.1.7, Correspondence 1981-1991, Various, Levine, Jack, letter to Louis Kruh, July 24, 1989.

故事大约发生在 1923—1924 年，当时我还是一个高中生。我成功构造了一个密码系统，该系统能够加密两个完全独立的消息，且使其中一个消息被解密而不泄露另一个隐藏的消息（我也处理了 3 个独立消息的情况）。不久之后（1924 年末），由 M·E·欧海沃指导的《弗林周刊》开启了一个密码专栏，这是每隔几周才有的最卓越的一个系列。专栏鼓励读者提交他们的系统，而欧海沃会在稍后的某一期中对其进行解释。所以我提交了刚才提及的系统，该系统出现在 1926 年 10 月 22 日的刊物上，并在同年 11 月 13 日刊登了解释文档。欧海沃给出了一个非常棒的系统解释和一些有意思的标注。1929 年，希尔的第一篇文章出现在《数学协会月刊》上，宣告他构造了一个通用系统，可以轻松加密任意长的明文单元。但是系统的基本原理与我的两消息系统（或三消息系统）的原理是一样的。我与希尔有过几次通信，同时告诉他我年轻时所做的努力。一切的一切，都解释了为什么我坚信我的系统是他提出的通用数学形式（我也曾使用过方程式）的先驱。

《弗林周刊》是一个主要刊登侦探小说的杂志。在刊登莱文系统解释文档的那一期上，即 1926 年 11 月 13 日，英国侦探小说家阿加莎·克里斯蒂的一篇小说也发表在该刊物上。这个刊物不是发表数学思想最好的地方，莱文当时只是一个十几岁的孩子。

尽管希尔的文章出现在 3 年后，但是发表在《美国数学月刊》，因此不难理解为什么这个系统要用希尔的名字命名。《美国数学月刊》上的论文用例子对矩阵加密进行了全方位解释，而莱文的文章并没有真正揭示他的方法，尽管这个方法可以从其文章中推导出来。并且，尽管莱文使用了代数系统，但是他所做的工作与希尔并不完全一样，至少从公开文献上来看是这样的。

莱文随后在美国普林斯顿大学数学专业获得博士学位，之后在一个（陆军）密码通信部门工作，并撰写了更多关于密码学的论文，其中一些在之后的篇幅中会有所提及。另一方面，希尔只发表了两篇与密码学直接相关的论文。一战时希尔在美国海军任职，但不是在密码部门。之后的几十年中他为美国海军做了一些密码学工作，但是这些工作好像是自发的并被认为没什么价值[1]。无论如何，学术界都不会知道莱文和希尔在美国军队中的具体工作是什么。

7.2 矩阵加密的工作过程

用例子可以十分容易地解释矩阵加密。考虑奥斯卡·王尔德的名言，"THE

---

1 美国北肯塔基大学的克里斯·克里斯滕森正在撰写一篇文章，这篇文章会将希尔在海军所做的工作公之于众。

BEST WAY TO DEAL WITH TEMPTATION IS TO YIELD TO IT." 我们首先把每个字母用数值替换，由替换表：

A B C D E F G H I J K L M N O P Q R S T U V W X Y Z
0 1 2 3 4 5 6 7 8 9 10 11 12 13 14 15 16 17 18 19 20 21 22 23 24 25

得到：

19 7 4 1 4 18 19 22 0 24 19 14 3 4 0 11 22 8 19 7 19 4
12 15 19 0 19 8 14 13 8 18 19 14 24 8 4 11 3 19 14 8 19

在这个系统中，我们选择的密钥是一个可逆矩阵（模 26），比如选择 $\begin{pmatrix} 6 & 11 \\ 3 & 5 \end{pmatrix}$。

加密过程就是将上述数值化的明文以 2 为长度进行分段，用这个矩阵依次乘以每个分段，再将结果模 26，例如：

$$\begin{pmatrix} 6 & 11 \\ 3 & 5 \end{pmatrix}\begin{pmatrix} 19 \\ 7 \end{pmatrix} = \begin{pmatrix} 191 \\ 92 \end{pmatrix} = \begin{pmatrix} 9 \\ 14 \end{pmatrix} (\bmod 26)$$

这样得到前 2 个密文的值是 9 和 14，或写成字母的形式是 J 和 O。

同理我们可以计算得到：

$$\begin{pmatrix} 6 & 11 \\ 3 & 5 \end{pmatrix}\begin{pmatrix} 4 \\ 1 \end{pmatrix} = \begin{pmatrix} 9 \\ 17 \end{pmatrix} \qquad \begin{pmatrix} 6 & 11 \\ 3 & 5 \end{pmatrix}\begin{pmatrix} 4 \\ 18 \end{pmatrix} = \begin{pmatrix} 14 \\ 24 \end{pmatrix} \qquad \begin{pmatrix} 6 & 11 \\ 3 & 5 \end{pmatrix}\begin{pmatrix} 19 \\ 22 \end{pmatrix} = \begin{pmatrix} 18 \\ 11 \end{pmatrix}$$

$$\begin{pmatrix} 6 & 11 \\ 3 & 5 \end{pmatrix}\begin{pmatrix} 0 \\ 24 \end{pmatrix} = \begin{pmatrix} 4 \\ 16 \end{pmatrix} \qquad \begin{pmatrix} 6 & 11 \\ 3 & 5 \end{pmatrix}\begin{pmatrix} 19 \\ 14 \end{pmatrix} = \begin{pmatrix} 8 \\ 23 \end{pmatrix} \qquad \begin{pmatrix} 6 & 11 \\ 3 & 5 \end{pmatrix}\begin{pmatrix} 3 \\ 4 \end{pmatrix} = \begin{pmatrix} 10 \\ 3 \end{pmatrix}$$

$$\begin{pmatrix} 6 & 11 \\ 3 & 5 \end{pmatrix}\begin{pmatrix} 0 \\ 11 \end{pmatrix} = \begin{pmatrix} 17 \\ 3 \end{pmatrix} \qquad \begin{pmatrix} 6 & 11 \\ 3 & 5 \end{pmatrix}\begin{pmatrix} 22 \\ 8 \end{pmatrix} = \begin{pmatrix} 12 \\ 2 \end{pmatrix} \qquad \begin{pmatrix} 6 & 11 \\ 3 & 5 \end{pmatrix}\begin{pmatrix} 19 \\ 7 \end{pmatrix} = \begin{pmatrix} 9 \\ 14 \end{pmatrix}$$

$$\begin{pmatrix} 6 & 11 \\ 3 & 5 \end{pmatrix}\begin{pmatrix} 19 \\ 4 \end{pmatrix} = \begin{pmatrix} 2 \\ 25 \end{pmatrix} \qquad \begin{pmatrix} 6 & 11 \\ 3 & 5 \end{pmatrix}\begin{pmatrix} 12 \\ 15 \end{pmatrix} = \begin{pmatrix} 3 \\ 7 \end{pmatrix} \qquad \begin{pmatrix} 6 & 11 \\ 3 & 5 \end{pmatrix}\begin{pmatrix} 19 \\ 0 \end{pmatrix} = \begin{pmatrix} 10 \\ 5 \end{pmatrix}$$

$$\begin{pmatrix} 6 & 11 \\ 3 & 5 \end{pmatrix}\begin{pmatrix} 19 \\ 8 \end{pmatrix} = \begin{pmatrix} 20 \\ 19 \end{pmatrix} \qquad \begin{pmatrix} 6 & 11 \\ 3 & 5 \end{pmatrix}\begin{pmatrix} 14 \\ 13 \end{pmatrix} = \begin{pmatrix} 19 \\ 3 \end{pmatrix} \qquad \begin{pmatrix} 6 & 11 \\ 3 & 5 \end{pmatrix}\begin{pmatrix} 8 \\ 18 \end{pmatrix} = \begin{pmatrix} 12 \\ 10 \end{pmatrix}$$

$$\begin{pmatrix} 6 & 11 \\ 3 & 5 \end{pmatrix}\begin{pmatrix} 19 \\ 14 \end{pmatrix} = \begin{pmatrix} 8 \\ 23 \end{pmatrix} \qquad \begin{pmatrix} 6 & 11 \\ 3 & 5 \end{pmatrix}\begin{pmatrix} 24 \\ 8 \end{pmatrix} = \begin{pmatrix} 24 \\ 8 \end{pmatrix} \qquad \begin{pmatrix} 6 & 11 \\ 3 & 5 \end{pmatrix}\begin{pmatrix} 4 \\ 11 \end{pmatrix} = \begin{pmatrix} 15 \\ 15 \end{pmatrix}$$

$$\begin{pmatrix} 6 & 11 \\ 3 & 5 \end{pmatrix}\begin{pmatrix} 3 \\ 19 \end{pmatrix} = \begin{pmatrix} 19 \\ 0 \end{pmatrix} \qquad \begin{pmatrix} 6 & 11 \\ 3 & 5 \end{pmatrix}\begin{pmatrix} 14 \\ 8 \end{pmatrix} = \begin{pmatrix} 16 \\ 4 \end{pmatrix} \qquad \begin{pmatrix} 6 & 11 \\ 3 & 5 \end{pmatrix}\begin{pmatrix} 19 \\ 23 \end{pmatrix} = \begin{pmatrix} 3 \\ 16 \end{pmatrix}$$

如果你读得非常仔细，你会发现最后一个矩阵乘法中的 23 不是原始消息的一部分。由于明文消息有奇数个字符，因此有必要添加一个额外的字符使整个消息都能被加密。这里添加的是 X，对应的数值是 23。

密文是：

9 14 9 17 14 24 18 11 4 16 8 23 10 3 17 3 12 2 9 14 2 25
3 7 10 5 20 19 19 3 12 10 8 23 24 8 15 15 19 0 16 4 3 16

转换回字母，即：

JOJ ROYS LEQ IX KDRD MCJO CZDHKFUTTD MK IX YIPPT AQ ED Q

解密方式同加密一样，但是需要使用原始矩阵的逆。有时候所选的矩阵是自逆的，这种情况下解密就如同加密。这虽然很方便，但是需要花费很大的代价，使用这种矩阵作为密钥极大地限制了密钥空间。上述例子中，解密矩阵是 $\begin{pmatrix} 7 & 21 \\ 1 & 24 \end{pmatrix}$，利用该矩阵就能把密文恢复成原始消息，我们把这个过程留给读者做练习。使用这个加密系统时你可以借助 2.12 节给出的模 26 乘法表。

通过明密文对比，就能看出这种加密方法的优点：

THE BEST WAY TO DEAL WITH TEMPTATION IS TO YIELD TO IT X
JOJ ROYS LEQ IX KDRD MCJO CZDHKFUTTD MK IX YIPPT AQ ED Q

TO 在文中第一次出现时被加密成 IX，第二次出现时也是，但是第三次出现时被加密成 AQ。这是因为，前两次出现时是 TO 被矩阵加密，但第三次时 T 和 O 被分割为 ST 和 OI 这两个明文对被加密。因此，相同的单词可能用两种不同的方式加密，这取决于消息被两两分组时该词语的分割方式。波雷费密码也有这个特点。

任意阶数的（可逆）方阵都可以当作加密密钥。如果密钥是 5 阶方阵，那么加密消息时就需要每 5 个字符一组。此时，根据某个单词在消息中的位置，该单词被加密的形式就可以多达 5 种。使用更大阶数的方阵做密钥还有很多优势，比如阶数越大密钥空间越大。

7.3 莱文进行的攻击

对 2 阶矩阵加密方案进行穷举攻击很快就能得到明文，因为只有 157 248 个可能的密钥。莱文在 1961 年针对使用对合（自逆）矩阵加密的这种特殊情况进行了研究[1]，有 740 个这样的方便密钥，即使是使用 1961 年原始的计算机技术也能完成

1　LEVINE J. Some applications of high-speed computers to the case *n*=2 of algebraic cryptography[J]. Mathematics of Computation, 1961, 15(75): 254-260.

密钥穷举任务，尽管需要人工查看结果来确定哪个是有意义的明文。

随着矩阵阶数的增大，密钥空间的增长速度十分迅速。对 3 阶矩阵加密来说共有 1 634 038 189 056 个可能的密钥，对 4 阶矩阵加密有 12 303 585 972 327 392 870 400 个可逆矩阵（模 26）可以考虑。本章末尾列出的参考文献中，其中一篇论文解释了这些数值是如何得到的。如果使用一个更大阶的矩阵进行加密，密码破译者若想恢复出明文，就需要一个比穷举攻击更高效的方法。

如果我们能猜到消息的开头（或其他任何部分），将已知的明文和密文结合起来就能很容易地恢复出矩阵并破译密文的其他部分[1]。这称为"已知明文攻击"。然而，我们通常相信某个单词或短语会出现在消息中，只是不知道出现的位置，这种嫌疑明文通常称为"cribs"。

莱文在 1961 年的另一篇文章中证明了如何利用嫌疑明文破解矩阵加密[2]，要理解这种攻击方法只需要以下两个数学上最基本的事实。

① 两个整数的积是奇数当且仅当这两个整数都是奇数。

② 两个整数的和是奇数当且仅当恰有一个整数是奇数。

为了弄清这两个事实的作用，现假设我们加密矩阵的形式为 $\begin{pmatrix} 偶数 & 奇数 \\ 奇数 & 偶数 \end{pmatrix}$。

在加密过程中，明文对的形式共有以下 4 种可能：

$$\begin{pmatrix} 偶数 \\ 偶数 \end{pmatrix}, \begin{pmatrix} 偶数 \\ 奇数 \end{pmatrix}, \begin{pmatrix} 奇数 \\ 偶数 \end{pmatrix}, \begin{pmatrix} 奇数 \\ 奇数 \end{pmatrix}$$

将这 4 种形式分别标记为 0、1、2 和 3，（在矩阵乘法中应用上述 2 个事实）我们发现：矩阵加密使形式 0 的一对字母加密后仍是形式 0，形式 1 的一对字母加密后必为形式 2，这里存在一个非常好的对称性，形式 2 的一对明文加密后得到的恰是形式 1，形式 3 的一对明文加密后仍为形式 3。

这些配对可以简记为：

$$0\leftrightarrow0, \quad 1\leftrightarrow2, \quad 3\leftrightarrow3$$

如果加密矩阵的形式不是 $\begin{pmatrix} 偶数 & 奇数 \\ 奇数 & 偶数 \end{pmatrix}$，这些配对情况会有所不同，但是加密矩阵的形式固定后配对的情况就固定不变了，而且总能看到对称性和 $0\leftrightarrow0$。

现在某个未知形式的 2 阶矩阵加密某个消息后得到以下密文：

```
CRSFS  HLTWB  WCSBG  RKBCI  PMQEM  FOUSC
PESHS  GPDVF  RTWCX  FJDPJ  MISHE  W
```

1　若要唯一确定矩阵，所需的明文/密文对的数量取决于矩阵大小和其他因素。在本章的一个在线练习中，你需要在 3×3 矩阵加密中确定这个数值。

2　LEVINE J. Some elementary cryptanalysis of algebraic cryptography[J]. American Mathematical Monthly, 1961, 68(5): 411-418.

如果这个消息是从一个数学家发送给另一个数学家，可以猜测单词"MATHEMATICS"会出现在明文的某个地方。由于密文中没有保留单词间的空格，因此我们不能立即确定出该单词的位置。但是对于加密矩阵来说，这个单词在加密时只会因为所在位置形成以下两种形式：

    MA TH EM AT IC Sx 或 xM AT HE MA TI CS

忽略带有 x 的字母对（x 代表未知的明文字符），那么剩下的字母对的形式分别是（0,3,0,1,0）和（1,2,0,2,0）。密文消息中字母对的形式为：

```
1   1   1   3   1   0   1   1   1   0   2   0   1   0   0   2   1   0
CR  SF  SH  LT  WB  WC  SB  GR  KB  CI  PM  QE  MF  OU  SC  PE  SH  SG
3   3   3   0   3   3   3   0   1   0
PD  VF  RT  WC  XF  JD  PJ  MI  SH  EW
```

假设 MATHEMATICS 在加密时字母对的排列方式为第一种，即（0,3,0,1,0）。这条消息会从该单词开始吗？如果是，这就意味着明文/密文对的关系是 0↔1，然而我们知道对任意矩阵存在 0↔0。因此如果 MATHEMATICS 在消息中出现，那么它不可能出现在最开头。从密文中第一个 0 的位置排列该单词，得到：

```
          0 3 0 1 0
1 1 1 3 1 0 1 1 1 0 2 0 1 0 0 2 1 0 3 3 3 0 3 3 3 0 1 0
```

这是不可能的，因为中间的配对是 0↔1。除此之外，如果有 3↔1，那么一定有 1↔3，但是上面的排列方式中还出现了 1↔1。现在从密文第二个 0 的位置排列该单词：

```
              0 3 0 1 0
1 1 1 3 1 0 1 1 1 0 2 0 1 0 0 2 1 0 3 3 3 0 3 3 3 0 1 0
```

这样排列后每个配对都是一致的。事实上，当 MATHEMATICS 分割成 MA TH EM AT IC Sx 进行加密时，上述是唯一一致的排列。但是刚才也提到，MATHEMATICS 可能被分割为 xM AT HE MA TI CS 后被加密，这种情况下要将模式（1,2,0,2,0）与密文进行比对。注意到这个模式中 2 个 0 被一个数隔开（这种模式只在密文的尾部出现）[1]，我们很快发现只需要考虑一种排列形式：

```
                                    1 2 0 2 0
1 1 1 3 1 0 1 1 1 0 2 0 1 0 0 2 1 0 3 3 3 0 3 3 3 0 1 0
```

但这是不可能的，因为如果 2 与 3 配对，1 就无法与 3 配对。

有时候会存在多个一致的排列。密文很短这一事实使上述例子中不太可能出现这种情况。通常情况下，密文越多密码越容易被攻破，但对于我们现在的这个攻击来说反而会增加工作量。这里唯一一致的排列是：

---

1 事实上这种模式也出现在其他位置，但不影响分析结果——译者注。

$$0\ 3\ 0\ 1\ 0$$

$$1\ 1\ 1\ 3\ 1\ 0\ 1\ 1\ 1\ 0\ 2\ 0\ 1\ 0\ 0\ 2\ 1\ 0\ 3\ 3\ 3\ 0\ 3\ 3\ 3\ 0\ 1\ 0$$

这意味着 MA TH EM AT IC Sx 被加密为 CI PM QE MF OU。

设加密矩阵为 $\begin{pmatrix} a & b \\ c & d \end{pmatrix}$，得到以下等式：

$$\text{MA}\rightarrow\text{CI}\Rightarrow \begin{pmatrix} a & b \\ c & d \end{pmatrix}\begin{pmatrix} 12 \\ 0 \end{pmatrix} = \begin{pmatrix} 2 \\ 8 \end{pmatrix} \Rightarrow 12a = 2,\ 12c = 8$$

$$\text{TH}\rightarrow\text{PM}\Rightarrow \begin{pmatrix} a & b \\ c & d \end{pmatrix}\begin{pmatrix} 19 \\ 7 \end{pmatrix} = \begin{pmatrix} 15 \\ 12 \end{pmatrix} \Rightarrow 19a+7 = 15,\ 19c +7d = 12$$

$$\text{EM}\rightarrow\text{QE}\Rightarrow \begin{pmatrix} a & b \\ c & d \end{pmatrix}\begin{pmatrix} 4 \\ 12 \end{pmatrix} = \begin{pmatrix} 16 \\ 4 \end{pmatrix} \Rightarrow 4a +12b = 16,\ 4c +12d = 4$$

$$\text{AT}\rightarrow\text{MF}\Rightarrow \begin{pmatrix} a & b \\ c & d \end{pmatrix}\begin{pmatrix} 0 \\ 19 \end{pmatrix} = \begin{pmatrix} 12 \\ 5 \end{pmatrix} \Rightarrow 19b = 12,\ 19d = 5$$

$$\text{IC}\rightarrow\text{OU}\Rightarrow \begin{pmatrix} a & b \\ c & d \end{pmatrix}\begin{pmatrix} 8 \\ 2 \end{pmatrix} = \begin{pmatrix} 14 \\ 20 \end{pmatrix} \Rightarrow 8a+2b = 14,\ 8c +2d = 20$$

由于不知道 x 具体是哪个，所以 Sx-SC 用处相对不大。

回顾 2.12 节中的模 26 乘法表会发现，$12a=2$ 有 2 个解（因为 12 在模 26 运算下不可逆），所以 $a=11$ 或 $a=24$。类似地，$12c=8$ 意味着 $c=5$ 或 $c=18$。从第四组明文/密文对得到的等式更好些。因为 19 在模 26 运算中存在逆元，所以可以得到每个等式的唯一解，即 $b=2$ 和 $d=3$。然后将其代入第二组等式得到 $11a+14=15$ 和 $19c+21=12$。这些等式可以确定唯一解，即 $a=11$，$c=5$。因此加密矩阵是 $\begin{pmatrix} 11 & 2 \\ 5 & 3 \end{pmatrix}$，加密矩阵的逆是 $\begin{pmatrix} 25 & 18 \\ 19 & 11 \end{pmatrix}$。用得到的逆矩阵乘密文的各字母对，得到的消息是：

STUDENTS WHO MAJOR IN MATHEMATICS
OFTEN MINOR IN COMPUTER SCIENCE

先计算解密矩阵，也就是说找到一个使已知密文变为已知明文的矩阵，可能节省一点时间。此时步骤和上述一样，只是数可能会有变化。应当注意到，由嫌疑明文得到的方程组可以写成矩阵然后用行化简的方法进行求解，不必使用先前详述的方法。对于大的矩阵，有更多的未知量需要求解，可以使用更形式化的行化简方法。

一个好的密码算法必须能抵抗嫌疑明文攻击。一条被截获的消息总有一些语境让攻击者猜测嫌疑明文。如果一个特定的嫌疑明文得不到答案，攻击者可以使用别的嫌疑明文。现代密码算法甚至还希望能抵抗选择明文攻击，即敌手可以根据自己的喜好选择任意明文，然后获得对应的密文。对于 2 阶矩阵的加密系统，

BA 和 AB 这 2 个明文对会是一个很好的选择。将密文的字母转换为数值后，加密结果分别是加密矩阵的第 1 列和第 2 列的元素。

用这 2 对字母可以组成这样一条有意义的消息：

ABBA RELEASED THEIR FIRST ALBUM IN
NINETEEN SEVENTY-THREE.

对于 3 阶矩阵，三元词组 BAA、ABA 和 AAB 是可选择的比较理想的明文。将这些词组随意地融入一条看起来平常的消息中会更难一些。

7.4　鲍尔和米尔华进行的攻击

2007 年，本书的作者鲍尔（见图 7.3）和一位名为凯瑟琳·米尔华的数学专业本科生（见图 7.4）共同发表了一篇论文，文中详细描述了一个不需要 crib 而对矩阵加密实施的攻击[1]。这个攻击可以通过这样一个简单的观察来实现：给定一个密文，可以分别恢复出解密矩阵的行，而不是寻找整个解密矩阵。举个例子，考虑由 2×2 矩阵产生的密文 $C_1C_2C_3C_4C_5C_6C_7$。如果将未知的解密矩阵表示为 $\begin{pmatrix} a & b \\ c & d \end{pmatrix}$ 并猜测 $a=7$，$b=3$，利用这一行就能得到 1, 3, 5, 7, …位置上的"明文"。虽然我们无法一眼看出本次猜测是否正确，除非猜测矩阵的所有行并且得到一个完整的候选解密文档，但是我们可以对获得的字母做统计分析，来检验我们的猜测是否合理。将已经恢复出的字母（相对整个明文来说只是两两相间的字母）的频率与平常英语中的字符频率进行比较，最吻合的那一组 a 和 b 的值最有可能构成解密矩阵的第一行。

图 7.3　克雷格·鲍尔

（照片由麦克·亚当斯拍摄，使用已获批准）

图 7.4　凯瑟琳·米尔华

1　BAUER C, MILLWARD K. Cracking matrix encry ption row by row[J]. Cryptologia, 2007, 31(1): 76-83. 以下几页内容改编自这篇文章，并用其他作者续篇中的材料进行更新。

基本上，如果用猜测的解密矩阵第一行进行解密，结果出现了诸如 E、T 和 A 这样常见的字母，就认为这可能是一次好的猜测。但是，如果得到像 Z 和 Q 这样的低频字母，就可能是一个糟糕的猜测。现在要做的就是，根据猜测后生成的字母，找到一种对每一次的猜测进行打分的方法，这样该过程就可以自动执行了。

对解密矩阵的第二行重复该过程，按照同样的原则猜测第二行将会得到同样的结果。但可逆矩阵的每一行一定是不同的，因此我们取多个可能性比较大的猜测作为备选，尝试不同的顺序来恢复解密矩阵。例如，(4 13)和(9 6)解密后的结果都最符合英文字母的频率，那么解密矩阵可能是 $\begin{pmatrix} 4 & 13 \\ 9 & 6 \end{pmatrix}$ 或 $\begin{pmatrix} 9 & 6 \\ 9 & 13 \end{pmatrix}$。分别用这 2 个矩阵解密密文就能很快知道哪个是对的。然而对某些密文来说，看起来可能性最大的 2 行组成的矩阵是错的。这时候就需要考虑更多可能的行，并在矩阵中尝试各种不同的次序，直到解密得到一个合理的消息。

那么怎样对每个可能的行进行打分，以确定哪些猜测可能是正确的呢？对它们进行排序的一种比较自然的方法是，每一种猜测的得分等于用它解密后得到的字母出现的概率之和。然而这种方法不像我们预期的那样成功，实际上我们用改进后的方法取得了更好的结果。

对一个可能的行，我们的计分模式为：

每出现一个 A、E、T、N、O，记 2 分；

每出现一个 H、I、L、R、S，记 1 分；

每出现一个 F、G、P，记 1/2 分；

每出现一个 M、B、C、D、U、V、W、Y，记 0 分；

每出现一个 Q、J、K、X、Z，记 -1 分。

为了检验这个攻击方法，需要选择一些密文。为此我们采用一个图书清单，即"当代图书馆 20 世纪百佳英文小说"[1]中列出的书籍，选择排名在前 25 的小说中的前 100 个字母作为明文。利用计算机编程生成可逆矩阵后加密这些明文。编程生成 2 阶、3 阶和 4 阶可逆矩阵来验证上述攻击方法。在进行编程工作时我们发现，针对 3 阶矩阵这种特殊情况的攻击，密码论坛（Crypto Forum）上的马克·伍特卡[2]早已独立提出过。我们通过电子邮件与他取得联系，并在他的鼓励下继续完成我们的研究。

第一个程序研究了 2 阶解密矩阵的情形。将所有可能的行考虑在内，发现得分最高的行通常是不对的。例如，由于是模 26 运算，行（13 0）总是把第一个字母为偶数的密文对解密为 0（0=A）。字母 A 在英语中频繁出现且在计分模式中记为 2 分，这就导致（13 0）的得分非常高。然而任意包含（13 0）的 2 阶矩阵的行

1　Modern Library's 100 Best English-Language Novels of the Twentieth Century.

2　WUTKA M. The Crypto Forum.

列式一定是 13 的倍数，矩阵在模 26 运算下一定不可逆。因此解密矩阵中不可能存在（13 0）。同样地，（0 13）和（13 13）也不可能成为可逆矩阵的一行。更进一步，任何形如（偶数 偶数）的行都不可能在解密矩阵中出现，因为这样构成的矩阵的行列式是偶数，因此模 26 不可逆。在编程实现方面，要获得（a b）所有可能的结果，最方便的办法是利用嵌套循环将 a 和 b 各自从 0～25 遍历一遍。像上述不可能的行也进行打分，只不过在展示结果时将其去掉即可。

将所有的结果（可能的矩阵行及对应得分）根据得分排序。优先尝试得分最高的那些行，因为这些行的某种组合很有可能产生正确的解密矩阵。我们将矩阵为 2 阶时的研究结果以图的形式总结出来，如图 7.5 所示。该图表明，根据得分高低将所有可能的行排序后，考虑的猜测行的数量越多，正确解密出的密文就越多。

详细验证某些特定的结果会使图表更清晰。拿要攻击的第四个密文来说，得分最高的 2 行是（7 25）和（14 21），分数分别是 62 和 57.5。事实上，该密文的解密矩阵是 $\begin{pmatrix} 7 & 25 \\ 14 & 21 \end{pmatrix}$，这说明攻击很成功。

对于第七个密文，得分最高的 2 行是（19 16）和（22 19），分数分别是 63 和 59.5。正确的解密矩阵是 $\begin{pmatrix} 22 & 19 \\ 19 & 16 \end{pmatrix}$，尽管 2 行出现的顺序不同，但是得分最高的前 2 个是正确的行。我们发现，在所攻击的密文中，64%的解密矩阵都是由可能性最大的前 2 个行组成的，这与上述情形一致，同时这也是图 7.5 中点（2，64）的含义。

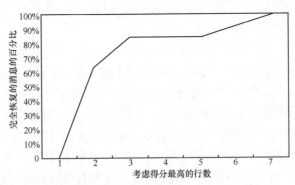

图 7.5　2×2 加密矩阵情况下高得分行数与密钥恢复率的关系

对于我们要攻击的第二个密文，2 个最可能（得分最高）的行没能产生正确的解密矩阵。按得分从高到低，排序列表是（13 22），（0 9），（13 9），（0 7），（13 7），（4 15）…真正的解密矩阵是 $\begin{pmatrix} 4 & 15 \\ 13 & 22 \end{pmatrix}$，对应列表中第一个和第六个。因此，尽管正确的行通常出现在列表的前两个，但有时仍需沿着列表向后考虑更多。直到考虑列表的前 6 个时，解密矩阵的 2 行存在于这 6 个中的可能性为 92%。因此，在图 7.5 中存在点（6，92）。

根据我们的排序模式，当考虑排序列表的前 7 个时，发现解密矩阵一定存在于这 7 个中！从这 7 个结果中选出 2 个构成的 2 阶矩阵有 $A_7^2=42$ 个。这里的计算一定要使用全排列是因为要考虑矩阵中行的顺序。相对于从 2 阶矩阵 157 248 个可逆阵中找出解密矩阵，这种方法最坏的情况就是得到 42 个矩阵并逐个检查（通常情况下在更小的范围内就能得到答案），显然我们的方法要更快。退一步讲，即便计算出全部 $26^2=676$ 个不同行的得分，这种方法也在很大程度上节约了时间和空间。

对于用 3 阶矩阵加密相同消息集合的情况，依然使用该攻击方法。得分的排序列表再一次缩小了要考虑的矩阵数量。在列表排名前 17 个行中，我们的攻击有超过一半的可能找到正确的解密矩阵。相对于 2 阶解密矩阵的情况，此时要考虑更多的可能性，但相对于暴力攻击 1 634 038 189 056 个可能，此时只检测 $A_{17}^3=1\ 680$ 个矩阵就可以了，又一次极大地节约了时间和空间。这时候需计算 $26^3=17\ 576$ 次得分。测试中 88%的解密矩阵的 3 行位于列表前 76 位，但是若要包括全部 25 个解密矩阵，必须考虑列表的前 394 位。尽管如此，考虑 $A_{394}^3=60\ 698\ 064$ 种可能只占暴力攻击的 0.003 7%。

最后要考虑使用 4 阶矩阵加密消息的情况，结论延续了 2 阶和 3 阶中的情形。在排序列表中选出的行相对较少时（1 469 个），能成功恢复出明文的占比是 52%，考虑前 7 372 个时占比为 88%，直至考虑前 24 541 个时才能将测试消息全部正确解密。总体趋势就是，随着矩阵维数的增加，要将排序列表中越来越多的行考虑进来。就 4 阶矩阵而言，其密钥空间为 12 303 585 972 327 392 870 400，这种攻击方法显然比暴力破解要高效。这里还要注意一点，因为消息的长度均为 100 个字符，当加密矩阵从 2 阶变成 4 阶时，代入矩阵的一行产生的明文字符数也从 50 个减为 25 个。看起来如果样本密文更长，得到的结果会更好。

我们从来没说过这里使用的计分模式是最优的。在 2009 年，两个韩国的研究员杨迪海（Dae Hyun Yum，音译）和李枫乔（Pil Joong Lee，音译）发现了一个更好的计分模式，从而提高了攻击效率[1]。他们将该计分模式称为 "简化多项式" 或简称为 SM，并在表 7.1 中与我们所用的计分模式（鲍尔-米尔华，或简称 BM）进行了比较。此外杨和李提出了对希尔密码攻击的一般化方法，这里的希尔密码在将字母用数值代表时，没有简单地依照字母表。

1　YUM D H, LEE P J. Cracking Hill ciphers with goodness-of-fit statistics[J]. Cryptologia, 2009, 33(4): 335-342.

表 7.1　鲍尔–米尔华（BM）计分模式与简化多项式（SM）计分模式

2×2			3×3			4×4		
候选行数	恢复消息数		候选行数	恢复消息数		候选行数	恢复消息数	
	BM	SM		BM	SM		BM	SM
2	72	90	2	4	18	4	0	0
4	92	100	4	35	60	16	10	6
8	99	100	8	58	76	64	24	22
10	100	100	16	73	90	128	41	32
			32	85	98	512	58	68
			50	90	100	2 048	77	84
			100	98	100	8 192	94	97
			234	100	100	16 702	96	100
						42 832	100	100

　　希尔密码是重要的，因为它使代数和密码有清晰的联系。我们并没有确切地知道希尔密码在实际中有什么重要应用。事实上，莱文热衷于研究希尔密码是因为他不必担心这与涉密工作有交集。然而，有传言说越南在使用希尔密码，那里热带丛林的环境有时限制了更安全密码设备的成功部署。

7.5　故事未完

　　用一段引文作为本章的结语，表明史学家们还没完全揭示莱文所做的贡献。最终，文档脱密后我们将会了解至少又一个故事[1]。

　　在第二次世界大战刚刚开始时，我是以平民的身份工作在通信情报服务部门的。但战争期间，我在陆军中做着相同的工作，拿到的工资却更少了。我也晋升为军中的技术军士。我那时所做的大部分工作现在仍保持机密。顺便说一句，我从没向任何人提到过这些工作，但是我因为我的工作荣获了功勋勋章。嘉奖令上之所以没有写授予勋章的原因，同样是因为保密需要。

——杰克·莱文

参考文献和进阶阅读

BAUER C, MILLWARD K. Cracking matrix encryption row by row[J]. Cryptologia,

---

1　History of the Math Department at NCSU: Jack Levine. (December 31, 1986, interview).

2007, 31（1）: 76-83.

BRADEL B. Borys Bradel's n-Hill Cipher Applet Page[EB]. 这是一个实用的小程序，用一些已知的密钥实现了矩阵加密的加密和解密。

BRAWLEY J V, LEVINE J. Equivalence classes of linear mappings with applications to algebraic cryptography, I, II[J]. Duke Mathematical Journal, 1972, 39（1）: 121-142.

BRAWLEY J V. In memory of Jack Levine（1907–2005）[J]. Cryptologia, 2006, 30（2）: 83-97.

BRAWLEY J V, LEVINE J. Equivalence classes of involutory mappings, I, II[J]. Duke Mathematical Journal, 1972, 39（2）: 211-217.

BUCK F J. Mathematischer Beweiß: daß die Algebra zur Entdeckung einiger verborgener Schriften bequem angewendet werden könne[Z]. Königsberg, 1772. 这是已知的首个基于代数的密码学工作，最终与矩阵加密一同发展起来。查尔斯·巴贝奇用方程式刻画加密模型而备受赞誉，但这个工作还要早于查尔斯·巴贝奇的工作。

FLANNERY S, FLANNERY D. In Code: A Mathematical Journey[M]. London: Profile Books, 2000. 这是一篇非常有趣的自传体故事，该故事讲述了一个十几岁的女孩对数学很感兴趣，并成功使用矩阵发展出一种公钥密码的新形式。合著者是莎拉的父亲，他是一位数学教授。

GREENFIELD G R. Yet another matrix cryptosystem[J]. Cryptologia, 1994, 18（1）: 41-51. 论文标题说明了一切！人们在这个领域已经做出了很多工作。

HILL L S. Cryptography in an algebraic alphabet[J]. American Mathematical Monthly, 1929, 36: 306-312.

HILL L S. Concerning certain linear transformations apparatus of cryptography[J]. American Mathematical Monthly, 1931, 38（3）: 135-154.

LEVINE J. Variable matrix substitution in algebraic cryptography[J]. American Mathematical Monthly, 1958, 65（3）: 170-179.

LEVINE J. Some further methods in algebraic cryptography[J]. Journal of the Elisha Mitchell Scientific Society, 1958, 74: 110-113.

LEVINE J. Some elementary cryptanalysis of algebraic cryptography[J]. American Mathematical Monthly, 1961, 68（5）: 411-418.

LEVINE J. Some applications of high-speed computers to the case $n = 2$ of algebraic cryptography[J]. Mathematics of Computation, 1961, 15（75）: 254-260.

LEVINE J. Cryptographic slide rules[J]. Mathematics Magazine, 1961, 34（6）: 322-328. 莱文在这篇论文中展示了一个可以执行矩阵加密的设备，如图 7.6

所示。

LEVINE J. On the construction of involutory matrices[J]. American Mathematical Monthly, 1962, 69（4）: 267-272. 莱文在这篇论文中提供了一种可以生成自逆矩阵的技术。

下面 4 篇文章证明了非可逆矩阵可以用于加密。

LEVINE J, HARTWIG R E. Applications of the Drazin inverse to the Hill cryptographic system, Part I[J]. Cryptologia, 1980, 4（2）: 71-85.

LEVINE J, HARTWIG R E. Applications of the Drazin inverse to the Hill cryptographic system, Part II[J]. Cryptologia, 1980, 4（3）: 150-168.

LEVINE J, HARTWIG R E. Applications of the Drazin inverse to the Hill cryptographic system, Part III[J]. Cryptologia, 1981, 5（2）: 67-77.

LEVINE J, HARTWIG R E. Applications of the Drazin inverse to the hill cryptographic system, Part IV[J]. Cryptologia, 1981, 5（4）: 213-228.

LEVINE J, CHANDLER R. The Hill cryptographic system with unknown cipher alphabet but known plaintext[J]. Cryptologia, 1989, 13（1）: 1-28.

OHAVER M E. Solving cipher secrets[J]. Flynn's Weekly, 1926: 798. 瓯海沃是肯戴尔·福斯特·克罗森（1910—1981）用过的笔名。文中第 798 页的第 6 个问题是杰克·莱文提出的。

OHAVER M E. Solving cipher secrets[J]. Flynn's Weekly, 1926: 794-800. 这是一个专栏，专栏中有 Levine 系统的解释，见 1926 年 10 月 22 日那一期（见第 799~800 页）。莱文认为它奠定了矩阵加密的基础。

OVERBEY J, TRAVES W, WOJDYLO J. On the keyspace of the Hill cipher[J]. Cryptologia, 2005, 29（1）: 59-72. 文中针对任意维度和模数的矩阵加密给出了密钥空间大小的计算公式。这种材料如下文献（更简洁）也有: FRIEDRICH L. Bauer's Decrypted Secrets[M]. 1st ed., Berlin: Springer, 1997: 81. 其第二版和第三版已经发行。

THILAKA B, RAJALAKSHNI K. An extension of Hill cipher using generalized inverses and mth residue modulo m[J]. Cryptologia, 2005, 29（4）: 367-376.

WUTKA M. The Crypto Forum.

YUM D H, LEE P J. Cracking Hill ciphers with goodness-of-fit statistics[J]. Cryptologia, 2009, 33（4）: 335-342.

近年来，在专业性较低的期刊中有许多论文试图描述更强的矩阵加密变体；一般来说密码学界是持怀疑态度的。不过，前面提到的一些论文中提出了一个改进，这个改进预示了现代密码系统使用的各种加密模式，这在 12.6 节中会进行讨论。

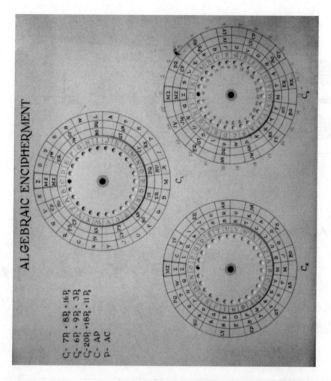

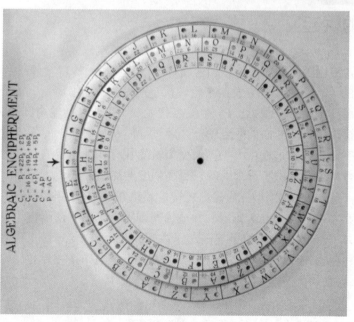

图 7.6 美国北卡罗来纳立大学的杰克·莱文档案馆有一对用于执行矩阵加密的加密轮

第8章

二战：德军的恩尼格玛

三个人无法保守一个秘密，除非其中两个人死了。

——本杰明·富兰克林

这个名言现在通常用来揭示阴谋论，但本章所讲的内容表明富兰克林彻底错了。因为几千人能够且已经把一些秘密保守了数十年。

8.1　机器的崛起

一战结束后，出现了一种新的消息加密设备——转轮机。1917—1923 年，来自 4 个不同国家的 4 个人各自独立发明了轮转机。图 8.1 展示的是一个转轮，它有两个面且每面都有 26 个金属触点。一个触点代表一个字母，转轮内部的 26 根导线形成一个代换，字母从一面的触点输入，经过导线从另一面上的不同位置输出。这样一来，字母代换的过程由人工操作变为机器执行。随后我们会看到，转轮能进行简易组合，这样提供了一个新的、更高强度的加密方法。

爱德华·休·赫本在 1917 年首次提出转轮机系统并于 1918 年制作出转轮机原型。1921 年，赫本电码公司在美国成立并成为美国第一个出售密码机的股份有限公司。尽管赫本把一些机器卖给了美国海军，但是生意并不景气[1]。荷兰的雨果·亚历山大·科赫在 1919 年对转轮机产生一些想法，但他申请完专利后什么都没做。1927 年，他把专利权移交给了亚瑟·谢尔比乌斯[2]。

1　KAHN D. The Codebreakers[M]. 2nd ed., New York: Scribner, 1996: 415-420.
2　同上，第 420 页。

谢尔比乌斯起初用转轮来加密数字 0～9，后来增加了转轮触点和导线的数量来处理 26 个英文字母。正是由于谢尔比乌斯才使第一代恩尼格玛在 1923 年上市。但是境遇和赫本一样，生意也不景气[1]。

图 8.1　恩尼格玛转轮的两面

最终，希特勒上台并对德军重新整顿，这让恩尼格玛得以量产。谢尔比乌斯大概是在这时候离开了人世，但人们至今不知道是否还有其他人从这些机器的售卖中获利。纳粹德国最终也没有将密码机买卖国有化[2]。尽管本章的核心是恩尼格玛，但在此首先要介绍 4 位转轮密码机的发明人。

阿维德·格哈德·达姆在瑞典提交了另一种转轮机的专利，他申请专利的时间仅比科赫申请的时间晚了几天。达姆打算将密码机投入市场，但在公司刚有起色的时候他却去世了。鲍里斯·哈格林接管了公司并在 1940 年前往美国，最后他将密码机卖给了美国陆军[3]。图 8.2 和图 8.3 展示的是由哈格林发明的、美国所采用的 M-209 密码机。在二战期间，M-209 不是美国当时投入使用的最安全的机器，但是它的质量更轻且使用方便。

哈格林因此挣了好几百万美元并于 1944 年回到瑞典。冷战提供了得天独厚的条件，哈格林借此可以再多挣几百万美元。哈格林将他的密码机生意迁到了瑞士，这样瑞典政府不能以国家战略防御的名义接管哈格林的公司。在瑞士哈格林的公司成了密码股份有限公司，简称 Crypto AG，这个公司至今存在[4]。瑞士人的中立立场为哈格林提供了有利条件，国民从他手中购买密码机感觉很安全。这也许也符合了美国的利益。在 11.7 节中将继续讲述哈格林的故事，现在我们回到谢尔比乌斯的恩尼格玛上。

1　同前页 1，第 420-422 页.

2　E-mail from Frode Weierud to the author, November 22, 2010.

3　KAHN D. The Codebreakers[M]. 2nd ed., New York: Scribner, 1996: 422-427.

4　同上，第 432 页.

图 8.2　美国国家密码博物馆馆长帕特里克·威登与 M-209B

（M-209B 是 M-209 的更新版本，但两者之间的差异很小）

图 8.3　M-209B

（这台机器收藏于美国国家密码博物馆，并由作者拍摄）

　　恩尼格玛首先问世的是商业版。为了实现军用，商业版恩尼格玛被进行了(小幅)修改，并被德国海军于 1926 年前后采用，被德国陆军于 1928 年 7 月 15 日正式采用[1]，而纳粹德国空军也开始使用恩尼格玛[2]，二战期间他们总计使用了约 40 000 台这样的密码机。下面主要介绍军用版恩尼格玛，商用版只在必要时做参考。

1　KAHN D. The significance of codebreaking and intelligence in allied strategy and tactics[J]. Cryptologia, 1977, 1(3): 211.

2　ERSKINE R. Enigma's security: what the Germans really knew, in ERSKINE R, SMITH M. Eds., Action This Day[M]. London: Bantam Press, 2001: 370-385.

8.2 恩尼格玛的工作过程

当按下恩尼格玛（见图 8.4）键盘上的一个键时，键盘上方的一个字母灯就会亮起来，这代表了密文字母。一个字母绝不会加密成它本身，这是恩尼格玛的一个弱点。另外一个弱点是，在给定的设置下若按下 X 键点亮字母灯 Y，那么按下 Y 键会点亮字母灯 X。这种相互性使设置相同的机器能进行加密也能进行解密。这与希尔加密中使用对合（自逆）矩阵类似，只不过恩尼格玛以一种完全不同的方式操作。我们现在研究从按键到灯泡的整个电路。每个按键都与图 8.5 所示的插线板（也写作插接板或插板）[1]上的一对插孔相连接。用导线可以将这些插孔成对地连接起来执行第一次代换。起初恩尼格玛使用 6 根导线。

图 8.4　一台恩尼格玛密码机

图 8.5　恩尼格玛的插板，F 和 M 已经连在一起

1　早期（商业版）恩尼格玛没有插板，1928 年才引入了插板。

　　后来导线的使用数量可以是包括 0 到 13 在内的任意值。因为字母是成对地用导线连接在一起的，所以 13 是 26 字母表的界限。德语字母表中还多出了几个字母(即 ä、ö、ü 和 ß)，在恩尼格玛中分别用 ae、oe、ue 和 ss 表示。

　　经过插板上的代换后，根据图 8.6 提供的原理图，电脉冲信号从插板到达最右边的转轮。机器内部有 26 根导线连接插板和转轮系统，这些导线构成了一种不规则性(之后会有更多)。每一个转轮提供了一种代换。图 8.7 所示的是转轮的拆解图，转轮的两面各有 26 个电触点，一个触点代表一个字母，内部导线连接两面的触点形成一种代换。

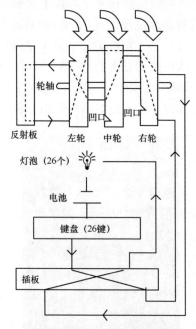

图 8.6　从键盘到灯泡——恩尼格玛的加密路径

（MILLER R. The Cryptographic Mathematics of Enigma[Z]. Center for Cryptologic History, Fort Meade, MD, 2001: 2）

图 8.7　恩尼格玛转轮的拆解

（承蒙美国国家密码博物馆的雷内·斯坦提供）

最初，恩尼格玛只使用了 3 个不同的转轮，尽管这 3 个转轮可以以任意排列顺序放置。那时军用版恩尼格玛转轮的内部连线不同于商业版并严格保密。连线规则如下。

- 转轮 I

输入：ABCDEFGHIJKLMNOPQRSTUVWXYZ

输出：EKMFLGDQVZNTOWYHXUSPAIBRCJ

- 转轮 II

输入：ABCDEFGHIJKLMNOPQRSTUVWXYZ

输出：AJDKSIRUXBLHWTMCQGZNPYFVOE

- 转轮 III

输入：ABCDEFGHIJKLMNOPQRSTUVWXYZ

输出：BDFHJLCPRTXVZNYEIWGAKMUSQO

上述写法似乎最能简明扼要地表示转轮的运转，但事实并非如此。这样的置换(数学中通常这样称呼)还可以写得更简洁。以转轮 I 为例，A 置换为 E，E 置换为 L，L 置换为 T，T 置换为 P，P 置换为 H，H 置换为 Q，Q 置换为 X，X 置换为 R，R 置换为 U，U 置换为 A，周而复始。我们可以将该过程写为 (AELTPHQXRU)，这里去掉最后一个字母 A，默认到达末尾时返回到开头。这样很好，但它没有包括全部的字母。从剩下的字母中取出一个重复该过程得到 (BKNW)，加在一起就是(AELTPHQXRU)(BKNW)，这仍未包含全部 26 个字母，因此再次选取未包含的字母来组成新的循环，这里将字母组成的一个群组称作循环。最终得到：

转轮 I = (AELTPHQXRU)(BKNW)(CMOY)(DFG)(IV)(JZ)(S)

对另外两个转轮重复该过程，得到：

转轮 II = (A)(BJ)(CDKLHUP)(ESZ)(FIXVYOMW)(GR)(NT)(Q)

转轮 III= (ABDHPEJT)(CFLVMZOYQIRWUKXSG)(N)

美国大学里授予数学博士学位的博士中，抽象代数是最受欢迎的领域。群论是抽象代数的一个重要部分，稍后关于群论会讲到更多。现在我将指出的是，每一个已经(或曾可以)被研究过的群都等价于某些置换的集合。因此，你可能已经猜到，人们已经深入研究过这些置换了。事实上，当时有很多理论有待探索，这些理论有利于密码专家进行研究。

从图 8.8 可以看到，3 个转轮并排连在一起，每个转轮执行一次代换。经过 3 个转轮后，电脉冲信号到达反射器。图 8.9 是反射器的特写，反射器执行了另一个代换。

图 8.8 反射器 B 与转轮组装在一起

图 8.9 拿掉转轮后的反射器

在循环置换的记法中，德军首先使用的反射器叫作反射器 A，具体过程为 (AE)(BJ)(CM)(DZ)(FL)(GY)(HX)(IV)(KW)(NR)(OQ)(PU)(ST)。后来引入了不同接线方式的反射器 B。注意：反射器 A 中置换里的所有循环都包括一对字母（2-循环）并且不存在两个 2-循环中有公共字母。若循环之间完全没有相同元素，就说它们"互斥"。

电脉冲信号经过反射器后开始回传，首先经过 3 个转轮（沿不同于第一次经过的另一条路径），随后经过转轮组和插板之间的连接导线，之后经过插板自身，最后到达键盘区上方的某个灯泡。

单表代换的组合仍是单表代换，因此，若恩尼格玛恰好按上述过程工作，就不会产生一个强加密。恩尼格玛的独特之处在于，每按下一个键，第一个转轮就会转动一个位置，这改变了下次要执行的代换。前两个转轮上都有凹槽，凹槽连同转轮转动 26 次后会引发下一个转轮转动一个位置。

因此，恩尼格玛整体"呈现"出的是，3 个转轮中的每一个都已经转动一圈后，也就是已经打出了 26×26×26=17 576 个字母，机器就回到初始的转轮设置。

这样,恩尼格玛的工作过程就像使用了 17 576 个独立混合字母表的维吉尼亚密码。事实上, 很多作者都犯了这个错误[1], 周期并不是 17 567, 实际周期要小一点点。斯蒂芬·布狄安斯基是得到正确结果的作者之一,他在对二战密码分析的史书《智慧之战》(Battle of Wits)中写到[2]：

> 3 个转轮在设置上有 $26 \times 26 \times 26$ 即 17 576 种不同的组合。然而, 在恩尼格玛的实际操作中, 进位机制引发了中轮的"双重步进"：每当中轮的下一次步进将触发向左轮的进位时, 下一个字母输入进来后中轮(伴随着左轮)就立即步进。例如, 若中轮在 E 到 F 时进位, 右轮在 V 到 W 时进位, 那么实际的转轮序列会是如下：

> ADU
>
> ADV
>
> AEW
>
> BFX
>
> BFY
>
> BFZ
>
> BFA

> 因此, 标准恩尼格玛的周期实际是 $26 \times 25 \times 26$, 即 16 900。在引入具有多个进位凹槽的转轮后, 周期甚至更短了。

8.3　计算密钥空间

通过前几章可以知道, 大的密钥空间是密码安全的充分不必要条件。恩尼格玛的密钥空间是多少呢？文献中提供了很多不同的值。这些答案之间并不矛盾,因为它取决于恩尼格玛机器是被如何使用的, 或者它本应该被如何使用的。然而,在先前的一些计算中已经出现了错误, 现在沿着键盘到灯泡的加密路径来解决这些问题。我们首先计算第一个代换的数量, 即插板产生的代换。

如果使用的导线数是 p, 那么共有 $\binom{26}{2p}$ 种方法来选择需要进行交换的字母。我们还要计算这些字母两两相连的种类数。导线一端接入某个字母后另一端有 $2p - 1$

---

1 高登·威奇曼, 一位曾在布莱奇利庄园破译恩尼格玛的数学家, 几十年后他在写他的作品时也犯了这个错误! 见 WELCHMAN G. The Hut Six Story[M]. New York: McGraw-Hill, 1982: 45.

2 BUDIANSKY S. Battle of Wits: The Complete Story of Codebreaking in World War II[M]. New York: Free Press, 2000: 370-371.

种选择。现在我们已经在插板上完成了两个字母的插线工作，再插入一根导线后导线的另一端面临 $2p-3$ 种选择，重复上述过程。一旦字母被确定下来，所有可能的连接数是：

$$(2p-1)(2p-3)(2p-5)\cdots \tag{8-1}$$

这样，插板上所有可能的连线方法数是：

$$\binom{26}{2p}(2p-1)(2p-3)(2p-5)\cdots(1)=\left(\frac{26!}{(26-2p)!\cdot(2p)!}\right)\left(\frac{(2p)!}{p!\cdot(2^p)}\right)$$

$$=\frac{26!}{(26-2p)!\cdot p!\cdot 2^p} \tag{8-2}$$

但上面的结果只是使用 p 根导线的情况。因为 p 是在[0，13]上的变量，所以插板设置的总数是：

$$\sum_{p=0}^{13}\frac{26!}{(26-2p)!\ p!\ 2^p}=532\ 985\ 208\ 200\ 576 \tag{8-3}$$

起初，恩尼格玛使用了整 6 根导线。因此在计算密钥空间时，有的作者是按 6 根导线计算，而不是上面给出的大得多的累加值。后来使用的导线数发生了变化。

下一个的因素是内部导线如何连接插板和转轮组的，一共有 26!种方法。下面我们考虑第一个转轮。对于一个转轮，其内部有 26!种接线方法。我们假设使用者想重新排列机器中的转轮以便得到不用的加密，因此转轮使用不同的接线是讲得通的。如果这些转轮的接线都是相同的，那么重排不会产生任何影响。所以当每个转轮的接线不相同时，有(26!)(26! - 1)(26! - 2)种接线方法。

这带给我们一些常见的错误，让我们不禁在这里考虑 3 个转轮可能的排列顺序以及每个转轮有 26 个位置等因素，但这些因素我们已经统计在内了。为了理解这一点，假设此时放置了一个转轮然后将它转动一个位置。这与插入另一个这种接线的转轮没有区别，我们已经算上了第一个转轮所有 26!种接线方法。同样地，在考虑完 3 个转轮各自可能的接线方法后，对 3 个转轮重新排列就重复计算了这些可能。我们不应该重复计算。做一个简单的类比，假设面前有 3 个并排放置的邮箱。如果我们手里有 5 封信且每个邮箱只能放入一封，那么对第 1 个邮箱来说我们有 5 种选择，第 2 个邮箱有 4 种，第 3 个邮箱有 3 种。我们一共得到 5 × 4 × 3 = 60 种可能性。我们之后并没有考虑重新排列邮箱中的信封。对恩尼格玛来说，不同接线的转轮相当于例子中的信封，信封的数量从 5 变为了 26!，但是依旧不考虑重新排列。

两个速度最快的转轮（右轮和中轮）的凹槽位置（环设置）决定了下一个转轮何时步进，因此要将它们看成密钥的一部分。这给了我们另一个考虑因素：26 × 26 = 676。反射板上的触点是成对地接在一起，因此接线方法的总数与插板使用 13 根导线的情形相同，即 7 905 853 580 625。总结起来就是：

插板设置：532 985 208 200 576

插板到转轮组的接线：403 291 461 126 605 635 584 000 000

转轮的接线：65 592 937 459 144 468 297 405 473 480 371 753 615 896 841 298 988 710 328 553 805 190 043 271 168 000 000

转轮的凹槽位置：676

反射板的接线：7 905 853 580 625

将上面所有数值乘起来得到密钥空间是：

753 506 019 827 465 601 628 054 269 182 006 024 455 361 232 867 996 259 038 139 284 671 620 842 209 198 855 035 390 656 499 576 744 406 240 169 347 894 791 372 800 000 000 000 000

这对抵御暴力攻击来说无疑已经足够大了。

8.4　密码分析第一部分：恢复转轮接线

大的密钥空间是密码安全的必要条件，但不是充分条件。本章剩下的大部分内容致力于恩尼格玛如何被破解。图 8.10 中的波兰数学家是第一批破解恩尼格玛的人。波兰人在数十年后首次公开了这个秘密，并首次发行邮票纪念这些工作（见图 8.11）。我们将从历史的角度看一下他们是如何做到的，同时也会讨论法国人、英国人、美国人、德国人在其中做出的贡献。

图 8.10　马里安·雷耶夫斯基(左)，杰尔兹·罗佐基(中)，亨里克·佐加尔斯基(右)

（雷耶夫斯基的照片由约尔塞布斯库教授和雷耶夫斯基的女儿叶琳娜·休沃斯娜提供；
罗佐基的照片由约尔塞布斯库教授提供；佐加尔斯基的照片由约尔塞布斯库和玛丽亚·布雷西亚两位教授提供）

图 8.11　纪念密码破译工作邮票的首日封

阿道夫·希特勒为了推翻一战后的德国政府，在狱中完成了《我的奋斗》一书，他在书中声称德国需要在东部获取更多"国土外可控制"的领土和属地（生存空间）。1933 年 1 月，保罗·冯·兴登堡总统任命希特勒为德国总理，此时波兰人意识到了危险。幸运的是，波兰人在此之前就已经获得了一部商业版恩尼格玛，并在战争开始前成功破译了恩尼格玛所加密的消息。但是破译工作任重道远，与商用版相比，军用版恩尼格玛有着细微但重要的差异，例如转轮的接线。波兰人从 1928 年 7 月 15 日开始截获恩尼格玛加密的消息，这也是首次使用恩尼格玛广播军事消息的日期。但接下来的数年里，波兰人仅有的进展是对这个机器建立了数学模型。后来的作家沿用了波兰人的符号，即：

S = 插板的置换（S 代表插线板，德语是插接板）

N = 最右边转轮的置换（这是转速最大的转轮）

M = 中间转轮的置换

L = 最左边转轮的置换

R = 反射板的置换

H = 从插板到转轮组接入点的内部导线所代表的置换

对于商用型恩尼格玛，H=(AJPRDLZFMYSKQ)(BW)(CUGNXTE)(HOI)(V)，这看起来像是随机选的结果。但若按老一套的写法，我们可以看得更透彻：

· H

输入：ABCDEFGHIJKLMNOPQRSTUVWXYZ

输出：JWULCMNOHPQZYXIRADKEGVBTSF

· H^{-1}

输入：ABCDEFGHIJKLMNOPQRSTUVWXYZ

输出：QWERTZUIOASDFGHJKPYXCVBNML

看起来是不是更眼熟了一些？没错，H^{-1} 与美式 **QWERTY** 型键盘的布局几乎匹配。事实上，它与恩尼格玛的键盘是完美匹配的。当然了，二战中的密码分析家不使用这种写法也能看到这个模式。波兰人手头就有一台商用型恩尼格玛，所以对他们来说仅通过观察就能知道按键是按序连接到转轮系统的输入，完全不需要使用上述符号。我之所以采用这种方式展现这一点，是为了表明所用的符号要适应形势，不能一味地说某一种形式总是高大上的。

本章先前就给出了反射器和 3 个转轮 N、M 和 L 的取值情况，反射器现写作 R。当然，3 个转轮可以按任意顺序使用，所以我们不能说类似 " N = 转轮 I " 这种话。然而波兰人起初不知道这些置换中的任何一个，他们只能通过数学方法获取，因此上述所有字母起初代表未知数。

我们还需要另外一个置换来表明快轮每步进一位后的变化。很幸运这是已知的，即：

$$P = (ABCDEFGHIJKLMNOPQRSTUVWXYZ)$$

在加密消息前，发送者用"日密钥"设置机器，比如说是 HLD，就是将每个转轮上对应的字母转动到最上面[1]。发送者接着选择另一个"会话密钥"（按照指令要求，该密钥应随机选取），假如为 EBW。将会话密钥输入两次得到密文 GDOMEH。这段密文在消息的开头并与消息一起发出。对预期的接收者，他事先知道日密钥并根据日密钥设置好机器，输入 GDOMEH 得到 EBWEBW。现在我们看发送者，在他输入完两遍会话密钥后，用会话密钥重新设置恩尼格玛并打印出消息。对接收者来说，他已经用日密钥恢复出会话密钥，再用会话密钥重新设置机器，然后输入剩下的密文来恢复出原始消息。显然，会话密钥不需要输入两次，这样的冗余设计是故意引入的，目的是确保接收者准确无误地接收到会话密钥。冗余设计就是在这方面起作用的，但它也被证明是恩尼格玛的一个弱点。

下面一个例子会阐明马里安·雷耶夫斯基怎样利用重复两次的会话密钥[2]。如下是使用不同会话密钥但在同一天发送的密文开头（也就是前 6 个字母均使用了相同的日密钥[3]）：

AUQ AMN	IND JHU	PVJ FEG	SJM SPO	WTM RAO
BNH CHL	JWF MIC	QGA LYB	SJM SPO	WTM RAO
BCT CGJ	JWF MIC	QGA LYB	SJM SPO	WTM RAO
CIK BZT	KHB XJV	RJL WPX	SUG SMF	WKI RKK

---

1 如果转轮上是数字而不是字母，使用者在设置机器时只需要将其依次看作为 A = 1、B = 2 等。

2 以下方法改编自 Rejewski 的自述。

3 材料源于 BAUER F L. Decrypted Secrets: Methods and Maxims of Cryptology[M]. 2nd ed., New York: Springer, 2000: 390.

DDB	VDV	KHB	XJV	RJL	WPX	SUG	SMF	XRS	GNM
EJP	IPS	LDR	HDE	RJL	WPX	TMN	EBY	XRS	GNM
FBR	KLE	LDR	HDE	RJL	WPX	TMN	EBY	XOI	GUK
GPB	ZSV	MAW	UXP	RFC	WQQ	TAA	EXB	XYW	GCP
HNO	THD	MAW	UXP	SYX	SCW	USE	NWH	YPC	OSQ
HNO	THD	NXD	QTU	SYX	SCW	VII	PZK	YPC	OSQ
HXV	TTI	NXD	QTU	SYX	SCW	VII	PZK	ZZY	YRA
IKG	JKF	NLU	QFZ	SYX	SCW	VQZ	PVR	ZEF	YOC
IKG	JKF	OBU	DLZ	SYX	SCW	VQZ	PVR	ZSJ	YWG

为方便起见，用 A、B、C、D、E 和 F 分别表示输入第 1、第 2、第 3、第 4、第 5 和第 6 个字母时，恩尼格玛产生这些消息所施加的置换。

第 1 个会话密钥加密后是 AUQ AMN。现在观察第 1 个和第 4 个密文字母(均由同一个明文字母加密得到)，我们发现置换 A 和 D 都把会话密钥的第 1 个字母输出为密文字母 A。尽管会话密钥的第 1 个字母是未知的，但我们可以用 α 表示。这样就有 A(α) = A 和 D(α) = A。又因为恩尼格玛是自逆的，所以还能得到 A(A) = α 和 D(A) = α。若将这两个置换组合成 AD（从左往右读，表示先执行 A 再执行 D），这个新的置换实现的是 A 到 A。

这样，置换 AD 是从 A 开始。继续利用第 2 个和第 4 个加密后的会话密钥，即 BNH CHL 和 CIK BZT，我们可以得到 AD 将 B 置换为 C，并且将 C 置换为 B，现在我们有 AD=(A)(BC)…。

利用更多会话密钥能得到更长的循环，即(DVPFKXGZYO)和(EIJMUNQLHT)。最后，整个置换以(RW)和(S)结束。将上述所有结果放在一起，将循环按其大小进行降序排列，得到：

$$AD = (DVPFKXGZYO)(EIJMUNQLHT)(BC)(RW)(A)(S)$$

对日密钥的第 2 个和第 5 个字母以及第 3 个和第 6 个字母使用上述方法，可以得到如下两个置换：

$$BE =(BLFQVEOUM)(HJPSWIZRN)(AXT)(CGY)(D)(K)$$
$$CF =(ABVIKTJGFCQNY)(DUZREHLXWPSMO)$$

尽管知道 A、B、C、D、E 和 F 本身比知道它们的乘积会更有用，但是我们无法轻易得到它们。实际上，确定 A、B、C、D、E 和 F 需要分解这些已有的乘积。注意：组成 AD 的循环的长度依次是 10、10、2、2、1 和 1；BE 中循环的长度依次是 9、9、3、3、1 和 1；CF 中循环的长度是 13 和 13。

循环长度的精确结果取决于日密钥，但若出现了一个特定长度的循环，则一定存在另一个等长的循环[1]。雷耶夫斯基将循环长度的这种模式称为"特征结构"，更明确地说是具体某一天的特征。

现在考虑几乎被我们遗忘的插板，无论插板上怎样插线都没有改变循环的结构。它只会改变各循环中涉及的字母而不是循环的长度。用数学语言可以表示为：

已知置换 P 和 C 且 P(α) = β，那么置换 $C^{-1}PC$ 将 C(α)置换为 C(β)。因此 P 和 $C^{-1}PC$ 拥有同样的互斥循环结构[2]。

对任意 C，称形如 P 和 $C^{-1}PC$ 的一对置换是共轭的。因此上述定理可以简述为"共轭置换有相同的互斥循环结构"。

我们将会发现这个定理在恩尼格玛的分析中有着举足轻重的作用，但现在我们要展现的是对 3 个乘积 AD、BE 和 CF 进行分解时的一个技巧，即已知 AD 如何得到 A 和 D，同样还有 BE 和 CF。与分解素数相乘得到的整数不同，对它们的分解结果不是唯一的。分解的不唯一性给密码分析带来了额外工作！例如，若 XY = (AB)(CD)，分解后的结果为：

$$X = (AD)(BC), Y = (BD)(AC) \text{ 和 } X = (AC)(BD), Y = (BC)(AD) \qquad （8\text{-}4）$$

对于更大的循环，就有更多的分解结果。通常来说[3]，若 $XY = (x_1 x_3 x_5 \cdots x_{2n-1})$ $(y_{2n} \cdots y_6 y_4 y_2)$，则将其分解为：

$$X = (x_1 y_2)(x_3 y_4)(x_5 y_6) \cdots (x_{2n-1} y_{2n}), Y = (y_2 x_3)(y_4 x_5)(y_6 x_7) \cdots (y_{2n} x_1) \qquad （8\text{-}5）$$

将循环 $(x_1 x_3 x_5 \cdots x_{2n-1})$ 表示为 $(x_3 x_5 \cdots x_{2n-1} x_1)$，遵循相同的规则得到一个不同的分解。因为长度为 n 的循环有 n 种不同的表示方法，所以我们会得到 n 个不同的分解。我们可以首先单独分解一对等长的互斥循环，然后将所有这样的结果拼凑起来得到"全部"分解结果。接下来就会这么做。当雷耶夫斯基解释他所做的工作时，他省略了随后的大部分内容，写道：

我们假设，得益于移位相乘的理论，并结合对加密者使用习惯的了解，就能分别知道 A 到 F 的置换。

雷耶夫斯基的解释太过精炼，相比之下，希望后文中解释得更清晰。

上述提到"对加密者习惯的了解"，雷耶夫斯基言外之意是说 3 个字母的会话密钥通常不是随机选出来的。它们可能是键盘上某一行或某一斜向的一部分，可能是某人名字的首字母，或是与女朋友名字有关联，或者其他一些猜测。利用人类在非随机上的倾向，有时候称之为使用心理学方法。在得到所有可能的分解结果后，我们就会利用这个方法。

1　这是由恩尼格玛的自反性导致的。置换 A、B、C、D、E 和 F 都必须是自反的，即由互斥的 2-循环构成。任何互斥 2-循环组成的置换的乘积中循环的长度都会成对出现。

2　该定理的证明在 REJEWSKI M. Memories of My Work at the Cipher Bureau of the General Staff Second Department 1930–1945[Z]. Adam Mickiewicz University, Poznań, Poland, 2011.

3　应该指出的是，本章使用的抽象代数中的结果和其他定理，在用于密码分析前就已经存在了。因此这不是波兰人的发现或发明，他们只是知道这些结论并应用于密码分析中。

从分解 AD = (DVPFKXGZYO)(EIJMUNQLHT)(BC)(RW)(A)(S)开始，对每对等长的循环反复利用分解规则。例子引导着我们：

AD 中有 1-循环 (A)和 (S)，那么：

(AS)是 A 的一部分，(SA)是 D 的一部分。

AD 中有 2-循环 (BC)和 (RW)，那么：

(BR)(CW)是 A 的一部分，(RC)(WB)是 D 的一部分。

或

(BW)(CR)是 A 的一部分，(WC)(RB)是 D 的一部分。

AD 中有 10-循环(DVPFKXGZYO)和(EIJMUNQLHT)，那么：

(DT)(VH)(PL)(FQ)(KN)(XU)(GM)(ZJ)(YI)(OE) 是 A 的一部分。

(TV)(HP)(LF)(QK)(NX)(UG)(MZ)(JY)(IO)(ED) 是 D 的一部分。

或

(DE)(VT)(PH)(FL)(KQ)(XN)(GU)(ZM)(YJ)(OI) 是 A 的一部分。

(EV)(TP)(HF)(LK)(QX)(NG)(UZ)(MY)(JO)(ID) 是 D 的一部分。

或

(DI)(VE)(PT)(FH)(KL)(XQ)(GN)(ZU)(YM)(OJ) 是 A 的一部分。

(IV)(EP)(TF)(HK)(LX)(QG)(NZ)(UY)(MO)(JD) 是 D 的一部分。

或

(DJ)(VI)(PE)(FT)(KH)(XL)(GQ)(ZN)(YU)(OM) 是 A 的一部分。

(JV)(IP)(EF)(TK)(HX)(LG)(QZ)(NY)(UO)(MD) 是 D 的一部分。

或

(DM)(VJ)(PI)(FE)(KT)(XH)(GL)(ZQ)(YN)(OU) 是 A 的一部分。

(MV)(JP)(IF)(EK)(TX)(HG)(LZ)(QY)(NO)(UD) 是 D 的一部分。

或

(DU)(VM)(PJ)(FI)(KE)(XT)(GH)(ZL)(YQ)(ON) 是 A 的一部分。

(UV)(MP)(JF)(IK)(EX)(TG)(HZ)(LY)(QO)(ND) 是 D 的一部分。

或

(DN)(VU)(PM)(FJ)(KI)(XE)(GT)(ZH)(YL)(OQ) 是 A 的一部分。

(NV)(UP)(MF)(JK)(IX)(EG)(TZ)(HY)(LO)(QD) 是 D 的一部分。

或

(DQ)(VN)(PU)(FM)(KJ)(XI)(GE)(ZT)(YH)(OL) 是 A 的一部分。

(QV)(NP)(UF)(MK)(JX)(IG)(EZ)(TY)(HO)(LD) 是 D 的一部分。

或

(DL)(VQ)(PN)(FU)(KM)(XJ)(GI)(ZE)(YT)(OH) 是 A 的一部分。

(LV)(QP)(NF)(UK)(MX)(JG)(IZ)(EY)(TO)(HD) 是 D 的一部分。

或

  (DH)(VL)(PQ)(FN)(KU)(XM)(GJ)(ZI)(YE)(OT) 是 A 的一部分。

  (HV)(LP)(QF)(NK)(UX)(MG)(JZ)(IY)(EO)(TD) 是 D 的一部分。

  将 10-循环和 2-循环的分解结果进行混合匹配后，再配上 1-循环的唯一选项，AD 一共产生了 20 个可能的分解。

  这存在一点误导，因为对这 20 个可能的结果，若一个个尝试只能得到各 3 个字母会话密钥的第一个字母。我们需要同时尝试 B 和 C 来得到会话密钥的所有 3 个字母。有了会话密钥的 3 个字母，我们才能判断会话密钥是否符合心理学特征。若不符合我们就要尝试其他可能性。因此，为了证明的完整性，我们必须列出 B 和 C 的可能结果。E 和 F 的过程同上，但在这一步中不是必需的。

  先前已知：

    BE = (BLFQVEOUM)(HJPSWIZRN)(AXT)(CGY)(D)(K)

BE 包含 1-循环 (D) 和 (K)，那么：

    (DK)属于 B，(KD) 属于 E。

BE 包含 3-循环 (AXT) 和 (CGY)，那么：

    (AY)(XG)(TC)属于 B，(GT)(YX)(CA)属于 E。

或

    (AG)(XC)(TY)属于 B，(CT)(GX)(YA)属于 E。

或

    (AC)(XY)(TG)属于 B，(YT)(CX)(GA)属于 E。

  BE 包含 9-循环 (BLFQVEOUM)(HJPSWIZRN)，那么：

    (BN)(LR)(FZ)(QI)(VW)(ES)(OP)(UJ)(MH)属于 B。

    (NL)(RF)(ZQ)(IV)(WE)(SO)(PU)(JM)(HB)属于 E。

或

    (BH)(LN)(FR)(QZ)(VI)(EW)(OS)(UP)(MJ)属于 B。

    (HL)(NF)(RQ)(ZV)(IE)(WO)(SU)(PM)(JB)属于 E。

或

    (BJ)(LH)(FN)(QR)(VZ)(EI)(OW)(US)(MP)属于 B。

    (JL)(HF)(NQ)(RV)(ZE)(IO)(WU)(SM)(PB)属于 E。

或

    (BP)(LJ)(FH)(QN)(VR)(EZ)(OI)(UW)(MS)属于 B。

    (PL)(JF)(HQ)(NV)(RE)(ZO)(IU)(WM)(SB)属于 E。

或

    (BS)(LP)(FJ)(QH)(VN)(ER)(OZ)(UI)(MW)属于 B。

    (SL)(PF)(JQ)(HV)(NE)(RO)(ZU)(IM)(WB)属于 E。

或

$\qquad$(BW)(LS)(FP)(QJ)(VH)(EN)(OR)(UZ)(MI)属于 B。

$\qquad$(WL)(SF)(PQ)(JV)(HE)(NO)(RU)(ZM)(IB)属于 E。

或

$\qquad$(BI)(LW)(FS)(QP)(VJ)(EH)(ON)(UR)(MZ)属于 B。

$\qquad$(IL)(WF)(SQ)(PV)(JE)(HO)(NU)(RM)(ZB)属于 E。

或

$\qquad$(BZ)(LI)(FW)(QS)(VP)(EJ)(OH)(UN)(MR)属于 B。

$\qquad$(ZL)(IF)(WQ)(SV)(PE)(JO)(HU)(NM)(RB)属于 E。

或

$\qquad$(BR)(LZ)(FI)(QW)(VS)(EP)(OJ)(UH)(MN)属于 B。

$\qquad$(RL)(ZF)(IQ)(WV)(SE)(PO)(JU)(HM)(NB)属于 E。

我们还有：

$\qquad$CF =(ABVIKTJGFCQNY)(DUZREHLXWPSMO)。

CF 只有 13-循环，因此：

$\qquad$C=(AO)(BM)(VS)(IP)(KW)(TX)(JL)(GH)(FE)(CR)(QZ)(NU)(YD)。

$\qquad$F=(OB)(MV)(SI)(PK)(WT)(XJ)(LG)(HF)(EC)(RQ)(ZN)(UY)(DA)。

或

$\qquad$C=(AD)(BO)(VM)(IS)(KP)(TW)(JX)(GL)(FH)(CE)(QR)(NZ)(YU)。

$\qquad$F=(DB)(OV)(MI)(SK)(PT)(WJ)(XG)(LF)(HC)(EQ)(RN)(ZY)(UA)。

或

$\qquad$C=(AU)(BD)(VO)(IM)(KS)(TP)(JW)(GX)(FL)(CH)(QE)(NR)(YZ)。

$\qquad$F=(UB)(DV)(OI)(MK)(ST)(PJ)(WG)(XF)(LC)(HQ)(EN)(RY)(ZA)。

或

$\qquad$C=(AZ)(BU)(VD)(IO)(KM)(TS)(JP)(GW)(FX)(CL)(QH)(NE)(YR)。

$\qquad$F=(ZB)(UV)(DI)(OK)(MT)(SJ)(PG)(WF)(XC)(LQ)(HN)(EY)(RA)。

或

$\qquad$C=(AR)(BZ)(VU)(ID)(KO)(TM)(JS)(GP)(FW)(CX)(QL)(NH)(YE)。

$\qquad$F=(RB)(ZV)(UI)(DK)(OT)(MJ)(SG)(PF)(WC)(XQ)(LN)(HY)(EA)。

或

$\qquad$C=(AE)(BR)(VZ)(IU)(KD)(TO)(JM)(GS)(FP)(CW)(QX)(NL)(YH)。

$\qquad$F=(EB)(RV)(ZI)(UK)(DT)(OJ)(MG)(SF)(PC)(WQ)(XN)(LY)(HA)。

或

$\qquad$C=(AH)(BE)(VR)(IZ)(KU)(TD)(JO)(GM)(FS)(CP)(QW)(NX)(YL)。

$\qquad$F=(HB)(EV)(RI)(ZK)(UT)(DJ)(OG)(MF)(SC)(PQ)(WN)(XY)(LA)。

或

C=(AL)(BH)(VE)(IR)(KZ)(TU)(JD)(GO)(FM)(CS)(QP)(NW)(YX)。
F=(LB)(HV)(EI)(RK)(ZT)(UJ)(DG)(OF)(MC)(SQ)(PN)(WY)(XA)。

或

C=(AX)(BL)(VH)(IE)(KR)(TZ)(JU)(GD)(FO)(CM)(QS)(NP)(YW)。
F=(XB)(LV)(HI)(EK)(RT)(ZJ)(UG)(DF)(OC)(MQ)(SN)(PY)(WA)。

或

C=(AW)(BX)(VL)(IH)(KE)(TR)(JZ)(GU)(FD)(CO)(QM)(NS)(YP)。
F=(WB)(XV)(LI)(HK)(ET)(RJ)(ZG)(UF)(DC)(OQ)(MN)(SY)(PA)。

或

C=(AP)(BW)(VX)(IL)(KH)(TE)(JR)(GZ)(FU)(CD)(QO)(NM)(YS)。
F=(PB)(WV)(XI)(LK)(HT)(EJ)(RG)(ZF)(UC)(DQ)(ON)(MY)(SA)。

或

C=(AS)(BP)(VW)(IX)(KL)(TH)(JE)(GR)(FZ)(CU)(QD)(NO)(YM)。
F=(SB)(PV)(WI)(XK)(LT)(HJ)(EG)(RF)(ZC)(UQ)(DN)(OY)(MA)。

或

C=(AM)(BS)(VP)(IW)(KX)(TL)(JH)(GE)(FR)(CZ)(QU)(ND)(YO)。
F=(MB)(SV)(PI)(WK)(XT)(LJ)(HG)(EF)(RC)(ZQ)(UN)(DY)(OA)。

为了看清楚心理学方法是怎么运作的，我们考虑一个可能的分解结果，分别取置换 A、B 和 C 的第一个结果组成一个可能的分解结果，即：

A =(AS)(BR)(CW)(DT)(VH)(PL)(FQ)(KN)(XU)(GM)(ZJ)(YI)(OE)
B =(DK)(AY)(XG)(TC)(BN)(LR)(FZ)(QI)(VW)(ES)(OP)(UJ)(MH)
C =(AO)(BM)(VS)(IP)(KW)(TX)(JL)(GH)(FE)(CR)(QZ)(NU)(YD)
D =(SA)(RC)(WB)(TV)(HP)(LF)(QK)(NX)(UG)(MZ)(JY)(IO)(ED)
E =(KD)(GT)(YX)(CA)(NL)(RF)(ZQ)(IV)(WE)(SO)(PU)(JM)(HB)
F =(OB)(MV)(SI)(PK)(WT)(XJ)(LG)(HF)(EC)(RQ)(ZN)(UY)(DA)

用上面的信息解密所有的会话密钥。D、E 和 F 所执行的代换是冗余的，因此不需要使用，但可以作为检验先前工作是否正确的手段。为了方便，再次把加密后的会话密钥写出来[1]：

AUQ AMN　IND JHU　PVJ FEG　SJM SPO　WTM RAO

BNH CHL　JWF MIC　QGA LYB　SJM SPO　WTM RAO

BCT CGJ　JWF MIC　QGA LYB　SJM SPO　WTM RAO

CIK BZT　KHB XJV　RJL WPX　SUG SMF　WKI RKK

1　BAUER F L. Decrypted Secrets: Methods and Maxims of Cryptology[M]. 2nd ed., New York: Springer, 2000: 390.

```
DDB VDV   KHB XJV   RJL WPX   SUG SMF   XRS GNM
EJP IPS   LDR HDE   RJL WPX   TMN EBY   XRS GNM
FBR KLE   LDR HDE   RJL WPX   TMN EBY   XOI GUK
GPB ZSV   MAW UXP   RFC WQQ   TAA EXB   XYW GCP
HNO THD   MAW UXP   SYX SCW   USE NWH   YPC OSQ
HNO THD   NXD QTU   SYX SCW   VII PZK   YPC OSQ
HXV TTI   NXD QTU   SYX SCW   VII PZK   ZZY YRA
IKG JKF   NLU QFZ   SYX SCW   VQZ PVR   ZEF YOC
IKG JKF   OBU DLZ   SYX SCW   VQZ PVR   ZSJ YWG
```

为了恢复出第 1 个会话密钥 AUQ AMN，我们从第一个字母 A 入手。因为它处在第 1 个位置，所有它是由置换 A 加密得到的。置换 A 中包含了交换 (AS)，因此密文 A 变为明文 S。第 2 个加密字母是 U，因此我们在置换 B 中查 U 并找到交换 (UJ)，所以 U 解密成 J。最后，我们在置换 C 中寻找 Q，发现交换 (QZ)，因此 Q 解密成 Z。现在我们已经恢复出会话密钥 SJZ。剩下 AMN 这 3 个密文字母用于检验得到的结果，我们在置换 D、E、F 中分别查找 A、M 和 N，从各自的交换中最终再次得到 SJZ。因此我们确信，只要这些置换是对的，那么第 1 个会话密钥就是 SJZ。

既然会话密钥有时是根据键盘的布局产生的，那么有必要把键盘呈现出来，即：

```
Q W E R T Z U I O
 A S D F G H J K
  P Y X C V B N M L
```

根据我们提出的 A 到 F 的置换，解密出整个会话密钥列表：

```
SJZ SJZ   YBY YBY   LWL LWL   AUB AUB   CCB CCB
RBG RBG   ZVE ZVE   FXO FXO   AUB AUB   CCB CCB
RTX RTX   ZVE ZVE   FXO FXO   AUB AUB   CCB CCB
WQW WQW   NMM NMM   BUJ BUJ   AJH AJH   CDP CDP
TKM TKM   NMM NMM   BUJ BUJ   AJH AJH   ULV ULV
OUI OUI   PKC PKC   BUJ BUJ   DHU DHU   ULV ULV
QNC QNC   PKC PKC   BUJ BUJ   DHU DHU   UPP UPP
MOM MOM   GYK GYK   BZR BZR   DYO DYO   UAK UAK
VBA VBA   GYK GYK   AAT AAT   XEF XEF   IOR IOR
VBA VBA   KGY KGY   AAT AAT   HQP HQP   IOR IOR
```

```
VGS VGS    KGY KGY    AAT AAT    HQP HQP    JFD JFD

YDH YDH    KRN KRN    AAT AAT    HIQ HIQ    JSE JSE

YDH YDH    ENN ENN    AAT AAT    HIQ HIQ    JEL JEL
```

我们并没有看到任何一个密钥使用 3 个同样字母的情况，也没有任何一个密钥使用了键盘上的某一行或某一斜行，更没有出现密钥像女士名字的现象。因此我们的结论是此次 A、B、C、D、E 和 F 的选择是错误的。我们有 20 个选择对应 A 和 D，27 个选择对应 B 和 E，13 个选择对应 C 和 F，这样算在一起，这 6 个置换一共存在 20×27×13 = 7 020 个可能。我们不再徒手进行全部计算，现在直接给出正确结果，并与错误结果进行对比，还以上述结果为例。考虑如下：

A =(AS)(BR)(CW)(DI)(VE)(PT)(FH)(KL)(XQ)(GN)(ZU)(YM)(OJ)

B =(DK)(AY)(XG)(TC)(BJ)(LH)(FN)(QR)(VZ)(EI)(OW)(US)(MP)

C =(AX)(BL)(VH)(IE)(KR)(TZ)(JU)(GD)(FO)(CM)(QS)(NP)(YW)

D =(SA)(RC)(WB)(IV)(EP)(TF)(HK)(LX)(QG)(NZ)(UY)(MO)(JD)

E =(KD)(GT)(YX)(CA)(JL)(HF)(NQ)(RV)(ZE)(IO)(WU)(SM)(PB)

F =(XB)(LV)(HI)(EK)(RT)(ZJ)(UG)(DF)(OC)(MQ)(SN)(PY)(WA)

利用上述信息，会话密钥的解密结果为：

```
SSS SSS    DFG DFG    TZU TZU    ABC ABC    CCC CCC

RFV RFV    OOO OOO    XXX XXX    ABC ABC    CCC CCC

RTZ RTZ    OOO OOO    XXX XXX    ABC ABC    CCC CCC

WER WER    LLL LLL    BBB BBB    ASD ASD    CDE CDE

IKL IKL    LLL LLL    BBB BBB    ASD ASD    QQQ QQQ

VBN VBN    KKK KKK    BBB BBB    PPP PPP    QQQ QQQ

HJK HJK    KKK KKK    BBB BBB    PPP PPP    QWE QWE

NML NML    YYY YYY    BNM BNM    PYX PYX    QAY QAY

FFF FFF    YYY YYY    AAA AAA    ZUI ZUI    MMM MMM

FFF FFF    GGG GGG    AAA AAA    EEE EEE    MMM MMM

FGH FGH    GGG GGG    AAA AAA    EEE EEE    UVW UVW

DDD DDD    GHJ GHJ    AAA AAA    ERT ERT    UIO UIO

DDD DDD    JJJ JJJ    AAA AAA    ERT ERT    UUU UUU
```

以上 65 个密钥，其中 39 个是三连字母，18 个取自键盘的某一行，3 个是键盘斜向下的字母构成（RFV，IKL，QAY），5 个使用的字母序（其中的 CDE 恰巧是键盘斜向上的字母）。每一个会话密钥都有一定的模式！

考虑 7 020 个可能性听起来有点丧心病狂，但平均来讲，在尝试 3 510 次（总次数的一半）后就会找到正确答案，若能并行处理就更完美了。在二战期间，这意味着要有很多人同时尝试不同的可能性，这也就是密码分析小组通常有很多成员的原因！若有 100 人同时处理这个问题，一个人平均只需要检查 35 个。当然，一个人在检测某个结果时，如果解密出的前 5 个会话密钥均不符合所期望的模式，为了加快进度他可以放弃当前结果直接尝试下一个了。但是为了安全起见，波兰人并没有采用并行处理的方法。

雷耶夫斯基通过一种看似略有不同的方式找到了正确的答案。回想起互斥循环的字母互换以及 2-循环可以写成(XY)或(YX)的形式，雷耶夫斯基重写了置换 A 到 F 的形式：

$$A =(AS)(BR)(CW)(DI)(EV)(FH)(GN)(JO)(KL)(MY)(PT)(QX)(UZ)$$
$$B =(AY)(BJ)(CT)(DK)(EI)(FN)(GX)(HL)(MP)(OW)(QR)(SU)(VZ)$$
$$C =(AX)(BL)(CM)(DG)(EI)(FO)(HV)(JU)(KR)(NP)(QS)(TZ)(WY)$$
$$D =(AS)(BW)(CR)(DJ)(EP)(FT)(GQ)(HK)(IV)(LX)(MO)(NZ)(UY)$$
$$E =(AC)(BP)(DK)(EZ)(FH)(GT)(IO)(JL)(MS)(NQ)(RV)(UW)(XY)$$
$$F =(AW)(BX)(CO)(DF)(EK)(GU)(HI)(JZ)(LV)(MQ)(NS)(PY)(RT)$$

在加密会话密时若只有最右边的转轮旋转，可以得到[1]：

$$A = SHPNP^{-1}MLRL^{-1}M^{-1}PN^{-1}P^{-1}H^{-1}S^{-1}$$
$$B = SHP^2NP^{-2}MLRL^{-1}M^{-1}P^2N^{-1}P^{-2}H^{-1}S^{-1}$$
$$C = SHP^3NP^{-3}MLRL^{-1}M^{-1}P^3N^{-1}P^{-3}H^{-1}S^{-1}$$
$$D = SHP^4NP^{-4}MLRL^{-1}M^{-1}P^4N^{-1}P^{-4}H^{-1}S^{-1}$$
$$E = SHP^5NP^{-5}MLRL^{-1}M^{-1}P^5N^{-1}P^{-5}H^{-1}S^{-1}$$
$$F = SHP^6NP^{-6}MLRL^{-1}M^{-1}P^6N^{-1}P^{-6}H^{-1}S^{-1}$$

回顾先前的符号，第一个等式从左向右读，表示如下置换的组合：S（插板）、H（插板到转轮组间的连线）、P（代表第一个转轮的转动）、N（快速转轮）、P^{-1}（随后需要撤销转动带来的影响）、M（中间转轮），L（最左边转轮）、R（反射板）。接下来再次贯穿整个排列，但是顺序和方向要反过来（因此用了取反的符号）。现若中间转轮转动了，上述等式就不再成立，但这种情况发生的概率只有 5/26。

因为 $MLRL^{-1}M^{-1}$ 只在所有等式的中间部分出现，简单起见我们可以令其为Q。那么有：

$$A = SHPNP^{-1}QPN^{-1}P^{-1}H^{-1}S^{-1}$$
$$B = SHP^2NP^{-2}QP^2N^{-1}P^{-2}H^{-1}S^{-1}$$

---

[1] 雷耶夫斯基在解释他的工作时，有时第一个等式中没有写第 5 位上的 P–1 和第 11 位上的 P。似乎是因为他不想让读者因过多的细节而困惑。后来(当他详细介绍时)他写上了它们。克里斯滕森在他的优秀论文中就遵循了这种风格。

$$C = SHP^3NP^{-3}QP^3N^{-1}P^{-3}H^{-1}S^{-1}$$
$$D = SHP^4NP^{-4}QP^4N^{-1}P^{-4}H^{-1}S^{-1}$$
$$E = SHP^5NP^{-5}QP^5N^{-1}P^{-5}H^{-1}S^{-1}$$
$$F = SHP^6NP^{-6}QP^6N^{-1}P^{-6}H^{-1}S^{-1}$$

由于存在 6 个等式和 4 个未知数（S、H、N 和 Q），我们应该能求出解。

标识符 S（插板设置）采用了非密码分析手段，一位名为汉斯·蒂洛·施密特（见图 8.12）的德国人在 1931 年 11 月 8 日卖给了法国人插板的设置细节以及其他有关恩尼格玛的信息。1932 年 12 月，法国人古斯塔夫·贝特兰上尉（后来成为将军）将施密特提供的情报又送给了波兰人[1]。

猜测 H 的情况与商用型恩尼格玛相同，A、B、C、D、E 和 F 由先前的方法确定。为进一步化简等式，各项左边乘 $H^{-1}S^{-1}$ 右边乘 SH，得到

$$H^{-1}S^{-1}ASH = PNP^{-1}QPN^{-1}P^{-1}$$
$$H^{-1}S^{-1}BSH = P^2NP^{-2}QP^2N^{-1}P^{-2}$$
$$H^{-1}S^{-1}CSH = P^3NP^{-3}QP^3N^{-1}P^{-3}$$
$$H^{-1}S^{-1}DSH = P^4NP^{-4}QP^4N^{-1}P^{-4}$$
$$H^{-1}S^{-1}ESH = P^5NP^{-5}QP^5N^{-1}P^{-5}$$
$$H^{-1}S^{-1}FSH = P^6NP^{-6}QP^6N^{-1}P^{-6}$$

上述式子等号左边的所有置换都是已知的。

图 8.12　汉斯·蒂洛·施密特
（图片来自美国国家密码博物馆，由大卫·卡恩收藏）

一个快速定义：如果从置换 A 开始，利用另一个置换 P 形成一个乘积 $P^{-1}AP$，我们就说 A 在 P 的作用下进行了变形。

现在对上面 6 个等式使用该定义，让每个等式的两边分别用 P、P^2、P^3、P^4、

1　REJEWSKI M. Mathematical solution of the Enigma cipher[J]. Cryptologia, 1982, 6(1): 8.

P^5、和 P^6 进行变形。为了方便再次引入新符号，得到：

$$U = P^{-1}H^{-1}S^{-1}ASHP \qquad U = NP^{-1}QPN^{-1}$$
$$V = P^{-2}H^{-1}S^{-1}BSHP^2 \qquad V = NP^{-2}QP^2N^{-1}$$
$$W = P^{-3}H^{-1}S^{-1}CSHP^3 \qquad W = NP^{-3}QP^3N^{-1}$$
$$X = P^{-4}H^{-1}S^{-1}DSHP^4 \qquad X = NP^{-4}QP^4N^{-1}$$
$$Y = P^{-5}H^{-1}S^{-1}ESHP^5 \qquad Y = NP^{-5}QP^5N^{-1}$$
$$Z = P^{-6}H^{-1}S^{-1}FSHP^6 \qquad Z = NP^{-6}QP^6N^{-1}$$

注意：左手边是已知的。

利用第二列等式进行一些乘法运算：

$$UV = (NP^{-1}QPN^{-1})(NP^{-2}QP^2N^{-1})$$
$$VW = (NP^{-2}QP^2N^{-1})(NP^{-3}QP^3N^{-1})$$
$$WX = (NP^{-3}QP^3N^{-1})(NP^{-4}QP^4N^{-1})$$
$$XY = (NP^{-4}QP^4N^{-1})(NP^{-5}QP^5N^{-1})$$
$$YZ = (NP^{-5}QP^5N^{-1})(NP^{-6}QP^6N^{-1})$$

去掉括号后可以将各等式中间的 $N^{-1}N$ 省略，接着对 P 的乘方进行整合并插入一对新括号(以强调所有等式的公共部分)，得到：

$$UV = NP^{-1}(QP^{-1}QP)PN^{-1}$$
$$VW = NP^{-2}(QP^{-1}QP)P^2N^{-1}$$
$$WX = NP^{-3}(QP^{-1}QP)P^3N^{-1}$$
$$XY = NP^{-4}(QP^{-1}QP)P^4N^{-1}$$
$$YZ = NP^{-5}(QP^{-1}QP)P^5N^{-1}$$

对前 4 个等式的每个等式两边均用 NPN^{-1} 进行变形，得到：

$$NP^{-1}N^{-1} (UV)NPN^{-1} = NP^{-1}N^{-1}NP^{-1} (QP^{-1}QP)PN^{-1}NPN^{-1}$$
$$NP^{-1}N^{-1} (VW)NPN^{-1} = NP^{-1}N^{-1}NP^{-2} (QP^{-1}QP)P^2N^{-1}NPN^{-1}$$
$$NP^{-1}N^{-1} (WX)NPN^{-1} = NP^{-1}N^{-1}NP^{-3} (QP^{-1}QP)P^3N^{-1}NPN^{-1}$$
$$NP^{-1}N^{-1} (XY)NPN^{-1} = NP^{-1}N^{-1}NP^{-4} (QP^{-1}QP)P^4N^{-1}NPN^{-1}$$

等号右边化简得：

$$NP^{-1}N^{-1} (UV)NPN^{-1} = NP^{-2} (QP^{-1}QP) P^2N^{-1}$$
$$NP^{-1}N^{-1} (VW)NPN^{-1} = NP^{-3} (QP^{-1}QP) P^3N^{-1}$$
$$NP^{-1}N^{-1} (WX)NPN^{-1} = NP^{-4} (QP^{-1}QP) P^4N^{-1}$$
$$NP^{-1}N^{-1} (XY)NPN^{-1} = NP^{-5} (QP^{-1}QP) P^5N^{-1}$$

观察等式右侧，我们得到：

$$NP^{-1}N^{-1}(UV)NPN^{-1} = VW$$
$$NP^{-1}N^{-1}(VW) NPN^{-1} = WX$$
$$NP^{-1}N^{-1}(WX) NPN^{-1} = XY$$

$$NP^{-1}N^{-1}(XY)\,NPN^{-1} = YZ$$

现在我们有了 4 个等式，唯一的未知量是 N（牢记，P 代表快轮的转动）。

注意到 $NP^{-1}N^{-1}$ 是 NPN^{-1} 的逆置换。因此上述第一个等式的形式可以写为 $T^{-1}(UV)T = VW$，其他等式也有相似形式。这种情况下称 UV 和 VW 是共轭置换，而且十分容易找到一个置换 T 使 UV 转换为 VW。

因此，我们把 VW 写在 UV 下面，这样将第一行看作明文，第二行看作密文，接下来将这个"加密"模式写成互斥循环。例如：

$$UV = (AEPFTYBSNIKOD)\,(RHCGZMUVQWLJX)$$
$$VW = (AKJCEVZYDLWNU)\,(SMTFHQIBXOPGR)$$

得到：

$$T = (A)(EKWONDUILPJGFCT)\,(YVBZHMQXRS)$$

唯一的问题在于，当改变 13-循环的顺序时，UV 可以写成：

$$UV = (RHCGZMUVQWLJX)\,(AEPFTYBSNIKOD)$$

这会得到一个不同的结果，也就是说找到一个置换 T 满足 $T^{-1}(UV)T = VW$ 的解不是唯一的，当然让 UV 的两个 13-循环中的任意一个循环内以不同的字母开头，也会得到不同的解。

因此第一个等式中的 $NP^{-1}N^{-1}$ 有很多可能性（回想一下上述讨论中 T 取代了 $NP^{-1}N^{-1}$），解的数量正是取决于 UV 中循环的结构。

总而言之，下面任意一个等式在 $NP^{-1}N^{-1}$ 的解上都提供了很多可能性：

$$NP^{-1}N^{-1}(UV)NPN^{-1} = VW$$
$$NP^{-1}N^{-1}(VW)NPN^{-1} = WX$$
$$NP^{-1}N^{-1}(WX)NPN^{-1} = XY$$
$$NP^{-1}N^{-1}(XY)NPN^{-1} = YZ$$

但只存在一种可能会重复出现在每个等式中，那正是我们需要的答案。我们不需要全部 4 个等式，利用前两个等式可以很快得到所有可能的答案，重复出现两次的那个就是我们需要的答案。

继续我们的例子，现有：

$$UV = (AEPFTYBSNIKOD)\,(RHCGZMUVQWLJX)$$
$$VW = (AKJCEVZYDLWNU)\,(SMTFHQIBXOPGR)$$
$$WX = (AQVLOIKGNWBMC)\,(PUZFTJRYEHXDS)$$

我们在 UV 下面写出 VW 的所有可能（一共 $13 \times 13 \times 2 = 338$ 个）[1]并观察它们的置换，同样在 VW 下面写出 WX 的所有可能然后寻找一个匹配。例如：

$$VW = (AKJCEVZYDLWNU)\,(SMTFHQIBXOPGR)$$

---

1 13 的含义是 13-循环的写法有 13 种，即从 13 个字母中的任意一个开始。2 的含义是有 2 个 13-循环，2 个循环有 2 种排列。

$$WX = (AQVLOIKGNWBMC)(PUZFTJRYEHXDS)$$

得到：

$$(A)(KQJVIRSPXEOHTZ)(CLWBYGDNMU)(F)$$

这样就得到了唯一的正确匹配，即我们知道了：

$$NPN^{-1} = (AYURICXQMGOVSKEDZPLFWTNJHB)$$

现在我们用这个新等式计算 N，这和我们先前解决问题的思路一致。已知 P = (ABCDEFGHIJKLMNOPQRSTUVWXYZ)，我们在 NPN^{-1} 下面写上字母表，将其看成一种加密，继而从中写出互斥循环的格式。因为 P 可从 26 个字母中任意一个开始，因此会出现 26 种可能。

或者将第一行进行洗牌得到字母序的同时对第二行执行相同的操作，我们会得到同样的结果，只是书写形式不同，即：

AYURICXQMGOVSKEDZPLFWTNJHB⇒ABCDEFGHIJKLMNOPQRSTUVWXYZ
ABCDEFGHIJKLMNOPQRSTUVWXYZ   AZFPOTJYEXNSIWKRHDMVCLUGBP
AYURICXQMGOVSKEDZPLFWTNJHB⇒ABCDEFGHIJKLMNOPQRSTUVWXYZ
BCDEFGHIJKLMNOPQRSTUVWXYZA   BAGQPUKZFYOTJXLSIENWDMVHCR
AYURICXQMGOVSKEDZPLFWTNJHB⇒ABCDEFGHIJKLMNOPQRSTUVWXYZ
CDEFGHIJKLMNOPQRSTUVWXYZAB   CBHRQVLAGZPUKYMTJFOXENWIDS
⋮
AYURICXQMGOVSKEDZPLFWTNJHB⇒ABCDEFGHIJKLMNOPQRSTUVWXYZ
ZABCDEFGHIJKLMNOPQRSTUVWXY   ZYEONSIXDWMRHVJQGCLUBKTFAP

这 26 种可能中有一个就是 N 的答案，即快轮的接线。

上面讲的攻击都是基于雷耶夫斯基的描述，尽管这个方法行得通但他并没有使用真实的数据，所以我们最终推导出的转轮情况与现实中使用的任意转轮都不匹配。

不管怎样我们刚才所做的工作只给出了一个转轮的内部接线，即最右边最快的转轮。然而德国人每 3 个月就要重新分配机器的转轮顺序，这个顺序作为密钥的一部分。当时施密特先生提供的情报里包含了两个季度的转轮设置。这两个季度里转轮组最右端使用了两个不同的转轮，因此使用刚才的方法可以将这两个转轮恢复出来。

至此还有很多工作没有完成，例如，第 3 个转轮和反射板的接线还未知，但上述结果让我们感到慰藉。我们也应当注意到一点，我们不可能单独针对某个转轮来缩小解的范围，我们必须将转轮看成一个整体来决定哪个答案是正确的[1]。

---

1 REJEWSKI M. Mathematical solution of the Enigma cipher[J]. Cryptologia, 1982, 6(1): 11. "But those details may only be established following the basic reconstruction of the connections in all the rotors."

万事俱备，波兰人就等着解读报文了，结果得到的都是乱码。哪个环节出了问题？最终，雷耶夫斯基把注意力集中到插板与转轮组接入点之间的接线上，或许此时军用型恩尼格玛的接线与波兰人手里商用型的接线不相同。如此说来，雷耶夫斯基在解决这个问题上使用了一些复杂的数学工具？完全没有！他猜测 H 可能是简单的字母序，即：

输入：ABCDEFGHIJKLMNOPQRSTUVWXYZ

输出：ABCDEFGHIJKLMNOPQRSTUVWXYZ

他用其进行验证，发现的确如此，至此恩尼格玛终于被破解。

有一个更简单的方式来解释波兰人是怎样掌握恩尼格玛全部细节的。引用一个不可信的资料，《一名叫"无畏"的人》中写道[1]：

> 那时一台台全新的恩尼格玛被送至边境线，1939 年年初，一辆载有恩尼格玛的军用卡车遭到敌方伏击。波兰政府将其伪装成一起事故，并用大火烧毁了有关证据。最终骗过了德国调查员的眼睛，让其误以为那些烧焦的线圈、弹簧和转轮真的是恩尼格玛的残骸。

该作者确实在一定程度上提及了本章的主角，称其为"马里安·雷耶夫斯基小姐"。理查德·A·沃依塔克佩服斯蒂文森（《一名叫"无畏"的人》的作者）"使用娴熟的省略技巧，成功地搞错了雷耶夫斯基的性别和婚姻状况[2]。"

相对于满脑子数学概念，这个解释方式要简单很多，不是吗？我们都知道网上的东西不能全都信，但我真心觉得印刷出来的东西的可信度与网上的没什么不同。

在得到日密钥的密码本后，波兰人重新构造了一台恩尼格玛。当密码本过期后，波兰人不得不面对一个新问题：有了恩尼格玛，怎样恢复出日密钥？

8.5 密码分析第二部分：恢复出日密钥

现在我们考虑如何恢复密钥（转轮顺序、转轮初始位置、环设定和插板）。施密特提供的密码本过期后，波兰人需要确定这些密钥的全部细节，好的方面是他们手头有一台相当于军用型的恩尼格玛（波兰人自己制造的）。在第一部分里我们看到，具体到某一天（对应一个特定日密钥），我们能确定：

AD = (DVPFKXGZYO)(EIJMUNQLHT)(BC)(RW)(A)(S)

1　STEVENSON W. A Man Called Intrepid[M]. New York: Ballantine Books, 1977: 53.

2　REJEWSKI M. Remarks on Appendix 1 to British Intelligence in the Second World War by F. H. Hinsley[J]. Cryptologia, 1982, 6(1): 75-83. 这篇文章被克里斯托弗·卡斯派瑞克翻译成英文，并且包含理查德·A·沃依塔克的一篇前言。

BE = (BLFQVEOUM)(HJPSWIZRN)(AXT)(CGY)(D)(K)

CF = (ABVIKTJGFCQNY)(DUZREHLXWPSMO)

这样，

AD 中循环的结构为 10，10，2，2，1，1。

BE 中循环的结构为 9，9，3，3，1，1。

CF 中循环的结构为 13，13。

循环的结构取决于转轮顺序和转轮初始位置，环设定和插板不会对其产生影响。3 个转轮有 6 种排列方式并且有 $26^3 = 17\,576$ 种方式选择日密钥，所以总计有 6×17 576 = 105 456 种。如果 AD、BE 和 CF 中循环的结构也有 105 456 种简直太棒了，这样的话，就存在一个一一对应关系，波兰人可以做一个目录（牢记他们手头有恩尼格玛的事实），当某一天循环的结构被恢复出来时，只需要按循环的结构简单地查找目录并从中读取对应的密钥设置。但事与愿违，这个对应关系不是一对一的。循环的结构的个数少于密钥数，但已经存在足够多的循环的结构让波兰人生成一个可用的目录。当查找某一个循环的结构时，会有多个密钥与其配对，但密钥数也不至于多到让他们无法全部检查一遍的程度。

为了创建这个目录，波兰人在仿制的军用型恩尼格玛上设置了一个特别的密钥，首先将会话密钥加密两次并记录加密后的结果，然后重置密钥再把另一个会话密钥加密两次，重复上述步骤。在获得海量的加密的会话密钥后，先前在第 8.4 节描述的雷耶夫斯基所用的方法就可以派上用场，从而得到置换 AD、BE 和 CF，最后就可以确定它们的循环的结构。但是，上述过程要重复 105 456 次，简直太浪费时间了。

实际上，为了创建所需的目录，波兰人开发出一台名为循环测定机的设备，如图 8.13 所示。这台为节约时间而生的机器上有两个转轮组（均带有反射板），或许你已经猜到了，一组代表 A，另一组代表 D（或 B 和 E，或 C 和 F，或任意一个需要检测的置换）。在任意一个字母上加电后，电流就会流过代表置换 A 的转轮组，接着经过代表置换 D 的转轮组，然后某个字母上的小灯被点亮，但这没有结束。若循环没有结束，那么电流会再次流过 A 和 D，可能还会点亮其他字母。循环测定机前面偏左位置上的手柄是用来调节电流大小的[1]。当一定大小的电流在大循环中可以点亮每一个字母灯泡时，一旦该电流用于测定小循环，那么可能会把灯丝烧坏。因此，为了防止仪器被烧坏，操作员首先将电流调低然后缓慢增大，直到有足够多的灯泡亮起来。

1　这个装置的专业名字是变阻器。

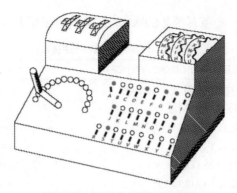

图 8.13　波兰人的循环测定机

（源自 Dan Meredith. 源自 CHRISTENSEN C. Mathematics Magazine, 2007, 80(4): 260. 图片使用已获批准）

虽然操作循环测定机需要花费一些时间，但相对于第 8.4 节所描述的方法，利用机器建立整个目录要快得多。原始的目录早就不存在了，但亚力克斯·库尔在美国北肯塔基州立大学本科毕业后重新构造了一份目录[1]。当然，他所使用的是一台个人计算机，而不是用循环测定机进行手动操作。尽管使用循环测定机比用数学分析要快，但这也让波兰人花费了一年多的时间来完成他们的目录。让我感到不可思议的是，波兰人并没有在这项极其重要的工作上增派人手。这种任务超级适合使用我们现在称之为并行处理的方法，即投入两倍的人力让完成时间缩短一半，或者投入 3 倍、4 倍乃至更多人力。当循环测定机生产出来后，任何一个人经过培训后可以负责对目录的一部分进行测定，这项工作对人的唯一要求是注意细节，不再需要其他方面的能力要求。事实上这一定是项非常枯燥的工作。但是，尽管这项工作如此重要，波兰人当时并没有把全部精力放在构造目录上，他们每天也使用其他的方法尝试恢复恩尼格玛的密钥。科左扎克描述了使用循环测定机工作时的样子[2]：

> 这是一项乏味且费时的工作，出于工作的保密性，这些数学家不能将这个工作委派给密码局的技术人员。匆忙之中这些人会把他们手指划出血。

当完成整个目录后，恢复日密钥基本只需要花费 10～20 分钟。库尔重新构造出的目录揭示了 105 465 种转轮设置与 21 230 个互斥循环的结构间的对应关系。以下为他得出的一些结论[3]。

- 好消息是其中 11 466 个互斥循环的结构只能由唯一的转轮设置产生。也就是说，在查找目录时，超过一半的循环的结构能立即确定其对应的转轮设置。

1　KUHL A. Rejewski's catalog[J]. Cryptologia, 2007, 31(4): 326-332.

2　KOZACZUK W. Enigma: How the German Machine Cipher Was Broken, and How It Was Read by the Allies in World War Two[M]. edited and translated by Christopher Kasparek, Frederick, MD: University Publications of America, 1984: 29 (最初版是 1979 年出版).

3　KUHL A. Rejewski's catalog[J]. Cryptologia, 2007, 31(4): 329-330.

- 坏消息是存在一些互斥循环的结构，它们对应了很多转轮设置（见表8.1）。

表 8.1　最常见的循环的结构

互斥循环的结构(AD)(BE)(CF)	出现次数
(13 13)(13 13)(13 13)	1 771
(12 12 1 1)(13 13)(13 13)	898
(13 13)(13 13)(12 12 1 1)	866
(13 13)(12 12 1 1)(13 13)	854
(11 11 2 2)(13 13)(13 13)	509
(13 13)(12 12 1 1)(12 12 1 1)	494
(13 13)(13 13)(11 11 2 2)	480
(12 12 1 1)(13 13)(12 12 1 1)	479
(13 13)(11 11 2 2)(13 13)	469
(12 12 1 1)(12 12 1 1)(13 13)	466
(13 13)(10 10 3 3)(13 13)	370
(13 13)(13 13)(10 10 3 3)	360
(10 10 3 3)(13 13)(13 13)	358
(13 13)(13 13)(9 9 4 4)	315
(9 9 4 4)(13 13)(13 13)	307

数据来源: KUHL A. Cryptologia, 2007, 31(4): 329. 使用已获批准

但波兰人的工作还未结束！雷耶夫斯基叹息道[1]：

1937 年 11 月 2 日，卡片目录已经准备就绪，不巧的是德国人已经更换了他们一直使用的回传鼓[2](反射板)，将先前使用的 A 型鼓换为了 B 型鼓。这样一来，我们只能重头构造整个目录，当然首先要重构 B 鼓内的连线方式。

尽管如此，105 456 条的目录仍能手工生成，即便生成两次也不在话下。

先前曾强调插板的连线方法不会影响 AD、BE 和 CF 的循环的结构。我们知道这源于先前提到的一个重要定理：共轭置换有相同的互斥循环的结构。因为插板的置换 S 是恩尼格玛加密的第一步，S^{-1} 是最后一步，插板接入后对机器其余部分起作用。如果共轭置换定理不成立，那么建立一个目录不是考虑 105 456 种可能，而是要考虑 105 456×532 985 208 200 576 = 56 206 488 115 999 942 656 种可能，因为插板如果可以使用任意数量的导线，就有 532 985 208 200 576 种插线方法，这样就彻底无法构造目录进行攻击。这就是为什么有时候把共轭置换定理称为"打赢战争的定理"。

1　REJEWSKI M. How the Polish mathematicians broke Enigma, Appendix D, in Kozaczuk, W., Enigma: How the German Machine Cipher Was Broken, and How It Was Read by the Allies in World War Two[M]. London: Arms & Armour Press, 1984: 264.

2　我一直将其称作反射板。

在谈论插板时，我们需要指出的是目录中没有揭示插板的具体连线，目录只是帮忙找出转轮的顺序和初始位置。一旦确定了转轮的正确设置，除非插板上没有插入任何一根导线，否则我们还是不能得到完美的明文消息。插板使用的导线越多，恢复出的结果越糟糕，不过除非使用全部 13 根导线，否则结果中还是会揭示出部分正确的明文字母。先前提到，起初恩尼格玛使用 6 根导线，结合栅栏攻击和任意字母不会加密为它本身的特点，我们就可以重构出插板。

8.6　攻破后的故事

恩尼格玛的破解之路到这里还远未结束。对波兰人来说挫折接踵而至，恩尼格玛后来引入一个全新的反射板，随后又有了更多变化。1938 年 9 月 15 日，会话密钥的发送方式发生了变化。波兰人见招拆招，就此引入两个全新技术：佐加尔斯基卡片和"炸弹"（Bomba），其中"炸弹"技术已植入循环测定机中。

1938 年 12 月 15 日，纳粹德国人又加入了两个新转轮。雷耶夫斯基利用先前的方法仍能恢复出转轮的内部接线，但日密钥的恢复难度变为原来的 10 倍（转轮的排列顺序从 6 种变为 60 种）。1939 年 7 月 24 日，波兰人把所有恩尼格玛的研究成果分享给了法国和英国[1]。

1939 年 9 月 1 日，纳粹德国入侵波兰，波兰的密码分析学家逃亡到法国，不久后法国也沦陷了。这些波兰人暂时躲在自由法国抵抗组织，在整个法国沦陷后就逃到了英国。波兰人整个时期内都在向英国发送恢复出的恩尼格玛密钥。然而，当他们抵达英国时，用大卫·卡恩的话说，"那些看起来热情的英国人，他们拒绝让波兰人参与任何有关密码破译的工作[2]。"

8.7　艾伦·图灵与布莱奇利庄园

二战期间英国密码分析取得的成就集中出自于布莱奇利庄园，该庄园位于牛津到剑桥的中途。在介绍庄园里进行的工作前，我们首先看一位英国最著名的密

1　According to Kahn's chronology. In contrast, the date of July 25 is given in WELCHMAN G. The Hut Six Story[M]. New York: McGraw-Hill, 1982: 16; REJEWSKI M. Mathematical solution of the Enigma cipher[J]. Cryptologia, 1982, 6(1): 17.

2　KAHN D. The significance of codebreaking and intelligence in Allied strategy and tactics[J]. Cryptologia, 1977, 1(3): 209-222.

码破译员的早年生活，他就是艾伦·图灵（见图 8.14）。

1926 年，正值全国大罢工的时候，图灵考入伦敦有名的舍伯恩公学。他必须骑 60 英里（1 英里≈1.61 千米）的自行车才能到学校。他最终成为一个几乎具备奥利匹克水平的运动员。然而图灵发现他很难适应学校的环境。传统教育不适于富有创造力的思想家，图灵的校长写道[1]：

> 如果他继续待在公立学校，他必须以变得有教养为目标。若他一心想成为科学领域的专家，那么待在公立学校就是浪费时间。

图 8.14　艾伦·图灵（1912—1954）

这更多的是在讲公立学校的失败，而不是在说图灵。校长似乎认为现在的教育是在主张"宣传权威和服从、协作和忠诚、家和学校凌驾于个人需求之上的思想[2]"。他随后就开始发图灵的牢骚："他应该有更多的团队精神[3]。" 1927 年秋天，图灵在舍伯恩公学的精神状态，可以用年级主任说的话总结出来："这个房间充满了数学的恶臭！滚出房间拿些消毒喷剂回来！"图灵后来说道[4]：

> 公立学校教育的一大好处就是，以后不论你有多悲惨，你都能明白它再也不会比在公立学校糟了。

图灵开始自学，他阅读了爱因斯坦相对论的论文和爱丁顿的《物理世界的性质》。图灵在毕业前似乎偶遇到一位好老师，并于 1931 年毕业前往剑桥大学国王学院。这位老师写道[5]：

1　HODGES A. Alan Turing: The Enigma[M]. New York: Simon & Schuster, 1983: 26.

2　同上，第 22 页.

3　同上，第 24 页.

4　同上，第 381 页.

5　HODGES A. Alan Turing: The Enigma[M]. New York: Simon & Schuster, 1983: 32.

　　　　我想说的是，留给他自由，让他投身在自己的兴趣中，并在必要的时候
帮助他，我采取的这种策略使得他的数学天赋得到充分发挥。

　　1934 年，图灵从英国剑桥大学国王学院毕业。1935 年，图灵加入了一个研究
哥德尔不完备定理和希尔伯特判定问题的课程。也就是在这时图灵开始了对该问
题的研究。图灵的论文指出大量现象服从高斯分布背后的原因，文中证明了中心
极限定理（在各高校的概率课程中仍能看到），图灵不是第一个证明该定理的人，
但他当时不知道有人先前已经发表过，而且他是独立发现的这些成果。

　　1936 年，图灵发表了一篇题为"论可计算数及其在可判定问题上的应用"
的论文，文中引入了我们现在称之为图灵机的概念。这台抽象的虚拟机可以从
纸带上读取符号，也能删除或重写符号。一个可计算数的定义是一个实数，该
实数的十进制展开形式能在图灵机的一个空白纸带上表示。既然只有可数实数
是可计算的且存在不可数实数，那么就存在不可计算的实数。康托尔的工作证
明了上述结论。图灵描绘了一个不可计算数，并声明这看起来似乎是个悖论，
因为他在有限项内描述出了一个不能在有限项内描述的数。图灵的原意是，使
用一台图灵机不可能判定另一台具有给定指令表的图灵机是否在输出一个无
限的数列。这让我们想到 1928 年希尔伯特问题的其中一个，当然该问题的答
案也是否定的。

　　图灵在 1936 年的这篇论文中也提出了一个通用型机器，它是这样的[1]：
　　　　它可以做任何专用机器所做的工作，也就是说如果有恰当的"指令"带
放入该机器，那么就能执行任何计算。

　　接着，图灵去了美国普林斯顿大学，"以序数为基础的逻辑系统"（1939 年正
式发表）就是他在此期间的主要成果。1939 年战争打响后，图灵应召到布莱奇利
庄园的政府代码与密码学校工作（见图 8.15）[2]。后来，布莱奇利庄园内约有 10 000
人从事密码工作，其中绝大多数都是女性[3]。图灵在庄园内将破译的德军密码提供
给同盟国，间接拯救了无数生命，人们估计，这使战争时间大约缩短了两年[4]。说
起来也很有意思[5]：
　　　　战争前，我的工作是逻辑学研究，我的兴趣是密码分析，但是现在完全
背道而驰了。

　　在听说波兰数学家对恩尼格玛破译上做出的瞩目成绩之前，布莱奇利庄园
内的密码分析人员就已经着手破解恩尼格玛了。但他们在插板与转轮组之间的
接线方式上陷入了困境，他们从未想过接线方式只是简单地把同一个字母相连。

1　同前页 5。
2　它也被称为 X 站，因为它是军情 6 处战时作战的第 10 个站点。
3　SMITH M. The Emperor's Codes: The Breaking of Japan's Secret Ciphers[M]. New York: Penguin Books, 2002: 2.
4　同上，第 3 页.
5　HODGES A. Alan Turing: The Enigma[M]. New York: Simon & Schuster, 1983: 214-215.

尽管图灵先前在学术上取得了引人注目的成绩，但图灵本人也没能想到这一点。高登·威奇曼也是位数学家，作为图灵的同事，他在知道这个答案如此简单后直接抓狂了。

图 8.15　布莱奇利庄园官邸

（图片使用已获许可）

图灵重新设计了波兰人的"炸弹"，威奇曼又做了进一步改进。这台机器就是我们现在熟知的"甜点"（Bombe），这个名字似乎源于波兰人的"炸弹"，但没人知道为什么波兰人起初将其命名为"炸弹"。不同版本的野史有不同的解释，其中一种说法是这个名字源于操作机器时发出的嘀嗒声仿佛面临一个定时炸弹[1]，而当出现一个可能的解时嘀嗒声就停止了。

关于图灵的某些怪癖在布莱奇利庄园广为流传。例如，每年六月初，图灵骑自行车时都要戴上防毒面具，这是因为他患有枯草热病，戴面具是为了隔绝花粉。他的自行车也很不同寻常，车轮上一根坏辐条会周期性地触碰到链条，因此他必须采取一些措施防止链条脱落。但图灵没有去修车，而是记住脚踏板转动的圈数，到某圈时停下车，然后在车链脱落前用手调整链条[2]。

这些怪癖无伤大雅，在布莱奇利庄园内，图灵和其他一些"怪胎"十分擅长他们从事的工作。1942 年之前，每月解密出的报文总数多达 50 000 条[3]。然而同年 2 月，德国海军正式装备使用 4 个转轮的恩尼格玛。这样一来，解密工作被迫终止，没有了情报，战场上就多了流血牺牲。

1941 年下半年时还可以解读出恩尼格玛发送的消息，但 1942 年上半年就不再能成功解密了，通过对比这两个半年内大西洋战场上盟军船只被击沉的数量，卡恩强有力地说明了恩尼格玛破译工作的重要性。按吨位数统计分别是 600 000 和

1　有诸多故事解释为什么这些机器被称作炸弹，但到底哪个故事是正确的尚无定论。

2　HODGES A. Alan Turing: The Enigma[M]. New York: Simon & Schuster, 1983: 209.

3　同上，第 237 页.

2 600 000[1]。卡恩还在这些数据旁画了一个人脸[2]：

　　这 6 个月中约有 500 艘船只被击沉，每沉没一艘船，就意味着更多人冻死在海中，更多人成为寡妇，更多孩子失去父亲，幼儿失去了食物，士兵失去了弹药补给，飞机失去了燃油储备，还有那无尽的黑暗和渐行渐远的美好未来。

　　破译恩尼格玛后，同盟国大规模地击沉了轴心国舰队。由于船上载有物资，这些舰队的沉没造成了汽油短缺，这一局面让隆美尔（纳粹德国驻非洲军团司令）在非洲战场颇为头疼。他曾发出一条讽刺电报，感谢凯瑟琳元帅，多亏了凯瑟琳才使舰队残骸上的枪炮几乎不会被冲到海岸上[3]。

8.8　洛伦兹密码和巨人计算机

　　二战期间，恩尼格玛不再是德军唯一使用的密码机，此外还有洛伦兹 SZ40 型和 SZ42 型（见图 8.16 和图 8.17）[4]，它们在 1943 年投入使用。这些机器所传达的消息等级甚至比恩尼格玛还高。英国人将洛伦兹密码机连同其密文称作"金枪鱼"（Tunny），这是遵循了用鱼命名各种密码的传统。在美国，称金枪鱼为"Tuna"。

图 8.16　美国国家密码博物馆策展人帕特里克·威登与洛伦兹机，这台机器与 M-209 相比小得多，但比恩尼格玛大得多

1　KAHN D. Seizing the Enigma[M]. Boston: Houghton Mifflin, 1991: 216-217.

2　同上，第 217 页.

3　WINTERBOTHAM F W. The Ultra Secret[M]. New York: Harper & Row, 1974: 82.

4　"SZ"是 Schlüsselzusatz 的缩写，翻译为"密码附件"。这些机器与洛伦兹电传打印机相连。

图 8.17　洛伦兹 SZ 42 型密码机

至于洛伦兹型密码机的工作过程和英国密码分析人员的破解方法，我们推荐读者自行参考一下本章参考文献和进阶阅读中列出的条目。由于它具有重大的历史意义，稍后会讲到这些密码的分析工作是计算机科学史上的关键时刻。

图 8.18 展示的就是巨人计算机，这是由电报工程师汤米·佛劳斯建造的，用来破解洛伦兹密码的机器。1944 年 6 月 6 日的诺曼底登陆中，巨人计算机发挥了重要作用，现在人们认为这是第一台可编程的电子计算机。人们曾一度认为 ENIAC 是第一台可编程电子计算机，这是因为 20 世纪 70 年代以前巨人计算机的存在是严格保密的。由托尼·赛尔领导的团队重新搭建了一台巨人计算机，现在该机器陈列在布莱奇利庄园中。

图 8.18　第一台可编程计算机

（版权来自布莱奇利庄园，图片使用已获许可）

布莱奇利庄园内也曾展出了一台"甜点"，这是由约翰·哈珀领导的团队重建的。很遗憾机器原件在英国没能保存到现在。不过一台美国海军使用的"甜点"得以保存至今，该机器是在美国俄亥俄州代顿市建造的，现在保存在美国国家密码博物馆。

8.9　如果恩尼格玛从未被破解会怎样？

话说回来，同盟国进行的密码破译工作在战争期间到底产生了多大影响？

我觉得情报工作是盟军胜利的一个重要因素，在我看来，如果没有情报机关我们甚至都不会打赢这场战争。

——哈罗德·多伊奇[1]

有许多专家都同意哈罗德·多伊奇的意见。这些专家中，那些坚信没有密码分析就没有胜利果实的人，同时达成了这样一个共识，即没有密码分析会让我们的胜利迟来至少一到两年。毫无疑问，密码分析人员所做的工作挽救了大量生命。

这些密码界的英雄们，在他们的贡献未公开之前，他们只能保持沉默，这一沉默就长达几十年，最终他们也获得了应有的荣誉。先前在本章中我们看到了波兰发布的邮票，其他国家最终也发行了一些有特殊意义的邮票。除了波兰的纪念碑（见图 8.19）外，在英国和美国有很多密码博物馆。这让我们感到欣慰。我们用这种方式表达对这些人的敬意，但这只是密码分析人员得到的表面回报。下次你在某个体育赛事或购物中心看到一群人的时候，仔细想想就会明白，如果战争多持续了一两年，这些人很多都不能活到现在。如果战争时间更长，国破家亡的局面无法想象。有多少人被逼上战场，有多少医院的病床上躺满了严重受伤的人。密码分析人员得到的真正回报是，他们对自己的工作感到自豪，他们对周围人的生活产生了巨大影响。

图 8.19　波兹南市的纪念碑——纪念雷耶夫斯基、罗佐基和佐加尔斯基

（GRAJEK M. Cryptologia, 2008, 32(2): 103. 图片使用已获批准）

1　KAHN D. The significance of codebreaking and intelligence in Allied strategy and tactics[J]. Cryptologia, 1977, 1(3): 221.

8.10 终点和新起点

在第二次世界大战结束时，同盟国希望能缴获一些德国的密码设备，或俘虏一些从事密码编码和破译人员，结果比他们预想的要好。德军担心这些设备可能被苏联军队缴获，因此提前掩埋了一些。然而，当同盟国的军队进军到他们的驻地时，这些设备的位置很快就暴露了，同盟国随即展开挖掘工作。这好像在挖掘宝藏一样。德国展示了如何使用所挖出的设备来破解苏联密码。这样一来，冷战初期美国在密码方面有很大优势。这个故事保密的时间甚至比恩尼格玛破解的保密时间还长，1986 年托马斯·帕里什编写的《超级美国人》最终揭示了这件事[1]。

恩尼格玛被破译的事实被称为"超级机密"，而且在战争结束后的 30 年内该事实仍处于保密状态。之所以纳粹德国战败后还要保密，其中一个原因是为了继续造成该密码是不可破译的错觉。在破译过程中用到的技术还可以继续用在一些相同的机器上，而某些小国家还在使用这些机器。此外，恩尼格玛破译中使用的某些密码技术还可以推广到其他加密设备。这些机器设备曾被大规模批量生产，现在却成了珍贵的收藏品。最初生产的 4 000 台恩尼格玛，约有 200 台保存至今。一些机器在美国国家密码博物馆里能见到（甚至可以使用）。

本章从本·富兰克林的一句话开始，这章本身就是我所知道的最好反例。超过 1 000 人知道恩尼格玛被破译，他们在这个"阴谋"中保持沉默并沉默了几十年。对阴谋论的普遍反映是，"不存在可以保持秘密的方法"。然而并不是这样，保持秘密的方法是存在的。

战争结束后，图灵有更多时间投入体育锻炼中。他当时是沃尔顿体育俱乐部的成员，以创纪录的时间赢得了 3 英里和 10 英里的冠军。由于伤病他无法出战奥运会。当年马拉松比赛的冠军是一个阿根廷人，他跑完全程的用时仅比图灵快 17 min[2]。图灵怎么能跑那么快？事实上，在高中的时候[3]他讨厌和恐惧体育课以及下午的比赛。男孩们冬天通常打曲棍球，图灵坦白说为了躲球他才不得已学会拼命跑。

1950 年，图灵在《意识》发表一篇题为"计算机器与智能"的论文。这篇论文中提出了一台机器是否能认为是智能的问题，同时介绍了图灵测试，在该测试

1　PARRISH T. The Ultra Americans[M]. Briarcliff Manor, NY: Stein & Day, 1986.

2　HODGES A. Alan Turing: The Enigma[M]. New York: Simon & Schuster, 1983: 386.

3　同上, 第 11 页.

中，测试者向被测试者提出问题，测试者根据被测试者的回答来判断被测试的是人还是一台机器[1]。图灵说道：

> 相信本世纪末，语言的使用和普通教育的观念将发生巨大的变化。到那时人们可以畅谈有关机器思考的话题，而不会被其他人否定。

在 1950 年这些观点对很多人来说似乎是荒谬的，"让电脑操作员闷在 90 华氏度的高温下拿着锤子敲击机架以检测阀门松动，人们不知道这是否可行[2]。"

1954 年，图灵死于氰化钾中毒。他生前一直在做电解实验，在他旁边是一个涂有氰化物的咬了半口的苹果。现场断定为自杀，但图灵的母亲坚持认为这是一场事故。

2009 年 9 月，英国首相戈登·布朗代表英国政府向已逝的图灵做出正式道歉。尽管很多人对此感到欣慰，但数学教授史蒂夫·肯尼迪却有不同的见解[3]：

> 我没有感到欣慰，而且我在纠结我自己是否有病。噢，当然，我意识到，对英国政府来说这个举措很伟大也很必要，但我情不自禁地感觉到这是不相称的。英国政府以英国人民的名义折磨这个善良正派的人(以及成千上万的其他人)，只是因为他们不赞成他的性取向。半个世纪过去了，他们只是说后悔。像美国这类国家将任意计算机硬件和软件出口至英国时，英国就要征收他们这种重税。关税的收益可以以阿兰·麦席森·图灵的名义捐赠。

接下来我用一段轶事结束本章，以活跃气氛。在尼尔·斯蒂芬森的《编码宝典》里已经收录了该事以及其他一些幽默事件。尽管这是一本小说，但很多真实事件已经囊括在书中。艾伦·图灵是书中的人物之一，很明显斯蒂芬森读了霍奇编写的《图灵传记》，并对小说的某些部分产生了很大影响。

二战某段时期内，图灵参加了英国地方军的步兵部队。但入伍前他必须填写一些表格，其中有个问题是问，"加入英国地方军意味着你完全服从军法，这一点你是否明白？"图灵觉得回答"是"没任何好处于是他写了"否"，当然也没有人认真地看这个表格。图灵开始接受射击训练并很快变得轻车熟路，紧接着图灵不再喜欢英国地方军，去忙别的事情了。这样持续了一段时间后，图灵就被传唤解释缺席的原因。图灵说他来这的目的只是为了学习射击，而且他对其他事情没有任何兴趣，例如，他不想参与阅兵。当时的对话如下：

> "但是，参不参加阅兵不是你说了算。当你被召集参加检阅时，作为一名军人你有职责参加。"

---

1 Philip, K., Dick 在他的小说 Do Androids Dream of Electric Sheep?(仿生人会梦见电子羊吗？)中使用了这个测试，后来小说拍成了电影 Bladerunner（银翼杀手）。当然这本书非常优秀。在名为"呆伯特"的连环漫画中也介绍了图灵测试。

2 HODGES A. Alan Turing: The Enigma[M]. New York: Simon & Schuster, 1983: 402.

3 KENNEDY S. A politician's apology[J]. Math Horizons, 2009, 17(2): 34.

"但我不是一名军人。"

"你什么意思，你不是军人？！你要服从军法！"

"是这样，我当初考虑到可能会出现这种情况。我不知道我要服从军法。如果你看我填写的表格你就会发现，这种尴尬的局面我能自保。"

图灵的做法无懈可击，军官对他也束手无策。

参考文献和进阶阅读

注意：《密码学》已经刊登了几百篇关于恩尼格玛的文章，这里只列出一部分。

BERTRAND G. Enigma[Z]. Plon, Paris, 1973. 这是二战期间盟军破坏纳粹密码的一个启示。它是以法国人的角度用法语写成的。

BROWN A C. Bodyguard of Lies[M]. New York: Harper & Row, 1975.

BUDIANSKY S. Battle of Wits: The Complete Story of Codebreaking in World War II[M]. New York: Free Press, 2000.

CHRISTENSEN C. Polish mathematicians finding patterns in Enigma messages[J]. Mathematics Magazine,2007, 80(4): 247-273. 这篇论文在 2008 年获得卡尔·B. 艾伦多弗奖。

COPELAND B J, Ed. The Essential Turing[M]. Oxford: Clarendon Press, 2004.

DAVIES D W. The Lorenz cipher machine SZ42, in DEAVERS C A, et al, Eds., Selections from Cryptologia: History, People, and Technology[M].Norwood,MA: Artech House, 1998: 517-539.

EVANS N E. Air intelligence and the Coventry raid[J]. Royal United Service Institution Journal,1976, 121(3): 66-74.

GRAJEK M. Monument in Memoriam of Marian Rejewski, Jerzy Różycki and Henryk Zygalski unveiled in Poznań[J]. Cryptologia, 2008, 32(2): 101-103.

HINSLEY F H, STRIPP A, Eds. Codebreakers: The Inside Story of Bletchley Park[M]. Oxford, U.K: Oxford University Press, 1993.

HODGES A. Alan Turing: The Enigma[M]. New York: Simon & Schuster, 1983. 霍奇斯是一名理想主义的传记作家，他与图灵在很多层面上有关联。同图灵一样，霍奇斯也是一名数学家、无神论者，并且他们都是英国人。这本传记中提供了很多数学细节，比一个非数学家写的任何东西都多。如果你想了解更多图灵的生活和工作，那就从这本书开始。

KAHN D. Seizing the Enigma[M]. Boston: Houghton Mifflin, 1991.

KAHN D. An Enigma chronology[J]. Cryptologia,1993, 17(3): 237-246. 这是一本极便利的参考文献，当编写或谈论恩尼格玛机时该书能给你一个清晰的时间线和细节。

KÖRNER T W. The Pleasure of Counting[M]. Cambridge, U.K.: Cambridge University Press, 1996. 本书第五部分讲述了恩尼格玛的密码分析。

KUHL A. Rejewski's catalog[J]. Cryptologia,2007, 31(4): 326-331. 这篇论文是大学生密码术论文竞赛获奖之一。

MILLER R. The Cryptographic Mathematics of Enigma[M]. Fort Meade, MD: Center for Cryptologic History, 2001. 可在美国国家密码博物馆免费获得印刷版。

MUGGERIDGE M. Chronicles of Wasted Time[M]. Collins, London: Chronicle 2: The Infernal Grove, 1973. 这是二战前盟军破译纳粹德国密码的预告。

PARRISH T. The Ultra Americans[M]. New York: Stein & Day, 1986.

RANDELL B. The Colossus[R]. Technical Report Series No. 90, Computing Laboratory, University of Newcastle upon Tyne, 1976.

RANDELL B. Colossus: godfather of the computer[J]. New Scientist, 1977,73(1038): 346-348.

REJEWSKI M. How Polish mathematicians deciphered the Enigma[J]. Annals of the History of Computing, 1981,3(3): 213-234.

REJEWSKI M. Mathematical solution of the Enigma cipher[J]. Cryptologia, 1982,6(1): 1-18.

REJEWSKI M. Memories of My Work at the Cipher Bureau of the General Staff Second Department 1930–1945[Z]. Adam Mickiewicz University, Poznań, Poland, 2011.

SEBAG-MONTEFIORE H. Enigma: The Battle for the Code[M]. London: Folio Society, 2005. 由韦登菲尔德和尼科尔森在 2000 年首次出版。

STEVENSON W. A Man Called Intrepid[M]. New York: Ballentine Books, 1976.

SULLIVAN G. Geoff's Crypto page.此文包括几个版本的恩尼格玛。

TEUSCHER C, Ed. Alan Turing: Life and Legacy of a Great Thinker[M]. New York: Springer, 2004.

TURING S, ALAN M. Turing[M]. Cambridge, U.K.: W. Heffer & Sons, 1959.

TURING S, ALAN M. Turing: Centenary Edition[M]. Cambridge, U.K.: Cambridge University Press, 2012. 上面列出的是绝版已久的特别纪念版，为了纪念艾伦·图灵诞辰 100 年。该书包括了艾伦的哥哥约翰·F·图灵编写的新后记。

WELCHMAN G. The Hut Six Story[M]. New York: McGraw-Hill, 1982.

WINTERBOTHAM FW. The Ultra Secret[M]. New York: Harper & Row, 1974. 尽管

你可能在别处读到过，但同盟国在二战期间破解了纳粹密码的这一事实，已不是第一次被公开揭露。温特伯森声明，他们发现德军将轰炸考文垂，但丘吉尔拒绝发出撤退命令，因为他担心撤退会让德国人意识到英国人可以获得德军内部消息，或者破译了密文！如果德国人为了防止密码被破译而取代恩尼格码机或者进行修改，对英国人来说，其损失将远超在考文垂中牺牲的生命和财产。温特伯森的这一声明得到了安东尼·凯夫·布朗（《谎言的护卫者》）和威廉·斯蒂文森（一个叫无畏的人》）的支持，但却经受不住其他历史学家的审视（一个早期的反对声，即上面参考文献中埃文斯在 1976 写的文章）。布朗在温特伯森发出声明前，就知道恩尼格码机被破解了，但他在《超级机密》后才出版了自己的书（见托马斯·帕里什的《超级美国人》）。

图 8.20　雷内·斯坦，美国国家密码博物馆官员，
她身后是博物馆收藏的美国制造的"甜点"

影像资料

针对普通观众，有很多视频描述了二战时代的破译工作。在这里我们仅单独列出一个，因为它包含了在美国俄亥俄州的代顿市建造"甜点"（见图 8.20）的信息，这个重要话题在本书中只做了简单介绍。下面这段视频的重点是乔·德施，在代顿市的工作他功不可没。德施是美国国家安全局荣誉殿堂里唯一的文职成员。

LEBLANC A. Dayton Codebreakers[Z]. The Dayton Codebreakers Project, 2006, 56 minutes.

设备

用现代技术制造的恩尼格玛（见图 8.21），模拟转轮并数字化显示当前的位置。这些都能以零部件的形式出售，然后组装起来！

图 8.21　现代技术制造的恩尼格玛

第9章

对日本的密码战

本章仔细分析了二战时期美国密码学家是如何破解日本外交密码的，当时美国自己的一些通信是通过本土的纳瓦霍语"加密"保护的，这种语言是印第安人自己使用的语言，同时融入了一些代号在里面。在详细了解这些内容之前，让我们先来了解一下隐写术。

9.1　珍珠港预警

1941 年 11 月 22 日，《纽约客》杂志刊登了一个奇怪的广告（重复出现在 14 个不同的页面上，见图 9.1）。仔细看，你有没有注意到什么有趣的事情？翻到杂志的第 86 页，我们找到了广告的剩余部分（见图 9.2）。在第二张图片下面是以下文字和图片（见图 9.3）：

图 9.1　1941 年 11 月 22 日出现在《纽约客》的广告

图 9.2　1941 年 11 月 22 日在《纽约客》中出现的广告延续

THE DEADLY DOUBLE

$2.50 at leading Sporting Goods
and Department Stores Everywhere

图 9.3　1941 年 11 月 22 日登在《纽约客》上的广告下面的图像

　　我们希望你永远不必在防空洞里过一个漫长的冬夜,但是我们只是在希望……我们应该做好应对准备。从现在到圣诞节,如果你不是太忙,为什么不坐下来准备好手头上的东西? 罐装食物, 当然还有蜡烛、Sterno 牌罐头、瓶装水、糖、咖啡或者是茶、白兰地, 还有很多香烟、毛衣和毯子、书籍或者杂志、维生素胶囊……虽然现在还没有时间想着什么是时尚, 但是我们打赌你的大部分朋友都会记得芝加哥最流行的游戏, 包括那些有趣的骰子。

　　你注意到骰子是 12-07（12 月 7 日）吗? 这是否意味着一个警告? 也许是针对居住在美国的日本人? 美国联邦调查局的经纪人罗伯特·L·希弗斯也想知道同样的事情,并于 1942 年 1 月 2 日询问美国联邦调查局局长约翰·埃德加·胡佛以及其他政府雇员和私人公民。随后的调查显示, 这只是一个巧合[1]。

9.2　弗里德曼的团队组建

　　有时容易得到一些无中生有的隐藏信息。但在偷袭珍珠港事件发生的前几年,美国和英国的密码分析人员一直在努力破解日本人正在使用的真实密码,这些密码是由新的密码机所产生的,且这些密码机和美国团队破译这些密码机的故事始于 1930 年。

　　那一年的 4 月 1 日,数学家弗兰克·罗列特向华盛顿特区报到,开始了作为"初级密码分析师"的第一天工作,尽管他不知道密码分析师是什么。他是威廉·弗里德曼首次以陆军信号部队的信号情报部门名义雇用的。弗里德曼给了罗列特德语和法语的密码学书籍,罗列特一边在字典的帮助下阅读这些书籍,一边等待另

1　KRUH L. The deadly double advertisements: Pearl Harbor warning or coincidence[J]. Cryptologia, 1979, 3(3): 166-171.

外两名新员工——亚伯拉罕·辛可夫和所罗门·库尔伯克，他们会在 4 月的晚些时候抵达华盛顿。接下来的工作不同于其他工作，因为罗列特发现他需要在三楼的保密室里学习密码学，那里装满了文件柜，但有将近一半的文件柜他没有权利打开（克劳福德少校对他说："明早日出的时候，如果还让我在这些文件柜子旁边抓到你，我就崩了你。"）。弗里德曼后来给了罗列特一些英文资料，包括河岸出版社出版的书籍。这 3 位数学家对德语、法语和西班牙语都有一定的了解，但是找不到一个有日语专业背景的数学家。弗里德曼最后聘请了不是数学家的约翰·B·赫特，尽管他从来没有去过日本，但他对日语的掌握让人印象深刻。

6 月下旬的一个早晨，弗里德曼带领这 3 位数学家来到了二楼的一个房间，里面有一个钢门，就像他们工作时保险室里的那个钢门一样，但是这个房间是用一把密码锁来保护的。打开后，弗里德曼拔出一把钥匙，打开后面的另一扇门。最后，他点燃了一根火柴，以便找到天花板灯的拉绳，然后显示出一个大约 25 平方英尺的、没有窗户的房间，房间里放满了文件柜。弗里德曼开玩笑地说："先生们，欢迎来到秘密档案室——美国黑室。"3 位数学家不知道他在说什么[1]。这个房间标志着已被废止的赫伯特·亚德里密码局有了新的办公地点。亨利·史汀生认为他已经关闭了赫伯特·亚德里密码局，但其实它只是被置于新的管理之下。亚德里对日本编码和密码方面的工作现在由陆军的密码分析人员来管理。

9.3　对日本外交密码——红密的密码分析

1930 年，是罗列特、辛可夫、库尔伯克和赫特为弗里德曼工作的那一年，A 型密码机（Angooki Taipu A）被日本外交部投入使用。美国破译者将这种机器叫作"红密（Red）"，还有其他的日本密码机都得到对应的颜色代码名称。我们不详细解释它是如何工作的，简单来说，它扮演了密码分析员的角色，只接收从这个新密码系统中拦截到的信息。为了使事情简化，本书中加密的信息都是英文的，所举例子实际上是英国在第二次世界大战期间使用的训练演习[2]。

密文：

```
EBJHE   VAWRA   UPVXO   VVIHB   AGEWK   IKDYU   CJEKB   POEKY   GRYLU
PPOPS   YWATC   CEQAL   CULMY   CERTY   NETMB   IXOCY   TYYPR   QYGHA
```

1　ROWLETT F B. The Story of Magic: Memoirs of an American Cryptologic Pioneer[M]. Laguna Hills, CA: Aegean Park Press, 1989: 6-35.

2　在 DEAVOURS C, KRUH L. Machine Cryptography and Modern Cryptanalysis[M]. Dedham, MA: Artech House, 1985: 213-215 中可以找到作者的解决方案。

```
HZCAZ  GTISI  YMENA  RYRSI  ZEMFY  NOMAW  AHYRY  QYVAB  YMYZQ
YJIIX  PDYMI  FLOTA  VAINI  AQJYX  RODVU  HACET  EBQEH  AGZPD
UPLTY  OKKYG  OFUTL  NOLLI  WQAVE  MZIZS  HVADA  VCUME  XKEHN
PODMA  EFIMA  ZCERV  KYXAV  DCAQY  RLUAK  ORYDT  YJIMA  CUGOF
GUMYC  SHUUR  AEBUN  WIGKX  YATEQ  CEVOX  DPEMT  SUCDA  RPRYP
PEBTU  ZIQDE  DWLBY  RIVEM  VUSKK  EZGAD  OGNNQ  FEIHK  ITVYU
CYBTE  LWIBC  IROQX  XIZIU  GUHOA  VPAYK  LIZVU  ZBUWY  ZHWYL
YHETG  IANWZ  YXFSU  ZIDXN  CUCSH  EFAHR  OWUNA  JKOLO  QAZRO
QKBPY  GIKEB  EGWWO  LRYPI  RZZIB  YUHEF  IHICE  TOPRY  ZYDAU
BIDSU  GYNOI  NQKYX  EFOGT  EOSZI  PDUQG  UZUZU  LVUUI  YLZEN
OWAAG  WLIDP  UYXHK  OHZYI  BKYFN
```

在这个密文中，A、E、I、O、U 和 Y 占总数的 **39%**，它们在密文中的分布类似于明文中的元音。因此，加密过程似乎是将元音加密成元音，将辅音加密成辅音，但是单个字母的频率和重合指数都表明它不是简单的单表代换密码。经过一些进一步的研究，我们发现似乎有些同构性（由相同的明文经不同加密得来）[1]：

```
VXOVVIHBAGEWKIKD    SKKEZGADOGNN    BYRIVEM      QXXIZIUG
LNOLLIWQAVEMZIZS    GWWOLRYPIRZZ    PYGIKEB      RZZIBYUH
PRYPPEBTUZIQDEDW
```

我们列出所有辅音，因为它们似乎是与元音组分开加密的：

BCDFGHJKLMNPQRSTVWXZ（20 个辅音）

看 3 组同构中最长的一组，我们发现一些有趣的地方：

1.LNOLLIWQAVEMZIZS

PRYPPEBTUZIQDEDW

结合我们的辅音字母表可以看出，从上方字符串的任何辅音到正下方字符串的辅音的距离都是 3。这不可能是巧合：

2.VXOVVIHBAGEWKIKD

LNOLLIWQAVEMZIZS

这一组字符串的距离始终是 12。比如说，我们从 V 开始，通过辅音字母 W、X 和 Z 向前移动，然后再回到字母开头，直到到达 L。同样地，这也不可能是巧合。

这个攻击应该让你回忆起卡西斯基对维吉尼亚密码的攻击（但这里使用的是同构而不是相同的密文片段），这表明辅音的基本代换字母表只是简单的位移，用

---

1 一般来说，如果一个字符串可以通过单表代换转换成另一个，则称 2 个字符串是同构的。 同构型攻击已被用于其他各种密码系统，包括赫本机器（参见 DEAVOURS C A. Analysis of the Hebern cryptograph using isomorphs[J]. Cryptologia, 1997, 1(2): 167-185）。

来创建各种不同的加密。因此，我们的代换表应该是这样的：

BCDFGHJKLMNPQRSTVWXZ   明文

1. BCDFGHJKLMNPQRSTVWXZ   密文表 1
2. CDFGHJKLMNPQRSTVWXZB   密文表 2
3. DFGHJKLMNPQRSTVWXZBC   ⋮
4. FGHJKLMNPQRSTVWXZBCD
5. GHJKLMNPQRSTVWXZBCDF
6. HJKLMNPQRSTVWXZBCDFG
7. JKLMNPQRSTVWXZBCDFGH
8. KLMNPQRSTVWXZBCDFGHJ
9. LMNPQRSTVWXZBCDFGHJK
10. MNPQRSTVWXZBCDFGHJKL
11. NPQRSTVWXZBCDFGHJKLM
12. PQRSTVWXZBCDFGHJKLMN
13. QRSTVWXZBCDFGHJKLMNP
14. RSTVWXZBCDFGHJKLMNPQ
15. STVWXZBCDFGHJKLMNPQR
16. TVWXZBCDFGHJKLMNPQRS
17. VWXZBCDFGHJKLMNPQRST
18. WXZBCDFGHJKLMNPQRSTV
19. XZBCDFGHJKLMNPQRSTVW
20. ZBCDFGHJKLMNPQRSTVWX

但是，上面的结果并没有说明我们要从密文表 1 开始，而是可以从这张表的任何地方开始。和用暴力攻击凯撒移位密码类似，我们可以简单地尝试第一条线的 20 个可能的起始位置。为了节省空间，我们删除每 5 个一组密文后面人工添加的空格，并对密文中的每一个字符，用 20 个密码表一个一个地处理。

开始密文：

     EBJHEVAWRAUPVXOVVIHBAGEWKIKDYUCJEKBPOEKYGRYLU

1. -ZGD-P-NH--BGH-CB-KC-F-SF-CT--PT-SJV--M-GQ-H-
2. -XFC-N-MG--ZFG-BZ-JB-D-RD-BS--NS-RHT--L-FP-G-
3. -WDB-M-LF--XDF-ZX-HZ-C-QC-ZR--MR-QGS--K-DN-F-
4. -VCZ-L-KD--WCD-XW-GX-B-PB-XQ--LQ-PFR--J-CM-D-
5. -TBX-K-JC--VBC-WV-FW-Z-NZ-WP--KP-NDQ--H-BL-C-
6. -SZW-J-HB--TZB-VT-DV-X-MX-VN--JN-MCP--G-ZK-B-

```
 7.  -RXV-H-GZ--SXZ-TS-CT-W-LW-TM--HM-LBN--F-XJ-Z-
 8.  -QWT-G-FX--RWX-SR-BS-V-HV-SL--GL-KZM--D-WH-X-
 9.  -PVS-F-DW--QVW-RQ-ZR-T-JT-RK--FK-JXL--C-VG-W-
10.  -NTR-D-CV--PTV-QP-XQ-S-HS-QJ--DJ-HWK--B-TF-V-
11.  -MSQ-C-BT--NST-PN-WP-R-GR-PH--CH-GVJ--Z-SD-T-
12.  -LRP-B-ZS--MRS-NM-VN-Q-FQ-NG--BG-FTH--X-RC-S-
13.  -KQN-Z-XR--LQR-ML-TM-P-DP-MF--ZF-DSG--W-QB-R-
14.  -JPM-X-WQ--KPQ-LK-SL-N-CN-LD--XD-CRF--V-PZ-Q-
15.  -HNL-W-VP--JNP-KJ-RK-M-BM-KC--WC-BQD--T-NX-P-
16.  -GMK-V-TN--HMN-JH-QJ-L-ZL-JB--VB-ZPC--S-MW-N-
17.  -FLJ-T-SM--GLM-HG-PH-K-XK-HZ--TZ-XNB--R-LV-M-
18.  -DKH-S-RL--FKL-GF-NG-J-WJ-GX--SX-WMZ--Q-KT-L-
19.  -CJG-R-QK--DJK-FD-MF-H-VH-FW--RW-VLX--P-JS-K-
20.  -BHF-Q-PJ--CHJ-DC-LD-G-TG-DV--QV-TKW--N-HR-J-
```

现在有一个小小的惊喜，对于只有元音缺失的明文，以往我们会简单地阅读每一行，但这次我们不能这么做了！再次检查没有发生错误。我们发现第 10 行开始有希望，但是下一步就失败了。仔细看第 10 行以及附近的行，我们可以发现 INTRODUCTION 这个词似乎从第 10 行开始，但是中断了，然后在第 11 行又继续。

```
 7.  -RXV-H-GZ--SXZ-TS-CT-W-LW-TM--HM-LBN--F-XJ-Z-
 8.  -QWT-G-FX--RWX-SR-BS-V-HV-SL--GL-KZM--D-WH-X-
 9.  -PVS-F-DW--QVW-RQ-ZR-T-JT-RK--FK-JXL--C-VG-W-
10.  -NTR-D-CV--PTV-QP-XQ-S-HS-QJ--DJ-HWK--B-TF-V-
11.  -MSQ-C-BT--NST-PN-WP-R-GR-PH--CH-GVJ--Z-SD-T-
12.  -LRP-B-ZS--MRS-NM-VN-Q FQ-NG--BG-FTH--X-RC-S-
13.  -KQN-Z-XR--LQR-ML-TM-P-DD-MF--ZF-DSG--W-QB-R-
```

另一个位移发生在后面的第 11 行到第 12 行。这些位移被称为步进行为。步进行为是红密码机的机制，我们对这种机制进行详细的分析，使这种机制表现得更清楚。

现在就很容易填写元音和分隔符了：

INTRODUCTION STOP NEW PARAGRAPH EACH OF THE EXERCISE（S）…

STOP 这个词表明这个消息是以电报业务的形式出现的（电报会在每句话的结尾加上 STOP 单词表示间隔——译者注）。如果再多一个密文字母，我们甚至能够完成最后一个单词。现在可以重新看一下元音加密，元音字母代换是使用混合位移密文表"AOEUYI"和各种不同的变化来完成的，和辅音字母表类似。

将元音加密成元音和辅音加密成辅音显然是不科学的。显然地，日本人这样做的动机纯粹是经济原因，因为有线传输服务对能发音的文本收费低。

"and"在日语中是"oyobi"，它有不寻常的元音、元音、元音、辅音、元音结构，因此在元音加密成元音和辅音加密成辅音的情况下，密码分析者可以很容易地在一个密文中找到这个单词，然后记下加密过程中透露的任何信息。

1934 年 11 月，英国人破解了红密，并在 1935 年 8 月制造了一台机器来模拟它。美国陆军密码分析师在 1936 年底破译了这个机器，并花了两年的时间来制作一个自己的模拟器[1]。弗兰克·罗列特与所罗门·库尔伯克合作，为美国人制作模拟器提供了关键的技术。

在上面的例子中，我们使用了熟悉的 26 个字母的字母表。然而实际上拦截的信息是日文的，因此密文也是如此。因为传统的日文书写方式不适合电子传输，所以首先用拉丁字母写出日文，然后加密，最后传送[2]。

人们在破译这些信息时，不需要知道机器实际上是如何加密的，事实上，有多种可能的方式来实现红密。日本人用一个齿轮驱动两个"半转子"来实现这种加密。典型的例子就是，转子单元将每个字母向前移动一个位置，从而使字母前移。但是存在可以被移除的针脚，导致转子单元在该位置前进多一个位置。这就是我们在上面例子中提到的步进行为的机制。可以移除两个相邻的针脚来使字母前进三个位置。红密的美国版本使用了两个转子，用于恢复被截获的信息的明文[3]。

上面分析的样本密文是通过忽略红密的另一个组件——插板来简化的。插板的效果相当于对维吉尼亚方形表中的明文和密文执行了单表代换。插板连接每天更换。随着这个"每日序列"的使用逐渐被人所知，对它的破解也成为密码分析过程的一部分。和恩尼格玛一样，这台机器及其使用方式的改变贯穿于它整个使用期间。以上内容只是为了传达大致的想法。

9.3.1 橙密

美国人采用代号"橙密（Orange）"来称呼日本海军使用的红密机变体。这台机器加密的是日文的假名，而不是罗马字母。美国对橙密的破解首次出现于 1936 年 2 月[4]，美国海军中尉杰克·S·霍尔特维克制造了一台机器破译这个海军变体[5]。

1　SMITH M. The Emperor's Codes: The Breaking of Japan's Secret Ciphers[M].New York: Penguin Books, 2002:46-47.

2　日本人称之为 romaji（罗马字系统），现在还是这么称呼的。

3　DEAVOURS C, KRUH L. Machine Cryptography and Modern Cryptanalysis[M]. Dedham, MA: Artech House, 1985.

4　SMITH M. The Emperor's Codes: The Breaking of Japan's Secret Ciphers[M]. New York: Penguin Books, 2002: 35.

5　KAHN D. The Codebreakers[M]. 2nd ed., New York: Scribner, 1996: 20，437. 或 DEAVOURS C, KRUH L. Machine Cryptography and Modern Cryptanalysis[M]. Dedham, MA: Artech House, 1985: 11.

英国人甚至更早就破译了这个系统：休米·福斯和奥利弗·斯特雷奇在 1934 年 11 月[1]为英国做到了这一点。然而，成功只是暂时的。日本人最终换用了更安全的机器——B 型密码机[2]（Angooki Taipu B）。

9.4 紫密：怎么运行的

美国密码分析者继续使用颜色来作为各种密码机的代号，但是到了日本推出 B 型密码机的时候，彩虹颜色（红、橙、黄、绿、蓝、青和紫）全部被使用。新的机器密码被称为"紫密（Purple）"，这似乎是当时最合适的选择，但很快将需要更多的颜色。日本的紫密是一台机器，所以在这个意义上它和红密、恩尼格玛一样。但是，你将会看到，紫密的内部运作与前两者完全不同。那么，紫密究竟是如何工作的？图 9.4 所示的内容将有助于弄清下面的描述。

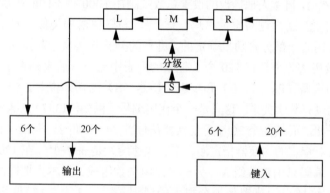

图 9.4 紫密的原理

键入的字符立即被插板进行置换，接着将把字符分成大小不等的两组——6 个和 20 个[3]。如果一个字母属于上述 6 个之中，那么它通过 S 中的 25 条路径之一，每个路径都是一个（在这 6 个字母之间的）置换。路径按序循环使用（由电话交换机控制，而不是像红密和恩尼格玛那样的转子）。然后通过另一个插板后获得输出。

如果输入的字母不在这 6 个之中，则它在返回到原理图左侧的插板之前，

1　SMITH M. The Emperor's Codes: The Breaking of Japan's Secret Ciphers[M]. New York: Penguin Books, 2002: 34-35.

2　也被称为"97-shiki-obun In-ji-ki"，翻译过来就是"字母打字机 97"，97 的意思是指它第一次被开发的那一年——日本历为 2597 年，公元 1937 年。

3　不像红密，紫密的 6 个字母不一定是元音，它们可以是任意的 6 个字母，每天更换。实际上，这个创新是和红密不同的地方之一。

沿着贯穿 R、M 和 L 的路径行进。R、M 和 L 每个路径都包含 20 个字母间的 25 个置换，但是这些置换不是简单地按序循环。相反，一个步进机制决定了轮换方式。这个步进机制受到 S 的影响。细节随后说明，但是我们首先注意到 R、M 和 L 的不同点在于，一个缓慢切换，另一个快速切换，第三个以一个中间（中等）速度切换。这里的速度指的是循环所有 25 个置换所花费的时间，而不是单次切换的速度，单次切换的速度都一样。R、M 和 L 切换的速度是密钥的一部分。

如果我们把 S、R、M 和 L 里的置换标记为 0～24，那么我们就有：

- 如果 S 在 23 这个位置，中速切换器在 24 这个位置，慢速切换器切换一次；
- 如果 S 在 24 这个位置，中速切换器切换一次；
- 在其他的情况下，快速切换器切换一次。

紫密的周期比恩尼格玛稍短，恩尼格玛在回到开始前要经过 16 900 个置换，而紫密一次循环只有 $25^3 = 15\,625$ 个。当然了，紫密中 6 字母组的周期只有 25。

和恩尼格玛一样，插板的设置是事先确定的，且对于某一天的所有用户来说都是相同的。然而，日本人把插板的设置总数限制在 1000 种不同的接线中（选自 26! 个可能，不需要互逆，这与恩尼格玛一样）[1]。与恩尼格玛类似，对于任何给定的消息，紫密密钥的一部分是随机确定的，并作为开头与密文一起发送。该部分是一个 5 位数，最初从一个具有 120 个 5 位数的列表中选出（后来列表中有 240 个），它代表每个切换器（R、M、L）和步进切换器（S）的初始位置。5 位数和它所代表的设置之间没有数学关系。这只是一个代码编号。例如，13579 意味着 6 字母切换器从位置 3 开始，而那 3 个 20 字母切换器从位置 24、8 和 25 开始，20 字母切换器的转动分配（对特定的切换器指定慢、中、快速度）是 3–2–1[2]。在 120 个 5 位数编码中，有一半编码只由奇数组成，另一半只由偶数组成。日本人把机器的初始设置人为地限制到这样小的范围是一个很大的错误。对于 3 个 20 字母切换器和一个 6 字母切换器来说，每个切换器都有 25 种可能的设置，我们有 $25^4 = 390\,625$ 种可能性。

日本人在如何使用紫密这一方面做了一些明智的选择。一个是使用填充来加密 5 位数密钥。因此，使用相同密钥的消息不会有相同的密钥指示。另一个明智的决定是先编码消息，然后用紫密加密它们，但是他们用的是商用菲利普编码，这不是个最好的选择[3]！

1　SMITH M. The Emperor's Codes: The Breaking of Japan's Secret Ciphers[M]. New York:Penguin Books, 2002: 68.

2　FREEMAN W, SULLIVAN G, WEIERUD F. Purple revealed: simulation and computer-aided cryptanalysis of Angooki Taipu B[J]. Cryptologia, 2003, 27(1): 38.

3　SMITH M. The Emperor's Codes: The Breaking of Japan's Secret Ciphers[M]. New York: Penguin Books, 2002: 68.

由于大的密钥空间对安全性至关重要，因此我们应该注意紫密的整个密钥空间会由各种各样的值给出，这取决于我们如何进行计算。确定紫密的密钥空间需要我们做出几个主观选择。例如，应该考虑所有可能的插板设置，还是将其限制为实际使用的 1 000？我们应该考虑切换器所有可能的初始位置，还是只是日方允许使用的 120（后来的 240）？我们应该考虑所有可能的内部接线吗？密码分析者必须确定这些，但是一旦机器组装完成，日本人就不能改变它们了，所以可以说它们不是密钥的一部分。因此，在文献中可以找到密钥空间的一系列值并不奇怪。史蒂芬·J·凯利给出的值是 1.8×10^{138}，这比三转轮恩尼格玛的密钥空间大得多[1]。马克·斯坦普分配给各个因素的值更为保守，提出将 $2^{198} \approx 4 \times 10^{59}$ 作为密钥空间[2]。这两组数字截然不同。然而，即便在今天，这个较小的值也大到足以抵抗暴力攻击了。所以，密钥空间是绝对够大了，但这不是紫密最终被证明不安全的原因。

9.5　紫密的密码分析

与许多经典密码一样，对紫密密文进行频率分析，可以提供有用的信息，这使密码分析工作有了眉目。划分出的那 6 个字母，每个字母的频率约等于这一组的平均值，因为在进行 25 个换位的过程中，每个字母以大致相等的可能性被换为 6 字母组中的任何字母。同样地，20 字母组中的每一个字母被 20 个字母等概率代替。因此，这一组中的每个字母在密文中也具有大致相同的频率。

作为一个实验，在一个容器中放置字母块，晃动容器然后选择 6 个。按字母表的顺序，比如这 6 个字母是 A、E、J、L、V 和 Z。这样一来，这个集合恰巧包含最常见和最罕见的英文字母。根据 2.5 节中的频率表，本组字母的平均频率为 4.366 6。对于其余 20 个字母，它们的平均频率为 3.7，相差 0.666。

这就让我们可以区分 6 字母组和 20 字母组。在计算出频率之后，我们分离出 6 个最频繁或 6 个最不频繁的字母作为 6 字母组（无论是哪个集合，看起来都与其他的频率形成强烈反差），并且假设这些是真实的 6 字母组。其余的字母就属于 20 字母组。

罗列特的团队具有一个优势，即他们在攻击紫密之前曾经破译过红密，

1　KELLEY S J. Big Machines[M]. Laguna Hills, CA: Aegean Park Press, 2001: 178.

2　STAMP M, LOW R L. Applied Cryptanalysis: Breaking Ciphers in the Real World[M]. Hoboken, NJ: John Wiley & Sons, 2007: 44-45.

所以他们熟悉字母表 6 与 20 的划分。6 字母组简单些，其周期只有 25 个周期，因此先恢复 6 字母组。20 字母组更困难，但许多因素对密码分析者起了有利作用。

对于日本人来说，从红密转为紫密是一步好棋，但是他们却采用了最糟糕的方式——慢慢进行转变。在理想情况下，这会出现一个突然变化，例如某个特定日期的午夜一到，所有人都会转而使用新的密码。日本人在这个缓慢的转变上花了几个月的时间，这意味着许多用紫密发出的信息也用红密发送到那些尚未进行转变的地方。由于红密已经被破解，这使密码分析者能够将这些明文与紫密系统中相应的密文进行比较。换句话说，他们有大量的"嫌疑明文（Crib）"！那些没有用红密发送的信息，也会因为含有日本人使用的定型短语和报文编号而泄露部分明文。另外，日本人有时会发送美国国务院公报的加密副本，所以密码分析员在获取明文方面没有任何困难[1]。

利奥·罗森是麻省理工学院电子工程专业的一员，也是密码分析团队的一员，他在 1939 年 9 月有一个重要的发现。他在看机电产品目录的时候，意识到电话步进开关可以用来完成代换。因为当时没有以这种方式工作的商业可用的密码机，所以这不是一个显而易见的解决方案！

即使在罗森的洞察力和日本人无意中提供的帮助下，20 字母组的周期大到 $25^3 = 15\ 625$，恢复它们也是困难的。然而，吉纳维芙·格罗贾恩认识到，在只有 25 个字母组成的间隔之间可以找到一种关系。重构代换表的一些例证能更清楚地理解她的发现。

图 9.5 显示了紫密字母表中的一种模式。假设第一个字母表中 A 加密为 U，接着到第 26 个字母表（即循环 2 的第一个字母表）时 A 被加密为 H。那么，在第 2 到第 25 个字母表中，无论哪个字母被加密为 U，在循环 2 的第 2 到第 25 个字母表中都会被加密为 H。其他所有字母也是如此。因此，知道循环 1 的第 1 到第 25 个字母表和循环 2 的第 1 个字母表，就揭示出循环 2 里其余 24 个字母表。在真正的密码分析中，这个过程不会如此有序。密文里充满了循环，就像一个拼图一样，每个循环中的一些值可以从之前的嫌疑明文中知道，从而允许在其他循环中填充相应的值。格罗贾恩发现了另一种模式（见图 9.6），其更有利于理解和利用密码分析。循环 2 中替换表的列与循环 1 中的是相同的，但进行了重新排序。对于特定的消息，哪种模式成立取决于该消息加密过程中慢速切换器的位置。格罗贾恩在 1940 年 9 月 20 日第一次发现了这种模式，1940 年 9 月 27 日紫密被完全破译。18 个月的紧张工作结束了。图 9.7 展示了罗列特、罗森和格罗贾恩的图像。

1　SMITH M. The Emperor's Codes: The Breaking of Japan's Secret Ciphers[M]. New York: Penguin Books, 2002: 70-71.

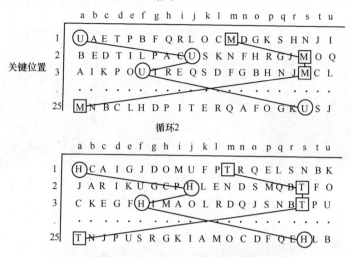

图 9.5　紫密的一种字母模式

（来自 BUDIANSKY S. Battle of Wits: The Complete Story of Codebreaking in World War II[M].
New York: Free Press, 2000: 354. 图片使用已获许可）

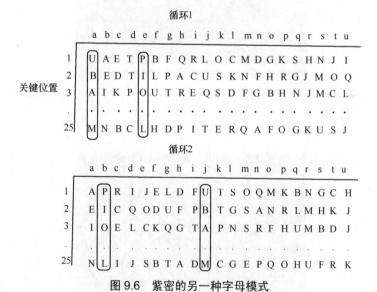

图 9.6　紫密的另一种字母模式

（来自 BUDIANSKY S. Battle of Wits: The Complete Story of Codebreaking in World War II[M].
New York: Free Press, 2000: 355. 图片使用已获许可）

成功破译紫密之后，弗里德曼精神崩溃，需要几个月的时间恢复，利奥·罗森领导建造了一个"紫密模拟"用来模拟日本机器（见图 9.8）。后来的美国版本如图 9.9 所示。这些重建的机器实际上比原始机器更好！他们在一些接触点使用

269

了黄铜，起初是用铜，但是铜会随着使用而磨损，然后经常产生乱码[1]。

图 9.7　弗兰克·罗列特、利奥·罗森和吉纳维芙·格罗贾恩

（美国国家密码博物馆馆员雷内斯坦授权使用）

图 9.8　原始的紫密装置已失传，图中为 1940 年紫密的模拟装置

（美国国家安全局授权使用）

图 9.9　雷内·斯坦，美国国家密码博物馆馆员，
一台 1944 年的紫密模拟装置放在后面

1　LEWIN R. The American Magic: Codes, Ciphers and the Defeat of Japan[M]. New York: Farrar Straus Giroux: 40.

9.6 魔术的实用性

"魔术"（Magic）是破译所截获的日本消息的代号。在珍珠港被日本袭击之前，魔术就已经在运转了。一直以来争论的问题是，这样的解密内容是否应该给予我们攻击的预警。普遍的观点是它们没有提供警告。没有紫密消息说珍珠港会遭到袭击。回顾一下，紫密是外交密码而不是军事密码。如果完全了解日本海军编码，可能会提供及时的警告，但那个用特定编码（JN-25）加密的消息当时只有部分被破译。大卫·卡恩在《破译者》的第一章详细研究了珍珠港事件，读者可以从中查阅更多的信息。在珍珠港之后的几年中，密码分析情报被证明是非常有价值的。下面按时间顺序详细列出了几个关键事件。

美国人最终成功地攻破了日本的海军密码 JN-25 及随后的密码，如 JN-25a 和 JN-25b。1942 年 5 月 14 日解密的 JN-25b 消息提供了大规模武装入侵 AF 的警告，这里 AF 代表消息中仍无法破译的部分。虽然没有明确的证据，但海军密码分析师约瑟夫·罗什福尔认为 AF 代表中途岛。尼米兹海军上将支持他的观点，但华盛顿特区认为阿留申群岛才是入侵目标。约瑟夫·罗切福特为了验证他的猜想，他让中途岛发出一条明语[1]，说他们的海水淡化厂已经坏了。之后，JN-25b 编码的日语消息很快被拦截，消息中包括了未知的代码组 AF。在插入已知代码组并翻译之后，消息是说 AF 缺水。因此，这个猜想被证实了[2]。山本五十六确实计划入侵中途岛，6 月 4 日在日军入侵中途岛时美军已经做好了准备。中途岛战役被证明是太平洋战争的转折点。在中途岛战役之前，美军从来没有取得胜利；在中途岛战役之后，美军再没有失败过。

1943 年 4 月 13 日发送的、使用最新版 JN-25 编码的消息为美国密码学家提供了山本五十六未来 5 天的行程，山本五十六为此付出了惨痛的代价。行程显示他离战区很近，尼米兹决定试图击落山本五十六的飞机。这有很大风险，如果日本人意识到美国海军知道在哪里找到山本五十六，那么他们就会立即改变海军密码。4 月 18 日，约翰·米切尔少校领导 16 架"P-38 闪电"组成的飞行编队，其中包括 4 名王牌飞行员，他们成功地完成了任务。由于山本上将对日本人十分重要，大卫·卡恩把对山本五十六的袭击形容为"相当于一次重大胜利[3]"。

导致山本五十六死亡的那条解码的消息是由海军特种部队队长阿尔瓦·拉斯

1　在一般情况下，这条消息是会被加密的，但是我们的假设使用日本可以破译的弱加密系统。

2　KAHN D. The Codebreakers[M]. 2nd ed., New York: Scribner, 1996: 569.

3　同上，第 595-601 页.

韦尔翻译的。虽然拉斯韦尔只是阿肯色州的一个农村孩子且只上过 8 年学，但是他作为一名海军成员到了日本并很快掌握了日语。"T 队长"汤姆·亨尼克特在歌曲《信号情报狙击手》（*The SigInt Sniper*）授予他"信号情报狙击手"的称号，以此来纪念阿尔瓦·拉斯韦尔的成就[1]。

阅读紫密发出的消息让盟军了解到德国和日本的计划。日本驻柏林大使大岛浩把详细信息传回东京。卡尔·博伊德写了一本书来研究从大岛浩手上获得的情报[2]。以下几段转自该书，这是大岛浩在 1943 年 11 月 10 日（距 1944 年 6 月 6 日——D 日入侵前 6 个月）用紫密加密发出的信息[3]：

> 法国海岸上德军所有的防御工事都非常靠近岸边，显然德国人打算粉碎任何敌人登陆的企图。

> 多佛海峡地区在德军的设防和军队部署中位居第一，诺曼底和布列塔尼半岛位居第二。德军认为其他的海岸部分没那么重要。尽管也无法全面排除英美两国在伊比利亚半岛降落后穿越比利牛斯山脉的可能性，但这个地区没有建立特别的防御体系。相反，机动部队留在了纳博讷和其他战略要地，万一出现紧急情况，这些部队就准备在比利牛斯山守住山口。

> 海防部队分布如下：

> （a）荷兰国防军（覆盖荷兰直至莱茵河口）——4 个师

> （b）第 15 军（覆盖莱茵河口到勒阿弗尔以西的地区）——9 个师

> （c）第 7 军（从勒阿弗尔延伸到卢瓦尔河南岸）——8 个师

> （d）第 1 军（从勒阿弗尔延伸到西班牙边界）——4 个师

> （e）第 19 军（覆盖法国地中海沿岸）——6 个师

有了如此细节的消息，大岛浩不知不觉地成了盟军的好朋友！

需要再次强调的是，美国的密码分析人员在战争结束之前没有见过日本密码机的任何部分就进行了破译的工作。因为这是一个纯粹的数学分析，许多人认为这个工作比恩尼格玛的密码分析更令人印象深刻。

图 9.10 是 3 件紫密机器幸存件中最大的一件。它是在 1945 年被摧毁的日本驻柏林大使馆里发现的，现在它在马里兰州米德堡的美国国家密码博物馆里。在紫密后面的照片中，可以看到大岛浩与希特勒握手。

杜鲁门总统授予威廉·弗里德曼功勋奖章，这是最高的总统平民奖。弗里德曼于 1955 年退休，于 1969 年 11 月 12 日去世。他被埋葬在美国阿灵顿公墓。弗兰克·罗列特荣获约翰逊总统颁发的美国国家安全勋章。

1　"SigInt Sniper (The Yamamoto Shoot Down)," The Hunnicutt Collection, White Swan Records, ASCAP Music, 2009.

2　BOYD C. Hitler's Japanese Confidant: General Oshima Hiroshi and Magic Intelligence, 1941-1945[M]. Lawrence: University of Kansas Press, 1993.

3　同上，第 186-189 页。

据估计，密码分析为太平洋战争节省了一年的时间。

———大卫·卡恩[1]

与讲述恩尼格玛的那章一样，关于密码分析的故事还有很多。日本人还有一台绿密机器，它是"商用恩尼格玛的一个相当奇怪的版本[2]"以及代号为珊瑚和玉的紫密变体。

美英两国的密码分析工作有重叠，但出现了一个基本的分工，英国人攻击德国人的编码和密码，而美国人主要关注日本人的编码和密码。在美英两国情报部门之间关系尚未稳定的情形下，他们就共享了各自的结果。11.10 节将会对此进行更详细的讨论。

图 9.10 日本紫密机器的一部分
（美国国家安全局授权使用）

9.7 密码员

多亏了纳瓦霍人，不然海军绝不可能占领硫磺岛！

———霍华德·M·康纳少校

有人说，多亏了美国人，不然日本人可能就会成为世界上最差的外语学生。所以也许美国人一再使用外语作为代码，而且他们对日本人的反击最为成功也就不足为奇了。这种代码的故事可以追溯到美国内战，北方军用匈牙利语迷惑南方军。

在第一次世界大战的最后一个月，印第安人开始担任密码员，但是和在南北

1 KAHN D. The Codebreakers[M]. 2nd ed., New York: Scribner, 1996: xi.
2 DEAVOURS C, KRUH L. Machine Cryptography and Modern Cryptanalysis[M]. Dedham, MA: Artech House, 1985: 212.

战争一样，这种语言代码并没有发挥主要作用。最初只有 8 个乔克托人当无线电操作员。他们隶属于法国北部 E·W·霍纳上校的第 141 步兵团 D 连[1]。在第一次世界大战结束之前，乔克托人密码员的数量已经增加到 15 人[2]。他们可以用自己的语言公开进行交流而不用顾忌敌人能够听懂，经过努力他们取得了成功。第 142 步兵团的 A·W·布鲁尔上校说："德国兵几乎没有任何机会能够翻译这些方言[3]。"包括科曼奇和苏族在内的其他一些印第安部落以及他们的母语在第一次世界大战中为密码战做出了贡献[4]。

语言中缺乏必要的军事术语引发了一些问题。印地安人的一些词语可以用于表示这些术语，但数量不多且并没有涵盖所有需要的东西。海军技术军士菲利普·约翰斯顿在第二次世界大战时找到了解决这个难题的方法[5]，通过采用密码字来表达印地安语中没有的术语，并拼出其他出现的单词、名字或位置，这些都是代码中没有的，因此密码员取得了更大的成功。约翰斯顿是一个传教士的儿子，他从 4 岁开始在纳瓦霍人的保留地住了 22 年。因此，他学会了他认为非常困难的语言。

约翰斯顿提出使用纳瓦霍语的理由并不完全是因为他自己的经验。他指出，尽管与其他部落相比其识字率较低，但纳瓦霍族人口规模接近 5 万人（是当时其他部落规模的两倍以上），这将使招募到所需的人数变得更加容易。克莱顿·B·沃格尔少校指出了使用纳瓦霍语的另一个优势[6]：

> 约翰斯顿先生说，纳瓦霍是美国唯一一个在过去的 20 年里没有被德国学生骚扰的部落。这些德国人以艺术学生、人类学家等身份的幌子研究各种部落方言，无疑对纳瓦霍以外的所有部落方言都有了很好的了解。因此，对于正在考虑的工作类型，纳瓦霍是唯一可以提供全部安全的部落。

但是这个想法会起作用吗？在战争之间试图学习印第安语的敌人不只是德国人。印地安事务局也雇佣过一些日本人。那么，面临无数由白人造成的痛苦，包括种族灭绝的威胁，纳瓦霍人为什么会愿意提供帮助？这是许多现代作家试图回答的问题。我会让纳瓦霍人自己回答。以下是 1940 年 6 月 3 日纳瓦霍族部落委员会在维克罗克一致通过的决议[7]：

> 鉴于，我们所代表的纳瓦霍部落委员会和 5 万纳瓦霍人民，不可否认现在世界面临着外来入侵威胁的危机，破坏我们对自由和利益极大的保留；
>
> 鉴于，没有比第一批美国人具有更纯粹的美国主义精神的人了；

---

1 SINGH S. The Code Book[M]. New York:Doubleday, 1999: 194-195.

2 MEADOWS W C. The Comanche Code Talkers of World War II[M]. Austin: University of Texas Press, 2002: 18.

3 同上，第 20 页。

4 同上，第 29 页。

5 约翰斯顿于 1941 年 12 月下旬（在珍珠港战役之后）提出了他的想法。

6 PAUL D A. The Navajo Code Talkers[M]. Pittsburgh, PA: Dorrance Publishing, 1973: 157.

7 PAUL D A. The Navajo Code Talkers[M]. Pittsburgh, PA: Dorrance Publishing, 1973: 2-3.

鉴于，通过在我们这样的少数群体中撒播叛变种子来企图破坏国家的做法已经成为惯例；

鉴于，我们现在注意到，我们人民中任何一个非美运动都会受到侮辱和严肃对待。

因此，现在我们决定，纳瓦霍印第安人像 1918 年那时一样做好准备，帮助和捍卫我们的政府及其机构免遭一切颠覆和武装冲突，并保证我们的忠诚，即承认少数人的权利和让我们成为最伟大种族的生活方式。

最终，540 名纳瓦霍人加入美国海军，其中 420 人是密码员[1]。

因为必要的军事术语缺乏对应的纳瓦霍语，所以需要通过创建易于记忆的密码字来弥补。坦克被称为乌龟，这是个很容易记住的密码字，因为乌龟有坚硬的壳。飞机变成了鸟等。基本的想法是约翰斯顿提出的，但纳瓦霍人自己想出了实际使用的密码字。

不属于密码字的单词可以拼写出来，例如专有名称和位置，或可能出现的任何其他内容。最初，字母表中每个字母都对应一个纳瓦霍字，但是，如果拼写出的单词具有容易识别的字母模式的话，例如 GUADALCANAL，敌人可能会猜到，因此很快就引入了频繁字母的代替表示[2]。表 9.1 中转载了扩展的字母表以及 411 个密码字中的一小部分。密码字的完整列表可以在各种关于纳瓦霍密码员的书中找到。

即使使用最初的代码（在扩展之前），测试表明不熟悉密码字的纳瓦霍人也不能破译消息[3]。使用自然语言的一个重要特点是提高了速度，没有冗长的查找代码组的过程来恢复原始消息。节约下来的时间（几分钟而不是几小时）显著提高了美军的战斗优势。扩展后的代码甚至更快，因为不必在纳瓦霍语或代码中拼出单词，因此时延更少，见表 9.1。而且，原始代码和扩展代码都比传统代码造成的错误更少。但是对于不知道这个秘密的同盟军来说，这确实造成了一些混乱。当纳瓦霍人第一次接收到瓜达尔卡纳尔的战斗电波时，其他一些美军就认为这是日本的广播。

关于纳瓦霍人在硫磺岛战役中的作用（见图 9.11），康纳少校是这么说的[4]：

整个行动是由纳瓦霍密码指挥的。我们的部队指挥官在一艘战列舰上，舰上发出的命令传达到登陆滩上的 3 个师指挥所，再传到下层梯队。我是第五师的信号官。最初的 48 小时里，在我们登陆并巩固我们的岸边阵地时，我有 6 个纳瓦霍无线电网络全天候运行。仅在这一时期，他们就发送并收到了 800 多条无误的信息。

1　同前页 5，第 117 页.

2　这个想法是由密码学家史迪威上尉想出来的。参见 PAUL D A. The Navajo Code Talkers[M]. Pittsburgh, PA: Dorrance Publishing, 1973: 38.

3　同上，第 30 页.

4　同前页 3，第 73 页.

图 9.11　硫磺岛上的美国海军公墓表明了胜利的代价，如果没有纳瓦霍人，
这个代价将会更高。后面是著名的国旗升起的场所——硫磺岛山

表 9.1　纳瓦霍密码员的字典

（修改于 1945 年 6 月 15 日，美国国防部解密文件 5200.9）

字母	纳瓦霍语	翻译	字母	纳瓦霍语	翻译
A	WOL-LA-CHEE	Ant	K	KLIZZIE-YAZZIE	Kid
A	BE-LA-SANA	Apple	L	DIBEH-YAZZIE	Lamb
A	TSE-NILL	Axe	L	AH-JAD	Leg
B	NA-HASH-CHID	Badger	L	NASH-DOIE-TSO	Lion
B	SHUSH	Bear	M	TSIN-TLITI	Match
B	TOISH-JEH	Barrel	M	BE-TAS-TNI	Mirror
C	MOASI	Cat	M	NA-AS-TSO-SI	Mouse
C	TLA-GIN	Coal	N	TSAH	Needle
C	BA-GOSHI	Cow	N	A-CHIN	Nose
D	BE	Deer	O	A-KHA	Oil
D	CHINDI	Devil	O	TLO-CHIN	Onion
D	LHA-CHA-EH	Dog	O	NE-AHS-JAH	Owl
E	AH-JAH	Ear	P	CLA-GI-AIH	Pant
E	DZEH	Elk	P	BI-SO-DIH	Pig
E	AH-NAH	Eye	P	NE-ZHONI	Pretty
F	GHUO	Fir	Q	CA-YEILTH	Quiver
F	TSA-E-DONIN-EE	Fly	R	GAH	Rabbit
F	MA-E	Fox	R	DAH-NES-TSA	Ram
G	AH-TAD	Girl	R	AH-LOSZ	Rice
G	KLIZZIE	Goat	S	DIBEH	Sheep
G	JEHA	Gum	S	KLESH	Snake
H	TSE-GAH	Hair	T	D-AH	Tea
H	CHA	Hat	T	A-WOH	Tooth
H	LIN	Horse	T	THAN-ZIE	Turkey
I	TKIN	Ice	U	SHI-DA	Uncle
I	YEH-HES	Itch	U	NO-DA-IH	Ute
I	A-CHI	Intestine	V	A-KEH-DI-GLINI	Victor
J	THELE-CHO-G	Jackass	W	GLOE-IH	Weasel
J	AH-YA-TSINNE	Jaw	X	AL-NA-AS-DZOH	Cross

（续表）

字母	纳瓦霍语	翻译	字母	纳瓦霍语	翻译
J	YIL-DOI	Jerk	Y	TSAH-AS-ZIH	Yucca
K	JAD-HO-LONI	Kettle	Z	BESH-DO-TLIZ	Zinc
K	BA-AH-NE-DI-TININ	Key			

Country	Navajo Word	Traslation	Country	Navajo Word	Translation
Africa	ZHIN-NI	Blackies	Iceland	TKIN-KE-YAH	Ice-land
Alaska[a]	BEH-HGA	With winter	India	AH-LE-GAI	White clothes
America	NE-HE-MAH	Our mother	Italy	DOH-HA-CHI-YALI-TCHI	Stutter[b]
Australia	CHA-YES-DESI	Rolled hat	Japan	BEH-NA-ALI-TSOSIE	Slant eye
Britain	TOH-TA	Between waters	Philippines	KE-YAH-DA-NA-LHE	Floating island
China	CEH-YEHS-BESI	Braided hair	Russia	SILA-GOL-CHI-IH	Red army
France	DA-GHA-HI	Beard	South America	SHA-DE-AH-NE-HI-MAH	South our mother
Germany	BESH-BE-CHA-HE	Iron hat	Spain	DEBA-DE-NIH	Sheep pain

Airplane	Nacajo Word	Translation	Airplane	Nacajo Word	Translation
Planes	WO-TAH-DE-NE-IH	Air Force	Fighter plane	DA-HE-TIH-HI	Hummingbird
Dive bomber	GINI	Chicken hawk	Bomber plane	JAY-SHO	Buzzard
Torpedo plane	TAS-CHIZZIE	Swallow	Patrol plane	GA-GIH	Crow
Observation plane	NE-AS-JAH	Owl	Transport	ATSAH	Eagle

Ship	Navajo Word	Translation	Ship	Navajo Word	Translation
Ships	TOH-DINEH-IH	Sea force	Destroyer	CA-LO	Shark
Battleship	LO-TSO	Whale	Trabsport	DINEH-NAY-YE-H	Man carrier
Aircraft	TSIDI-MOFFA-YE-HI	Bird carrier	Cruiser	LO-TSO-YAZZIE	Small whale
Submarine	BESH-LO	Iron fish	Mosquito boat	TSE-E	Mosquito
Mine sweeper	CHA	Beaver			

在二战时期的编码传输中，这段引文中的"无误的"部分并不是理所当然的。当利奥·马科斯于 1942 年为英国特别行动执行机构开始他的密码工作时，由于某些原因，特工发来的消息中无法阅读的消息占 25%。

使用纳瓦霍人作为密码员建立起的安全性非常差。战争结束前媒体上出现了一些报道。然而，如果没有像这样的泄露，这个项目可能永远不会存在！约翰斯顿解释了他是如何提出他的想法的[1]：

> 一天，一篇报纸上的故事引起了我的注意。路易斯安那州的一个装甲师在演习中尝试了一个秘密交流的独特思路。参战的人员中有几个是来自同一个部落的印第安人。他们的语言可能会为军事行动中最古老的问题提供一个解决办法——传达一个任何敌人无法理解的信息。

威廉·C·梅多斯将这个"报纸故事"暂时确定为 1941 年 11 月的《万能钥

1　JOHNSTON P. Indian jargon won our battles[J]. Masterkey, 1964, 38(1): 131.

匙》中的一个片段，其中有关段落如下[1]：

> 科学服务部门说，这次在南方的伟大演习中，陆军再次使用了一战中的惯用伎俩，即把印第安人的语言作为"代码"发送。第三十二师的3个单位有来自威斯康星州和密西根部落的印第安人小组，他们接收英语的指令，将指令转为只有同族人理解的语言进行广播，同族的收听者在接收端将消息翻译成英语。

> 印第安人自己必须克服某些语言上的困难，因为在他们的原始语言中没有很多必要的军事术语。其中一组巧妙地利用了步兵、骑兵和炮兵的帽绳和分别佩戴蓝色、黄色和红色徽章这一现象。因此，印第安人的"蓝色"这个词是指步兵，"黄色"是指骑兵，"红色"是指炮兵。印第安语的"乌龟"一词表示坦克。

文章接着指出17个（科曼奇）印第安人已经受过训练。

回想一下，约翰斯顿更喜欢纳瓦霍语，其中的一部分原因是德国人没有研究过它。然而，尽管德国人对其他方言进行了研究，美国军队在诺曼底登陆时使用了科曼奇密码员，德国人无法破解科曼奇密码员发送的消息[2]。科曼奇人招募为密码员时间比纳瓦霍人早了大约16个月，却少受关注，很大程度上是因为他们的人数要少很多。虽然有17个人接受过培训，但在欧洲服役的实际只有14人[3]。就像纳瓦霍人后来做的那样，科曼奇人也创造了他们自己的密码字（其中将近250个），结果使无密码字的科曼奇人无法理解这些信息。与纳瓦霍人相反，没有人试图保持科曼奇密码员的秘密，具有讽刺意味的是，与纳瓦霍人相比，现在了解科曼奇密码员的人寥寥无几[4]。

尽管安全性很差（例如，参见战争期间出现的参考资料部分），二战时代的密码员却非常成功。尽管衡量战争中任何单一部分的影响是困难的，这是由于存在其他许多可变因素，但是至少有一个统计数据确实表明其影响是巨大的。美国飞行员在使用纳瓦霍密码员之前面临53%的死亡率，后来这个数字下降到不到7%[5]。

在两次世界大战中，美国军方至少使用19个不同部落的印第安人，不论是否加了密码字，他们都是在讲他们自己的自然语言[6]。其中，值得一提的是霍皮人，他们也把自然语言和代码词混合起来，就像纳瓦霍人、科曼奇人和乔克托人一样。相信大部分部落并没有做到这一步。霍皮人首先在马绍尔群岛发射电波，接着是

1　MEADOWS W C. The Comanche Code Talkers of World War II[M]. Austin: University of Texas Press, 2002: 75.

2　同上，第 xv 页.

3　同上，第 80 页.

4　同上，第 108-109 页.

5　MCCLAIN S. Navajo Weapon: The Navajo Code Talkers[M].Tucson, AZ: Rio Nuevo Publishers, 2001: 118.

6　MEADOWS W C. The Comanche Code Talkers of World War II[M]. Austin: University of Texas Press, 2002: xv. 同上，第 68 页.

在新喀里多尼亚，然后是在莱特湾[1]。他们只有 11 个密码字。据了解，在纳瓦霍之后最多的密码员小组只有 19 个人，他们并没有使用密码字。大多数人对他们知之甚少，但像纳瓦霍这样相当多人的存在有助于讲述他们的故事。1968 年，对非秘密计划进行了正式解密之后，虽然各种密码员获得了荣誉，但退伍军人并不能一直得到公平对待。其中一个密码员在 1946 年 6 月 6 日的一封信中向菲利普·约翰斯顿抱怨[2]：

> 纳瓦霍人的情况非常糟糕，我们作为二战的退伍军人正在竭尽所能帮助贫穷的人。我们去了地狱，回来得到了什么？美国的人们告诉我们，我们不能投票！不能这样做，不能那样做！因为你不交税，也不是公民！在自愿对付那些无情和奸诈的敌人——日本人和德国人的时候，我们没有说我们不是公民！为什么？

直到 1948 年，美国亚利桑那州和新墨西哥州的印第安人才被允许投票。

9.8　好莱坞的密码员形象

密码员已经俘获了好莱坞的想象力。例如，"X 档案"第 2 季第 25 集（1995 年 5 月 19 日）的片头是一位纳瓦霍密码员的特写，并用纳瓦霍语"EL'AANIGOO' AHOOT'E"代替通常的"真相就在那里[3]"。在"时空女豪杰"第 1 季第 2 集（1998 年 10 月 3 日）中，纳瓦霍码密码员谋杀案让尼克和阿曼达再次相遇。

在 2002 年的电影《风语者》中，纳瓦霍码密码员身边配备了"保镖"，实际上保镖是奉命在可能被俘的情况下射击密码员。这是为了防止敌人使用酷刑来强迫囚犯说出密码的秘密。密码学历史学家大卫·哈奇声称，没有下达过这个命令，这样的安排是为了保护密码员，防止从未见过纳瓦霍人的友军把他们误认为是敌人。这是一个严重的问题。一些密码员被自己的部队"俘虏"了，这是其中一个原因[4]！另外一个人，哈里·蔡西被友军的火力打死了，虽然这似乎与他在战壕里的走动有关，因为命令是所有人都要坐下不要露出身体[5]。不论真实与否，《风语者》在拍摄之前就已经发出声明，这不仅仅是

1　同前页 6，第 68 页.

2　PAUL D A. The Navajo Code Talkers[M]. Pittsburgh, PA: Dorrance Publishing, 1973: 111.

3　这一集的标题是"Anasazi"。

4　PAUL D A. The Navajo Code Talkers[M]. Pittsburgh, PA: Dorrance Publishing, 1973: 85.

5　MCCLAIN S. Navajo Weapon: The Navajo Code Talkers[M]. Tucson, AZ: Rio Nuevo Publishers, 2001: 104. Ten other Navajo code talkers died in World War II.

编剧的创作。迪安·达雷特在"第二次世界大战的无名英雄：纳瓦霍密码员的故事"中提到过它[1]。

在一次错误身份证明的案例中，一群非纳瓦霍海军进驻到了一个日本曾占据的区域时，这群非纳瓦霍海军遭到兄弟部队中的炮击。当他们电报请求停止攻击时，兄弟部队的攻击还在继续。由于日本人经常在电波中模仿美国人，因此这些真正的美国人被认为是假的。最后，指挥问道："你那里有纳瓦霍人吗？"日本人不能模仿纳瓦霍人，当纳瓦霍人回答时，兄弟部队才停止攻击[2]。

乔·基耶米亚是纳瓦霍人但不是密码员，他在战争初期就被日军捕获了。起初，尽管他一再否认，但是日军始终认为他是一名日裔美国人。最终，当日军意识到印地安语被用作代码时，日军开始相信他实际上是纳瓦霍人，但日军不相信他无法理解代码信息。乔在"巴丹死亡行军"中幸存了下来，现在却面临更多折磨。但是乔无法告诉日军任何有用的信息。总之，他当了 1 240 天的战俘，在战争结束后被释放[3]。

图 9.12 所示的手办于 1999 年首次发布，是由真正的纳瓦霍语密码员山姆·比尔森配音，供应商描述如下[4]：

G·I·乔纳瓦霍密码员

"请求空中支援！""机枪攻击！"这个充满活力的 G·I·乔会说 7 种不同的惯用语——包括纳瓦霍语和英语！完整的设备清单包括迷彩头盔、军用腰带、手持通话装置、背式无线电、衬衫、裤子、靴子和 M-1 步枪。

在这个豪华版设备清单中（任何商店或产品目录中都不提供）有一个漂亮的 3 英寸铁质徽章，其描绘了一个著名地点的轮廓。为了帮助你掌握这个编码，我们还提供了一份全面的清单，这上面包含了纳瓦霍密码员实际使用的超过 200 个真实密码字（盖着"最高密级——机密"的章），包括英文单词，对应的纳瓦霍语和纳瓦霍语的含义！你知道"坦克驱逐舰"的直译是"乌龟杀手"吗？现在你可以使用纳瓦霍语密码字写秘密信息给你的朋友！（G. I. 乔，高 11 英寸）

价格：39.00 美元

图 9.12　一个密码员手办

1　DURRETT D. Unsung Heroes of World War II: The Story of the Navajo Code Talkers[M]. New York: Facts on File, 1998: 77. 感谢 Katie Montgomery 向我介绍了这个资源.

2　PAUL D A. The Navajo Code Talkers[M]. Pittsburgh, PA: Dorrance Publishing, 1973: 66.

3　MCCLAIN S. Navajo Weapon: The Navajo Code Talkers[M]. Tucson, AZ: Rio Nuevo Publishers, 2001: 119-121.

4　G-I-Joe-Navajo-Code-Talker[EB].

9.9 语言上口头代码的使用

本章的讨论集中在美国对密码员的使用，而加拿大在第一次世界大战中也使用了密码员，英国人在布尔战争中使用拉丁语[1]。莫伊·贝格也使用过拉丁语，他是一名棒球运动员、间谍，他在美国普林斯顿大学参加比赛时，在棒球内场与二垒手通过拉丁语传递秘密信息[2]。似乎有许多其他语言被用作口头密码的例子。图 9.13 所示的是关于这个主题的一些密码学幽默故事。

图 9.13　密码学幽默故事

参考文献和进阶阅读

日本的编码与密码

BOYD C. Hitler's Japanese Confidant: General Oshima Hiroshi and Magic Intelligence, 1941–1945[M]. Lawrence: University of Kansas Press, 1993.

BUDIANSKY S. Battle of Wits: The Complete Story of Codebreaking in World War II[M]. New York: Free Press, 2000.

CARLSON E. Joe Rochefort's War: The Odyssey of the Codebreaker Who Outwitted Yamamoto at Midway[M]. Annapolis, MD: Naval Institute Press, 2011.

1　MEADOWS W C. The Comanche Code Talkers of World War II[M]. Austin: University of Texas Press, 2002: 5.
2　DAWIDOFF N. The Catcher Was a Spy: The Mysterious Life of Moe Berg[M]. New York: Pantheon Books, 1994:. 34.

CLARK R. The Man Who Broke Purple: The Life of Colonel William F. Friedman, Who Deciphered the Japanese Code in World War II[M]. Brown, Boston: Little, 1977. 罗列特和其他人可以理直气壮地因这本书的标题感到气愤，因为破解紫密并非是一个人的独角戏；事实上，从现在的角度来看，相对于弗里德曼来说，罗列特应该为破解紫密贡献了更多。然而，罗列特为这本书写了一些亲切的评论。引用自 KRUH L. Reminiscences of a master cryptologist[J]. Cryptologia,1980, 4（1）：49）。克拉克写的这本书对弗里德曼有失公正，后者理应得到更好的评价。这本书应该由一些更清楚的人来写，清楚信号情报服务部门成立之后发生了什么的人。弗里德曼早年的职业生涯非常出色，但是这部文献对 1930 年之后的那段时期描写得非常少。美国密码分析的大量不合适的错误信息被记录下来了，不幸的是，像克拉克这样的成功作家挑选了这些不准确的材料和因此产生的错误结果，最终成为大家所接受的事实。

CLARKE CW. with introductory material from the editors of Cryptologia, From the archives: account of Gen. George C. Marshall's request of Gov. Thomas E. Dewey[J]. Cryptologia, 1983,7（2）：119-128. 对紫密密码分析成功的秘密并没有保证绝对的保密。杜威——罗斯福的政治对手，本来打算利用他对这项分析成功的了解，声称罗斯福本应预见到珍珠港的进攻；然而，马歇尔将军说服了杜威放弃了这个最有力的政治武器，以保持最大的利益——继续保密可以拯救更多的生命，并提前结束战争。

CURRIER P. My "Purple" trip to England in 1941[J]. Cryptologia, 1996, 20（3）：193-201.

DEAVOURS C, KRUH L. Machine Cryptography and Modern Cryptanalysis[M]. Dedham, MA: Artech House, 1985.

FREEMAN W, SULLIVAN G, WEIERUD F. Purple revealed: simulation and computer-aided cryptanalysis of Angooki Taipu B[J]. Cryptologia, 2003, 27（1）：1-43. 在本文中，作者提供了实现紫密的足够多的细节以及针对紫密的现代攻击方式。

JACOBSEN P H. Radio silence of the Pearl Harbor strike force confirmed again: the saga of secret message serial （SMS） numbers[J]. Cryptologia, 2007, 31（3）：223-232.

KAHN D. The Codebreakers[M]. 2nd ed., New York: Scribner, 1996. 第一章是关于珍珠港的，这本书的其他地方可以找到二战时期日本方面使用的代码与密码的更多信息。

KAHN D. Pearl Harbor and the inadequacy of cryptanalysis[J]. Cryptologia, 1991,15（4）：273-294. 来自格罗贾恩，卡恩曾经对他进行了采访。

KELLEY S J. Big Machines[M]. Laguna Hills, CA: Aegean Park Press, 2001.这本书的重点是恩尼格玛、紫密（以及它的前身）和 SIGABA——二战时期美军最高机密的密码机，从未被攻破。

KRUH L. The deadly double advertisements: Pearl Harbor warning or coincidence[J]. Cryptologia, 1979, 3（3）: 166-171.

KRUH L. Reminiscences of a master cryptologist[J]. Cryptologia, 1980, 4（1）: 45-50. 以下是本文的一些简短摘录：

似乎大多数作家在关心对其他国家密码的破解，但是相对于对其他国家的密码分析来说，是不是使自己国家的系统安全更重要一些？

对日本紫密分析的成功主要是由陆军的密码分析者们合作完成的。一开始，它是一个陆军—海军的项目，但是几个月之后，海军撤回了他们的密码分析资源来分析日军的海上系统。然而，海军还在继续提供一些拦截到的外交频道信息。首席信号官约瑟夫·O·莫博涅将军个人对紫密的工作非常关注，并且以最大的程度支持我们的工作，他喜欢把我们称作他的魔术师，并把我们破译信息的过程称为魔术。

弗里德曼在选拔和分配人员方面发挥了重要作用，并以兼任的形式参与了分析工作。

LEWIN R. The American Magic: Codes, Ciphers and the Defeat of Japan[M]. New York: Farrar Straus Giroux, 1982.

PARKER F D. The unsolved messages of Pearl Harbor[J]. Cryptologia, 1991,15（4）: 295-313.

ROWLETT F B. The Story of Magic: Memoirs of an American Cryptologic Pioneer[M]. Laguna Hills, CA: Aegean Park Press, 1989. 罗列特不仅是破译工作的参与者，而且他还描述得很好！这本书是概述二战时期密码破解环境最好的一本书。

SMITH M. The Emperor's Codes: The Breaking of Japan's Secret Ciphers[M]. New York: Penguin Books, 2002. 史密斯描述了英国人成功破解了日本的代码和密码，并指出他们是第一个破解日本外交密码机器和 JN-25 的。

STAMP M, LOW R M. Applied Cryptanalysis: Breaking Ciphers in the Real World[M]. Hoboken, NJ: John Wiley & Sons, 2007.

TUCKER D P （edited and annotated by MELLEN G:）. Rhapsody in Purple: a new history of Pearl Harbor, Part I[J]. Cryptologia, 1982,6（3）: 193-228.

WEIERUD F. The PURPLE Machine: 97-shiki-obun In-ji-ki Angooki Taipu B.

密码员

AASENG N. Navajo Code Talkers[M]. Markham, Ontario: Thomas Allen & Son, 1992.

ANON. Comanches again called for Army code service[N]. The New York Times,

December 13, 1940: 16.

ANON. DOD hails Indian code talkers[N]. Sea Services Weekly, November 27, 1992 : 9-10.

ANON. Pentagon honors Navajos, code nobody could break[N]. Arizona Republic, September 18, 1992: A9.

ANON. Played joke on the Huns[J]. American Indian Magazine, 1919,7（2）: 101. 这篇文章显示了苏族的本土语言在第一次世界大战所起的重要作用。这引用自 MEADOWS W C. The Comanche Code Talkers of World War II[M]. Austin: University of Texas Press, 2002 : 30.

BIANCHI C. The Code Talkers[M]. New York: Pinnacle Books, 1990. 这是一本小说。

BIXLER M. Winds of Freedom: The Story of the Navajo Code Talkers of World War II[M]. Darien, CT: Two Bytes, 1992.

BRUCHAC J. Codetalker: A Novel About the Navajo Marines of World War Two[M]. New York: Dial Books, 2005.

DAVIS JR G. Proud tradition of the Marines' Navajo code talkers: they fought with words—words no Japanese could fathom[J]. Marine Corps League, 1990,46（1）: 16-26.

DONOVAN B. Navajo code talkers made history without knowing it[N]. ArizonaRepublic, August 14, 1992: B6.

DURRETT D. Unsung Heroes of World War II: The Story of the Navajo Code Talkers[M]. New York: Facts on File, 1998.

GYI M. The unbreakable language code in the Pacific Theatre of World War II[J]. ETC: A Review of General Semantics, 1982,39（1）: 8-15.

HAFFORD W E. The Navajo code talkers[J]. Arizona Highways, 1989,65（2）: 36-45.

HUFFMAN S. The Navajo code talkers: a cryptologic and linguistic perspective[J]. Cryptologia, 2000,24（4）: 289-320.

JOHNSTON P. Indian jargon won our battles[J]. Masterkey, 1964,38（4）: 130-136.

KAHN D. From the archives: codetalkers not wanted[J]. Cryptologia, 2005,29（1）: 76-87.

KAWANO K. Warriors: Navajo Code Talkers[M]. Flagstaff, AZ: Northland, 1990.

KING J A. DOD dedicates code talkers display[J]. Pentagram, September 24, 1992: A3.

LANGILLE V. Indian War Call[J]. Leatherneck 1948,31-A（3）: 37-40.

LEVINE L A. Amazing code machine that sent messages safely to U.S. Army in war baffles experts: war tricks that puzzled Germans[N]. New York American, November 13, 1921. 这篇文章叙述了美国在第一次世界大战中使用的乔克托

密码员，引用自 MEADOWS W C. The Comanche Code Talkers of World War II[M].Austin: University of Texas Press, 2002: 23-24.

MARDER M. Navajo code talkers[J]. Marine Corps Gazette, 1945: 10-11.

MCCLAIN S. Navajo Weapon[M]. Boulder, CO: Books Beyond Borders, 1994.

MCCOY R. Navajo code talkers of World War II: Indian Marines befuddled the enemy[J]. American West, 1981,18（6）: 67-75.

MEADOWS W C. The Comanche Code Talkers of World War II[M]. Austin: University of Texas Press, 2002.这项全面的学术报告还包括了非常有用的附录，内容是关于美国所有纳瓦霍部落的数据，那些在第一次世界大战和第二次世界大战服役的密码员们。

PAUL D A. The Navajo Code Talkers[M]. Pittsburgh, PA: Dorrance Publishing, 1973.

PRICE W H. I was a top-secret human being during World War 2[N]. National Enquirer, February 4, 1973. 一般来说，National Enquirer 并不是一个可靠的来源！

SHEPHERDSON N. America's secret weapon[J]. Boy's Life, 1997: 45.

STEWART J. The Navajo at war[J]. Arizona Highways, 1943: 22-23.这篇文章（在战争还没有结束的时候就出版了）包含以下段落：

美国海军已经为战斗通信服务成立了一个特殊的纳瓦霍人通信服务组织，这个组织的成员进行以纳瓦霍语为代号的信号工作训练，这项通信计划曾经在第一次世界大战获得了巨大的成功。

日本人在战争结束之前能否发现这项通信计划还不得而知，但无论如何，他们确实已经知道一些他们无法理解的对话是用纳瓦霍语进行的。

THOMAS JR R. McG., Carl Gorman, code talker in World War II, dies at 90[N]. The New York Times, February 1, 1998: 27.

U.S. Congress, Codetalkers recognition: not just the Navajos[J].Cryptologia, 2002, 26（4）: 241-256. 这本书包含了 the Code Talkers Recognition Act. U.S. Marine Corps, Navajo Dictionary, June 15, 1945 的内容。

WATSON B. Navajo code talkers: a few good men[J]. Smithsonian, 1993,24（5）: 34-43.

WILSON W. Code Talkers[J]. American History, February 1997: 16-20, 66-67.

参考文献

一份包括未公开的（档案）参考书目可以在相关链接里找到。

参考视频

CHIBITTY C, CRAIG B, AGNEW B. American Indian Code Talkers [VHS]. Center for Tribal Studies, College of Social and Behavioral Sciences, Northeastern Oklahoma State University, Tahlequah, 1998.

CHIBITTY C, NOBLE D, NOBLE E, ESKEW J. Recollections of Charles Chibitty—The Last Comanche Code Talker [VHS]. Hidden Path Productions, Mannford, OK, 2000.

HAYER B, CORY H, WANDZEL M. Dine College, and Winona State University, Samuel Tso: Code Talker, 5th Marine Division [DVD]. Dine College, Tsaile, AZ, and Winona State University, Winona, MN, 2009.

MEADOWS W C. Comanche Code Talkers of World War II [VHS]. August 4, 1995. 这是一次关于科曼奇密码员罗德里克·雷德·艾克和查尔斯的采访视频，梅多斯既是主持人又是制片人，在美国俄克拉荷马大学的西方历史珍藏可以找到一份复件。

NAPBC. In Search of History: The Navajo Code Talkers [VHS]. History Channel and Native American Public Broadcasting Consortium, Lincoln, NE, 2006（一开始发布于 1998）。

RED-HORSE V. Director, True Whispers, The Story of the Navajo Code Talkers [DVD]. PBS Home Video, 2007（一开始发布于 2002）。

SAM D. TALAHONGVA P. BAUMANN C. The Power of Words: Native Languages as Weapons of War [DVD]. National Museum of the American Indian, Smithsonian Institution, Washington, DC, 2006.

TULLY B W. Director, Navajo Code Talkers: The Epic Story [VHS]. Tully Entertainment, 1994.

WRIGHT M. Code Talkers Decoration Ceremony, Oklahoma State Capitol, November 3, 1989 [VHS]. Oral History Collections, Oklahoma Historical Society, Oklahoma City, 1989.

第二部分
现代密码学

现在的密码技术主要分为两种：一种加密技术是防止你的朋友偷看你的文件；另一种加密技术是防止某些机构偷看你的文件。本书讨论的是后一种[1]。

1　SCHNEIER B. Applied cryptography[M]. 2nd ed., New York: John Wiley & Sons, 1996: xix.

第 10 章

克劳德·香农

在 8.7 节，我们简要地了解了艾伦·图灵，他被很多人称为计算机科学之父。如果说谁是美国版本的图灵，那一定就是克劳德·香农了（见图 10.1），他被称为信息理论之父。

10.1　关于克劳德·香农

艾伦·图灵和克劳德·香农除了对计算机领域的萌芽做出了贡献外，他们还都是无神论者，并且个性古怪（虽然香农在骑车的时候不会戴防毒面具，但是他有时会在贝尔实验室的大堂里骑独轮车做把戏）。香农于 1940 到 1941 年在美国普林斯顿高等研究院进行了为期一年的学术研究，图灵 1938 年在美国普林斯顿大学拿到了数学的博士学位。他们在二战时期相遇，当时图灵前往美国华盛顿给美国人分享密码分析技术，而香农那时候在贝尔实验室工作，于是两人就在咖啡厅相遇了。这两个人都致力于研究一个语音加密系统，最终该项目用于罗斯福总统和丘吉尔首相之间的战时通信。

图 10.1　克劳德·香农（1916—2001）

（美国麻省理工学院博物馆）

我们已经在前面的章节中使用了香农的一些结果。回想一下，是香农首先证明了一次一密在正确使用时是牢不可破的。此外，他想出了一种计算"唯一解"距离的方法，"唯一解"距离是指得到一个期望的"唯一解"时所需的密文长度。为了更充分地理解这个概念，我们必须首先考察香农如何将熵的概念应用在文本上。

10.2 熵

这个概念产生于一个简单的问题：一个给定的消息包含多少信息？如果一条消息符合我们的预期，则可以说，这条消息中包含的信息量少于另外一条不符合我们预期的消息中包含的信息量。例如，假设消息是一份天气报告，已知各种天气状况连同它们的概率如下：

$$M_1=晴天 \qquad 0.05$$
$$M_2=多云 \qquad 0.15$$
$$M_3=局部多云 \qquad 0.70$$
$$M_4=雨 \qquad 0.10$$

报告里的"晴天"比"局部多云"更让人意外，因此可以说是传达了更多的信息。

用 $I(M)$ 表示测量消息所传递的信息量的函数，其中 M 是消息。一般而言，如果 M_i 的概率大于 M_j 的概率，则有 $I(M_i)<I(M_j)$。此外，如果我们（在不同的日子内）收到两份天气报告，不论我们用什么方式衡量，所收到的信息总量都应是每份报告所提供信息的总和，即 $I(M_iM_j)= I(M_i)+ I(M_j)$。

函数 I 的输入看上去是消息，但 I 应该是关于消息概率的函数，即如果两条消息的可能性相等，则它们所包含的信息数量应该是相等的。我们也希望函数 I 随着概率的变化而持续变化。换句话说，一条消息的概率的极小变化不应该导致函数 I 的图像"跳跃性"（间断）变化。

你能想到任何符合上述条件的函数吗？

这就是香农考虑这个问题的方式。与其猜测一个公式，不如先制订如上所述的规则，然后寻找符合这些规则的函数。函数应当符合下面这个额外的规则：如果一个消息 M 的概率等于1，则没有真正的信息传递，这种情况就是 $I(M)=0$。

综合以上规则，香农发现基本只有一种函数满足他的条件，即对数的负数。因此，消息 M 中包含的信息量由以下公式给出：

$$-K \sum \log_2(M_i) \tag{10-1}$$

这里对消息的各个组成部分进行求和，并使用每个组成部分的概率作为 M_i 的值。例如，如果消息包含 7 份天气报告，我们将求这 7 项的和，以获取信息的总量。因为 K 可以是任意的正常数，所以这种方法有一定的灵活性，但是又因为 K 可以看作一个计量单位，香农把它取成 1。

香农以加权平均的形式展示了他的结果[1]。由下面给出的公式，你可以计算出从某个概率集合中选取的消息所传达的平均信息量，其中每个概率用 p_i 表示。

$$-\sum p_i \log_2(p_i) \tag{10-2}$$

例如，一份天气报告中，从上述 4 种可能性中选择，根据其概率，将有一个平均信息内容：

$-[0.05\log_2(0.05)+0.15\log_2(0.15)+0.70\log_2(0.70)+0.10\log_2(0.10)]\approx1.319$

但是，一份报告里可能包含比平均值或多或少的信息量，这取决于它到底是什么。在概率中，这种计算被称为数学期望。现在将简要讨论这种信息量的度量。

根据约翰·冯·诺伊曼的建议，香农将这种对信息的度量称为熵。因为没有人确切知道什么是熵，所以这种表示是有利的。香农采用 H 来表示上述函数，而不是使用 I（代表 Information）。

如果你试图利用计算器或计算机程序计算香农熵，你会很快遇到计算 2 的对数的问题。让我们来简单看看如何绕过这个困难。

$$y=\log_2 x \Leftrightarrow 2^y=x(\text{由定义可得}) \tag{10-3}$$

现在两边同时取 $\log_b$，你可以取 $b=10$（常用对数）或者 $b=e$（自然对数）或其他 $b>0$ 的底数。底数取 10 和 e，在计算器上分别有对应于它们的计算符号（分别为 log 和 ln）。这里将使用底数 $b=e$，符号是 ln。

$$\ln(2^y)=\ln(x) \tag{10-4}$$

利用对数的属性，我们可以将参数的指数放在前面：

$$y\ln(2)=\ln(x) \tag{10-5}$$

同除以 $\ln(2)$ 现在有：

$$y=\frac{\ln(x)}{\ln(2)} \tag{10-6}$$

因此，我们用底数 e 的对数代替了底数 2 的对数。顺便提一下，我们还得出了对数的换底公式。

1　SHANNON C. A mathematical theory of communication, 修订后在《贝尔系统技术期刊》上再版发表，分为 2 部分：Vol. 27, July/October, 1948: 379-423, 623-656。该结果请见论文第 11 页，证明请见论文第二部分的附录 2。

我们还可以改写最后一个方程，将 $y=\log_2 x$ 表示为：

$$y = \frac{1}{\ln(2)}\ln(x) \tag{10-7}$$

我们看到具有不同底数的对数函数仅相差常数倍。回想一下，香农熵的公式只由常数唯一确定，可以看出，这种灵活性相当于能够使用任何底数作为对数。考虑二进制数据计算时，底数为 2 特别方便；因此，选择 2 作为底数。不管我们采用什么进制的数据形式，如果要得到信息传递的平均速率，使用以 2 为底的对数得到的是以"每消息位数"或"每字符位数"为单位的熵。

英语的平均熵 H 可以用 26 个字母的概率来计算，如下式所示：

$$H = -\sum p_i \log_2(p_i) \tag{10-8}$$

但这实际上只是一个估计，因为还没有考虑字母组合带来的影响。诸如字母 Q 后面（几乎总是）跟字母 U、I 通常出现在 E 前面（除非 I 在 C 后面这些规则），表明了在英语中两个或三个字符组是有一定规则的。基于单字母频率的近似熵通常表示为 H_1。但 H_2 和 H_3 可以给出更好的估计，因为这些概率可以用于双字母词和三字母词。随着 N 增长，H_N/N 单调收敛到一个极限值（见表 10.1）。

表 10.1　不同语言的单字母、双字母、三字母熵

语言		H_1	H_2	H_3
英语				
	当代英语	4.03	3.32	3.1
	爱伦坡	4.100	3.337	2.62
	莎士比亚	4.106	3.308	2.55
	乔叟	4.00	3.07	2.12
德语		4.08	3.18	—
法语		4.00	3.14	—
意大利语		3.98	3.03	—
西班牙语		3.98	3.01	—
葡萄牙语		3.91	3.11	—
拉丁语		4.05	3.27	2.38
希腊语		4.00	3.05	2.19
日语		4.809	3.633	—
夏威夷语		3.20	2.454	1.98
伏尼契手稿		3.66	2.22	1.86

数据来源：BENNETT JR W R. Scientific and Engineering Problem-Solving with the Computer[M]. Englewood Cliffs, NJ: Prentice Hall, 1976: 140.

在香农将其应用于文本之前，熵的概念就存在于物理学中。为了理解物理学中的熵，首先必须了解系统中的不平衡会提供可用能量。例如，地板上的一堆砖

块没有提供有用的能量，但位于地板 10 英尺上方处的砖具有潜在的能量，其能量可用于在下降时做功。对应于地板上砖块的熵，空气中的砖块落地后，系统的熵增加。也就是说，熵对应于不能再使用的能量。另一个例子是办公室里的一杯热咖啡，它有能量可以使用，可以温暖双手，或用它来融化冰块。如果把一杯咖啡放在屋子里，除了稍微加热房间外，它的能量将慢慢消散，没有其他效果。一旦咖啡和房间达到平衡温度，就不会有剩余的可用能量，可以说熵量或"不可用能量"增加了。

很少有定理被科学家们自信地标记为定律，热力学第二定律是少有的几个定律之一。它阐述的是在封闭系统中熵必须增加；也就是说，如果没有外在能量添加到系统中（即系统是封闭的），则系统中不可使用能量的量必然随着时间而增加。换句话说，系统中的可用能量的数量必须减少。更进一步来说，一切可用能量都将随风而逝。

如表 10.1 所示，香农的"文本熵"也遵循这一规则。几个世纪以来，特定语言的熵在不断增加，这是因为在旧的语言中，不断会有新的语言产生。这是一个经验结果；换句话说，测量各种文本的熵的实验表明这是真实的，但对此我们却没有证明。不过，这是有道理的，因为随着语言的发展，其语言规则出现了很多例外，越来越多的词汇来自于外语。因此，字符组的频率分布趋于更均匀，即熵增加。这种现象可以用于粗略估计写作年代；然而，并非同一代甚至同世纪的所有作者都会在他们的作品中展现出相同的熵。例如，埃德加・爱伦・坡的著作比他同时代人的著作的熵更高[1]，这是因为他本人的词汇量非常大。

当所有字母出现的概率相等（1/26）时，H_1 取得最大可能值。有如下计算式：

$$H = -\sum \left(\frac{1}{26}\right) \log_2 \left(\frac{1}{26}\right) = -\sum \left(\frac{1}{26}\right) \frac{\ln\left(\frac{1}{26}\right)}{\ln(2)}$$

$$= -\frac{\ln\left(\frac{1}{26}\right)}{\ln(2)} \text{（因为我们在对26个字母求和）} \quad (10\text{-}9)$$

$$\approx 4.7$$

熵的思想也揭示出，对于一个 N 长的字符串，我们期望存在大约多少个有意义的字符串。答案是 2^{HN}。举个例子，在任意特定语言中，该结论可以用于估计给定长度的运动密钥加密算法的密钥空间。

几十年来，熵的思想在不同程度上对艺术（特别是文学）也是有影响力的。

---

1 BENNETT JR W R. Scientific and Engineering Problem-Solving with the Computer[M]. Englewood Cliffs, NJ: Prentice Hall, 1976: 140.

我见过的最好的例子是艾萨克·阿西莫夫的短篇小说《最后一个问题》，这篇小说可以在《Opus 100》小说集或其他地方找到[1]。流行文化中，有一个与熵有关的例子，是搞怪嘻哈艺术家 MC·霍金的歌曲"Entropy"。这首歌寓教于乐！

10.3 进一步讨论

与熵密切相关的是香农的冗余思想，这里表示为 D_N。简单来说，高熵（无序）对应低冗余度，低熵对应高冗余度。从数学角度而言，两者关系如下：

$$D_N = \log_2(26^N) - H_N \text{ 对应着长度为 } N \text{ 的消息的冗余度}$$

使用 26 字母的字母表[2]，正如 H_N/N 在 N 增加时收敛到极限值，D_N/N 在 N 增加时增加到极限值。

香农把英文中每个字母的的冗余度定义为 $D \approx 0.7$（十进制）。将这个值除以 $\log(26)$，得到英文的相对冗余度，约为 50%。因为香农选择忽略了空格，因此只需使用 26 个字母进行计算[3]，所以 $\log()$ 里的值是 26。香农解释了他对于英语冗余度的定义以及如何计算冗余度[4]：

> 在统计时不考虑超过 8 个字母的英语单词，普通英语的冗余度约为 50%。这意味着当我们写英文时，我们写的内容一半是由语言结构决定的，另一半是自由选择的。50% 这个数字是通过几种独立的方法发现的，这些方法都得到了相近的结论。一种方法是通过计算近似英语的熵。第二种方法是从英文文本样本中删除一定数量的字母，然后让某人尝试恢复。如果删除 50% 时可以恢复，则冗余一定大于 50%。第三种方法取决于密码学中的某些已知结果。

密码学家迪沃斯将 1.11 作为 D 的近似值，将其转换为相对冗余度是 78%[5]。虽然他没有解释他是如何得出这个更大的数值的，但是有一种可能性是他将空格作为字母表中的一个字符。由于空格几乎不改变一个句子的意义，因此它的存在增加了冗余度。在许多早期的写作中，即从古希腊语到中世纪时代，都不存在词

1　ASIMOV I. Opus 100[M]. Boston: Houghton Mifflin, 1969: 68-4. 故事最早发表在 Science Fiction Quarterly, November 1956，而 Nine Tomorrows (1959)、The Best of Isaac Asimov (1973)、Robot Dreams (1986)和 Isaac Asimov: The Complete Stories, Vol. 1 (1990)都转载了这个故事。

2　SHANNON C. Communication theory of secrecy systems[J]. Bell System Technical Journal, 1949, 28(4): 689.

3　同上，第 700 页。

4　SHANNON C. A mathematical theory of communication, 转载并更正在 Bell System Technical Journal, 分成 2 部分：Vol. 27, July/October, 1948: 379-423, 623-656. 结果显示在修订后的论文第 14-15 页。

5　DEAVOURS C. Unicity points in cryptanalysis[J]. Cryptologia, 1977, 1(1): 46. 还可以参考 SHANNON C E. Communication theory of secrecy systems[J]. Bell System Technical Journal, 1949, 28(4): 660.

间距。

在历史上，人们不只省略过词间距。《旧约》最初的希伯来版就没有写出元音字母。但这种语言的冗余性使它还是可以被读出来。

香农不仅专注于解决"重要问题"，而且将冗余思想应用于与密码学有关的大众娱乐[1]：

填字游戏的存在与语言的冗余度有关。如果冗余度为零，则任何字母序列都是合理的文本，任何二维字母数组都会形成一个填字游戏。如果冗余度过高，则语言对大型填字游戏的约束就太多了。更详细的分析表明，如果我们假设语言施加的约束具有相当混乱和随机的性质，那么当冗余度为 50% 时，则可以进行大型的填字游戏。如果冗余度是 33%，应该可以进行三维填字游戏等。

熵的思想在数据压缩中也有重要应用[2]：

源数据的熵与其可能具有的、但仍限于相同符号的最大值的比率，称为相对熵。这是当我们把数据编码到相同的字母表时，数据可能存在的最大压缩。

说到压缩，应该指出的是香农所做的工作在本章中已经被很大地压缩了。为了更全面看待其所做工作，我们鼓励读者继续阅读参考文献。

香农也提供了纠错码的理论背景[3]。这些纠错码与我们感兴趣的方面相反，它们通过引入额外的冗余来设法使消息更容易阅读。这样一来，残缺的消息仍然可以被恢复。密码学家的目标是尽量减少冗余。模式是一个密码分析师最好的朋友，所以一个好的密码应该掩盖它们的存在！

10.4 唯一解

在前面的章节中，我们提供了计算各种密码唯一解（密文被预期具有唯一解的密文长度）的公式。香农提供了计算这些数值的一般技术。我们可以通过 $U = \dfrac{\log_2 K}{D}$ 计算出唯一解 U 的值，其中 K 是可能的密钥数量，D 是消息中每个字

---

1 SHANNON C. A mathematical theory of communication, 转载并更正在 Bell System Technical Journal, 分成 2 部分：Vol. 27, July/October, 1948: 379-423, 623-656, 结果显示在修订后的论文第 15 页。

2 同前页 5，结果显示在修订后的论文第 14 页。

3 不过，我们需要在这方面小心谨慎，不要过多地推崇香农，因为它其实是利用了前人理查德汉明的工作。这份工作是在香农修订过的文章（SHANNON C. A mathematical theory of communication, 转载并更正在 Bell System Technical Journal, 分成 2 部分：Vol. 27, July/October, 1948: 379-423, 623-656.）的 28 页（引用了 27 页）上完成的。添加冗余来创建纠错码的一个非常简单的方法是每隔一段时间插入一个额外的比特作为奇偶校验（例如，每个比特块都有一个偶数和）。

母的冗余度。如果消息在加密之前被压缩，则 D 的值减小，从而 U 的值增大。因此，通过采取这个额外的步骤，将某些具有唯一解的消息变得模糊。如上所述，D 的值是凭经验确定的。像熵一样，不同的人对 D 的取值不同。

10.5 茫然与困惑

扩散和混淆是另一对由香农发现的、在现代密码学中发挥重要作用的概念。扩散意味着将每个明文字母的影响分散在几个密文字母上。例如，如果矩阵加密中使用的是 5×5 矩阵，则每个明文字母影响 5 个密文字母。如今的密码学家们希望这个效果可以同时受明文字母和密钥比特的影响。他们把自然的极限应用到了这个想法上，他们希望如果消息采取这种加密形式，那么改变一个消息字母或者是密钥的某一位，将会改变整个密文或大约一半的位。这种现象被称为雪崩效应，这是一个很形象的类比。这使密码分析更加困难，因为无法对密文碎片进行攻击，密文必须作为一个整体。在 5×5 矩阵加密的例子中，因为每个明文字母都会影响 5 个密文，所以我们不能像分析单表代换密码那样简单地选出字母 E。相反，我们每次必须分析 5 个字母。随着更大的扩散，密码分析可能成为一项成败在此一举的任务。

混淆意味着使明文和密文之间的关系变得复杂。这个想法最好用现代密码来说明，密码破译者知道大量的明文和相应的密文以及加密算法，也不能确定密钥。在现代系统中，通过代换进行混淆，通过换位获得扩散。一些较古老的系统，如第一次世界大战中德国密码 ADFGX 和 ADFGVX，既采用了代换也采用了换位，在计算机时代之前，这没有成为加密的标准方法。

香农注意到密码中使用过多混淆与扩散的缺点[1]：

> 虽然以这个原则构建的系统是极其安全的，但它们有一个严重的缺点。如果混合得非常好，那么误差传播很严重。一个字母的传输错误会影响解密时的多个字母。

我们将在 12.1 节和 19.3 节看到合并使用混淆和扩散来满足香农条件的现代加密系统的例子。

除了做出上述重要工作外，香农还花费时间追求更具娱乐性的其他项目。例如，火箭发动的飞盘、一个机动的弹簧棒、下棋的机器、解决魔方的机器、投掷火焰的喇叭以及只有一个开关的神秘盒子。当有人把这个盒子放在桌子上并拨动

1　SHANNON C. Communication theory of secrecy systems[J]. Bell System Technical Journal, 1949, 28(4): 713.

开关时，盒子就会打开，一个机械手就会从里面伸出来，然后把开关拨回去。之后，机械手会缩回箱子，盒子关闭，整体恢复原状。

参考文献和进阶阅读

ARNDT C. Information Measures: Information and Its Description in Science and Engineering[M]. Berlin: Springer, 2001.

BENNETT JR W R. Scientific and Engineering Problem-Solving with the Computer[M]. Englewood Cliffs, NJ: Prentice Hall, 1976.

DEAVOURS C. Unicity points in cryptanalysis[J]. Cryptologia, 1977,1（1）: 46-68.

DI FILIPPO P. Ciphers: A Post-Shannon Rock-n-Roll Mystery[M]. Campbell, CA: Cambrian Publications, 1997. 我预计读者对这部小说要么爱不释手，要么深恶痛绝，而所有喜欢这本书的读者（估计人数不会太多）将会意识到 1948 年 7 月这个日期的重要性。小说第 00000001 章的第一个句子向读者阐明了作者的想法：一个智慧的、随机的香农时代（与大多数历史时期一样，这个阶段在 1948 年 7 月准时到来，像个紧张的年轻演员初次登台一样对表演毫无头绪，对常规和期望也不管不顾。这当然也对这 10 年的时代精神的同步变化产生影响。）现在看，这个时代最值得吹嘘的一个镜头，是一张四处传播的风华正茂的女演员伴着一条像摔跤手的肱二头肌般厚实的、10 英尺长的、斑驳着钢灰色和橄榄色的蟒蛇的照片（对任何摔跤手来说，如何对待这个香艳的对手，这都是一项残酷的研究）。然而，这一事实对西里尔·普罗瑟罗（毕竟也是同一时代的产物）的影响并不像看起来那么大。他习得的越多，存储的邪恶、扭曲的信息越多。精妙的平衡、颤抖，只等微微一推，一切即将结束。

GOLOMB S W, BERLEKAMP E, COVER T M, et al. Claude Elwood Shannon（1916–2001）[J]. Notices of the American Mathematical Society, 2002,49（1）: 8-16.

HELLMAN M. An extension of the Shannon theory approach to cryptography[J]. IEEE Transactions on Information Theory, 1977,23（3）: 289-294.

PIERCE J R. Symbols, Signals, and Noise: The Nature and Process of Communication[M]. New York: Harper & Row, 1961. 这是一个较长的香农的想法演示，没有很多数学的表述，旨在让更广泛的观众能够了解香农的想法。

REEDS J. Entropy calculations and particular methods of cryptanalysis[J]. Cryptologia, 1977,1（3）: 235-254. 作者分析了在解密时仅在长度唯一解上所遇到的困难，他展示了如何在实践中确定可以解决问题的长度 L，而不是仅仅在理论上确

定。他的计算依赖于使用一个值 D 代表语言的冗余度，实际上就是密码分析应用的方法。

ROCH A. Biopolitics and intuitive algebra in the mathematization of cryptology? A review of Shannon's "A Mathematical Theory of Communication" from 1945[J]. Cryptologia, 1999,23（3）：261-266.

SHANNON C. A mathematical theory of communication, reprinted with corrections from Bell System Technical Journal, in two parts: Vol. 27, July/October, 1948: 379-423, 623-656.

SHANNON C. Communication theory of secrecy systems[J]. Bell System Technical Journal, 1949,28（4）：656-715. 香农指出，"本文的材料来自 1946 年 9 月 1 日的机密文件'密码学的数学理论'，现在它已经被解密了。"香农去世之后，孔杰俊写道，"最近我找到这篇文章，发现在庞大的互联网里，没有一份手打的版本，能找到的只有一份难以辨认的扫描的 JPEG 图像的复印件，我为此感到震惊，我花了很多时间来输入这 60 页纸的全部内容并检查，这是我对伟人的追悼仪式。在我排版的过程中，我更加确信他的天才是值得我花时间和精力的。"谢谢你，杰俊！

SHANNON C. Prediction and entropy of printed English[J]. Bell System Technical Journal, 1951,30: 50-64.

SHANNON C, WEAVER W. The Mathematical Theory of Communication[M]. Urbana: University of Illinois, 1949. 这本书转载了香农 1948 年的论文和韦弗对这篇论文的推广。

SLOANE N J A, WYNER A D, Eds. Claude Elwood Shannon: Collected Papers[M]. New York: IEEE Press, 1993.

视频

Claude Shannon: Father of the Information Age, 于 2002 年 1 月 30 日第一次在美国圣迭戈的加利福尼亚大学电视台播出。

第11章

美国国家安全局

密码文献存在巨大的断层。遵循克劳德·香农的文章《通信系统的数学原理》（1948）和《加密系统的通信原理》（1949）所指出的方向，本质上没有新的成果问世，直到1967年大卫·卡恩发表了具有划时代意义的《破译者》。当然也有例外，比如杰克·莱文的一些原创性论文，这些论文和香农指出的方向并不一致。实际上，当时大量的工作都在进行中，因为美国国家安全局的原因，这些研究并不为大众所知。如图11.1所示，NSA并不代表"无可告知（Never Say Anything）"或者"无此机构（No Such Agency）"。然而，从该机构的大部分历史来看，这些名字倒还挺贴切，因为这个机构充满着神秘感：

图 11.1　通过安全提供和保护重要信息

很少有这样高度机密的历史，他们被重重加密，以至于基本上没人有权接触到它们。

——詹姆斯·班福德[1]

1　BAMFORD J. Body of Secrets: Anatomy of the Ultra-Secret National Security Agency from the Cold War through the Dawn of a New Century[M]. New York: Doubleday, 2001.

上述情况在班福德发表他的评论之后稍微有些变化。NSA公布了4卷关于该机构的历史，但其中的大量材料被处理过。然而，这依然表明了NSA对传统有了巨大的突破，该机构确实是带着神秘感诞生的。

11.1　美国国家安全局的起源

我们现在知道，1952年杜鲁门总统在没有通知美国国会的情况下，建立了美国国家安全局（见图11.2），当时他下达了最高级机密的指示《通信情报活动》。该指示在随后的30年仍然保持机密[1]。然而，美国国家安全局并不是凭空产生的，相反地，NSA源于第二次世界大战美国军队中的编码和密码小组，其中最突出的如弗里德曼陆军组织、信号情报局、之后成为陆军安全局[2]以及海军OP-20-G。二战之后，当原本从属于陆军的空军成为独立的机构时，也出现了一个美国空军安全局。在NSA存在之前，美国武装部队安全局（AFSA）的创建标志着集权化的趋势。因此这中间存在延续性，使NSA的诞生更像是重命名。在搬到现在的位置，马里兰的米德堡之前，NSA已经存在了数年。在这几年里，尽管趋势是集权化，但是密码服务局（Service Cryptologic Agency，SCA）依然维持原状。

图11.2　美国家安全局位于马里兰州米德堡的总部

（经过NSA准许）

1　BAMFORD J. The Puzzle Palace[M]. New York: Houghton Mifflin, 1982: 16.
2　两者都属于信号部队，多年以来还有许多其他名字用于该组。从弗里德曼获得的亚德利的材料显示，从Signal Intelligence Service开始，名字依次为Signal Security Division、Signal Security Branch、Signal Security Service、Signal Security Agency，最后是Army Security Agency。这持续了30年的时间（1917–1947）！

不像美国中情局（CIA）规模那么小，美国国家安全局由国防部长领导，并接受杜鲁门总统的直接命令，任务是服务整个政府。今天，美国国家安全局的主要机构是美国信息保障部（IAD）和美国信号情报部（SID）。尽管美国信号情报部的工作（密码分析）更炫酷，但美国信息保障部或许更加重要。如果你只能在一方投钱，你会选哪一个，进攻还是防守？你可以在阅读如下历史的过程中深思这个问题。

11.2　瞬变电磁脉冲辐射标准技术

美国国家安全局的前身——美国军队安全局，没有成功预测朝鲜战争的爆发，但是在随后的冲突中，美国密码学家确实取得一些密码分析的成功[1]。同样地，在冷战期间对抗苏联的过程中，美国军队安全局也在早期取得过一些成功[2]。

在密码战争的另一面，从一开始，美国在保障自己的通信方面就存在一些严峻的问题。正如一段曾经被列为机密的历史所述[3]：

> 此时此刻，新建立的美国国家安全局决定测试其所有设备。结果是任何设备都被涉及。不管是混淆器、按键装置、密码机、EMA 机器或者是打字机，它们都发出了一个信号……（此处半行文字被涂改）……明文通过……（此处半行文字被涂改）……被广播，它充满了整个电磁环境。

通过测量电磁辐射可以揭示信息，因此诸多减小辐射可测量距离的对策被提出。这些对策被称为瞬变电磁脉冲辐射标准技术（Transient Electromagnetic Pulse Emanation Standard Technology，TEMPEST）。该术语同时用于装备说明书和预防可用电磁辐射的方法。如果你继续探寻这个话题，你将发现 TEMPEST 攻击的相关参考资料，但是从技术角度来讲，这并不正确。尽管作者写的含义很清晰，但是 TEMPEST 技术是纯粹用于防卫的。

"范·埃克窃听"是一个术语，用来表示通过测量一个系统的电磁辐射来执行攻击的方法，但仅当意图是重现监视器时适用。它仅在特定距离或离旅馆房间很近的距离内才可以起作用。这类攻击以荷兰人维姆·范·埃克命名，他在 1985 年署名发表的文章《视频播放设备的电磁辐射：窃听风险？》中展示了对阴极射线管

1　JOHNSON T R. American Cryptology During the Cold War, 1945–1989. Book I. The Struggle for Centralization, 1945–1960, Center for Cryptologic History[M]. Mead, MD: National Security Agency, Ft. GEORGE G. 1995: 33.

2　见 3.8 节维多那计划。

3　JOHNSON T R. American Cryptology During the Cold War, 1945–1989. Book I. The Struggle for Centralization, 1945–1960, Center for Cryptologic History[M]. Mead, MD: National Security Agency, Ft. George G. 1995: 221.

的攻击[1]。在 2004 年，另一个研究者揭示，LCD 系统同样遭受着此类攻击并且可以使用不到 2 000 美元制造出执行该攻击的设备[2]。

利用电磁发射所产生的攻击不仅仅局限于监视器。在 1956 年，一个装有窃听器的电话允许英国人在伦敦可以监听埃及人使用的哈格林机器。仅仅通过机器声音，英国密码分析专家就能够确定出其设置并恢复出消息。一般来说，电动机械密码设备容易遭受此类的声音攻击。此处的例子可以代表好多类似的事件。

1960 年 10 月，沿袭美国国家安全局的简报，美国国家通信安全局（USCSB）设立了泄露发射管控委员会（SCOCE）来研究这个问题。该委员会研究发现电传打字机是最坏的发射器，因为一个适当装备的观察者可以在 3 200 英尺的距离读取到它的明文[3]。

非电子/电动加密并不能提供一个安全的候选。隐藏在打字机中的话筒能够记录输入的敏感信息。按键敲击纸的声音可能被用来区分不同的字母。同样地，通过在电脑键盘旁放置微型话筒也能达到同样的效果[4]。如果敌人可以通过其他手段获得信息，那么一个国家的加密手段再好也没有用。大量（可能）安全的加密方法是通过不安全途径实现的。

11.3 规模和预算

美国国家安全局的预算和雇员数量都是保密的，由此产生了一个"小产业"，以巧妙的方法估算这些值。这一活动也吸引了很多调查记者、历史学者以及好奇的数学家和计算机科学家。处理该问题的一个简单方式就是统计卫星图片上停车场中的车辆数目。其他估算员工数量的方法主要基于办公场所的面积和归属在信用社中的员工数量。当然，并不是所有的雇员都工作在米德堡。实际上，大多数员工工作在外边。一些早期的数据现在已经被解密（见表 11.1）。

1 ECK W. Electromagnetic radiation from video display units: an eavesdropping risk[J]. Computers & Security, 1985, 4（4）: 269-286. John Young wrote, "Wim van Eck's article is actually the source of most of the incorrect TEMPEST information out there."

2 KUHN M G. Electromagnetic Eavesdropping Risks of Flat-Panel Displays[C]// the 4th Workshop on Privacy Enhancing Technologies, May 26-28, 2004, Toronto, Canada,2004: 23-25.

3 JOHNSON T R. American Cryptology During the Cold War, 1945-1989. Book II. Centralization Wins, 1960-1972, Center for Cryptologic History[M]. Mead, MD: National Security Agency, Ft. GEORGE G. 1995: 381.

4 KEEFE P R. CHATTER: Dispatches from the Secret World of Global Eavesdropping[M]. New York: Random House, 2005: 71.

表 11.1　美国政府密码工作人员的增长（1949—1960）

时间	从事密码的工作人员		
	美国武装部队安全局	美国国家安全局	总计（包括密码服务局）
1949 年 12 月	4 139	—	10 745
1952 年 12 月	—	8 760	33 010
1956 年 11 月	—	10 380	50 550
1960 年 11 月	—	12 120	72 560

数据来源：JOHNSON T R. American Cryptology During the Cold War, 1945–1989. Book I. The Struggle for Centralization, 1945–1960, Center for Cryptologic History[M]. Mead, MD: National Security Agency, Ft. GEORGE G. 1995: 64.

正如很多大型的机构，密码机构需要大量的支持人员，这些人并不直接参与编码和破译。密码分析家中的最大一群人都专注于苏联密码，但其他国家也没有被忽视，这其中也包含许多对美国友好的国家。在 1961 年，NSA 已经攻破了 40 个国家的密码系统[1]。第三世界国家的密码系统更容易破解，而且由于他们更加容易变成冷战的战场，其情报的价值也在增加[2]：

在肯尼迪入主白宫之前，密码学已经成为了情报室中的"大象"。麦克乔治·邦迪发现，101 900 名参与情报工作的美国人中，59 000 名是有军衔的密码学家（58%）。其中大约一半的人工作在美国大陆，另一半在海外的收集和处理点执行活动。有 10 200 人被分配到美国国家安全局（占总量的17%），但其中只有 300 个海外岗位。

1967 年美国情报界发生了两件里程碑的大事：信号情报（SIGINT）预算超过 10 亿美元，包括 100 000 余名雇员。在 20 世纪 60 年代末，NSA 的电脑占地面积有 5.5 英亩[3]。中将威·E·奥多姆（1985—1988 年美国国家安全局主管）指出[4]：

比如，现代数字计算方式——计算机的发展，基本上归结于 20 世纪 50年代末期 NSA 的研究和投入。IBM 和 CDC 基本上是在 NSA 的资助下开展现代计算机的研究的。没有 NSA，我们将处在落后于当今计算机发展水平20 年的世界。

1　BAMFORD J. Body of Secrets: Anatomy of the Ultra-Secret National Security Agency from the Cold Warthrough the Dawn of a New Century[M]. New York: Doubleday, 2001: 147.

2　JOHNSON T R. American Cryptology During the Cold War, 1945–1989. Book II. Centralization Wins, 1960-1972, Center for Cryptologic History[M]. Mead, MD: National Security Agency, Ft. GEORGE G. 1995: 293.

3　BAMFORD J. Body of Secrets: Anatomy of the Ultra-Secret National Security Agency from the Cold War through the Dawn of a New Century[M]. New York: Doubleday, 2001: 578. Also, JOHNSON T R. American Cryptology During the Cold War, 1945-1989. Book II. Centralization Wins, 1960–1972, Center for Cryptologic History[M]. Mead, MD: National Security Agency, Ft. GEORGE G. 1995: 368, reveals that the 5-acre mark had almost been hit by 1968.

4　ODOM W. Fixing Intelligence for a More Secure America[M]. 2nd ed., New Haven, CT: Yale University Press, 2004: 6.

11.4 自由号和普韦布洛号

20 世纪 60 年代后期，预算限制和第三世界持续增长的民族主义迫使 NSA 关闭了一些监视站点。作为替代的情报收集手段，信号情报船越来越多地被使用。这些船被安置在距离美国感兴趣的国家足够近的地方来捕获信号，但是为了避免危险仍停留在国际水域。NSA 寄希望于被监视的国家能够忽略这些监视船，正如美国忽视苏联的情报船一样[1]；然而，这个希望落空了。

1967 年 6 月的六日战争（第三次中东战争）中，以色列袭击了间谍船，美国军舰自由号。其中 34 人因此丧生，更多人受伤。尽管自由号悬挂的是美国国旗，但以色列政府声称在袭击之前，他们并不知道它属于美国。研究人员就这一声称是否属实存在强烈的分歧。在本章末尾关于自由号的参考文献中，提供了代表两种观点的书籍。就像亚德利是否向日本人出售秘密这个问题一样，争议可能会持续很多年。

1968 年 1 月，紧随着自由号被攻击之后，信号情报舰普韦布洛号及其工作人员被朝鲜俘虏。该事件事发迅速以致于船上只有小部分机密材料来得及被销毁。一个解密的历史描述了该事件：这是所有人最糟糕的噩梦，超过任何曾经发生在密码学社区的损害[2]。

然而，按照柯克霍夫原则，NSA 避免了更大的灾难。所有美国国家安全局的密码设备都被设计为当敌人以某种方式获得了设计的全部细节后，依然保持安全，正如此处发生的一样。安全仅仅依赖于密钥，而那些已被获取的密钥将不会再被使用。因此，只有 1967 年底到 1968 年初的消息被泄露[3]。

尽管捕获普韦布洛号（1 人死亡）的生命损失相比攻击自由号少，朝鲜人将幸存的 82 名工作人员拘押为囚犯，普韦布洛号的船员通过在照片中展示了一个朝鲜人不明白的举手动作来传递了一个暗号，使宣传价值被降到了最小。当被朝鲜人问及时，美国人解释这是"夏威夷好运标志"（见图 11.3）。

稍后我们会讲述朝鲜人是如何知道该手势的真正意义并不是"好运"的，但是现在我们知道，他们只是在照片已经发布到世界各地之后才了解到这一事实！船员被囚禁长达 11 个月，直到美国签署一个虚情假意的道歉后他们才获得释放。

---

1 间谍飞机是另一回事。苏联人试图并且经常成功地击落了这些飞机，最著名的事件是弗朗西斯·加里·鲍尔斯驾驶的 U-2。

2 JOHNSON T R. American Cryptology During the Cold War, 1945–1989. Book II. Centralization Wins, 1960–1972, Center for Cryptologic History[M]. Mead, MD: National Security Agency, Ft. GEORGE G. 1995: 439.

3 同上，第 452 页.

图 11.3　普韦布洛号发送一个编码的消息

图 11.4　第 40 次普韦布洛号船员重聚

图 11.4 的重聚图片与之类似，其被作为 2008 年美国海军密码学老兵协会（NCVA）期刊《密码学》（第 29 卷，第 4 期）的秋季封面。看到封面后，我给杰伊·布朗发了邮件告诉他这让我发笑。他的部分回应如下：

　　封面照片有点"争议"。我告诉鲍勃·佩恩（我们的编辑）准备好应付汹涌的议论。实际上，在我们印刷的 4 000 份左右的复制中，我们总共只收到了 2 条负面评论！当收到了第一个之后，我为杂志的冬季期起草了一篇社评——附加的。鲍勃选择了一起忽视这些事情，事后证明他可能是对的。

这个未发表的社评第一次发布如下[1]：

社评

　　《密码学》已收到关于秋季发行版封面照片的几条"评论"。有些读者可能被集合的普韦布洛号船员和所谓的"夏威夷幸运"标志的展示冒犯，但《密码学》期刊认为这里涉及更大的故事。

　　为了了解历史背景，读者必须回到美国船只普韦布洛号被扣押的事件——这是自 19 世纪 80 年代以来的第一次扣押——以及其幸存船员的待

1　感谢杰伊•布朗分享。

遇。已故的船只指挥官劳埃德·M·布赫在他的书中写道："我的船员和我被拖到"大将军"之前，他突然又出现在现场并且发了一段激烈而充满戏剧性的火，看起来既搞笑又吓人。他面对我们，让我们查看一份来自时代杂志（1968年10月18日号）页面的副本，其中包含"臭名昭著"的13号房那帮人的照片。标题完全解释了"夏威夷好运标志"的含义。我也知道我们将要为他们的丢脸付出代价。我之前没有被打过，但"大将军"在解散了其他船员后对我进行了长达几个小时的斥责，威胁我在审判结束后会被立即执行不可赦免的死刑。他非常确信这一点，我回到了我的牢房，感觉我的生存机会已经降到零。

以上损失终结了使用缓慢移动的船只来收集情报的活动。

11.5 丘奇委员会的调查

以上提供了美国密码学社区在20世纪50年代和60年代的预算和规模的一些数字，但当时甚至是20世纪70年代，这些数字也并不为人所知。因此，猜谜游戏继续。1975年，为《阁楼》写作的塔德·肖尔茨，估计这些数字分别为每年100亿美元和12万美元。他的估算包括美国国家侦察办公室（NRO）、美国陆军、美国海军和美国空军情报部门的预算。这些机构之间的密切联系是他将其作为一个单位进行预算统计的依据。对于员工人数的统计，则是全球范围内的。肖尔茨估计其中10 000人在米德堡总部工作，预算每年约为10亿美元。为了不甘示弱，《花花公子》在接下来的一个月发表了大卫·卡恩的一篇文章，其中估计美国国家安全局雇用了10万人，每年的预算为几十亿美元。该机构最近解密的历史记录中的图片揭示了受到NSA管理的人员数目（见图11.5）。

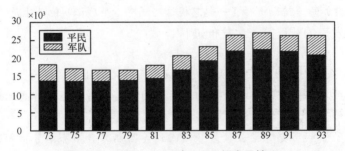

图 11.5 1973—1993 年 NSA 的雇员情况

（来自 JOHNSON T R. American Cryptology During the Cold War, 1945–1989. Book III. Retrenchment and Reform, 1972–1980, Center for Cryptologic History[M]. Mead, MD: National Security Agency, Ft. GEORGE G. 1995: 23）

但为什么《花花公子》和《阁楼》都试图在一个月内曝光美国国家安全局的规模和预算呢？除了他们惯常对掩饰的厌恶之外，另外一个原因就是跟风。美国情报机构正因美国国会委员会涉嫌犯罪而受到调查，几乎所有的杂志和报纸都对此进行报道。美国国会委员会由弗兰克·丘奇参议员领导，因此常被称为"丘奇委员会"。它审查情报机构非法监视和干扰美国公民活动的方式。任何看上去不符合现状的组织都被作为目标。在政府赞助的反间谍计划（Counterintelligence Program，COINTELPRO）下，战争示威者、民权活动家、女权主义者和美洲原住民活动家都受到骚扰。许多受害者，现在被认为是帮助美国朝着正确的方向发展，如马丁·路德·金。其他知名人士的隐私受到侵犯，其中包括女演员简·方达、儿科医生和畅销书作者本杰明·斯波克博士以及民谣歌手琼·贝斯。

丘奇委员会的调查活动引起公众的愤慨。美国中央情报局和美国联邦调查局受到最严密的审查。NSA 可能更艰难，但似乎委员会甚至不想调查这个特别机构！约翰逊的美国国家安全局历史记录中的这段话印证了这一点（这次没有任何修改）[1]：

一开始，NSA 甚至不在目标列表中。但在初步调查过程中，美国国家档案馆发现的两名参议院工作人员提交了一些与国内窃听有关的国防文书，这些文书提到 NSA 是窃听请求的来源。委员会倾向于不使用这些材料，但两名工作人员将文件泄露给纽约议员贝拉·阿布祖格，而她正在着手自己的调查。丘奇停职了这两名工作人员，但损害已经发生，委员会有点不情愿地扩大了对国家安全局的调查。

美国国家安全局的计划包括 SHAMROCK，其涉及截取美国到某些其他国家的私人电缆以及 MINARET，其涉及检查所有的电子信息，它们至少有一个美国以外的终端，且这些终端位于其他机构提供的监视名单上。据美国国家安全局局长路易·艾伦介绍，在 1967—1973 年间，NSA 提供了约 3 900 份关于约 1 680 名美国人的报告。从 1962—1973 年这一较长时间段，约 75 000 名美国人和组织被监视[2]。

请注意，在这两种情况下，信道至少一方在美国以外，甚至在许多情况下，两边都是美国人。没有证据表明美国国家安全局监视美国境内的美国人。有人指出，加拿大可以合法监控美国人，美国国家安全局与加拿大和其他国家存在一种互惠情报协议[3]，但 NSA 主张，它不会要求其盟国做任何他们不想做的事情。

一些网页频繁变化。美国国家安全局的官方网站中曾经出现过如下内容：

调查显示，该机构在没有法院授权的情况下监视美国国内通话。它被严惩并禁止窃听此类通信，美国国会设立了一个特别法庭来准许国家安全监听。

1　JOHNSON T R. American Cryptology During the Cold War, 1945–1989. Book III. Retrenchment and Reform, 1972–1980, Center for Cryptologic History[M]. Mead, MD: National Security Agency, Ft. GEORGE G. 1998: 92-93.

2　FITSANAKIS J. National Security Agency: the historiography of concealment, in dE LEEUW K, BERGSTRA J, Eds., The History of Information Security: A Comprehensive Handbook[M]. Amsterdam: Elsevier, 2007: 545-546.

3　CONSTANCE P. How Jim Bamford probed the NSA[J]. Cryptologia, 1997,21（1）: 71-74.

这通常是美国联邦政府触犯某些法律时发生的情况。调查过后，没人受到惩罚，通过立法来取消罪名。在另一个没有受到惩罚的犯罪案例中，前美国中央情报局局长理查德·赫尔姆斯犯下伪证罪，但仅被罚款 2 000 美元[1]。

为准许美国国家安全窃听而成立的特别法庭伴随着 1978 年的《国外情报监视法》（Foreign Intelligence Surveillance Act）开始生效。窃听许可因此被称为 FISA 的授权，并被外国情报监视法院准许。这个法院批准了很多的申请，一位评论家拒绝把它定性为橡皮图章，并指出就算是一个橡皮图章，也有印油用完的时候！另一方面，该计划的支持者认为授权几乎从未被拒绝，是因为几乎所有的申请在提交之前都被仔细评估过。当 FISA 开始强制推行时，美国国家安全局决定不能存在侥幸心理，申请只能在具备确凿证据的情况下才会准许。此外，这些统计数字还偏向于这样一个事实，在早些时候缺乏说服力的申请有时会被退回而没有被正式拒绝。然后他们可以完善信息，再次提交或忘记提交。这样，一些可能被拒绝的申请就不会成为我们今天所看到的统计数据的一部分。

托马斯·约翰逊在他的四卷美国国家安全局的历史中宣称该机构行为不当。例如，他反复指出，1968 年的《综合犯罪控制和安全街道法》使 1934 年禁止窃听的《联邦通讯法》第 605 条无效[2]。即便在该法律条款下成立，但明确违背了宪法精神。当然，"国父"们并不会因这种辩护而感到愉悦。

20 世纪 70 年代后半期，美国国家安全局和美国学者之间开始了争论，主要是数学家、计算机科学家和工程师，他们已经开始着手重要的密码学发现。在这之前，美国国家安全局垄断了这些领域的研究，且不想看到这种垄断的结束。他们担心在该领域的公开研究会使他们失去控制。本书随后的章节会讨论国家安全局阻止学术界的各种尝试以及相关的数学知识。在 1970 年，虽然美国国会委员会和学术界的争论耗费了大量时间，但在 1977 年，美国国家安全局与其宿敌——美国中央情报局，的确设法签署了一项条约[3]。

据报道，1979 年在破解俄罗斯加密语音传输方面取得了突破进展，但是缺乏细节[4]。随着 1996 年维诺那计划的成功公开，我们或许可以期待在不久的将来就可以揭秘语音解密是如何影响 20 世纪 80 年代的冷战政策的。

1　BAMFORD J. Body of Secrets: Anatomy of the Ultra-Secret National Security Agency from the Cold War through the Dawn of a New Century[M]. New York: Doubleday, 2001: 62.

2　JOHNSON T R. American Cryptology During the Cold War, 1945–1989. Book I. The Struggle for Centralization, 1945–1960, Center for Cryptologic History[M]. Mead, MD: National Security Agency, Ft. GEORGE G. 1995: 274; JOHNSON T R. American Cryptology During the Cold War, 1945-1989. Book II. Centralization Wins, 1960-1972, Center for Cryptologic History[M]. Mead, MD: National Security Agency, Ft. GEORGE G. 1995: 474.

3　JOHNSON T R. American Cryptology During the Cold War, 1945-1989. Book III. Retrenchment and Reform, 1972-1980, Center for Cryptologic History[M]. Mead, MD: National Security Agency, Ft. GEORGE G. 1998: 197.

4　BAMFORD J. Body of Secrets: Anatomy of the Ultra-Secret National Security Agency from the Cold War through the Dawn of a New Century[M]. New York: Doubleday, 2001: 370.

11.6　冷战后规模缩小

据报道，在 20 世纪 90 年代，美国国家安全局的预算和员工人数减少了 1/3[1]。这是很合理的，因为冷战已经结束了。美国国家安全局 1995—1999 年的总预算仍超过 175 亿美元。在千禧年之际，大约有 38 000 名员工，不包括在全球范围内被雇佣做监听的 25 000 名员工[2]。凯恩在预算问题上做得非常出色[3]：

> 然而，真正的问题在于，花费数十亿美元是否值得。答案取决于资金的用途。 如果政府将其花费在更多的喷气式战斗机或洲际导弹上，那么美国国家安全局的投资可能会更好，情报便宜而且成本低廉，它通常可以节省更多的成本。但如果政府真的把钱花在学校和医院以及交通方面，那么投资可能会更好。一个国家的力量与其说是它的秘密情报，不如说取决于它的人力和物力。毫无疑问，做到平衡是最好的。问题在于取得这种平衡，这在很大程度上取决于一个国家领导人及其人民的智慧和决心。

这并不代表全新的视角。数十年前，一位美国总统兼二战将军评论了军费开支的机会成本：

> 每一支枪的制造，每一艘军舰的下水，每一枚火箭的射击，本质上是对那些饥肠辘辘没有吃饱的人以及那些承受寒冷没有衣服穿的人的掠夺。全副武装的世界并不仅仅是花费金钱，它正在花费劳动者的汗水、科学家的天才以及孩子们的希望。

> ——德怀·D·艾森豪威尔[4]

不幸的是，外人很难确定人民的钱是否被很好地用于美国国家安全局或其他地方。虽然该机构的成就被保密，但其失败往往被大肆宣传。这导致了一个扭曲的观点，很难有一个公允的描述。

美国国家安全局的巨大停车场，每个工作日的清晨都会塞满车辆，似乎表明财政状况良好，这反过来表明国会应该确信它给该机构的经费是值得的。无论预算有多少，为了在预算内完成，仍需要做许多艰难的抉择。尽管急需更多停车空

1　BAMFORD J. A Pretext for War: 9/11, Iraq, and the Abuse of America's Intelligence Agencies[M]. New York: Doubleday, 2004: 112 , 356.

2　BAMFORD J. Body of Secrets: Anatomy of the Ultra-Secret National Security Agency from the Cold War through the Dawn of a New Century[M]. New York: Doubleday, 2001: 481-482.

3　KAHN D. The code battle[J]. Playboy, December, 1975: 132-136, 224-228.

4　EISENHOWER D D. The Chance for Peace, speech to the American Society of Newspaper Editors, Washington DC, April 16, 1953. Quoted here from ZINN H. Terrorism and War[M]. New York: Seven Stories Press, 2002: 96.

间，但大型停车位仍未开建。还有其他项目比建停车位有更强的资金需求。所以，预算不是没有上限的！也不会在荒谬的薪水上挥霍。许多具有高需求技术能力的机构雇员可以在外部赚更多的钱。我遇到的一位员工在"9·11 事件"之后放弃了高薪工作来美国国家安全局上班。新工作的回报在本质上是有区别的。

11.7　一些猜测

20 世纪 90 年代报道的一个所谓的美国国家安全局的成就，尚缺乏能使其成为正史的确凿证据。它涉及瑞士密码机公司 Crypto AG（见 8.1 节）。据称，美国国家安全局说服这家值得信赖的制造商为美国国家安全局和英国政府通信总部（GCHQ）设置后门。这个项目应该是在 1957 年开始的，那时威廉·弗里德曼前往瑞士与鲍里斯哈格林见面[1]。这次旅行首先在罗纳德·W·克拉克撰写的威廉弗里德曼传记中被报道[2]。美国国家安全局知道了这个情况，并对稿件很感兴趣，似乎证实了这个故事中有某些东西。克拉克没有被美国国家安全局吓倒，但他对这次旅行并不十分了解。他的传记只是打开了这个话题的大门。

就像这个故事一样，这笔交易并不是在一次旅行中完成的。弗里德曼不得不返回，哈格林在 1958 年表示同意。Crypto AG 机器最终被 120 个国家采用，但它们似乎不太可能被操纵。根据一些记载，其安全级别取决于机器的使用国家。不管怎样，在 1983 年以前，该机器似乎没有任何被操纵的嫌疑[3]。25 年保持这样一个秘密真是很长一段时间。如果属实，这将是情报界有史以来最成功的故事之一。这 25 年的时间包括从机电到数字电子加密的转换，在这种转换中，后门必须通过替换继续存在。

被指控操纵机器的消息是如何泄露出去的说法各种各样。一个版本如下：间谍乔纳森·波拉德向以色列出卖了大量资料，显然包括 Crypto AG 机器后门的细节。这些信息于 1983 年被提供给苏联人，并以允许更多的犹太人离开苏联去往以色列作为交换条件。

然而消息泄露，据说后来传到了伊朗。故事的下文有很好的文献记载。1992 年 3 月，Crypto AG 推销员汉斯·比勒被捕。伊朗人指控他为德国和美国进行间谍活动，并将他囚禁了 9 个月。当 Crypto AG 支付了 100 万美元的保释金后，他

1　BAMFORD J. The Puzzle Palace[M]. New York: Houghton Mifflin, 1982: 321-324.

2　CLARK R. The Man Who Broke Purple[M]. Brown, Boston: Little, 1977.

3　MADSEN W. Crypto AG: The NSA's Trojan whore[J]. Covert Action Quarterly, Winter 1998, (63).

才被释放。几个星期后，该公司解雇了比勒，并坚称他偿还了这笔开销！比勒最初不知道他为什么被捕，并在他的著作《编码》（*Verschlüsselt*）中提到过[1]。他使用弗朗茨·卡夫卡的《审判》中的风格讲述了自己的故事，电影中的主角在故事早期被逮捕，但是从不知道他承担的罪名是什么。在被捕之前，比勒并不知道他销售的机器是否被操纵，但他最终在与 Crypto AG 的几名前雇员谈话后得出结论，机器确实被操纵了，而他为别人的不诚实付出了代价。

正如你已经注意到的，我没有传达任何关于后门如何确切工作的细节。具体情况没有公开。诸如来源于韦恩·马德森"克格勃和格鲁乌发现有关 NSA 使用'种子密钥'解密 Crypto AG 机器传输的编码通信'主密钥'"的说法，只是暗示后门可能是这样工作的[2]。其他说法描述道，密钥通过被操纵的机器以某种方式与消息一起发送。或者，在早期的机械设备中，去掉提供给特定客户的设备中的某些操纵杆可能是一件简单的事情。对机器的数学分析能揭示这个秘密吗？这可能是一个很好的研究项目，但不愿意做这个研究也是可以理解的。这可能导致好几个月毫无进展，得不到任何新的定理或结果。

1995 年，一位瑞士工程师在保持匿名的情况下与《巴尔的摩太阳报》的斯科特·谢恩对话[3]。谢恩透露了他了解到的情况[4]：

> 有时，决定加密强度的数学公式中包含某些缺陷，使知道细节的密码分析人员能迅速破译密码。

> 在其他情况下，这些设计包括一个"陷门"——让内部人员从隐藏在文本本身中的某些线索中导出加密文本的数字"密钥"。

这又一次耐人寻味，但不像我们渴望的那么详细！谢恩提供了另一条支持这一阴谋的证据，而 Crypto AG 对此没有做出任何其他解释。1975 年的一份文件显示，NSA 的密码学家诺拉·L·麦凯与 Crypto AG 召开了一次会议，旨在讨论新型密码机的设计[5]。摩托罗拉工程师鲍勃·纽曼回忆到，麦凯比参加了几次会议，因为她是摩托罗拉公司帮助 Crypto AG 从机械设备切换到了电子设备的设计咨询人员中的一员[6]。谢恩联系了退休后的麦凯比，但她说她无法谈论 Crypto AG。应该注意到，伴随着人们期待这个传言到底是真是假，Crypto AG 的管理人员一直否认他们的任何机器中存在后门。

1　BUEHLER H. Verschlüsselt[M]. Zürich: Werd, 1994.

2　MADSEN W. The demise of global communications security: the neocons' unfettered access to America's secrets[EB]. 2005.

3　Shane now works for The New York Times.

4　SHANE S, BOWMAN T. No such agency: America's fortress of spies（six-part series）[N]. The Baltimore Sun, December 3-15, 1995: 10.

5　同上，第 9-10 页。

6　同上，第 10 页。

11.8 2000 年及以后

2000 年一开始，NSA 遇到了困难，1 月发生的电脑故障，导致 NSA 整个信息处理系统停止运行 3 天。貌似所有人都受到电脑问题的影响[1]。班福德估计，"9·11 事件"中，有 16 000 名员工在 NSA 及其周围设施工作。他引用了当时国家安全局局长迈克尔·海登中将的话，指的是"该机构的所有 38 000 名雇员"[2]。同时海外监听岗位的雇员人数约为 25 000 人，并且假设这些人数自"9·11 事件"以来有了增长。根据海登的资料，到 2004 年，新入职人员数量跃升至每年 1 500 人[3]。其中相对较少的是数学家。最常见的工作分类是保安员、测谎检查员和语言学家。在第 4 个位置，我们终于找到分析师。

"9·11 事件"之后，预算和雇员人数出现大幅增加，但这不是立刻呈现的。首先出现了一些鼓励退休的重组和削减。特别地，美国国家安全局不再需要如此多的苏联语言学家或高频专家[3]。班福德提供了国家安全局的物理描述（截至 2004 年）[4]：

> 号称密码之城，它由 50 多座建筑物组成，其中包含 700 多万平方英尺的空间。仅停车场占地超过 325 英亩，拥有为 17 000 辆汽车的停车（原型）空间。

大部分信息（由所有现代国家）很可能并非是直接通过数学攻击的方法得到的，这些方法的对象是 21 世纪成熟的密码系统。后门、电磁辐射和黑客攻击可能是很多情报的来源。除了保护美国系统免受此类攻击之外，一个新的网络指挥中心（Cybercom）在美国国家安全局中建立起来。NSA 的负责人现在是双重角色，同时指导新的网络指挥中心。如果这些系统不联网，就会很不方便。而如果不采取密集的措施保护这些系统，就太危险了。

近年来，大量媒体关注的焦点集中在美国国家安全局的间谍活动上，提出此类陈述的大多数记者可能是有意的，并试图搞个大新闻；然而，他们似乎没有分清信息拦截与真正查看信息或监听对话的区别。美国国家安全局被允许"意外"窃听国内的谈话，要知道，很多情况下，当前的技术场景是无法做到在不收集非目标条

1　BAMFORD J. A Pretext for War: 9/11, Iraq, and the Abuse of America's Intelligence Agencies[M]. New York: Doubleday, 2004: 53.

2　同上，第 113 页.

3　同上，第 356 页.

4　同上，第 52 页.

目的情况下单独窃听预期目标的。电子邮件不会像明信片一样旅行。相反，它们被分成数据分组，在预定的目的地重组之前可能会沿着各种路径传播。电话会话以大组合并，并采用数据压缩算法。因此，为了收集窃听信息，NSA需要合法地执行它的工作，它肯定也会无意中获取其他数据。然后将非意定的信息过滤掉。

当然，它也存在滥用的可能性。美国人倾向于担心大政府和隐私。美国国家安全局是一个非常大的政府机构，它肯定也非常机密！美国国家安全局的雇员发誓要保护宪法，我相信他们比最近的美国总统对此宣誓的态度要严肃得多。可以肯定，该机构对待宣誓很认真。美国国家安全局的一名雇员告诉我说，在那里工作的人可能会犯错误，而且在很多情况下会保住工作，但如果他们监视美国人，他们可能在犯错的那天就被解雇。他说他已经亲眼目睹过这种事情发生。

我在美国国家安全局看到和听到的一切都让我确信，尊重美国《宪法》是该机构文化的关键组成部分。我和一位美国国家安全局员工进行的一次偶然间的对话有助于说明这一点。我抱怨米特·罗姆尼对抗议者说："公司也是人，我的朋友[1]，"她回答说，"我知道，这对我们来说是巨大的痛苦，因为如果它们是美国公司，我们就不能监视它们，即使公司的45％是由真正控股的外国持有，而且他们也是不怀好意的。"因此，美国公司拥有与美国公民相同的宪法权利，这些权利受到美国国家安全局的尊重。

另一名美国国家安全局员工描述了美国总统希望国家安全局做一些事情，但被主管拒绝了。主管坚守立场，拒绝合作。总统和国会最近推动的大部分立法并不是NSA提出甚至想要的。

11.9　NSA 面试

NSA是世界上数学家最大的雇主，面试过程保证很有趣[2]。如果你通过初步筛选，你会被邀请到米德堡近距离参观。这个过程中你最喜欢的部分可能不是测谎仪测试[3]。NSA的测谎仪测试的目的基本上是验证两件事情：

1　我知道他在法律上是正确的。公司人格是法律规定的，我们生活在一个奇怪的世界。曾经美国人作为财产（奴隶），现在财产作为人（公司）。

2　见拉尔夫·J·佩罗（化名）对情报机构采访（又名在米德堡的路上发生的一件有趣的事情），化名来自美国国家安全局第一任局长拉尔夫·J·卡纳。

3　有2种类型的测谎测试，首先是就业之前完成的"生活方式测谎仪"，第二个是5年后给出的"反情报测谎"。

1. 申请人在他的背景中没有任何可能使他遭到勒索的事情；

2. 申请人不是间谍。

第一项证明了许多潜在的令人尴尬的问题。我的一位熟人被问到是否曾经欺骗过他的妻子。如果是的话，那么知道这件事的人可能会勒索他泄露机密信息，以换取对此事的沉默。我认为他被录用时确实是忠实的；然而，测谎对他仍然很煎熬。起初，他非常紧张，所有事情都被测为谎言。最后，他们问他是否曾杀过人。他说，"没有"，结果也被测试为谎言！休息一段时间后，他冷静下来，测试变得好起来。

说来也奇怪，有些申请人在测谎测试期间承认了谋杀、强奸和批发非法药品等犯罪行为[1]。事实上，1974—1979 年期间，20 511 名申请人中有 695 人（3.4%）向委员会承认犯重罪，几乎所有这些人之前没有被发现[2]。班福德描述道，这些测试在 20 世纪 50 年代和 20 世纪 60 年代初由于大量使用令人尴尬的私人问题（EPQ）而遭受白眼。

　　　　这些问题几乎全部针对个人的生活方面，而与诚实或爱国与否毫无关系。在国会调查和内部镇压之后，私人问题现在有了很大减少。

这段引用来自 1982 年，NSA 现在更加宽容了。虽然令人尴尬的私人问题仍被使用。当然，申请人不需要担心。这些问题的回答都是保密的。

有些内容不会被泄露，例如，米切尔告诉他的审讯人员他在 13～19 岁之间进行的狗和鸡的某些"性实验"[3]。行吧，也许这不是最好的例子。尽管米切尔有着奇怪的历史，但他与威廉・H・马丁一起被聘用。约翰逊总结了这两名男子的面谈过程："测谎和背景调查中出现了一些有关他们心理健康的某些问题，但不被视为严重妨碍他们的雇用[4]。"

1960 年，总共有 26 名国家安全局雇员因私人生活原因而被解雇。这一歧视甚至延伸到其他政府职位。

11.10　BRUSA、UKUSA 以及 Echelon

二战期间，英国和美国密码学组织之间形成了不自然的关系。特别地，英国

1　BAMFORD J. Body of Secrets: Anatomy of the Ultra-Secret National Security Agency from the Cold War through the Dawn of a New Century[M]. New York: Doubleday, 2001: 540.

2　同上. 一对美国国家安全局历史学家怀疑这样的统计是编造的。

3　BAMFORD J. The Puzzle Palace[M]. New York: Houghton Mifflin, 1982: 180.

4　JOHNSON T R. American Cryptology During the Cold War, 1945–1989. Book I. The Struggle for Centralization, 1945–1960, Center for Cryptologic History[M]. Mead, MD: National Security Agency, Ft. GEORGE G. 1995: 182.

人担心美国人不能保密被给予的秘密信息，但交换信息是有道理的。英国人对德国人的密码破解取得了更大的成功（大部分归功于波兰人），尽管英国人早期领先，但美国人针对日本密码体系取得了更大的成功。每一方都有真正有价值的东西来提供给另一方。

1941 年 2 月，一支由美国陆军（亚伯拉罕·辛科夫和利奥·罗森）和海军（罗伯特·H·威克斯和普雷斯科特·柯里尔）密码学家组成的美国团队前往伦敦为英国展示紫密相关的东西。陆军和海军的这种平衡很重要，因为相比国家之间的不信任，这些部门之间的不信任对于新兴的情报分享关系来说是一个更大的障碍！

第二次世界大战后，情报分享继续进行，并于 1946 年 3 月正式成立 BRUSA 协议。这项协议于 1948 年更名为 UKUSA。BOURBON 项目是美国和英国对新的共同敌人苏联工作的代号。美国与其他国家有不同程度的联系，美国与加拿大的合作始于 1940 年[1]。澳大利亚和新西兰也成为了合作伙伴。尽管美国国家安全局和英国政府通信总部之间的协议几十年前已公开，但解密文件直到 2010 年 6 月才拿到[2]。

欧洲人对"五只眼"合作伙伴（英国、美国、加拿大、澳大利亚和新西兰）在违反个人和企业隐私方面具体走到什么程度表示担忧。特别值得关注的是一个代号为 ECHELON 的项目，该项目允许各机构通过使用关键字在全球监控网络中搜索所需的信息。下面提供了两个例子：

　　1990 年，德国杂志《明镜周刊》透露，美国国家安全局截获了印度尼西亚和日本卫星制造商 NEC 公司即将达成的 2 亿美元协议的消息。在布什总统代表美国制造商介入谈判之后，合同被分给 NEC 和 AT&T 两方。

　　1993 年 9 月，克林顿总统要求美国中央情报局监视设计零排放汽车的日本汽车制造商，并将这些信息转发给美国三大汽车制造商——福特、通用和克莱斯勒。

然而，相信世界其他地区是"公平"的，这种想法很天真。美国国家安全局有时能够抵消其他人的背叛行为[3]。

无论如何，私人情报机构正在崛起。如果一个大公司无法得到政府的帮助，它可以转向其中之一。

尽管上面详细描述的拦截已经触及到了犯罪，可能有更多的事实隐藏在众目

1　同前页 3，第 17 页.

2　NSA. Declassified UKUSA Signals Intelligence Agreement Documents Available [N]. National Security Agency, Washington, DC, June 24, 2010.

3　SHANE S, BOWMAN T. No such agency: America's fortress of spies (six-part series)[N]. The Baltimore Sun, December 3-15, 1995: 9-10.

睽睽之下。随着互联网的兴起，隐写术可能会卷土重来。将消息嵌入数字图像非常容易，只须更改表示每个颜色的值中最不显著的像素值。据称，恐怖分子在 "9•11 事件" 之前曾将此作为一种沟通方式。然而，像大多数二战后秘密的密码故事一样，并没有证据可证实。如果故事是真的，它仍然保密。

我们已经见识到一些背叛美国国家安全局的人，当然他们是极少数的例外。很可能很多都没有公开，但我怀疑他们超过了另一个极端，即那些通过 NSA 为美国献出生命的人。美国国家安全局内部有一堵墙来纪念这些人。令人痛心的是，在美国国家安全局密码学史研究中心的那段日子里，我看到这个名单在增长。最右边的那列现在已经延伸到底部，而且上面的三角形空间中也添加了新名字。

参考文献和进阶阅读

关于 NSA

AID M. The Secret Sentry: The Untold History of the National Security Agency[M]. New York: Bloomsbury Press, 2009.

BAMFORD J. The Puzzle Palace[M]. New York: Houghton Mifflin, 1982.

BAMFORD J. How I got the N.S.A. files…how Reagan tried to get them back[Z]. The Nation, November 6, 1982.

BAMFORD J. Body of Secrets: Anatomy of the Ultra-Secret National Security Agency from the Cold War through the Dawn of a New Century[M]. New York: Doubleday, 2001.

BAMFORD J. The Shadow Factory: The Ultra-Secret NSA from 9•11 to the Eavesdropping on America[M]. New York: Anchor Books, 2008.

BARKER W G , COFFMAN R E. The Anatomy of Two Traitors: The Defection of Bernon F. Mitchell and William H. Martin[M]. Laguna Hills, CA: Aegean Park Press, 1981.

BOAK D G. A History of U.S. Communications Security: The David G. Boak Lectures[M]. Fort Meade, MD: Vol. I, National Security Agency, 1973（declassified in 2008）.

BOAK D G. A History of U.S. Communications Security: The David G. Boak Lectures[M]. Vol. II, Meade, MD: National Security Agency, Ft. George G. 1981 （declassified in

2008）.

BRISCOE S, MAGID A. The NSA director's summer program[J]. Math Horizons, 2006,13（4）: 24.

BROWNELL G A. The Origin and Development of the National Security Agency[M]. Laguna Hills, CA: Aegean Park Press, 1981: 98.

BUEHLER H. Verschlüsselt[M]. Zürich: Werd, 1994. 这本书是德文的，目前没有任何翻译版本。

CHURCHILL W, VANDER WALL J. The COINTELPRO Papers[M]. Boston, MA: South End Press, 1990. 本书中几乎没有提到 NSA，该清单仅包含在反间谍计划中的信息中

CONSTANCE P. How Jim Bamford probed the NSA[J]. Cryptologia, 1997,21（1）: 71-74.

DE LEEUW K, BERGSTRA J, Eds. The History of Information Security[M]. A Elsevier, Amsterdam: Comprehensive Handbook, 2007. 这本价值 220 美元的书的第 18 章（第 523-563 页）的标题是"美国国家安全局：隐藏史学"，由 J.Fitsanakis 撰写，他抱怨缺少对这个主题的研究，然后提供了 291 个参考资料。

HALPERIN M H, BERMAN J J, BOROSAGE R L, et al. The Lawless State: The Crimes of the U.S. Intelligence Agencies[M]. New York: Penguin Books, 1976.

JOHNSON T R. American Cryptology During the Cold War, 1945–1989. Book I. The Struggle for Centralization, 1945−1960, Center for Cryptologic History[M]. Mead, MD: National Security Agency, Ft. GEORGE G. 1995. 这本书和接下来的 3 篇参考文献从 2008 年开始就被解密（有许多修改）。

JOHNSON T R. American Cryptology During the Cold War, 1945–1989. Book II. Centralization Wins, 1960−1972, Center for Cryptologic History[M]. Mead, MD: National Security Agency, Ft. GEORGE G. 1995.

JOHNSON T R. American Cryptology During the Cold War, 1945–1989. Book III. Retrenchment and Reform, 1972−1980, Center for Cryptologic History[M]. Mead, MD: National Security Agency, Ft. George G. 1998.

JOHNSON T R. American Cryptology During the Cold War, 1945–1989. Book IV. Cryptologic Rebirth, 1981−1989, Center for Cryptologic History[M]. Mead, MD: ional Security Agency, Ft. George G.1999.

KAHN D. The Codebreakers[M]. New York: Mcmillan, 1967 （an updated edition appeared in 1996）. NSA 并不高兴凯恩在他的书中用一章来描写 NSA，他们

考虑了各种压制它的手段，见 6.9 节。

KEEFE P R. CHATTER: Dispatches from the Secret World of Global Eavesdropping[M]. New York: Random House, 2005. 在第 97 页上，凯夫将 NSA 的预算额定在 60 亿美元，每年 60 亿美元。

LANGMEYER N, GRIMES A M. Mathematical life at the National Security Agency[J]. Math Horizons, 2001,8（3）: 30-31.

MADSEN W. Crypto AG: The NSA's Trojan whore[J]. Covert Action Quarterly, Winter 1998,（63）.

National Security Agency, Website. 美国国家安全局的网站还包括一个美国国家密码学博物馆的链接。

NSA. NSA Employee's Security Handbook[Z]. National Security Agency, Washington, DC.

ODOM W. Fixing Intelligence for a More Secure America[M]. 2nd ed., New Haven, CT: Yale University Press, 2004.

RANSOM H H. Central Intelligence and National Security[M]. Harvard University Press, 1958; 1965 年出版第三版. 第 116-118 页讨论了 NSA。

SHANE S, BOWMAN T. No such agency: America's fortress of spies （six-part series）[N]. The Baltimore Sun, December 3-15, 1995.

SHANE S, BOWMAN T U S. secret agency scored world coup: NSA rigged machines for eavesdropping[N]. The Baltimore Sun, January 3, 1996: 1A.

TULLY A. The Super Spies[M]. New York: William Morrow, 1969.

WAGNER M. Organizational profile: the inside scoop on mathematics at the NSA[J]. Math Horizons, 2006,13（4）: 20-23.

WEINER T. Blank Check: The Pentagon's Black Budget[M]. New York: Warner Books, 1990. 本书对未公开的预算进行了研究。

关于自由

BORNE J E. The USS Liberty: Dissenting History vs. Official History[M]. New York: Reconsideration Press, 1995. 这篇博士论文是在部分满足纽约大学历史系哲学博士学位要求的情况下提交的。

CRISTOL A J. The Liberty Incident: The 1967 Israeli Attack on the U.S. Navy Spy Ship[M]. Washington DC: Brassey's, 2002. 克里斯托尔在美国海军服役多年，并辩称以色列人不知道他们在攻击美国船只。

ENNES JR J M. Assault on the Liberty[M]. New York: Random House, 1979. 恩内斯是一名自由号上的中尉，他认为这次袭击是有意的。

SCOTT J. The Attack on the Liberty[M]. New York: Simon & Schuster, 2009. 自由号
　　幸存者的儿子斯科特认为以色列人知道他们正在袭击美国的一艘船。

　　其他包含自由号的资料作品已列入上述参考文献的 NSA 相关部分，例如，詹
姆斯班福德的《秘密主体》认为袭击是故意的，而托马斯·约翰逊的历史第
二卷则表达了不同的看法。

关于普韦布洛号

ARMBRISTER T. A Matter of Accountability: The True Story of the Pueblo Affair[M].
　　New York: CowardMcCann, 1970.

BRANDT E. The Last Voyage of the USS Pueblo[M]. New York: W.W. Norton, 1969.

BUCHER L M , RASCOVICH M. Bucher: My Story[M]. Garden City, NY: Doubleday, 1970.

CRAWFORD D. Pueblo Intrigue[M]. Wheaton, IL: Tyndale House, 1969.

GALLERY D V. The Pueblo Incident[M]. Garden City, New York: Doubleday, 1970.

HARRIS S R , HEFLEY J C. My Anchor Held[M]. Old Tappan, NJ: Fleming H. Revell
　　Co.,1970. 被捕时，哈里斯是普韦布洛的情报官员。

LERNER M. The Pueblo Incident[M]. Lawrence: University Press of Kansas, 2002.

LISTON R A. The Pueblo Surrender[M]. New York: M. Evans & Co., 1988. 这本书实
　　际上认为，它的目的是捕获普韦布洛!

关于兴趣

BAMFORD J. A Pretext for War: 9 • 11, Iraq, and the Abuse of America's Intelligence
　　Agencies[M]. New York: Doubleday, 2004. 班福德检查以下问题：萨达姆是否
如同布什所说的那样拥有大规模杀伤性武器？萨达姆和基地组织之间是否有
联系？民意调查结果显示，大多数美国人认为对这 2 个问题的答案是肯定的。
班福德清楚地表明，其实 2 种情况都是不存在的，并且详细描述了情报机构
的滥用导致公众的错误认识。

其他

BROWN D. Digital Fortress[M]. New York: St. Martin's Press, 1998. 丹·布朗的突破
　　小说是《达芬奇密码》，但他的第一部小说《数码堡垒》涉及美国国家安全局。
它可以作为娱乐阅读，但不提供任何关于 NSA 的深入分析。

视频

America's Most Secret Agency. The History Channel, January 8, 2001.虽然据推测在

国家安全局，这部影片也以第二次世界大战为题材。由于美国国家安全局于1952 年诞生，这只能是背景。事实证明，美国国家安全局拍摄了更多的镜头，但该机构临阵退缩，并要求将其删减。因此，第二次世界大战中的填充素材以及 UFO，似乎是历史频道的面包和黄油。

Inside the NSA: America's Cyber Secrets [DVD]. National Geographic, 2012.

普雷布洛（另一个称号是普韦布洛事件），ABC 剧院最初于 1973 年 3 月 29 日播出。纽约时报评论员评论说："尽管网络时代受到限制，但普韦布洛的表现令人耳目一新，直至有史以来第一部电视剧一个熟悉的下流手势（美国囚犯向他们的绑架者解释为"敬礼！"。"

The Spy Factory [DVD]. Nova, originally broadcast February 3, 2009. 这是詹姆斯·班福德最近出版的一本关于 NSA 的书的指南。

Top Secret: Inside the World's Most Secret Agencies [VHS/DVD]. Discovery Channel, 1999.

第 12 章

数据加密标准

现在我们转向比本书先前讨论内容更加先进的密码，当前该密码不再适合使用的唯一原因是不断增长的计算能力允许暴力求解。

12.1 DES 是如何工作的

最终成为数据加密标准（Data Encryption Standard，DES）的密码已经被认为是不安全的[1]，但其依然很重要，源于以下几个原因：

① 它是几十年来的标准；

② 它利用了以前在非机密环境中看不到的技术，并为所有随后的密码设置了高标准；

③ 它源于 IBM 和美国国家安全局（NSA）之间为了一个公众可用的密码而进行的史无前例的秘密合作。美国国家安全局和工业界之间曾有过互动，但没有任何可以公开的内容。

DES 同样启发了马丁·E·赫尔曼，他将成为 20 世纪最重要的密码学家之一。他写道："我将密码学的兴趣追溯到 3 个主要来源。"其中一个是大卫·卡恩的书《破译者》，另一个是香农 1949 年的论文[2]，他对第三部分的描述如下：

从 1968—1969 年，我在纽约约克敦高地的 IBM 沃森研究中心工作。我有一个同事叫霍斯特·费斯特尔，他因政府机密工作被引进，旨在推动 IBM 在密码学领域的研究。IBM 的工作于 1975 年在数据加密标准（DES）中达到了高潮。虽然我在 IBM 的工作并不是密码学，但我与费斯特尔进行了许

---

1 你可能会把 DES 像一个单词那样发音（听起来像 Pez）或者把每个单词单独发音。这里是没有标准的！

2 SHANNON C E. Communication theory of secrecy systems[J]. Bell System Technical Journal, 1949,28(4): 656-715.

多讨论，这极大地开阔了我对之前没有预料到的发展可能的眼界。IBM 对发展商业应用密码学投资的事实也表明了此类工作的必要性和价值。

图 12.1　霍斯特·费斯特尔（1915—1990）

霍斯特·费斯特尔（见图 12.1）是一名在德国出生的 IBM 员工，他被认为是 DES 的创造者（尽管其他人也参与了这项工作—不久之后会有更多）。他想把该系统称为 Dataseal，但是 IBM 使用了 Demonstration Cipher 这个词，简称为 Demon。最后，名字变成了 Lucifer，维持了费斯特尔称之为恶魔的"邪恶气氛"以及"cifer"（密码）[1]。DSD-1 是这个密码在内部使用时的另一个名字[2]。Lucifer 在 20 世纪 70 年代初被劳埃德伦敦银行用于现金分配系统[3]。

美国国家标准局（NBS）[4]举行了一个满足国民需求密码系统的竞赛。这个系统被称为数据加密标准或 DES。算法的需求在 1973 年 5 月 15 日（第 38 卷，第 12763 号）和 1974 年 8 月 27 日（第 39 卷，第 30961 号）的《联邦纪事》中两次出现。Lucifer 是美国国家标准局及其美国国家安全局顾问认为可接受的唯一算法。

该算法刊登在 1975 年 3 月 17 日的《联邦纪事》上，1975 年 8 月 1 日又再次刊登同时向读者发出了征求意见的请求[5]。因此，Lucifer 于 1977 年 7 月 15 日

1　KAHN D. The Codebreakers[M]. 2nd ed., New York: Scribner, 1996: 980.

2　LEVY S. Crypto: How the Code Rebels Beat the Government, Saving Privacy in the Digital Age[M]. New York: Viking, 2001.

3　KINNUCAN P. Data encryption gurus: Tuchman and Meyer[J]. Cryptologia, 1978,2(4): 371-381.

4　美国国家统计局（Bureau of Standards）成立于 1901 年，但于 1903 年更名为美国国家标准局（NBS）。它于 1934 年再次成为美国国家统计局，最终于 1988 年成为美国国家标准与技术研究所（NIST）。

5　ROBERTS R W. Encryption algorithm for computer data protection: requests for comments[J]. Federal Register, 1975,40(52): 12134-12139; National Bureau of Standards, Federal Information Processing Data Encryption Proposed Standard[J]. Federal Register, 1975,40(149): 32395-2414.

被采纳为标准，并最终更名为 DES。IBM 同意将相关专利置于公开领域，所以任何人都可以自由使用该算法；这没有妨碍其他公司通过制造实现该算法的芯片来赚钱[1]。

DES 可能乍一看很吓人，但其组成部分其实非常简单。算法工作的基本单元（称为块）是 64 位（8 个字符）长。DES 中使用的一种操作包括将 64 位长的消息块分成两半，并互相交换，如图 12.2 所示。该操作显然和它的逆过程一样。

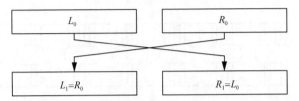

图 12.2 左边新的 L_1，就是右边的 R_0。右边新的 R_1 就是原来的左边 L_0

另一种和其逆过程相同的操作是模 2 比特加，这也被称为 XOR（异或）并且通常用 $\oplus$ 表示。图 12.3 给出了一个函数 f，它取 K_1（来自 56 位密钥 K）和 R_0 作为输入，并输出一个值与 L_0 异或以获得 R_1。

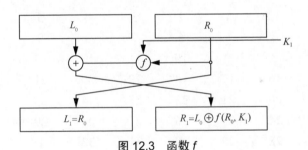

图 12.3 函数 f

两个自逆操作的这种组合被称为一轮，DES 共经过 16 轮这样的操作。从 K 派生出轮密码的方式将被详细描述，但首先我们检查函数 f。一般来说，我们把使用多个上述形式的轮操作（交换两侧并将函数用于一侧）的密码称作 Feistel 系统或 Feistel 密码。

组合 R_i 和 K_i 的最自然的方式是将它们异或，但是 R_i 是 32 位长，可每个轮密钥都是 48 位长。为保持一致，R 通过重复一些位来进行扩展（它们的顺序也改变了）。这在图 12.4 中表示并称为 E（用于扩展）。E 给出如下：

---

1 MORRIS R, SLOANE N J A, WYNER A D. Assessment of the National Bureau of Standards proposed federal Data Encryption Standard[J]. Cryptologia, 1977,1(3): 284. WINKEL B J. There and there a department[J]. Cryptologia, 1977,1(4): 396-397.

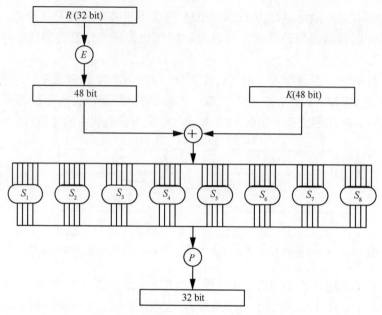

图 12.4　通过重复某些比特值来扩展 R

32	1	2	3	4	5
4	5	6	7	8	9
8	9	10	11	12	13
16	17	18	19	20	21
20	21	22	23	24	25
24	25	26	27	28	29
28	29	30	31	32	1

一旦扩展后的右侧和轮密钥异或，结果被分解成 8 份，每份 6 位，每一份都被送入一个仅返回 4 位输出的替换盒（S 盒）。最后，在输出上执行置换 P，这样就完成一轮。置换 P 由下式给出：

16	7	20	21
29	12	28	17
1	15	23	26
5	18	31	10
2	8	24	14
32	27	3	9
19	13	30	6
22	11	4	25

该算法的非线性核心是 S 盒。每个盒子将 6 位数字 $b_1b_2b_3b_4b_5b_6$ 转换为 4 位数

字，首先将其分解为 b_1b_6 和 $b_2b_3b_4b_5$。也就是说，我们现在有一个 2 位和一个 4 位的数字。将两者都按照十进制转换，第一个在 0 和 3 之间，第二个在 0 和 15 之间。因此，引用 S 盒的行和列，该位置的值是 4 bit 结果。表 12.1 列出了 8 个 S 盒。

表 12.1　S 盒

行号	列号															
	0	1	2	3	4	5	6	7	8	9	10	11	12	13	14	15
S_1																
0	14	4	13	1	2	15	11	8	3	10	6	12	5	9	0	7
1	0	15	7	4	14	2	13	1	10	6	12	11	9	5	3	8
2	4	1	14	8	13	6	2	11	15	12	8	7	3	10	5	0
3	15	12	8	2	4	9	1	7	5	11	3	14	10	0	6	13
S_2																
0	15	1	8	14	6	11	3	4	9	7	2	13	12	0	5	10
1	3	13	4	7	15	2	8	14	12	0	1	10	6	9	11	5
2	0	14	7	11	10	4	13	1	5	8	12	6	9	3	2	15
3	13	8	10	1	3	15	4	2	11	6	7	12	0	5	14	9
S_3																
0	10	0	9	14	6	3	15	5	1	13	12	7	11	4	2	8
1	13	7	0	9	3	4	6	10	2	8	5	14	12	11	15	1
2	13	6	4	9	8	15	3	0	11	1	2	12	5	10	14	7
3	1	10	13	0	6	9	8	7	4	15	14	3	11	5	2	12
S_4																
0	7	13	14	3	0	6	9	10	1	2	8	5	11	12	4	15
1	13	8	11	5	6	15	0	3	4	7	2	12	1	10	14	9
2	10	6	9	0	12	11	7	13	15	1	3	14	5	2	8	4
3	3	15	0	6	10	1	13	8	9	4	5	11	12	7	2	14
S_5																
0	2	12	4	1	7	10	11	6	8	5	3	15	13	0	14	9
1	14	11	2	12	4	7	13	1	5	0	15	10	3	9	8	6
2	4	2	1	11	10	13	7	8	15	9	12	5	6	3	0	14
3	11	8	12	7	1	14	2	13	6	15	0	9	10	4	5	3
S_6																
0	12	1	10	15	9	2	6	8	0	13	3	4	14	7	5	11
1	10	15	4	2	7	12	9	5	6	1	13	14	0	11	3	8
2	9	14	15	5	2	8	12	3	7	0	4	10	1	13	11	6
3	4	3	2	12	9	5	15	10	11	14	1	7	6	0	8	13
S_7																
0	4	11	2	14	15	0	8	13	3	12	9	7	5	10	6	1
1	13	0	11	7	4	9	1	10	14	3	5	12	2	15	8	6
2	1	4	11	13	12	3	7	14	10	15	6	8	0	5	9	2
3	6	11	13	8	1	4	10	7	9	5	0	15	14	2	3	12
S_8																
0	13	2	8	4	6	15	11	1	10	9	3	14	5	0	12	7
1	1	15	13	8	10	3	7	4	12	5	6	11	0	14	9	2
2	7	11	4	1	9	12	14	2	0	6	10	13	15	3	5	8
3	2	1	14	7	4	10	8	13	15	12	9	0	3	5	6	11

来看一个例子，假设在输入 S 盒之前有以下的 48 位比特字符串：

010100000110101100111101000110110011000011110101011001

前 6 位 $b_1b_2b_3b_4b_5b_6 = 010100$ 将使用第一个 S 盒 S_1 进行替换，则有 $b_1b_6 = 00$ 和 $b_2b_3b_4b_5 = 1010$。转换为十进制，得到 0 和 10，所以来看 S_1 的第 0 行和第 10 列，在那里找到 6。将 6 转换成二进制得到 0110。因此，上述 48 位字符串的前 6 位被 0110 替代。

然后转到原来的 48 位字符串的下 6 位 000110。如果现在将它们标记为 $b_1b_2b_3b_4b_5b_6$，则有 $b_1b_6 = 00$ 和 $b_2b_3b_4b_5 = 0011$。按照十进制转换，得到 0 和 3，所以查看 S_2 的第 0 行和第 3 列，在那里找到 14。将 14 转换为二进制得到 1110。因此，上述 48 位串的第二个 6 位被 1110 取代。继续以这种方式，每次取 6 位执行类似的转换，直到所有 48 位值均被每个 S 盒替换。最终的结果是一个 32 位的字符串。

看起来填充替换盒的特定值并不重要。一个替换和另一个替换一样好，对吗？错误！DES 的官方描述中说到原始函数 KS, S_1 … S_8 和 P 的选择对算法产生的加密强度至关重要[1]。

本章将对这些 S 盒进行更多的说明，现在继续讨论 DES 如何工作。我们现在准备好好看看大图。图 12.5 展示了上面讨论的 16 轮。请注意，最后一轮后左右两侧没有被交换。这样做是为了加密和解密遵循相同的步骤，唯一的区别是必须以相反顺序使用轮密钥来解密。需要着重注意的是，轮的组合不能称为一轮；也就是，一般来说，使用不用密钥的两轮操作不能通过使用第 3 个密钥的单独一轮来实现。如果是这样的话，16 轮将不会比 1 轮更好，而只会花更多时间而已！

这里唯一的新要素是初始置换以及最后的逆初始置换。初始置换如下：

58	50	42	34	26	18	10	2
60	52	44	36	28	20	12	4
62	54	46	38	30	22	14	6
64	56	48	40	32	24	16	8
57	49	41	33	25	17	9	1
59	51	43	35	27	19	11	3
61	53	45	37	29	21	13	5
63	55	47	39	31	23	15	7

似乎没人知道为什么设计人员为了重新排列明文的比特位而烦恼——它没有密码效应——但这确实是定义在 DES 中的。

——布鲁斯·施奈尔[2]

1　U.S. Department of Commerce, Data Encryption Standard, FIPS Pub. 46-3[S]. National Institute of Standards and Technology, Washington, DC, 1999: 17.

2　SCHNEIER B, FERGUSON N. Practical Cryptography[M]. Indianapolis, IN: Wiley, 2003: 52.

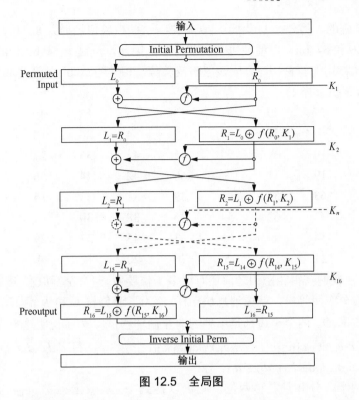

图 12.5　全局图

显然，这种置换使得在 DES 加密由硬件而不是软件执行时加载到芯片更容易。 DES 的硬件实现工作得很好，但软件实现并不是非常有效，因为软件不能很好地处理位置换。另一方面，字节置换可以更有效地完成。这种方法被引入 AES 的部分中去，这是第 19.3 节中讨论的算法。

初始置换的逆是：

48	8	48	16	56	24	64	32
39	7	47	15	55	23	63	31
38	6	46	14	54	22	62	30
37	5	45	13	53	21	61	29
36	4	44	12	52	20	60	28
35	3	43	11	51	19	59	27
34	2	42	10	50	18	58	26
33	1	41	9	49	17	57	25

这些置换总是如上所述。它们不是密钥的一部分，也不会增加 DES 的安全性。如果没有它们，密码会一样强（或弱），但那就不是 DES 了。

现在，为了完成对 DES 的描述，需要考虑如何从 K 获得轮密钥。将 K 认为

56 bit 是准确的，另外 8 bit 用于错误检测。这些校验位被插入 8、16、24、32、40、48、56 和 64 bit，以便使每个字节均衡。因此，从这个 64 bit 长的字符串中选择密钥比特用作轮密钥时，应该忽略校验位。相关的 56 bit 值选择和置换如下：

PC-1 (置换选择 1)

57	49	41	33	25	17	9
1	58	50	42	34	26	18
10	2	59	51	43	35	27
19	11	3	60	42	44	36
63	55	47	39	31	23	15
7	62	54	46	38	30	22
14	6	61	53	45	37	29
21	13	5	28	20	12	4

不过，在我们获得轮密钥之前还有更多工作要做。一个空行放在 56 位的中间，表示它们被分成两等份，就像消息块一样。 为了避免与 L 和 R 混淆，将这些半份标记为 C 和 D。两个半边都是单独的向左循环移位[1]。为了说明这一点，如果有 $c_1c_2c_3c_4c_5c_6c_7c_8c_9c_{10}c_{11}c_{12}c_{13}c_{14}c_{15}c_{16}c_{17}c_{18}c_{19}c_{20}c_{21}c_{22}c_{23}c_{24}$ 和 $d_1d_2d_3d_4d_5d_6d_7d_8d_9d_{10}d_{11}d_{12}d_{13}d_{14}d_{15}d_{16}d_{17}d_{18}d_{19}d_{20}d_{21}d_{22}d_{23}d_{24}$。

作为两半部分并且左移两位，则可以得到 $c_3c_4c_5c_6c_7c_8c_9c_{10}c_{11}c_{12}c_{13}c_{14}c_{15}c_{16}c_{17}c_{18}c_{19}c_{20}c_{21}c_{22}c_{23}c_{24}c_1c_2$ 和 $d_3d_4d_5d_6d_7d_8d_9d_{10}d_{11}d_{12}d_{13}d_{14}d_{15}d_{16}d_{17}d_{18}d_{19}20d_{21}d_{22}d_{23}d_{24}d_1d_2$。

如图 12.6 所示，这些两等份移动的数量取决于正在执行的轮数。在完成特定轮次所需的左移数量后，将两等份重新组合，并根据下表选择（并置换）48 bit：

PC-2（置换选择 2）：

14	17	11	24	1	5
3	28	15	6	21	10
23	19	12	4	26	8
16	7	27	20	13	2
41	52	31	37	47	55
30	40	51	45	33	48
44	49	39	56	34	53
46	42	50	36	29	32

最后一个必要的细节是在每轮中左移的数量。通常（但不是总是）是两个单位（见表 12.2）。请注意，这些移动总计 28 bit，即密钥长度的一半。

1　循环移位通常用符号 "<<<" 或 ">>>" 表示，取决于移位是向左还是向右。

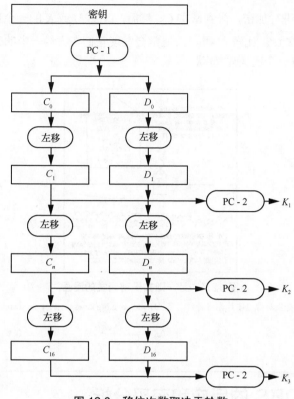

图 12.6 移位次数取决于轮数

表 12.2 左移表

迭代次数	左移数目	迭代次数	左移数目
1	1	9	1
2	1	10	2
3	2	11	2
4	2	12	2
5	2	13	2
6	2	14	2
7	2	15	2
8	2	16	1

你现在有足够的信息来选择使用编程语言实现 DES。有很多细节需要我们注意，但是每个部分都很容易解释，也很容易编程。然而，当 Lucifer 正式变成 DES 时，为什么 S 盒采取了它们的形式还远远不够清楚。之后会讲到与之相关的东西。

现在，我们注意到克劳德·香农应该对 DES 的设计感到高兴。移位和由 S 盒构成的置换的组合通过 16 轮的操作提供了他所期望的扩散和混淆。假设我们使用密钥

K 对一些消息 M 进行加密，得到密文 C。然后，改变 M 或 K 的一个比特并再次加密以获得第二个密文 C'。比较 C 和 C'，通常会发现它们在大约一半的位置上不同。

图 12.7 是另一个密码学幽默。

图 12.7　另一则关于密码学的漫画

（如果你把鼠标掠过图片你将看到文字"If you got a big key space, let me search it"）

12.2　对 DES 的反应和密码分析

从一开始就存在两个对 DES 的主要异议。

12.2.1　异议 1：和密钥大小相关

DES 的发布版本听起来好像使用了 64 bit 的密钥，但实际上只使用了 56 bit，其中 8 bit 作为校验码[1]：

迪菲，赫尔曼以及其他人反对说，56 bit 密钥可能不足以抵抗价值 2 000
万美元的专用计算机的暴力攻击，其他人估计花费是其 10 倍。无论哪个数
字是正确的，56 bit 密钥几乎没有安全保障。

迪菲和赫尔曼假设的机器将拥有 1 000 000 个芯片，给定单个明文/密文对，大约 12 h 内可以攻破 DES。获得一个明文/密文对并不困难。事实上，国家统计

1　MORRIS R, SLOANE N J A, WYNER A D. Assessment of the National Bureau of Standards proposed federal Data Encryption Standard[J]. Cryptologia, 1977,1(3): 281; DIFFIE W. Preliminary Remarks on the National Bureau of Standards Proposed Standard Encryption Algorithm for Computer Data Protection[R]. Unpublished Report, Stanford University, May 1975; DIFFIE W, HELLMAN M E. A critique of the proposed Data Encryption Standard[J]. Communications of the ACM, 1976,19(3): 164-165; DIFFIE W, HELLMAN M E. Exhaustive cryptanalysis of the NBS Data Encryption Standard[J]. Computer, 1977,10(6): 74-84.

局认为这种攻击是很合理的[1]。

作为 IBM 设计团队的一员，沃尔特·塔奇曼认为该机器需花费 2 亿美元，并进一步表示，通过贿赂或勒索获取信息比构建机器更便宜、更容易。但他也说"根据我们的判断，56 位密钥长度在可预见的未来 5～10 年内绰绰有余[2]"。为什么不看得长远一些呢？机器是否需要 2 000 万美元或 2 亿美元是一个微不足道的细节。对于拥有数十亿美元军事和情报预算的政府来说，这样的代价是微不足道的。

如果 56 位太小，应该使用多长的密钥呢？赫尔曼指出，军方通常使用的密钥大小几乎是 DES 的 20 倍[3]。他暗示美国国家安全局试图将公开可用的加密密钥限制到可以攻破的规模。由于他们经常允许小于 64 位密钥的系统出口，而不是具有更长密钥的系统，所以 56 位密钥肯定容易受到攻击[4]。其他反对 56 位密钥的人还有：

YASAKI E K. Encryption algorithm: key size is the thing[J]. Datamation, 1976,22(3): 164-166.

KAHN D. Tapping computers[J]. The New York Times, 1976,4: 27.

GUILLEN M. Automated cryptography[J]. Science News, 1976,110(12): 188-190.

NBS 通过举办以下两个研讨会来回复这些抱怨：

1. 1976 年计算机技术重大进展评估研讨会，1976 年 8 月 30—31 日："这是一个面向设备的研讨会，其目的是研究构建由迪菲和赫尔曼描述的专用计算机的可行性。"大多数的参与者认为现在的技术并不可行，但后来一位没有出席的 IBM 代表表示，花费 2 亿美元可以在一天内恢复出明文。迪菲和赫尔曼坚持 2 000 万美元的估算，并用论文《NBS 数据加密标准的详尽密码分析》做出了回应[5]。

2. 1976 年支持计算机安全的 NBS 密码学研讨会，1976 年 9 月 21—22 日：莫里斯、斯隆和怀纳参加了此次会议，他们在 1977 年 7 月的《密码学》杂志上发表了他们的回应。

莫里斯、斯隆和怀纳总结说，"在 20 世纪 80 年代的某个时候，对于那些拥有大量资源的人（如政府和非常大的公司）来说，通过暴力密钥搜索来解密（被推荐的标准）是非常可行的[6]。"他们承认：那些拥有大量资源的人没有意识到任何解密密码分析的好办法；也就是说，蛮力攻击是他们能找到的最好的攻击手段。

1　MORRIS R, SLOANE N J A , WYNER A D. Assessment of the National Bureau of Standards proposed federal Data Encryption Standard[J]. Cryptologia, 1977,1(3): 286.

2　KINNUCAN P. Data encryption gurus: Tuchman and Meyer[J]. Cryptologia, 1978,2(4): 371-381. KOLATA G B. Computer encryption and the National Security Agency connection[J]. Science, 1977,197(4302): 438-440.

3　KOLATA G B. Computer encryption and the National Security Agency connection[J]. Science,1977,197(4302): 438-440.

4　HELLMAN M. Statement to Participants at NBS Workshop on Cryptography in Support of Computer Security[Z]. unpublished memorandum, September 21, 1976.

5　DIFFIE W, HELLMAN M E. Exhaustive cryptanalysis of the NBS Data Encryption Standard[J]. Computer, 1977,10(6): 74-84.

6　MORRIS R, SLOANE N J A , WYNER A D. Assessment of the National Bureau of Standards proposed federal Data Encryption Standard[J]. Cryptologia, 1977,1(3): 281.

还有人观察到，如果 56 位密钥是从 8 种输入的字符中获得的，而不是 56 位随机位，那么 "密文解密的代价降低了大约 200 倍"，并建议用户注意这一点，此外还建议通过使用两个不同的密钥加密两次来增加安全性[1]。最后一个陈述似乎为时过早（尽管事实证明这是正确的，只是一点点）。直到 1993 年，DES 密钥才被证明不会形成一个群。因此，直到 1993 年，人们并不能确定双重加密是否更好[2]。

莫里斯、斯隆和怀纳认为密钥长度应该增加到 64 位甚至 128 位[3]。在早期版本中，该算法确实使用了 128 位密钥。他们还想要至少 32 次迭代，而不仅仅是 16 次。

对于 NSA 合作者已经将后门内置到 DES 中的可能性的担忧，塔奇曼说："我们完全在 IBM 内部开发了 DES 算法，使用的是 IBM 的开发者。美国国家安全局并没有做任何指示[4]。"现在知道 IBM 事实上受到了 NSA 的帮助。在收到 IBM 的工作后，NBS 将它发送给 NSA，在那里进行更改，这里描述的算法是最终结果[5]。

事实上，甚至有同时代的报道也确认了 NSA 的参与，新泽西州默里山的贝尔实验室的亚伦·怀那说"IBM 对 NSA 在选择密钥之前就采取行动的事实并没有异议。"纽约州约克城高地的 IBM 公司的艾伦·康海姆承认，"IBM 一直在与国家安全局打交道"。他们（NSA 员工）每隔几个月就会查看 IBM 正在做的事情，但是，科海姆说："56 bit 密钥是 IBM 选择的，因为这一大小在芯片上实现起来非常方便[6]。"不方便的是无法获得具有更大密钥版本的出口许可证！

从最近解密的 NSA 历史，得到以下内容[7]：

> 1973 年，美国国家统计局向私营企业征求数据加密标准（DES）。第一批产品令人失望，因此 NSA 开始研究自己的算法。然后，负责研究的工程副主任霍华德罗森·布鲁姆发现，IBM 的沃尔特·塔奇曼正在修改 Lucifer 使其通用化。美国国家安全局给了塔奇曼一个许可，并把他带入与 NSA 共同修改 Lucifer 的工作中[8]。

> 美国国家安全局与 IBM 密切合作，强化算法，以针对蛮力攻击之外的所有攻击，并加强被称为 S 盒的替换表。相反，NSA 试图说服 IBM 将密钥

1 MORRIS R, SLOANE N J A, WYNER A D. Assessment of the National Bureau of Standards proposed federal Data Encryption Standard[J]. Cryptologia, 1977,1(3): 281-282, 286.

2 Although the claim should not have been stated as a fact, it was not based on nothing. For the evidence, see GROSSMAN E. Group Theoretic Remarks on Cryptographic Systems Based on Two Types of Addition[R]. Research Report RC-4742, IBM T.J. Watson Research Center, Yorktown Heights, NY, 1974.

3 MORRIS R, SLOANE N J A, WYNER A D. Assessment of the National Bureau of Standards proposed federal Data Encryption Standard[J]. Cryptologia, 1977,1(3): 282.

4 KINNUCAN P. Data encryption gurus: Tuchman and Meyer[J]. Cryptologia, 1978,2(4): 371-381.

5 TRAPPE W, WASHINGTON L C. Introduction to Cryptography with Coding Theory[M]. Upper Saddle River, NJ: Prentice Hall, 2002: 97.

6 KOLATA G B. Computer encryption and the National Security Agency connection[J]. Science, 1977,197(4302): 438-440.

7 尽管不是原始的解密版本，但是由于约翰·杨提交的 FOIA 要求，这些段落后来才发布。

8 JOHNSON T R. American Cryptology During the Cold War, 1945–1989. Book III. Retrenchment and Reform, 1972-1980, Center for Cryptologic History[M]. Mead, MD: National Security Agency, Ft. George G. 1998: 232.

长度从 64 bit 减少到 48 bit。最终，他们妥协到 56 bit [1]。

虽然它的出口受到限制，但它在美国以外被广泛使用。根据 1994 年 3 月的一项研究，由 33 个国家开发了约 1 952 种产品[2]。

12.2.2 异议 2：S 盒的保密性

密码学家还对 S 盒设计的保密性表示担忧，并建议应该公开设计方式或以公开的方式设计新的 S 盒[3]。在第二次美国国家统计局研讨会上，一位 IBM 代表表示，S 盒的构建是为了提高安全性。莫里斯、斯隆和怀纳评论说："虽然没有特别的理由怀疑这一点，但仍有一些疑问[4]。"雷克沙公司的报告中描述了 S 盒结构的一些规律[5]。

莫里斯等人指出 DES 已被提议用作验证计算机登录和通过不安全通道发送密钥的单向函数，莫里斯等人继续说道："很明显，一旦 DES 被批准作为标准，它将应用在通信、数据处理和银行业以及警察、医疗和法律行业中的各个部分中，同时也将被广泛使用于联邦机构中，因为这是官方的设计。"他们是对的：

DES 很快占据了加密市场，有 99% 销售设备的公司使用其进行加密[6]。

即使是苏联背景的 Askri 公司，也以 100 美元的价格提供名为 Cryptos 的软件加密包。该软件包基于美国自己的国家标准数据加密标准[7]。

然而，对长密钥的请求并未受到重视，S 盒构造的细节也没有透露。尽管 DES 的采用非常普遍，但这些问题阻碍了它被普遍接受[8]：

位于新泽西州默里山的贝尔实验室的罗伯特莫里斯说, 贝尔电话公司的官员已经决定, 因为 DES 太不安全, 所以不能在贝尔系统中使用。

直到 2002 年，DES 仍然被强制用于保护所有美国联邦机构需要加密的敏感（未加密）信息。

DES 问世的这些年里，一个常见问题就是 NSA 是否可以攻破它。上面的引用似乎到 1985 年表明了肯定的答案，但下面转载的马特·布莱泽的引用从另一种

---

1 出处同前页 8，尽管另一个版本有其他说法: FOERSTEL H N. Secret Science: Federal Control of American Science and Technology[M]. Westport, CT: Praeger, 1993: 129, 其中表明密钥从 128 位（在 Lucifer 中使用）到 56 位，而 NSA 想要 32 位！

2 JOHNSON T R. American Cryptology During the Cold War, 1945-1989. Book III. Retrenchment and Reform, 1972–1980, Center for Cryptologic History[M]. Mead, MD: National Security Agency, Ft. GEORGE G. 1998: 239.

3 MORRIS R, SLOANE N J A, WYNER A D. Assessment of the National Bureau of Standards proposed federal Data Encryption Standard[J]. Cryptologia, 1977,1(3): 282.

4 有关疑问的索赔和引用（来自作者），请参阅 MORRIS R. SLOANE N J A, WYNER A D. Assessment of the National Bureau of Standards proposed federal Data Encryption Standard[J]. Cryptologia, 1977,1(3): 287.

5 Lexar Corporation, An Evaluation of the NBS Data Encryption Standard, unpublished report, Lexar Corporation, 11611 San Vincente Boulevard, Los Angeles, CA, 1976.

6 FOERSTEL H N. Secret Science: Federal Control of American Science and Technology[M]. Westport, Connecticut: Praeger, 1993: 129.

7 同上，第 138 页.

8 KOLATA G B. Computer encryption and the National Security Agency connection[J]. Science, 1977,197(4302): 438-440.

视角回答了这个问题[1]：

> 一位被美国国家安全局聘用的熟人当被问及政府是否能够破解 DES 传输时，打趣说现实中的系统如此不安全，以至于他们根本没必要感到烦恼。

布莱泽接着列出了《真实系统中安全性的十大威胁》。任何关心实际安全性，而不仅仅是数学方面的问题的人都应该研究这个清单[2]。

12.2.3　S 盒被揭示

1990 年，伊莱·比哈姆和阿迪·沙米尔将他们开发的称为"差分密码分析"的新攻击应用于 DES。结果证明，只有采用 15 轮或更少的轮次时，这种方法才会比蛮力攻击更好，但 DES 有 16 轮。事实上，差分密码分析是 DES 设计人员所熟知的，他们将其称为"T 攻击"。神秘的 S 盒被生成并测试，直到找到符合某些标准的盒子；他们需要能够抵抗 T 攻击和线性密码分析。当时这两种攻击都没有公开。美国国家安全局知道差分密码分析，但不希望这个信息被分享出来。因此，S 盒的生成必须保密。苏珊·兰道等人认为，美国国家安全局并没有预料到线性密码分析[3]。无论如何，这两种攻击都是在开放社区被重新发现的，现在任何人都可以使用。

DES 中存在一些"弱"密钥。该术语用来表示这样的密钥，即它们生成的所有轮密钥都是相同的。一个明显的例子是，由 56 个 0 组成的密钥和由 56 个 1 组成的密钥，除此之外 DES 还有其他两个弱密钥。还应该避免 6 对所谓的"半弱密钥"，它们不能产生 16 个不同的轮密钥，而只能产生 2 个不同的轮密钥，每个轮密钥被使用 8 轮。这样的后果是每个半弱密钥对中的一个密钥可以解密另一个密钥加密的消息[4]。每个可以使用的额外密钥都可以将暴力攻击的平均运行时间缩短一半。

12.3　电子前沿基金会和 DES

电子前沿基金会（EFF）是一个公民自由组织，其最终埋葬了 DES。他们通过设计和构建 DES 破解器来实现这一点，这是一种专门的硬件，其可以在合理的

1　SCHNEIER B. Applied Cryptography[M]. 2nd ed., New York: John Wiley & Sons, 1996: 619 in the afterword by Matt Blaze.

2　同上，第 620-621 页，由 Matt Blaze 撰写。

3　不管怎样，它首先公开出现在 MATSUI M.Linear cryptanalysis method for DES cipher,in HELLESETH T. Ed., Advances in Cryptology[C]// EUROCRYPT '93 Proceedings, Lecture Notes in Computer Science, Berlin: Springer, 1994,765: 386-397.

4　有关此主题的更多信息，请参阅穆尔和西蒙斯用弱和半弱密钥的 DES 的循环结构，A.M., Ed., Advances in Gryptology[C]//CRYPTO '86 Proceedings, Lecture Notes in Computer Science,Berlin: Springer, 1987,263:9-32.

时间内攻破系统（见图 12.8～图 12.10）。它通过每秒测试超过 900 亿个密钥来完成攻破。应该注意的是，DES 电路可以并行运行。因此，拥有 10 台机器的人比只有一台机器的人破解速度快 10 倍：

为了证明 DES 的不安全性，EFF 制造了第一个非机密硬件，其用于破解使用 DES 加密的消息。1998 年 7 月 17 日星期三，EFF 的 DES Cracker（制造费用不到 25 万美元）很轻松地赢得了 RSA 实验室的 DES Challenge II 比赛和 10 000 美元的现金奖励。这台机器花了不到 3 天的时间完成了挑战，打破了由数万台计算机组成的庞大网络所创造的 39 天记录。

图 12.8　EFF DES cracker 位于主要设计师保罗·柯歇尔的后面，
该设计师持有 29 块板中的一块，每块板包含 64 块定制微芯片

（图片使用已获许可）

图 12.9　DES 破解器电路板之一的特写视图

（图片使用已获许可）

图 12.10　Deep Crack 定制微芯片之一的特写视图

（图片使用已获许可）

半年后的 1999 年 1 月 19 日星期二，全球计算机爱好者联盟 Distributed. Net 与 EFF 的 DES Cracker 和全球近 10 万台互联网联网工作，破纪录地以 22 h15 min 共同赢得了 RSA 公司的 DES 挑战 III。全球计算团队使用常用技术破译了一个使用美国政府数据加密标准（DES）算法加密的秘密消息。在美国加利福尼亚州圣何塞举行的一个主题为数据安全和密码学会议、RSA 数据安全会议和博览会上，EFF 的 DES Cracker 和 Distributed.Net 计算机在发现密钥时每秒测试 2 450 亿个密钥。

尽管如此，这个被攻破的系统在 1999 年被重申为标准！这个声明应该是合格的——它在三重 DES 实现中得到了重新肯定，EFF 的机器和 Distributed.Net 都不能攻破。2002 年，一个新的标准最终被命名为高级加密标准（AES），并在 19.3 节中详细描述。

目前，最便宜的 DES 破解机的记录由德国波鸿和基尔大学的团队成员共同保持。他们的设备被称为 COPACOBANA（成本优化的并行密码破译器），价值 10 000 美元，于 2006 年在 9 天内破解了一条 DES 消息。自那时起进行的修改提高了 COPACOBANA 的效率，现在它在不到一天的时间内就可以得到明文。

12.4　第二次机会

一种可能提高 DES 安全性的方法是使用不同的密钥再次加密，但是使用两个不同的 DES 密钥进行两次加密并没有多大帮助！默克尔和赫尔曼发现，在一次中间相遇攻击中，将暴力攻击的密钥空间从预期的 $2^{56} \times 2^{56} = 2^{112}$ 减少到了 2^{57} 次，仅为单次 DES 的 2 倍！中间相遇攻击在概念上并不比暴力攻击困难得多，但它确实需要明文/密文对。如果双重加密表示为：

$$C = E_{\text{key2}}(E_{\text{key1}}(M))$$

则可以简单构造部分解密内容的两列：

列 $1 = E_k(M)$，针对所有可能的密钥 k；

列 $2 = D_k(C)$，针对所有可能的密钥 k。

这两列将有一个相同的条目。当在列 1 中使用密钥 1 并在列 2 中使用密钥 2 时，这些条目将与原始消息的第一次加密之后的结果相匹配。因此，在计算两列，每列 2^{56} 个值后，密钥一定会显现。这就是暴力破解必须穷举的空间是 2^{57} 的原因。

在查找第 1 列和第 2 列之间的匹配项时，我们可能会找到几个匹配项。如果有超过一个的文本块可以使用，就可以将这些潜在的密钥应用于每一块，以查看哪个是真正正确的密钥对。

有了三重 DES，我们就获得了更多优势。那么我们可以通过应用以下步骤用两个密钥来执行三重加密[1]：

① 使用密钥 1 加密；

② 使用密钥 2 解密；

③ 使用密钥 1 重新加密。

一个明显的问题是"为什么第二步是解密而不是加密？"如果第二步是加密的话，三重 DES 将同样强大，但这样的话，就不能和单个 DES 后向兼容，使用上面提供的方案，通过简单地让密钥 1 = 密钥 2，一项壮举就这样完成了。因此，为了方便而不是安全性，做出了第二步是解密的决定。

另一个很好的问题是"为什么不使用 3 个不同的密钥而仅仅使用两个密钥？"实际上针对双密钥版本有一个攻击，但该攻击并不现实[2]。它需要不切实际的内存。如果担心的话，可以使用 3 个不同的密钥，则这种攻击将更不是威胁。由于完成了 3 次加密，使用 3 个不同的密钥和重复使用其中一个密钥相比，并不会多花费更多时间。使用两个密钥的唯一好处是不需要很多密钥。缺点是密钥空间更小。

在上面的讨论中，我们假设多重加密更强大，但对于所有的系统而言，情况并非都如此。如果我们对文本进行 3 次加密，每次使用不同的单一字母替换系统，其级联效应与单一字母替换系统的加密效果相同。矩阵加密和许多其他系统也是

1　该过程由赫尔曼提出，针对 DES 的没有捷径[J]. IEEE Spectrum, 19779, 16(7): 40-41.

2　OORSCHOT P C, WIENER M J. A known-plaintext attack on two-key triple encryption[C]// in DAMGÅRD I B, Ed., Advances in Cryptology: EUROCRYPT '90 Proceedings, Lecture Notes in Computer Science, Springer, Berlin, 1991, 473: 318-325.

如此。这是因为对于这些加密方案，它们的密钥集合构成了群。任何加密的组合都只是密钥空间的其他元素。在评估三重 DES 的安全性时，一个非常重要的问题是 DES 是否是一个群。如果这成立的话，不仅三重 DES 等同于单个 DES，就连单个 DES 的安全性也将变得非常弱。如果 DES 是一个群，那么一次中间相遇攻击能够在约 2^{28} 次操作后揭示密钥。幸运的是，DES 不是一个群。这在 1993 年被证实[1]。

令人惊讶的是，对于这样一个重要且长期存在的问题，证明非常容易理解。设 E_0 和 E_1 分别表示使用全 0 和全 1 密钥的 DES 加密。我们可以双重加密一个指定的消息：$E_1E_0(M)$。对该密文继续使用双重加密，得到 $E_1E_0(E_1E_0(M))$。为了方便起见，将其表示为 $(E_1E_0)^2(M)$。我们感兴趣的是，存在 M 的选择使 $(E_1E_0)^n(M)=M$，其中 n 约为 2^{32}。这个级数足够小，以至于密码分析者可以调查和确定 n 的确切值，而不需要荒谬的漫长等待。产生原始消息的 n 的值被称为 M 的周期长度。对所有消息都适用的 n 的值是 E_1E_0 的阶。任何特定消息 M 的周期长度一定能整除 E_1E_0 的阶，从而进一步地整除由 DES 密钥所组成的群的阶（如果它确实是一个群）。因此，为了说明 DES 不是一个群，必须通过 n 的不同选择，计算并查看它们的最小公倍数，这提供了 E_1E_0 阶的下限（同样提供了 DES 密钥自身阶的下界）。

唐·科珀史密斯是第一个这样做的人。他所检查的 33 条消息的周期长度意味着 E_1E_0 的秩至少为 10^{277}。基思·W·坎贝尔和迈克·J·维纳对此进行了跟踪，另有 295 条消息表明，由 DES 置换产生的子群被限制在 1.94×10^{2499} 以内。坎贝尔和维纳指出，早在 1986 年，摩尔和西蒙斯[2]就发现了循环长度，上述论据表明 DES 不是一个群；然而，这一点一直被忽略，因此，这个问题作为公开问题又存在了好多年！

DES 不是美国国家安全局插手设计用于外部使用的最后一个密码。在 1993 年用 Clipper 芯片做了一次不太成功的尝试[3]。它与 DES 的不同之处在于该算法被保密；所有的用户会得到一个防篡改的芯片。更糟的是，该提案带有"密钥托管"的概念，这意味着每个芯片的内置密钥将保存在文件中，以便可以由被授权的执法机构访问。政府过去的无授权窃听的历史使人们对该提案并不能提起信心。在

---

1 CAMPBELL K W, WIENER M J. DES is not a group[C]// in BRICKELLL E, Ed., Advances in Cryptology: CRYPTO '92 Proceedings, Lecture Notes in Computer Science, Springer, Berlin, 1993,740: 512-520.本文将丹科·珀史密斯列为证明。

2 MOORE J H, SIMMONS G. Cycle structure of the DES with weak and semiweak keys[C]// in ODLYZKO A M, Ed., Advances in Cryptology: CRYPTO'86 Proceedings, Lecture Notes in Computer Science, Springer, Berlin, 1987,263:9-32.

3 有关 Clipper 芯片的非技术历史，LEVY S. Crypto: How the Code Rebels Beat the Government, Saving Privacy in the Digital Age[M]. New York: Viking, 2001. 对 Clipper 使用的算法的分析（它最终被发布）见 KIM J, PHAN R C W. Advanced differential-style cryptanalysis of the NSA's Skipjack block cipher[J]. Cryptologia, 2009,33(3): 246-270.

激烈的辩论之后，Clipper 消失了。密钥托管被证明在欧盟更加不受欢迎，欧盟通常有更多关于保护隐私的法律。

12.5　有趣的特征

我和一名学生奥斯汀·达菲用一个学期一起对 DES 进行了攻击，这项工作没有从事的必要。毫不奇怪，确实没有必要。但它确实揭示了一些有趣的东西。我们的想法是，如果存在一个消息，其密文的比特和（比如汉明权重）与密钥的比特和相关，则暴力攻击可以在一个被大大减少的密钥空间里实施。基本上，比如一个特殊信息被加密，并且它的比特和表明密钥的比特和在 25 和 26 之间，概率为 90％。正如我所说，我们希望得到一些相关性，但不一定是完美的相关性。我们以非常朴素的方式进行研究，对此编写了一个程序，它生成一个随机消息，并用 100 个随机密钥对它进行加密，然后计算密文和密钥比特和之间的相关性。实际上，这一切都是在一个大循环内完成的，所以许多不同的随机消息都以这种方式进行了测试。每当产生一个比以前任何消息关联度都高（或者和当前关联度相当）的消息时，就会显示在屏幕上。因此，在运行时，我们看到了各种消息旁边显示的更好（但从未真正好）的相关值列表。图 12.11 显示了一些结果，在阅读下面的解释之前，看看你是否注意到任何异常。

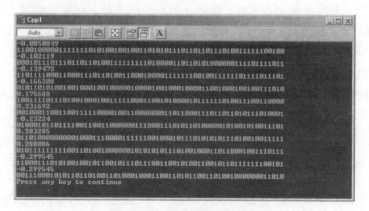

图 12.11　关联值和消息展示

最后两条消息是互补的，这很奇怪！由于这些消息是随机生成的，因此似乎不太可能会如此快地出现这种互补的情况，它们为什么会具有相同的相关值？我阅读了一些关于 DES 的知识，发现对消息的每一位取反，并对密钥进行相同处理，就会得到一个密文，它是原始密文的补[1]。代数上来讲，这个结果在我们开始攻击之前（对其他人）就已经存在，但这对我们来说是新东西。对产生最佳相关性的消息使用随机密钥集重复尝试并计算每组的相关性。如图 12.12 所示，相关性不会和之前值保持一致：

$$E(\bar{K}, \bar{P}) = \overline{E(K, P)} \qquad (12\text{-}1)$$

图 12.12   使用更多随机密钥集合重新测"最好"消息的结果

这种情况类似于使用大量的硬币（而不是消息）并将它们翻转 100 次。也许其中一个将在 60% 的时间内正面朝上。显示正面朝上的硬币分布应该遵循钟形曲线，所以一些硬币比其他硬币产生更多的正面并不奇怪。但是，如果我们把硬币正面次数最高的一个硬币再投掷 100 次，不断重复这个过程，平均而言，我们可以预期每次有 50 次正面朝上。

所以，一个纯粹的调查思路，没有任何理论的支持，向我们透漏了 DES 的一个有趣特征，这是我们没有预料到的。虽然结果并不新鲜，但我认为它可以作为研究如何发展的一个很好的例子。即使失败也可以显示出这是很有趣并且有益的。

目前已经有几种 DES 变体来解决相关攻击。最值得注意的（也是最简单的）是三重 DES，但也有带独立子密钥的 DES、DESX、CRYPT（3）、通用 DES（GDES）、带备用 S 盒的 DES、RDES、s^nDES（n 取值为 2、3、4 和 5 的一些变体），密钥相关 S 盒的 DES 和 NEWDES[2]。

12.5.1   密码学幽默

在《密码杂志》中，论文《用于密码学，IT 安全和风险分析学科的术语》提供了以下定义：

DES. *n, abbr.* Cryptographic algorithm with key size chosen so that it can be

1   证明见 SCHNEIER B, FERGUSON N. Practical Cryptography[M]. Indianapolis, IN: Wiley, 2003: 54.
2   有关这些变体的一些细节（以及对那些需要更多细节的更多参考资料），请参阅 SCHNEIER B. Applied Cryptography[M]. 2nd ed., New York: John Wiley & Sons, 1996: 294-300, 306-308.

Decrypted Easily by Security agencies（名词，缩略语，特定密钥长度的密码算法，因此可以被安全机构轻易解密）

电子前沿组织在他们关于 DES 破译器的书上有如下声明[1]：

> 如果一个公民自由组织能够以 20 万美元建立一个 DES 破译装置，那么政府很可能会以不到一百万美元的价格完成同样的事情。

12.6　加密模式

DES 可以用许多不同的模式实现。这不是一个新概念（想法）。前几章中讨论过的许多密码也可以用各种方式实现。例如，在 3.5 节中，我们看到了布莱斯·德·维吉尼亚的自动密钥（1523—1596）。在短的"初始密钥"之后，以运动密钥的方式继续加密，但是使用消息自身的前一部分（或正在生成的密文）作为密钥。这是一项重要贡献，但几百年来并没有与之相关的东西被实现。1958 年，杰克·莱文提出了一对实现矩阵加密的新方法[2]。在展示莱文的方法之前，我们先来设定符号。用 $C_i = AP_i$ 来表示传统的矩阵加密，其中，A 是（永远不变的）加密矩阵，P_i 和 C_i 分别是第 i 组明文和密文字符。

12.6.1　莱文方法

莱文引入了第 2 个可逆矩阵 B，并且让密文不仅是当前的明文块，而且还是之前明文块的函数：

$$C_i = AP_i + BP_{i-1} \tag{12-2}$$

这对加密第 2 组、第 3 组等的明文起到很好的作用，但对于第 1 组明文字符，P_1，并没有以前的组作为 P_0 使用。因此，除了矩阵 A 和 B 之外，莱文还需要定义一个明文（P_0）作为密钥的一部分。

例 1

我们的密钥将是：

$$A = \begin{pmatrix} 5 & 5 \\ 6 & 11 \end{pmatrix} \quad B = \begin{pmatrix} 13 & 10 \\ 3 & 3 \end{pmatrix} \quad P_0 = \begin{pmatrix} 17 \\ 6 \end{pmatrix} \tag{12-3}$$

1　Electronic Frontier Foundation. Cracking DES: Secrets of Encryption Research, Wiretap Politics, and Chip Design[M]. Sebastopol, CA:O'Reilly, 1998: I-16.

2　LEVINE J. Variable matrix substitution in algebraic cryptography[J]. American Mathematical Monthly, 1958,65(3): 170-179.

消息是诺贝尔物理学奖获得者费曼的名言[1]：

I TOLD HIM, OF COURSE, THAT I DIDN'T KNOW—WHICH IS MY ANSWER
TO ALMOST EVERY QUESTION.

把消息转换为数字，其中，A = 0， B = 1,…， Z = 25，忽略标点符号，可以得到：

8	19	14	11	3	7	8	12	14	5	2
14	20	17	18	4	19	7	0	19	8	3
8	3	13	19	10	13	14	22	22	7	8
2	7	8	18	12	24	0	13	18	22	4
17	19	14	0	11	12	14	18	19	4	21
4	17	24	16	20	4	18	19	8	14	13

将第 1 个明文对加密并模 26，得到：

$$C_1 = \begin{pmatrix} 5 & 5 \\ 6 & 11 \end{pmatrix} \begin{pmatrix} 8 \\ 19 \end{pmatrix} + \begin{pmatrix} 13 & 10 \\ 3 & 3 \end{pmatrix} \begin{pmatrix} 17 \\ 6 \end{pmatrix} = \begin{pmatrix} 0 \\ 14 \end{pmatrix} \tag{12-4}$$

第 2 个和第 3 个密文如下：

$$C_2 = \begin{pmatrix} 5 & 5 \\ 6 & 11 \end{pmatrix} \begin{pmatrix} 14 \\ 11 \end{pmatrix} + \begin{pmatrix} 13 & 10 \\ 3 & 3 \end{pmatrix} \begin{pmatrix} 8 \\ 19 \end{pmatrix} = \begin{pmatrix} 3 \\ 0 \end{pmatrix}$$

$$C_3 = \begin{pmatrix} 5 & 5 \\ 6 & 11 \end{pmatrix} \begin{pmatrix} 3 \\ 7 \end{pmatrix} + \begin{pmatrix} 13 & 10 \\ 3 & 3 \end{pmatrix} \begin{pmatrix} 14 \\ 11 \end{pmatrix} = \begin{pmatrix} 4 \\ 14 \end{pmatrix} \tag{12-5}$$

所以，密文以 0 14 3 0 4 14 或用字母表示为 AODAEO 开始。这应该足够清晰地解释莱文矩阵加密模式了。

莱文还提供了一个使用以前的密文来改变加密的版本：

$$C_i = AP_i + BC_{i-1} \tag{12-6}$$

莱文使用的另一种替换方法只能顺便提及，因为它并没有引领现代加密模式。该方法采取 $C_i = A_iP_i$ 的形式，即矩阵 A 随着每次加密而改变。唯一需要注意的是，A_i 的生成方式要确保每个矩阵都是可逆的；否则，密文将不会有唯一的解密。

12.6.2 现代加密模式

这些想法在 20 世纪 70 年代用现代分组密码（例如 DES）时再次出现。接下来详细介绍了当前正在使用的几种加密模式。

---

1 FEYNMAN R. What Do You Care What Other People Think[M]. New York: W.W. Norton, 1988: 61.

12.6.2.1　电子密码本模式

如果 DES（或任何其他分组密码）被用于一次加密一个块，并且在加密过程没有考虑其他输入，则该密码被一种称为电子密码本（ECB）的模式实现。在这种模式下，相同的块将被加密成相同的内容。因此，对于很长的消息，或是带有标准开头的短消息，可能很容易失去机密性，在这种情况下，密码必须能够抵抗已知明文攻击（这是迪菲为 2 000 万美元的 DES 破解机器所考虑的那种攻击）。这种模式有其用途（见第 17 章），但不推荐加密超过一个块的消息。对于那些情况，以下模式之一是首选，尽管之后讨论的模式各有优缺点。对于那些不能一下就看清楚的模式，我们将讨论错误传播的方式。对于 ECB，错误只会改变其出现的块。

12.6.2.2　密码分组链接模式

在密码分组链接（CBC）模式中，首先选择一个初始化向量（IV）作为第一个密文块来使用。加密时将当前消息的每个块与先前的密文块进行异或来生成下一个密文块。使用符号表示，对于 $i \geqslant 1$，$C_0 = IV$ 且 $C_i = E(C_{i-1} \oplus M_i)$。为了解码，取 $E^{-1}(C_i) \oplus C_{i-1}$。由于 $E^{-1}(C_i) \oplus C_{i-1} = (C_{i-1} \oplus M_i) \oplus C_{i-1}$ 且异或运算是可交换的，因此 C_{i-1} 项消去得到原始的消息块。加密依赖于先前的密文块，因此消息中的重复块很可能会以不同的方式加密。与 ECB 不同，截取者不能在不被察觉的情况下改变加密块的顺序。

CBC 的错误传播只比 ECB 模式稍差。如果在给定的密文块中存在错误（由于传输而不是由加密产生的错误），则该块将不正确地解密，接下来的一块同样也会解密失败。然而，下一个密文块将被正确恢复，因为它的明文只依赖于它自己和前一个密文块。事实上，如果前面的明文块是乱码，其也是无关紧要的。两个损坏块中的不正确位将具有相同数量并且位于相同位置。这种模式是由 IBM 的研究人员于 1976 年发明的[1]。

12.6.2.3　密文反馈模式

密文反馈模式（CFB）允许将任何分组密码当作流密码使用。流密码的典型用途是对数据进行动态实时加密，正如它一贯那样。例如，安全语音通信或任何种类的"流式"数据。第 18 章将更详细地介绍流密码。流密码通常作用于小块的明文，而不是块密码。CFB 允许我们以比密码正常处理的块大小更短的组生成密

1　EHRSAM W F, MEYER C H W, SMITH J L, et al. Message Verification and Transmission Error Detection by Block Chaining[P]. U.S. Patent 4074066, 1976.

文。例如，每次加密 8 bit。

首先选择一个和分组密码大小相同的初始化向量（*IV*）。然后计算 *E(IV)*，并将其最左边的 8 bit 与消息的前 8 bit 异或。这样就提供了密文的前 8 bit，然后可以发送它们。现在，通过将 8 bit 密文附加到右边并丢弃最左边的 8 bit 来改变 *IV*。然后重复该过程来加密消息接下来的 8 bit。图 12.13 应该有助于使这个过程更加清晰。

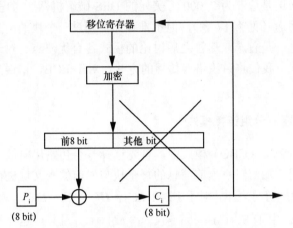

图 12.13　密文反馈模式（CFB）

两条 C_i 出路径表明密文被发给预期接收者，并回到移位寄存器的右侧。当 8 bit 密文到达移位寄存器时，移位寄存器左边 8 bit 被移出；也就是说，寄存器中的所有位向左移位 8 个位置，最左侧的 8 bit 从边缘移出（被丢弃）。

如果在明文块中存在错误，它将改变后面的所有密文块，但这并不像听起来那么糟糕。错误将在解密时自动消除，直到达到和原始的有缺陷的明文块相同。另一方面，如果一个错误隐藏在一个密文块中，相应的明文块中就会出现错误，并且它将会进入移位寄存器中，导致进一步的错误，直到被完全移出寄存器。

12.6.2.4　输出反馈模式

输出反馈（OFB）模式的操作与最早定义的方式略有不同。首先介绍早期版本，然后介绍更新版本。与上面的密文反馈模式一样，输出反馈模式允许将分组密码当作流密码使用。事实上，输出反馈模式几乎与密文反馈模式相同。我们可以用它来加密小于加密算法块大小的块组。同样，这次依然用 8 bit 作为例子。重新表述如下，与 CFB 完全相同，除了粗体文强调了唯一的不同。

首先选择一个与分组密码块大小相同的初始化向量（*IV*）。然后计算 *E(IV)*，并将其最左边的 8 bit 与消息的前 8 bit 异或。这为我们提供了密文的前 8 bit，然后可以发送它们。现在通过将加密 *IV* 的 8 bit 附加到右侧并丢弃最左侧的 8 bit 来改变 *IV*。然后重复该过程来加密消息接下来的 8 bit。这个小小的改变使得可以提前生成与消息异或的所有字节。

图 12.13 和图 12.14 之间唯一的区别是，在现在模式下，进入移位寄存器比特直接来自加密步骤，而不是异或之后。在这种模式下，一块密文块中的错误只会影响相应的明文块。

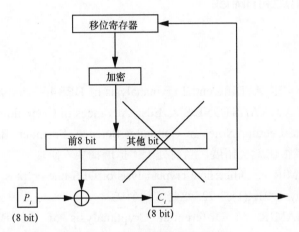

图 12.14　输出反馈模式（OFB）

在美国加州大学圣巴巴拉分校举行的 1982 年美密会议上，讨论了使用输出反馈模式一次产生小于 64 bit 密钥产生的弱点，如上所述。在会议论文集中发表的一篇摘要直言不讳地表示[1]：

> 得出的广泛结论是，*m* = 64 的 OFB 模式具有不错的安全性，但具有任何其他 *m* 值的 OFB 的安全性非常低。

问题在于较小的 *m* 值（例如上面使用的 8）可能导致一个小的密钥周期和明文异或，这对于大量数据传输而言太短。因此，对该模式进行更新也就不奇怪了。SP 800-38A 指出，要让该模式作用于整个块，而不仅仅是其中的一部分[2]。

12.6.2.5　计数器模式

计数器（CTR）模式需要一个不同的计数器集合（比特块），每个计数器的大小与明文块相同。我们将这些计数器标记为 CNT_i。然后，对于 $1 \leqslant i$，有 $C_i = M_i \oplus E(CNT_i)$。这种模式不涉及串联。由于计数器中的值都是不同的，重复的明文

1　DAVIES D W, PARKIN G I P. The average cycle size of the key stream in output feedback encipherment [C]// in CHAUM D. RIVEST R L, SHERMAN A T, Eds., Advances in Cryptology: CRYPTO '82 Proceedings, Plenum Press, New York, 1983: 97-98.

2　见 SP 800-38A.

块将以不同的方式加密。计数器通常是通过为 CNT_1 选择随机值然后每次连续地递增加 1 来定义的。计数器模式最初是由迪菲和赫尔曼于 1979 年提出的[1]。至今，新模式依然不断出现。这里的讨论只涵盖了最流行的基本加密模式。

参考文献和进阶阅读

关于 DES

BIHAM E, SHAMIR A. Differential cryptanalysis of DES-like cryptosystems[C]// in MENEZES A J, VANSTONE S A, Eds., Advances in Cryptology: CRYPTO '90 Proceedings, Lecture Notes in Computer Science, Springer, Berlin, 1991,537: 2-21.该文献很快就会拓展，当前处于"扩展摘要"阶段。

BIHAM E, SHAMIR A. Differential cryptanalysis of DES-like cryptosystems[J]. Journal of Cryptology, 1991,4(1): 3-72. 这是文章全文。

BIHAM E, SHAMIR A. Differential Cryptanalysis of the Data Encryption Standard[M]. New York: Springer Verlag, 1993.整本书被称为"扩展摘要"的开始。

CAMPBELL K W, WIENER M J. DES is not a group[C]//in BRICKELL E F, Ed., Advances in Cryptology: CRYPTO'92 Proceedings, Lecture Notes in Computer Science, Springer, Berlin, 1993,740: 512-520.

DIFFIE W, HELLMAN M E. A critique of the proposed Data Encryption Standard[J]. Communications of the ACM, 1976,19(3): 164-165.

Electronic Frontier Foundation. Cracking DES: Secrets of Encryption Research, Wiretap Politics, and Chip Design[M]. Sebastopol, CA: O'Reilly, 1998. 这本书是在公共领域，它的大部分是源代码，旨在被扫描。

GÜNEYSU T, KASPER T, NOVOTNÝ M, et al. Cryptanalysis with COPACOBANA[J]. IEEE Transactions on Computers, 2008,57(11): 1498-1513.

HELLMAN M, MERKLE R, SCHROEPPEL R, et al. Results of an Initial Attempt to Cryptanalyze the NBS Data Encryption Standard[D]. Information Systems Laboratory SEL 76-042, Stanford University, 1976. 这是一篇发现对称性在选择明

---

1 DIFFIE W, HELLMAN M. Privacy and authentication: an introduction to cryptography[J]. Proceedings of the IEEE, 1979, 67(3): 417.

文攻击下将密钥空间减半的论文。

JUELS A. moderator, RSA Conference 2011 Keynote: The Cryptographers' Panel. 座谈会由 Whitfield Diffie、Martin Hellman、Ron Rivest、Adi Shamir 和 Dickie George 组成。作为技术总监，George 作为技术主导由 NSA 介入 DES。谈话内容广泛，但其中大部分涉及 DES。

KAHN D. The Codebreakers[M]. 2nd ed., New York: Scribner, 1996: 980.不要在第一版中寻找 DES 的信息。第一版发行时，DES 还不存在。

KATZMAN JR H. The Standard Data Encryption Algorithm[M]. New York: Petrocelli Books, 1977.

KINNUCAN P. Data encryption gurus: Tuchman and Meyer[J]. Cryptologia, 1978,2(4): 371-381（转载于 Mini-Micro Systems, 1978,2(9): 54, 56-58, 60）. 这篇论文引用 Walter Tuchman 的话说："DES 算法的所有实际目的都是牢不可破的。" Feistel 被提及，但是这篇论文几乎把所有的 DES 都归功于 Walter Tuchman 和 Carl Meyer。Tuchman 也被引述说："美国国家安全局告诉我们，我们无意中重新发明了 NSA 用来制定算法的一些深奥秘密。"

LANDAU S. Standing the test of time: the Data Encryption Standard[J]. Notices of the AMS, 2000,47(3): 341-349.

LEVY S. Crypto: How the Code Rebels Beat the Government, Saving Privacy in the Digital Age[M]. New York: Viking, 2001.

MATSUI M. Linear cryptanalysis method for DES cipher[C]// in HELLESETH T, Ed., Advances in Cryptology: EUROCRYPT '93 Proceedings, Lecture Notes in Computer Science, Springer, Berlin, 1994,765: 386-397.

MERKLE R, HELLMAN M. On the security of multiple encryption[J]. Communications of the ACM, 1981,24: 465-467.

MORRIS R, SLOANE N J A, WYNER A D. Assessment of the national bureau of standards proposed federal data encryption standard[J]. Cryptologia, 1977,1(3): 281-291. 作者参加了美国国家统计局于 1976 年 9 月 21—22 日举办的第二次研讨会，以评估所提出的数据加密标准。本文介绍了他们的结论，还提供了许多有关 DES 的报告、论文和专利的参考文献。

SIMOVITS M J. The DES: An Extensive Documentation and Evaluation[M]. Laguna Hills, CA: Aegean Park Press, 1996.

SOLOMON R J. The encryption controversy[Z]. Mini-Micro Systems, February 1978.

U.S. Department of Commerce. Data Encryption Standard, FIPS Pub. 46-3, National Institute of Standards and Technology, Washington, DC, 1999. 这是详细说明数据加密标准的政府文件的最终版本。

VAN OORSCHOT P C, WIENER M J. A known-plaintext attack on two-key triple encryption[C]// in DAMGÅRD I B, Ed., Advances in Cryptology: EUROCRYPT '90 Proceedings, Lecture Notes in Computer Science, Springer, Berlin, 1991,473: 318-325.

关于加密模式

DAVIES D W, PARKIN G I P. The average cycle size of the key stream in output feedback encipherment (abstract)[C]// in CHAUM D, RIVEST R L, SHERMAN A T, Eds., Advances in Cryptology: CRYPTO '82 Proceedings, Plenum Press, New York, 1983: 97-98.

DE VIGENÈRE B. Traicté des Chiffres, 1586.尽管 Cardano 以前曾经在这个问题被攻破，但这却是第一个可行的自动钥匙出现的地方。

DIFFIE W, HELLMAN M. Privacy and authentication: an introduction to cryptography[J]. Proceedings of the IEEE, 1979,67(3): 397-427.

EHRSAM W F, MEYER C H W, SMITH J L, et al. Message Verification and Transmission Error Detection by Block Chaining[P]. U.S. Patent 4074066, 1976.

LEVINE J. Variable matrix substitution in algebraic cryptography[J]. American Mathematical Monthly, 1958,65(3): 170-179. Levine 熟悉经典密码学，在本文中将自动密钥应用于矩阵加密。

STALLING W. NIST block cipher modes of operation for confidentiality[J]. Cryptologia, 2010,34(2): 163-175. 这是对当前分组密码加密模式的详尽综述。

STALLING W. NIST block cipher modes of operation for authentication and combined confidentiality and authentication[J]. Cryptologia, 2010,34(3): 225-235. 这是斯托林之前关于加密模式论文的续。

第 13 章

公钥密码体制的诞生

到目前为止，我们已研究的所有加密方法都存在一个重要问题，即发送者和接收者在消息的创建和传送前，必须共同协商一个密钥。密钥的协商过程通常不方便，有时甚至不可能完成。人们为了解决该问题曾进行过众多失败的尝试，直到发现了一种简洁的解决方案。在讨论当前解决方案之前，先来看如下例子。

13.1 美国独立战争时期的密码学家

在美国革命战争期间，詹姆斯·洛弗尔试图在他自己创造的密码系统中处理上述问题[1]。这个系统很像维吉尼亚密码，通过一个例子可以更好地对其进行解释。例如，我们要发送的消息是 I HAVE NOT YET BEGUN TOFIGHT，密钥是 WIN。分别从密钥中的 3 个字母开始顺序往下写，可以形成如下的 3 个字母表：

1	W	I	N	15	J	W	A
2	X	J	O	16	K	X	B
3	Y	K	P	17	L	Y	C
4	Z	L	Q	18	M	Z	D
5	&	M	R	19	N	&	E
6	A	N	S	20	O	A	F
7	B	O	T	21	P	B	G
8	C	P	U	22	Q	C	H
9	D	Q	V	23	R	D	I
10	E	R	W	24	S	E	J

1　WEBER R E. James Lovell and secret ciphers during the American Revolution[J]. Cryptologia, 1978, 2(1): 75-88.

```
11    F    S    X    25    T    F    K
12    G    T    Y    26    U    G    L
13    H    U    Z    27    V    H    M
14    I    V    &
```

注意到，洛弗尔将 & 作为了字母表中的一个字符。

消息的第一个字母是 I，因此在 W 开头的那一列（第一个字母表）寻找 I。I 在该列中的第 14 个位置，因此密文的第一个数字是 14。下一个明文字母是 H，我们在 I 开头的那一列（第二个字母表）寻找 H，发现它在第 27 位。因此，27 就是密文的下一个数字。接下来是明文 A，查第 3 个字母表得到 A 的位置是 15。目前为止，密文是 142715。现在已经用完了所有的 3 个字母表，所以对第 4 个明文字母需要从第一个字母表上查，方法跟维吉尼亚密码中字母表复用一样。最后得到的密文是 14 27 15 27 24 1 20 12 12 10 12 16 10 26 8 19 12 2 11 1 21 13 12。

洛弗尔向约翰·亚当斯和本·富兰克林解释了这个加密系统，并试图用该系统与他们进行通信。为了避免必须提前协商密钥，他在密文前加上与密钥相关的信息。例如，"字母表由位于查尔斯顿的某个家族姓氏的前 3 个字母开始，他们的侄子陪你骑马从查尔斯顿到了波士顿[1]。"使用该方案发送消息，如果没有提前协商好密钥的话，洛弗尔必须想出一些信息，这些信息曾经和接收者共享过且能暗示出密钥，而且被拦截后不能让别人知道答案是什么。这个过程花费的时间可能比加密用时还要长！而且，即便不考虑密钥恢复的问题，洛弗尔的密码对亚当斯和富兰克林来说，似乎也过于复杂，因为他们都不能读出洛弗尔发来的消息到底是什么。甚至在 1780 年，阿比盖尔·亚当斯在给洛弗尔的信中感慨到："我讨厌任何形式的密码电报[2]。"

13.2　迪菲—赫尔曼密钥交换

为了在密钥交换这个问题上找到一个满意的答案，我们必须从革命战争时期穿越到美国 200 周年纪念日的那段时间[3]。我们在前面介绍了为解决该问题所进行的早期（失败的）尝试，其目的是为了更好地理解最终所提出方案的优越性。1976 年，

1　WEBER R E. James Lovell and secret ciphers during the American Revolution[J]. Cryptologia, 1978, 2(1): 83.

2　同上，第 75-88 页.

3　迪菲和赫尔曼在早先的一篇题为"多用户密码技术"的论文中提出了公钥密码学的想法。在该论文出版时，尚未有实际可行的方法。作者写道："目前，我们既没有证明公钥系统的存在，也没有这样的一个示范系统。"伯克利大学的本科生拉尔夫·默克尔在 1974 年找到了一个系统，但它不够优雅。这个系统具有很高的历史价值，但是从未获得应用。我们将在第 15 章中与默克尔开发的第二种方法（背包方案）一起描述它。

怀特福尔德·迪菲（见图 13.1）和马丁·赫尔曼（见图 13.2）在一篇极其简洁明了的论文中提出了自己的解决方案，论文题目为"密码学新方向"[1]。尼尔·科布利茨这个人我们将在本书后面见到，他将迪菲描述为"一个杰出的、与众不同的、不可预知的自由主义者"，并且将这篇论文称为"密码学历史上最著名的论文[2]"，这篇文章的结果在后面会详细描述。

图 13.1　怀特福尔德·迪菲（1944—）
（由怀特福尔德·迪菲提供）

图 13.2　马丁·赫尔曼（1945—）
（由马丁·赫尔曼提供，拍摄于 1976 年前后）

从赫尔曼的主页中可以看出，"他喜欢与人相处，喜欢高空滑翔、速度滑冰和徒步旅行"。主页上的链接也告诉我们，赫尔曼在反对战争与核毁灭威胁方面，付出了超过 1/4 世纪充满激情的（且动机明确的）努力。

他认为自己对密码学的兴趣源于 3 个方面，其中一个是源于大卫·卡恩所著的《密码破译专家》[3]。这本书也影响到了迪菲（以及很多其他人），该书在密码学领域的重要性不言而喻。迪菲和赫尔曼提出的方案的工作过程如下[4]。

Alice 和 Bob 首先协商出一个素数 p 和模 p 乘法群上的生成元 α。如果有窃听者在通信信道上窃听到了这些值，也没关系！接下来，每一方（除窃听者外）各自选择一个数，不妨设 Alice 选择了 x，Bob 选择了 y。他们要对自己选择的数保密。Alice 计算 $\alpha^x \pmod p$，Bob 计算 $\alpha^y \pmod p$。接着双方交换这两个值。Alice 想从 α^y 计算出 y 很难，当然 Bob 也很难计算出 Alice 所选的 x。但是，双方都能计算出 α^{xy}。Alice 只须将 Bob 发送来的数进行 x 次乘幂运算，Bob 将 Alice 发来的

1　DIFFIE W, HELLMAN M. New directions in cryptography[J]. IEEE Transactions on Information Theory, 1976,IT-22(6): 644-654.

2　KOBLITZ N. Random Curves: Journeys of a Mathematician[M]. New York: Springer, 2007: 301-302.

3　HELLMAN M E. Work on Cryptography.

4　詹姆斯·H·埃利斯是第一个指明非秘密加密可能性的人，马尔科姆·威廉姆森早于迪菲和赫尔曼，是第一个设计出这一方法的人，但他俩都为英国政府通信总部（GCHQ，英国国家安全局）工作，因此他们的工作是机密的，直到 1997 年才被公开。一位前美国国家安全局局长博比·雷·英曼暗示说，NSA 在 GCHQ 之前就已经发现了这种方法，但他这种说法似乎并不准确。

数进行 y 次乘幂运算。窃听者既不知道 x 也不知道 y，因此她不能进行任何一方的计算。也许她已经监听到了 α、p、α^x 和 α^y，但这些值均不能帮她计算出 α^{xy}。通过这种方法，Alice 和 Bob 共享了一个秘密值。不论他们所选的密码系统是什么，双方后续通信时都可以使用这个值作为密钥。

已知 α、p 和 $\alpha^x(\bmod p)$，在不知道 x 的情况下确定 x 的值，称为离散对数问题。迪菲–赫尔曼密钥交换的安全性似乎应该与该问题等价，但至今仍未得到证明。简言之，这两个问题描述如下：

① 离散对问题：给定 g^x，找出 x；

② DH 问题：给定 g^x 和 g^y，找出 g^{xy}。

可能有人可以找到一种方法来攻破密钥交换（问题 2），而不需要解决离散对数问题（问题 1）。这是一个很大的公开问题。在 15.8 节，讨论完复杂性理论后，我们会对离散对数问题的困难性进行更详细的介绍。不管怎样，我们终于有了这样一个优美的系统，它不是那么复杂，只是建立在指数定律和余数运算的思想上！

马尔科姆·威廉姆森比迪菲和赫尔曼更早地发现了迪菲—赫尔曼密钥交换方法，但他当时在英国政府通信总部（GCHQ）工作，且所做的工作对外保密，直到 1997 年才被公开。

如前所述，密钥交换需要发送若干条消息。如果我们愿意这样做，即使在之前讨论过的一些密码系统，也可以用来安全地向某个还未进行密钥交换的人发送消息。我们先用一个类比来清晰地解释这个过程，之后再更数学化地对此进行描述。

Alice 发送给 Bob 一个消息，该消息被放在一个带锁的盒子里。Bob 不会试图打开这个盒子，因为他手里没有钥匙。他只需要加上自己的锁，然后把盒子送回给 Alice。任何想要在该阶段读取消息的人必须有能力打开这两把锁。Alice 只能去除盒子上自己的挂锁，然后再次发送给 Bob，Bob 收到盒子后打开自己的锁，就可以读取消息了。

把上述物理过程用数学形式表示就是：

① 用 E_A、E_B、D_A 和 D_B 表示 Alice 和 Bob 所使用的加密和解密算法（对应的密钥为 A 和 B）；

② Alice 将 $E_A(M)$ 发送给 Bob；

③ Bob 将 $E_B(E_A(M))$ 发送给 Alice；

④ Alice 将 $D_A(E_B(E_A(M)))$ 发送给 Bob；

注意：如果 D_A 和 E_B 可交换，D_A 和 E_A 就会相互抵消，那么 Alice 最后发送的消息就等于 $E_B(M)$。

⑤ Bob 接下来用 D_B 解密 Alice 发来的消息，读取明文。

交换律在这里非常重要！没有交换律上述过程无法实现。

迪菲和赫尔曼明显意识到他们这篇论文的重要性（从论文题目可以看出[1]），但他们同样意识到他们的工作远没达到论文主题的核心，论文中说到，"尽管我们提出了一些用于发展公钥密码系统的技术方法，但这仍然是一个很大的公开问题[2]。"

到目前为止，我们所研究的所有密码系统都是对称算法的例子，也就是说，解密密钥与加密密钥相同，或解密密钥能很容易地从加密密钥中计算得出（比如矩阵加密）。多数情况下，经典密码学里的这两种密钥是完全相同的。上述提到的迪菲—赫尔曼方案所生成的就是这样的密钥，尽管该生成过程是公开的。能够公开地生成密钥具有革命性的意义，它激励其他人寻找更多这样的技术。尽管"公钥"算法有很多，本章只介绍一个，其他的会在后面介绍[3]。它们的共同点是非对称密钥，即加密密钥和解密密钥不同，且从一个密钥计算出另一个密钥是不可行的。

13.3 RSA：来自麻省理工学院的解决方案

3 位麻省理工学院的教授，罗纳德·李维斯特、阿迪·沙米尔和伦纳德·阿德曼（见图 13.3）研制出一个（非对称）公钥密码系统，即我们现在熟知的 RSA（取 3 位教授姓氏的首字母）。该系统在发送预定密文前不需要发送任何消息。有了 RSA，任意接收者的加密密钥都可以公开，而解密密钥，除非经过极其耗时的计算，否则不可能从加密密钥中获得。

图 13.3 阿迪·沙米尔（1952—）、罗纳德·李维斯特（1947—）和伦纳德·阿德曼（1945—），李维斯特和阿德曼身后的黑板上写着 ∴ P = NP

（由伦纳德·阿德曼提供）

---

1 LEVY S. Crypto: How the Code Rebels Beat the Government, Saving Privacy in the Digital Age[M]. New York: Viking, 2001: 88. Levy 指出，这篇论文的标题让人想起了"新方向"出版社令人兴奋的平装书，该出版社发行了 Waiting for Godot, Siddhartha, and In the American Grain.

2 DIFFIE W, HELLMAN M. New directions in cryptography[J]. IEEE Transactions on Information Theory, 1976, IT-22(6): 644.

3 背包系统将在第 15 章进行讨论。

在解决这个公开的问题上，RSA3 位创始人的成功并不是一蹴而就的。事实上，他们自己就攻破了起初提出的 32 种方案[1]。最后，历经 3 年，他们终于找到一个可行的方案。在此之前，他们或许已经取得一些突破，这可以从他们在滑雪旅行时发生的轶事中得到一些启示[2]：

> 就在以色列人沙米尔滑雪的第二天，他感觉自己已经解决了这个问题。"当时我正在下坡，闪念间我有了一个最出色的新方案，"他后来回忆到，"我当时激动不已，以至于下坡时把滑雪板落在了身后，然后我又丢掉了滑雪杆，接下来不知怎么地，突然间，我再也想不起来刚才的方案是什么了。"时至今日他也不能确定，当初在基林顿是否与一个绝妙的、前所未有的密码系统失之交臂。

在陈述 RSA 的细节之前，我们首先回顾一些（经典的）数论结论。

13.3.1 费马小定理（1640）

如果 p 是素数，且 a 不是 p 的倍数，那么 $a^{p-1}=1(\bmod p)$。

费马从一个不同的角度阐述了这个定理，但并未给出证明。现在我们以一种被证明有用的方式来描述该定理，但首先需要对其进行一定程度的推广。这个推广是由莱昂哈德·欧拉在 1760 年给出的（并进行了证明）[3]。欧拉的推广定理可以简洁地写为：

$$(m, n) = 1 \Rightarrow m^{\varphi(n)} = 1 \ (\bmod n) \tag{13-1}$$

$(m, n) = 1$ 表示 m 和 n 互素，也就是说它们的最大公因子是 1，有时候也写成更具描述性的形式，即 $\gcd(m, n) = 1$。指数上的 $\varphi(n)$ 称为"欧拉 φ 函数"，这里 φ 的发音是 *fee* 而不是 *figh*，有时也称为欧拉函数[4]。不管如何称呼 $\varphi(n)$，它定义为小于 n 且与 n 互素的正整数的个数。例如，$\varphi(8) = 4$，因为只有 1、3、5 和 7 这 4 个正整数小于 8，且除了 1 以外这些数与 8 均没有其他公共正数因子。如果 p 是素数，那么易知 $\varphi(p) = p - 1$。因此，费马小定理只是欧拉定理的一种特殊情况。

证明

注意到，模 n 乘法群的阶是 $\varphi(n)$，而且一个群元素的阶一定能整除群的阶，

---

1 LEVY S. Crypto: How the Code Rebels Beat the Government, Saving Privacy in the Digital Age[M]. New York: Viking, 2001: 97.

2 同上，第 96 页. 是什么促使休斯·哈利特等人把一个滑雪者放在他们微积分书的封面上？试图唤起沙米尔的记忆？他们甚至使用第一人称视角，仿佛试图重现那个伟大创意流经沙米尔脑海时他的视野！

3 SANDIFER C E. The Early Mathematics of Leonhard Euler[Z]. Mathematical Association of America, Washington, DC, 2007: 203. 当时使用的是欧拉 phi 函数，直到 3 年后才被命名（见下一个脚注）。 Carl Friedrich Gauss 在 1801 年引入了"mod n"同余符号和 φ。

4 Totient，拉丁语，意思是"计算"。Euler 在如下文献中对其进行了命名：EULER L. Theoremata arithmetica nova methodo demonstrata[Z]. Novi Commentarii academiae scientiarum Petropolitanae, 1763,8: 74-104. Reprinted in Opera Omnia, Series 1, Vol. 2, B.G. Teubner, Leipzig, 1915: 531-555.

则有 $m^{\varphi(n)} = 1 \pmod{n}$。这里要求 $(m, n) = 1$ 是一个必要条件，它保证了 m 在模 n 时是可逆的，或者说保证了 m 是模 n 单位群的一个元素。

费马和欧拉当时没有意识到他们所做的工作最终会应用于密码学领域，这一应用让 RSA 成为了可能。通常情况下人们不可能预测曾经的纯数学理论最终会应用到哪里。为了讲清楚 RSA 的工作过程，首先在欧拉等式的两边同时乘以 m，得到：

$$m^{\varphi(n)+1} = m \pmod{n} \tag{13-2}$$

任何消息都能容易地转换为数字组成的块。例如，我们可以将每个字母替换为数值 A = 01, B = 02,$\cdots$, Z = 26，开头的 0 是为了消除所有数值串联起来带来的歧义。或者我们可以用二进制的 ASCII 码表示每个字符（可以将其转换为十进制）。因此，可以令 m 表示某数字化的文本块。选择一个正整数 e 满足 $(e, \varphi(n)) = 1$。接着可以计算 d，d 是 $e \pmod{\varphi(n)}$ 的乘法逆元。也就是说，ed 的乘积将是某倍的 $\varphi(n)$ 加 1。这时结果就是 $m^{ed} = m \pmod{n}$。

如果我希望能够接收到来自某人的加密消息，我们不必秘密地见面来交换密钥，我只需要公开 e 和 n 的值。任何想发送消息 m 给我的人都可以计算并发送给我 $m^e \pmod{n}$。我所要做的就是将这个值进行 d 次方运算，然后取模得到：$(m^e)^d = m^{ed} = m \pmod{n}$。这样我就恢复出了原始信息。这个方案可以让我告诉每个人 e 和 n 的值，让他们给我发送消息，但是他们很难计算出 d，因此只有我可以阅读这些消息。这种方法最早是由克利福德·科克斯在 1973 年发现的，但是由于他当时在英国政府通信总部（GCHQ）工作，因此一直处于保密状态。直到 1997 年，科克斯的工作才被公之于众。

现在来看一个较为简单的例子。该例子中的模数不大，不足以提供任何安全性，但该例子确实有助于解释其中的关键步骤。

如果 Alice 想要接收 RSA 加密的消息，那么她首先必须要生成密钥。她首先选择两个素数，$p = 937$ 和 $q = 1\,069$。这样，模数 $n = pq = 1\,001\,653$。接下来，Alice 需要提供一个加密指数 e 和一个解密指数 d。不是任何值都能作为 e，如果 e 在模 $\varphi(n)$ 下没有逆元，那么 Alice 就不能唯一地解密出她收到的消息；如果 e 在模 $\varphi(n)$ 下可逆，那么 e 一定与 $\varphi(n)$ 互素。已知 $n = pq$，这里 p 和 q 为不同的素数，我们可以计算得到 $\varphi(n) = (p-1)(q-1) = 936 \times 1\,068 = 999\,648$[1]。Alice 尝试取 $e = 125$，为了确保 125 和 999 648 没有大于 1 的公约数，我们可以应用欧几里德算法，该算法用于计算最大公约数，且过程比较简单。事实上，该算法可以一直追溯到欧几里德本人（前 371—前 285）[2]。

---

1 证明 $\varphi(n) = (p-1)(q-1)$，其中，n 是 2 个不同素数 p 和 q 的乘积，留作练习（在线练习上有一些提示）。所有练习仅在线提供。

2 日期由维基百科提供。根据相关资料显示应该是公元前 325—前 265，说明 2 个时间都是估算的!

13.3.2　欧几里德算法

我们首先用小数除大数，记录商和余数：

$$999\,648 = 125 \times 7\,997 + 23 \tag{13-3}$$

用 125 和 23 代替上面的 999 648 和 125 的位置，重复上述计算：

$$125 = 23 \times 5 + 10 \tag{13-4}$$

重复上述计算过程：

$$23 = 10 \times 2 + 3 \tag{13-5}$$

计算：

$$10 = 3 \times 3 + 1 \tag{13-6}$$

再一次迭代产生余数 0：

$$3 = 1 \times 3 + 0 \tag{13-7}$$

对其他不同的数对，该算法可能需要更多或更少的迭代。但无论这两个值是多少，算法总是以余数为 0 结束，最后一个非 0 余数就是它们的最大公约数。上面得到的是 1，表明这两个数是互素的，因此 125 作为加密密钥是个不错的选择，它模 999 648 后是可逆的。

Alice 现在有了自己的加密指数（她的公钥的一部分），那么她如何计算自己的解密指数（她的私钥）呢？

观察从欧几里德算法中获得的等式，我们发现两个数的最大公约数可以表示为这两个数的线性组合。将等式重写为：

$$1 = 10 - 3 \times 3 \tag{13-8a}$$

$$3 = 23 - 10 \times 2 \tag{13-8b}$$

$$10 = 125 - 23 \times 5 \tag{13-8c}$$

$$23 = 999\,648 - 125 \times 7\,997 \tag{13-8d}$$

将式（13-8a）中的 3 用式（13-8b）代入，得到：

$$1 = 10 - (23 - 10 \times 2) \times 3 = 10 - 23 \times 3 + 10 \times 6 \tag{13-9}$$

利用式（13-8c）代替 10（两次），得到：

$$1 = 10 - 23 \times 3 + 10 \times 6 = 125 - 23 \times 5 - 23 \times 3 + (125 - 23 \times 5) \times 6 \tag{13-10}$$

提取出所有的 125 和 23，得到：

$$1 = 125 \times 7 - 23 \times 38 \tag{13-11}$$

最后，代入式（13-8d），提取 125 和 999 648 得到：

$$1 = 125 \times 7 - 23 \times 38 = 125 \times 7 - (999\,648 - 125 \times 7\,997) \times 38 \qquad (13\text{-}12)$$

$$1 = 125 \times 303\,893 - 999\,648 \times 38$$

最后可得，$-38 \times 999\,648 + 125 \times 303\,893 = 1$。

上述过程也称作扩展欧几里德算法。它看起来跟我们想要的结果没什么关联，实际上再操作一步即得到它们的关联。如果我们将等号两边同时模 999 648，得到 $0 + 125 \times 303\,893 = 1$，也就是 $125 \times 303\,893 = 1 \pmod{999\,648}$，因此 303 893 就是我们要寻找的逆元。

Alice 现在可以在她的网站上公布数对 $e = 125$，$n = 1\,001\,653$，等待 Bob 给她发送消息，Alice 保密解密指数 $d = 303\,893$。

一旦 Bob 看到了 Alice 的公钥，他就可以加密他要发送的消息了。对一个明文消息，他引用马丁·赫尔曼的一句话[1]：

Nuclear war is not war. It is suicide and genocide rolled into one.

忽略字母大小写，他用如下模式将字符转换为数字：

A B C D E F G H I J K L M N O P Q R S T U V W X Y Z
01 02 03 04 05 06 07 08 09 10 11 12 13 14 15 16 17 18 19 20 21 22 23 24 25 26

这样得到：

14210312050118230118091914152023011809200919192109030904 0501
14040705141503090405181512120504091420151 51405

由于模数大小只有 100 万多一点，所以文本必须分成数值不超过 100 万的片段。否则加密就不再是一对一的，也就是说，一个给定的密文块可能有多个解密结果。我们将每 6 个数字作为一组，因此得到：

142103	120501	182301	180919	141520
230118	092009	191921	090309	040501
140407	051415	030904	051815	121205
040914	201515	1405		

最后一组只有 4 个数字，但是没关系，第 7 组和其他几个组中以 0 开头，也没关系。

为了得到最终的密文，Bob 只需简单地对每组数字进行乘幂运算，运算次数为加密指数，即 125，接着将结果模 1 001 653，得到：

753502	318690	768006	788338	100328

1　明文摘自马丁·赫尔曼所写的随笔 The Nazi Within。

180627	202068	566203	925899	520764
026563	950434	546436	025305	256706
218585	831923	414714		

需要注意的是，我们无法保证所有的密文块都恰好是 6 位数字（必要时加上前导 0）。模 1 001 653 后产生的余数可能大于 999 999，这时就需要 7 位数字。如果密文中有一个长度为 7 的特殊块需要一起处理，那么解密将会产生歧义。Alice 不知道在哪里进行分段（即不知道何时取 6 位何时取 7 位）。这时，使用 7 位数字编写所有密文片段可以解决该问题。上面的例子中（因为我们没有得到超过 999 999 的数字），我们可以在所有的密文块前面添加一个前导 0。

如果有人能分解模数，RSA 加密很容易就会被破解，但 RSA 的安全性是否等价于分解模数仍是未知的。也可能存在一些不需要对 n 进行因式分解的方法可以攻破 RSA，这是一个重要的公开问题。因此，和迪菲—赫尔曼密钥交换一样，即便不是等价，其安全性也是基于攻击者解决某个数学问题的不可能性（RSA 中的整数分解问题和迪菲—赫尔曼中的离散对数问题）。其他公钥系统建立在其他假设的困难问题上，在后面的章节中会有更多与此相关的内容。也许明天就会有人想出一个高效的方法，其能够解决某一个（或全部）的困难问题，或者有人已经给出解决办法，只是我们不得而知罢了！

RSA 算法在实际使用中有一个严重的缺点：运行很慢。我们将快速浏览一个计算幂运算的好方法，但与其他加密算法中使用的异或等快速运算相比，它还是太慢了。因此，RSA 通常仅用于加密某些对称系统（如 DES）的密钥。之后该（加密后的）密钥会与在对称系统中使用该密钥加密的消息一起被发送，这将在第 17 章中详细讨论。由于 RSA 只应用于加密相对较短（与大多数消息相比）的密钥，因此产生的时延是可以接受的！

即便我们只用 RSA 对少量的文本进行加密，我们仍然希望能尽可能提高它的效率。下面演示的反复平方技术是进行幂运算的一个很好的方法。例如，计算 $385^{1\,563}$ (mod 391)。显然，这个模数太小了，但是对其他数值可以使用完全相同的技术，而且用较小的数字解释起来更清晰。本质上，我们不希望将 385 反复乘 1 563 次再取模。相反，我们计算下列平方：

$$385^2 = 148\,225 = 36 \ (\text{mod } 391) \tag{13-13}$$

两边同时平方后化简得：

$$(385^2)^2 = 36^2 = 1\,296 = 123 \ (\text{mod } 391) \tag{13-14}$$

即 $385^4 = 123$ (mod 391)。

两边再同时平方得：

$$385^8 = 123^2 = 15\ 129 = 271 \ (\text{mod } 391) \tag{13-15}$$

重复上面过程，得到：

$$385^{16} = 271^2 = 73\ 441 = 324 \ (\text{mod } 391)$$
$$385^{32} = 324^2 = 104\ 976 = 188 \ (\text{mod } 391)$$
$$385^{64} = 188^2 = 35\ 344 = 154 \ (\text{mod } 391)$$
$$385^{128} = 154^2 = 23\ 716 = 256 \ (\text{mod } 391) \tag{13-16}$$
$$385^{256} = 256^2 = 65\ 536 = 239 \ (\text{mod } 391)$$
$$385^{512} = 239^2 = 57\ 121 = 35 \ (\text{mod } 391)$$
$$385^{1\ 024} = 35^2 = 1\ 225 = 52 \ (\text{mod } 391)$$

到这一步我们就要停下了。至此，我们只需要让这些 2 的幂相加尽可能接近期望的幂（本例中为 1 563），但不能超过它。

现在，要计算 $385^{1\ 563}$，我们发现 $1\ 563 = 1\ 024 + 512 + 16 + 8 + 2 + 1$，所以我们可将其写成：

$$385^{1\ 563} = 385^{1\ 024} \times 385^{512} \times 385^{16} \times 385^8 \times 385^2 \times 385 \ (\text{mod } 391) \tag{13-17}$$

将上面得到的值代入：

$$385^{1\ 563} = 52 \times 35 \times 324 \times 271 \times 36 \times 385 = 2\ 214\ 873\ 460\ 800 = 63 \ (\text{mod } 391) \tag{13-18}$$

因此，答案是 63。

13.4　政府对密码学研究的控制

马丁·加德纳是一位高产的数学推广者，他于 1977 年 8 月在《科学美国人》杂志上发表的"数学游戏"专栏描述了 RSA 方案。但是，李维斯特、沙米尔和阿德曼的正式论文直到 1977 年秋末才出版在 ACM 通讯（Communications of the ACM）上。然而加德纳专栏的读者不希望等待这么长时间才能获得全部细节。加德纳当时写道："他们的工作得到了美国国家科学基金会和海军研究办公室的资助，并出现在麻省理工学院计算机科学实验室发布的'数字签名和公钥密码系统研究'（技术备忘录 82，1977 年 4 月）上，该实验室位于美国马萨诸塞州剑桥 545 技术广场，邮编 02139。任何向该地址寄邮件给李维斯特的人都可以免费获得该备忘录，写邮件时请附上一个带有 35 美分邮票的、写好自己姓名地址的、9 英寸×12 英寸大小的搭扣信封[1]。"

1　GARDNER M. Mathematical games: a new kind of cipher that would take millions of years to break[J]. Scientific American, 1977, 237(August): 120-124.

李维斯特很快就收到了 4 000 封论文请求邮件[1]，沙米尔的办公室最后堆积了 7 000 封[2]。论文最终是在 1977 年 12 月寄出去的。与此同时，古斯·西蒙斯和麦克·诺里斯在 1977 年 10 月的《密码术》杂志上发表了一篇论文，对 RSA 系统进行了改进[3]。为什么 RSA 团队花费了如此长的时间才能寄出他们的论文（并将其发表在期刊上），并不仅仅是由于请求数量大的缘故。

1977 年 8 月，电气和电子工程师协会（IEEE）信息论小组收到了一封信，这是密码学政治史上的一个重要节点。信中称，涉及密码学的出版物可能违反 1954 年"军火管制法""武器出口管制法"和"国际武器贸易条例"（ITAR）。换句话说，从事密码学研究会受到与进行核武器工作相同的限制！这封信中明确表示："原子武器和密码学也同样包含在特殊保密法中[4]。"

这封信的作者的挑衅似乎促使 IEEE 安排了一个有关密码学的专题研讨会，这个研讨会是于 1977 年 10 月 10 日，在纽约伊萨卡康奈尔大学举行的一个会议上进行的。赫尔曼、李维斯特和其他几个人被选为演讲嘉宾。《科学》杂志和其他地方对这封信进行了报道，这对会议起到了很大的宣传作用。

信中主要的观点是，密码学这类出版物和讲座首先应由国家安全局（NSA）予以批准。如果可以实现这种自愿的审查制度，则不会带来合宪性问题。完整的信件如图 13.4 所示[5]。美国国家安全局发言人最终透露，这封信是由美国国家安全局雇员[6]约瑟夫·A·迈耶（见图 13.5）写的（非官方信件）。

这并不是迈耶第一次激怒公民自由的支持者们。保罗·迪克森编写的《电子战场》（1976）（*The Electronic Battlefield*）引用了 1971 年 1 月迈耶在 *IEEE Transactions on Aerospace and Electronics Systems* 上发表的一篇名为"犯罪威慑应答系统（*Crime Deterrent Transponder System*）"的文章[7]：

1 DEAVOURS C. The Ithaca connection: computer cryptography in the making[J]. Cryptologia, 1977, 1(4): 312.
2 LEVY S. Crypto: How the Code Rebels Beat the Government, Saving Privacy in the Digital Age[M]. New York: Viking, 2001: 114.
3 SIMMONS G J, NORRIS M J. Preliminary comments on the MIT public key cryptosystem[J]. Cryptologia, 1977, 1(4): 406-414. 这一改进展示了这样一个问题：如果密钥选得不够好，在不进行因式分解的情况下是可以对明文消息进行恢复的。多年来，人们已经认识到了需要避免的一些特殊情况。这些内容在第 14.1 节中有详细介绍。
4 LEVY S. Crypto: How the Code Rebels Beat the Government, Saving Privacy in the Digital Age[J]. New York: Viking, 2001: 109.
5 我试图找到完整的信件，并最终从 John Young 手里得到了。John Young 负责运行一个网站，他从马丁·赫尔曼处获得了该信件，并于 2010 年 1 月在其网站上发布。
6 FOERSTEL H N. Secret Science: Federal Control of American Science and Technology[M]. Westport, CT: Praeger, 1993: 114.
7 DICKSON P. The Electronic Battlefield[M]. Bloomington: Indiana University Press, 1976: 141.

JUL 11 '977

IEEE -
NE

J. A. Meyer
5600 Namakagan Rd.
Bethesda, Md. 20016

7 July 77

Mr. E. K. Gannet
Staff Secretary, IEEE Publications Board
IEEE Hq.
345 East 47th Street
New York, N.Y. 10017

Dear Mr. Gannet,

I have noticed in the past months that various IEEE Groups have been
publishing and exporting technical articles on encryption and cryptology ---
a technical field which is covered by Federal Regulations, viz: ITAR
(International Traffic in Arms Regulations, 22 CFR 121-128). I assume
that the IEEE Groups are unfamiliar with the ITAR, which apply to publication
and export of unclassified as well as classified technical data, and I
thought I would draw your attention to them. I have enclosed a few pages
of the ITAR which are pertinent.

The key points of ITAR are that unclassified technical data are
covered (22 CFR 125.01). All forms of export, including publications and
symposia, are covered (22 CFR 125.03). Licences are required unless the
material is exempted (22 CFR 125.04). Prior approval by a cognizant
government agency is required before publication within the U.S. (22 CFR
125.11, footnote 3). Encryption and cryptologic and related systems are
covered by ITAR (Categories XI(c), XIII(b)). The regulations are issued
under law and hence have force of law (Mutual Security Act of 1954, Section
414 = 22 USC 1934).

Although ITAR covers a very wide range of weapons technologies, atomic
weapons and cryptology are also covered by special secrecy laws (42 USC 2274-77
and 18 USC 798), an indication of the importance of these technologies.

The June 1977 Information Theory Group Newsletter contains minutes of
a meeting 19 Oct 76 at which it was proposed that the IT Group become an
advisor to NBS on cryptologic secrecy and security, and this led to a call
for papers on encryption for the 1977 International Symposium at Ithaca.
The reason given was that NBS had only one federal agency to refer to for
cryptologic advice. However, Executive Order 11905 defined that consolidation
as government policy. The IT Group seems active in cryptology, and have
published several papers in the Nov 76 and May 77 Transactions-IT. The June
1977 issue of Computer also had an article in the same technologic area.
One of the papers was presented at an IEEE symposium at Ronneby, Sweden.
Several papers on encryption were given at ICC-77. A paper on speech scramblers
was given at a VTG meeting at Orlando, this Spring. Another paper on speech
scramblers is scheduled for the Cybernetics meeting in September in Washington,
D.C. The International Symposium on Information Theory at Ithaca in October
1977 will have papers on encryption. The Facilitator for the IEEE-USSR IT
exchange program, Prof. Ephremides, declared on page 7 of the June 77 ITG
newsletter (enclosed) that he would forward preprints of new work directly
to the USSR in accord with an IEEE-USSR agreement. If any technical papers
on encryption or cryptology are sent to USSR before they have been published,
a difficulty could arise because, according to ITAR, an export licence
is required (22 CFR 125.04). Apparently at Ronneby, Sweden this formality
was skipped.

Superficially it appears that a small number of authors are providing
most of the papers, and most of the motivation. They may not be aware of
the full burden of government controls. Some of the topics addressed,
e.g. the DES algorithm, are intended for U.S. government activities and
hence may be covered by 18 USC 798 as well as by ITAR. Unless clearances
or export licences are obtained from the State Department, or there is some
special exemption, the IEEE could find itself in possible technical violation
of the ITAR (22 USC 1934(c)). As an IEEE member, I suggest that IEEE
might wish to review this situation, for these modern weapons technologies,
uncontrollably disseminated, could have more than academic effect.

Yours faithfully,

J. A. Meyer

1684794 M

图 13.4　IEEE 信息论小组收到的信

图 13.5　约瑟夫·A·迈耶

（改编自 MEYER J A. Crime deterrent transponder system[J].
IEEE Transactions on Aerospace and Electronics Systems, 1971, 7, 22. 图片使用已获 IEEE 许可）

　　文章的作者约瑟夫·迈耶，美国国家安全局雇佣的工程师，他推出了一种系统，在这个系统中，对触犯法律的 2 000 万名美国人植入微小的电子追踪设备（应答器）。事实上，佩戴其中一种设备将会是假释的条件。应答器将通过无线电与计算机相连，该计算机将会监测佩戴者（或用迈耶的话说是"用户"）的位置，并在佩戴人员即将违反其区域或宵禁限制时发出警告。另外，这些小装置将以某种方式附着在人们身上，并且不能被移除，除非计算机执行这个操作。在迈耶看来，去除或修改应答器将是一个重罪。作为一位优秀的工程师，迈耶也考虑过这些便携式装置的一些其他应用，其中包括监测外国人和政治少数派。作家罗伯特·巴坎通过他的文章首次将迈耶提案和其他此类想法带给更广泛的读者，他在《卫报》中谈到这个应答系统，"'1984'仍然是虚构的，但不再是科幻小说。警方的技术已经准备就绪，剩下的只是由政府来实施它。"

　　由加德纳的专栏所引发的对 RSA 论文全稿的请求很多都来自于美国以外的国家和地区。对于迈耶的信，李维斯特回应到："如果我是一个怀疑论者，我会认为我正在被陷害[1]。"

　　赫尔曼解释了他是如何处理威胁的[2]：

　　　　在斯坦福法律总顾问的建议下，我在 1977 年康奈尔大学的一次研讨会上甚至亲自对两篇论文做了报告，而以往我会让作为共同作者的学生们做报告。律师告诉我，如果 ITAR 被广泛地解读以至于也涵盖我们的论文，他相信这将是违反宪法的。但是法庭案件的审理可能拖延多年，这将严重阻碍一

1　SHAPLEY D, KOLATA G B. Cryptology: scientists puzzle over threat to open research, publication[J]. Science, 1977, 197(4311): 1345-1349.

2　HELLMAN M E. Work on Cryptography.

个博士生的学习生涯（尤其是律师的想法不被陪审团所接受时），而我已经是一位终身教授了。

我向参与这些论文的学生拉尔夫·默克尔和史蒂夫·博林克表露了这些想法，但还是把最终决定权留给了他们。起初他们想冒险做报告，但其父母非常担心，最终只好放弃了。幸运的是，演讲没有出现什么意外，在我报告时，尽管让拉尔夫和史蒂夫在讲台上保持沉默显得充满戏剧性，但是他们至少会得到应得的认可。

虽然迪菲没有被安排出席，但他在一个非正式会议上发表了一个演讲，表明他没有被轻易吓倒[1]。

作为一个组织，IEEE 的反应是否与上面讨论的个人反应相呼应呢？对于官方的反应，请参看下面两页的图 13.6[2]。第一页是对迈耶邮件的回复，由此拉开了 IEEE 对整个事件的回应。

DR. DWIVEDI

THE INSTITUTE OF
ELECTRICAL AND
ELECTRONICS
ENGINEERS, INC.

345 EAST 47th STREET, NEW YORK, NEW YORK 10017

DIRECT NUMBER
(212) 644- 7548

July 20, 1977

Mr. J. A. Meyer
5600 Namakagan Road
Bethesda, MD 20016

Dear Mr. Meyer:

I appreciate your calling my attention to the current International Traffic in Arms Regulations (ITAR) as they relate to the exporting of unclassified technical data outside the U. S. We had looked into this question about 10 years ago, and I was glad to have the opportunity you gave us to confirm that our basic exemption from these regulations has not changed since then.

All IEEE conference publications and journals are exempted from export license requirements under Section 125.11(a)(1). In addition, footnote 3 to that Section places the burden of obtaining any required Government approval for publication of technical data on the person or company seeking publication.

It appears to me that the forwarding of preprints to the USSR under the IEEE-USSR IT exchange program is the one activity that needs to be examined further in the light of the ITAR regulations. I am therefore bringing your letter and attachments to the attention of potentially interested parties within the IEEE to review this further.

Again, I am extremely grateful to you for bringing this potentially important question to our attention.

Sincerely yours,

E. K. Gannett
Staff Director
Publishing Services

EKG/mk
bcc: Dr. N. P. Dwivedi
     Dr. R. M. Emberson

图 13.6　给迈耶的回信

1　LEVY S. Crypto: How the Code Rebels Beat the Government, Saving Privacy in the Digital Age[M]. New York: Viking, 2001: 113.
2　这些信和迈耶发来的信一样，都是约翰·杨从马丁·赫尔曼处得来的。

THE **I**NSTITUTE OF
ELECTRICAL AND
ELECTRONICS
ENGINEERS,INC.

345 EAST 47th STREET, NEW YORK, NEW YORK 10017

DR. NARENDRA P. DWIVEDI
Director of Technical Activities

August 8, 1977   (212) 644-7890

Dr. F. Jeninek
IT Group President
IBM Watson Research Center
Room 14-147, P.O.Box 218
Yorktown Heights, N.Y. 10598

Prof. Anthony Ephemerides
Elec. Engr. Department
University of Maryland
College Park, Md. 20742

Dr. Martin E. Hellman
Bd. of Governors, IT Group
730 Alvarado Court
Stanford, Ca. 94305

Prof. J.L. Massey
Publications, IT Group
Dept. of Elec. Engr.
Massachusetts Institute of Tech.
Cambridge, Mass. 02139

Dr. A.D. Wyner
Nominations Com. IT Group
Bell Telephone Labs.
Room 2-357
600 Mountain Ave.
Murray Hill, N.J. 07974

Dr. M.G. Smith, C-16 President
T.J. Watson Research Lab.
Box 218
Yorktown Heights, N.Y. 10598

SUBJECT: Export Control of Technical Information and Data
— Encryption, Cryptology, etc.

REF: 1. International Traffic in Arms (ITAR)
             Regulations, 22 CFR 121-128, excerpts attached

         2. IT Group Newsletter of June 1977

Dear Friends:

A concerned and good meaning member has drawn our attention to a possible violation
by authors of ITAR regulations in some subjects which can be linked to be of possible
military use. It appears that IEEE and its Groups/Societies/Councils are exempt but
the individuals (and/or their employers) have to watch out. I am enclosing the
correspondence and excerpts of ITAR.

Based on my experience of working with NASA for a decade, I have the following prac-
tical suggestions:

1.   If anyone of the authors of a paper is working for a Defense/NASA Con-
        tractor Company, then that author should get the paper cleared as
        "unclassified suitable for foreign publication and presentation".

2.   If the sole author of a paper has no clearing facility with the employing
        institution or is self-employed then the author should refer the paper
        to the Office of Munitions Control, Dept. of State, Washington, D.C. for
        their ruling.

        (I have no personal experience of dealing with them.)

                                                        (Cont'd)

Messrs. Jeninek, Ephemerides, Hellman
        Massey, Wyner and Smith   -2-   August 8, 1977

If you are beginning to feel that it is not always easy to carry out good-in-
tentioned projects, I welcome you to the club and wish you the best.

                                Yours sincerely,

                                Narendra P. Dwivedi

                                Narendra P. Dwivedi

Encl. (as above)
NPD:mgc

cc: Dr. F.H. Blecher, V.P., Technical Activities
    Dr. R.M. Emberson, Acting General Manager
    Mr. E.J. Gannett, Staff Dir., Publishing Services
    Dr. J. Sevick, Chairman, Transnational Relations Com.
    Transnational Relations Com. File
    Dr. R.B. Saunders, President IEEE
    Dr. H. Sherman, Principal Investigator, IEEE/PRC Exchange Program
    Dr. S.S. Yau, Director, Div. V
    Dr. M. Sloan, Governing Bd., C-16
    Dr. T. Kaileth
    Publications File

图 13.6 给迈耶的回信（续）
（包括后面两页）

密码学家的勇敢立场，加之 ITAR 实际上并不真正支持迈耶的声明，使目前的密码学研究方式并没有发生实质性的改变。其中，ITAR 对迈耶的声明的不支持包括对已发表材料的豁免。事实上，信件所引发的宣传和曝光只是引发了公众的好奇心！然而，这些威胁确实拖延了 RSA 团队发表他们的论文。如前所述，在 RSA 的技术报告被寄给《科学美国人》的读者和发表在期刊之前，西蒙斯和诺里斯就在《密码术》中介绍了它。让人哭笑不得的是，在此之前，管理桑迪亚实验室应用数学系的西蒙斯曾经试图聘请李维斯特，但李维斯特以他在麻省理工学院会有更多的自由为由拒绝了。迈耶的这封信远不是控制公共密码学研究的最后一次尝试[1]。

怀特福尔德·迪菲提到[2]：

> 1980 年发生了一件更加严重的事情，当时美国国家安全局资助美国教育委员会研究下面这个问题，即他们试图说服美国国会对密码学领域的出版物进行法律控制。这次事件导致了对密码学论文的自愿审查计划，其结果远没有达到美国国家安全局的野心。研究人员被要求在发表论文前，需要先询问美国国家安全局的意见，看论文结果的公开是否会对国家的利益产生不利影响。

除了这种恐吓之外，1980 年发生的一件趣事也阐明了政府试图控制密码学研究的企图。在 1980 年 8 月 14 日，伦纳德·阿德曼接到了美国国家科学基金会（NSF）的布鲁斯·巴恩斯打来的电话。巴恩斯解释说，由于存在"跨机构问题"，NSF 无法资助他项目申请书中的部分经费。一天后，阿德曼收到了美国国家安全局局长博比·雷·因曼海军上将的电话。因曼愿意为该项目提供 NSA 的资金，但阿德曼对这一系列事件感到不安，因此拒绝了。阿德曼表示："机构间的勾结实在太可怕了[3]。"

许多研究人员对政府想要控制他们工作的企图表示不满。双方的言辞都变得强硬起来，正如因曼在美国科学发展协会的一次会议上说的，"潮流正在转变，并且快速地转向通过立法解决问题，相比于自愿的审查制度，它可能会更加严格，而绝非更宽松[4]"。

尽管美国国家安全局为了控制开放社区中的密码学研究，做出的所有尝试都没有奏效，但这也可能会成为他们的优势！著名的密码学历史学家大卫·卡恩指出，公开地进行密码学研究提高了国家在该领域的整体水平，促进了通信、数学和计算机科学领域的进步，并为美国各地的数据库提供了安全保障。"鉴于以上这些原因，"他总结道，"我认为对密码学的研究不应设置任何限制。除了这些原因之外，在我看

1 它也不是第一个！早在 1975 年，美国国家安全局就试图恐吓其他组织，例如美国国家科学基金会（NSF），试图让其不要为密码学研究提供资助（详见 Levy）。如果对重要密码学工作的资助只能通过美国国家安全局获得，那么审查将会更加微妙（但仍然明显）。

2 摘自该书第 xvii 页的前言：Whitfield Diffie in SCHNEIER B. Applied Cryptography[M]. 2nd ed., New York: Wiley, 1996.

3 KOLATA G B. Cryptography: a new clash between freedom and national security[J]. Science, 1980, 209(29): 995-996.

4 BAMFORD J. The Puzzle Palace[M]. Boston: Houghton Mifflin, 1982: 363.

来，任何形式的限制最终都会被一种更根本的东西打破，它就是第一修正案[1]。"

13.5 RSA 获得专利，Alice 和 Bob 生而自由

正如前面提到的，迪菲和赫尔曼似乎已经意识到他们里程碑式的论文的重要性，但这种情况并非适用于所有作者。

我一度认为这将是我署名的所有论文中最不重要的一篇。

——伦纳德·阿德曼[2]

阿德曼实际上认为他不应该被列为作者之一，他觉得自己的工作很少——主要是攻破先前所尝试的方案。在其他人的坚持下，他最终同意被列为作者之一，但是要求只能把他的名字放在最后。作者按照其贡献大小的顺序出现在文中似乎是合理的，但这种现象在数学领域中很少出现。在数学中，惯例是按字母顺序列出作者名字。因此，如果阿德曼没有要求将自己的名字放在最后，RSA 就会被称为 ARS。

与我们研究的许多系统不同，RSA 于 1983 年获得专利[3]，因此它不是免版税的。然而，在专利将于 2003 年到期之前，2000 年它就不再受版权保护了。不论你是否能够意识到，你很可能已经使用过 RSA。我们用于互联网交易的信用卡号码通常就是用 RSA 来保障安全的。尽管该过程发生在后台，你的计算机会使用供应商的公钥来保护你所发送的消息。

RSA 的创造者在密码学领域还做出了其他贡献，例如，RSA 还可以用于对消息进行签名，这将在后面的章节中讨论。现在值得一提的是，李维斯特发明了 Alice 和 Bob[4]，这两个角色通常用于阐述密码协议[5]。之前，消息是从个人 A 发送到个人 B，Alice 和 Bob 的创造让协议更具人性化。多年来，许多其他角色已加入该阵容中，这些名字使用起来非常方便，即使在最初的描述中没有包含这些角色，我仍然选择用他们来解释早期的系统。

---

1 引自 FOERSTEL H N. Secret Science: Federal Control of American Science and Technology[M]. Westport, CT: Praeger, 1993 : 125, which cites: The Government's Classification of Private Ideas, hearings before a subcommittee of the Committee on Government Operations, U.S. House of Representatives, 96th Congress, Second Session, 28 February, 20 March, 21 August 1980, U.S. Government Printing Office, Washington, DC, 1981 : 410.

2 LEVY S. Crypto: How the Code Rebels Beat the Government, Saving Privacy in the Digital Age[M]. New York: Viking, 2001: 101.

3 RIVEST R L, et al. Cryptographic Communications System and Method[P]. U.S. Patent 4,405,829.

4 这从描述 RSA 的论文中可以看出: RIVEST R L, SHAMIR A, ADLEMAN L. On Digital Signatures and Public-Key Cryptosystems[D]. Cambridge, MA: MIT/LCS/TM-82, Massachusetts Institute of Technology, Laboratory for Computer Science, 1977.

5 LEVY S. Crypto: How the Code Rebels Beat the Government, Saving Privacy in the Digital Age[M]. New York: Viking, 2001: 102.

施奈尔将这些角色描述成剧本中的演员[1]：

演员表

Alice	协议中第一个参与方
Bob	协议中第二个参与方
Carol	三方或四方协议中的参与方
Dave	四方协议中的参与方
Eve	窃听者
Mallory[2]	恶意的主动敌手
Trent	可信仲裁
Walter	看守，在某些协议中他将保卫 Alice 和 Bob
Peggy	证明者
Victor	验证者

对编码理论工作者来说，Alice 和 Bob 也是非常好用的角色。这里并不是指本文所讨论的编码研究。与其提供一个定义描述，我建议你阅读一下关于 Alice 和 Bob 的餐后演说的副本（的确提供了一份），该演讲是乔恩·戈登应詹姆斯·梅西教授的邀请，于 1984 年 4 月在苏黎世研讨会上发表的。为了激发你的兴趣，我们重现几个段落如下：

> 编码理论家关心两件事。首先，最重要的是他们对两个人的个人生活非常关心，这两个人叫 Alice 和 Bob。在理论论文中，编码理论家如果想要描述双方之间的交易，他不会将其称呼为 A 和 B。由于某些长期存在的传统因素，他会称其为 Alice 和 Bob。

> 现在已有数百篇关于 Alice 和 Bob 的论文了。多年来，Alice 和 Bob 曾试图欺诈过保险公司，通过邮件玩高额赌注的扑克游戏，还在被窃听的线路上交换了秘密消息。

> 如果我们把所有小细节以及大量论文中的小片段汇集在一起，我们会得到一幅描绘他们生活的精彩画面。这将可能是对 Alice 和 Bob 的第一次权威的传记。

无论他俩的生活细节如何，Alice 和 Bob 对于密码学家确实有着很大的帮助。马格达雷娜·库佩卡在他的论文"凯撒密码分析[3]"的最后，对于他们的帮助给出了正式的致谢，她写道："我想要感谢 Alice 和 Bob。"

1　SCHNEIER B. Applied Cryptography[M]. 2nd ed., New York: John Wiley & Sons, 1996: 23.

2　在施耐德的"应用密码学"的第一版本中，它曾经用过 Mallet 这个名字。尽管从那之后，它被 Mallory 所代替，但它曾经是美国密码协会成员的笔名的来源。

3　KUPIECKA M. Cryptanalysis of Caesar cipher[J]. Journal of Craptology, November 2006,3. 您可能还记得，在 12.2 节，当差分密码分析被发现时，当时已经使用多年的 DES，被发现它曾经被优化过，可以抵抗差分密码分析的攻击。因此，人们得出的结论是 NSA 早在几年以前就已经意识到了这种攻击。同样，Malgorzata 证明差分密码分析对凯撒移位密码的攻击效果并不好，并得出结论，罗马人一定是意识到这种攻击方法并对他们的加密方案进行了优化。*Journal of Craptology* 专门研究这类有趣的论文。

参考文献和进阶阅读

DIFFIE W. The first ten years of public-key cryptography[J]. Proceedings of the IEEE, 1988, 76(5): 560-577.

DIFFIE W, HELLMAN M. Multiuser Cryptographic Techniques[C]// Joint Computer Conferences, in AFIPS '76: Proceedings of the June 7-10, 1976, National Computer Conference and Exposition, ACM Press, New York, 1976: 109-112.

DIFFIE W, HELLMAN M. New directions in cryptography[J]. IEEE Transactions on Information Theory, 1976, IT-22(6): 644-654.

ELLIS J H. The Story of Non-Secret Encryption[J]. 1987. 这篇论文详细介绍了英国政府通信总部发现的公开加密技术。目前已解密的技术提供了参考文献。转载自 ELLIS J. H. The history of non-secret encryption[J]. Cryptologia, 1999, 23,(3): 267-273.

FOERSTEL H N. Secret Science: Federal Control of American Science and Technology[M]. Westport, CT: Praeger, 1993. 本书对这个主题进行了广泛的研究，但是第 4 章主要研究密码学。

GARDNER M. Mathematical games: a new kind of cipher that would take millions of years to break[J]. ScientificAmerican, 1977, 237(August): 120-124.

KAHN D. Cryptology goes public[J]. Foreign Affairs, 1979, 58, 141-159.

LEVY S. Crypto: How the Code Rebels Beat the Government, Saving Privacy in the Digital Age[M]. New York: Viking, 2001.这本书针对的是普通读者，它是现代密码学历史的最好资源。当然，对于那些更希望了解数学的人来说，这本书存在较多的技术问题。

RIVEST R L, SHAMIR A, ADLEMAN L. On Digital Signatures and Public-Key Cryptosystems[D]. Cambridge, MA: MIT/LCS/TM-82, Massachusetts Institute of Technology, Laboratory for Computer Science, 1977. There was soon a title change to A Method for Obtaining Digital Signatures and Public-Key Cryptosystems, but the date is the same for both. This report later appeared in Communications of the ACM, 21(2), 120-126, 1978, with the latter title.

SIMMONS G J, NORRIS M J. Preliminary comments on the MIT public-key cryptosystem[J].Cryptologia, 1977, 1(4):406-414.

第 14 章

攻击 RSA

攻击 RSA 最明显、最直接，但又最困难的方法是分解模数。下一段就讲述了这一方法是如何成功攻击 RSA 的。本章在正式介绍各种因数分解算法之前，首先描述了 11 种非因数分解攻击。

计算 d（给定 e 和 n）的一种方法是因数分解模 n，即 $n=pq$。由于 p 和 q 是不同的素数，它们是互素的，因此，$\varphi(n)=(p-1)(q-1)$。现在已知 $\varphi(n)$ 的值，就可以很容易地计算 e 模 $\varphi(n)$ 的乘法逆元。由于该逆元正是解密指数 d，因此我们就可以成功地攻击 RSA 加密系统。然而，"因数分解 n"这一步是非常困难的！

14.1 11 种非因数分解攻击

需要注意的是，经过修补，我们几乎可以抵抗所有这 11 种攻击。其中，最好的、最新的攻击将在最后介绍，它可能是目前最难修补的攻击。

14.1.1 攻击 1：共模攻击

这种攻击方法首先由古斯·西蒙斯[1]（见图 14.1）在 1983 年提出。考虑两个不同的用户使用相同的模 n，并选取不同的 e。假设这两个用户加密同一消息，并且 Eve 窃听到他们的密文：

$$C_1 = M^{e_1} (\bmod n), C_2 = M^{e_2} (\bmod n) \tag{14-1}$$

---

1 SIMMONS G J. A "weak" privacy protocol using the RSA crypto algorithm[J]. Cryptologia, 1983, 7(2): 180-182.

图 14.1 古斯·西蒙斯（1930—）

（来自于 SIMMONS G, Ed. Contemporary Cryptology: The Science of Information Integrity[M]. New York: IEEE Press, 1991: 640. 图片使用已获许可）

如果 e_1 和 e_2 是互素的，Eve 利用欧几里得算法就可以计算出整数 x 和 y，使 $xe_1 + ye_2 = 1$。实际上 x 和 y 中有一个是负的，不妨假设是 x。那么 Eve 就可以计算：

$$(C_1^{-1})^{-x} C_2^y = C_1^x C_2^y = (M^{e_1})^x (M^{e_2})^y = M^{xe_1 + ye_2} = M^1 = M \pmod{n} \qquad (14\text{-}2)$$

因此，Eve 即使没有求出 d 的值，也能恢复消息 M。

> **补丁 1**：两个不同的用户不要使用相同的模。

假设恶意的黑客 Mallet 掌握了 Alice 和 Bob 的通信信道。当 Bob 发送他的公钥给 Alice 时，Mallet 改变公钥的一个比特。这时 Alice 收到的是公钥 (e', n)，而非 (e, n)。因此，当 Alice 加密她的消息，并发送给 Bob 时，Bob 并不能成功解密。毫无疑问，Bob 认为 Alice 没有收到正确的公钥，因此，重新发送公钥给 Alice，然后 Alice 就会重新利用公钥加密消息。那么，Mallet 利用上述描述的攻击就能成功地恢复出消息[1]。

> **补丁 2**：永远不要用不同的加密方式重新加密并发送同一消息。如果一定要重新发送，请先改变消息本身。

14.1.2 攻击 2：中间人攻击

读者可能会感到疑惑，在前面所描述的攻击中，攻击者既然已经完全掌握了通信信道，那么他为什么不简单地保留 Bob 的公钥，并把他自己的公钥发送给 Alice。当 Alice 加密一个消息给 Bob 时，Mallet 利用他自己的私钥就能恢复出消

---

1 JOYE M, QUISQUATER J J. Faulty RSA Encryption[R]. UCL Crypto Group Technical ReportCG-1997/8, Université Catholique de Louvain, Louvain-La-Neuve, Belgium, 1987. 该攻击首先是由这篇论文介绍的，尽管 "Mallet" 在论文中并没有出现。该论文假设偶然的错误发生时，需要重新发送消息。

息 M，然后用 Bob 的公钥加密消息，并把它发送给 Bob。而且，黑客甚至能首先改变消息本身。类似地，如果 Bob 需要 Alice 的公钥，Mallet 同样能首先保留它，并把自己的公钥发送给 Bob。通过这种方式，Mallet 就完全地控制了信息的秘密交换。由于显而易见的原因，这种攻击被称为中间人攻击。对抵抗此类攻击的研究应归结到密码协议上，在这里我们不想具体讨论，但读者可以参考施耐德对这个问题的精彩论述[1]。

14.1.3 攻击 3：小解密指数攻击

1990 年，迈克尔·J·维纳针对解密指数 d 较小时的情况[2]，提出了一种新的攻击 RSA 的方法。具体地讲，当有：

$$q < p < 2q, d < \frac{\sqrt[4]{n}}{3} \tag{14-3}$$

时，该攻击有效。这是因为在这种情况下，d 可以有效地被计算出来[3]。下面我们详述该攻击的思路。由于 $ed = 1 (\bmod \varphi(n))$，即对于某个整数 k，有 $ed - k\varphi(n) = 1$。两边同除以 $d\varphi(n)$，得到：

$$\frac{e}{\varphi(n)} - \frac{k}{d} = \frac{1}{d\varphi(n)} \tag{14-4}$$

由于 $\varphi(n) \approx n$，故有：

$$\frac{e}{\varphi(n)} - \frac{k}{d} \approx \left| \frac{e}{n} - \frac{k}{d} \right| = \left| \frac{ed - kn}{nd} \right| = \left| \frac{ed - k\varphi(n) - kn + k\varphi(n)}{nd} \right| \tag{14-5}$$

由于 $\varphi(n)$ 比 n 略小，所以我们需要加上绝对值以保证上面的值仍是正的。在上面等式的最后一步，我们在分子上以 $-k\varphi(n) + k\varphi(n)$ 的形式加一个 0。

注意到 $ed - k\varphi(n) = 1$，因此有：

$$\frac{e}{\varphi(n)} - \frac{k}{d} = \left| \frac{1 - kn + k\varphi(n)}{nd} \right| = \left| \frac{1 - k(n - k\varphi(n))}{nd} \right| \tag{14-6}$$

如上所述，$\varphi(n) \approx n$，但是这种近似到什么程度呢？由于 $n - \varphi(n)$ 出现在分子上，所以我们要考虑它的上界。由于有：

$$n - \varphi(n) = n - (n - p - q + 1) = p + q - 1 \tag{14-7}$$

---

1 SCHNEIER B. Applied Cryptography[M]. 2nd ed., New York: John Wiley & Sons, 1996.
2 WIENER M J. Cryptanalysis of short RSA secret exponents[J]. IEEE Transactions on InformationTheory, 1990, 36(3): 553-558.
3 改编自下面这篇论文的第 206 页，BONEH D. Twenty years of attacks on the RSA cryptosystem[J]. Notices of the American Mathematical Society, 1999, 46(2): 203-213.

因为已知 $q < p < 2q$，所以由第二个不等式可以得到：

$$p+q-1 < 3q-1 \tag{14-8}$$

第一个不等式意味着 q 是 n 的较小的素因子，因此有：

$$q < \sqrt{n} \tag{14-9}$$

故有：

$$3q-1 < 3\sqrt{n}-1 < 3\sqrt{n} \tag{14-10}$$

因此有：

$$n-\varphi(n) < 3\sqrt{n} \tag{14-11}$$

把这个不等式代入上面的结果，即有：

$$\left|\frac{1-k(n-\varphi(n))}{nd}\right| \leqslant \left|\frac{3k\sqrt{n}}{nd}\right| = \frac{3k}{d\sqrt{n}} \tag{14-12}$$

注意到 $ed-k\varphi(n)=1$，即 $k\varphi(n)=ed-1$，也就是说 $k\varphi(n)<ed$。因为 $e<\varphi(n)$，因此有 $k<d$。已知假设：

$$d < \frac{\sqrt[4]{n}}{3} \tag{14-13}$$

故有：

$$k < \frac{\sqrt[4]{n}}{3} \tag{14-14}$$

因此有：

$$\left|\frac{e}{n}-\frac{k}{d}\right| \leqslant \frac{3k}{d\sqrt{n}} < \frac{3\left(\dfrac{\sqrt[4]{n}}{3}\right)}{d\sqrt{n}} = \frac{1}{d\sqrt[4]{n}} \tag{14-15}$$

再次利用：

$$d < \frac{\sqrt[4]{n}}{3} \tag{14-16}$$

即有：

$$\frac{1}{d} > \frac{3}{\sqrt[4]{n}} \tag{14-17}$$

也就是说：

$$\frac{1}{3d} > \frac{1}{\sqrt[4]{n}}$$ (14-18)

代入式（14-18）有：

$$\left| \frac{e}{n} - \frac{k}{d} \right| < \frac{1}{3d^2}$$ (14-19)

这里我们给出其较弱的上界，这是因为该不等式满足一个涉及渐进解 k/d 的个数的连分式定理。也就是说，不等式：

$$\left| \frac{e}{n} - \frac{k}{d} \right| < \frac{1}{2d^2}$$ (14-20)

这说明未知分数 k/d 是 e/n 的一个很接近的近似，且其个数少于 $\log_2(n)$。然后有一个方法可以有效地找出正确的 d[1]。

补丁 1：虽然取较小的解密指数 d 能够提高解密速度，但不要这样做。

补丁 2：取较小的解密指数 d，但增大 e 的取值也可以抵抗上述攻击。例如，如果把 e 加上 $\varphi(n)$ 的某个倍数，这除了增加了加密时间外，对整个加密体制并没有任何影响。实际上，取 $e > n^{1.5}$ 即可抵抗上述攻击。

14.1.4　攻击4：p 或 q 的部分信息泄露攻击[2]

假设 n 有 m 位，如果已知 p 或 q 的最高的或最低的 $m/4$ 位，那么就可以有效地分解 n。问题是我们究竟如何才能掌握 p 或 q 的如此多的位呢？注意到如果用于生成素数的算法使 p 或 q 的一部分信息是可预测的，或是可猜测的，那么这种情况就会出现。

补丁：明智地生成 p 和 q。

14.1.5　攻击5：d 的部分信息泄露攻击[3]

同样假设模 n 有 m 位，如果能够确定 d 的最低 $m/4$ 位，那么就可能有效地求出整个 d，它的可能性取决于 e 的大小。如果 e 足够小，则该攻击非常有效，但

1　详见 BONEH D. Twenty years of attacks on the RSA cryptosys-tem[J]. Notices of the American Mathematical Society, 1999, 46(2): 203-213. 更详细的内容见 WIENER M J. Cryptanalysis of short RSA secret exponents[J]. IEEE Transactions on Information Theory, 1990, 36(3): 553-558.

2　COPPERSMITH D. Small solutions to polynomial equations, and low exponent RSA vulner-abilities[J]. Journal of Cryptology, 1997, 10: 233-260.

3　BONEH D, DURFEE G, FRANKEL Y. An attack on RSA given a small fraction of the private key bits[C]// in OHTA K, PEI D, Eds., Advances in Cryptology: ASIACRYPT '98, Lecture Notes in Computer Science, Springer, Berlin, 1998,1514: 25-4.

是如果 e 的大小接近于 n，该攻击并不优于重复试错寻找 d。当然，e 是公开的，所以密码分析学家在尝试该攻击之前，已经知道它是否值得去做。

> **补丁**：当初为什么让某人知道了 d 的部分信息呢？如果你确实如此大意，那么请选取足够大的 e。

14.1.6　攻击 6：小加密指数攻击

如果加密消息的指数 e 非常小，并且消息比较短，那么不等式 $M^e < n$ 可能成立。如果这种情况成立，则攻击者仅仅取密文的 e 次方根（在整数范围内）就可以得到消息 M。因此，离散对数问题也就不会出现。

> **注意**：为了保证加密或解密的速度，取足够小的 e 或 d 确实具有很大的诱惑，但是，如果以牺牲安全性为代价，就会毫无意义而言。

14.1.7　攻击 7：同加密指数攻击

该攻击需要利用一个数学定理，该定理在任何数论材料中都有介绍，它首次由孙子（公元 400—460）提出。在探索它在密码分析学上的应用之前，我们首先介绍定理的具体内容。

14.1.7.1　中国剩余定理

假定有 k 个同余方程：

$$
\begin{aligned}
x &= a_1 \ (\mathrm{mod} \ n_1) \\
x &= a_2 \ (\mathrm{mod} \ n_2) \\
x &= a_3 \ (\mathrm{mod} \ n_3) \\
&\ \ \vdots \\
x &= a_k \ (\mathrm{mod} \ n_k)
\end{aligned}
\tag{14-21}
$$

其中，n_i 是正整数，且两两互素，a_i 是整数，则存在 x，满足所有的方程。如果假设其中一个解为 x'，则 $x = x' + yn$ 就是所有解的集合，其中，y 取遍所有的整数值，$n = n_1 \ n_2 \ n_3 \cdots n_k$。

后来，高斯进一步给出了解的具体形式，即：

$$
x = \sum_{i=1}^{k} a_i N_i M_i (\mathrm{mod} \ n)
\tag{14-22}
$$

其中，$N_i = n/n_i$，$M_i = N_i^{-1} \ (\mathrm{mod} \ n_i)$。最直观的方法是通过实例来理解方程的解是如何得到的。

例1

假设有方程：

$$x=5 (\bmod 9)$$
$$x=8 (\bmod 11)$$
$$x=6 (\bmod 14)$$

（14-23）

为了便于讨论，记 $n_1=9$，$n_2=11$，$n_3=14$，它们的乘积 $n=n_1 n_2 n_3=9 \times 11 \times 14=1\ 386$。利用高斯公式，即有：

$$x=\sum_{i=1}^{k} a_i N_i M_i (\bmod n)=a_1 N_1 M_1+a_2 N_2 M_2+a_3 N_3 M_3 (\bmod n)$$

（14-24）

其中，a_i 是已知的，N_i 很容易通过计算得到。为了求 M_i 的值，可以利用13.3节的方法（欧几里得算法）。一般来说，对于比较大的数，还是要借助于欧几里得算法，但对于这种比较小的数，直接计算就很容易求出。即：

$$M_1=N_1^{-1}=154^{-1}=1^{-1}=1 \ (\bmod 9)$$
$$M_2=N_2^{-1}=126^{-1}=5^{-1}=9 \ (\bmod 11)$$
$$M_3=N_3^{-1}=99^{-1}=1^{-1}=1 \ (\bmod 14)$$

（14-25）

代入上式，有：

$$x=5 \times 154 \times 1+8 \times 126 \times 9+6 \times 99 \times 1 (\bmod 1\ 386)$$
$$=10\ 436 (\bmod 1\ 386)$$
$$=734 (\bmod 1\ 386)$$

（14-26）

把它代入原来的3个方程，$x=734$ 正是方程组的解。

了解了孙子定理，现在我们介绍如何利用它攻击RSA加密。前面已经介绍了不同的用户利用相同的模加密同一消息是非常危险的。现在我们要说明多个用户利用不同的模 n，但使用相同的指数 e 加密同一消息同样也具有灾难性。在这种情况下，利用孙子定理就有可能成功恢复消息 M，其成功与否仅仅取决于已成功发送过多少个消息 M 的密文副本，且其个数与 e 的大小有关。不妨设有 m 个，且使用的是相同的 e 和不同的模，如果 $m>e$（译者注：实为 $m \geqslant e$），那么就可以成功地恢复出消息 M。例如，设 $e=m=3$，则窃听密文为：

$$C_1=M^3 (\bmod n_1)$$
$$C_2=M^3 (\bmod n_2)$$
$$C_3=M^3 (\bmod n_3)$$

（14-27）

该方程组看起来与上面的例子有所不同，但我们可以写成下面的形式：

$$M^3 \equiv C_1 (\text{mod } n_1)$$
$$M^3 \equiv C_2 (\text{mod } n_2) \qquad (14\text{-}28)$$
$$M^3 \equiv C_3 (\text{mod } n_3)$$

这样就与上面的例子相符合了，其中，M^3 代表 x。

需要注意的是，如果所有的模并不都是两两互素的，则可以计算出它们的最大公约数，进而就可以得到每个模的素因子。由于在这种情况下，一个模能立刻被因数分解，且很容易地恢复 d，因此，这里我们假设所有的模都是两两互素的。利用孙子定理即可得到一个整数 C'，满足：

$$M^3 \equiv C' (\text{mod } n_1 n_2 n_3) \qquad (14\text{-}29)$$

由于 $M<n_1$，$M<n_2$ 和 $M<n_3$，故有 $M^3<n_1 n_2 n_3$。因此，在整数范围内取 C' 的三次方根即可求出 M，并不需要考虑模运算。

约翰·哈斯特德发现了这种攻击的一般的情况，他指出加密的消息 M 没必要是恒等的，只要是线性相关的即可[1]。后来，道·科柏密斯对此攻击做出了进一步改进[2]。

注意：如果选取足够大的 e，使其远超过已发送消息的最多副本的个数，则可以成功地抵抗该攻击。一个可代替的思路是用随机数填充消息 M，使它们看起来并不相像，也可以避免这种攻击。

14.1.8　攻击 8：搜索消息空间

如果消息发送者习惯于使用一成不变的并且较小的消息空间，那么密码分析学家仅仅需要加密所有可能的消息，然后检验哪一个符合拦截密文即可。

注意：确保潜在的消息空间是足够大的！或者，正如攻击 7 中的可代替的补丁所述，用随机数填充消息 M。只要是消息空间比较小，通过这种方式填充消息就能够得到足够多的可能性，以至于上述攻击失效。例如，如果攻击者猜测某个消息可能为"无事可报"，但是假如用 50 bit 的随机数填充该消息，他只有加密所有该消息的 2^{50} 个不同版本，才能判断出它是否确实是正确的消息。PKCS#1 给出了填充 RSA 的标准，其中，PKCS#1 代表公钥密码标准#1。该版本是早期版本的修订版，用于抵抗新发现的攻击（如适应性选择密文攻击）。

14.1.9　攻击 9：适应性选择密文攻击

在选择密文攻击中，攻击者能够选择任意想要的密文，并能够得到相对应的

1　HÅSTAD J. On using RSA with low exponent in a public key network[C]// in WILLIAMS H C, Ed., Advances in Cryptology: CRYPTO '85 Proceedings, Lecture Notes in Computer Science, Springer, Berlin, 1986, 218: 403-40.

2　COPPERSMITH D. Small solutions to polynomial equations, and low exponent RSA vulner-abilities[J]. Journal of Cryptology, 1997, 10(4): 233-260.

明文。加上形容词"适应性"，表示攻击者可以不停地重复这个攻击，并可以在每次迭代中利用前一次获得的信息，来调整他在本次迭代中所选择的密文，以优化攻击所得到的信息。丹尼尔·布莱巴挈（见图 14.2）在攻击按照 PKCS#1 填充的 RSA 方案时，就使用了这种攻击方法。实际上，他的攻击需要更少的条件，它不需要得到密文相对应的明文，仅仅只需要知道这些密文是否对应于符合 PKCS#1 标准的加密数据块。在描述他的攻击时，布莱巴挈写到"该攻击需要选择 2^{20} 个密文才能成功[1]。"这听起来让人有些气馁，但他指出该攻击是实际有效的，这是因为总有一些服务器在收到不符合 PKCS 填充标准的密文时会返回一个错误信息，所以攻击者并不奢求 Bob 回答多达 100 万个密文信息。

图 14.2　丹尼尔·布莱巴挈（1964—）

布莱巴挈在描述他的攻击实验时这样写道："我们用 512 bit 和 1 024 bit 的密钥测试该攻击算法。为了恢复消息，它分别需要 30 万和 200 万个选择密文就能成功。"但是改进后的密码系统给了这种新的攻击当头一棒，并且，布莱巴挈承认 PKCS#1 的版本 2 不容易受到他的攻击，该版本使用了 1995 年出版的一些结果[2]。

14.1.10　攻击 10：时间攻击[3]

为什么保罗·柯赫尔（见图 14.3）在微笑？这是因为他在 1995 年发现的时间攻击，使他在密码学领域崭露头角，尽管当时他只是斯坦福大学的一名在校本科

1　BLEICHENBACHER D. Chosen ciphertext attacks against protocols based on the RSA encryption standard PKCS #1[C]// in KRAWCZYK H, Ed., Advances in Cryptology: CRYPTO '98 Proceedings, Lecture Notes in Computer Science, Springer, Berlin, 1998,1462: 1-12.

2　BELLARE M, ROGAWAY P. Optimal asymmetric encryption[C]// in DE SANTIS A, Ed., Advances in Cryptology: EUROCRYPT '94 Proceedings, Lecture Notes in Computer Science, Springer, Berlin, 1995,950: 92-111.

3　KOCHER P. Timing attacks on implementations of Diffie-Hellman, RSA, DSS, and other sys-tems[C]// in KOBLITZ N, Ed., Advances in Cryptology: CRYPTO '96 Proceedings, Lecture Notes in Computer Science, Springer, Berlin, 1996,1109 : 104-113.

生。该攻击不仅仅适用于 RSA 算法，还可以应用到各种密码系统中去。柯赫尔同时也负责电子前沿基金会的 DES 破译工作（见 12.3 节）。我很期待他下一步将要做什么具体工作。柯赫尔对 RSA 的时间攻击描述如下。

图 14.3　保罗·柯赫尔（1973—）

为了使时间攻击生效，攻击者需要一些接收者设备（解密器）的访问权限。如果攻击者能够获取密文，并且得到解密器解密密文花费的时长，他就能够反过来找出解密指数。也就是说，如果解密运算是通过 13.3 节所述的反复平方法进行的，那么根据解密器的不同，每个乘法运算就需要消耗某个特定的时长。这些时长就会对应某些特定的密钥。

注意： 柯赫尔在介绍时间攻击时，也把自己放在了防御位置，给出了几个补丁。他解释了解密算法的随机时延是如何能够影响时间攻击的。但是回到攻击者的角度，通过获取更多的数据，攻击者仍然能够成功地攻破加密系统。柯赫尔提出的另一个补丁称之为"盲化"。盲化在另外一个语境中已经介绍过，在这里，盲化是指在解密前将密文乘以一个模 n 可逆的随机数 r 的 e 次方。所以，真正被解密的密文是 $r^e C$，解密时正如通常所为，取密文的 d 次幂，得到 $(r^e C)^d = r^{ed} C^d = rM$，接收者必须乘以 r 的逆来获取原来的消息。如果每次加密应用不同的随机数 r，那么攻击者就不能发现原始密文块与解密所需时间的对应关系。

14.1.11　攻击 11：罗纳德是错误的，怀特是正确的

2012 年 2 月，6 名研究小组成员发布了一篇题为《罗纳德是错误的，怀特是正确的》[1]的文章。这篇文章在结束时写到：

1　LENSTRA A K, HUGHES J P, AUGIER M, et al. Ron Was Wrong, Whit Is Right[Z]. February 2012.

分解一个1 024位的RSA模数具有历史意义，但是分解12 720个1 024位的模数就仅仅是一个统计数据。前者在学术界目前无法得到解决（但是可预期的），后者并不会引起学术界的热情，因为它强调现实中密钥生成的困难性。

他们的攻击针对现实中使用的公钥，对随机选取的公钥毫无作用。这看起来像个悖论，但很快我们就会清楚，他们的攻击非常简单。

攻击者仅仅需要收集成千上万个公钥，然后每次取两个模，并利用欧几里得算法计算它们的最大公因数。当它们的最大公因数是1时，该攻击无效，但是在有些情况下，最大公因数为模数的其中一个素因子。在这些情况下，对于某个p、q和r，这两个模可以表示为$n_1=pq$，$n_2=pr$。一旦计算出公共因子p，这两个模数就很容易被分解。一些2 048 bit的模数也因此被分解。尽管模的长度越大，安全性越高，但是不同用户的公钥仍可能有公共的素因子，这个弱点还是存在的。

平均情况下，每1 000个模数就会有两个模数被分解，因此，RSA系统有98.8%（译者注：此处应为99.8%）的概率能够抵抗该攻击。该文章的作者总结道："相对于迪菲-赫尔曼，RSA密码系统是相当危险的。"

在保守的形式下，文章的作者指出他们的结果可能表明选择合适的随机数生成器的种子仍旧是一个问题。并且他们继续指出：

由于我们的方法如此简单，这很难让人们相信它是一个新的发现，尤其是那些对于这些问题怀有好奇心的团体。这也能够为NIST在1991年的决定提供新的解释，当时NIST决定采用DSA作为数字签名的标准，而不是基于RSA的数字签名，这在当时引起很大的争论。

实际上，唐·约翰逊在此之前已经注意到这个潜在的攻击。在他1999年发表的文章中，他考虑了一个被处理过的随机数生成器对RSA的影响，相对于它正常运行时的情况，该随机数生成器生成的素数集合较小[1]。然而，2012年的文章并没有把该问题归结于算法的内部设计漏洞，而是归结于对不恰当的素数生成器的无意使用。

注意：无论用什么方法，尽可能随机地选择大素数p和q。当然，这远比听起来困难。

此外，还有很多其他攻击RSA的非因数分解攻击方法。一些可以在本章的参考文献中找到，另外一些将在16.2节讨论。然而，相对于下面我们将要介绍的因数分解攻击，如果在选择大素数和指数时，能够避免各种各样的特殊情况，没有一个攻击（除了上述攻击11）能对RSA构成真正的威胁。当然，随着计算速度的提升和分解算法的不断改进，保证RSA合适的安全性所需模数的最小比特数在不断增加。

1　JOHNSON D. ECC, Future Resiliency and High Security Systems[Z]. Certicom whitepaper, 1999.

14.2 因数分解挑战

14.1 节考虑的是攻击 RSA 的非因数分解算法。现在我们讲述攻击 RSA 的直接方法，即各种各样的因数分解算法，尽管还没有一个算法能够成功地分解目前的 RSA 模数。当一个数是两个大素数的乘积时，因数分解这个数是非常困难的。为了能够让你信服它是一个困难问题，请尝试分解下面这个数：

25195908475657893494027183240048398571429282126204
03202777713783604366202070759555626401852588078440
69182906412495150821892985591491761845028084891200
72844992687392807287776735971418347270261896375014
97182469116507761337985909570009733045974880842840
17974291006424586918171951187461215151726546322822
16869987549182422433637259085141865462043576798423
38718477444792073993423658482382428119816381501067
48104516603773060562016196762561338441436038339044
14952634432190114657544454178424020924616515723350
77870774981712577246796292638635637328991215483143
81678998850404453640235273819513786365643912120103
97122822120720357

这个数在十进制下有 617 位，由于在二进制下，它有 2 048 位，它被称为 RSA-2048。RSA 安全公司曾经悬赏 20 万美元来找它的两个素因子，并要求能够解释是如何做到的。虽然 RSA 因数分解挑战日期已经截止，但是在过去的几年间，也有悬赏对一些更小的数进行因数分解。表 14.1 列举了挑战数的长度及其赏金。

表 14.1 RSA 因数分解悬赏

挑战数	奖金/美元	地位	提交日期	提交者
RSA-576	1 万	已分解	2003-12-03	J·弗兰克等
RSA-640	2 万	已分解	2005-11-02	F·巴尔等
RSA-704	3 万	没分解		
RSA-768	5 万	没分解		
RSA-896	7.5 万	没分解		
RSA-1024	10 万	没分解		
RSA-1536	15 万	没分解		
RSA-2048	20 万	没分解		

RSA 安全公司在他们网站的常见问题解答板块回答了一个显而易见的问题：

为什么 RSA 因数分解挑战不再活跃？

各种各样的密码挑战（包括 RSA 因数分解挑战）在早期服务于商用密码，用于衡量它在密码分析中的进展程度，并且奖励那些对密码团体做出新贡献的研究人员。既然现在工业界对对称密码和公钥密码的分析有一个更高层次的理解，这些挑战也就不那么活跃了。但是我们把它列出来，以供那些对此有兴趣的密码学者参考。

我认为这个挑战也可以作为 RSA 安全公司实力的一个有力展示。毕竟没有那么多的公司以这么直截了当的方式来测试它们的产品。

14.2.1 古老的问题

区分素数和合数以及分解出合数的素因子，这个问题是算术中最重要和最有用的问题之一。科学本身的高贵之处在于：探索一个问题所需要的每个可能的解决方法是如此的优雅和著名。

——卡尔·弗里德里希·高斯（1801）[1]

尽管这个问题已经有很长的历史，但在高斯那个年代，没有多少实际的理由促使人们找到一个有效的因数分解算法。我们以一个修改过的古老的方法，来开始我们的因数分解算法，该方法至今仍然是最好的因数分解方法之一。

14.3 试除法和埃拉托色尼筛法（约前 284—前 204）

为分解一个数，我们用每个比这个数小的数去试除。例如，对于分解 391 而言，首先考虑 2 作为一个因子，验证 2 不是其因子，然后我们可以去分别尝试 3、4、5、6、7、…、390，直到找到这些因子。我们需要发现新的方法来提高效率。如果 2 不是因子，那么 4、6、8 等数也不是其因子。然后考虑如果 3 不是一个因子，那么 6、9、12、15 等数也不是因子。因此，在寻找某一个数的因子时，我们只需要检查小于该数的素数即可。也就是说，我们只需要考虑 2、3、5、7、11、13、17 和 19。你会发现我们在远小于 391 的素数就停止了，实际上，我们只需要尝试至多该数的算数平方根次即可。这是因为如果一个数 n 是两个小于 n 的数相乘得到的，那么这两个数不会都超过 $\sqrt{n}$，否则这两个数相乘会超过 n。

1　GAUSS C F. Disquisitiones Arithmeticae[M]. Leipzig: Gerhard Fleischer, 1801: 329.

这种方法是埃拉托色尼筛法思想的来源（见图 14.4），其目标是从一系列连续整数中排除合数。

图 14.4　埃拉托色尼

首先，写出如下的一系列自然数：

1	2	3	4	5	6	7	8	9	10
11	12	13	14	15	16	17	18	19	20
21	22	23	24	25	26	27	28	29	30
31	32	33	34	35	36	37	38	39	40
41	42	43	44	45	46	47	48	49	50
51	52	53	54	55	56	57	58	59	60
61	62	63	64	65	66	67	68	69	70
71	72	73	74	75	76	77	78	79	80
81	82	83	84	85	86	87	88	89	90
91	92	93	94	95	96	97	98	99	100

我们的目标是找到素数，素数是指只有 1 和它本身这两个不同因子的数。考虑上表中的第一个自然数 1，仅有一个因子，因此，1 不是一个素数，将其筛选出去：

1	2	3	4	5	6	7	8	9	10
11	12	13	14	15	16	17	18	19	20
21	22	23	24	25	26	27	28	29	30
31	32	33	34	35	36	37	38	39	40
41	42	43	44	45	46	47	48	49	50
51	52	53	54	55	56	57	58	59	60
61	62	63	64	65	66	67	68	69	70
71	72	73	74	75	76	77	78	79	80
81	82	83	84	85	86	87	88	89	90
91	92	93	94	95	96	97	98	99	100

接下来考虑 2，显然 2 是一个素数，现在筛除 2 的倍数（不包括 2）。数字 2 在列表中使用粗体，以强调它的素性：

1	2	3	4	5	6	7	8	9	10
11	12	13	14	15	16	17	18	19	20
21	22	23	24	25	26	27	28	29	30
31	32	33	34	35	36	37	38	39	40
41	42	43	44	45	46	47	48	49	50
51	52	53	54	55	56	57	58	59	60
61	62	63	64	65	66	67	68	69	70
71	72	73	74	75	76	77	78	79	80
81	82	83	84	85	86	87	88	89	90
91	92	93	94	95	96	97	98	99	100

依次考虑，3 是一个素数，现在排除掉 3 的所有倍数：

1	2	3	4	5	6	7	8	9	10
11	12	13	14	15	16	17	18	19	20
21	22	23	24	25	26	27	28	29	30
31	32	33	34	35	36	37	38	39	40
41	42	43	44	45	46	47	48	49	50
51	52	53	54	55	56	57	58	59	60
61	62	63	64	65	66	67	68	69	70
71	72	73	74	75	76	77	78	79	80
81	82	83	84	85	86	87	88	89	90
91	92	93	94	95	96	97	98	99	100

接下来考虑素数 5，排除 5 的所有倍数：

1	2	3	4	5	6	7	8	9	10
11	12	13	14	15	16	17	18	19	20
21	22	23	24	25	26	27	28	29	30
31	32	33	34	35	36	37	38	39	40
41	42	43	44	45	46	47	48	49	50
51	52	53	54	55	56	57	58	59	60
61	62	63	64	65	66	67	68	69	70
71	72	73	74	75	76	77	78	79	80
81	82	83	84	85	86	87	88	89	90
91	92	93	94	95	96	97	98	99	100

接下来考虑素数 7，排除 7 的所有倍数：

1	2	3	4	5	6	7	8	9	10
11	12	13	14	15	16	17	18	19	20
21	22	23	24	25	26	27	28	29	30
31	32	33	34	35	36	37	38	39	40
41	42	43	44	45	46	47	48	49	50
51	52	53	54	55	56	57	58	59	60

61	62	63	64	65	66	67	68	69	70
71	72	73	74	75	76	77	78	79	80
81	82	83	84	85	86	87	88	89	90
91	92	93	94	95	96	97	98	99	100

接下来考虑素数 11，我们将排除 11 的所有倍数，实际上，我们在上面已经排除了，因为这些数都小于 100，而且都有更小的素因子。实际上所有留下来的数都是素数。如果其中有一个不是素数，则此数可以分解成一对数相乘，并且这两个数都大于 10。这种情况是不可能成立的，因为两个数的乘积需要小于 100。正如前面所述，我们只需要寻找至所给值的平方根为止。

埃拉托色尼是伟大诗人卡利马库斯的学生（约前 275—前 192），后来成为亚历山大科学研究所博物馆的图书管理员。他发明了一种估算素数的新方法，绘制了一幅著名的世界地图，并编列了数百颗恒星。但让他更加成名的是他计算了地球的周长，他根据当太阳光直射进埃及南部城市赛伊尼的一口井时，太阳在亚历山大城所照射的角度计算出地球的周长为 45 460 km，这与地球真实的周长非常接近。他还撰写了一本关于色彩的论文和一本关于音乐理论的著作，并编写了诗歌和喜剧，同时负责两本词典和一本关于语法书的撰写工作。作为民族学家，他提出文明人和野蛮人之间的划分是不正确的。埃拉托色尼被称为 β 或"第二"，这是因为在任何科学分支中，他都不是最好的，尽管他几乎在每一个分支中都表现出色[1]。

14.4　费马分解法

现在跳到 17 世纪，研究由皮埃尔·德·费马发现的因数分解方法（见图 14.5）。假设 n 是试图分解的数，如果能够把 n 表示成两个数的平方差（即 $n=x^2-y^2$），那么可以很容易地将 n 分解为 $n=(x-y)(x+y)$。这样做的实用性如何呢？首先第一个重要问题为是否每个合数 n 都可以用这种方式来表示。考虑 $n=ab$，其中 a 和 b 都大于 1，且都没必要是素数。令 $x=(a+b)/2$ 和 $y=(a-b)/2$，我们看到：

$$x^2-y^2=\left(\frac{a+b}{2}\right)^2-\left(\frac{a-b}{2}\right)^2=\frac{(a^2+2ab+b^2)}{4}-\frac{(a^2-2ab+b^2)}{4}=\frac{4ab}{4}=ab \qquad (14\text{-}30)$$

因此，这种表示总是存在的。

1　其生平是由约翰·兰德里在相关网址中提供的。

图 14.5　皮埃尔·费马（1601—1665）

用一个例子来说明如何应用该分解方法。考虑 $n = 391$，不妨令：

$$x = \left\lceil \sqrt{n} \right\rceil = 20 \tag{14-31}$$

符号"$\lceil\ \rceil$"被称为"上取整"符号，其作用是将括号内的数向上近似到最接近的整数。$x^2 - n = 400 - 391 = 9 = 3^2$。因此，$y = 3$，即有 $n = 30^2 - 3^2 = (20-3)(20+3) = 17 \times 23$。这样就可以将该数分解成两个因子的乘积。如果由 x 算出的 $x^2 - n$ 的值不是一个数的平方，将 x 加 1，然后再试一次，直到找到满足上述条件的一个解。实际上，现在存在更快的因数分解算法，但如果两个素因子相差不大，费马算法就具有较大的优势。因此，在 RSA 中生成素数 p 和 q 的值时，需要避免 $p - q < 2n^{1/4}$。这个特殊的界限并没什么神奇之处，它只是粗略地表明费马的方法对哪些素数比较有效。

14.5　欧拉分解法

我认为莱昂哈德·欧拉（见图 14.6）在数学专业的每一门课程中都被提及至少一次，如果有些学校没有做到，那么学生们应该去教务主任的办公室讨要说法，并要求退还学费，因为这么重要的知识竟然被遗漏了。我们已经了解到欧拉对费马小定理的一般化概括是如何为 RSA 加密提供了理论基础，现在我们探索欧拉的因数分解方法。相对于将 n 看作两个数平方的差，我们可能经常考虑把 n 写成两个数的平方和（用两种不同的方法），例如，$130 = 11^2 + 3^2 = 7^2 + 9^2$。现在假设我们可以把 n 用两种不同的方式写成两个数的平方和。也就是说：

图 14.6　莱昂哈德·欧拉（1707—1783）

$$n=a^2+b^2=c^2+d^2$$
$$\Rightarrow a^2-c^2=d^2-b^2 \qquad (14\text{-}32)$$
$$\Rightarrow (a-c)(a+c)=(d-b)(d+b)$$

用 g 表示 $a-c$ 和 $d-b$ 的最大公约数，不妨设 $a-c=gx$ 和 $d-b=gy$，其中，x、y 互素，对上一行进行替换：

$$gx(a+c)=gy(d+b) \Rightarrow x(a+c)=y(d+b) \qquad (14\text{-}33)$$

由于右边可以被 y 整除，所以左边也应当可以被 y 整除；然而，因为 x 和 y 互素，因此，可以得到 y 能够整除 $a+c$。也就是说，存在整数 m 使 $ym=a+c$。将其代入方程（14-31），替代 $a+c$，可以得到 $y(d+b)=xym$。等式两边同时除以 y，得到 $d+b=xm$。

现在考虑如下两个数的乘积，即 $(\frac{g}{2})^2+(\frac{m}{2})^2$ 和 x^2+y^2：

$$[(\frac{g}{2})^2+(\frac{m}{2})^2](x^2+y^2)=(\frac{g^2}{4}+\frac{m^2}{4})(x^2+y^2)$$
$$=\frac{1}{4}(g^2+m^2)(x^2+y^2)=\frac{1}{4}[(gx)^2+(gy)^2+(mx)^2+(my)^2]$$
$$=\frac{1}{4}[(a-c)^2+(d-b)^2+(d+b)^2+(a+c)^2]$$
$$=\frac{1}{4}(a^2-2ac+c^2+d^2-2bd+b^2+d^2+2bd+b^2+a^2+2ac+c^2) \qquad (14\text{-}34)$$
$$=\frac{1}{4}(2a^2+2b^2+2c^2+2d^2)=\frac{1}{4}[2(a^2+b^2)+2(c^2+d^2)]$$
$$=\frac{1}{4}(2n+2n)$$
$$=\frac{1}{4}(4n)$$
$$=n$$

因此，上述乘式正是对 n 的因数分解。一旦 n 可以用两种不同的形式写成两个数的平方和，我们可以通过计算 g、m、x 和 y 来因数分解 n。而问题的关键在于有效快速地找到满足上述的平方和形式。

我们现在转向一个仍然健在的数学家——约翰·波拉德，有几个因数分解算法以他的名字命名。

14.6　波拉德 $p-1$ 算法

回顾一下费马小定理的内容：

如果 p 是一个素数，并且 a 不是 p 的倍数，那么 $a^{p-1}=1 \pmod{p}$。

因此，如果 m 是 $p-1$ 的倍数，那么 $a^m=1 \pmod{p}$。也就是说，p 能够整除 a^m-1。所以，$\gcd(a^m-1,n)$ 可能会泄露 n 的因子，其中，a^m-1 是模 n 后的数，这是由于 p 既能整除 a^m-1，也能整除 n。

但是，我们如何找到 $p-1$ 的倍数 m 呢？我们希望对于某个较小的数 B，$p-1$ 是 $B-$ 光滑的（即 $p-1$ 的所有素因子都小于 B[1]）。把 m 定义为取遍所有小于 B 的素数的乘积。正如大写的 $\sum$ 表示求和运算，大写的 $\prod$ 表示乘积运算。因此，有：

$$m = \prod_{q \leqslant B} q \tag{14-35}$$

其中，q 为素数。

例 2

用 $n=713$ 作为一个例子来说明这个方法，取 $a=2$，$B=5$。那么 $m=2 \times 3 \times 5=30$。由于 $\gcd(a^m-1,n)=\gcd(2^{30}-1,713)=31$。因此，$713=31 \times 23$。

注意：当 $n=85$ 时，无论取多么大的 B，该方法均无效。原因是 85 的素因子是 $p=5$ 和 $q=17$，所以 $p-1$ 和 $q-1$ 的值分别为 4 和 16。无论多少个素数相乘，均不能得到它们任何一个数的倍数，除非我们重复利用素因子 2。因此，当 $p-1$ 和 $q-1$ 均有重复的素因子时，我们必须改变 m 的定义形式。可能的形式包括 $m=B!$ 和 $m=\prod_{q \leqslant B} q^n$，其中，$q$ 取遍所有小于 B 的素数，n 是某个大于 1 的正整数。

这个算法还有其他的困难之处，但是上面给出了一般的想法。该方法所需的时间大致与 $p-1$ 的最大素因子成比例。因此，这个方法对 $p-1$ 是光滑的，p 是有效的。为了抵抗这一攻击，需要选择 $2q+1$ 形式的素数，其中，q 是素数。这样，$p-1$ 将至少有

1　在数学中，有许多束语听起来像一些说唱歌手的名字，如 B-光滑的、2π、立方根等。

一个较大的素因子。此外，还有波拉德的 ρ (rho)分解算法（1975 年），但是当大整数有比较小的因子时，该算法才最有效，而 RSA 不会出现这种情况，所以这里不再详述[1]。

14.7 狄克逊算法[2]

约翰·D·狄克逊（见图 14.7）算法的思想来源于费马分解算法。相对于费马算法求 x 和 y，使 $x^2 - y^2 = n$，这里为了分解 n，我们可以求一对 x 和 y，使 $x^2 - y^2 = kn$，它也可以写成 $x^2 = y^2 (\mathrm{mod}\ n)$。因此，如果我们能够找到两个平方数 x^2 和 y^2，并且它们在模 n 的情况下是相等的，我们就可能由 $(x + y)(x - y)$ 得到一个因数分解。这里仅仅是"可能"，因为该算法有可能得到 $x - y = k$ 和 $x + y = n$。这个想法可以追溯到 1920 年的毛里斯·克雷契克[3]。

图 14.7 约翰·狄克逊

(感谢约翰·狄克逊提供的照片)

如果我们不坚持等式右边也是一个平方数，就能更快地找到一些可能的 x 和 y。也就是说，由费马算法中的例子可得：

$$20^2 = 3^2\ (\mathrm{mod}\ 391) \Rightarrow 20^2 - 3^2 = 391 \text{（由费尔马的例题）} \tag{14-36}$$

但是，如果这个方法不可行，我们可以进一步研究：

$$21^2 = 50 = 2 \times 5^2\ (\mathrm{mod}\ 391)$$
$$22^2 = 93 = 3 \times 31\ (\mathrm{mod}\ 391)$$
$$23^2 = 138 = 2 \times 3 \times 23\ (\mathrm{mod}\ 391) \tag{14-37}$$
$$24^2 = 185 = 5 \times 537\ (\mathrm{mod}\ 391)$$
$$25^2 = 234 = 2 \times 117\ (\mathrm{mod}\ 391)$$

1 POLLARD J M. A Monte Carlo method for factorization[J]. BIT Numerical Mathematics, 1975, 15(3): 331-334.

2 DIXON J D. Asymptotically fast factorization of integers[J]. Mathematics of Computation, 1987, 36(153): 255-260. 255-260.

3 POMERANCE C. A tale of two sieves[J]. Notices of the American Mathematical Society, 1996, 43(12): 1474.

$$26^2 = 285 = 5 \times 57 \ (\text{mod } 391)$$
$$27^2 = 338 = 2 \times 13^2 \ (\text{mod } 391)$$
$$28^2 = 2 = 2 \ (\text{mod } 391)$$

最后两个相乘得:

$$27^2 \times 28^2 = 2 \times 13^2 \times 2 = 2^2 \times 13^2 \ (\text{mod } 391)$$
$$27 \times 28^2 = 2 \times 13^2 \ (\text{mod } 391)$$
$$756^2 = 26^2 \ (\text{mod } 391)$$
$$365^2 = 26^2 \ (\text{mod } 391)$$

(14-38)

所以:

$$(365 - 26)(365 + 26) = 132\ 549 = kn$$
$$132\ 549/391 = 339$$

(14-39)

因此,在这个分解中,一个因子等于 k,另一个因子等于 n,这不是我们想要的。但是引进负数后,我们可以得到更多可能的组合:

$21^2 = 50 = 2 \times 5^2 \ (\text{mod } 391)$	$21^2 = -341 = -1 \times 11 \times 31 \ (\text{mod } 391)$
$22^2 = 93 = 3 \times 31 \ (\text{mod } 391)$	$22^2 = -298 = -1 \times 2 \times 149 \ (\text{mod } 391)$
$23^2 = 138 = 2 \times 3 \times 23 \ (\text{mod } 391)$	$23^2 = -253 = -1 \times 11 \times 23 \ (\text{mod } 391)$
$24^2 = 185 = 5 \times 537 \ (\text{mod } 391)$	$24^2 = -206 = -1 \times 2 \times 103 \ (\text{mod } 391)$
$25^2 = 234 = 2 \times 117 \ (\text{mod } 391)$	$25^2 = -157 = -1 \times 157 \ (\text{mod } 391)$
$26^2 = 285 = 5 \times 57 \ (\text{mod } 391)$	$26^2 = -106 = -1 \times 2 \times 53 \ (\text{mod } 391)$
$27^2 = 338 = 2 \times 13^2 \ (\text{mod } 391)$	$27^2 = -53 = -1 \times 53 \ (\text{mod } 391)$
$28^2 = 2 = 2 \ (\text{mod } 391)$	$28^2 = -389 = -1 \times 389 \ (\text{mod } 391)$
$29^2 = 59 = 59 \ (\text{mod } 391)$	$29^2 = -332 = -1 \times 2^2 \times 83 \ (\text{mod } 391)$
$30^2 = 118 = 2 \times 59 \ (\text{mod } 391)$	$30^2 = -273 = -1 \times 3 \times 7 \times 13 \ (\text{mod } 391)$
$31^2 = 179 = 179 \ (\text{mod } 391)$	$31^2 = -212 = -1 \times 2^2 \times 53 \ (\text{mod } 391)$

(14-40)

把 26^2、28^2 和 31^2 相乘得:

$$28^2 \times 26^2 \times 31^2 = 2 \times (-1) \times 2 \times 53 \times (-1) \times 2^2 \times 53 (\text{mod } 391)$$
$$= (-1)^2 \times 2^4 \times 53^2$$
$$= (2^2 \times 53)^2 (\text{mod } 391)$$

(14-41)

也就是说:

$$(28 \times 26 \times 31)^2 = (22 \times 53)^2 (\text{mod } 391)$$
$$22\ 568^2 = 212^2 (\text{mod } 391)$$

$$281^2 = 212^2 \pmod{391}$$
$$281 - 212 = 69 \tag{14-42}$$
$$\gcd(391\ 69) = 23$$

因此，我们就找到了一个因子。下面我们用更高效的方式来选择所需的值。理想情况下，我们先选择"最可能"的值，它们是：

$$\lfloor \sqrt{kn} \rfloor \text{ 和 } \lceil \sqrt{kn} \rceil \tag{14-43}$$

其中，$k=1,2,3,\cdots$ 符号 $\lfloor\ \rfloor$ 和 $\lceil\ \rceil$ 分别表示小于该值的最大整数和大于该值的最小整数，有时它们被称为下取整函数和上取整函数。大多数编程语言都有一个命令来执行这种操作。

同样地，一旦有了上面的列表，我们更想采用更快的方法找到可能的答案，而不是直接观察。对于一个比较困难的分解问题，列表中可能有几千甚至上百万[1]可能的值，直接观察几乎无法实现。

现在我们可以利用线性代数来实现这种情况，首先用−1和前面一些素数建立一个素因子基。例如，对于上面的例子而言，可以取素因子基为 $\{-1,2,3,5,7,9,11,13,17,19,23,29,31,37,41,43,47,53\}$，那么所取的每个数都可以表示成一个向量。如果它们素因子的幂是奇数，我们在向量的相应分量上记为 1；如果这个因子没有出现，或者是一个偶因子，我们记为 0。例如：

$$\{-1,2,3,5,7,9,11,13,17,19,23,29,31,37,41,43,47,53\}$$

$21^2 = 2 \times 5^2$ $\qquad$ [0,1,0,0,0,0,0,0,0,0,0,0,0,0,0,0,0,0]

$21^2 = -1 \times 11 \times 31$ [1,0,0,0,0,0,1,0,0,0,0,0,1,0,0,0,0,0]

$22^2 = 3 \times 31$ $\qquad$ [0,0,1,0,0,0,0,0,0,0,0,0,1,0,0,0,0,0] $\qquad$ (14-44)

$23^2 = 2 \times 3 \times 23$ $\qquad$ [0,1,1,0,0,0,0,0,0,0,1,0,0,0,0,0,0,0]

$23^2 = -1 \times 11 \times 31$ [1,0,0,0,0,0,1,0,0,0,1,0,0,0,0,0,0,0]

如果素因子基中最大素数只取到 53，我们就不能包含上面 22^2 的第二个分解形式，这是因为它包含因子 149。如果我们把素因子基设置的更大，这个问题就能够解决。

找可能的解等价于选择一个向量组，且这些向量的和模 2 为零向量。为了能高效地找到解，我们可以构造一个矩阵 M，它的列就是上述所说的向量，那么我们就可以从下面的矩阵方程中找到一个解：

$$MX = 0 \pmod{2} \tag{14-45}$$

---

1 根据 C・坡莫芮茨的说法，为了分解一个破纪录的大素数，该因子库需要包含大约 100 万个数值，A tale of two sieves[J]. Notices of the American MathematicalSociety, 1996, 43(12): 1483.

其中，X 是一个列向量：

$$\begin{pmatrix} x_1 \\ x_2 \\ \vdots \\ x_k \end{pmatrix} \tag{14-46}$$

其中，k 是所选元素的个数。

这个方法是迈克尔·莫里森和约翰·布里尔哈特在 1975 年发现的[1]，并且他们结合连分式，分解了第 7 个费马数：

$$F_7 = 2^{2^7} + 1 \tag{14-47}$$

给定要分解的数，较大的素因子基能够增大找到解的概率，但在进行线性代数运算时，速度会变慢。

通过第二个例子来看该方法的详细过程。假设我们想分解 5 141，选择素因子基 {−1,2,3,5,7,11,13}，选取一些值构造表 14.2。

注意：每个值只选择一种分解方式。尽管我们能够列出两个，但我们只选择绝对值较小的那一个，这对我们的因数分解可能更有帮助。

表 14.2　示意表

k	$\lfloor \sqrt{kn} \rfloor$	$\lceil \sqrt{kn} \rceil$	前列中数的平方值
1	71		$5\,041 = -100 = -1 \times 2^2 \times 5^2$
1		72	$5\,184 = 40 = 2^3 \times 5^2$
2	101		$10\,201 = -81 = -1 \times 3^4$
2		102	$10\,404 = 122 = 2 \times 61$
3	124		$15\,376 = -47 = -1 \times 47$
3		125	$15\,625 = 202 = 2 \times 101$
4	143		$20\,449 = -115 = -1 \times 5 \times 23$
4		144	$20\,736 = 172 = 2^2 \times 43$
5	160		$25\,600 = -105 = -1 \times 3 \times 5 \times 7$
5		161	$25\,921 = 216 = 2^3 \times 3^3$
6	175		$30\,625 = -221 = -1 \times 13 \times 17$
6		176	$30\,976 = 130 = 2 \times 5 \times 13$
7	189		$35\,721 = -266 = -1 \times 2 \times 7 \times 19$
7		190	$36\,100 = 113 = 113$
8	202		$40\,804 = -324 = -1 \times 2^2 \times 3^4$

在最右列的分解中，删除那些不是 13-光滑的，得到：

1　MORRISON M A, BRILLHART J. A method of factoring and the factorization of F7[J]. Mathematics of Computation, 1975, 29(129): 183-205.
2　此处计算错误，原文如此，不影响后续结果——译者注。

（续表）

K	$\lfloor\sqrt{kn}\rfloor$	$\lceil\sqrt{kn}\rceil$	前面的数的平方值
1	71		$5\ 041 = -100 = -1\times2^2\times5^2$
1		72	$5\ 184 = 40 = 2^3\times5$
2	101		$10\ 201 = -81 = -1\times3^4$
5	160		$25\ 600 = -105 = -1\times3\times5\times7$
5		161	$25\ 921 = 216 = 2^3\times3^3$
6		176	$30\ 976 = 130 = 2\times5\times13$
8	202		$40\ 804 = -324 = -1\times2^2\times3^4$

现在我们就得到了合适的矩阵方程：

$$\begin{pmatrix} 1 & 0 & 1 & 1 & 0 & 0 & 1 \\ 0 & 1 & 0 & 0 & 1 & 1 & 0 \\ 0 & 0 & 0 & 1 & 1 & 0 & 0 \\ 0 & 1 & 0 & 1 & 0 & 1 & 0 \\ 0 & 0 & 0 & 1 & 0 & 0 & 0 \\ 0 & 0 & 0 & 0 & 0 & 0 & 0 \\ 0 & 0 & 0 & 0 & 0 & 1 & 0 \end{pmatrix} \cdot \begin{pmatrix} x_1 \\ x_2 \\ x_3 \\ x_4 \\ x_5 \\ x_6 \\ x_7 \end{pmatrix} = \begin{pmatrix} 0 \\ 0 \\ 0 \\ 0 \\ 0 \\ 0 \\ 0 \end{pmatrix} \qquad (14\text{-}48)$$

仅仅用一点线性代数知识就可以得到下面的解向量 x_s

$$\begin{pmatrix} 1 \\ 0 \\ 1 \\ 0 \\ 0 \\ 0 \\ 0 \end{pmatrix}, \begin{pmatrix} 1 \\ 0 \\ 0 \\ 0 \\ 0 \\ 0 \\ 1 \end{pmatrix}, \begin{pmatrix} 1 \\ 0 \\ 1 \\ 0 \\ 0 \\ 0 \\ 1 \end{pmatrix}^1 \qquad (14\text{-}49)$$

第一个解利用关系式 $71^2 = 5\ 041 = -100 = -1\times2^2\times5^2 (\bmod\ 5\ 141)$ 和 $101^2 = 10\ 201 = -81 = -1\times3^4 (\bmod\ 5\ 141)$，合并在一起得：

$$(71\times101)^2 = (-1)^2(2\times5\times9)^2 (\bmod\ 5\ 141)$$

$$(71\times101)^2 = (2\times5\times9)^2\ (\bmod\ 5\ 141)$$

$$7\times171^2 = 90^2 (\bmod\ 5\ 141)$$

$$2\ 030^2 = 90^2 (\bmod\ 5\ 141) \qquad (14\text{-}50)$$

$$2\ 030 - 90 = 1\ 940$$

$$\gcd(1\ 940\ 5\ 141) = 97$$

---

1 此处计算错误，原文如此，不影响后续结果——译者注。

因此，5 141/97=53，即完整的因数分解为 5 141=97×53。如果它们的最大公因式为 1，我们将尝试第 2 个解，或者可能的第 3 个解。

虽然这里详述的方法是以狄克逊命名的，但狄克逊自己谦虚地指出[1]：

> 这个方法比我在 1981 年的论文要深入得多，对我论文的引用有时似乎并不符合这一事实。例如，维基百科的条目似乎把这个想法归功于我。而事实是，这个思想以这样或那样的形式已经存在了很长一段时间，但是没有人能够对他所使用版本的时间复杂性进行严格的分析。我所做的事表明对这些方法的随机化版本可以进行分析，并且在速度上（至少定性地和渐近地）比其他已知的方法更快（特别地，它是关于 log N 的亚指数算法）。据我所知，除了改善了常数之外，我的结果仍然是正确的。

> 我不认为我所描述的随机化版本同目前正使用的方法相比（其中大多数仍然没有严格的分析），在实际使用中更有竞争力。我不认为有人当真会用随机平方方法分解大整数。

狄克逊在他 1981 年发表论文时并不知道整个历史进程，但他在后来的一篇论文中加上了这一点[2]。似乎是过去 38 年里密码学方向重要论文的一个宿命[3]，狄克逊在 1981 年的论文也被他第一次所提交的期刊拒稿了。

14.7.1 二次筛法

在狄克逊的算法中，如果某些数最终不是 B-光滑的，且在进行矩阵步骤之前才被丢弃，就会浪费很多时间。二次筛法则消除了这种低效的情况，它使用带一个扭的埃拉托色尼筛法快速丢弃不是 B-光滑的数。在筛的过程中，当遇到能被某素数整除的数时，我们把它除以这个数中该素数的最高次幂，而不是直接把它删除。以这种方式，用素数基里所有的元素进行筛选之后，列表中含有 B-光滑数的每个位置均会出现一个 1，其他位置的数被丢弃。当然这只是一个简化的过程，但它传达了一个大致的思想。有几个捷径可以使上述步骤运行得更快，感兴趣的读者可以阅读参考文献。

当马丁·加德纳首次发表 RSA 系统的描述时，他给读者一个对这个新系统进行密码分析[4]的机会：

> 作为对《科学美国人》读者的挑战，麻省理工学院的研究小组用同样的公开算法加密了另一条消息。密文是：

1　来自 D·狄克逊发给作者的邮件，2010 年 10 月 27 日。

2　DIXON J D. Factorization and primality tests[J]. American Mathematical Monthly, 1984, 91(6): 333-352, 1984 (其历史背景见第 11 章).

3　来自 D·狄克逊发给作者的邮件，2010 年 10 月 27 日。

4　GARDNER M. Mathematical games: a new kind of cipher that would take millions of years to break[J]. Scientific American, 1977, 237(August): 120-124.

```
9686  9613  7546  2206
1477  1409  2225  4355
8829  0575  9991  1245
7431  9874  6951  2093
0816  2982  2514  5708
3569  3147  6622  8839
8962  8013  3919  9055
1829  9451  5781  5154
```

它的明文是一个英文句子。根据上述所述的标准方法，明文首先被转化为一个数字，然后使用备忘录中给出的快捷方法，计算这个数字的 9 007 次幂（模 r）。对于第一个解密这条消息的人，麻省理工学院将给其 100 美元奖励。

加德纳当时使用 r 来标记模数，现在我们记为 n。无论如何，它就是如下被称为 RSA-129 的数字，因为它是 129 位长：

11438162575788886766923577997614466120102182967212423625625618429357069352457338978305971235639587050589890751475992900268795435 41

本来加德纳在他的有生之年并不奢望找到一个解答，但是随着计算能力的提高、因数分解算法的改进以及加德纳的长寿，这些因素的组合使他在 1994 年 4 月 26 日看到了答案。它的因子分别是：

3490529510847650949147849619903898133417764638493387843990820577

和

32769132993266709549961988190834461413177642967992942539798288533

这些因子是使用二次筛法求出的，明文结果是：

```
The magic words are squeamish ossifrage[1].
```

对于大约 100 位的数（十进制），二次筛法是目前最有效的因数分解算法。对于更大的数值，数域筛法则是更好的选择[2]。

14.8 波拉德数域筛法[3]

新的思想被认可总是需要一些时间的，甚至在数学领域也是这样。人们也怀

---

1 HAYES B P. The magic words are squeamish ossifrage[J]. American Scientist, 1994, 82(4): 312-316.

2 STAMP M, LOW R M. Applied Cryptanalysis: Breaking Ciphers in the Real World[M]. Hoboken, NJ: John Wiley & Sons, Sons, 2007: 316.

3 LENSTRA A K, LENSTRA JR H W. MANASSE M S, et al. The number field sieve[C]// in LENSTRA A K, LENSTRA JR H JR H W, Eds., The Development of the Number Field Sieve, Lecture Notes in Mathematics, Springer, Berlin, 1993, 1554: 11-42.

疑波拉德的最新成果，但是当在 1990 年，第 9 个费马数 $F_9=2^{2^9}+1$ 被波拉德数域筛法成功分解时，该方法才逐渐体现它的价值。卡尔·波默伦斯对这件事的影响总结到[1]：

> 波拉德的数域筛法震惊了世界。

数域筛法的具体描述已经超出了本书的范围，它需要抽象代数的背景。然而，它仍然与一些简单的方法有共同之处。例如，在这个改进的算法中，筛仍然是最耗时的步骤。

2003 年，阿迪·沙米尔（RSA 中的"S"）和伊兰·绰默发布了专用硬件的设计，基于数域筛法执行因数分解[2]。他们把它命名为 TWIRL，即威兹曼学院关系定位器（The Weizmann Institute Relation Locator）的缩写，因为威兹曼学院是他们的雇主。"关系定位器"指的是在一个矩阵中找到分解关系，而这正如在 14.7 节所描述的一样。他们估计 1 000 万美元价值的硬件足够实现他们设计的机器，可以在不到一年的时间里完成分解 RSA 1 024 bit 的筛法步骤。

同刚被创造时一样，RSA 目前仍保持对因数分解攻击的安全性。不断改进的分解技术和硬件实现已经迫使用户使用更长的密钥。如果 TWIRL 让你相信需要使用 2 048 bit 的密钥，那么正如 14.1.11 节所述，你最应该注意的是确保以尽可能随机的方式生成大素数。

14.8.1　其他的方法

还有许多其他的因数分解算法，包括利用连分式（前文已用到）和椭圆曲线的方法。恐怕最引人注意的是彼得·肖在 1994 年提出的方法，该方法在多项式时间内能够成功地分解大整数[3]，只要你有一台量子计算机来运行这个算法。读者可以通过参考文献了解更多相关详情。

14.8.2　密码学幽默

尽管 2 不是最大的素数，但它是唯一的偶素数。这是我在一本无聊的书《偶素数》[2] 中看到的。当然，由于 2 是唯一的偶素数，它也是最怪异的素数。

1　POMERANCE C. A tale of two sieves[J]. Notices of the American Mathematical Society, 1996, 43(12): 1480.

2　SHAMIR A, TROMER E. Factoring large numbers with the twirl device[C]// in BONEH D, Ed., Advances in Cryptology: CRYPTO 2003 Proceedings, Lecture Notes in Computer Science, Springer, Berlin, 2003, 2729: 1-27.

3　SHOR P. Algorithms for quantum computation: discrete logarithms and factoring, in GOLDWASSER S, Ed., 35th Annual IEEE Symposium on Foundations of Computer Science (FOCS), November 20-22, 1994, Santa Fe, NM, IEEE Computer Society Press, Los Alamitos, CA, 1994: 124-134.

4　作者的著作还有《一阶群》。

参考文献和进阶阅读

关于非因数分解攻击

ACIIÇMEZ O, KOÇ Ç K, SEIFERT J P. On the power of simple branch prediction analysis[C]// in ASIACCS' 07: Proceedings of the 2nd ACM Symposium on Information, Computer and Communications Security, March 20-22, Singapore, 2007: 312-320. 该攻击是 RSA 攻击中的一种，在前面并没有被讨论到。同时间攻击一样，它需要接收者设备访问的权限。

BLAKLEY G R, BOROSH I. Rivest-Shamir-Adleman public key cryptosystems do not always conceal message[J]. Computers & Mathematics with Applications, 1979, 5(3): 169-178.

BONEH D. Twenty years of attacks on the RSA cryptosystem[J]. Notices of the American Mathematical Society, 1999, 46(2): 203-213. 这是一个很好的综述论文。

BONEH D, DURFEE G. Cryptanalysis of RSA with private key d less than N0.292[C]// in STERN J, Ed., Advances in Cryptology: EUROCRYPT' 99, Lecture Notes in Computer Science, Springer, Berlin, 1999, 1592: 1-11.

BONEH D, DURFEE G, FRANKEL Y. An attack on RSA given a small fraction of the private key bits[C]// in OHTA K, PEI D, Eds., Advances in Cryptology: ASIACRYPT' 98, Lecture Notes in Computer Science, Springer, Berlin, 1998, 1514: 25-34.

COPPERSMITH D. Small solutions to polynomial equations, and low exponent RSA vulnerabilities[J]. Journal of Cryptology, 1997, 10(4): 233-260.

DELAURENTIS J M. A further weakness in the common modulus protocol for the RSA cryptoalgorithm[J]. Cryptologia, 1984, 8(3): 253-259.

DIFFIE W, HELLMAN M. New directions in cryptography[J]. IEEE Transactions on Information Theory, 1976, IT-22(6): 644-654.

HAYES B P. The magic words are squeamish ossifrage[J]. American Scientist, 1994, 82(4): 312-316. 本文讨论了分解技术并包含一些历史。标题庆祝了马丁·加德纳在《科学美国人》专栏中 RSA 挑战密文信息的恢复。

JOHNSON D. ECC, Future Resiliency and High Security Systems[Z]. Certicom whitepaper, 1999.

JOYE M, QUISQUATER J J. Faulty RSA Encryption[R]. UCL Crypto Group Technical Report CG-1997/8, Université Catholique de Louvain, Louvain-La-Neuve, Belgium, 1987.

KALISKI B, ROBSHAW M. The secure use of RSA[J]. CryptoBytes, 1995, 1(3): 7-13. 文章总结了对 RSA 的各种攻击方法。

KOCHER P. Timing attacks on implementations of Diffie-Hellman, RSA, DSS, and other systems[C]// in KOBLITZ N, Ed., Advances in Cryptology: CRYPTO' 96 Proceedings, Lecture Notes in Computer Science, Springer, Berlin, 1996, 1109: 104-113.

LENSTRA A K, HUGHES J P, AUGIER M, et al. Ron Was Wrong, Whit Is Right[Z]. February 2012.

LEVY S. Crypto: How the Code Rebels Beat the Government, Saving Privacy in the Digital Age[M]. New York: Viking, 2001.

RIVEST R L, SHAMIR A, ADLEMAN L. On Digital Signatures and Public-Key Cryptosystems[D]. Cambridge, MA: MIT/LCS/TM-82, Massachusetts Institute of Technology, Laboratory for Computer Science, 1977.

RIVEST R L, SHAMIR A, ADLEMAN L. A method for obtaining digital signatures and public-key cryptosystems[J]. Communications of the ACM, 1978, 21(2): 120-126.

ROBINSON S. Still guarding secrets after years of attacks, RSA earns accolades for its founders[J]. SIAM News, 2003, 36(5): 1-4.

SIMMONS G J. A "weak" privacy protocol using the RSA crypto algorithm[J]. Cryptologia, 1983, 7(2): 180-182.

WIENER M J. Cryptanalysis of short RSA secret exponents[J]. IEEE Transactions on Information Theory, 1990, 36(3): 553-558.

关于因数分解

BACH E, SHALLIT J. Factoring with cyclotomic polynomials[J]. Mathematics of Computation, 1989, 52(185): 201-209.

DIXON J D. Asymptotically fast factorization of integers[J]. Mathematics of Computation, 36(153): 255-260.

DIXON J D. Factorization and primality tests[J]. American Mathematical Monthly, 1984, 91(6): 333-352. （对于它的历史背景，见文章的第 11 部分）。

LENSTRA JR H W. Factoring integers with elliptic curves[J]. Annals of Mathematics, 1987,126(3): 649-673.

LENSTRA A K, LENSTRA JR H W, MANASSE M S, et al. The number field sieve[C]//

in LENSTRA A K, LENSTRA JR H W, Eds., The Development of the Number Field Sieve, Lecture Notes in Mathematics, Springer, Berlin, 1993,1554: 11-42.

LENSTRA A K. Factoring[C]// in TEL G, VITANYI P M B, Eds., Proceedings of the 8th International Workshop on Distributed Algorithms on Graphs, Lecture Notes in Computer Science, Springer, Heidelberg, 1994,857: 23-38.

LENSTRA A K, TROMER E, SHAMIR A,et al. Factoring estimates for a 1024-bit RSA modulus[C]// in LAIH C S, Ed., Advances in Cryptology: ASIACRYPT 2003 Proceedings, Lecture Notes in Computer Science, Springer, Berlin, 2003,2894:55-74. 这是对于上面的一个后续文章。

MONTGOMERY P L, SILVERMAN R D. An FFT extension to the p-1 factoring algorithm[J]. Mathematics of Computation, 1990, 54(190): 839-854, 1990.

MORRISON M A, BRILLHART J. A method of factoring and the factorization of F7[J]. Mathematics of Computation, 1975,29(129): 183-205. 这篇文章描述了使用连分式的因式分解方法。POLLARD J M. Theorems on factorization and primality testing[J]. Proceedings of the Cambridge Philosophical Society, 1974, 76(3): 521-528.

POLLARD J M. A Monte-Carlo method for factorization[J]. Bit Numerical Mathematics, 1975, 15(3): 331-334.

POMERANCE C, WAGSTAFF JR S S. Implementation of the continued fraction integer factoring algorithm[J]. Congressus Numerantium, 1983, 37: 99-118.

POMERANCE C. The quadratic sieve factoring algorithm[C]// in BETH T, COT N, INGEMARSSON I, Eds., Advances in Cryptology: EUROCRYPT' 84 Proceedings, Lecture Notes in Computer Science, Springer, Berlin, 1985,209: 169-182.

POMERANCE C. A tale of two sieves, Notices of the American Mathematical Society, 1996, 43(12): 1473-1485.

SHAMIR A, TROMER E. Factoring large numbers with the twirl device[C]// in BONEH D, Ed., Advances in Cryptology: CRYPTO 2003 Proceedings, Lecture Notes in Computer Science, Springer, Berlin, 2003,2729: 1-27.

SHOR P. Algorithms for quantum computation: discrete logarithms and factoring[C]// in GOLDWASSER S, Ed., 35th Annual IEEE Symposium on Foundations of Computer Science (FOCS), November 20-22, 1994, Santa Fe, NM, IEEE Computer Society Press, Los Alamitos, CA, 1994: 124-134.

WILLIAMS H C, SHALLIT J O. Factoring integers before computers[C]// in GAUTSCHI W, Ed., Mathematics of Computation 1943-1993, American Mathematical Society, Providence, RI, 1994: 481-531.

第15章

素性检测与复杂性理论

因此，即使从关于素数的最基本和最古老的思想开始，人们也能很快到达现代研究的前沿。鉴于千百年来人们对素数的思考，人类对它持续的无知看起来是可笑的。

——理查德·克兰德尔和卡尔·波默伦斯[1]

15.1　一些关于素数的事实

在公钥密码学中使用的素数 p 和 q 必须非常大，这是因为如果攻击者可以分解它们的乘积，则方案不安全。幸运的是，大素数并不稀有。自欧几里得时代起，人们便已经知道素数有无穷多个，因而给定任何长度要求，超过它的素数都有无穷多个。欧几里得的证明如下。

定理：素数有无穷多个。

证明（反证法）：假设只有有限多个素数（不妨设为 n 个），令 $S=\{p_1, \cdots, p_n\}$ 为所有素数所组成的集合，现在令 $n=p_1p_2\cdots p_n+1$（所有素数之积加 1）。显然 n 比集合 S 中的任何一个数都要大，所以如果它是素数，则与我们的假设相矛盾。如果它不是素数，依然是矛盾的。这是因为集合 S 中所有的数除 n 的余数都为 1，所以 n 的素因子并不在集合 S 之内。综上所述，集合 S 并不能包含所有的素数，所以必然有无限多个素数。证毕。

1　CRANDALL R E, POMERANCE C. Prime Numbers: A Computational Perspective[M]. New York: Springer, 2001: 6-7.

对于这个定理，还有一些其他的证明[1]。其中一个可以直接由级数 $\sum_i \dfrac{1}{p_i}$ 发散得到。如果该级数收敛，则不能确定素数的数量是否有限；但是若该级数发散，则只有一种可能，因为如果只有有限多的素数，则级数必然收敛。因此，不存在最大的素数。但是，最大的已知素数是存在的。表 15.1 中列出了排名前 10 的已知最大素数。

表 15.1　已知的最大的 10 个素数

排名	素数	位数	何时发现	备注
1	$2^{43112609}-1$	12 978 189	2008 年	第 47 个梅森素数
2	$2^{42643801}-1$	12 837 064	2009 年	第 46 个梅森素数
3	$2^{37156667}-1$	11 185 272	2008 年	第 45 个梅森素数
4	$2^{32582657}-1$	9 808 358	2006 年	第 44 个梅森素数
5	$2^{30402457}-1$	9 152 052	2005 年	第 43 个梅森素数
6	$2^{25964951}-1$	7 816 230	2005 年	第 42 个梅森素数
7	$2^{24036583}-1$	7 235 733	2004 年	第 41 个梅森素数
8	$2^{20996011}-1$	6 320 430	2003 年	第 40 个梅森素数
9	$2^{13466917}-1$	4 053 946	2001 年	第 39 个梅森素数
10	$19249 \times 2^{13\,018\,586}+1$	3 918 990	2007 年	

注：截至 2012 年 5 月 12 日。

尽管素数有无穷多个，仍然存在任意长的不包含素数的连续整数数列。下面我们将展示一行 n 个连续合数（非素数）。

$$(n+1)!+2, (n+1)!+3, (n+1)!+4, \cdots, (n+1)!+n, (n+1)!+n+1 \qquad (15\text{-}1)$$

第一个数可以被 2 整除，第二个数可以被 3 整除，依此类推。

第一个后面紧跟着 1 000 个连续合数的素数是 1 693 182 318 746 371，它后面跟着 1 131 个合数。这个事实由瑞典核物理学家伯蒂尔·尼曼发现[2]。尽管存在这样的连续合数序列，我们仍然有大量的（无穷多个）素数可供选择。但随着所需要的素数长度的增大，它们在全部整数中所占的比例将越来越小。

用函数 $\pi(n)$ 来定义不超过 n 的素数的个数，并在表 15.2 中给出一些 $\pi(n)$ 的值。

表 15.2　$\pi(n)$ 的值

n	$\pi(n)$
10	4
100	25
1 000	168

1　RIBENBOIM P. The New Book of Prime Number Records[M]. New York: Springer, 1996: 3-18.
2　CALDWELL C, HONAKER JR G L. Prime Curios! The Dictionary of Prime Number Trivia[M]. Seattle, WA: CreateSpace, 2009: 218.

从表 15.3 中可知，前 10 个正整数中有 40%的数是素数，但是前 1 000 个正整数中只有 16.8%的数是素数。对于任意 n，可以通过简单地检测不超过 n 的所有的正整数的素性来计算 $\pi(n)$；但是当 n 非常大时，这种方法非常耗时。我们希望可以通过一些更加易于计算的表达式来计算 $\pi(n)$，例如，通过使用公式 $p(n) = \left\lfloor 1.591 + 0.242n - 0.0000752n^2 \right\rfloor$ 来估计不超过 n 的所有素数的个数（$\lfloor r \rfloor$ 代表不超过实数 r 的最大整数[1]）。通过扩展上表并代入数值计算 $p(n)$，我们发现 $p(n)$ 在 10、100、1000 这 3 个点的估计非常准确，但对于更大的 n，它的结果并不精确，并且除了 10、100、1000 这 3 个数之外，它在大部分不超过 1 000 的其他数上的计算结果也不准确。

表 15.3　示意表

n	$\pi(n)$
10	4
100	25
1 000	168
10 000	1 229
100 000	9 592
1 000 000	78 498
10 000 000	664 579
100 000 000	5 761 455
1 000 000 000	50 847 534
10 000 000 000	455 052 511

高斯提出了素数定理，但并没有证明它。素数定理描述如下：

$$\pi(n) \sim \frac{n}{\ln(n)} \tag{15-2}$$

我们之前在 2.2 节的斯特林公式中使用过符号～。该符号读作"趋近于"，表示当 n 趋近于无穷时，符号两边的数的比值趋近于 1，在本例中，这两个数分别是：

$$\pi(n) \text{和} \frac{n}{\ln(n)} \tag{15-3}$$

高斯还用 n 的对数积分（记作 $li(n)$）给出了另一个估计。当 $n \to \infty$ 时，n 的对数积分同样渐进趋近于 $\pi(n)$，并且它可以在 n 比较小时给出更精确的估计。

$$li(n) = \int_{2}^{n} \frac{1}{\ln(x)} \mathrm{d}x \tag{15-4}$$

对于这些函数收敛于 $\pi(n)$ 的证明，直到 1896 年才由雅克·阿达马与 C·J·河

1　函数 $p(n)$ 通过在已知点上进行拉格朗日插值得到。

谷・普桑独立提出。他们的证明用到了黎曼 ζ 函数。

通过列出可能的值，看起来似乎对于所有的 n 都有 $li(n) > \pi(n)$，然而这个推断并不成立。尽管大到令人不可思议，但是对于足够大的 n，$li(n)$ 会从对 $\pi(n)$ 的过高估值变成对 $\pi(n)$ 的过低估值。南非数学家斯坦利·谢克斯曾对变化发生时 n 的取值进行过研究。他并没有计算出一个精确的值，但他对此给出了一个界。假设黎曼猜想成立，变化发生时 n 的取值要小于 $e^{e^{e^{79}}}$ [1]；如果假设黎曼猜想不成立，谢克斯给出了一个更大的上界 $10^{10^{10^{963}}}$ [2]。在谢克斯进行估值之前，人们就已经知道 $li(n)$ 会最终变成对 $\pi(n)$ 的过低估值。实际上，二者之间的大小关系会变化无穷多次[3]。很多年来，谢克斯的估计值都保持着最大的有实际目的的（也就是说，用在了某个证明里面的）数的记录，但这个记录已经被其他的值打破了。此外，从另一种意义上来讲，这个数本身也变小了——后来的研究给出了更小的上界，来对 $li(n)$ 第一次变成对 $\pi(n)$ 的过低估值时 n 取值进行估计。

但是问题仍没有解决：我们如何来找到或产生大素数。这时就要使用素性检测了，素性检测用来判断一个数是否为素数。快速的素性检测方法可以在不给出具体分解的情况下证明一个数不是素数，就像是证明一些非平凡事实的存在性定理一样。

我们首先来介绍一些概率性的检测。这些检测可以证明一个数是合数，但并不能确切地证明一个数是素数。它们最多只能做到以任意高的概率来说明一个数是素数。

15.2　费马检测

我们首先来回顾一下费马小定理（1640）：

如果 p 是素数并且 a 不是 p 的倍数，那么 $a^{p-1}=1 \pmod{p}$。

这为我们提供了一个用来检测一个数是否为合数的方法：如果 $(a, n) = 1$ 且 $a^{n-1} \neq 1 \pmod{n}$，那么 n 一定不是素数。然而，如果 $a^{n-1}=1 \pmod{n}$，我们并不能断定 n 是素数。费马小定理并非一个"当且仅当"类型的定理。

和往常一样，费马并没有为他的定理提供一个证明。而证明首次是由戈特弗里德·冯·莱布尼兹提出的。对于 $a=2$ 这样一种特殊情形，中国古代数学家早在公元前 500 年就已经有了相同的结论，但是他们并没有将结论推广到一般情况[4]。

---

1 SKEWES S. On the difference π(x) – Li(x)[J]. Journal of the London Mathematical Society, 1933, 8(4): 277-283.

2 SKEWES S. On the difference π(x) – Li(x) (II)[J]. Proceedings of the London Mathematical Society, 1955, 5(1): 48-70.

3 LITTLEWOOD J E. Sur la Distribution des Nombres Premiers[J]. Comptes Rendus, 1914, 158: 1869-1872.

4 MCGREGOR-DORSEY Z S. Methods of primality testing[J]. MIT Undergraduate Journal of Mathematics, 1999, 1: 134.

为了检测 n 的素性，分别使用集合 {2, 3, 4,⋯, n–1} 中的数来作为 a 的取值。如果其中一个满足 $a^{n-1}\neq1 \pmod n$，就可以知道 n 是合数。为了使运算稍微快一点，可以使用重复计算平方的方法来进行幂运算。

例 1： n=391

为了计算 2^{390} 模 391，使用 13.3 节中介绍的逐次平方技术。首先，需要计算关于 2 的不同幂次的幂模 391 得到的值：

$$2^2=4$$
$$2^4=16$$
$$2^8=256$$
$$2^{16}= 65\ 536 = 239 \pmod{391}$$
$$2^{32}= 57\ 121 = 35 \pmod{391} \tag{15-5}$$
$$2^{64}= 1\ 225 = 52 \pmod{391}$$
$$2^{128}= 2\ 704 = 358 \pmod{391}$$
$$2^{256}= 128\ 164 = 307 \pmod{391}$$

然后，从中选出合适的值相乘以获得所需的幂值：

$$2^{390}= 2^2\times2^4\times2^{128}\times2^{256} = 4\times16\times358\times307 = 7\ 033\ 984 = 285 \pmod{391} \tag{15-6}$$

由于 2^{390} 模 391 后并不是 1，可以推断出 391 并不是素数。

这个检测并不能告诉我们 391 的分解是什么。并且，它有时也并不有效！在检测算法中使用 2 作为底数比较方便，但这样并不能找到所有的合数。

例 2： $n = 341$

$2^{340} = 1 \pmod{341}$，所以我们不能立刻给出结论。然后，我们检查 $3^{340} \pmod{341}$，并得到结果为 56。现在，我们可以得出结论 341 是合数了。因为 341 可以逃过以 2 为底的检查，我们称 341 为"以 2 为底的伪素数"。以 3 为底可以测试出 341 为合数，但有时不管是以 2 为底还是以 3 为底都不能测试出是否为合数。

例 3： $n = 1\ 729$

在这个例子里，$2^{1\ 728} = 1 \pmod{1\ 729}$，所以我们不能立刻给出结论。然后，我们检查 $3^{1\ 728} \pmod{1\ 729}$，并同样得到结果为 1，我们仍然不能给出结论。继续试用其他与 1 729 互素的底，我们始终都会得到结果为 1。这些结果诱使我们推断 1 729 是素数。但是因为费马小定理并非"当且仅当"型的，这些结果并不能证明任何事情。实际上，1 729 并非素数，因为它存在分解 1 729=7×13×19。

使用比 1 729 小但同时并不与它互素的底可以证明 1 729 是合数，但是这种数里面蕴含着 1 729 的因子。如果我们需要先找到一个数的因子作为底才能证明它是合数，那么我们直接用试除法会更快。

如果一个合数 n 满足对于所有与 n 互素的 a 都有 $a^{n-1} = 1 \pmod n$，那么它被称作卡迈克尔数，这是为了纪念罗伯特·卡迈克尔（见图 15.1）。很多年来，如何确定卡迈克尔数的数量一直是一个公开问题，直到 1994 年，卡迈克尔数被证明有无穷多个[1]。卡迈克尔在 1910 年发现了前几个卡迈克尔数，它们分别是 561、1 105、1 729、2 465、2 821、6 601、8 911、10 585……

图 15.1　罗伯特·卡迈克尔（1879—1967）
（图片来源2：美国数学协会）

在 10^{21} 以内，只有 20 138 200 个卡迈克尔数。占整体的 0.000 000 000 002%[3]。因此，一个随机选取的数是卡迈克尔数的概率很小。尽管如此，我们仍然不希望使用一个在这些数上面产生错误结果的素性检测算法。

15.3　米勒—拉宾检测[4]

这是在 RSA 加密中最常用的大数的素性检测算法。为了检测 n 是否为素数，首先找到能够整除 $n-1$ 的最大的 2 的幂，将幂记为 t，并定义 $d=(n-1)/(2^t)$。显然有 $2^t d=n-1$，并且 d 为奇数。然后随机选取 $a<n$。如果 n 是素数且 a 与 n 互素，那么以下两者必有一个成立：

1. $a^d=1 \pmod n$；
2. 存在 $0 \leqslant s < t-1$，使 $a^{2^s d} = -1 \pmod n$。

1　ALFORD W R, GRANVILLE A, POMERANCE C. There are infinitely many Carmichael numbers[J]. Annals of Mathematics, 1994, 139(3): 703-722.

2　相关链接给出了美国数学协会自 1916 年到 2010 年的历届主席的照片，卡迈克尔是 1923 年的主席。

3　PINCH R G E. The Carmichael Numbers up to 10 21, 2007.

4　在 MathWorld 网站上，以及 Bruce Schneier 的书 Applied Cryptography 第二版的 259 页中，这个检测算法被称为 Rabin-Miller 检测。此外，Richard A. Mollin 还在算法命名中加了一个新的名字，并称其为 Miller-Rabin-Selfridge 检测。他解释说 John Selfridge 值得被铭记，因为他早在 Miller 发表测试算法之前的 1974 年已经使用了这个测试方法（见 MOLLIN R A. An Introduction to Cryptography[M]. Boca Raton, FL: Chapman & Hall/CRC, 2001: 191.）。如果想要避免使用人名来命名这个算法，也可以称其为"强伪素性检测"。但是无论怎么命名这个算法，关于这个算法的主要参考文献是 RABIN M O. Probabilistic algorithm for testing primality[J]. Journal of Number Theory, 1980, 12(1): 128-138.

如果两者均不成立，即可判断 n 不是素数。

已知对于所有的合数 n，至少有75%的可能选到的 a 在上述检测中可以检测出 n 是合数。在一个特定的底数下通过测试并不能证明 n 是素数，但是测试会使用不同的 a 重复多次。每次在不同的 a 值下通过测试可以看作独立事件，所以如果 n 是合数的话，它能连续通过 m 次测试的概率小于 $(1/4)^m$。因此，可以通过增加测试数量来降低这个概率至可忽略。

例4：因为在之前的检测算法中，$n = 1\ 729$ 会带来麻烦，所以使用新的测试算法来检测这个值。$N-1 = 1\ 728$，是 2^6 的倍数，但不是 2^7 的倍数，所以有 $t=6$。$1\ 728/2^6=27$，所以有 $d=27$ 并且有 $2^6 \times 27=n-1$。现在可以来检查上面的条件 1 了。令 $a=2$，通过计算 $a^d(\bmod n)$，可以得到：

$$2^{27}(\bmod 1729) = 645 \tag{15-7}$$

因为并没有得到 1，所以还需要考虑条件 2，并对 $0 \leqslant s < t-1=5$ 计算 $a^{2^s d}$。得到下面的结果：

s	$a^{2^s d} \ (\bmod n)$
0	645（在之前的步骤中已经计算过了）
2	1 065
3	1
4	1
5	1

$$\tag{15-8}$$

由此可知，并没有 $a^{2^s d} = -1(\bmod n)$，所以条件 2 也不满足。因为两个条件均不满足，所以 1 729 在米勒—拉宾检测中失败，它并不是素数。

因为可以保证存在合适的底数来检测出 n 是合数，所以如果 n 确实是合数，那么可以通过检测所有的比 n 小的底数来确定性地对 n 的素性进行检测。尽管如此，这种做法并不明智，因为算法的运行时间将很有可能超过使用试除法进行素性检测所需要的时间。因此，将米勒—拉宾检测当作概率性的检测算法。拉宾和米勒的照片分别如图 15.2 和图 15.3 所示。为什么拉宾在笑呢？可能是他能够预见未来的事情（详见图 15.2 注释）。

自然有人以找到可以通过素性检测的合数为乐，弗朗索瓦·阿尔诺就找到了可以通过计算机代数系统 ScratchPad 上所实现的米勒—拉宾检测的合数[1]。这些实现只会在很小一部分底上进行测试。通过所有检测的合数是 1 195 068 768 795 265 792 518 361 315 725 116 351 898 245 581。但是阿尔诺注意到，就在他发现这个特例之后 ScratchPad 被升级并被重命名为 Axiom。Axiom 不仅使用米勒—拉宾算法进行检测，并且可以识别出上面所说的数为合数。

1　ARNAULT F. Rabin-Miller primality test: composite numbers which pass it[J]. Mathematics of Computation, 1995, 64(209): 355-361.

图 15.2　迈克尔·拉宾（1931—）
拉宾与另外 2 名计算机科学家分享了 100 万美元的达
恩·戴维奖

图 15.3　加里·米勒

（新闻源自 SEAS, MICHAEL O. Rabin Wins Dan David Prize:
Computer Science Pioneer Shares $1 Million Prize for Outstanding
Achievements in the Field [press release]. Harvard School of
Engineering and Applied Science, February 16, 2010）

通过使用混合系统来找到所有的合数是一个很有趣的想法。也就是说，我们可以使用两个测试，每个都可能会漏掉一些特定的合数，但如果二者漏掉的合数没有重合，那么能够通过两个检测的就可以保证是素数了。

15.3.1　产生素数

在实际中，RSA 系统中使用的大素数通常是通过以下方式产生的：

1. 产生一个指定长度的随机比特串。通过固定第一比特为 1 来保证数的最小长度，并通过固定最后一个比特为 1 来确保数不是偶数（合数）；

2. 检查以确保数字并不能被小的素数整除（例如小于一百万的素数）；

3. 使用足够多轮数的米勒—拉宾检测，确保最后能通过检测的数是素数的概率非常接近 1。

接下来，我们来看一下一些能够确保结果正确的检测算法，这些算法被称作确定性检测。不像概率性检测那样，这些算法并不引入不确定性。但它们的缺点是不如米勒—拉宾检测那样快。

15.4　确定性素性检测

可以通过威尔逊定理进行确定性的素性检测。威尔逊定理描述如下：

令 n 为正整数，那么当且仅当 $(n - 1)! \equiv -1 \pmod{n}$ 时，n 为素数。

这个结论以英国数学家约翰·威尔逊（1741—1793）来命名，尽管他并不是第一个发现它的，也不是第一个发表它的，更不是第一个证明它的。这些工作分别由莱布尼茨·华林[1]和拉格朗日[2]完成。

尽管威尔逊定理非常优雅，但是并不能用于快速地检测素性。而概率性检测尽管并不太可靠，但是从时间花费上来看更加实用。

1983 年，伦纳德·阿德曼、卡尔·波默伦斯和罗伯特·拉姆利提出了一个确定性的素性检测算法，该算法在一段时间内曾是最快的确定性素性检测算法。它并不如米勒—拉宾素性检测快，但是它可以绝对地确保正确性[3]。另一个确定性检测算法由阿德曼与黄提出，该算法使用了椭圆曲线，但是相比于概率性检测，它的运行时间仍然是不可接受的。

15.4.1　AKS 素性检测 (2002)

最终，在 2002 年，第一个确定性多项式时间的素性检测算法由印度理工学院坎普尔分院的曼内拉·阿格拉瓦尔教授和他的两个学生尼拉杰·卡雅尔以及尼廷·塞克斯那发现（见图 15.4）[4]。两个学生在证明完成时已经是研究生了，但是大部分工作都是他们在本科生阶段完成的[5]。正如李维斯特、沙米尔和阿德曼所发明的加密方案以他们名字的首字母命名为了 RSA 方案，阿格拉瓦尔、卡雅尔和塞克斯那所发明的素性检测算法被命名为 AKS 算法（见图 15.5）。算法非常简单，但是仍需要解释里面用到的一些符号：

图 15.4　曼内拉·阿格拉瓦尔、尼拉杰·卡雅尔和尼廷·塞克斯那

1　WARING E. Meditationes Algebraicae[M]. Cambridge, UK: Cambridge University Press, 1770.

2　在 1773 年证明，事实引自 WEISSTEIN E W. Wilson's theorem, MathWorld.

3　ADLEMAN L, POMERANCE C, RUMELY R S. On distinguishing prime numbers from composite numbers[J]. Annals of Mathematics, 1983, 117(1): 173-206.

4　算法首先于 2002 年 8 月发布在网上，并在 2 年后的 2004 年 9 月正式发表。参考 AGRAWAL M, KAYAL N, SAXENA N. PRIMES is in P[J]. Annals of Mathematics, 2004, 160(2): 781-793.

5　AARONSON S. The Prime Facts: From Euclid to AKS, 2003.

输入：整数 $n > 1$

1. 如果存在 $a \in N$ 和 $b > 1$ 有 $n = a^b$，输出判断"合数"。
2. 找到最小满足 $O_r(n) > \log^2 n$ 的 r。
3. 如果存在 $a \leqslant r$ 有 $1 < (a, n) < n$，输出判断"合数"。
4. 如果 $n \leqslant r$，输出判断"素数"。
5. 对于 a 从 1 到 $\lfloor \sqrt{\varphi(r)} \log n \rfloor$ 取值并判断：

   如果 $((X + a)^n \neq X^n + a \pmod{X^r - 1, n})$，输出判断"合数"。
6. 输出判断"素数"。

图 15.5　AKS 算法

（来自 AGRAWAL M, et al. Annals of Mathematics, 2004, 160(2): 784. 图片使用已获许可）

- $O_r(n)$ 是 n 模 r 的阶，即满足 $n^k = 1 \pmod r$ 的最小 k；
- φ 是欧拉 phi 函数。
- log 代表以 2 为底的对数；
- $(\bmod\ X^r - 1, n)$ 代表除以多项式 $X^r - 1$ 之后的余数多项式将所有的系数模 n 之后的结果。

第 5 步使用了"新生求幂（Freshman Exponentiation）"。通常一个学生如果在考试中将 $(X + a)^n$ 按照 $X^n + a^n$ 展开，那么他会丢掉分数，但是如果他的计算在模素数 n 下完成，那么这样展开是正确的。实际上，如果 a 与 n 互素，就能进一步简化计算过程。在该情况下，根据费马小定理，有 $a^n = a \pmod n$。因此，当 n 为素数时，有 $(X + a)^n = X^n + a$，如果等式不成立，那么 n 必然为合数。进一步分析第 5 步发现，不仅需要模 n，还需要模 $X^r - 1$。这样做是为了加速运算过程，因为在不知道 n 是素数的情况下我们不能使用新生求幂来快速地展开 $(X + a)^n$。

例 5：$n = 77$

1. 这里不能将 n 用自然数 a 与整数 b 写成 a^b，因此不能在第一步得出结论。
2. 找到最小的满足 $O_r(n) > \log^2 n = (\log 77)^2 \approx (6.266\ 787)^2 \approx 39.27$ 的 r。

我们需要 77 模 r 的阶不小于 40。由于元素的阶整除群的阶，我们需要群中至少有 40 个元素。因为整数模 41 的乘法群正好有 40 个元素，所以从 $r = 41$ 开始，经计算发现 77 模 41 的阶为 41，所以 $r = 41$ 有效。

3. 接下来检查是否有 $a \leqslant r = 41$ 满足 $1 < (a, 77) < 77$。

当 $a = 7$（或一些其他数）时，第 3 步的条件成立，所以在第 3 步停止并且得出结论 77 是合数。测试可能看起来并不聪明，因为仅仅第 3 步本身所需的时间就比试除法要长，但是请记住这里仅仅是给出了一个小例子来说明检测算法的工作原理。对于我们感兴趣的大数来说，这个检测算法比试除法要快。

例 6：$n = 29$

1. 这里不能将 n 用自然数 a 与整数 b 写成 a^b，因此不能在第一步得出结论。

2. 找到最小的满足 $O_r(n) > \log^2 n = (\log 29)^2 \approx (4.857\,98)^2 \approx 23.6$ 的 r。

我们需要 29 模 r 的阶不小于 24。由于元素的阶整除群的阶，我们需要群中至少有 24 个元素。

我们发现 $r = 31$ 是最小可能的 r 的取值。因为整数模 31 的乘法群正好有 30 个元素，并且 29 模 31 的阶为 31。

3. 接下来检查是否有 $a \leqslant r = 31$ 满足 $1 < (a, 29) < 29$，结果显示并没有。

4. 由于 $n < r$，得知 n 是素数。

为了免于用一个新的例子来说明算法第 5 步是如何工作的，继续使用例 6，并且假设 $r=24$ 不超过 n[1]。

5. 第 5 步运行如下：

对于 a 从 1 到 $\lfloor \sqrt{\varphi(r)} \log n \rfloor$ 取值并判断：

如果 $((X+a)^2 \neq X^n + a \,(\mathrm{mod}\, X^r - 1, n))$，输出判断"合数"。

则有 $\varphi(r) = \varphi(24) = 8$，由于有 8 个小于 24 且与 24 互素的数（1，5，7，11，13，17，19，23）。

$$\lfloor \sqrt{24} \log(29) \rfloor = \lfloor \sqrt{24}\,(4.857\,98) \rfloor = 23 \quad [2] \tag{15-9}$$

接下来，进行最耗时的一步：对 $1 \leqslant a \leqslant 23$，检测是否有 $(X+a)^{29} = X^{29} + a \,(\mathrm{mod}\, X^{24} - 1, 29)$。

6. 最终到达第 6 步，得出结论 29 是素数。

奇怪的是，作为对密码学做出如此重大贡献的人，阿格拉瓦尔本人对密码学并不热衷：

密码学，复分析以及组合数学对我来说只是业余爱好。

我也希望我的业余爱好能做得和他一样好！

15.4.2　GIMPS

一些数的素性相比于其他的数更容易检测。形如 $2^n - 1$ 的梅森数在目前来看是最容易的。当 n 取某些值时，例如当 $n=2$ 或者 $n=3$ 时，$2^n - 1$ 为素数，则称这个素数为梅森素数。梅森数素性检测的简易性是最大的 9 个已知素数全部为梅森素数的主要原因之一。另一个原因是任何有电脑的人都可以通过下载一个程序来加入梅森数素性检测的队伍中去。这个程序是互联网梅森素数大搜索（Great Internet Mersenne Prime Search，GIMPS），它可以利用个人电脑的空闲资源来检测梅森数的素性。

1　我们在例 6 中不能令 $r=24$，因为整数模 24 的乘法群（剔除掉没有逆的元素之后）只包含了 8 个元素。

2　按照公式，此处似乎应为 $\lfloor \sqrt{8} \log(29) \rfloor = \lfloor \sqrt{8}\,(4.857\,98) \rfloor = 13$，译者注。

　　但是有特殊形式的素数并不适用于密码学应用。而且，并不是素数越大越安全。比如说，如果使用的 RSA 模数有 125 910 519 380 912 位，那么考虑到已知百万位素数如此少，攻击者需要多长时间来将它分解成两个素数呢？证明超级大数的素性往往并非出于实用的目的，而更多的是出于娱乐的目的。但如果你对找到破纪录的大素数不感兴趣，那么 10 万美金的奖励是不是更有趣一些呢[1]？

　　或许有史以来发现的最值钱的素数是 $2^{43112609} - 1$。当埃德森·史密斯在 2008 年第一次发现这个数学宝石时，它是第一个被发现的超过一千万位的素数，因此埃德森·史密斯获得了 10 万美金。因为他使用 GIMPS 所提供的软件来发现这个素数，所以他与 GIMPS 的参与者分享了这笔奖金。对于他自己的那部分，埃德森·史密斯将它捐献给了美国加州大学洛杉矶分校（UCLA）的数学系，这是因为他是使用这里的电脑来发现这个素数的。

15.5　复杂类 P 与 NP、概率性与确定性

　　显然，算法的运行时间不仅在素性检测时有影响，它的重要性还体现在方方面面。使用关于输入长度的函数来体现算法运行时间的方法首次由哈特马尼斯和斯特恩斯在 1965 年提出[2]。如果一个程序的运行时间在给定不同长度的输入时始终不变，那么就称其运行时间为常数。运行时间还可以是关于输入长度的线性函数、二次函数、三次函数等。高效的程序能够在多项式时间（阶为一次或其他）内解决问题，这意味着一个多项式函数可以作为输入长度的函数来估量运行时间，这样的问题被称为在复杂类 P（多项式时间）内。当然，一个问题可能有多种解法，而且并不是所有的解法都是高效的。对于有些问题来说，已知最好的解法的运行时间是关于输入长度的指数函数，这些问题被归在复杂类 EXP 内。我们关心的是一个问题能找到的最高效的解法。在本章的前几节，我们看到，直到 2002 年，第一个确定性多项式时间的素性检测算法才被提出。

　　如果一个问题的答案可以在多项式时间内被验证，那么称这个问题在复杂类 NP（非确定多项式）内。这个复杂类包含了复杂类 P，因为对于复杂类 P 里面的

1　CALDWELL C，HONAKER JR G L. Prime Curios! The Dictionary of Prime Number Trivia[M]. Seattle, WA: CreateSpace, 2009: 243.

2　HARTMANIS J, STEARNS R. On the computational complexity of algorithms[J]. Transactions of the American Mathematical Society, 1965, 117(5): 285-306.

问题，给定问题的一个"解"，可以简单地通过重新找到问题的解，并且将它与给定的"解"比对，来在多项式时间内检查解的正确性。但是许多在复杂类 NP 内的问题并不清楚是否属于复杂类 P。在 NP 这个名字中，有趣的是非确定性，这意味着算法就像概率性算法一样，可以进行猜测。这事实上是刚给出的定义的另一种表达方式。对于属于复杂类 NP 的问题，算法可以猜测所有的解并对它们在多项式时间内一一进行检查。但是，如果可能解的个数随着输入的大小增长得非常快，那么整个过程可能并不会在多项式时间内完成。

很多问题都有这样的特性：没有已知的多项式时间算法来解决问题，但是如果给定一个可能的解，那么可以在多项时间内检查解的正确性。例如，可能并没有多项式时间算法来解密一个密文，但是给定一个特定的密钥，可以快速地检查密钥的正确性。

一个问题称作是 NP 完全的，如果它在复杂类 NP 中，而且它存在一个多项式时间解法，就意味着每一个属于复杂类 NP 的问题都存在多项式时间的解法（即一个问题的解法可以推广到解决复杂类 NP 中的所有问题）。NP 完全复杂类（NP-complete）是在 1972 年被提出的[1]。

另一个相关的复杂类是 NP 困难复杂类（NP-hard）。这里面的问题与 NP-complete 类里面的问题类似，但是并不要求存在多项式时间的算法来验证结果的正确性（也就是不要求问题属于 NP 类）。所以复杂类 NP-hard 包含了 NP-complete。目前，在 NP-complete 类内有几千个已知的问题，下面给出一些例子。

1. 旅行推销员问题。假如一个旅行推销员想要开车经过美国的每一个州首府，那么最短的路径是怎样的呢？我们可以通过遍历所有的可能解来解决这一问题。如果允许推销员从任何一处开始，那么就有 50! 个可能的路径，所以尽管答案就在其中，我们却很难发现它。

2. 背包问题。背包问题（也被称为子集和问题）要求从一个给定的数的集合中选择部分数，并保证选择的数的和等于某个给定的值。例如，如果给定的集合是 $S = \{4, 8, 13, 17, 21, 33, 95, 104, 243, 311, 400, 620, 698, 805, 818, 912\}$，并且给定的值是 666，那么我们可以选择 $620 + 21 + 17 + 8$。问题也可能无解。在上述的例子里面，如果要求的值是 20，那么问题无解。然而，通过简单地找出 S 所有的子集并且检查每个子集中数的和，可以找到问题的解或确定问题无解。对于大的集合 S 来说，这种解法显然并不实用，因为 S 子集的数量随着 S 的大小呈指数增长（一个有 n 个元素的集合有 2^n 个子集）。这个问题的名字来源于一个假想的场景，在这个场景中，我们需要填满一个背包，给定的值是背包的容量，而集合中

1　KARP R M. Reducibility among combinatorial problems[C]// in MILLER R E, THATCHER J W, Eds., Complexity of Computer Computations, Plenum, New York, 1972: 85-103.

的数是可用物品的体积。

3. 哈密顿图问题。这个问题与第一个例子类似。假设推销员不允许从某些城市直接移动到另一些城市，例如，假设从哈里斯堡到安纳波利斯的高速公路是单向的。如果推销员想要从安纳波利斯移动到哈里斯堡，那么他需要借道别的首府。我们将在 20.3 节中更详细地介绍这个问题。

4. 解码线性编码。令 M 为一个 $m \times n$ 的 0,1 矩阵，令 y 为 n 维 0,1 向量，令 k 为正整数。那么问题来了：是否存在 m 维 0,1 向量 x，其 1 的个数不超过 k 个，且满足 $xG = y \pmod 2$[1]？罗伯特·麦克利斯基于这个问题在 1978 年给出了一个公钥密码系统[2]。

5. 俄罗斯方块。是的，这个令人上瘾的游戏是 NP-complete 的。3 个计算机科学家在 2002 年证明了它[3]。

一些 NP-complete 的问题存在一些很容易解的特殊情形，这并不影响问题的困难度。即便是一个问题的几乎所有的实例都可以快速地求解，这个问题仍然可以属于 NP-complete 类、NP-hard 类或者 EXP 类。复杂性理论考虑的是问题在最坏情况下求解的运行时间，而不是在平均情况或者最好情况下的运行时间。

不排除对于所有的复杂类 NP 内的问题都有多项式时间的求解算法的可能性，只是因为现在的数学家不够聪明，所以没有发现这些算法。作为支撑这种说法的证据：21 世纪之前，人们仍然不知道确定性素性检测问题是属于复杂类 P 的。然而，研究者普遍相信 P $\neq$ NP。

对 P $=$ NP 或者 P $\neq$ NP 的证明是计算机科学的圣杯。这个问题也是 7 个千禧年大奖难题之一，所以如果一个人可以给出通过同行评审的证明，那么他可以从美国克雷数学研究所获得 100 万美元的奖金。

会议是学习除本人专长外其他的数学知识的好地方。在 2008 年圣迭戈的联合数学大会上，我有幸听到了普林斯顿高等研究院的艾维·文德森在美国数学学会举办的"约西亚·威拉德·吉布斯讲座"上的报告。报告的题目为 "Randomness—A Computational Complexity View"，其主要结果似乎对复杂性理论的专家来说是众所周知的，但是对于我来说还是比较新鲜的。结果基于下面两个猜想。

1　TALBOT J, WELSH D. Complexity and Cryptography: An Introduction[M]. Cambridge, UK: Cambridge University Press, 2006: 162-163.

2　MCELIECE R J. A Public-Key Cryptosystem Based on Algebraic Coding Theory[R]. Deep Space Network Progress Report 42-44, Jet Propulsion Laboratory, California Institute of Technology, 1978: 114-116.

3　DEMAINE E D, HOHENBERGER S, LIBEN-NOWELL D. Tetris is hard, even to approximate[C]// in WARNOW T, ZHU B, Eds., Proceedings of the 9th Annual International Conference on Computing and Combinatorics (COCOON '03), Lecture Notes in Computer Science, Springer, New York, 2003, 2697: 351-363.

猜想 1：P ≠ NP，即一些 NP 问题需要指数的时间或者内存才能求解。这看起来很合理。因为目前有数以千计的 NP-complete 问题正被大量地研究，但并没有找到多项式时间的解。如果它们以及其他所有的 NP 问题确实存在多项式时间的解法，这将是令人惊讶的事情。

猜想 2：存在只能由概率性算法在多项式时间内求解，但是不能由确定性算法在多项式时间内求解的问题。同样，这个猜想看起来很合理。以素性检测为例，一开始，仅有的多项式时间素性检测算法是概率性的，很久之后才发现了确定性多项式时间的素性检测算法。但是这种事情若总能发生也是令人惊讶的。概率性检测应该在某些情况下运行地更快，毕竟它们不能提供一个确信的答案。

下面令人震惊的事情来了：可以证明上述两个猜想中有一个是错的[1]！　不幸的是，定理并没有告诉我们哪一个是错的。但如果让我猜两个猜想中哪一个是对的，我打赌是 P ≠ NP。如果真是这样的话，我们可以从猜想 2 的不正确中得到结论：概率性算法并不像它们看起来那么强大。

还有许多其他的复杂类，以上也并非对这个领域进行完整的综述，而只是介绍了和密码学相关的一些概念。

15.6　瑞夫·墨克的公钥系统

下面我们将要展示瑞夫·墨克（见图 15.6）发明的加密方案，方案基于一个 NP-complete 问题。但是我们首先来回顾一下墨克在本科阶段所做的关于密码学的工作。墨克于 1974 年的秋天，也就是他作为本科生的最后一个学期，选修了加州大学伯克利分校的 CS244 计算机安全课程。课程需要做一个项目，每个学生需要就这个项目提交两个提案，而这门课的老师会利用他的经验来引导学生。在第一个提案中，墨克提出了一个公钥密码方案，这在当时并没有人做过。在本书的前面，我们讨论了迪菲和赫尔曼的工作，但从历史的角度来说，他们的工作要更迟一些，墨克的工作才是第一个。图 15.7 展示了当年墨克提案的第一页，请留意在页面顶端老师的评语[2]。

1　IMPAGLIAZZO R, WIGDERSON A. P=BPP unless E has subexponential circuits: derandomizing the XOR lemma[C]// in Proceedings of the 29th ACM Symposium on Theory of Computing (STOC '97), El Paso, TX, 1997: 220-229.

2　提案全文请参考 MERKLE R C. Publishing a New Idea,这也是我们这里给出的第一页的来源。

图 15.6　瑞夫·墨克、马丁·赫尔曼和怀特福尔德·迪菲

```
                    Project 2 looks more reasonable, maybe
                    because your description Project 1 is huddled
C.S. 244            terribly. Talk to me about these today.
FALL 1974                                    Ralph Merkle

              Project Proposal
Topic:       Establishing secure communications between seperate
             secure sites over insecure communication lines.

Assumptions: No prior arrangements have been made between the two
             sites, and it is assumed that any information known
             at either site is known to the enemy.  The sites,
             however, are now secure, and any new information will
             not be divulged.

Method 1:    Guessing.  Both sites guess at keywords.  These
             guesses are one-way encrypted, and transmitted to the
             other site.  If both sites should chance to guess at
             the same keyword, this fact will be discovered when
             the encrypted versions are compared, and this keyword
             will then be used to establish a communications link.

Discussion:  No, I am not joking.  If the keyword space is of size
             N, then the probability that both sites will guess at
             a common keyword rapidly approaches one after the number
             of guesses exceeds sqrt(N).  Anyone listening in on the
             line must examine all N possibilities.  In more concrete
             terms, if the two sites can process 1000 guesses per
             second, and desire to establish a link in roughly 10
             seconds, then they can use a keword space of size
             N=10,000²=10⁸.  If the enemy is presumed to have
             a comprable technology, i.e., 1000 guesses/sec, then
             he can consider all 10⁸ possibilities in 10⁸/10³ seconds,
             or 10⁵ seconds, which is about one day.  As the
```

图 15.7　墨克提案的第一页

这个提案长达足足 6 页。与之相反，墨克的第二个项目提案只有 22 个单词，不包括最后一句话"此时，我不得不承认，我对参与这个项目的前景并不感到兴奋，并且只有在被催促的情况下才会开展这个项目"。

遵循着老师对他提案的负面反馈，墨克重写了这个提案，缩短并简化了它。他将重写后的版本给了老师看，但是仍然没能让对方相信它的价值。随后，墨克退掉了这门课，但是他并没有放弃他的想法。他把提案展示给另一个老师，那个老师鼓励他说："发表它，你将名利双收[1]！"

然后，在 1975 年 8 月，墨克向 ACM 通讯提交了一篇论文，但是其中一个审稿人写下了下面的意见[2]：

> 我很遗憾地通知您，这篇论文并不在当前密码学的主流研究之内，所以我并不认为它可以发表在 ACM 通讯上。

编辑在给墨克的拒绝信上又加了一句"她对全文没有任何参考文献感到厌恶[3]"。这篇论文本来就不应该有任何文献，因为这是一个全新的想法！就我个人而言，因为知道审稿人有时会在阅读一篇论文之前先看一下文章的引用列表，然后来判断作者是否"完成了他的家庭作业"，并将其纳入他们的决策中，我总是在文章后面加很多参考文献。

但是墨克并没有放弃，他修改了论文并最终（3 年之后）将它发表在了 ACM 通讯上[4]。彼时，墨克已经不是第一个在公钥密码学这个新领域内发表论文的人了，尽管他是第一个构思出方案、将方案写下来并且提交它的人。从这个故事中我们能学到什么教训呢？我认为有以下 3 点：

1. 本科生可以做出重大的贡献。我们已经在密码学的历史上多次见证了这一点；

2. 坚持不懈。如果墨克屈从于他的老师、审稿人、编辑的负面评价，那么他的发现永远不会为人所知；

3. 交流的技巧也很重要，即便是对于数学或者计算机科学的学生来说。如果你最终不能将你的想法传达给更迟钝的人，你在一个专题上的深入思考并不会为你带来好处。我认为写作技巧很重要，即使我认识的本科生并不都同意这个观点。墨克的老师最终意识到他拒绝了一个好主意，他把自己的错误归咎于"墨克晦涩的写作风格和他自己作为数学家的失败[5]"。

在墨克的系统里面，两个之前没有协商出共同密钥但是又希望在不安全信道

1　MERKLE R C. Publishing a New Idea.

2　同上。

3　同上。

4　最终发表的版本上有 7 篇参考文献。

5　LEVY S. Crypto: How the Code Rebels Beat the Government, Saving Privacy in the Digital Age[M]. Viking, 2001: 80. 让墨克也来承担他的错误看起来并不优雅。

上进行通信的人可以在不安全信道上协商出共同密钥。墨克将这两个人称为 X 和 Y（这是在爱丽丝和鲍勃问世之前）。X 向 Y 发送一组难题，这些难题可以是解密使用传统对称加密方案加密过的一组消息。墨克使用 DES 的前身 Lucifer 方案作为例子，可以通过（比如）只使用密钥的前 30 bit 而固定后面的部分来降低问题的难度。问题的难度需要被降低到接收者可以通过一定的努力来解决它。同时需要假设除了暴力搜索之外并没有其他更有效的方法来解决这些问题。

收到这样的 N 个问题后，Y 尝试去解决其中的一个。不管 Y 选择哪一个问题去解决，他解决问题所得到的明文都是一个唯一的问题标示号以及一个唯一的传统对称加密的密钥。接着，Y 将问题标示号发送给 X。X 之前已经记录下来他发送给 Y 所有的问题的答案——问题标示号与对应的密钥，所以他能够得知 Y 通过解决其中一个问题所得到的密钥。现在，X 和 Y 已经协商出一个密钥，并可以使用它在不安全的信道上进行安全的通信了。在这个过程中，信道的窃听者唯一获得的信息就是协商出密钥所对应的问题标示号，但是并不能得到密钥本身。当然，窃听者可以尝试通过解决所有的问题来恢复出密钥，但是如果 N 足够大的话，这并不实际。平均下来，窃听者需要解决一半的问题才能找到密钥。

墨克最终发表的论文上的 7 篇参考文献之一是 "Hiding Information and Receipts in Trap Door Knapsacks"，论文作者是墨克和赫尔曼。该论文发表在了期刊 IEEE Transactions on Information Theory 上。下面，我们将介绍这篇论文的思想。

15.7 背包加密

背包问题是属于复杂类 NP-complete 的，所以基于它构造密码方案应该是很可靠的。毕竟，RSA 方案取得了巨大的成功，而它所基于的因子分解问题，尽管被广泛接受是困难的，并没有被证明是属于复杂类 NP-complete 的。一个有更坚实基础的系统在使用起来可能会给使用者带来更多的信心，但是如何来构造它呢？墨克和赫尔曼在上面提到的他们在 1978 年发表的的论文中给出了细节。下面我们给出他们的构造，我们将使用之前在 NP-complete 问题举例说明时使用的背包实例作为例子：

$S = \{4, 8, 13, 17, 21, 33, 95, 104, 243, 311, 400, 620, 698, 805, 818, 912\}$

给定 S 的一个子集，其中元素的和是很容易计算的，但是反过来问题似乎是很难解的（应该不在复杂类 P 里面），所以我们可以将它当作一个单向函数来使用。

在这个例子里面，S 有 16 个元素。我们可以使用 16 bit 的字符串来表示子集，例如，0000000000010100 代表 620 + 805 = 1425。定义函数 f，以这样的字符串为输入，并且输出字符串对应的子集和，则有 $f(0000000000010100) = 1\,425$。

现在，假设我们希望传输消息 HELP IS ON THE WAY，我们可以先将每个字母转换成 ASCII 码，然后分成 16 bit 的块进行编码[1]。当然，这只是用了一种高级的方式来实现了"双字母替换"（因为每个字符是用 8 bit 来表示的），并且这也不是公钥密码系统。此外，我们需要小心。有没有可能对 1 425 有超过一个的解？如果这样的话，解码可能不唯一，那么解密者需要在解密后再做选择。这个问题可以通过小心地选取 S 来解决。关键点是通过选取合适的 S 中的元素，使得当它们按照从小到大排列之后，每个元素都会超过前面所有的元素的和[2]。然而，这会破坏函数的单向性。尽管现在每个通过对 S 的子集求和得到的数只有一个解，但这个解很容易就可以求出来，我们可以简单地使用贪心算法来求解：首先找到 S 中不超过给定数的最大的元素，然后从给定数中减掉这个数，之后循环这个过程多次直到得到 0。

幸运的是，可以通过一些手段来伪装我们的背包使攻击者不能简单地使用这种简单的方法来获得优势。首先为背包中的每一个元素乘以一个数 m，然后将结果模 n。模数 n 需要超过 S 中所有元素的和，并且 m 和 n 应该互素以保证 m^{-1} 模 n 是存在的。经过伪装之后的背包被用作公钥，并按照上面方法使用。私钥是 m^{-1} 和 n。m 也需要一并隐藏，但是它在解密时并不会被用到。解密时，解密者对每一个块乘以 m^{-1} 并模 n，然后对这个值使用对原来超递增背包有效的快速算法来解背包问题。他得到的结果对使用伪装背包传送过来的值同样有效，所以通过这种方法可以得到所需的明文。

例 7

首先产生一个超递增背包：

$S = \{5, 7, 15, 31, 72, 139, 274, 560, 1\,659, 3\,301,$

$6\,614, 13\,248, 26\,488, 53\,024, 106\,152\,, 225\,872\}$

背包中元素的和是 437 461。因为 n 需要超过这个和，所以取 $n=462\,193$。然后取一个和 n 互素的 m，例如 $m = 316\,929$。通过对背包中的每个元素乘以 m 然后模 n，得到了一个伪装背包：

$mS = \{198\,066, 369\,731, 132\,005, 118\,746, 171\,431, 144\,796, 408\,455, 460\,321,$

$271\,770, 239\,870, 123\,151, 114\,180, 3\,893, 430\,202, 80\,931, 10\,862\}$

接下来通过使用下面的密钥随机地打乱背包的顺序来进一步伪装背包：

10, 7, 14, 2, 8, 5, 16, 11, 9, 6, 15, 12, 1, 3, 4, 13

1　为了理解下面的内容，你只需要知道 ASCII 码为每个字符分配值，并且为大写字母分配的值分别是 A = 65，B = 66，C = 67，…，Z = 90。这些值也可以转化成二进制的值。

2　这个集合的技术术语是超递增集合。

结果是：

mS={239 870, 408 455, 430 202, 369 731, 460 321, 171 431, 10 862, 123 151, 271 770, 144 796, 80 931, 114 180, 198 066, 132 005, 118 746, 3 893}

现在我们可以将集合 mS 中的元素以及模数 n 公开，以便于任何人都可以加密，但是如果解密的话，则需要 m^{-1} (mod n)。如 13.3 节所说，我们可以通过使用欧几里得算法来找到这个数，即 m^{-1}=304 178。

如果有人想要发送消息 WELL DONE，那么他需要对每对字母分别进行加密。第一对字母 WE 分别使用 ASCII 码 87 和 69 表示，转化成二进制分别是 01010111 和 01000101，将所有的 16 bit 合起来得到字符串 0101011101000101。该字符串中 1 的位置标示了需要加和的值在打乱顺序的背包 mS 中的位置，即需要对第 2、4、6、7、8、10、14 以及第 16 个值进行加和，并得到：

408 455 + 369 731 + 171 431 + 10 862 + 123 151 + 144 796 + 132 005 + 3 893 = 1 364 324

将这个结果模 n = 462 193，则得到 439 938 作为最终密文 C。消息的其他字母对可以用相同的方法进行加密。

收到密文之后，解密者首先对密文的第一部分乘以 m^{-1} (mod n)：

$m^{-1}C$ = 304 178×439 938 = 133 819 460 964 = 259 481 (mod n)

其中 n = 462 193

接下来，解密者使用原来的背包：

S={5, 7, 15, 31, 72, 139, 274, 560, 1 659, 3 301, 6 614, 13 248, 26 488, 53 024, 106 152, 225 872}

用贪心算法来找到背包中加和为 259 481 的值。首先，需要找到背包中最大的不超过 259 481 的值；当找到之后，就从 259 481 中减掉这个数，然后用差作为目标值重复上面的查找过程；最后，得到：

259 481 = 225 872 + 26 488 + 6 614 + 274 + 139 + 72 + 15 + 7

因为伪装背包的元素顺序被打乱过，解密者也需要用同样的方式打乱秘密背包中元素的顺序：

S={3 301, 274, 53 024, 7, 560, 72, 225 872, 6 614, 1 659, 139, 106 152, 13 248, 5, 15, 31, 26 488}

现在，背包中用于加和得到 259 481 的元素分别位于位置 7、16、8、2、10、6、14 和 4。通过对它们进行排序，解密者得到 2、4、6、7、8、10、14 和 16，然后它可以通过在这些位置上置 1 得到一个 16 bit 的数 0101011101000101。将这个数分成两个字节，转化成十进制数，看作 ASCII 码，并找到对应的字母，解密者得到 01010111 01000101 = 8 769 = WE。

所以，现在我们有了一个基于 NP-complete 问题的公钥密码系统，但是我们还不能过于自信。如我们之前所说，一个聪明的密码分析算法可以找到绕过底层困难问题的攻击方法。实际上，这里的密码方案也有这个问题。显然，如果攻击者将伪装背包乘以 m^{-1} 并将结果模 n，那么它将可以和预定的解密者一样解出明文消息。这是我们需要保密 m^{-1} 和 n 的原因。然而，并不是只有找到 m^{-1} 和 n 才能攻破方案。事实证明，任何可以将背包变成超递增背包的乘数和模都可以用来攻破方案。攻击者甚至可以在得到公钥后，而不是得到密文后就能进行攻击。一旦他能够恢复出一个超递增背包（不必是解密者拥有的那个秘密超递增背包），他就可以解密所有使用公钥加密得到的密文。

即便是上述攻击不能成功，方案仍然存在一个严重的缺陷。攻击者可以简单地将所有可能的 16 bit 数加密并将结果保存，然后他可以通过查表的方式恢复出密文所对应的明文。通过使用足够大的背包（也就是足够长的加密消息块）可以避免这种针对明文空间的暴力攻击。然而，上面的攻击仍然存在。

这个故事的寓意就是：建立在安全基础上的密码系统并不一定安全。多年以来，各种各样的基于背包的密码方案不断地被提出然后被攻破。这种情况也发生在一些其他的密码系统身上，如矩阵加密。当一个密码系统经过多次的攻破与重新修补，大部分密码学家都会认为这个系统存在严重的缺陷，很难正常的工作，从而失去对其进行进一步研究的兴趣。

15.8　盖莫尔（Elgamal）加密

1985 年，塔希尔·盖莫尔[1]（见图 15.8），一个出生于埃及的美国密码学家，基于求解离散对数问题的困难性（见 13.2 节）构造了盖莫尔公钥加密方案。我们将会使用爱丽丝（Alice）和鲍勃（Bob）来演示盖莫尔方案是如何运行的。

首先 Alice，选取一个大素数 p 以及模 p 乘法群的一个原根 g（原根指群中有最大可能阶的元素），并对该元素使用连续的幂值（$g, g^2, \cdots$）模 p 进行运算直到计算结果为 1，

图 15.8　塔希尔·盖莫尔（1955—）

（图片来自 MALKEVITCH J. Mathematics and Internet Security, American Mathematical Society. 感谢塔希尔·盖莫尔博士）

1　在其他的文献中，你可能会看到 Elgamal 也被拼写成 El Gamal 或 ElGamal。在本文中，我们使用了和盖莫尔本人一致的拼写方法。

可以得到所有的群元素。所以，我们有时候会将原根称为生成元。这也是为什么我们使用小写字母 g 来表示它。接着，她选取一个私钥 a 并计算 $A = g^a \pmod{p}$。她将 g、p 和 A 公开，并自己保存密钥 a。

Bob 希望向 Alice 发送消息 M，首先，他需要将消息转化成 2 到 p 之间的一个数。如果消息过长，那么就将消息分成多组。接下来，Bob 选择一个密钥 $k \pmod{p}$ 并计算 $C_1 = g^k \pmod{p}$ 和 $C_2 = MA^k \pmod{p}$。然后，他向 Alice 发送 C_1 和 C_2。可以看到，这个方案的一个缺点是密文是明文的两倍长。

为了恢复消息 M，Alice 计算 $x = C_1^a \pmod{p}$。之后，她可以使用 13.3 节介绍的欧几里得算法计算 x^{-1}。

最后，Alice 计算 $x^{-1}C_2 \pmod{p}$ 得到消息，因为：

$$x^{-1}C_2 = (C_1^a)^{-1}C_2 = (g^{ak})^{-1}MA^k = (g^{ak})^{-1}M(g^a)^k = M(g^{ak})^{-1}g^{ak} = M \quad (15\text{-}10)$$

方案的安全性依赖于攻击者在给定 g、p 和 $A = g^a \pmod{p}$ 时无法找到 a 的值，也就是离散对数问题。

例 8

我们可以使用素数 $p = 2\,687$ 和它的原根 $g = 22$ 来作为示例。如果 Alice 的私钥是 $a = 17$，她需要计算 $A = g^a \pmod{p}$，也就是 $22^{17} = 824 \pmod{2\,687}$。然后，她公开 p、g 和 A。如果 Bob 想要向 Alice 发送简短的消息 HI，他需要先将它转换成数字。我们可以简单地按照 A = 0, B = 1, …, Z = 25 来将字母转换成数字，但使用 ASCII 码或其他的方法也可以。转换后的数字是 0708，或是 708。然后 Bob 随机地选取他的密钥 $k = 28$，并计算：

$$C_1 = g^k \pmod{p} = 22^{28} \pmod{2\,687} = 55 \quad (15\text{-}11)$$

和

$$C_2 = MA^k \pmod{p} = 708 \times 824^{28} \pmod{2\,687} = 1\,601$$

Bob 向 Alice 发送 55 和 1 601。为了解密，Alice 首先计算 $x = C_1^a \pmod{p} = 55^{17} \pmod{2687} = 841$。通过使用欧几里得算法，她计算出 841 模 2 687 的乘法逆元 2 048。然后，她计算 $x^{-1}C_2 \pmod{p} = 2\,048 \times 1\,601 \pmod{2\,687} = 708$，并将它按照我们的编码方法转化成 HI。

基于一个困难的问题来构造密码系统并不是本节才提到的新方法。我们之前已经介绍过一个基于因子分解问题困难性的密码方案——RSA 方案。回想一下，RSA 方案是基于因子分解问题的，但是我们并不知道攻破方案与解决问题的困难性是否等价。同时，我们也不知道因子分解问题是否是 NP-complete 的。可能，它像素性检测问题一样，是属于复杂类 P 的。同样的情况也发生在离散对数问题上。我们并不知道问题是属于 P 的还是属于 NP-complete 的。在本节提到的密码方案中，只有墨克—赫尔曼方案和麦克尔利斯方案（在前面简单地提到了）是基于已知的 NP-complete 问题构造的。

图 15.9 所示为公钥密码学领域内关键人物的照片。

图 15.9　这些人都在这了！从左至右依次为阿迪·沙米尔、罗纳德·李维斯特、伦纳德·阿德曼、瑞夫·墨克、马丁·赫尔曼和怀特福尔德·迪菲。请注意，这些密码学的全明星都没有系领带。真正重要的是你脑子里想的是什么

（图片由伊莱·比哈姆提供，摄于 2000 年 8 月 21 日一个 IACR 会议现场。右下角的 21 是日期戳的一部分，其中大部分在复制时被裁剪掉了）

参考文献和进阶阅读

关于素数和素性检测

AARONSON S. The Prime Facts: From Euclid to AKS, 2003. 这篇文献很好地提供了 AKS 算法工作原理的背景知识。

ADLEMAN L M, POMERANCE C, RUMELY R S. On distinguishing prime numbers from composite numbers[J]. Annals of Mathematics, 1983, 117(1): 173-206.

AGRAWAL M, KAYAL N, SAXENA N. PRIMES is in P[J]. Annals of Mathematics, 2004, 160(2): 781-793.

BORNEMANN F. PRIMES is in P: A Breakthrough for "Everyman"[J]. Notices of the AMS, 2003, 50(5): 545-552.

BRESSOUD D M. Factorization and Primality Testing[M]. New York: Springer, 1989.

CALDWELL C, HONAKER JR G L. Prime Curios! The Dictionary of Prime Number Trivia[M]. Seattle, WA: CreateSpace, 2009.

CARMICHAEL R D. Note on a new number theory function[J]. Bulletin of the American Mathematical Society, 1910, 16(5): 232-238.

GRANTHAM J. Frobenius pseudoprimes[J]. Mathematics of Computation, 2001, 70(234): 873-891. 这篇文献提供了一个比 Miller-Rabin 算法更慢但是对于每个随机的底以更小的概率漏判合数的算法。

GRANVILLE A. It is easy to determine whether a given integer is prime[J]. Bulletin of the American Mathematical Society, 2005, 42(1): 3-38.

KRANAKIS E. Primality and Cryptography[M]. Chichester: John Wiley & Sons, 1986. Kranakis 在本文中详细地介绍了这里没有提到的几种素性检测算法。他还讨论了伪随机生成器、RSA 方案和 Merkle-Hellman 背包方案。

MCGREGOR-DORSEY Z S. Methods of primality testing[J]. MIT Undergraduate Journal of Mathematics, 1999, 1: 133-141.

MILLER G L. Riemann's hypothesis and tests for primality[J]. Journal of Computer and System Sciences, 1976, 13(3): 300-317.

RABIN M O. Probabilistic algorithm for testing primality[J]. Journal of Number Theory, 1980, 12(1): 128-138.

RAMACHANDRAN R. A prime solution[J]. Frontline, 2002, 19(17): 17-30. 这是一个关于 AKS 素性检测算法和它背后的故事的很受欢迎的作品。

RIBENBOIM P. The Book of Prime Number Records[M]. 2nd ed., New York: Springer, 1989.

RIBENBOIM P. The Little Book of Big Primes[M]. New York: Springer, 1991. 这是 The Book of Prime Number Records 这本书的缩减版。

RIBENBOIM P. The New Book of Prime Number Records[M]. New York: Springer, 1996. 这是 The Book of Prime Number Records 这本书的升级版。

RIBENBOIM P. The Little Book of Bigger Primes[M]. 2nd ed., New York: Springer, 2004. 这是 The New Book of Prime Number Records 这本书的缩减版。

ROBINSON S. Researchers devise fast deterministic algorithm for primality testing[J]. SIAM News, 2002, 35(7): 1-2.

下面的书将各自对应的中括号里的数作为第一个素数。还有人继续这个序列吗？

[1] The 1986 Information Please Almanac[M]. 39th ed., Boston: Houghton Mifflin: 430.

[2] RIBENBOIM P. The New Book of Prime Number Records[M]. New York: Springer, 1996: 513.

[3] GARRETT P. Making, Breaking Codes: An Introduction to Cryptology[M]. Upper Saddle River, NJ: Prentice Hall, 2001: 509.

想要更多的素数？下面的书认为各自对应的括号里的数也是素数。

[4] POSAMENTIER A S, LEHMANN I. The (Fabulous) Fibonacci Numbers[M]. NY: Prometheus Books, Amherst, 2007: 333. 不考虑笔误的话，这是一本很好的书。

[27] KING S. Dreamcatcher[M]. New York: Scribner, 2001: 211.

关于复杂性理论

FORTNOW L, HOMER S. A Short History of Computational Complexity, 2002.

GAREY M R, JOHNSON D S. Computers and Intractability: A Guide to the Theory of NP-Completeness[M]. New York: W.H. Freeman, 1979. 这本书中列举了超过 300 个 NP-完全问题。

HARTMANIS J, STEARNS R. On the computational complexity of algorithms[J]. Transactions of the American Mathematical Society, 1965, 117(5): 285-306. 复杂性理论由此开始！

TALBOT J, WELSH D. Complexity and Cryptography an Introduction[M]. Cambridge: Cambridge University Press, 2006.

关于俄罗斯方块

BREUKELAAR R, DEMAINE E D, HOHENBERGER S, et al. Tetris is hard, even to approximate[J]. International Journal of Computational Geometry and Applications, 2004, 14(1): 41-68.

DEMAINE E D, HOHENBERGER S, LIBEN-NOWELL D. Tetris is hard, even to approximate[C]// in WARNOW T, ZHU B, Eds., Proceedings of the 9th Annual International Conference on Computing and Combinatorics (COCOON '03), Lecture Notes in Computer Science, Springer, New York, 2003, 2697: 351-363.

PETERSON I. Tetris Is Hard[M]. Washington, DC: Mathematical Association of America, 2002.

关于麦克利斯方案

CHABAUD F. On the security of some cryptosystems based on error-correcting codes[C]// in DE SANTIS A, Ed., Advances in Cryptology: EUROCRYPT '94 Proceedings, Lecture Notes in Computer Science, Springer, Berlin, 1995, 950: 131-139.

MCELIECE R J. A Public-Key Cryptosystem Based on Algebraic Coding Theory[R]. Deep Space Network Progress Report 42-44, Jet Propulsion Laboratory, California Institute of Technology, 1978: 114-116.

关于拉尔夫·默克尔和背包加密（和马丁·赫尔曼一起提出）

CHOR B, RIVEST R. A knapsack-type public-key cryptosystem based on arithmetic in finite fields[C]// in BLAKLEY G R, CHAUM D, Eds., Advances in Cryptology: CRYPTO '84 Proceedings, Lecture Notes in Computer Science, Springer, Berlin, 1985,196: 54-65.

CHOR B, RIVEST R. A knapsack-type public-key cryptosystem based on arithmetic in finite fields[J]. IEEE Transactions on Information Theory, 1988, 34(5): 901-909.

HELLMAN M E. The mathematics of public-key cryptography[J]. Scientific American, 1979, 241(2): 146-157.

HELLMAN M E, MERKLE R C. Hiding information and signatures in trapdoor knapsacks[J]. IEEE Transactions on Information Theory, 1978, 24(5): 525-530. 提出背包加密.

LENSTRA JR H W. On the Chor-Rivest knapsack cryptosystem[J]. Journal of Cryptology, 1991, 3(3): 149-155.

MERKLE R. Secure communication over insecure channels[J]. Communications of the ACM, 1978, 21(4): 294-299.

MERKLE R. Home Page[EB]. 这个页面包含了关于默克尔如何发现公钥加密以及这个世界是如何反应的完整叙述。

SHAMIR A. Embedding Cryptographic Trapdoors in Arbitrary Knapsack Systems[D]. Cambridge, MA: MIT/ LCS/TM-230, Massachusetts Institute of Technology, Laboratory for Computer Science, 1982.

SHAMIR A. A polynomial time algorithm for breaking the basic Merkle-Hellman cryptosystem[C]// in Proceedings of the 23rd Annual Symposium on Foundations of Computer Science (FOCS 1982), November 3-5, 1982, Chicago, IL, 1982: 145-152.

SHAMIR A. A polynomial time algorithm for breaking the basic Merkle-Hellman cryptosystem[C]// in CHAUM D, RIVEST R L, SHERMAN A.T, Eds., Advances in Cryptology: CRYPTO '82 Proceedings, Plenum Press, New York, 1983: 279-288.

SHAMIR A. A polynomial-time algorithm for breaking the basic Merkle-Hellman cryptosystem[J]. IEEE Transactions on Information Theory, 1984, IT-30(5):

699-704.

VAUDENAY S. Cryptanalysis of the Chor-Rivest cryptosystem[J]. Journal of Cryptology, 2001, 14(2): 87-100.

关于盖莫尔

ELGAMAL T. A public key cryptosystem and a signature scheme based on discrete logarithms[C]// in BLAKLEY G R, CHAUM D, Eds., Advances in Cryptology: CRYPTO '84 Proceedings, Lecture Notes in Computer Science, Springer, Berlin, 1985: 10-18.

ELGAMAL T. A public key cryptosystem and a signature scheme based on discrete logarithms[J]. IEEE Transactions on Information Theory, 1985, 31(4): 469-472.

第16章

认证性

在很多情形下，我们希望能够确信一个消息是由所期望的发送者那里产生并发出的。这便涉及消息认证——一个由来已久的问题。

16.1 来自于第二次世界大战的问题

二战期间，德国秘密人员在荷兰抓捕了特别行动局（SOE）的特工，强迫他们继续给上级发消息，以显示没有发生什么事情。这些消息中有一部分是请求更多物资的，这些物资一旦发出，就会被纳粹分子所用。

幸运的是，一个特工发出的每个消息要包含特定安全检查标记，它们是随日期的变化而改变的函数，由特定类型的有意错误及插入的特殊数字组成。不幸的是，那些没有被捕的特工有时候会忘记写上这些安全检查标记。因此，被捕的特工按规定故意省略这些信息时，总部有时会认为特工太粗心，无意识地疏忽了它们。事实上，以上谈论的情况中，这些物资的确被送出并为纳粹分子所用。然而，这样的欺骗不会永远持续下去。当敌人发现表演被识破时，他们发来一封简短的致谢信[1]：

非常感谢您们能送来这么多军火装备,也很感谢给我们这么多关于您们计划和意图的温馨提示,对此我们已经仔细地记录下来了。如果您们担心您们送来的"访客"的安全,大可放心,他们会得到他们应有的对待。

除了上面提到的安全检查外，还可以通过其他方式验证发送者身份。就像你可以在电话里辨别出一个朋友的声音，每个报务员都有可以被其他报务员识别的风格，这可称为报务员的"笔迹"（见图16.1和图16.2为图像描述）。纳粹分子和英国人都知道这些。就像一个老练的模仿演员可以通过声音模仿欺骗你，让你以

---

1 MARKS L. Between Silk and Cyanide: A Codemaker's War, 1941-1945[M]. New York: Free Press, 1998: 522.

为他是别人，一个报务员也可以模仿别人的"笔迹"。纳粹分子在这方面很成功，但是笔迹也用来对付他们，通过每个无线电操作员的"笔迹"，纳粹德国的 U 型潜艇被追踪。当今世界，即使是和平年代，对于发送者身份的确定依然至关重要。现在我们看一下解决这个问题的一些现代方法。

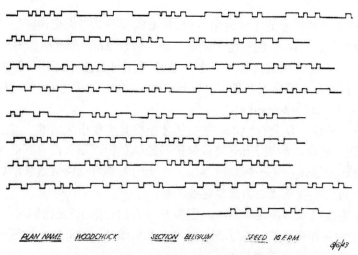

图 16.1 每一条代表一种发送相同字母和数字的截然不同的"笔迹"

（LORAIN P. Clandestine Operations: The Arms and Techniques of the Resistance 1941-1944 [M]. 大卫·卡恩,译, New York: Macmillan, 1983: 169）

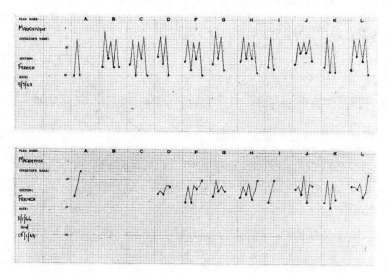

图 16.2 在另一个接线员的帮助下，这个特工的风格发生变化

（LORAIN P. Clandestine Operations: The Arms and Techniques of the Resistance 1941-1944 [M]. 大卫·卡恩, 译, New York: Macmillan, 1983: 170）

16.2 数字签名及一些攻击

在第 13.3 节我们看到了如何用 RSA 加密实现不能当面交换密钥的两个个体之间的安全对话。RSA 也能被用来验证身份。假设 Alice 想要确保 Bob 能够判断她要发送给 Bob 的消息确实来源于她，Alice 使用自己的私钥而不是 Bob 的公钥来对消息进行加密。接收到消息 $C=M^d \pmod n$ 后，Bob 使用 Alice 的公钥即可恢复出消息 $C^e=(M^d)^e=M^{ed}=M\pmod n$。

构造一个消息，使只有 Alice 的公钥才能将其恢复出来的唯一方法，是使用 Alice 的私钥。因此，如果 Alice 可以保护好她的私钥，那么没有其他人可以发送这样的消息。但是缺点是任何知道 Alice 公钥的人都可以读取这条消息。例如，窃听者 Eve 可以不费吹飞之力恢复这条消息。

有一个方法可以解决这个困境。因为 Bob 有自己的 RSA 密钥对，Alice 可以用 Bob 的公钥再加密一次。为了表达清晰，我们给 Alice 和 Bob 的密钥加上了下标 a 和 b。Alice 会发送的消息如下：

$$\left(M^{d_a}(\bmod n_a)\right)^{e_b}(\bmod n_b) \tag{16-1}$$

现在 Bob 需要用两倍的工作量才可以恢复出消息，但是他是唯一能够这么做的人，而 Alice 是唯一一个可以发送这个消息的人。Bob 首先使用自己的私钥，然后再用上 Alice 的公钥，就可以读取这条消息了。

雅达利（Atari，美国电子游戏机厂商）使用 RSA "作为其视频游戏磁带保护方案的基础，只有用公司公钥签名过的磁带才能在公司的视频游戏机上工作[1]"。RSA 的签名功能使其更加有用，但也出现了第 14 章没有讨论过的攻击。

16.2.1 攻击 12：选择密文攻击

如果一个密文 $C = M^e \pmod n$ 被截获，而且截获者能够从所选的密文 $C' = Cr^e \pmod n$ 恢复出相应的明文，其中 r 是随机数。之后他可以用以下方式求出 M。先从 C' 的明文着手：

$$(C')^d = (Cr^e)^d = (M^e r^e)^d = ((Mr)^e)^d = (Mr)^{ed} = (Mr)^1 = Mr \tag{16-2}$$

由于这个结果是 r 的倍数，r 的值是窃听者随机选择的，他只需要乘上 r 的逆便可得到 M。

---

1 GARFINKEL S. PGP: Pretty Good Privacy [M]. Sebastopol, CA: O'Reilly & Associates, 1995: 95.

攻击者如何得到密文 C' 的相应明文？很简单——把它发给构造 C 的人即可。这个消息看起来就像其他合法的加密信息，所以接收者就会计算它的 d 次方来查看明文。翻译出的将是乱码，但是接收者或许会很单纯地以为是传送装置有问题导致了混乱。攻击者要做的仅是获得这个"解密"消息。

第 14 章首先考查的对 RSA 的攻击是共模攻击，现在，因为 RSA 签名功能的出现，开始了对它的进一步研究。1984 年，约翰·M·德劳伦蒂斯做了这样的工作，在一篇文章里他展示出，一个内部人员可能会比窃听者造成更大的威胁。这个内部人员可以像 Eve 一样读取 M，而且能完全破译系统、查看所有的消息、使用任何人的密钥签名[1]。

16.2.2　攻击 13：针对共模问题的内部因子分解攻击

假设 Mallet 是内部工作人员，用 e_M 和 d_M 分别表示他的加密、解密指数。他的模数，也是其他所有用户持有的，记为 n。Mallet 可以把他的两个指数相乘再减 1，然后通过提取出 2 的最高次幂的因子，从而分解这个数，得到：

$$(e_M)(d_M)-1=2^k s \tag{16-3}$$

其中，s 是个整数，且一定是奇数。

Mallet 之后要随机选择一个整数 a，满足 $1<a<n-1$。如果 a 和 n 有一个比 1 大的公因子，使用欧几里得算法就可以找到它，并且它将会是用来生成 n 的两个素数（p 和 q）中的一个。知道了 n 的因式分解，Mallet 就可以确定出系统中任何人的私钥。因此，假设 a 和 n 互素。

如果 Mallet 可以找到一个 x 的值，使其满足 $x^2=1(\bmod n)$ 且 $x\neq\pm 1$，他可以通过写成 $x^2-1=0(\bmod\ n)$ 和 $(x-1)(x+1)=0(\bmod\ n)$，用 x 来分解 n。n 的素因子将会由 $\gcd(x-1, n)$ 或 $\gcd(x+1, n)$ 提供。我们会再回到这个思路上，但是之前我们先观察几个现象。

因为 $(e_M)(d_M)=1(\bmod\varphi(n))$，很明显，我们可以得到 $(e_M)(d_M)-1=0(\bmod\varphi(n))$。Mallet 可以把恒等式 $e_M d_M-1=2^k s$ 代入最后一个公式中得到 $2^k s=0(\bmod\varphi(n))$。换句话说，$2^k s$ 是 $\varphi(n)$ 的一个倍数。因此，有：

$$a^{2^k s} = 1(\bmod n) \tag{16-4}$$

可能有一个更小的非负整数可以代替 k 且使等式继续保持成立。用 $k'>0$ 表示最小的这样的数，然后可得：

$$a^{2^{k'} s} = 1(\bmod n) \tag{16-5}$$

1　DELAURENTIS J M. A further weakness in the common modulus protocol for the RSA cryptosystem[J]. Cryptologia, 1984, 8(3): 253-259.

所以，有：

$$(a^{2^{k-1}s})^2 = 1 \pmod n \tag{16-6}$$

因此，Mallet 得到了期望的值 x，表示为以下形式：

$$a^{2^{k-1}s} \tag{16-7}$$

他可能很不幸，得到：

$$a^{2^{k-1}s} = -1 \pmod n$$

这种情况下，它是 $1 \pmod n$ 的一个平方根，但是对于分解 n 没有用。德劳伦蒂斯表明，最多有一半的可能会发生。所以，如果 Mallet 不走运，他可以随便选择另一个底数 a，然后再试一次。一旦 n 被分解，Mallet 可以轻松地生成所有的私钥。

像米勒—罗宾素性测试一样，这是一个概率攻击，但是德劳伦蒂斯进一步展示了，如果黎曼猜想是正确的，那么他的攻击就是确定性的。他还提出了第二种攻击，允许 Mallet 在不分解因数的情况下读取消息和对消息进行签名。

16.2.3 攻击 14：内部人员的非因式分解攻击

Mallet 知道他的公钥 e_M 一定跟 $\varphi(n)$ 互素，所以与之对应的私钥一定满足 $e_M d_M = 1 \pmod{\varphi(n)}$。最后这个等式等价于：

$$e_M d_M - 1 = k\varphi(n) \quad (k \text{ 是一些正整数}) \tag{16-8}$$

现在 $e_M d_M - 1$ 不需要和 Alice 的公钥 e_A 互素了。

假设 f 是 $e_M d_M - 1$ 和 e_A 的最大公约数。f 的值可以用欧几里得算法很快就找到。我们给 r 定义为 $r = (e_M d_M - 1)/f = (k\varphi(n))/f$，注意 r 和 e_A 互素。因为 f 是 e_A 的一个因子，而 e_A 与 $\varphi(n)$ 互素，所以 f 也必须与 $\varphi(n)$ 互素。现在我们有了两个非常有用的事实：

1. f 是 $k\varphi(n)$ 的因子；
2. f 与 $\varphi(n)$ 互素。

因此，可以得出结论：f 是 k 的一个因子。换句话说，r 是 $\varphi(n)$ 的倍数。即 $r = (k/f)\varphi(n)$。

因为 r 与 e_A 互素（译者注：原文是 r 与 $\varphi(n)$ 互素），所以可以使用扩展欧几里得算法找到整数 x 和 y 满足 $xr + ye_A = 1$。特别地，我们能找到一对 x 和 y，且 y 是正数（译者注：原文如此，事实上这句话不总是成立，并且不成立时也不影响后面的分析）。当我们将最后一个等式模 $\varphi(n)$ 后，因为 r 是 $\varphi(n)$ 的倍数，所以 xr 这一项可以消去，留下 $ye_A = 1 \pmod{\varphi(n)}$。

因此，y 符合了 $e_A(\bmod \varphi(n))$ 乘法逆元的定义。可能它并不是 Alice 真正使用的私钥，但工作效果一样。Mallet 使用这个值进行加密和签名，与 Alice 生成的一样。

16.2.4 Elgamal 签名

跟 RSA 一样，Elgamal 也可以用来签名消息。然而，与 RSA 不同的是，用户需要一个额外的密钥元件来完成签名。回顾常规的 Elgamal 加密，Alice 仅需一个大素数 p、一个模 p 剩余乘法群中最大阶元素 g、以及一个私钥 a 即可。她计算 $A=g^a(\bmod p)$，然后公开 g、p 和 A，仅有 a 是保密的。

用 s 表示 Alice 的第 2 个密钥，她要计算 $v=g^s(\bmod p)$。之后，为了给一个消息 M 签名，她选取了一个随机编码密钥 e 然后计算：

$$S_1 = g^e \,(\bmod\ p)$$
$$S_2 = (M-sS_1)e^{-1}\,(\bmod\ p-1) \tag{16-9}$$

因此，就像 Bob 发给 Alice 的 Elgamal 加密消息（见 15.8 节）一样，Alice 签名后的消息由两个值（S_1 和 S_2）组成，它们会随着消息一起发送出去。

Alice 公开了 v、g 和 p，通过这些值，计算 $v^{S_1}S_1^{S_2}\,(\bmod\ p)$ 以及 $g^M(\bmod\ p)$，可以验证她的签名。如果签名是有效的，两个值将会相等。几个简单的步骤就可以展示这两个值为何一定相等：

$$v^{S_1}S_1^{S_2} = g^{sS_1}g_1^{eS_2} = g^{sS_1+eS_2} = g^{sS_1+e(M-sS_1)e^{-1}} = g^{sS_1+(M-sS_1)} = g^M \tag{16-10}$$

16.3 散列函数：提速

对于 RSA 而言，加密整个消息太慢了，因此，通常用它来加密密钥。我们不会把 RSA 应用到整个消息中来进行签名。解决这个问题的一种方法是找到一种方式把消息压缩成更小的消息，然后用它表示原消息再签名。这个压缩过的消息，或者说是消息的摘要，通常被称为消息的散列。它的生成过程被称为散列值计算，应该具有以下特征。

① 相同的消息必然会产生一样的散列值。也就是说，我们有一个散列函数。当涉及验证基于散列的签名时，这一点非常重要。用 $h(x)$ 表示散列函数。

② 散列值计算应该是很快的，毕竟，速度是采用之前描述方法时的硬伤。

③ 找到两个消息使其散列值相同应该是困难的（计算上是不可行的）。也就是

说，我们不可能找到不同的 x 和 x'，使 $h(x)=h(x')$。如果发生这种情况，我们称之为发生了碰撞。如果一个合法签名的文件可以被部分替换（用来替换的新文本有其他的意义），然后可以散列出与之前一样的值，那将是非常糟糕的。这样被替换过的文件可能看起来似乎也是签名过的。任何的碰撞都是一个严重的威胁，即便使用的这两个消息看起来更像是随机文本而非有意义的消息。这是一个非常有趣的条件，没有一个散列函数是一对一的——整个思想是为了创造一个更短的消息！因此，碰撞一定存在，但如果是最好的散列函数，那么要找到碰撞是非常困难的。

④ 计算出任一原象应该是困难的。也就是说，给定一个消息的散列值 $h(x)$，我们不可能恢复出消息或是其他的文本 y 使 $h(y)=h(x)$。

散列函数出现在 20 世纪 50 年代，但是当时并不是用来服务密码学的。这些函数的思想仅仅是将数据集里的值映射成更小的值[1]。通过这种方式，比较会变得更容易，搜索也会变得更快。1974 年，一些还不知道散列函数的研究人员意识到"难以求逆"的函数提供了一种检查"信息是否被更改"的方式[2]。他们把这个思想记在了古斯·西蒙斯的名下，古斯·西蒙斯向他们展示了"将难以求逆函数与监控限制性武器所需特定材料的生产联系起来[3]"。1981 年，马克·N·韦格曼和拉里·卡特通过形式化描述将散列函数与密码学联系起来。而在此之前的 20 世纪 70 年代末，这两个研究者利用散列函数做了很多工作，这些工作都与密码学无关[4]。

16.3.1 李维斯特的 MD5 和 NIST 的 SHA-1

本文所讲的两个散列函数是 MD5（Message-Digest Algorithm 5，消息摘要算法5）和 SHA-1，它们在设计上相似，但是我们对于它们的分析会花费大量时间，比我想要投入得更多。虽然很重要，散列函数却是密码学中为数不多让我不再有太多兴趣的话题之一。我认为问题的一部分原因在于它就像密码系统一样不会揭露任何信息。而且，最流行的散列函数已经被攻破了。因此，我将提供简短的描述并转向下一个签名协议。如果你感兴趣的话，本章后面的参考文献和进阶阅读列表会提供一些书籍，用于散列函数的深入研究。

MD5 将任意长度的消息压缩成 128 位。并不特别令人鼓舞的是，我们已经在使用第 5 版了[5]。一个经历了许多不安全版本的密码体系，例如，矩阵加密和背

---

1 KNUTH D. The Art of Computer Programming: Sorting and Searching, Vol. 3 [M]. Reading, MA: Addison-Wesley, 1973: 506-549.

2 GILBERT E N, MACWILLIAMS F J, SLOANE N J A. Codes which detect deception [J]. Bell System Technical Journal, 1974, 53(3): 405-424.

3 GILBERT E N, MACWILLIAMS F J, SLOANE N J A. Codes which detect deception [J]. Bell System Technical Journal, 1974, 53(3): 406.

4 WEGMAN M N, CARTER J L. New hash functions and their use in authentication and set equality [J]. Journal of Computer and System Sciences, 1981, 22(3): 265-279.

5 DOBBERTIN H. Cryptanalysis of MD4 [J]. Journal of Cryptology, 1998, 11(4): 253-271. 此文介绍了 MD4 的一个重要碰撞。

包加密，当它的新版本出现时，已经不能引起太多关注了。直到 MD5 流行起来。所有 MD 系列的散列函数都是由罗纳德·李维斯特（RSA 中的 R）设计的。第 5 版于 1991 年问世，从那以后，研究人员发现了越来越快地寻找碰撞的方法。2009 年，谢韬和冯登国把所需时间缩短到了几秒，所以已经没有太多的意义去进一步削减时间了[1]。现在我们来看另一种方法：

> 显然，SHA-1 使用了 MD5 的模型，因为它们有许多共同的特征。

> ——马克·斯坦普和理查德·M·洛[2]

安全散列标准（Secure Hash Standard，SHS）（译者注：原文是 SHA）提供了另一系列的散列函数。第一版由美国国家安全局（NSA）设计于 1993 年，现在叫作 SHA-0。紧随其后的是国家安全局在 1995 年设计的 SHA-1。两者都产生了 160位的散列值。事实上，这两者之间的差异非常小，美国国家安全局声称这个修改提高了安全性，但是究竟是如何实现的，他们并没有做出解释。

虽然之前有很多密码分析，但是实际上直到 2004 年，SHA-0 的碰撞才被找到。这个过程相当于在一台超级计算机上连续工作 13 天[3]。2005 年，在 SHA-1系统中发现了一个缺陷，现在 NSA 推荐用 SHA-2 代替它。尽管如此，仍有以下说法：

> SHA-1 是几个广泛使用的安全应用程序和协议的组成部分，包括 TLS 和 SSL、PGP、SSH、S/MIME 和 IPSec。这些应用程序还可以使用 MD5 … SHA-1 也用于分布式版本控制系统，如 Git、Mercurial 和 Monotone，以识别修订、检测数据损坏或篡改。该算法还被用在任天堂的 Wii 游戏机上，用于启动时的签名验证，但一个重要的实现缺陷可以使攻击者绕过安全方案。

最近，NIST 举办了确定 SHA-3 的竞赛，并于 2012 年 10 月 2 日，宣布了获胜者是 Keccak，一个由奇诺·贝尔托尼、琼·德门、迈克尔·彼得斯和吉尔斯·范·艾斯设计的散列函数。德门说："我个人认为，我最大的成就是 Keccak而不是 Rijndael，事实上它的设计包含了我在 1989 年之后所做的密码研究的最好的元素[4]。"

当数学家正努力解决安全问题时，各国政府已经远远跑在前面了。比尔·克林顿是第一个使用数字签名的美国总统。最合适的例子是，1998 年 9

1　XIE T, FENG D. How to Find Weak Input Differences for MD5 Collision Attacks, 2009.

2　STAMP M, LOW R M. Applied Cryptanalysis: Breaking Ciphers in the Real World [M]. Hoboken, NJ: Wiley-Interscience, 2007: 225.

3　BIHAM E, CHEN R, JOUX A, et al. Collisions of SHA-0 and reduced SHA-1 [C]// in CRAMER R, Ed., Advances in Cryptology: EUROCRYPT 2005 Proceedings, Lecture Notes in Computer Science, Springer, Berlin, 2005, 3494: 36-57.

4　摘自琼·德门 2012 年 3 月 28 日的一封电子邮件。有关 Rijndael 的说明，请参阅第 19 章。德门关于 Keccak 的论文于 2013 年发表在 Cryptologia 上。

月数字签名被应用到和爱尔兰签署的电子商务条约中，并且，在 2000 年，一项法案赋予了数字签名同传统签名一样的法律效力。

除了能进行更快的数字签名外，散列函数还有其他的应用。我们知道口令不应该被存储在电脑上，但是需要一种方法去判定输入的口令是否正确。最有代表性的是对输入进来的口令进行散列，然后把这个结果与之前存储的值进行比较。因为对于一个好的散列函数来说，计算出来任何原像都是困难的，即使有人可以访问散列值，也不能恢复出口令。

存储伪装口令的重要思想看起来跟任何人都没有太大联系。肯定有人首先想到这个主意，但是我还没确定这个人到底是谁。以下是维基百科的声明：

> 罗伯特·莫里斯提出了用散列值的形式存储登录口令作为 UNIX 操作系统的一部分的思想。他的算法，即 crypt(3)，使用一个 12 位的盐值，调用一个 DES 改进算法 25 次，以降低预计算字典攻击的风险。

但是这不是正确的，因为我马上要给出一个 1972 年的例子，它远早于 DES。一些（可能）更早的例子，可以作为这个思想的提出者另有其人的铁证。如果有人能够确定谁是第一个，请与我联系。赛弗·德沃斯写道："使用这些函数的非保密工作可以追溯到 20 世纪 70 年代初期[1]。"一般人可能认为政府在那之前就已经研究过这个问题了。德沃斯接着引用了唐尼 1977 年的一篇文章，描述了一个 1972 年正在使用着的系统[2]。

这个系统的第一步被模糊地描述为"口令长度的初步缩减"，但之后，接下来的一步就十分清楚了。口令 p 被加密成：

$$C = 2^{16}p \pmod{10^{19}-1} \tag{16-11}$$

唐尼接着攻破了这个系统，从加密过的值里恢复出了口令。这样做只需要计算出 $2^{16}\pmod{10^{19}-1}$ 的乘法逆元。这真是个奇迹，所有人都认为这样很安全。

这种方式使用的散列不需要缩减被"散列"的数据的大小，但是它们必须有原像难以被计算出的性质，有时这被称为单向函数。但是单向函数是否存在都不存在数学证明！其他涉及了 20 世纪 70 年代初期密码保护的文献，整理如下：

BARTEK D J. Encryption for data security [J]. Honeywell Computer Journal, 1974, 8(2): 86-89.

EVANS JR A, KANTROWITZ W, WEISS E. A user authentication scheme not requiring secrecy in the computer [J]. Communications of the ACM, 1974, 17(8): 437-442.

1　DEAVOURS C. The Ithaca connection: computer cryptography in the making, a special status report [J]. Cryptologia, 1977, 1(4): 313.

2　DOWNEY P J. Multics Security Evaluation: Password and File Encryption Techniques, ESD-TR-74-193, Vol. III [Z]. Electronic Systems Division, Hanscom Air Force Base, MA, 1977.

PURDY G B. A high security log-in procedure[J]. Communications of the ACM, 1974, 17(8): 442-445.

WILKES M V. Time-Sharing Computer Systems[M]. New York: Elsevier, 1972.

现在我们将转到一个明确的包含了散列函数的签名方案。

16.4 数字签名算法

数字签名算法，简称 DSA，是 Elgamal 签名方案的修改版本，1991 年由国家标准技术研究所（NIST）提出，1994 年成为数字签名标准（DSS）的一部分[1]。它的工作原理介绍如下。随机产生一个至少 160 位的素数 q，之后对 $nq+1$ 进行素性测试，其中 n 是一个足够大的正整数，可以达到所需的安全级别。如果 $nq+1$ 是素数，继续进行下一步；否则，选择另一个素数 q，再试一次[2]。

然后需要模 p 乘法群中一个阶为 q 的元素 g。该元素可以通过 $g=h^{(p-1)/q}(\bmod p)$ 快速得到，其中 h 是一个模 p 的阶最大（本原根）的元素。和 Elgamal 一样，需要选出来另一个保密值 s，最后计算 $v=g^s(\bmod p)$ p、q、g 和 v 是公开的，但是 s 要保密。

给一个消息签名需要计算 S_1 和 S_2 两个值。S_2 的计算需要将消息的散列被签名及 S_1 的值。另一方面，S_1 的计算不依赖于这个消息。因为，为了节省时间，在消息存在之前，S_1 的值就提前产生了。不过，每个 S_1 都需要从 1 到 $q-1$ 中选出一个随机值 k。计算过程如下：

$$S_1=(g^k(\bmod p))(\bmod q), \quad S_2=k^{-1}(\text{hask}(M)+sS_1)(\bmod q) \tag{16-12}$$

S_2 的计算需要 K 的逆元$(\bmod q)$。S_1 和 S_2 的值组成了消息 M 的签名，并随其一起发送出去。

为了证明签名是真的，计算如下：

$$U_1=S_2^{-1}\text{hash}(M)(\bmod q)$$

$$U_2=S_1S_2^{-1}(\bmod q) \tag{16-13}$$

$$V=(g^{U_1}v^{U_2}(\bmod p))(\bmod q)$$

---

1 U.S. Department of Commerce. Digital Signature Standard (DSS), FIPS Pub. 186-2[S]. National Institute of Standards and Technology, Washington, DC, 2000.
2 这是由 NIST 推荐的，用以生成 p 和 q 的另一种协议。这里给出的方案有意做了简化。

U_1 的产生需要计算 S_2 的逆元，这样做后再模 q。如果 $V=S_1$，则签名 S_1S_2 被认为是正确的。DSA 生成签名的速度和 RSA 一样，但是需要 10～40 倍的时间来验证签名[1]，虽然它比 Elgamal 要快。

例 1

作为说明 DSA 的一个小例子，我们选择素数 $q=53$。然后我们需要一个足够大的素数 p，使 $p-1$ 可以被 q 整除。我们尝试了 $10q+1=531$，但是它可以被 3 整除，再尝试分解了 $12q+1=637$。最后，$14q+1$ 给出了素数 743。所以现在我们有了两个素数 $q=53$ 和 $p=743$。同时，我们也需要一个阶为 q 的元素 g，在乘法群中模 p。这样可以计算出 $g = h^{(p-1)/q} \pmod p$，其中 h 是一个模 p 的极大阶（本原根）的一个元素。我们可以很快地找出 $h=5$ 是最合适的。之后得到 $g = 5^{(p-1)/q} \pmod p =$ $5^{14} \pmod {p=212}$。随机选出 $s= 31$。根据 $v=g^s \pmod p$，我们可以得到 $v=212^{31}=128$，p、q、g 和 v 是公开的，但是 s 要保密。现在我们准备给这个消息签名。

用一个单独的字母 D 作为消息——这可能是某人要收到的成绩。用数字 3 表示它（用我们的老方法 A = 0, B = 1,…, Z = 25）。我们的签名需要计算两个数。这些数需要我们从 1 到 $q-1$ 之间选取一个随机值 k，令 $k= 7$。然后，有：

$$S_1=(g^k(\bmod\, p))(\bmod\, q),\quad S_2=k^{-1}(\text{hash}(M)+sS_1)(\bmod\, q)\qquad(16\text{-}14)$$

变成了（忽略散列的步骤，只用完整的消息代替）如下的形式：

$$S_1 = \left(212^7 \,(\bmod\, 743)\right)(\bmod\, 53) = 94 \ (\bmod\, 53) = 41$$
$$S_2 = 7^{-1}\left(3+31\times 41\right)(\bmod\, 53) = 38(1\,274)(\bmod\, 53) = 23$$
$$(16\text{-}15)$$

回想一下，所有为 DSA 计算出的逆元都需要模 q，这个小一点的素数。这两个值组成了消息 M 的签名，并随其一起发送出去。

为了证明签名是真的，计算如下：

$$U_1= S_2^{-1}\text{hash}(M)(\bmod\, q) = 23^{-1}\times 3(\bmod\, 53) = 30\times 3(\bmod\, 53) = 37$$

$$U_2 = S_1 S_2^{-1}(\bmod\, q) = 41\times 30(\bmod\, 53) = 11 \qquad(16\text{-}16)$$

$$V = (g^{U_1}v^{U_2}(\bmod\, p))(\bmod\, q) = (212^{37}\times 128^{11}(\bmod\, 743))(\bmod\, 53) = 94(\bmod\, 53) = 41$$

因为 $V=S_1$，所以签名是真的。

假如消息被送到登记员的办公室，有个学生企图把 D 改成 C，这个签名就失效了。然后登记员可能联系教授，问他是否要重发一遍成绩。

起初，NIST 声称他们创造了 DSA，然后他们透露 NSA 帮了一点忙。最后，他们才承认是 NSA 设计了它[2]。我认为如果政府机构不再向我们撒谎，民众会更

1　SCHNEIER B. Applied Cryptography [M]. 2nd ed., New York: John Wiley & Sons, 1996: 485.

2　SCHNEIER B. Applied Cryptography [M]. 2nd ed., New York: John Wiley & Sons, 1996: 486.

信任他们。

就像 NSA 接手的另一个系统一样，开源社区的专家们觉得 DSA 的密钥太小了。起初，这个模数被设定为 512 位，但是因为这些抱怨，它被调整成可以从 512 到 1 024 位，以 64 位为增量[1]。

参考文献和进阶阅读

BIHAM E, CHEN R, JOUX A, et al. Collisions of SHA-0 and reduced SHA-1 [C]// in CRAMER R, Ed., Advances in Cryptology: EUROCRYPT 2005 Proceedings, Lecture Notes in Computer Science, Springer, Berlin, 2005, 3494: 36-57.

DELAURENTIS J M. A further weakness in the common modulus protocol for the RSA cryptosystem [J]. Cryptologia, 1984, 8(3): 253-259.

DOBBERTIN H. Cryptanalysis of MD4 [J]. Journal of Cryptology, 1998, 11(4): 253-271.

ELGAMAL T. A public key cryptosystem and a signature scheme based on discrete logarithms [J]. in BLAKLEY G R, CHAUM D, Eds., Advances in Cryptology: CRYPTO'84 Proceedings, Lecture Notes in Computer Science, Springer, Berlin, 1985, 196: 10-18.

ELGAMAL T. A public key cryptosystem and a signature scheme based on discrete logarithms [J]. IEEE Transactions on Information Theory, 1985, 31(4): 469-472.

GILBERT E N, MACWILLIAMS F J, SLOANE N J A. Codes which detect deception [J]. Bell System Technical Journal, 1974, 53(3): 405-424.

MENEZES A J, et al, Eds., Handbook of Applied Cryptography [M]. Boca Raton, FL: CRC Press, 1997. 第 9 章主要讲散列函数。这本书一共 780 页，网上提供免费资源。

PFITZMANN B. Digital Signature Schemes: General Framework and Fail-Stop Signatures, Lecture Notes in Computer Science, Vol. 1100 [M]. New York: Springer, 1991.

PRENEEL B. Cryptographic hash functions [J]. European Transactions on Telecommunications, 1994, 5(4): 431-448.

PRENEEL B. Analysis and Design of Cryptographic Hash Functions [D]. Belgium:

1　同上页 2.

doctoral Katholieke Universiteit Leuven, 2003.

PRENEEL B, GOVAERTS R, VANDEWALLE J. Information authentication: hash functions and digital signatures [C]// in PRENEEL B, GOVAERTS R, VANDEWALLE J, Eds., Computer Security and Industrial Cryptography: State of the Art and Evolution, Lecture Notes in Computer Science, Springer, Berlin, 1993:741: 87-131.

STALLINGS W. Cryptography and Network Security: Principles and Practice [M]. 5th ed., Upper Saddle River, NJ: Prentice Hall, 2010. 这本书对密码学进行了综合性研究。虽然没有散列函数的密码学分析，但是有很多相关材料。

STAMP M, LOW R M. Applied Cryptanalysis: Breaking Ciphers in the Real World[M]. Hoboken, NJ: Wiley-Interscience, 2007. 本书的第 5 章讨论了散列函数的密码学分析。作者在本章总结中写到"多年来，散列函数似乎在很大程度上被密码学家们忽略了。但是随着 MD5 的成功攻破，SHA-1 的处境岌岌可危，散列函数已经从密码学中一个不活跃、相当滞后的研究领域，成为了学术前沿。"

U.S. Department of Commerce. Secure Hash Standard, FIPS Pub. 180-1[S]. National Institute of Standards and Technology, Washington, DC, 1995. 这里对 SHA-1 进行了描述。

U.S. Department of Commerce. Digital Signature Standard (DSS), FIPS Pub. 186-2[S]. National Institute of Standards and Technology, Washington, DC,2000.

U.S. Department of Commerce. Secure Hash Standard, FIPS Pub. 180-2 (+ Change Notice to include SHA-224)[S]. National Institute of Standards and Technology, Washington, DC, 2002.这里对 SHA-2 进行了描述。

WEGMAN M N, CARTER J L. New hash functions and their use in authentication and set equality [J]. Journal of Computer and System Sciences, 1981, 22(3): 265-279.

WINTERNITZ R S. Producing a one-way hash function from DES [C]// in CHAUM D, Ed., Advances in Cryptology: Proceedings of Crypto '83, Plenum Press, New York, 1984: 203-207.

XIE T, FENG D. How to Find Weak Input Differences for MD5 Collision Attacks, 2009.

第 17 章

良好隐私

RSA 可被用于加密整条消息，但是它是一个很慢的算法。20 世纪 70 年代后期，它的竞争对手——数据加密标准（DES）的速度要比它快 1 000 倍。但是，对于 DES 来说，必须提前协商密钥。所以，解决方案是什么？这两个系统应该用哪一个？答案是两个都用！罗兰·M·可汗福尔德在他 1978 年的本科毕业论文中提出了一个混合系统，当时他正在麻省理工学院攻读电子工程专业[1]。10 年之后，怀特福尔德·迪菲回顾到如何"为这个发现而欢呼[2]"。

17.1 两全其美

以下是 RSA 和 DES 的组合方式：

① 生成随机会话密钥 K，它只能使用一次；

② 使用 K 对消息进行 DES 加密（或其他传统的对称密码）；

③ 使用 RSA 加密会话密钥，并将它跟密文一起发送。

接收者可以使用 RSA 恢复出会话密钥 K，之后他把密钥 K 用到密文中并读出原始消息。因为 RSA 仅用在相对较短（跟消息相比）的密钥上，它的缓慢并不是什么大问题。整个过程很快并且不会造成任何严重的密钥管理问题。

把会话密钥和密文一起传送不是一个新的想法。回想纳粹分子用同样的方式使用了恩尼格码机，但是他们需要每天更换一个密钥来加密每个会话密钥。公钥加密不需要每天更换密钥，相同的 RSA 密钥可以使用很多年。

1　KOHNFELDER L M. Toward a Practical Public Key Encryption Algorithm[D]. Cambridge, MA: Department of Electrical Engineering, Massachusetts Institute of Technology, 1978.他的毕业论文导师是伦纳德·阿德曼。

2　DIFFIE W. The first ten years of public-key cryptography[J]. Proceedings of the IEEE, 1988, 76(5): 566.

值得注意的是，把 RSA 和 DES 结合起来是一个两全其美的方法，但我们会遇到这样的问题，即一条链的强度取决于其中最薄弱的环节。如果 DES 被攻破，那 RSA 部分的安全性可以忽略；如果 RSA 部分使用的素数太小（或 RSA 的实现中存在其他缺陷），那 DES 就不需要被攻击了。除了方案的安全性外，实施对于保障系统安全来讲，也是非常重要的一步。除了常规的安全问题外，20 世纪 80 年代的程序员还不得不应对机器的问题，那时机器的速度比我们今天认为理所当然的速度要慢得多。

17.2　良好隐私的诞生

20 世纪 80 年代，查理·梅里特和两个朋友编写了一个程序，并在 Z-80 计算机上（缓慢地）运行公钥加密[1]，但是似乎没什么市场需求。梅里特的朋友们放弃了，但是梅里特跟他的妻子坚持了下来。对这个程序最感兴趣的是那些想要保护他们的秘密不被外国竞争者获得的企业，但美国国家安全局（NSA）的代表却不停地警告梅里特不要出口任何加密软件。急于寻找国内合作伙伴，使他找到了拥有一家小公司的菲利普·齐默尔曼[2]。

1984 年，齐默尔曼自己提出了混合系统的想法（他还没看过可汗福尔德的论文），但是他在实施过程中遇到了很多技术问题。收到梅里特的来信，得知他能帮忙解决这些问题，他非常开心。齐默尔曼虽然拥有计算机科学的学位，但一直在与微积分斗争。他打算给他的程序起名为"PGP"，意思是良好隐私。这是对拉尔夫的完美杂货店（Pretty Good Groceries）的致敬，它是加里森·凯勒的广播节目《草原一家亲》的一个虚拟赞助商。与此同时，由李维斯特和阿德曼构造的另一个混合系统即将被 RSA 数据安全公司以"安全邮件"的形式出售。

在梅里特的帮助下，齐默尔曼征服了必要的数学运算，使 RSA 在当时较慢的机器上尽可能高效地实现。齐默尔曼兼职做这个项目，进展缓慢。最终，在 1990 年，齐默尔曼把其他事情抛在一边，冒着破产的风险，花了 6 个月的时间，每天工作 12 个小时完成了它[3]。他并不是想以此发家致富，他打算把它做成共享软件。感兴趣的人可以免费获得，但如果决定要用的话，他们要寄给齐默尔曼一张支票。齐默尔曼的动机并不是经济上的，而是政治上的。强加密技术可以成为一种方法，

1　创建一个 256 位的密钥需要 10 min，加密一个小文件需要 20~30 s。见 GARFINKEL S. PGP: Pretty Good Privacy[M]. Sebastopol, CA: O'Reilly & Associates, 1995: 88.

2　LEVY S. Crypto: How the Code Rebels Beat the Government, Saving Privacy in the Digital Age[M]. New York: Viking, 2001: 190.

3　同上，第 195 页.

使爱打探隐私的政府远离公民的私事。在 1991 年 4 月得知当时的参议员约瑟夫·拜登联合发起参议院"预防犯罪"法案 266 号时，齐默尔曼的动力变得更强，如果这个法案通过，将会要求"电子通信服务提供商和电子通信服务设备制造商，要确保通信系统允许政府在法律授权的适当情况下获得声音、数据及其他通信信息的明文内容[1]"。

关于谁启动了上面引用的这个法案的具体条款，现在还未达成共识。有人说是 FBI 的责任，但是根据电子前沿基金会（EFF）的说法，约瑟夫·拜登本人应该对此负责[2]。无论如何，在本文撰写之时，时任副总统的拜登还是希望能够恢复这个已删除的条款的。2010 年 9 月 27 日，《纽约时报》的一篇报道总结了这个新提案[3]：

实质上，官员们想让国会要求所有的通信服务——包括 BlackBerry 这样的加密电子邮件传输器，Facebook 这样的社交网站，还有 Skype 这样允许直接"点对点"传送消息的软件——如果接到窃听的命令，必须提供技术支持。这种命令包括能够截获并还原加密过的消息。

为了更方便地把提出的限制强加给通信供应商，还有如下条款：

他们可以承诺强加密，他们只需要搞清楚怎样提供给我们明文。

——FBI 法律总顾问瓦莱丽·卡普罗尼，2010 年 9 月 27 日[4]

根据《纽约时报》的报道，行政部门希望这个法案可以在 2011 年被考虑。在本文撰写之时，这个法案还没有被提交，但一直在讨论中。不同机构间存在很多分歧，有些则认为这是一个非常糟糕的主意。

回到 1991 年，因为担心强密码技术将被取缔，齐默尔曼很快完成了他的程序，并把它重新标记为免费软件。1991 年 6 月，在朋友们的帮助下，他开始将该软件发布在美国的互联网站上。其实他不必这么匆忙，此时的拜登正面临着民众对他提出的反隐私法的愤怒，只得从法案中删除了那部分[5]。然而，齐默尔曼还是要面对法律问题。他在 PGP 发布到网上的第一天就迈出了国门，这违反了加密出口法，尽管他并没有直接责任。

齐默尔曼的第一个混合系统中的密码，是在梅里特为海军所做工作的基础上设计的[6]。齐默尔曼做出修改后，把它重新命名为"Bass-O-Matic"，灵感来自于一

1　此处引用转自 LEVY S. Crypto: How the Code Rebels Beat the Government, Saving Privacy in the Digital Age [M]. New York: Viking, 2001: 195 和 GARFINKEL S. PGP: Pretty Good Privacy [M]. Sebastopol, CA: O'Reilly & Associates, 1995: 97.

2　GARFINKEL S. PGP: Pretty Good Privacy [M]. Sebastopol, CA: O'Reilly & Associates, 1995: 97. 加芬克尔引用了 EFF 的在线简报执行器。

3　SAVAGE C. U.S. tries to make it easier to wiretap the Internet [N]. The New York Times, September 27, 2010.

4　同上.

5　愤怒源于两大阵营——公民自由主义者和工业界。这似乎是一个不大可能的联盟。大企业需要依靠强加密技术对付虎视眈眈的竞争对手，因此他们发现自己与隐私权拥护者站在了同一阵营。

6　梅里特曾反对过越南战争，但是他并不认为这个观点与他为海军提供服务之间有什么冲突。详见 GARFINKEL S. PGP: Pretty Good Privacy[M]. Sebastopol, CA: O'Reilly & Associates, 1995: 91.

个在《周六夜现场》的小品里用过的搅拌机，在这个小品里，丹·艾克罗伊德扮演了一个用机器把鱼切碎的售货员[1]。Bass-O-Matic 被证明是 PGP 中的薄弱环节，但是齐默尔曼还面临其他问题——RSA 申请了专利，因此他无权使用。

早在 1986 年 11 月，齐默尔曼就与 RSA 数据安全公司的总裁詹姆斯·彼得佐斯见过面。这主要是彼得佐斯和梅里特的会面，他和 RSA 数据安全公司有合作，不过齐默尔曼也在那儿。彼得佐斯和齐默尔曼相处得并不融洽——他俩完全是政治上的对立面。齐默尔曼拒绝与彼得佐斯的合作是因为他的公司与军方有关系，而彼得佐斯对军方的态度不同，他虽然是希腊人，但是曾加入过美国海军陆战队[2]。

尽管存在分歧，彼得佐斯还是给了齐默尔曼一份"安全邮件"的副本。他没有给齐默尔曼的是在他自己的加密程序中使用 RSA 的权利。当 PGP 出现时，彼得佐斯想起了这点。西姆森·加芬克尔注意到，"随之而来的只能被描述为彼得佐斯对抗 PGP 和齐默尔曼的一场低强度战争[3]"。

齐默尔曼不是唯一侵犯 RSA 专利权的人。以下内容摘自 1992 年"计算机、自由和隐私会议"的问答环节，显示了彼得佐斯在这件事上的幽默感[4]。这个问题首先由约翰·P·巴洛（电子前沿基金会的共同创始人）回答，为了简单起见，下面进行省略。

巴洛：信息流动的管控问题，有点像试图控制风的流动，个人与小型机构很难把握，但是却难以脱离大型机构的控制。所以你看，俄罗斯已经在他们的发射密码中使用了 RSA 很长时间，但是在美国，个人却不能用它，真是太蠢了。

彼得佐斯：我的收入预算正在下调。

巴洛：反正你也没有得到版税吧，吉姆？

彼得佐斯：也许吧。

显然，起初 PGP 并没有困扰到 NSA。不久之后，齐默尔曼（从艾力·毕汉姆那里）了解到，这个系统很容易受到差分密码分析的影响[5]，它还存在其他缺陷，包括每个字节的最后一位无法正确加密[6]。找到问题后，齐默尔曼开始研发 2.0 版本，这次他得到了来自世界各地更强大的密码专家的帮助[7]，他们很欣赏齐默尔曼

1　LEVY S. Crypto: How the Code Rebels Beat the Government, Saving Privacy in the Digital Age [M]. New York: Viking, 2001: 194.

2　GARFINKEL S. PGP: Pretty Good Privacy [M]. Sebastopol, CA: O'Reilly & Associates, 1995: 93.

3　同上，第 100 页.

4　Cryptography and Control: National Security vs. Personal Privacy [VHS]. CFP Video Library #210, Topanga, CA, March 1992. 这盘磁带展示了第二届计算机、自由和隐私会议一个专题讨论环节所有的提问与回答。

5　LEVY S. Crypto: How the Code Rebels Beat the Government, Saving Privacy in the Digital Age [M]. New York: Viking, 2001: 200.

6　GARFINKEL S. PGP: Pretty Good Privacy [M]. Sebastopol, CA: O'Reilly & Associates, 1995: 102.

7　Branko Lankester (Netherlands), Peter Gutmann (New Zealand), Jean-Loup Gailly (France), Miguel Gallardo (Spain), and Peter Simons (Germany). 详见 GARFINKEL S. PGP: Pretty Good Privacy [M]. Sebastopol, CA: O'Reilly & Associates, 1995: 103; LEVY S. Crypto: How the Code Rebels Beat the Government, Saving Privacy in the Digital Age [M]. New York: Viking, 2001: 200.

所做的工作。Bass-O-Matic 也被一个提供了 128 位密钥的瑞士密码——国际数据加密算法（IDEA）取代。同时，IDEA 还做了许多改进，增加了新的功能。1992年 9 月，PGP 2.0 在阿姆斯特丹和奥克兰（齐默尔曼两位新合作者的故乡）发布[1]。

1993 年 11 月，随着齐默尔曼于同年 8 月完成的一项交易，ViaCrypt 的 PGP 2.4版本推出了。ViaCrypt 有 RSA 的许可证，所以他们的东西是合法的，但 ViaCryptPGP 2.4 版本其实是一个产品，用户必须为此支付 100 美元[2]。

与此同时，RSA 数据安全公司发布了免费版本 RSAREF，用于非商业用途。其第一版限制了齐默尔曼在 PGP 中使用 RSA[3]，但是 RSAREF 2.0 没有，所以齐默尔曼在 PGP 版本 2.5 中用到了 RSAREF 2.0。因此，这个版本虽然是免费的，但只在非商业用途上是合法的。不久之后，为了安抚彼得佐斯的愤怒，PGP 又做了更新，2.6 版本出现了。2.6 版本于 1994 年 9 月 1 日开始使用，它被故意设计成与之前的版本不兼容，以防专利侵权者在没有升级的情况下继续使用[4]。该程序很快出现在欧洲，这违反了当时的出口法律。随后 PGP 2.6ui 出现了，这是一个"非官方的国际"版本，它更新了旧版本，与之前的 2.6 版本可以兼容，可用于私人或商业用途。

因此，在 1993 年和 1994 年，PGP 的商业版本和免费软件的版本都是合法的，但同时，齐默尔曼开始了与美国政府的法律纠纷。从 1993 年 2 月开始，齐默尔曼要面对来自美国海关部门的调查人员。他们关心的是 PGP 如何出口，他们似乎在找一个小角色来达到杀一儆百的目的。毕竟，根据出口法，起诉齐默尔曼要比起诉 RSA 数据安全公司（其 RSAREF 已出口）或 Netcom（其 FTP 服务器支持 PGP的境外下载）更容易[5]。

这不是齐默尔曼第一次触犯法律。在 20 世纪 80 年代的核冻结集会上，他曾两次被捕，虽然目前他还没有得到任何指控[6]。最后，出口违规调查也以同样的方式结束。1996 年，政府在他没有被起诉的情况下结了案。尽管如此，如果罪名成立，他恐怕会面临牢狱之灾，这肯定是种让人头疼的经历。

PGP3 不是一个小的升级，它用了新的加密算法——CAST-128，可以选择用DSA 或者 Elgamal 替换 RSA 组件。PGP 也是第一次有了漂亮的界面，之前的版本都是用命令行操作的。ViaCrypt 公司仍然在生产商业版本，他们用偶数标注版本号，齐默尔曼用奇数为免费版本编号。但是商业版本 4 在免费版本 3 之前就准

1　LEVY S. Crypto: How the Code Rebels Beat the Government, Saving Privacy in the Digital Age [M]. New York: Viking, 2001 203.

2　GARFINKEL S. PGP: Pretty Good Privacy [M]. Sebastopol, CA: O'Reilly & Associates, 1995: 105-106.

3　例如，任何之前侵犯了 RSA 专利权的人都无法获得免费版本的使用许可。详见 GARFINKEL S. PGP: Pretty Good Privacy [M]. Sebastopol, CA: O'Reilly & Associates, 1995: 105.

4　GARFINKEL S. PGP: Pretty Good Privacy [M]. Sebastopol, CA: O'Reilly & Associates, 1995: 108.

5　同上，第 112 页。齐默尔曼为什么会成为攻击目标，是作者自己的观点。

6　LEVY S. Crypto: How the Code Rebels Beat the Government, Saving Privacy in the Digital Age [M]. New York: Viking, 2001: 190.

备就绪了，所以齐默尔曼把 1997 年 5 月发布的免费版本更名为 PGP 5。

自 1997 年以来，PGP 软件的商业生产权已几经转手。最近，在 2010 年，赛门铁克（Symantec）公司以 3 亿美元的价格收购了 PGP [1]。如果 2000 年出口法没有改的话，他们给的价钱肯定没有这么多。这样，所有版本的 PGP 都可以合法出口了。这不是隐私权倡导者的胜利吗？齐默尔曼写道：

> 由于整个美国计算机行业（这是美国最大，最具影响力的行业）联合起来支持取消出口管控，法律做出改变。金钱意味着政治影响力。经过多年的斗争，政府最终不得不投降。如果白宫没有取消出口管控，国会和司法系统就会介入，替他们做这件事。

这就是原本计划 2011 年实施的立法最终失败的原因。这可以被宣布成公民自由主义者的胜利，但是它不仅仅是一场胜利，因为在这场斗争中，他们还有强大的同盟。

关于 PGP 可以说的还有许多。在 2.13 节中，我们简单讨论了数据压缩。这与 PGP 有关，PGP 在加密前会压缩文件。因为压缩可以减少冗余，而冗余对于密码分析来说十分重要，所以这一步值得花费更多的时间。还应该指出的是，PGP 不仅用于电子邮件，它还包括一个功能，允许用户应用传统的密码学（这里不涉及 RSA）来压缩和加密要存储的文件[2]，用户只需要找一个随机的通行码作为密钥即可。

17.3　齐默尔曼的自述

虽然这一章（和之前的章节）有些重叠，但是菲利普·齐默尔曼（见图 17.1）的小短文还是有必要重印在这里的。以下是 1991 版 PGP 用户指南的一部分（更新于 1999 年[3]）。

图 17.1　菲利普·齐默尔曼（1954—）

1　KIRK J. Symantec buys encryption specialist PGP for $300M [N]. Computerworld, April 29, 2010.

2　ZIMMERMANN P R. The Official PGP User's Guide [M]. Cambridge, MA: MIT Press, 1995: 18.

3　转自菲利普的个人主页。

为什么我要写 PGP

你所做的事情可能微不足道，但重要的是，你做了。

——圣雄甘地

这不是别人的事情，是你自己的。它是个人的，是隐私的。无论如何，你都不希望其他任何人拿到你的私人邮件或者机密文件。维护隐私并没有什么错，隐私保护是很重要的。

隐私权隐含在整个《美国权利法案中》。但是在《美国宪法》制订之初，制定者们认为没有必要专门说明私人对话的权利。那样看起来特别蠢，因为200年前，所有对话都是秘密进行的。如果有人可以听见你们的谈话，你可以出去躲到谷仓后面，在那儿说话，你不允许的话没人可以听到。考虑到当时的技术，私人对话的权利是一项自然权利，不仅是哲学意义上的，还是物理学上的。

但是信息时代随之而来，电话发明之后，一切都改变了。现在我们的大多数会话都是电子化的。这使得在不知情的情况下，最为私密的谈话被暴露成为可能。手机通话可以被任何有接收器的人监听。通过网络传送的电子邮件，并不比手机通话安全多少。现在，电子邮件正快速取代传统邮件，成为每个人的生活常态，不再像以前，是个新鲜事物了。

直到最近，如果美国政府想要获取普通民众的隐私的话，必须花费一定的费用和人力去截获纸质邮件，然后利用蒸汽脱胶的方法开启信封，才能读取信息。至少在自动语音识别技术出现之前，他们必须听录音，还可能需要抄录下通话内容。这种劳动密集型监控要大规模实现太不切实际。只有在非常重要的情况下才值得这么做。就像是用钩子和线钓鱼，一次只能钓一条。如今，电子邮件可以在不被察觉的情况下，大规模地、定期自动地扫描出他们感兴趣的关键字。这种情况像是漂网捕鱼。计算能力的指数增长正在使语音流量成为可能。

可能你认为你的邮件是合法的，没必要加密。如果你真是一个不需要隐藏什么的遵纪守法的好公民，为什么你不能一直用明信片的方式邮寄信件呢？为什么不能按时提交药品测试呢？为什么警察要拿搜捕令去搜查你家？你是否在隐藏些什么？如果你要把你的信件放进信封里，是不是意味着你可能是个潜在的破坏分子或者是个毒贩子，又或者是个偏执狂？守法的公民有必要加密他们的电子邮件吗？

如果每个人都认为守法公民应该用明信片寄信会怎么样？若是一个不法分子试图用信封寄信来维护他的隐私，就会引起怀疑。也许当局会打开他的信件看看他到底隐藏了什么。幸运的是，我们并没有生活在这样的世界，因此每个人都用信封保护他们大部分的信件。所以，没有人会因为用信封保护自己的隐私而受到怀疑。类似地，无论是不是清白的，如果每个人都习惯加密自己的电子邮件，那么没有一个人会因为通过加密邮件保护隐私而受到怀疑。人多势众，想来这也是一种团结吧。

1991 年的一项综合性反犯罪法案——参议院 266 号法案，隐含着一个令人不安的措施。如果这项没有约束力的法案成了真正的法律，将会迫使安全通信的制造商在他们的产品中插入特殊的"陷门"，以便政府可以读取任何人加密过的信息。它写道："美国国会的意思是，电子通信服务提供商和电子通信服务设备制造商，应该确保通信系统允许政府在法律适当授权情况下获得声音、数据及其他通信信息的明文内容。"正是这项法案促使我那一年免费发布 PGP 的电子版，就在那项法案因为公民自由主义者和工业组织的强烈抗议而"流产"前不久。

在 CALEA 通过一年之后，FBI 公开了一些项目，要求电话公司在其基础建设中要具备可以同时监听所有美国主要城市 1% 的电话的能力。这就意味着比之前多了上千倍的电话要会被监听。过去的几年里，美国一年大约只有 1 000 个法院的监听授权，分布在美国联邦政府、各州以及地方政府。很难想象政府要雇佣足够多的法官来签署足够多的监听命令，才可以窃听所有电话的 1%，更不用说聘请足够的联邦调查员坐下来实时监听所有通话了。处理这么大流量的唯一可行方法是使用大规模奥威尔应用程序筛选所有信息，该程序使用了自动声音识别技术，可以搜索感兴趣的关键字，也可以搜索特定的声音。如果政府没有在第一个 1% 的样本里找到目标，窃听就会转向另一个 1%，直到找到目标，或者直到所有人都被检查过一遍。FBI 说他们需要规划未来的权利，而这个计划因为引起公愤被美国国会否决。但事实却是，FBI 因为申请更广泛的权利而暴露了自己的计划。就隐私而言，技术的进步不会允许现状的维持，这个现状是不稳定的。如果我们什么都不做，新的技术将会赋予政府自动监控的能力，这种能力斯大林做梦都想不到。强密码技术则是信息时代可以保护隐私的唯一方法。

美国政府知道，密码学在民众的权利关系里扮演着关键性角色。1993 年 4 月，克林顿政府公布了一项大胆的新的加密政策倡议书，自布什政府以来，NSA 就一直在默默进行该计划。这个倡议书的核心价值是一个名为"帆船"（Clipper）的芯片，它是由政府监制的加密装置，包含新的机密的 NSA 加密算法。政府试图鼓励私有企业把它设计到他们所有的安全通信产品中，比如安全对话、安全传真等。AT&T 把帆船芯片放进了自己的安全语音产品中，问题是：每个帆船芯片在制作时都会装上自己独一无二的密钥，政府保留了密钥副本，并将它托管给第三方。然而，不用担心，政府承诺只有在"法律允许的范围内"他们才会使用这些密钥才读取你的信息。当然，要是帆船芯片完全有效的话，下一个合乎逻辑的步骤就是取缔其他形式的密码技术。

起初，美国政府声称，帆船芯片的使用是自愿的，没有人会被迫用它而不能用别的密码技术。但是民众对于帆船芯片的抵制十分强烈，超出了政府的预期。计算机行业一致反对使用帆船芯片，美国联邦调查局局长路易斯•佛利在 1994 年的新闻发布会上回答了一个问题，他说，如果帆船芯片没有获得公众的支持，而且 FBI 的窃听装置被非政府控制的密码技术拒之门外，他的办公室别无他法只得寻求司法救助。后来，在俄克拉荷马城的悲剧发生之后，佛利先生在参议院司法委员会做证时表示，政府必须削弱强密码技术的公开可用性（尽管并没人提到过制作爆炸案的破坏分子使用了密码技术）。

美国政府有一份追踪记录，但是这并不能让民众对他们永远不会滥用公民自由权有更多的信心。FBI 的反间谍计划（COINTELPRO）针对的是反对政府政策的团体，他们暗中监视过反战运动和民权运动，他们窃听过马丁•路德•金的电话。尼克松有记着敌人名字的黑名单，之后出了水门事件。美国国会企图或是成功通过了限制民众网络自由的法案。克林顿政府的一些成员收集了很多有关共和党公务员的 FBI 机要文件，很明显是为了在政治上削弱对手的力量。有些过分热心的检察官表现出愿意奋斗到天涯海角、誓要曝光政敌出轨行为的意愿。在过去的一个世纪里，公众对于政府的不信任从未像今天这样广泛分布于整个政治领域。

整个 20 世纪 90 年代，我都在想，如果我们想要抵制美国政府禁用密码学这一让人不安的趋势，我们可以采用一种方法：趁现在它依然合法，尽可能多地使用密码学。当强大的密码技术流行起来，政府很难为其定罪。因此，PGP 的使用有助于民主的维护。如果隐私不再受到法律保护，那只有不法分子才有隐私了。

经过公众多年不断的抗议以及来自工业界的压力导致出口管控的缓解，PGP 的部署看起来已经有了效果。在 1999 年的最后几个月，克林顿政府宣布了密码技术出口政策的一个彻底改变，他们基本上抛弃了整个出口管控制度。现在，我们终于可以无强度上限地出口强加密技术了。这是一场旷日持久的战争，但是最后我们赢了，至少在美国的出口控制方面是这样的。如今，我们仍需为强密码技术而继续努力，以削弱各国政府在互联网上增加的管控力度。我们也需要在 FBI 的反对下，争取巩固它的国内使用权。

PGP 让人们能够将他们的隐私权掌握在自己手中，社会对它的需求日益增长，这就是我创造它的原因。

——菲利普·齐默尔曼

科罗拉多州博尔德市

1991 年 6 月（更新于 1999 年）

17.4　实施问题

虽然数学很简单，但是问题的实施需要很多思想来保证系统的安全。例如，接收者的私钥要被用来解密，但是却不能被存在电脑里，这样可能会被其他人拿到。PGP 通过在机器存储之前加密用户的私钥来解决这个问题，但必须输入口令解锁密钥。一个函数包括了口令和加密过的密钥，可以临时显示出程序使用的私钥。当然，现在必须仔细选择口令。

可以用一些奇闻轶事来说明错误的口令选择有多糟。上大学的时候，我曾在学校一个计算机实验室工作。一天，有个女生进来询问如何更改她的口令，在我回答之前，我的同事问道："为什么？你跟他分手了吗？"她瞬间红了脸，她的口令没有选好。

在曼哈顿计划期间，理查德·费曼在洛斯阿拉莫斯（Los Alamos）也提出了一种心理学方法，当时，原子弹的秘密要得到最高级别的保护。因此他转向了存储这些秘密的保险箱，并猜测这个组合可能会被设定为一个重要的数学常数。他先尝试了 π、前向、后向，每一种他能想到的方式都试了，但都没用。最后 e 做到了，这个组合是 27-18-28，费曼很快发现他可以用这个组合打开所有的 5 个保险箱[1]。

一项针对 43 713 个被黑客入侵过的 MySpace 账号口令的研究给出了排名前 10 的最常使用的口令，括号中是它们的使用频率[2]。

1. password1（99）
2. iloveyou1（52）
3. abc123（47）
4. myspace1（39）
5. fuckyou1（31）
6. summer07（29）
7. iloveyou2（28）

1　FEYNMAN R. Surely You're Joking, Mr. Feynman! [M]. New York: W.W. Norton, 1985: 147-151.

2　一份对 4 万份泄露的 MySpace 口令的简要分析可以在相关网站中找到。

8. qwerty1（26）

9. football1（25）

10. 123abc（22）

MySpace 强制要求用户在其口令中加入至少一个非字母字符。很明显，许多用户只是在原来的基础上加上了一个 1。一项针对 RockYou.com 网站中 3 200 万个被盗口令的研究给出了一个不同的前 10 名列表[1]：

1. 123456

2. 12345

3. 123456789

4. Password

5. iloveyou

6. princess

7. rockyou

8. 1234567

9. 12345678

10. abc123

口令不应该容易受到字典攻击，不应该只由字母组成，而是应该很长。理想情况下,它们看起来是随机的。我们能记住很多看似随机的数字（电话号码、社保号码等），使用再记住一个数字和字母的组合应该是很容易的。但它真的不只有一个啊！我们需要为银行卡设置口令，需要为想要网购的每个网站设置一个口令，而且它们应该各不相同。通常情况下并非如此。回想一下，之前提到的原子弹的秘密是分布在 5 个保险箱里的，所有这些都由 e 进行组合。在许多情况下，口令不可避免地被记录下来并保存在计算机附近。

正如我们在 14.1.11 节中看到的，实施缺陷另一个潜在的地方是生成用于 RSA 部分的素数。在 PGP 中，用户可以从低级商业水平、高级商业水平或军事水平这 3 个级别中选择这些素数的大小—高达 1 000 位以上[2]。提高速度是选择较小尺寸的唯一原因。一旦选择完大小，程序将提示用户输入一些任意的文本。文本本身会被忽略，按键的时间间隔用于生成随机数，然后用于生成素数[3]。

如果想要安全地实现混合系统，还需要解决许多其他的技术细节。考虑到这一点，我们可以更好地理解为什么齐默尔曼花了这么长的时间来编写 PGP。

1　COURSEY D. Study: hacking passwords easy as 123456 [N]. PCWorld, January 21, 2010.

2　ZIMMERMANN P R. The Official PGP User's Guide [M]. Cambridge, MA: MIT Press, 1995: 21.

3　同上,第 22 页。

参考文献和进阶阅读

GARFINKEL S. PGP: Pretty Good Privacy [M]. Sebastopol, CA: O'Reilly & Associates, 1995. Zimmermann notes, "Good technical info on PGP of that era, with mostly correct history of PGP".
国际版 PGP 主页，提供免费版本的 PGP 以及源代码和手册。

LEVY S. Crypto: How the Code Rebels Beat the Government, Saving Privacy in the Digital Age [M]. New York: Viking, 2001.

SCHNEIER B. E-Mail Security: How to Keep Your Electronic Messages Private [M]. New York: John Wiley & Sons, 1995. 此文讲了 PGP 和 PEM（隐私增强邮件）。PEM 使用的是 DES 或带有 2 个密钥的 3DES 以及 RSA。

STALLINGS W. Protect Your Privacy: A Guide for PGP Users [M]. Englewood Cliffs, NJ: Prentice Hall, 1995.

ZIMMERMANN P R. The Official PGP User's Guide [M]. Cambridge, MA: MIT Press, 1995. 这本书的 ASCII 版本在线免费。齐默尔曼指出"与目前的 PGP 版本相比，它已经过时了，但是依然有政治吸引力。"

ZIMMERMANN P R. PGP Source Code and Internals [M]. Cambridge, MA: MIT Press, 1995. 出口法很奇怪。虽然 PGP 不能作为合法的软件出口，但是它的源代码却可以。而且，源代码可以扫描并转换为文本编辑器使用，这本书由此而来。另一方面，专家们知道一个不公开的算法并不好!如果软件足够好，揭示细节将减少问题，而不是增加麻烦。

ZIMMERMANN P R. Home Page [EB].

第18章

流密码

任何考虑用算术方法产生随机数的人，可以肯定，都在犯错误。

——约翰·冯·诺伊曼（1951）[1]

在 3.9 节中描述的磁带机可以被看作一个仍然在进行的加密研究——流密码领域的开端。这样的系统尝试生成某种随机数，它们可以使用一种近似的、不可破坏的一次一密的形式与消息相结合。问题是机器不可能生成真随机数。因此，我们通常把这样的数值序列视为伪随机的，且生成它们的设备称之为伪随机数生成器，简称 PRNG。

应该注意到的是，流密码更早的一个起源可以追溯至 16 世纪的自动密钥密码，正如 3.5 节所述。在任何情况下，当我们想真正加密和解密数据时，流密码都表现得至关重要。例如，安全手机通话以及加密的流媒体视频等类似的应用，印证了这一说法。在这些情况下，伪随机序列包含诸多 0 和 1，它们通常是逐比特或逐字节生成的。我们首先从早期使用的模算术方法开始讲起。

18.1 同余发生器

生成伪随机序列的一种方法是使用线性同余发生器（LCG）[2]：

---

1 John von Neumann was on the National Security Agency Scientific Advisory Board (NSASAB). He's quoted here from SALOMON D. Data Privacy and Security [M]. New York: Springer, 2003: 97.

2 LEHMER D H. Mathematical methods in large-scale computing units [C]// in Proceedings of the Second Symposium on Large-Scale Digital Calculating Machinery, Cambridge, MA, September 1, 1949, Harvard University Press, Cambridge, MA, 1951: 141-146. 这可能是首次尝试用线性同余生成器生成伪随机数。

$$X_n = (aX_{n-1} + b)(\mathrm{mod}\, m) \tag{18-1}$$

例如，如果取 $a = 3$、$b = 5$、$m = 26$，并将生成器的种子设为 $X_0 = 2$，则有：

$$
\begin{aligned}
X_0 &= 2 \\
X_1 &= 3 \times 2 + 5 = 11 \\
X_2 &= 3 \times 11 + 5 = 12(\mathrm{mod}\, 26) \\
X_3 &= 3 \times 12 + 5 = 15(\mathrm{mod}\, 26) \\
X_4 &= 3 \times 15 + 5 = 24(\mathrm{mod}\, 26) \\
X_5 &= 3 \times 24 + 5 = 25(\mathrm{mod}\, 26) \\
X_6 &= 3 \times 25 + 5 = 2(\mathrm{mod}\, 26)
\end{aligned}
\tag{18-2}
$$

这时，我们回到初始值。输出将继续，像以前一样，11，12，15，24，25，… 显然，这不是随机的！我们被困在一个周期为 6 的循环之中。然而，如果可以改进生成器来生成一个具有更长周期的循环，其长度比我们想加密的任何消息都长，那么这似乎是一种合理的密钥生成方式，它可以与消息配对，一次一个字母，模 26。

当然，现代方法使用比特取而代之。这不是一个问题，因为我们可以将这些值转化为比特并与我们的消息（也需要使用比特表示）做异或。不过，其效果与二进制维吉尼亚密码一样，因为被异或的值会重复。

如果我们更加慎重地选择 a、b 和 m，则可以循环遍历从 0 到 $m-1$ 的所有值，但是要保证之后必须重复该循环，正如上述示例一样。如果 m 足够大，这似乎可能是安全的，例如，m 比消息的长度还要大；否则，这一技术是不安全的。吉姆·瑞德在 1977 年首次公开破解了这种密码[1]。

很明显，密码学家下一步就是要尝试更高阶的同余发生器，例如二次方程。注意到每一项还是仅依赖于之前出现的值：

$$X_n = (aX_{n-1}^2 + bX_{n-1} + c)(\mathrm{mod}\, m) \tag{18-3}$$

然而这些密码系统均被琼·B·普拉姆斯特德攻破，也包括立方发生器[1]。实际上，正如他人所示，不论我们尝试何种阶数，这类系统均能被攻破[2]。

吉尼尔保持线性但是建议使用 1 024 个 LCG，并叠加性地结合在一起，从而得到一个"天文数字般"的长周期[3]。他不是第一个考虑使用多个发生器的，但是

---

1 REEDS J. Cracking a random number generator [J]. Cryptologia, 1977,1(1): 20-26. A later paper on this topic is PLUMSTEAD J B. Inferring a sequence generated by a linear congruence [C]// in Proceedings of the 23rd IEEE Symposium on the Foundations of Computer Science, IEEE Computer Society Press, Los Alamitos, CA, 1982: 153-159.

2 LAGARIAS J C, REEDS J. Unique extrapolation of polynomial recurrences[J]. SIAM Journal on Computing, 1988,17(2): 342-362.

3 GUINIER D. A fast uniform "astronomical" random number generator [J]. SIGSAC Review, 1989, 7(1): 1-13.

他确实将其做到了极端。唉！作为 LCG 的组合模式和其他变种，例如，乘以之前的项，均未能经得住时间的考验。此时我们继续讲另一个生成伪随机序列的方法。

18.2 线性反馈移位寄存器

当我们将同余发生器定位为"2 阶"时，可以将等式写为：

$$X_n = (aX_{n-1} + bX_{n-2} + c)(\mathrm{mod}\, m) \tag{18-4}$$

在这种方法中，每一个值均依赖于两个以前的值（因此，阶为 2），因此我们可以实现更长的周期。注意到，任何值都没被平方处理。很显然我们需要两个种子值 X_0 和 X_1，所以生成的第一个数应该是 X_2，这就是线性反馈移位寄存器（LFSR）背后的基本原理，它们对于处理模 2 的比特速度是很快的（在硬件中）。我们可以把模 2 表示为设置 $m=2$，然而，正如我们之前见过的，其约定是使用 $\oplus$ 替换+从而表示 XOR 操作，其本质就是模 2 加法。LFSR 通常使用图表示，而不是使用线性方法表示，如图 18.1 所示。

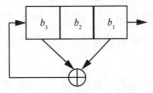

图 18.1 一个小的 LFSR

图 18.1 最好用一个例子来解释。我们可以将寄存器的种子（即 b 的值）设置为比特串 101；换言之，$b_3 =1$、$b_2 =0$、$b_1 =1$。图 18.1 中所示的对角线箭头表示将 b_3 异或 b_1 的值作为新的比特值，即 $1 \oplus 1 = 0$。这一新比特值，随着最长的箭头，取代 b_3 的值，但是 b_3 并不立即消失。相反，它向右移位从而代替 b_2，而 b_2 依次向右移位取代 b_1。b_1 无处可去，则"从边缘脱离"（最短的箭头所示）并消失。这些步骤均以最新的值循环往复。从种子值开始，当迭代时，寄存器的值表示如下：

101

010

001

100

110

111

011

101

可以看出，其返回初始值。注意到，该寄存器循环遍历 7 个不同的数值集合，我们称其周期为 7。用图表示的规则还可以使用代数方法表示为：

$$b_{n+3} = b_{n+2} \oplus b_n, \quad n=1, 2, \cdots \tag{18-5}$$

使用 LFSR 作为一个流密码，我们可以简单地获得那些从寄存器中移位通过的比特值，上边的 LFSR 给出了流 1010011（之后重复）。这是上面给出的一系列寄存器值的第三列。重复使用一个仅有 7 bit 的串来异或明文，不是一个非常安全的加密方法！我们将基于此进行改进，但是如果我们慢慢开始，接下来将会更加清晰。

请注意，有一个"坏种子"对于密码学目的是无用的。如果我们以 $b_3 = 0$、$b_2 = 0$、$b_1 = 0$ 开始，将不会得到任何非零值，且异或明文中的任何位置均无效果。

一般而言，一个具有 n 个元素的 LFSR，其可能实现的最长周期是 $2^n - 1$，因此，上面的例子在这方面是最大化的。不同的（非零）种子产生的循环都是相同的，只是起点不同。我们不可能通过异或不同的比特值来得到更长的周期，尽管这可以使状态以不同的顺序循环进行。因此，如果我们需要一个可以生成更长密钥的 LFSR，则必须考虑那些带有更多元素的寄存器，但是更多的元素不一定能保证产生更长的密钥。

我们可以通过研究与寄存器相关的多项式，来研究一个 LFSR 是否能产生一个最大的周期。例如，针对图 18.1 展示的 LFSR，相应的多项式是 $p(x) = x^3 + x^1 + 1$。x 的幂被视为在 XOR 运算中使用到的比特值的位置，且+1 通常被放在最后。这种多项式被称为抽头多项式或连接多项式。

首先，看一看抽头多项式能否被分解（模 2）。如果它不能被分解，我们称其为是不可约的。在这种情况下，如果多项式是 n 阶的，则其周期必定整除 $2^n - 1$。可以通过插入 0 和 1 来检测上述多项式的模 2 可约性，即得到：

$$p(0) = 0^3 + 0^1 + 1 = 1 (\mathrm{mod}\ 2)$$
$$p(1) = 1^3 + 1^2 + 1 = 3 = 1 (\mathrm{mod}\ 2) \tag{18-6}$$

因为 0 和 1 均不是多项式的根，所以 x 和 $x+1$ 也不是多项式的因式[1]。一个三阶多项式如果是可约的，则其必然有一个线性因式，因此上述多项式必定是不可

1　这不是一个笔误。$X-1$ 和 $x+1$ 模 2 是相同的，因为−1=1 (mod 2)。

约的。更高阶的多项式需要其他方法来检测其可约性，例如，4 阶多项式 $f(x) = x^4 + x^2 + 1$ 在模 2 情况下无根，但是它不是不可约的，因为有：

$$x^4 + x^2 + 1 = (x^2 + x + 1)(x^2 + x + 1)(\mathrm{mod}\, 2) \tag{18-7}$$

如果三阶实例是不可约的，则必须满足其周期可以整除 $2^3 - 1 = 7$，因此，其周期是 1 或 7。当种子为全 0 时，得到周期为 1；而当种子为其他值时，其周期为 7。本书将在第 19.3 节介绍不可约多项式的另一个重要密码学应用。

然而，如果 $2^n - 1$ 不是素数会怎么样？例如，一个 LFSR 的寄存器包含 4 bit，且其抽头多项式是不可约的，我们能得到的就是其阶数必须整除 $2^4 - 1$。这并不表明其阶数一定是 15，因为 3 和 5 也是 $2^4 - 1$ 的因子。因此，当 $2^n - 1$ 是合数时，以上结论也没那么有用。幸运的是，我们有另一个测试。在下面的定义中，令 l 表示寄存器的长度。

一个不可约多项式 $p(x)$ 是基元，则要满足如下条件：

① $p(x)$ 是 $x^{2^l - 1}$ 的一个因式；

② $p(x)$ 不是 $x^k - 1$ 的因式，其中 k 是 $2^l - 1$ 的所有正因子。

紧接着有如下结论：如果一个 LFSR 的抽头多项式是基元，则其有最大周期。以一个具有长周期的 LFSR 为例，有 $b_{n+31} = b_{n+3} \oplus b_n$，其中 $n = 1, 2, \cdots$，该 LFSR 需要 31 bit 种子，其可以生成一个周期为 $2^{31} - 1 = 2\,147\,483\,647$ 的比特序列。

18.3 LFSR 攻击

LFSR 可以很容易得到很长的周期，因此这似乎是一个安全的系统。我们攻破维吉尼亚密码时仅利用了重复使用密钥所建立模式的优势，但是这里将需要使用超级长的消息才能实现那样的可能性。假设针对一部分密文，其相对应的明文是已知的（例如，我们有一个作弊词）。通过这些信息，可以很容易掌握一部分密钥。假设这些作弊的密钥为 10101100，可以看出其周期大于或等于 8，原因是我们恢复的那一部分密文中没有重复。因此，该 LFSR 必然包含至少 4 个元素。假设其正好包含 4 个元素，该 LFSR 一定具有如下形式：

$$b_{n+4} = a_3 b_{n+3} \oplus a_2 b_{n+2} \oplus a_1 b_{n+1} \oplus a_0 b_n \tag{18-8}$$

其中，每一个 a_i 是 0 或 1。已知的密钥比特串为 10101100，为了方便起见，将其标记为 $b_1 b_2 b_3 b_4 b_5 b_6 b_7 b_8$，但是它们没必要来自于消息的开始，则有：

$$1 = a_3 0 \oplus a_2 1 \oplus a_1 0 \oplus a_0 1$$
$$1 = a_3 1 \oplus a_2 0 \oplus a_1 1 \oplus a_0 0$$
$$0 = a_3 1 \oplus a_2 1 \oplus a_1 0 \oplus a_0 1 \tag{18-9}$$
$$0 = a_3 0 \oplus a_2 1 \oplus a_1 1 \oplus a_0 0$$

通过这些等式，可以求解出 a_i。不使用线性代数的技术就可以做到，但是对于更大的实例我们的确希望借助矩阵，因此，将在这里使用一个矩阵，则有：

$$\begin{pmatrix} 1 & 0 & 1 & 0 \\ 0 & 1 & 0 & 1 \\ 1 & 0 & 1 & 1 \\ 0 & 1 & 1 & 0 \end{pmatrix} \begin{pmatrix} a_0 \\ a_1 \\ a_2 \\ a_3 \end{pmatrix} = \begin{pmatrix} 1 \\ 1 \\ 0 \\ 0 \end{pmatrix} \tag{18-10}$$

这个 4 乘 4 矩阵的逆是：

$$\begin{pmatrix} 0 & 1 & 1 & 1 \\ 1 & 1 & 1 & 0 \\ 1 & 1 & 1 & 1 \\ 1 & 0 & 1 & 0 \end{pmatrix} \tag{18-11}$$

所以方程式的解是：

$$\begin{pmatrix} a_0 \\ a_1 \\ a_2 \\ a_3 \end{pmatrix} = \begin{pmatrix} 0 & 1 & 1 & 1 \\ 1 & 1 & 1 & 0 \\ 1 & 1 & 1 & 1 \\ 1 & 0 & 1 & 0 \end{pmatrix} \begin{pmatrix} 1 \\ 1 \\ 0 \\ 0 \end{pmatrix} = \begin{pmatrix} 1 \\ 0 \\ 0 \\ 1 \end{pmatrix} \tag{18-12}$$

因此，该 LFSR 的方程式看上去就是 $b_{n+4} = b_{n+3} \oplus b_n$。该方程式可能被用于生成未来所有的密钥位，如果作弊词出现的位置不在消息的起始处，则也包括之前的密钥位。

如果方程式不能推导出除作弊词之外的有用信息，我们必须要考虑一个五元素的 LFSR，而且如果它仍不奏效，我们再考虑六元素的，依次类推。然而，对于四元素之外的所有元素，需要更多的密钥位来唯一确定它们的系数。一般而言，一个 n 元素的 LFSR 需要 $2n$ bit 密钥。随着 n 变大，与 n 元素的 LFSR 的最大周期 $2^n - 1$ 相比，$2n$ 所占的百分比会迅速变小。因此，尽管我们需要一半以上的重复密钥来唯一地确定四元素 LFSR，但是由 $b_{n+31} = b_{n+3} \oplus b_n$ 定义的周期为 $2^{31} - 1 = 2\,147\,483\,647$ 的 LFSR 可以仅使用 62 bit 的密钥就能恢复，这个数字占所有密钥的极小部分（且少于 8 个字符，因为每一个键盘字符转换为 8 bit）。这并非一个不合理的作弊词！正如前面提到的，现代密码被期待可以抵抗已知明文攻击，因此，上面所描述的 LFSR 并不适用于密码学目的。然而，它们可以被合并为更强系统的一部分。

18.4 手机流密码 A5/1

有许多方法可以加强 LFSR，其中一种方法就是去除线性约束，并使用其他方法来组合寄存器中的元素，例如乘法。另一种方法组合 LFSR，就像在 1987 年设计的手机密码中那样，具体如图 18.2 所示。

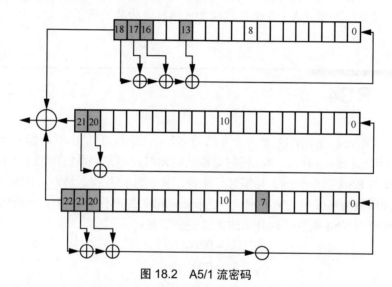

图 18.2　A5/1 流密码

图 18.2 表明 A5/1 流密码包含 3 个线性反馈移位寄存器。第一个将第 13、16、17 和 18 位置的比特异或得到一个新的比特值，之后该比特被放在序列的最后，使所有比特均向左移动一位。最后一个 bit，也就是之前在第 18 位置的，移出寄存器并和来自其他两个 LFSR 的比特值异或产生最终的一个比特值，该比特值与消息异或最终产生 1 bit 的密文。

因为所有的 3 个 LFSR 均要输入种子，所以密钥长度为 19+22+23=64 bit。注意到，针对每一个 LFSR 我们从第 0 位开始计数其比特以及其余部分。这 3 个 LFSR 中每一个的长度均与其他两个的长度互素，它们生成的周期将会是这 3 个 LFSR 周期的乘积。尽管如此，还有其他的特性可以使周期变长。注意到，在 A5/1 的图示中有位置 8、10 和 10 的比特是被挑选出来的，这些被称为时钟比特。每一个循环中，在时钟位置上的比特值被检查。因为时钟比特的个数为奇数，则在这些位置上要么 1 比 0 多（1 占优），要么 0 比 1 多（0 占优）。如果寄存器在时钟位上是占优比特，寄存器向前推进。如果所有的 3 个比特值均相同，则所有的寄存器往前推进。

如果无视柯克霍夫定律，当我们把上面提供的算法安放在超过 1 亿部手机上时，它是保密的。如果遵照柯克霍夫定律，公众无论如何都会得知它！这是全球移动通信系统（GSM）手机标准的一部分。各种攻击已经清楚地表明该系统是不安全的。在本章末尾的参考书目和进一步阅读书目中可以找到相关细节。

A5/2 使用 4 个 LFSR 并以一种不规则的方式往前推进，这一点和 A5/1 是一致的。尽管这可能会使 A5/2 听上去比 A5/1 更强大（4 比 3 大，不是吗？），但结果并非如此。为了在某些国家使用，它估计被弱化，而美国人和欧洲一些国家的人则使用了更强的 A5/1。A5/2 于 1999 年 8 月被公之于众，但是在 8 月结束之前伊恩·哥德堡、戴维·A·瓦格纳和拉奇·格林就将其攻破了[1]。

18.5 RC4

RC4（Rivest Cipher 4）是一个非常著名的流密码，它是由罗纳德·李维斯特在 1987 年设计的。如前，当无视柯克霍夫定律时，该密码系统的细节是保密的，仅能通过与 RSA 数据安全公司签订一个保密协议才能获得。然而，1994 年 9 月，RC4 的源码被匿名发出在密码朋克（Cypherpunk）的邮件列表中[2]。该密码系统是从一个有序的 8 bit 数字序列开始的。这些字节是：

$$S_0 = 00000000$$
$$S_1 = 00000001$$
$$S_2 = 00000010$$
$$S_3 = 00000011 \tag{18-13}$$
$$S_4 = 00000100$$
$$S_5 = 00000101$$
$$\dots$$
$$S_{255} = 11111111$$

其中，每一个 S_i 都是十进制数 i 的二进制表示形式。

这些字节被搅乱，使它们的新顺序看起来是随机的。为了实现这一点，我们使用密钥初始化另一个 256 个字节的集合。该密钥可以是不大于 256 字节的任意

1 GOLDBERG I, WAGNER D, GREEN L. The (Real-Time) Cryptanalysis of A5/2 [C]// the Rump Session of CRYPTO '99 Conference, Santa Barbara, CA, August 15-19, 1999.

2 SCHNEIER B. Applied Cryptography [M]. 2nd ed., New York: John Wiley & Sons, 1996: 397.

长度。最低情况，如果密钥长度仅有 40 bit，则有许多攻击方式可以攻破 RC4。

不管选择的密钥长度是多少，我们可以简单将其分割成字节并标记为 K_0, K_1, $K_2, \cdots, K_{255}$。如果在填充完 256 字节之前密钥已经用完，就继续从头开始使用密钥填充字节。例如，如果密钥长度仅有 64 字节，则必须从头至尾放置 4 遍才能有足够多的字节来填充 $K_0 \sim K_{255}$。所有 S_i 通过以下循环方式进行混淆排列：

$$j = 0$$
$$\text{for } i = 0 \text{ to } 255$$
$$j = (j + S_i + K_i) \ (\text{mod } 256) \qquad (18\text{-}14)$$
$$\text{Swap } S_i \text{ and } S_j$$
$$\text{next } i$$

在将索引变量 i 和 j 重设为 0 之后，就可以准备生成用于加密的密钥流。然后，可以重复使用如下 6 行代码来逐字节生成用于加密的密钥 K：

$$i = (i + 1) \ (\text{mod } 256)$$
$$j = (j + S_i) \ (\text{mod } 256)$$
$$\text{Swap } S_i \text{ and } S_j \qquad (18\text{-}15)$$
$$t = (S_i + S_j) \ (\text{mod } 256)$$
$$K_i = S_t$$
$$C_i = M_i \oplus K_i$$

我们将上述步骤应用到消息的每一个字节 M_i，直到它们完全被加密。

RC4 是一个比较简单的密码系统且易于编程，它与本节讨论的其他方法都是不同的。RC4 的准确周期尚未知，但是到目前为止的分析表明其周期很有可能超过 10^{100}。这个下限是一个熟悉的数字，数学家把 10^{100} 称为"googol"（巨大的数），这远在某个互联网搜索引擎把它的错误拼写作为名字之前。

RC4 被用于安全套接层（SSL）和有线等效保密（Wired Equivalent Privacy，WEP）。人们有时也会说，WEP 代表白象保护（White Elephant Protection），因为它是不安全的，但是这和 RC4 没任何关系，缺陷在于实现上。

WEP 实现 RC4 的方式与第 8 章中介绍的恩尼格玛密码机的使用方式类似。一个 24 bit 的初始化向量（*IV*）被放在 WEP 密文之前，目的在于帮助生成一个会话密钥。

当需要填充密钥字节时，这些比特值被首先使用。紧跟着它们的是一个可以被使用多次的密钥，原因是这个随机生成的 *IV* 每次都会产生不同的杂乱密钥。然而，对消息的足够积累（正如波兰人需要恢复恩尼格玛密钥）可以利用这些初始化向量攻破 WEP[1]。

---

1 STAMP M, LOW R M. Applied Cryptanalysis: Breaking Ciphers in the Real World [M]. Hoboken, NJ: Wiley-Interscience, 2007: 105-110.

其他使用 RC4 的软件包主要包括微软 Windows 和 Lotus Notes，RC4 确实是软件中最流行的流密码。这一点尤其让人印象深刻，因为它早在 1987 年就被创造出来了。

你可能会参考 RC5 和 RC6，尽管它们听上去是以上所描述的系统的更新版本，但实际则不然，RC5 和 RC6 都是分组密码。编号仅仅表示了李维斯特（Rivest）开发这些不相关的密码的顺序，这和贝多芬交响曲的编号类似。

注意！即使一个流密码在数学上是安全的，当误用时也会被攻破。例如，如果相同的初始状态（种子）被使用两次，其安全性就不如一个二进制滚动密钥密码。在流密码中密钥永远不要被重用！

参考文献和进阶阅读

关于同余发生器

BELLARE M, GOLDWASSER S, MICCIANCIO D. "Pseudo-random" number generation within cryptographic algorithms: the DDS case [C]// in KALISKI JR B S, Ed., Advancesin Cryptology: CRYPTO '97 Proceedings, Lecture Notes in Computer Science, Springer, New York, 1997,1294: 277-291.

BOYAR J. Inferring sequences produced by pseudo-random number generators [J].Journal of the ACM, 1989, 36(1): 129-141.

GUINIER D. A fast uniform "astronomical" random number generator [J]. SIGSACReview, 1989, 7(1): 1-13.

KNUTH D. Deciphering a linear congruential encryption [J]. IEEE Transactions on Information Theory, 1985, 31(1): 49-52. The Jedi Knight of computer algorithmspays cryptanalysis a visit!

KRAWCZYK H. How to predict congruential generators [C]// in BRASSARD G. Ed., Advancesin Cryptology: CRYPTO '89 Proceedings, Lecture Notes in Computer Science, Springer, Berlin, 1990, 435: 138-153.

KRAWCZYK H. How to predict congruential generators [J]. Journal of Algorithms, 1992, 13(4):527-545.

LAGARIAS J C, REEDS J. Unique extrapolation of polynomial recurrences [J]. SIAM Journal on Computing, 1988, 17(2): 342-362.

MARSAGLIA G, BRAY T. One-line random number generators and their use in combination [J].Communications of the ACM, 1968, 11(11): 757-759.

PARK S, MILLER K. Random number generators: good ones are hard to find [J].Communications of the ACM, 1988, 31(10): 1192-1201.

PLUMSTEAD J B. Inferring a sequence generated by a linear congruence [C]// in Proceedings of the 23rd IEEE Symposium on the Foundations of Computer Science, IEEE ComputerSociety Press, Los Alamitos, CA, 1982: 153-159.

REEDS J. "Cracking" a random number generator [J]. Cryptologia, 1977, 1(1): 20-26. 里兹展示了如何使用一个作弊词来攻破一个线性同余随机数发生器。

REEDS J. Solution of a challenge cipher [J]. Cryptologia, 1979,3(2): 83-95.

REEDS J. Cracking a multiplicative congruential encryption algorithm [C]// in WANGP C C, Ed., Information Linkage Between Applied Mathematics and Industry,Academic Press, New York, 1979: 467-472.

VAHLE M, TOLENDINO L. BREAKING a pseudo random number based cryptographicalgorithm [J]. Cryptologia, 1982, 6(4): 319-328.

WICHMANN B, HILL D. Building a random-number generator [J]. Byte, 1987, 12(3): 127-128.

关于 LFSRs

BARKER W G. Cryptanalysis of Shift-Register Generated Stream Cipher Systems [M]. Laguna Hills, CA: AegeanPark Press, 1984.

GOLOMB S. Shift Register Sequences [M]. 2nd ed., Laguna Hills, CA: Aegean Park Press,1982. Golomb worked for the National Security Agency. This edition is a reprint of one from Holden-Day, San Francisco, CA, 1967.

GORESKY M, KLAPPER A. Algebraic Shift Register Sequences [M]. Cambridge, UK: Cambridge University Press, 2012.

SELMER E S. Linear Recurrence Relations Over Finite Fields [Z]. Mimeographed lecture notes, Department of Mathematics, University of Bergen, Norway, 1996. 塞尔默是挪威政府的首席密码学家。

ZIERLER N. Linear recurring sequences [J]. Journal of the Society for Industrial and Applied Mathematics, 1959, 7(1): 31-48.

关于 A5/1

BARKAN E, BIHAM E. Conditional estimators: an effective attack on A5/1 [C]// in PRENEEL B, TAVARES S, Eds., Selected Areas in Cryptography 2005, Springer, Berlin, 2006: 1-19.

BARKAN E, BIHAM E, KELLER N. Instant ciphertext-only cryptanalysis of GSMencrypted communication [C]// in BONEH D, Ed., Advances in Cryptology: CRYPTO 2003 Proceedings, Lecture Notes in Computer Science, Springer, Berlin, 2003, 2729: 600-616.

BARKAN E, BIHAM E, KELLER N. Instant ciphertext-only cryptanalysis of GSM encrypted communication [J]. Journal of Cryptology, 2008, 21(3): 392-429. This was published earlier as Technical Report CS-2006-07-2006, Computer Science Department, Technion, Israel Institute of Technology.

BIHAM E, DUNKELMAN O. Cryptanalysis of the A5/1 GSM stream cipher [C]// in ROY B K, OKAMOTO E, Eds., Progress in Cryptology: INDOCRYPT 2000, Lecture Notes in Computer Science, Springer, Berlin, 2001: 43-51.

BIRYUKOV A, SHAMIR A, WAGNER D. Real time cryptanalysis of A5/1 on a PC [C]// in SCHNEIER B, Ed., Fast Software Encryption: FSE 2000, Lecture Notes in Computer Science, Springer, Berlin, 2001, 1978: 1-18.

EKDAHL P, JOHANSSON T. Another attack on A5/1 [J]. IEEE Transactions on Information Theory, 2003, 49(1): 284-289.

GOLIC J D. Cryptanalysis of alleged A5 stream cipher [C]// in FUMY W, Ed., Advances in Cryptology: EUROCRYPT '97 Proceedings, Lecture Notes in Computer Science, Springer, Berlin, 1997, 1223: 239-255.

MAXIMOV A, JOHANSSON T, BABBAGE S. An improved correlation attack on A5/1 [C]// in HANDSCHUH H, HASAN M A, Eds., Selected Areas in Cryptography 2004, 2004.

Lecture Notes in Computer Science, Springer, Berlin, 2004, 3357: 1-18. STAMP M. Information Security: Principles and Practice [M]. Hoboken, NJ: Wiley-Interscience, 2006. Several GSM security flaws are detailed in this book.

关于 RC4

ARBAUGH W A, SHANKAR N, WAN Y C. Your 802.11 wireless network has no clothes [J]. IEEE Wireless Communications, 2002, 9(6): 44-51（出版日期是由正式参考文献给出的；论文自身标注的日期是 2001 年 3 月 30 日）。

BORISOV N, GOLDBERG I, WAGNER D. Security of the WEP Algorithm, ISAAC, Computer Science Department, University of California Berkeley. 本页面包含鲍里索夫、戈德堡和瓦格纳的研究结果的摘要以及与他们的论文和幻灯片的链接。

FLUHRER S, MANTIN I, SHAMIR A. Weaknesses in the key scheduling algorithm of

RC4 [C]// in VAUDENAY S, YOUSSEF A M. Eds., Selected Areas in Cryptography 2001, Lecture Notes in Computer Science, Springer, Berlin, 2002, 2259: 1-24.

KUNDAREWICH P D, WILTON S J E, HU A J. A CPLD-based RC4 cracking system [C]// in Proceedings of 1999 IEEE Canadian Conference on Electrical and Computer Engineering, Edmonton, Alberta, Canada, May 9-12, 1999: 397-401.

MANTIN I. Analysis of the Stream Cipher RC4 [D]. New York: Weizmann Institute of Science, November 27, 2001.这篇论文有时会在标题"The Security of the Stream Cipher RC4" 下引用，所引用的网站包含关于 RC4 和 WEP 的其他论文。

STUBBLEFIELD A, IOANNIDIS J, RUBIN A D. Using the Fluhrer, Mantin and Shamir attack to break WEP [C]// Proceedings of the Network and Distributed System Security System (NDSS 2002), San Diego, CA, February 6-8, 2002. Revision 2, dated August 21, 2001.

WALKER J R. IEEE P802.11 Wireless LANs, Unsafe at Any Key Size; An Analysis of the WEP Encapsulation[Z]. IEEE Document 802.11-00/362, October 27, 2000.

综述

CUSICK T W, DING C, RENVALL A. Stream Ciphers and Number Theory [M]. Elsevier, New York: Rev. ed., North-Holland Mathematical Library Vol. 66, 2004. The original edition, published in 1998, was Vol. 55 of the same series.

RITTER T. The efficient generation of cryptographic confusion sequences [J]. Cryptologia, 1991, 15(2): 81-139. This survey paper includes a list of 213 references. ROBSHAW M J B. Stream Ciphers, Technical Report TR-701 [M]. Bedford, MA: Version 2.0, RSA Laboratories, 1995.

RUBIN F. Computer methods for decrypting random stream ciphers [J]. Cryptologia,1978,2(3): 215-231.

RUEPPEL R A. Analysis and Design of Stream Ciphers [M]. New York: Springer, 1986. VAN DER LUBBE J. Basic Methods of Cryptography [M]. Cambridge, UK: Cambridge University Press, 1998.

第19章

Suite B 全明星算法

2005 年，美国国家安全局（NSA）公布了一组推荐的密码算法和协议。它们被称为"Suite B"，且被认为是最优秀的公开方案。本章主要介绍其中的两种密码体制。

19.1 椭圆曲线密码

在 Diffie-Hellman 和 RSA 之后，公钥密码的另外一种实施方法于 1985 年由尼尔·科布利茨（见图 19.1）和维克多·S·米勒（见图 19.2）分别独立提出。他们的这种椭圆曲线密码的优势之一在于与 RSA 达到同级别安全性时，其所需要的密钥更短（尚未证明）。例如，据估计，313 bit 的椭圆曲线密钥与 4 096 bit 的 RSA 密钥可达到相同的安全强度[1]。

图 19.1 尼尔·科布利茨（1948—）

（由尼尔·科布利茨提供）

图 19.2 维克多·S·米勒（1947—）

（由维克多·S·米勒提供）

---

1 BLAKE I, SEROUSSI G, SMART N. Elliptic Curves in Cryptography [M]. London Mathematical Society Lecture Note Series, Vol. 265, Cambridge, UK: Cambridge University Press, 1999: 9.

在详细介绍这些曲线的密码学应用前，我们先来掌握一些背景知识。一条椭圆曲线是形如 $y^2 = x^3 + ax + b$ 的方程式的解以及一个无穷远点 ∞ 的集合。为纪念卡尔·维尔斯特拉斯（见图 19.3），这类方程式被称为维尔斯特拉斯方程。维尔斯特拉斯在 19 世纪初对该类方程进行了研究，时间远在其被怀疑有任何密码学的应用之前[1]。因此，就像费马和欧拉的工作一样，我们又一次看到，数学结果的最终用途是不可预测的。尽管有命名的荣誉，但有关椭圆曲线的工作比魏尔斯特拉斯的研究要久远得多[2]：

图 19.3　卡尔·维尔斯特拉斯（1815—1897）

椭圆曲线在数学的诸多领域均有着悠久而丰富的历史。椭圆曲线上用于点加的所谓"弦切法"可以追溯至公元 3 世纪的丢番图。

悠久的历史不会令人感到惊奇，因为，正如科布利茨所指出的，"椭圆曲线是复杂性高于圆锥曲线的所有曲线中最简单的一类[3]"，仅仅跨越了从 2 阶到 3 阶的一小步。

根据曲线是有 3 个实数根或仅有一个实数根，方程的解的图形有两种基本形态。通过避免使用具有重数大于 1 的根的椭圆曲线，使接下来的工作更加简单[4]。当看到复数解（与图 19.4 中描述的实数解相对）时，曲线看起来是一个环面（类似于甜甜圈形状）。

没有几分诗人才气的数学家永远不会成为完美的数学家。

——卡尔·维尔斯特拉斯[5]

1　其他研究椭圆曲线的知名人士包括阿贝尔、雅可比、高斯和勒让德。

2　KOBLITZ N. Random Curves: Journeys of a Mathematician [M]. Berlin: Springer, 2008: 313.

3　同上，第 303 页。

4　另一个简化形式排除域中特征为 2 或 3 的情况。感兴趣的读者可以查询这种简化形式的原因。这些简化正是如此，如果没有它们，我们可能会更困难地前行。

5　BELL E T. Men of Mathematics [M]. New York: Dover Publications, 1937: 432.

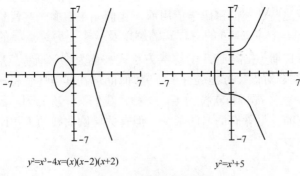

$y^2=x^3-4x=(x)(x-2)(x+2)$ $y^2=x^3+5$

图 19.4   椭圆曲线实例

椭圆曲线并不像椭圆。这个名字源于它们与椭圆积分的关系，椭圆积分于 19 世纪被提出，当时数学家们试图寻找椭圆的弧长公式。举例如下：

$$\int_c^d \frac{dx}{\sqrt{x^3+ax+b}} \tag{19-1}$$

和

$$\int_c^d \frac{xdx}{\sqrt{x^3+ax+b}} \tag{19-2}$$

令上面任一被积函数的分母等于 y，即得到一个椭圆曲线 $y^2=x^3+ax+b$。

我们以一种奇怪的方式来定义椭圆曲线上的点加运算。为了计算两点（P_1 与 P_2）的和，过这两点画一条直线，注意到，该直线穿过曲线上的第三个点 I。I 不是两点的和！I 只是一个中间点。将点 I 关于 x 轴映射后得到一个对称点 P_3，则有 $P_1+P_2=P_3$，如图 19.5 所示。如果想求一个点加自己本身，则过该点做曲线的切线，接下来步骤同上。

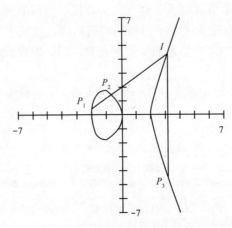

图 19.5   椭圆曲线的点加运算

还有一种情况需要考虑。当位于同一条垂直线上的两个点相加时（或者曲线上一个有垂直切线的点与自身相加），其与曲线没有其他交点。为了"修补"这个问题，我们引入了一个额外的点 ∞，这是代数几何领域中的常用技巧。∞ 关于 x 轴映射仍然得到 ∞；也就是说，我们不想再得到第二个 ∞。有了这些定义，一条椭圆曲线上的所有点（包括 ∞）组成一个交换群。其单位元是 ∞，因为对于任意点 P，$P + \infty = P$。

加法运算可以使用如下代数方法计算。给定 $P_1 = (x_1, y_1)$ 和 $P_2 = (x_2, y_2)$，有
$$P_1 + P_2 = \left(m^2 - x_1 - x_2, m\left(2x_1 - \left(m^2 - x_2 \right) \right) - y_1 \right)，其中：$$

如果 $P_1 \neq P_2$，则 $m = (y_2 - y_1)/(x_2 - x_1)$

如果 $P_1 = P_2$，则 $m = \left(3x_1^2 + a \right)/2y_1$

$$(19\text{-}3)$$

证明留作练习。

图 19.4 和图 19.5 只展示了解为实数的椭圆曲线，但是我们可以转而检验相同方程式模 n 的情况。例如，考虑：

$$y^2 = x^3 + 3x + 4 \,(\text{mod}\, 7) \tag{19-4}$$

为 x 赋值 0、1、2、3、4、5 和 6，并观察哪些值是模 7 完全平方的，我们可以很快得到解的完整集合：

$$\{(0,4),(0,5),(1,1),(1,6),(2,2),(2,5),(5,2),(5,5),(6,0),\infty\} \tag{19-5}$$

举一个例子，该曲线上不存在横坐标 $x=3$ 的点，因为横坐标 $x=3$ 意味着集合 $\{0、1、2、3、4、5、6\}$ 中的某些 y 值满足 $y^2 = -2 \,(\text{mod}\, 7)$，然而事实并非如此。

注意到除了 0 以外，每一个对 x 赋值所产生的完全平方数都会对应两个 y 值。

有趣的是，如果在椭圆曲线上找到点 (x, y) 满足 x 和 y 都是有理数，则方程解的数目可能是无限的，也可能是有限的。但是，如果只有有限多个解，解的个数不会超过 16。换言之，我们可以通过模除一个素数来得到任意大但仍然有限的解集合。

那么，有多少点可以满足给定的模 p 的椭圆曲线呢？如果代入值 $0,1,2,\cdots,$ $p-1$，我们有希望有一半的时间得到一个模 p 的平方根（因此，它是曲线上的一点）。这是因为数论中有一个结论：有一半的非零整数在模素数情况下是完全平方数。但是，除了 0 以外的每个平方根都有两个解，因此大约应该有 p 个点，再加上点 ∞，共有 $p+1$ 个点，但是我们并不总能得到这样一个精确值。令准确值表示为 N，则误差是 $|N-(p+1)|$。德国数学家赫尔穆特·哈塞在 1930 年左右发现了该误差的一个界：

$$|N - (p+1)| \leqslant 2\sqrt{p} \tag{19-6}$$

例如，如果 $p=101$，我们估计有 102 个点，Hasse 定理保证了真正的点数会在 $102-2\sqrt{101} \sim 102+2\sqrt{101}$ 范围内，即舍入到适当的整数后，点数会在 82～122 范围内。

现在我们已经准备好开始展示椭圆曲线如何被用来在不安全的通道上进行密钥协商。这是迪菲·赫尔曼密钥协商的椭圆曲线密码学（ECC）版本。通常，Alice 和 Bob 在此时应该出现，但尼尔·科布利茨回忆道[1]：

> 当我写第一本关于密码学的书时，我尝试将这种盎格鲁中心式的命名改变为像 Alicia 和 Beatriz 或 Aniuta 和 Busiso 之类的。然而，英裔美国人在密码学领域的主导地位根深蒂固。例如，几乎所有的书籍和杂志都是英文的。我勇敢地试图将多元文化主义引入密码学的写作习惯中，但最终不了了之。每个人仍然在说"Alice"和"Bob"。

为了致敬科布利茨，如下所示，密钥交换将会在 Aïda 和 Bernardo 之间进行：

① Aïda 和 Bernardo 协商一条椭圆曲线 $E \pmod p$，其中 p 为素数；

② 他们协商出曲线 E 上的一个点 B（这也是公开完成的）；

③ Aïda 选择一个随机的(秘密的)整数 a 并计算 aB，然后将 aB 发送给 Bernardo；

④ Bernardo 选择一个随机的（秘密的）整数 b 并计算 bB，然后将 bB 发送给 Aïda；

⑤ Aïda 和 Bernardo 现在都可以计算 abB，它的 x 坐标可以调整为一个对称密码系统的秘密密钥。

给定椭圆曲线上的点 P 和 B，找到一个整数 x 满足 $xB=P$，是离散对数问题在椭圆曲线上的形式。当数值很大时，目前还没有有效的方法可以解决这一问题。字母 B 是选定的，其代指的这个点相当于该版本的离散对数问题中的底（Base）。在上面描述的密钥交换过程中，尽管窃听者可以知道 aB 和 bB，但是他不能有效地找到 a 或 b。这很好，因为这两个值中的任意一个都能将 Aïda 和 Bernardo 交换产生的秘密密钥恢复出来。

当计算一个点的大倍数时，我们希望避免单调地执行大量点本身相加这种操作。值得高兴的是，我们可以采用重复平方技术，该技术用于求解一个数在模整数 n 时的高次幂。使用一个例子就可以很容易地解释该技术。

为了计算 $100P$，可以把它表示为 $2\big(2\big(P+2\big(2\big(2(P+2P)\big)\big)\big)\big)$。因此，不需要 99 次加法，只需要 2 次加法和 6 次加倍[2]。但是我们如何找到这种表示形式呢？

另一个例子将说明这个过程。假设我们希望计算 $86P$，因为 86 可以被 2 整除，我们开始于：

2

1　KOBLITZ N. Random Curves: Journeys of a Mathematician [M]. Berlin: Springer, 2008: 321.

2　该例源于 KOBLITZ N. A Course in Number Theory and Cryptography [M]. 2nd ed., New York: Springer, 1994: 178。该例同样也出现在第一版中的 162 页，但是在第一版中的一对打印错误使这个简单的技术晦涩难懂。

将 86 二等分为 43，43 不能被 2 整除，因此添加一个 P 以继续，而不是继续使用 2：

$$2(P+ \tag{19-7}$$

同时，将正在分解的数字减 1。现在值已经下降为 42，我们在表达式中添加一个 2，再次将其二等分。则有：

$$2(P+2 \tag{19-8}$$

但是 42 的一半是 21，是个奇数，因此我们继续使用 P：

$$2(P+2(P+ \tag{19-9}$$

将 21 减 1，得到 20，它可以被二等分两次，因此可以加上一对 2：

$$2(P+2(P+2(2 \tag{19-10}$$

将 20 二等分两次后，得到 5，是个奇数，因此继续使用 P：

$$2(P+2(P+2(2(P+ \tag{19-11}$$

5 减 1 得 4，可以二等分两次，因此加上一对 2：

$$2(P+2(P+2(2(P+2(2 \tag{19-12}$$

最终数字减小为 1，因此我们以 P 结束，并将对应括号填充完整：

$$2\big(P+2\big(P+2\big(2\big(P+2(2P)\big)\big)\big)\big) \tag{19-13}$$

这是算法中最耗时的部分。2008 年，V·S·季米特洛夫等人提出了一种更快的方法，但是它只适用于具有特殊方程式的椭圆曲线，并不适用于一般曲线[1]。在这种特殊情况下，所需时间是亚线性的。

为了使用椭圆曲线加密消息，而不仅仅是协商一个密钥，我们必须能够使用曲线上的点来表示明文字符。前文提到的 Hasse 定理表明对一个足够大的模数，将会有充足数量的点，但是还没有一个快速的（多项式时间）确定性方法可以将字符映射至这些点[2]。问题在于给定一个 x 值，可能存在、也可能不存在这样的 y 使 (x,y) 落在曲线上。科布利茨描述了一种配对字符和点的方法，具体如下：

① 将消息表示为一个数字 m；

② 如果 m 是一个模 p 的完全平方数，则有唯一的点 (m,y) 在曲线上；

③ 在 m 上添加一些比特，使新生成的数 x 是一个模 p 的完全平方数。这一

1　DIMITROV V S, JARVINEN K, JACOBSON M J, et al. Provably sublinear point multiplication on Koblitz curves and its hardware implementation [J]. IEEE Transactions on Computers, 2008, 57(11): 1469-1481.
2　然而，存在一些概率算法可以被用来使失败概率足够小，15.5 节的引理使我们相信一个确定性多项式时间算法的确存在。

过程可能需要重复尝试多次，直到找到一个解。你愿意尝试的次数越多，你成功的机会就越大，因为每一次尝试均有大约 50%的机会能够产生一个完全平方数。

一旦消息被转化成曲线上的点，我们就可以开始加密了。

19.1.1 Elgamal，ECC 版

正如迪菲·赫尔曼有 ECC 版本一样，Elgamal 算法也是如此。一个例子将展示在这个系统里 Bisahalani 是如何将一个加密后的消息发送给 Aditsan 的。为了能够接收到加密后的消息，Aditsan 选择一条椭圆曲线 $y^2 = x^3 - 2x + 3 (\text{mod } 29)$ 和曲线上的一个点 $B = (8,21)$。Aditsan 另外选择一个随机数（秘密的）$s=3$，并计算 $sB = 3(8,21)$。为完成该计算，他首先写成 $3B = B + 2B$，这表明他必须首先做一次加倍操作，然后再求和。

1. 加倍——因为乘以系数 2 等同于加上自己本身，所以使用如下公式（调整自之前给出的公式）：

$$2B = B + B = (m^2 - 2x, m(3x - m^2) - y) \tag{19-14}$$

其中，$m = (3x^2 + a)/2y$。回到曲线上，有 $a=-2$。计算 $m = (3 \times 8^2 - 2)/2 \times 21 = 190/42 = 16/13(\text{mod } 29)$，这里的除法意味着用分子乘以分母的逆。$13(\text{mod } 29)$ 的逆是 9，因此，上式变成 $16 \times 9 = 144 = 28(\text{mod } 29)$，但是 28 可以方便地表示为 $-1(\text{mod } 29)$。然后，将 m 的值代入求和等式得到：

$$2B = B + B = ((-1^2) - 2 \times 8, -1 \times 3 \times 8 - (-1)^2) - 21) = (14,14) \tag{19-15}$$

2. 求和——现在我们必须将最初的 B 加到新的两倍值上：

$$B + 2B = (8,21) + (14,14) = (m^2 - x_1 - x_2, m(2x_1 - (m^2 - x_2)) - y_1) \tag{19-16}$$

计算 $m = (y_2 - y_1)/(x_2 - x_1) = (14 - 21)/(14 - 8) = -7/6 = -7 \times 5 = -35 = 23(\text{mod } 29)$。然后，使用该值得到：

$$B + 2B = \left((23)^2 - 8 - 14, 23\left(2 \times 8 - \left(23^2 - 14\right)\right) - 21\right) =$$
$$(507, -11\,498) = (14,15) \tag{19-17}$$

Aditsan 现在公布自己的公钥如下：椭圆曲线 $y^2 = x^3 - 2x + 3(\text{mod } 29)$，点 $B = (8,21)$ 和 $sB = (14,15)$，他将 s 保密。回想一下，对更大的数据，已知 B 和 sB 不会允许我们能快速地求出 s。

看到 Aditsan 已经发布了自己的公钥，Bisahalani 开始准备自己的消息。他通过将消息转化成一个 x 值，然后在其后添加比特值，来保证 $x^3 - 2x + 3$ 将会是模 29

的完全平方数。为了简单起见，且便于说明，我们将假设他的消息被表示为 12，最终他得到曲线上的点 $M = (12, 5)$。接下来他选择一个随机数 $k = 5$，并计算：

$$kB = 5(8, 21) = (14, 15) \qquad （19\text{-}18）$$

和

$$M + k(sB) = (12, 5) + 5(14, 15) = (12, 5) + (8, 8) = (15, 19) \qquad （19\text{-}19）$$

既然我们已经展示过这些计算是如何进行的，此处就不再赘述。收到 Bisahalani 由两部分组成的消息后，Aditsan 计算：

$$s(kB) = 3(14, 15) = (8, 8) \qquad （19\text{-}20）$$

然后计算：

$$[M + k(sB)] - a(kB) = (15, 19) - (8, 8) \qquad （19\text{-}21）$$

现在，这是一些新东西，减法运算如何运行呢？非常简单！点 $-(8, 8)$ 只是一个映像而已，我们有 $-(8, 8) = (8, -8)$。画出曲线能帮助你了解这一点。因此，我们有 $(15, 19) - (8, 8) = (15, 19) + (8, -8) = (15, 19) + (8, 21)(\bmod 29)$。计算最后一步的加法得到 $(12, 5) = M$，至此 Aditsan 已经恢复出初始消息。

针对 Elgamal 签名方案也有相应的 ECC 版本。

19.2　ECC 的幕后人物

尽管他们本可以申请专利，并且将精力应用于椭圆曲线的商业化，但是 ECC 的创造者似乎并未受利益的驱使。事实上，尼尔·科布利茨并没有马上意识到椭圆曲线密码的商业潜力。他认为它"仅是一个很好的值得研究的理论构造"[1]。ECC 的共同发现者维克多·米勒确实意识到了它的实用价值，但是他当时正就职于 IBM，而且官方在那个时候对推广除 DES 之外的任何密码系统均不感兴趣[2]。因此，这种新技术的发现者均没有申请专利。

斯科特·范斯通（加拿大滑铁卢大学）首先通过一家现在名为 Certicom Corporation 的公司将椭圆曲线密码商业化[3]。1997 年 3 月，他以每个月 1 000 美元的薪水聘请科布利茨作为顾问。科布利茨接受并捐赠了这笔钱，首先捐给了华盛顿大

1　KOBLITZ N. Random Curves: Journeys of a Mathematician [M]. Berlin: Springer, 2008: 299.

2　同上，第 300 页.

3　同上，第 302-303 页.

学，但是在发现它被滥用之后就重新捐给了柯瓦列夫斯卡娅基金[1]。加拿大公司 Certicom 是 RSA 的竞争者，并且有 NSA 作为自己最大的客户："在 2003 年，NSA 为与 ECC 相关的 26 个专利向 Certicom 公司支付了 2 500 万美元专利使用费[2]。" 正如本章开头所提到的，NSA 将 ECC 版的一个密钥协商方案和一个数字签名方案放在它的推荐列表 "Suite B" 中，同时也在鼓励其他人使用该系统[3]。为了回答这个显而易见的问题，我们引用 NSA 的一个说法[4]：

> 另一套 NSA 密码——Suite A，包含一些不会被公开的机密算法。Suite A 将用于保护某些特别敏感的信息。

Suite B 分组密码、AES，会在本章后面详细介绍。ECC 经受了时间的考验以及大量的同行评议，最终赢得 NSA 的认可[5]：

> 除了一小组很容易避免的椭圆曲线之外，即使是目前——ECC 问世 20 多年后仍然没有已知的算法能够在少于 $10^{n/2}$ 步骤之内找到离散对数，其中 n 是椭圆曲线群的大小所对应的十进制数。

尼尔·科布利茨的政治信仰同样经受住了时间的考验。在许多激进分子凋零的地方，科布利茨的自传显示了他几十年来一直坚持自己的激进主义。他已经数次被逮捕，包括他在哈佛大学任教的第一年。他从来没有因为政治信仰影响他的饭碗而感到焦虑[6]：

> 我已经读过有关数学的历史，并注意到数学家们对怪癖和政治分歧的宽容传统由来已久。

1997 年 6 月，科布利茨了解到 RSA 官方网站张贴了一个对 ECC 充满怀疑言论的网页。这是美国公司咄咄逼人策略的一部分，还包括来自 RSA 共同创始人罗纳德·李维斯特的一份评论[7]：

> 但是，基于椭圆曲线的密码系统的安全性尚不清楚，这在很大程度上归因于椭圆曲线的抽象性质。很少有密码学家理解椭圆曲线，因此……试图对椭圆曲线密码系统的安全性进行评估有点像试图对最近发现的迦勒底人的诗歌进行评价。

在询问了妻子谁是迦勒底人之后[8]，科布利茨的反应并不是张贴一个抨击 RSA 的网页，而是制作了一批以一条椭圆曲线和 "我喜欢迦勒底人的诗歌" 字样

1 KOBLITZ N. Random Curves: Journeys of a Mathematician [M]. Berlin: Springer, 2008: 314.
2 同上，第 319 页.
3 NSA/CSS. NSA Suite B Cryptography[Z]. National Security Agency/Central Security Service, Washington, DC, 2009.
4 同上.
5 KOBLITZ N. Random Curves: Journeys of a Mathematician [M]. Berlin: Springer, 2008: 311.
6 同上，第 23 页.
7 同上，第 313 页.
8 他的妻子了解很多数学家，并且编写了 Sofia Kovalevskaia 的传记：KOBLITZ A H. A Convergence of Lives—So Lives—So a Kovalevskaia: Scientist, Writer, Revolutionary [M]. New Brunswick, NJ: Rutgers University Press, 1983.

为装饰的衬衫。他说这批衬衫受到了学生的欢迎,除了那些希望在 RSA 公司实习的以外[1]。

当维尔斯特拉斯说一个数学家如果不具有几分诗人才气就不可能完美的时候,他心中是否有迦勒底人的诗歌是值得怀疑的。他所指的更有可能是诗人的创造性和美感。维克多·米勒从事了艺术方面的工作,在 17 部社区戏剧作品中担任了演员兼歌手[2]。他还在许多唱诗班演唱,曾是 2003 年威斯敏斯特音乐学院一场声乐比赛的获胜者之一。

多年来,米勒饲养并展出纯种猫。他曾是一家全国品种俱乐部的前任主席,在 1997 年培育了美国最好的重点色短毛猫品种。米勒本人也是稀有品种,是为数不多的拥有贝肯数的数学家之一。没有严格局限于社区剧院,他在电影《美丽的心灵》中作为临时演员出演,该片主演艾德·哈里斯和凯文·贝肯曾一同出演影片《阿波罗 13 号》。这样,两个链环将米勒与贝肯连接起来。这一连接游戏早在贝肯之前就开始了,因为数学家们试图找到他们到保罗·埃尔德什的最短路径,这是一名拥有超过 1 500 篇论文和 500 多名合作者的数论家。米勒的埃尔德什数也是 2。米勒在所有的这些业余活动中都是成功的,但却在职业生涯中面临过一次不公平的拒绝[3]:

> 与默克尔(雷内·斯库夫)类似,我关于高效计算"韦尔对"的论文被 1986 年的 FOCS 会议拒稿(斯库夫关于计算有限域上椭圆曲线的点数的论文在 1985 年被拒稿)。这使亨德里克·伦斯特拉说,这也许是一种荣誉勋章。

19.3 高级加密标准

我们即将要查看一个最终入围 Suite B 的分组密码,但故事还要从 DES 的弱点开始。正如我们所看到的,DES 从一开始就因为密钥长度太短而饱受批评。随着计算速度的快速增长,问题日益恶化。最终在 1997 年 1 月,美国国家标准技术研究院(NIST)发起了另一项竞赛。获胜者将被宣布为高级加密标准,简称 AES。与第一次不同,1997 年,一个由数学家和计算机科学家组成的庞大的世界性团体正在公开地进行密码学研究,正是该团体负责分析所有提交密码系统的安全性。密码分析专家可以将他们的发现提交至 NIST 的 AES 网站,或呈现在 AES 会议上。

---

1 KOBLITZ A H. A Convergence of Lives—So a Kovalevskaia: Scientist, Writer, Revolutionary [M]. New Brunswick, NJ: Rutgers University Press, 1983.

2 戏剧是米勒和他女儿的共同兴趣,正如写作中提到的,他的女儿是在百老汇工作的专业舞台经纪人。

3 2010 年 11 月 10 日维克多·S·米勒发给作者的电子邮件。

接收提交于 1998 年 5 月 15 日终止，15 个被接收的密码系统于 1998 年 8 月 20—22 日在美国加州凡吐拉市举办的第一届高级加密标准候选会议上被展示[1]。第二届会议于 1999 年 3 月 22—23 日在意大利罗马举行。由于各种各样的安全问题被发现，5 个候选方案在（或先于）这次会议被淘汰。

1999 年 8 月，NIST 从剩余的 10 个候选方案中公布了入围方案，分别是：

1. RSA 公司的 RC6（Rivest Cipher6）；

2. IBM 公司的 MARS[2]；

3. Counterpane 公司的 Twofish（团队人员有布鲁斯·施奈尔、约翰·凯尔西、道格·怀汀、戴维·瓦格纳、克里斯·希尔和尼尔斯·弗格森）；

4. 罗斯·安德森、艾力·毕汉姆和拉尔斯·努森（一个英国/以色列/丹麦团队）提出的 Serpent；

5. 文森特·雷曼和琼·德门提出的 Rijndael（一个比利时团队）。

NIST 在一个出版物上阐述了他们的选择的合理性[3]，但没有任何争议出现，因为他们的选择与第二届 AES 候选会议结束时投票产生的前五名一致。运行成本是两个候选方案被排除的因素，缓慢的运行时间则是造成方案失败的另一个原因。

2000 年 4 月 13—14 日纽约市主办了第三届 AES 候选会议，最终入围方案的攻击被证明仅比蛮力攻击略快一点，与会代表再次投票支持他们的最爱。2000 年 10 月 2 日，NIST 宣布 Rijndael 密码是获胜者。因为这符合与会代表的投票结果，争议再一次被避免。NIST 再次将充分的理由在网上公布出来（NIST）[4]。Rijndael 这个名字是参与合作设计该密码的比利时人文森特·雷曼和琼·德门（见图 19.6）的姓氏组合，已经有各种各样的发音出现。许多美国人将其发音成 Rhine-Doll。该密码的创造者们一度在网站上为那些希望听到权威发音的人们建了一个链接，录音说"正确的发音是……AES"。

该算法是免版税的，这是对所有提交至 NIST 方案是否应该被宣布为优胜者的要求。这一事实，结合 NIST 和全世界密码学家的认可，促使罗纳德.李维斯特做出评论"Rijndael 很可能很快成为世界上使用最广泛的密码系统"，某种程度上说这是显而易见的。

1　在 DAEMEN J, RIJMEN V. The Design of Rijndael: AES—The Advanced Encryption Standard [M]. New York: Springer, 2002: 3.列举了这 15 个方案。

2　约翰·凯尔西和布鲁斯·施奈尔测试了他们的文章中提到的系统，该文章有一个精彩的题目"火星攻击！对轮数减小的 Mars 变形的初步分析。"

3　NECHVATAL J, BARKER E, DODSON D, et al. Status report on the first round of the development of the Advanced Encryption Standard[J]. Journal of Research of the National Institute of Standards and Technology, 1999, 104(5): 435-459.

4　NECHVATAL J, BARKER E, BASSHAM L, et al. Report on the Development of the Advanced Encryption Standard (AES) [S]. National Institute of Standards and Technology, Washington, DC, 2000: 116.

图 19.6 琼·德门（1965—）和文森特·雷曼（1970—）

（2009 年由文森特·雷曼提供）

AES 提供了可选的密钥大小（128 192 bit 或 256 bit），但只能处理 128 bit（16 个字节）的分组，它的轮数依密钥大小而定。不同的密钥大小通常被区别表示为 AES-128（10 轮）、AES-192（12 轮）或 AES-256（14 轮）。像 DES 一样，AES 源自早期的系统。不同于 DES 的是，AES 有更大的安全边界。密码创造者能发现的唯一攻击仅在 6 轮或更少轮数的情况（针对 128 bit 版本）下要好于蛮力攻击[1]。为把 2^{128} 的大小讲清楚，我们将其写出来看看：

340 282 366 920 938 463 463 374 607 431 768 211 456

AES 基本上是由 4 个简单而快速的操作组成，这些操作作用于一个 4×4 的字节矩阵，也被称为"状态"。每一个操作详细描述如下。

19.3.1 字节代换

顾名思义，该操作使用下面的表格对字节进行代换。它可以理解成像 DES 的 S 盒一样，甚至被称为 Rijndael S 盒，但是数量仅有一个（以及它的逆），且可以使用其他方法来表示它。下面是 Rijndael S 盒[2]：

```
 99 124 119 123 242 107 111 197  48   1 103  43 254 215 171 118
202 130 201 125 250  89  71 240 173 212 162 175 156 164 114 192
183 253 147  38  54  63 247 204  52 165 229 241 113 216  49  21
  4 199  35 195  24 150   5 154   7  18 128 226 235  39 178 117
  9 131  44  26  27 110  90 160  82  59 214 179  41 227  47 132
 83 209   0 237  32 252 177  91 106 203 190  57  74  76  88 207
208 239 170 251  67  77  51 133  69 249   2 127  80  60 159 168
 81 163  64 143 146 157  56 245 188 182 218  33  16 255 243 210
```

---

1 同前页 4，第 41 页.

2 此代换盒通常以十六进制来表示。对本书来说，我认为以基为 10 将会更清晰。这个表省去了我转换的麻烦，可见于 TRAPPE W, WASHINGTON L C. Introduction to Cryptography with Coding Theory [M]. Saddle River, NJ: Prentice Hall, Upper 2002，这是现代密码学写作最清楚的著作之一。

205	12	19	236	95	151	68	23	196	167	126	61	100	93	25	115
96	129	79	220	34	42	144	136	70	238	184	29	222	94	11	219
224	50	58	10	73	6	36	92	194	211	172	98	145	149	228	121
231	200	55	109	141	213	78	169	108	86	244	234	101	122	174	8
186	120	37	46	28	166	180	198	232	221	116	31	75	189	139	138
112	62	181	102	72	3	246	14	97	53	87	185	134	193	29	158
225	248	152	17	105	217	142	148	155	30	135	233	206	85	40	223
140	161	137	13	191	230	66	104	65	153	45	15	176	84	187	22

就像普通的英语文本一样，该表应该从左到右、从上到下读。因此，用十进制表示，0 代换为 99，1 代换为 124，…，255 代换为 22，这些数字以十进制表示只是为了方便（以及熟悉）。以二进制表示，每一个都是一个字节，字节的 8 bit 可以被视为一个阶至多为 7 的多项式的系数。以这种方式来看，上述表格有更简单的表示形式。先求每个多项式在模 $x^8 + x^4 + x^3 + x + 1$ 时的逆，然后再进行仿射变换：

$$
\begin{pmatrix}
1 & 1 & 1 & 1 & 1 & 0 & 0 & 0 \\
0 & 1 & 1 & 1 & 1 & 1 & 0 & 0 \\
0 & 0 & 1 & 1 & 1 & 1 & 1 & 0 \\
0 & 0 & 0 & 1 & 1 & 1 & 1 & 1 \\
1 & 0 & 0 & 0 & 1 & 1 & 1 & 1 \\
1 & 1 & 0 & 0 & 0 & 1 & 1 & 1 \\
1 & 1 & 1 & 0 & 0 & 0 & 1 & 1 \\
1 & 1 & 1 & 1 & 0 & 0 & 0 & 1
\end{pmatrix}
\times
\begin{pmatrix}
a_7 \\ a_6 \\ a_5 \\ a_4 \\ a_3 \\ a_2 \\ a_1 \\ a_0
\end{pmatrix}
\otimes
\begin{pmatrix}
0 \\ 1 \\ 1 \\ 0 \\ 0 \\ 0 \\ 1 \\ 1
\end{pmatrix}
\tag{19-22}
$$

例

Rijndael S 盒将 53 转为 150，然后再验证另一种方法，效果是一样的。将 53 转化成二进制表示，得到 00110101，其多项式表示为：

$$x^5 + x^4 + x^2 + 1 \tag{19-23}$$

它的模 $x^8 + x^4 + x^3 + x + 1$ 的逆是 $x^5 + x^4 + x^3 + 1$，或二进制的 00111001，可以使用 13.3 节介绍的扩展欧几里得算法来计算逆。除了使用多项式来代替整数之外，其他并无不同。多项式的长除法为：

$$(x^8 + x^4 + x^3 + x + 1) = (x^3 + x^2 + x)(x^5 + x^4 + x^2 + 1) + (x^3 + x^2 + 1) \tag{19-24}$$

和

$$(x^5 + x^4 + x^2 + 1) = x^2(x^3 + x^2 + 1) + 1 \tag{19-25}$$

最后的余数 1 表明这两个多项式是互素的，这是一个多项式模除另一个多项式存在逆的必要条件。

针对上面的每一个等式计算其余数:

$$x^3 + x^2 + 1 = (x^8 + x^4 + x^3 + x + 1) - (x^3 + x^2 + x)(x^5 + x^4 + x^2 + 1) \tag{19-26}$$

$$1 = (x^5 + x^4 + x^2 + 1) - x^2(x^3 + x^2 + 1)$$

使用第一个等式来代替第二个等式中的 $x^3 + x^2 + 1$,得到:

$$1 = (x^5 + x^4 + x^2 + 1) - x^2 \left[(x^8 + x^4 + x^3 + x + 1) - (x^3 + x^2 + x)(x^5 + x^4 + x^2 + 1) \right]$$

$$\tag{19-27}$$

分配 x^2,去掉中括号,得到:

$$1 = (x^5 + x^4 + x^2 + 1) - x^2(x^8 + x^4 + x^3 + x + 1) + (x^5 + x^4 + x^3)(x^5 + x^4 + x^2 + 1)$$

$$\tag{19-28}$$

结合 $x^5 + x^4 + x^2 + 1$ 项,得到:

$$1 = -x^2(x^8 + x^4 + x^3 + x + 1)(x^5 + x^4 + x^3 + 1)(x^5 + x^4 + x^2 + 1) \tag{19-29}$$

将上式模除 $x^8 + x^4 + x^3 + x + 1$ 之后简化为:

$$1 = (x^5 + x^4 + x^3 + 1)(x^5 + x^4 + x^2 + 1) \tag{19-30}$$

因此,可以看出 $x^5 + x^4 + x^3 + 1 \left(\bmod x^8 + x^4 + x^3 + x + 1 \right)$ 的逆是 $x^5 + x^4 + x^3 + 1$,如上所述。我们将其记为二进制向量 00111001,并把它代入矩阵方程:

$$\begin{pmatrix} 1 & 1 & 1 & 1 & 1 & 0 & 0 & 0 \\ 0 & 1 & 1 & 1 & 1 & 1 & 0 & 0 \\ 0 & 0 & 1 & 1 & 1 & 1 & 1 & 0 \\ 0 & 0 & 0 & 1 & 1 & 1 & 1 & 1 \\ 1 & 0 & 0 & 0 & 1 & 1 & 1 & 1 \\ 1 & 1 & 0 & 0 & 0 & 1 & 1 & 1 \\ 1 & 1 & 1 & 0 & 0 & 0 & 1 & 1 \\ 1 & 1 & 1 & 1 & 0 & 0 & 0 & 1 \end{pmatrix} \times \begin{pmatrix} a_7 \\ a_6 \\ a_5 \\ a_4 \\ a_3 \\ a_2 \\ a_1 \\ a_0 \end{pmatrix} \oplus \begin{pmatrix} 0 \\ 1 \\ 1 \\ 0 \\ 0 \\ 0 \\ 1 \\ 1 \end{pmatrix} \tag{19-31}$$

得到:

$$\begin{pmatrix} 1 & 1 & 1 & 1 & 1 & 0 & 0 & 0 \\ 0 & 1 & 1 & 1 & 1 & 1 & 0 & 0 \\ 0 & 0 & 1 & 1 & 1 & 1 & 1 & 0 \\ 0 & 0 & 0 & 1 & 1 & 1 & 1 & 1 \\ 1 & 0 & 0 & 0 & 1 & 1 & 1 & 1 \\ 1 & 1 & 0 & 0 & 0 & 1 & 1 & 1 \\ 1 & 1 & 1 & 0 & 0 & 0 & 1 & 1 \\ 1 & 1 & 1 & 1 & 0 & 0 & 0 & 1 \end{pmatrix} \times \begin{pmatrix} 0 \\ 0 \\ 1 \\ 1 \\ 1 \\ 0 \\ 0 \\ 0 \end{pmatrix} \oplus \begin{pmatrix} 0 \\ 1 \\ 1 \\ 0 \\ 0 \\ 0 \\ 1 \\ 1 \end{pmatrix} = \begin{pmatrix} 1 \\ 1 \\ 1 \\ 1 \\ 0 \\ 1 \\ 0 \\ 1 \end{pmatrix} \oplus \begin{pmatrix} 0 \\ 1 \\ 1 \\ 0 \\ 0 \\ 0 \\ 1 \\ 1 \end{pmatrix} = \begin{pmatrix} 1 \\ 0 \\ 0 \\ 1 \\ 0 \\ 1 \\ 1 \\ 0 \end{pmatrix} \tag{19-32}$$

最后将输出 10010110，转化为以 10 为基，得到 150，这与我们的表格所提供的值相符。

为求逆仿射变换，必须首先执行 XOR 操作，然后乘以上面 8×8 矩阵的逆。之后有：

$$
\begin{pmatrix}
0 & 1 & 0 & 1 & 0 & 0 & 1 & 0 \\
0 & 0 & 1 & 0 & 1 & 0 & 0 & 1 \\
1 & 0 & 0 & 1 & 0 & 1 & 0 & 0 \\
0 & 1 & 0 & 0 & 1 & 0 & 1 & 0 \\
0 & 0 & 1 & 0 & 0 & 1 & 0 & 1 \\
1 & 0 & 0 & 1 & 0 & 0 & 1 & 0 \\
0 & 1 & 0 & 0 & 1 & 0 & 0 & 1 \\
1 & 0 & 1 & 0 & 0 & 1 & 0 & 0
\end{pmatrix}
\times
\begin{pmatrix}
a_7 \\ a_6 \\ a_5 \\ a_4 \\ a_3 \\ a_2 \\ a_1 \\ a_0
\end{pmatrix}
\oplus
\begin{pmatrix}
0 \\ 1 \\ 1 \\ 0 \\ 0 \\ 0 \\ 1 \\ 1
\end{pmatrix}
\tag{19-33}
$$

分配乘法之后得到：

$$
\begin{pmatrix}
0 & 1 & 0 & 1 & 0 & 0 & 1 & 0 \\
0 & 0 & 1 & 0 & 1 & 0 & 0 & 1 \\
1 & 0 & 0 & 1 & 0 & 1 & 0 & 0 \\
0 & 1 & 0 & 0 & 1 & 0 & 1 & 0 \\
0 & 0 & 1 & 0 & 0 & 1 & 0 & 1 \\
1 & 0 & 0 & 1 & 0 & 0 & 1 & 0 \\
0 & 1 & 0 & 0 & 1 & 0 & 0 & 1 \\
1 & 0 & 1 & 0 & 0 & 1 & 0 & 0
\end{pmatrix}
\times
\begin{pmatrix}
a_7 \\ a_6 \\ a_5 \\ a_4 \\ a_3 \\ a_2 \\ a_1 \\ a_0
\end{pmatrix}
\oplus
\begin{pmatrix}
0 \\ 0 \\ 0 \\ 0 \\ 0 \\ 1 \\ 0 \\ 1
\end{pmatrix}
\tag{19-34}
$$

因为了解密码学家们如何多疑，雷曼和德门解释了他们为这个操作选择多项式 $x^8 + x^4 + x^3 + x + 1$ 的原因[1]：

> GF(28)中用于乘法的多项式 $m(x)$（"11B"）是阶为 8 的不可约多项式列表中的第一个，其在[LiNi86,378 页]中已给出。

他们所提供的参考文献是[LiNi86]R·利德和 H·尼德赖特于 1986 年在剑桥大学出版社发表的文章《有限域及其应用简介》。

任意阶为 8 的不可约多项式均可以被使用，但是通过从一本很受欢迎的（至少在代数领域）书所提供的列表中选择第一个，雷曼和德门就消除了对这个特殊的多项式的特别之处，可能提供一个后门的怀疑。再一次表明，设计过程是透明的。

1　DAEMEN J, RIJMEN V. AES Proposal: Rijndael, Document version 2, 1999: 25. 由衷感谢由比尔·斯托林斯提供的文献！

19.3.2　行移位

在这一步，第 1 行保持不变，但是第 2 行、第 3 行和第 4 行分别将各自的字节向左移动一个、2 个和 3 个字节，所有的移动都是循环进行的。将每个字节表示为 $a_{i,j}$，其中 $0 \leqslant i, j \leqslant 3$，则得到表 19.1 所示的行移位操作之后的结果。该步骤的逆是针对每一行循环右移相应的数量。

表 19.1　行位移

位移前		位移后	变化
$a_{0,0}a_{0,1}a_{0,2}a_{0,3}$	→	$a_{0,0}a_{0,1}a_{0,2}a_{0,3}$	未变化
$a_{1,0}a_{1,1}a_{1,2}a_{1,3}$	→	$a_{1,1}a_{1,2}a_{1,3}a_{1,0}$	左移一个字节
$a_{2,0}a_{2,1}a_{2,2}a_{2,3}$	→	$a_{2,2}a_{2,3}a_{2,0}a_{2,1}$	左移 2 个字节
$a_{3,0}a_{3,1}a_{3,2}a_{3,3}$	→	$a_{3,3}a_{3,0}a_{3,1}a_{3,2}$	左移 3 个字节

19.3.3　列混淆

在这一步，状态矩阵的每一列被视为一个 3 阶或更少阶的多项式。例如，下面的列：

$$\begin{pmatrix} a_0 \\ a_1 \\ a_2 \\ a_3 \end{pmatrix} \tag{19-35}$$

被视为 $a(x) = a_3 x^3 + a_2 x^2 + a_1 x + a_0$，然而系数 a_3、a_2、a_1 和 a_0 均为字节。也就是说，系数本身构成了多项式，这些多项式可以模除来自字节代换阶段的不可约多项式 $x^8 + x^4 + x^3 + x + 1$ 进行加或乘。

在列混淆阶段，每个被表示成多项式的列都要乘以多项式 $c(x) = 3x^3 + x^2 + x + 2$。然后通过模除 $x^4 + 1$ 简化，所以它仍然可以表示为一列（即一个 3 阶或更小阶的多项式）。

模除 $x^4 + 1$ 与模除 $x^8 + x^4 + x^3 + x + 1$ 稍有不同。首先，$x^4 + 1$ 是可约的！所以随机选取的 $c(x)$ 不必可逆。因此，$c(x)$ 的选取必须慎重，但是 $x^4 + 1$ 是如何选取的呢？它的选取要使产生的多项式很容易被简化。模除 $x^4 + 1$ 等同于定义 $x^4 = -1$，但是 $-1 = 1 \pmod 2$，因此有 $x^4 = 1$，这样就可以很容易地降低 x 的幂。满足 $x^5 = x$，$x^6 = x^2$，$x^7 = x^3$，$x^8 = x^0 = 1$。更一般的，$x^n = x^{n \pmod 4}$。因此，有：

$$c(x)a(x) = (3x^3 + x^2 + x + 2)(a_3 x^3 + a_2 x^2 + a_1 x + a_0) \tag{19-36}$$

$$=3a_3x^6+3a_2x^5+3a_1x^4+3a_0x^3+$$
$$a_3x^5+a_2x^4+a_1x^3+a_0x^2+$$
$$a_3x^4+a_2x^3+a_1x^2+a_0x+$$
$$2a_3x^3+2a_2x^2+2a_1x+2a_0$$

化简为：

$$c(x)a(x)=3a_3x^2+3a_2x+3a_1+3a_0x^3+$$
$$a_3x+a_2+a_1x^3+a_0x^2+$$
$$a_3+a_2x^3+a_1x^2+a_0x+$$
$$2a_3x^3+2a_2x^2+2a_1x+2a_0 \qquad （19\text{-}37）$$

重排每项后有：

$$c(x)a(x)=2a_0+3a_1+a_2+a_3+$$
$$a_0x+2a_1x+3a_2x+a_3x+$$
$$a_0x^2+a_1x^2+2a_2x^2+3a_3x^2+$$
$$3a_0x^3+a_1x^3+a_2x^3+2a_3x^3 \qquad （18\text{-}38）$$

该操作可以接着被表示为：

$$\begin{pmatrix} 2 & 3 & 1 & 1 \\ 1 & 2 & 3 & 1 \\ 1 & 1 & 2 & 3 \\ 3 & 1 & 1 & 2 \end{pmatrix} \times \begin{pmatrix} a_0 \\ a_1 \\ a_2 \\ a_3 \end{pmatrix} \qquad （19\text{-}39）$$

这需要应用于状态矩阵的每一列。每一对字节都要进行模 $x^8+x^4+x^3+x+1$ 相乘。

然而，由于矩阵仅由 1、2 和 3 组成，其对应的多项式分别是 1、x 和 $x+1$，因此字节相乘就非常简单。将一个字节乘以 1 模 $x^8+x^4+x^3+x+1$ 不会改变什么，乘以 x 相当于所有比特左移一位，乘以 $x+1$ 就是先进行针对 x 所描述的移位操作，然后再异或初始值。不过，我们需要注意左移操作！如果最左位比特已经是 1，它将被移出，接着必须将结果与 00011011 做异或操作来作为补偿。这是因为 x^7 对应比特被移至 x^8，其不能通过 0～7 的位来表示，但是我们有 $x^8=x^4+x^3+x+1(\bmod\ x^8+x^4+x^3+x+1)$，这样 x^4+x^3+x+1 将派上用场。

对于解密，必须使用 $c(x)$ 模 x^4+1 的逆，也就是 $d(x)=11x^3+13x^2+9x+14$。

19.3.4 轮密钥加

最后，我们引入密钥！这是一个将状态的每一字节和相应轮的密钥的一个字节做异或（自反）的简单操作。每一轮使用一个从初始密钥演化得到的不同密钥，做法如下所示。

首先，每次选取初始密钥中的 32 bit，并将其放置于将要成为"扩展密钥"的起始位置。这个扩展密钥最终将被有序地分解为相同大小的块，以提供轮密钥。对于 AES-128，初始密钥将用于初始化扩展密钥块 k_0、k_1、k_2、k_3；对于 AES-196，k_4 和 k_5 此时也需要被填充；对于 AES-256，k_6 和 k_7 也要被填充。然后，递归地定义更多的 32 位块。下面是针对 3 种密钥规模的所有公式，它们都涉及一个函数 f，稍后会详细介绍。

对于 128 bit 的密钥：

$$k_i = k_{i-4} \oplus k_{i-1}，如果 i \neq 0 (\mathrm{mod}\, 4)$$
$$k_i = k_{i-4} \oplus f(k_{i-1})，如果 i = 0 (\mathrm{mod}\, 4) \tag{19-40}$$

对于 196 bit 的密钥：

$$k_i = k_{i-6} \oplus k_{i-1}，如果 i \neq 0 (\mathrm{mod}\, 6)$$
$$k_i = k_{i-6} \oplus f(k_{i-1})，如果 i = 0 (\mathrm{mod}\, 6) \tag{19-41}$$

其中，函数 f 包含将输入循环左移一个字节，接着使用 Rijndael 的 S 盒对每一字节进行代换，最后将这个结果与适当的轮常数 RC（待讨论）进行异或。

256 bit 的情况使用了 f，但也要求我们引入第二个函数 f_2。

对于 256 bit 的密钥：

$$k_i = k_{i-8} \oplus k_{i-1}，如果 i \neq 0 (\mathrm{mod}\, 8) 且 i \neq 4 (\mathrm{mod}\, 8)$$
$$k_i = k_{i-8} \oplus f(k_{i-1})，如果 i = 0 (\mathrm{mod}\, 8) \tag{19-42}$$
$$k_i = k_{i-8} \oplus f_2(k_{i-1})，如果 i = 4 (\mathrm{mod}\, 8)$$

f_2 的情况要比 f 简单，因为它只使用了 S 盒，移位和异或操作都被省略了。

轮常数按照如下方式定义（对于任意大小的密钥）：

$$RC_1 = x^0$$
$$RC_2 = x^1 \tag{19-43}$$
$$RC_i = xRC_{i-1} = x^{i-1}，\quad i > 2$$

随着 i 的增长，有时需要模 $x^8 + x^4 + x^3 + x + 1$ 来简化 RC_i。

将轮常数表示为字节，前几个是：

$$RC_1 = 00000001 \tag{19-44}$$

$$RC_2 = 00000010$$
$$RC_3 = 00000100$$
$$RC_4 = 00001000$$
$$RC_5 = 00010000$$
$$RC_6 = 00100000$$
$$RC_7 = 01000000$$
$$RC_8 = 10000000$$
$$RC_9 = 00011011$$

RC_9 是首个需要模 $x^8 + x^4 + x^3 + x + 1$ 约减的。

19.3.5　融会贯通：AES-128 如何工作

我们先从将消息和第 0 轮密钥（就是扩展密钥的前 128 bit）异或开始。接下来执行 9 轮相同的操作，除了每次使用的轮密钥不同之外。每一轮都包含上面介绍的 4 个步骤，这些步骤以相同的顺序执行。最后，第 10 轮比前 9 轮略短。这是因为其跳过了列混淆的步骤。就是这样！

如果你访问相关链接，右键点击页面并从下拉菜单中选择"属性"，你会看到以下信息（在其他细节中）：

Connection: TLS 1.0, AES with 128 bit encryption (High);

ECDH_P256 with 256 bit exchange

（连接：TLS 1.0，AES：128 bit 加密（高）

　　　　ECDH_P256：256 bit 交换）

这表明 AES 被用于加密，并与椭圆曲线迪菲·赫尔曼（ECDH）密钥交换相结合。因此，谷歌可以被视为遵循 NSA 的建议。TLS 代表了传输层安全，是 SSL 3.0（安全套接层协议 3.0）的升级版本，这样的协议不在本书的范围内。

19.4　AES 攻击

2000 年 10 月，布鲁斯·施奈尔做出了令人难以置信的评论："我不相信有任何人能够发现一个可以让某人读懂 Rijndael 通信的攻击[1]"。但是，还没到 2003 年，他和合作者尼尔斯·弗格森便将他们的疑虑写进书中："我们对 AES 有一个批

1　SCHNEIER B. AES announced [Z]. Crypto-Gram Newsletter, October 15, 2000.

评：我们不是很信任它的安全性[1]。"他们继续解释了不信任的理由[2]：

> AES 最令我们担忧的就是它简单的代数结构。可以将 AES 加密写成是在只有 256 个元素的有限域上的一个相对简单的封闭代数公式。这不是一种攻击，只是一种表示方法，但是如果有人能够解出这些公式，那么 AES 就将被攻破，这开辟了一条全新的攻击途径。我们所知道的其他分组密码都没有如此简单的代数表示。我们不知道这是否会导致一个攻击的存在，但是"不知道"就是对 AES 的使用持怀疑态度的充足理由。

他们引用了弗格森和其他人的一篇论文，该论文详细描述了 AES 的简单表示形式[3]。与此同时，AES 得到了 NSA 的支持，并将其列为他们推荐列表"Suite B"的一部分。

在撰写本文时，尚无针对 AES 的有效攻击方法。而存在一些理论攻击，但这是完全不同的问题。如果某人找到了破解密码的方法，该方法需要蛮力攻击所需时间的 2%，对密码学家而言，它将是非常有趣的，但是如果这 2%在全世界最快的电脑上仍需要数百万年，对于某些仅希望保密消息的人而言，它就完全不重要了。在本章的参考文献中可以找到一些理论攻击和针对轮数减少的 AES 版本的攻击。

19.5　安全专家布鲁斯·施奈尔

Twofish 密码方案是之前所提及的 AES 竞赛中最终入围的方案之一，由包含布鲁斯·施奈尔（见图 19.7）在内的团队设计，布鲁斯也是 Blowfish 密码的设计者。除了专业技能之外，布鲁斯还拥有在计算机安全领域中最具娱乐性的写作风格，在本书第 2 章的脚注中引用了他的一些作品。近些年，布鲁斯专注于安全的实用性（例如，实施问题、非密码分析攻击）。他的风格是通俗的，包含大量的隐喻和例子，他的在线通讯月刊 Crypto-Gram 现在也以博客形式存在[4]。它包含了涉及安全各个领域的文章链接。施奈尔对"9·11 事件"之后乔治·W·布什所实施的政策持强烈的批评态度。他与合作者尼尔斯·弗格森从他们多年的

1　FERGUSON N, SCHNEIER B. Practical Cryptography [M]. Indianapolis, IN: Wiley, 2003: 56.

2　同上，第 57 页。

3　FERGUSON N, SCHROEPPEL R, WHITING D. A simple algebraic representation of Rijndael [C]// in VAUDENAY S, YOUSSEF A M, Eds., Selected Areas in Cryptography: 8th Annual International Workshop, Lecture Notes in Computer Science, Springer, New York, 2001, 2259: 103-111.

4　SCHNEIER B. Schneier on Security，一个涵盖安全和安全技术的博客。

经验中得的结论有点令人不安[1]：

> 在这一领域工作的这些年里，我们还没有见过一个完整的系统是安全的。没错！我们分析过的每一个系统都被以这样或那样的方式所攻破。

图 19.7　布鲁斯·施奈尔（1963—），隐喻专家

（照片由杰弗里·斯通提供）

参考文献和进阶阅读

关于椭圆曲线

ADLEMAN L, HUANG M D. Recognizing primes in random polynomial time [C]// in AHO A V, Ed., STOC'87: Proceedings of the Nineteenth Annual ACM Symposiumon Theory of Computing, ACM Press, New York, 1987: 462-469.这篇文章提出了一种基于超椭圆曲线的素性证明算法。

ATKIN A O L, MORAIN F. Elliptic curves and primality proving [J]. Mathematics of Computation, 1993, 61(203): 29-68. 这篇综述文章有 97 篇参考文献。椭圆曲线素性证明对没有特殊形式的数字而言是一种最快速的方式。例如，梅森素数，可以通过一个专门的算法快速检测出来。这也解释了一种看起来矛盾的情况，即常规的快速方式并不能识别出已知的大素数（梅森素数）。

BLAKE I, SEROUSSI G, SMART N. Elliptic Curves in Cryptography [M]. London

---

1　SCHNEIER B, FERGUSON N. Practical Cryptography[M]. Indianapolis, IN: Wiley, 2003: 1.

Mathematical Society Lecture Note Series 265, Cambridge University Press, Cambridge, UK, 1999.

COHEN H. Cryptographie, Factorisation et Primalité: L'utilisation des CourbesElliptiques [R]. ComptesRendus de la Journéeannuelle de la Société Mathématique deFrance, January 1987.

DIMITROV V S, JÄRVINEN K U, JACOBSON M J, et al. Provably sublinear point multiplication on Koblitz curves and its hardware implementa-tion[J]. IEEE Transactions on Computers, 2008, 57(11): 1469-1481.

HANKERSON D, MENEZES A, VANSTONE S. Guide to Elliptic Curve Cryptography [M]. New York: Springer, 2004.

KOBLITZ N. Introduction to Elliptic Curves and Modular Forms, Graduate Texts in Mathematics No. 97 [M]. New York: Springer, 1984; 2nd ed., 1993.科布利茨对于椭圆曲线密码的研究早于第一版的出版。

KOBLITZ N. Elliptic curve cryptosystems [J]. Mathematics of Computation, 1987, 48(177): 203- 209.

KOBLITZ N. A Course in Number Theory and Cryptography [M]. New York: Springer, 1987; 2nd ed., 1994.这是密码学中出现有关椭圆曲线介绍的第一本著作。

KOBLITZ N. Hyperelliptic cryptosystems [J]. Journal of Cryptology, 1989, 1(3): 139-150. "存在 x 的幂次相对较高的椭圆曲线，例如 $y^2 = x^5 - x$ 就是其中的一种，近年来很多研究，特别是在德国，一直致力于超椭圆曲线密码体制的研究[1]。"

KOBLITZ N. Algebraic Aspects of Cryptography [M]. New York: Springer, 1998.

KOBLITZ N. The uneasy relationship between mathematics and cryptography [J]. Noticesof the AMS, 2007, 54(8): 972-979.

KOBLITZ N. Random Curves: Journeys of a Mathematician [M]. Berlin: Springer, 2008. 这是科布利茨的自传。它主要涉及激进政治。第 14 章致力于密码学，但是对于那些对政治感兴趣的人，我推荐全部内容。我们读到，"无论如何，随机生成的椭圆曲线的受欢迎程度是我为这本书命名的理由。"

KOBLITZ N, MENEZES A. Another look at 'provable security [J]. Journal of Cryptology, 2007, 20(1): 3-37.可证明安全，顾名思义，它声称可以证明某些系统的安全性。科布利茨和梅内塞斯针对这篇文章做出了回应，他们认为"皇帝没有穿衣服"。对可证明安全主张的攻击继续出现在 Notices of the AMS 的 2 篇文章中，本列表中也引用了这 2 篇文章。

KOBLITZ N, MENEZES A. The brave new world of bodacious assumptions in

---

1 KOBLITZ N. Random Curves: Journeys of a Mathematician [M]. Berlin: Springer, 2008: 313.

cryp-tography[J]. Notices of the AMS, 2010, 57(3): 357-365.

KOBLITZ N, MENEZES A, VANSTONE S. The state of elliptic curve cryptography[J]. Designs, Codes and Cryptography, 2000, 19(2-3):173-193.

LENSTRA JR H W. Factoring integers with elliptic curves [J]. Annals of Mathematics, 1987, 126(3): 649-673. Lenstra 在 1984 年得出他的结果，早于椭圆曲线被应用于其他任何密码用途。具体可参考 KOBLITZ N. Random Curves: Journeys of a Mathematician [M]. Berlin: Springer, 2008: 299.

MENEZES A J. Elliptic Curve Public Key Cryptosystems [M]. Boston, MA: Kluwer, 1993.这是第一本完全致力于椭圆曲线密码学的书。

MILLER V S. Use of elliptic curves in cryptography [C]// in WILLIAMS H C, Ed., Advances in Cryptology: CRYPTO '85 Proceedings, Lecture Notes in Computer Science, Springer, Berlin, 1986, 218: 417-426.

NSA/CSS The Case for Elliptic Curve Cryptography [Z]. National Security Agency/Central Security Service, Washington, DC, 2009. 本文详细阐述了美国国家安全局对椭圆曲线密码学的支持。结论段落指出："椭圆曲线密码学比第一代公钥密码技术（RSA 和 Diffie-Hellman）提供了更好的安全性和更高效的性能"。当供应商希望升级他们的系统时，他们应该认真考虑使用椭圆曲线作为替代，以获得同等安全性下的计算和带宽优势。

ROSING M. Implementing Elliptic Curve Cryptography [M]. Greenwich, CT: Manning Publications, 1999.

SMART N P. The discrete logarithm problem on elliptic curves of trace one [J]. Journal of Cryptology, 1999, 12(3): 193-196. 本文提出了一种针对一类非常罕见的椭圆曲线的攻击，该类椭圆曲线可以很容易地避免。

SOLINAS J A. An improved algorithm for arithmetic on a family of elliptic curves [C]// in KALISKI JR B S, Ed., Advances in Cryptology: CRYPTO '97 Proceedings, Lecture Notes in Computer Science, Springer, Berlin, 1997,1294:357-371.在 1997 年的美密会上，索利纳斯提出了对一个改进算法的分析，该算法可用于在科布利茨提出的曲线进行计算。这是美国国家安全局雇员在密码学会议上公开发表的第一篇文章[1]。

WASHINGTON L C. Elliptic Curves: Number Theory and Cryptography [M]. Boca Raton, FL: CRC Press, 2003.

Will's Elliptic Curve Calculator. 这个网站提供在线的椭圆曲线计算器，该计算器是由美国加州州立大学长滩分校数学与统计学院的助理教授威尔·默里创造

---

1 KOBLITZ N. Random Curves: Journeys of a Mathematician [M]. Berlin: Springer, 2008: 312.

的。它可以求出椭圆曲线的特征，这是本章没有讨论的一个简单概念。特征是指对于所有点 P，满足 $nP = 0$ 的最小正整数 n。在 Elgamal 的例子中，特征是模值 29。

关于 AES

BIHAM E, KELLER N. Cryptanalysis of reduced variants of Rijndael [C]// in Proceedings of the Third Advanced Encryption Standard Candidate Conference, New York, April 13-14, 2000, National Institute of Standards and Technology, Washington, DC, 2000.

BIRYUKOV A, KHOVRATOVICH D, NIKOLIC I. Distinguisher and related-key attack on the full AES-256 [C]// in HALEVI S, Ed., Advances in Cryptology: CRYPTO 2009 Proceedings, Lecture Notes in Computer Science, Springer, Berlin,2009, 5677: 231-249.

BIRYUKOV A, DUNKELMAN O, KELLER N, et al. Key recov-ery attacks of practical complexity on AES-256 variants with up to 10 rounds [C]// in GILBERT H, Ed., Advances in Cryptology: EUROCRYPT 2010 Proceedings, Lecture Notes in Computer Science, Springer, Berlin, 2010: 299-319.这篇文章提出一种切实可行的针对 10 轮 AES-256 的攻击。因为 AES-256 有 14 轮，这种攻击针对现实世界的 AES 并不可行。

COURTOIS N T, PIEPRZYK J. Cryptanalysis of block ciphers with overdefined sys-tems of equations[C]// in ZHENG Y. Ed., Advances in Cryptology: ASIACRYPT 2002 Proceedings, Lecture Notes in Computer Science, Springer, Berlin,2002, 2501:267-287. 这是一篇重要的论文吗？截至 2012 年 11 月 29 日，谷歌学术显示这篇文章已经被引用 654 次。

DAEMEN J, RIJMEN V. The Design of Rijndael: AES—The Advanced EncryptionStandard [M]. New York: Springer, 2002.这是一个完整的信息批露，由 AES 的创始人写的一本 238 页的书明确地解释密文是如何创建和测试的。类似的东西应该伴随着 DES。

FERGUSON N, KELSEY J, LUCKS S, et al. Improved cryptanalysis of Rijndael, in SCHNEIER B, Ed., Fast Software Encryption: 7th International Workshop, Lecture Notes in Computer Science, Springer, New York, 2000, 1978: 213-230.

FERGUSON N, SCHROEPPEL R, WHITING D. A simple algebraic representation of Rijndael [C]// in VAUDENAY S, YOUSSEF A M, Eds., Selected Areas in Cryptography: 8th Annual International Workshop, Lecture Notes in Computer Science, Springer, New York, 2001, 2259: 103-111.

MOSER J. A stick figure guide to the Advanced Encryption Standard (AES) [Z]. Moserware,Jeff Moser's Software Development Adventures, September 22, 2009.

MUSA M A, SCHAEFER E F, WEDIG S. A simplified AES algorithm and its linear and differential cryptanalyses[J]. Cryptologia, 2003, 27(2): 148-177.对于教学目的而言，这是有用的，但是需要强调指出的是对于 AES 简化版本的攻击不一定可以"扩展"到其他 AES 版本的攻击。

NIST Announcing the Advanced Encryption Standard (AES), FIPS Pub. 197[S]. National Institute of Standards and Technology, Washington, DC: 2001, 51.

PHAN R C W. Impossible differential cryptanalysis of 7-round Advanced Encryption Standard (AES) [J]. Information Processing Letters, 2004, 91(1): 33-38.

第 20 章

可能的未来

正如世上许多其他事物一样，密码学的未来很难预测。本章涵盖可能会对密码学领域产生重大影响的两个话题：量子密码学（与量子计算机）和 DNA 计算。后者相对较新，而且其影响较小，因此，本章的内容将从量子密码学开始。

20.1 量子密码学：工作原理

量子密码学可以提供检测是否有人在信道上窃听的能力，若能避免这种入侵，则可以通过信道安全地传输一个对称密码方案（如 AES）的密钥。这种检测方法基于量子力学。因此，如果在下面陈述的方法中存在漏洞，那么就意味着物理学家对量子理论的理解可能存在缺陷。这个过程最好通过一个例子进行解释。

但在举例之前，我们必须了解一点关于光的知识。光具有偏振特性，能产生任何方向的振荡，偏光镜片可以用作滤光器，它经常被用到太阳镜上。假设把镜片设计为允许水平方向的偏振光通过，那么所有的这种光子就会不经改变地穿过。在另外一个极端，垂直方向的偏振光子总是会被吸收。偏振方向与水平方向夹角为 θ 的光子，将会以 $\cos^2(\theta)$ 的概率穿过。然而，那些穿过的光子在通过时会发生变化。在滤光器的远端，光子将会以水平方向偏振出现。测量偏振需要滤光器，但是正如上面所描述的，该测量行为可能会改变偏振方向。正是这种特性使量子密码学成为可能。

分别用—和 | 来表示水平和垂直方向的偏振。类似地，两种可能的对角线方向偏振分别用 / 和 \ 表示。现在开始我们的例子。

如果 Alice 希望在与 Bob 不见面的情况下，创建一个将来可以用于传输消息的密钥，她首先生成一个由 0 和 1 组成的随机串，和一个由 + 和×组成的随机串[1]。例如，这样的字符串可能开始于：

```
0 1 1 0 1 0 1 1 1 0 0 1 0 0 1 0 1 1 0 1
+ × + + × × × + × + × + + × + + × + × ×
```

接下来，她需要用光子偏振表示每个 0 和 1。符号 + 表示她把某些特定的光子偏振到 | 或—方向，她用 | 表示 1，用 — 表示 0。同样地，如果某个比特下面的符号是×，Alice 把光子偏振到 \ 或 / 方向，用 \ 表示 1，用 / 表示 0。我们在原来的比特串和偏振形式下增加第三行，用来展示 Alice 实际发送的（带有指示偏振方向的）光子：

```
0 1 1 0 1 0 1 1 1 0 0 1 0 0 1 0 1 1 0 1
+ × + + × × × + × + × + + × + + × + × ×
— \ | — \ / \ | \ — / | — / | — \ | / \
```

在接收端，Bob 为每一个光子设置一个滤光器以此来判断它的偏振。如果他将滤光器设置成 |，那么他将正确地解释所有以 + 方式发送过来的光子。其中，| 方向的光子将会通过，而—方向的光子将会由于不能通过而被检测到。同理，如果 Bob 将滤光器设置为—，那么他也可以正确地识别所有按照 + 方式发送的光子。但是，用×方式发送的光子将会以 1/2 的概率通过。而一旦通过，光子的方向将会和滤光器的方向相同。因此，Bob 只有 50% 的概率可以猜对这些光子的偏振。

类似地，如果 Bob 使用×方式的滤光器，那么他将会正确地识别所有按照×方式发过来的光子，但是对于剩下的光子将会产生平均一半的识别错误。记住：Bob 并不知道 Alice 对每个特定光子采用的偏振方法是 + 还是×，因此他必须猜测。

现在加上第 4 行，用来表示 Bob 为每个光子所采用的滤光器的方式：

```
0 1 1 0 1 0 1 1 1 0 0 1 0 0 1 0 1 1 0 1
+ × + + × × × + × + × + + × + + × + × ×
— \ | — \ / \ | \ — / | — / | — \ | / \
× + + × × + × + × × + × + × × + + × + ×
```

当然，Bob 并不知道每个恢复出来的比特是否正确，他联系 Alice 并告诉她每个光子使用的滤光器的方式。在我们的例子中，Alice 将会告诉 Bob 他猜对了在第 3、5、7、8、9、13、14、16 和 20 的位置。在这个过程中，即使有人窃听也不

会有任何的威胁。然后，对于 Bob 没有使用正确滤光器的那些位置，Alice 和 Bob 将会丢弃它们所对应的比特，而剩下的比特将会作为他们的共享密钥。因此，他们的密钥开始于 111110001。在这个过程中，密钥的信息并没有泄露，因为 Alice 只是与 Bob 确认他在哪些位置上使用了正确的滤光器。既然如此，他们就能够确信 Bob 能够成功恢复哪些位置对应的比特。Bob 也可能碰巧正确地恢复出其他位置上的比特，但是它们将会被忽略。接下来，假设窃听者 Eve 在第一轮通信时，即 Alice 发送光子时，开始窃听。为了进行窃听，Eve 需要设置滤光器以测量光子的偏振，而且她没有其 vbn 方式来获得想要的信息。但是对于她使用了错误滤光器的那些位置，Eve 的滤光器将会改变光子的偏振，而这些改变将会影响到 Bob。因此，为了确保 Eve 并没有进行窃听，Alice 和 Bob 需要对某些位置进行抽样检查。Alice 可能询问，"你是否在第 7、13、16 的位置得到了 1，0 和 0？"如果 Bob 提供肯定的回答，那么他们相信在传输过程中并没有窃听者，然后丢弃那些在这个过程中泄露的比特，并采用剩下的比特作为密钥。

为了能让传输的信息在一行内表示，我们的例子中只传输了 20 个光子。在实际实现中，Alice 需要发送更多数量的光子。如果她希望协商一个 128 bit 的密钥，仅仅发送 256 个光子是不够的。尽管 Bob 有可能在一半的位置上猜中正确的滤光器，但是此时没有多余的空间来检测是否存在窃听者。Alice 更明智的做法是发送 300 bit，这样可以允许运气不好的 Bob 能够恢复出足够多的比特，而且可以在足够多的位置上进行检测，能以较高的概率确定没有人在窃听。

当然，也存在这样一种可能，在 Alice 和 Bob 用于检测窃听者是否存在的所有检测位上，窃听者 Eve 均使用了正确的滤光器。但是对于 n 个检测位来说，她成功的概率只有 $(1/2)^n$。然而，她在不被发现的情况下成功听到的概率会更高一点。在一半的情况下，她能猜出正确的滤光器，但即使猜测错误，她还是能够以 1/2 的概率得到正确的值。这样，她每次得出正确结论的概率是 3/4。因此，通过使用 n 个检测位，Alice 和 Bob 能够将 Eve 不被发现的概率降低为 $(3/4)^n$；根据需要，这个值能被调整到任意小。

20.2　量子密码学：历史背景

上面介绍的思想是由查尔斯·本尼特（见图 20.1）和吉尔斯·布拉萨德（见图 20.2）发现的，而他们则是受到史蒂芬·威斯纳的启发。威斯纳曾利用光子在被测量时会发生改变这一特性，描述了一种不可伪造的货币。但威斯纳的想法过于超前，以至于他花了很多年才找到愿意发表它的人。最终，这篇文章发表于 1983 年[1]，但是大概在 1970 年他就已经完成了。文章的发表得益于另一篇文章 "量子密码学或不可伪造的地铁代币" 的出现，后者是由威斯纳、本尼特、布拉萨德和塞思·布莱德巴特合写的，并提出了量子密码学这个术语。这些文章具有里程碑式的意义，但是到此为止，本章开头所介绍的想法仍然没有出现。要达到历史上的那个节点，首先需要讲述另一个拒稿。布拉萨德回忆道[2]：

图 20.1　查尔斯·本尼特（1943—）

（由本人提供）

图 20.2　吉尔斯·布拉萨德（1955—）

（由本人提供）

起初，我们希望量子信号能以这样的方式来编码发送者的秘密消息：如果没有窃听者，接收方可以解码。但窃听者截获消息的任何企图，都会破坏消息而得不到关于它的任何信息。同时，这种徒劳的窃听尝试还会被合法的接收者发现，从而暴露窃听者的存在。这个早期的方案是单向的，与一次一密加密方案类似，它需要合法的发送方和接收方共享密钥。我们方案的创新性在于如果没有发现窃听者，可以安全地重复使用同样的 "一次一密" 加密。所以，我们论文的题目是《量子密码学 II：即使 P = NP，如何安全地重用一次一密[3]》。我们将论文投到一些主流的计算理论方面的会议上，如 STOC（ACM 理论计算年会），但是文章并没有被接受。与威斯纳的 "共轭编码" 不同，我们的《量子密码学 II》永远没有公开发表（作者可提供副本）。

本尼特和布拉萨德并没有被拒稿吓住，他们很快又想到了一种新的方法（本章开头给出的方案），并在 1983 年的 IEEE 信息理论会议（ISIT）会议上做了一个长文报告，会议在加拿大魁北克省的圣佐维（临近布拉萨德的故乡蒙特

1　本文的一个次要主题，一个最初被拒稿的重要论文：WIESNER S. Conjugate coding [J]. SIGACT News, 1983, 15(1): 78-88.

2　BRASSARD G. Brief history of quantum cryptography: a personal perspective [C]// in Proceedings of IEEE Information Theory Workshop on Theory and Practice in Information Theoretic Security, Awaji Island, Japan, 2005: 19-23.

3　BENNETT C H, BRASSARD G, BREIDBART S. Quantum Cryptography II: How to Reuse a One-Time Pad Safely Even If P = NP. 文章在 1983 年 5 月召开于波士顿的第 15 届 STOC 会议上被拒绝，可以从前 2 位作者那里获得当年（1982 年 11 月）的历史文档。

利尔）召开。布拉萨德指出，他们发表的长达一页的摘要[1]，标志着量子密钥分发的诞生[2]。

然而，论文的发表和产生影响力是两件非常不同的事情。尽管威斯纳、本尼特和布拉萨德的工作得到了发表，但很少有人关注到它。好吧，即使是最好的研究人员也能从社交中获益。在困难之际，布拉萨德得到了他的好朋友维贾伊·巴尔加瓦的帮助。对方邀请他在 1984 年 12 月于印度班加罗尔召开的一个 IEEE 会议上，进行不限主题的演讲。布拉萨德接受了邀请，并在会上做了一个关于量子密码学的报告。报告的内容是由本尼特和布拉萨德合写的 5 页论文《量子密码学：公钥分发与抛币[3]》。根据谷歌学术搜索，截止到本书撰写时，此文已经获得 3 343 次引用。

顺便提一句，每当我在密码学课堂上要求学生写论文时，总是有人问我需要写多长。好吧，一个 5 页的论文都是可以接受的……克里克和沃森在 1953 年第一次描述 DNA 双螺旋结构的论文只有两页纸[4]。所以，我甚至可以接受两页的论文。大部分学生总是习惯于完成一项给定长度的写作任务，而不是通过写作使主题被尽可能清晰、完整地阐述。即便我给出类似于上面的评论后，他们还是不停地询问关于页数的要求。

重新回到本尼特和布拉萨德的故事，上面提到的 3 343 次引用多数是在近些年才有的。布拉萨德指出"在整个 20 世纪 80 年代，很少有人认真地对待量子密码学，大部分人都忽视了它[5]"。实际上，1987 年道格·威德曼曾在 SIGACT News 期刊上发表了一篇论文，文章提出的方案与本尼特和布拉萨德在 1984 年提出的完全相同。他甚至也把它叫做量子密码学[6]！这表明即使对这个主题很感兴趣的人，也不清楚本尼特和布拉萨德的工作。那位让这篇文章发表的编辑貌似也不清楚，真好奇当时的审稿人是谁。

这两个研究者决定在物理上实现他们的方案，以获得更多的关注。他们找了一些帮手，于 1989 年 10 月在 32.5 cm 的距离上实现了他们的量子秘密传输系统

1　BENNETT C H, BRASSARD G. Quantum cryptography and its application to provably secure key expansion, public key distribution, and coin tossing [C]// IEEE International Symposium on Information Theory, St. Jovite, Quebec, Canada, September 26-30, 1983: 91.

2　BRASSARD G. Brief history of quantum cryptography: a personal perspective [C]// IEEE Information Theory Workshop on Theory and Practice in Information Theoretic Security, Awaji Island, Japan, October 17, 2005: 19-23.

3　BENNETT C H, BRASSARD G. Quantum cryptography: public key distribution and coin tossing [C]// the IEEE International Conference on Computers, Systems, and Signal Processing, Bangalore, India, December 9-12, 1984: 175-179.

4　WATSON J D, CRICK F H C. A structure for deoxyribose nucleic acid [J]. Nature, 1953, 171(4356): 737-738. 这篇文章实际上只有一页纸长，致谢和参考文献使文章稍微超过了一页的长度。

5　BRASSARD G. Brief history of quantum cryptography: a personal perspective [C]// IEEE Information Theory Workshop on Theory and Practice in Information Theoretic Security, Awaji Island, Japan, October 17, 2005: 19-23.

6　WIEDEMANN D. Quantum cryptography [J]. Sigact News, 1987, 18(2): 48-51.

（没有任何特殊预算）。布拉萨德回忆道[1]：

> 有趣的是，尽管我们的理论很严肃，但我们的原型系统基本上只是一个笑话。实际上，在原型系统中最大的部分是一个电源，它可以以 1 000 V 的电压为普克尔斯盒供电，从而使光子偏振。但在供电的时候它会产生噪声，并且由于对于不同的偏振，会使用不同的电压，所以噪声也会不同。因此，当光子在飞的时候，我们甚至可以听到它们，并能够区分传输 0 和 1 时所产生的不同噪声。所以，我们的原型系统对于一个碰巧失聪的窃听者来说是无条件安全的！

尽管会产生噪声，但这次实验是本尼特和布拉萨德的转折点。物理学家们现在对这个问题非常感兴趣。物理学家亚瑟·K·艾克找到了另外一种可以完成量子密钥分发的方式。他的方案没有使用量子极性，而是使用了量子纠缠。相关结果发表在一个物理期刊上，这有助于更广泛地传播量子密码学的思想[2]。目前，关于量子密码学的结果，甚至已出现在广受欢迎的《科学美国人》杂志上[3]。

如今，全世界都对这一领域有着极大的兴趣，传输实际量子比特的实验也在不断创造新的传输距离记录。正如前文所述，本尼特和布拉萨德在 1989 年的实验中，由于光子在两个相邻的机器之间传输，他们以厘米计数测量距离；后来传输距离发展到了 100 km 左右。许多专家认为，在不使用"量子中继器"（可以看作一个继电器）的情况下，100 km 的传输距离已经达到了极限。但是由于读取量子信号的同时会改变它，那么中继器应该如何重复信号呢？2002 年，布拉萨德注意到[4]：

> 在 20 世纪 80 年代早期，中继器不进行测量被认为是不可能的。但是之后，科学家已经证明这在原则上是可行的。然而，从技术层面上讲，我们距真正地实现它还差得很远。

2010 年 10 月底，来自佐治亚理工学院的研究者在美国光学学会（OSA）的年会上给出了一个突破性的结果。他们构造了一个量子中继器，它可以将量子比特发送到超过 1 000 km 的距离之外[5]。

与此同时，光子在露天环境下传输的距离也达到了 144 km，一个密钥被从加纳利群岛的一个岛屿发送到另一个岛屿。实验团队刚开始使用的是连续发射的光子，随后在 2007 年，他们成功地使用单光子完成了实验[6]，这是一个非常重要的区别。很多实验会使用具有相同偏振的光子群来表示一个单独的比特，这可以增

---

1 BRASSARD G. Brief history of quantum cryptography: a personal perspective [C]// IEEE Information Theory Workshop on Theory and Practice in Information Theoretic Security, Awaji Island, Japan, October 17, 2005: 19-23.

2 EKERT A K. Quantum cryptography based on Bell's theorem [J]. Physical Review Letters, 1991, 67(6): 661-663.

3 BENNETT C H, BRASSARD G, EKERT A K. Quantum cryptography [J]. Scientific American, 1992, 267(4): 50-57.

4 KLARREICH E. Can you keep a secret? [J]. Nature, 2002, 418(6895): 270-272.

5 ANON. Long distance, top secret messages: critical component of quantum communication device may enable cryptography [J]. ScienceDaily, 2010.

6 BRUMFIEL G. Quantum cryptography goes wireless [J]. Nature, 2007.

强系统的稳定性，但是却违背了理论模型的安全性要求。

接下来，介绍量子计算机。它和上面介绍的协议主题完全不同，对它的详细描述超出了本书的范围，但它可能对密码学有着潜在的重大影响。这类机器能以令人难以置信的程度进行并行处理。例如，同时测试各种密码系统的所有的密钥，从而快速恢复被截获消息的明文。受到攻击威胁的密码方案包括分组密码、RSA和椭圆曲线密码。但目前实用的量子计算机还是一个悬而未解的问题，本章后面有一些关于这个有趣话题的参考文献。

在阅读本书的过程中，我们看到一些非常聪明和成功的人士做出了不准确的预言（如艾伦·图灵、马丁·加德纳和吉尔斯·布拉萨德）。风水轮流转，现在我也要进行预言：量子计算机将在 2040 年之前实现，届时，我们将需要对加密进行彻底的重新思考[1]。幸运的是，这种重新的思考已经在进行了（请参考本章后面的参考文献）。那么，我的预测对不对呢？如果我错了，那我就和上面那些成功人士一样了，时间会告诉我们一切。

20.3　DNA 计算

现在我们介绍另外一种新的计算方法，它对目前的很多加密算法具有毁灭性的打击。故事以一个熟悉的面孔开始，即伦纳德·阿德曼（见图 20.3），也就是 RSA 中的 A，他还有另外一项成就，首次提出了"计算机病毒"这一名词，用于描述那些拥有电脑的人（从仅仅用电脑来浏览互联网的人到美国国家安全局的数学大师）都讨厌的程序。他的研究生弗雷德·科昂在 1983 年发布了第一个这样的病毒（在严格控制的条件下[2]）。

当阿德曼在 20 世纪 90 年代尝试将计算科学和生物学再次结合起来时，我们是否应该感到紧张呢？他发现很难抵抗生物学的诱惑，因

图 20.3　伦纳德·阿德曼（1945—）

（由伦纳德·阿德曼提供）

1　实际上，我认为量子计算机将会更早地出现。为了留出足够多的宽裕度，我选择了一个足够远的年份。但是这仍然在我预期的寿命之内，所以如果我预测错了，我还能够接受批评。

2　BASS T A. Gene genie [J]. Wired, 1995, 3(8): 114-117, 164-168.

为它正变得"数学化"，正如他自己所说[1]：

> 当在 20 世纪 60 年代读本科的时候，我认为生物学是冰箱里闻起来很有趣的东西。现在，生物学是由 4 种字符组成的有限字符串以及通过酶作用在这些字符串上面的函数。

他在 20 世纪 90 年代的新观点是，DNA 可以取代传统的计算方法，它尤其适合于可以在很大程度上进行并行处理的计算。阿德曼通过求解一个（非密码学的）有向哈密顿路径问题的实例阐述了 DNA 计算的思想，他所用的图形如图 20.4 所示。

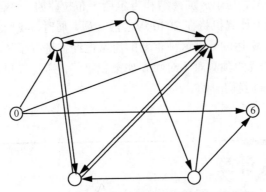

图 20.4　求解一个有向哈密顿路径问题的实例

你可以把图中的圆圈想象成地图上的位置，它们被称为顶点（或节点或点）。连接这些顶点的线可以看作连接地图上兴趣点的道路，它们通常被称作边。有些边是单向的，通过箭头指示它的方向。在某些情况下，存在一条另外的边，连接相同的顶点，但是方向不同，以便给旅行者提供一条返回路径。问题在于，在给定起始点 v_{in} 和终点 v_{out} 后，如何找到一条从 v_{in} 到 v_{out} 的路径，并保证对于图上每个顶点，该路径恰好经过它一次，而不必经过每一条边。对于有些有向图来说，这样的路径并不存在。如果这样的路径存在，那么它被称为哈密顿路径，这是以威廉·哈密顿（1805—1865）命名的。花点时间尝试找出图 20.4 中的哈密顿路径，起始点 $v_{in} = 0$ 和 $v_{out} = 6$ 已经标出了。如果找到了，按照你的路径通过的顺序将中间的点标上 1、2、3、4、5。对于这个特定的实例来说，解是唯一的。但对于有些图来说，对于一对给定的起始点和终点，存在多组不同的解。

这个听起来很简单的问题是 NP-完全的。我们可以通过手算来解决一些小的实例，但是没有已知的多项式时间算法可以解决这个问题的一般情况。

1　同前页 2.

为了找到你刚刚发现的解，阿德曼首先随机选取碱基来形成一些 DNA 链，并将这些DNA 链标记为 O_0、O_1、O_2、O_3、O_4、O_5 和 O_6。这些链，又被称为寡核苷酸（Oligonucleotides，所以这里用 O 来表示每个链），它只是我们通常所想象的 DNA"梯子"结构的一半。下面，给出这些寡核苷酸的一些示例值：

$$O_2 = \text{TATCGGATCGGTATATCCGA}$$
$$O_3 = \text{GCTATTCGAGCTTAAAGCTA} \qquad (20\text{-}1)$$
$$O_4 = \text{GGCTAGGTACCAGCATGCTT}$$

利用 A 和 T 互补以及 G 与 C 互补，我们可以为每个寡核苷酸找到它的沃森—克里克补：

$$\overline{O}_2 = \text{ATAGCCTAGCCATATAGGCT}$$
$$\overline{O}_3 = \text{CGATAAGCTCGAATTTCGAT} \qquad (20\text{-}2)$$
$$\overline{O}_4 = \text{CCGATCCATGGTCGTACGAA}$$

在产生 O_i 时，对于碱基的选择和它们的顺序，没有什么特别的要求，由 A、C、G 和 T 组成的随机串就足够了。唯一的要求是我们需要有与图中顶点数相同的链数。但是，在形成这些链的补时（如上面所示），或产生代表边的碱基时（如下面所示），就没那么灵活了。

$$O_{2\to3} = \text{GTATATCCGAGCTATTCGAG}$$
$$O_{3\to4} = \text{CTTAAAGCTAGGCTAGGTAC} \qquad (20\text{-}3)$$

边 $O_{i\to j}$ 通过将 O_i 的后半部分和 O_j 的前半部分连接而成。这样定义以便它们可以连接（通过键合）表示顶点的寡核苷酸，如下所示：

（边 $O_{2\to3}$ 和边 $O_{3\to4}$ 连接）

GTATATCCGAGCTATTCGAGCTTAAAGCTAGGCTAGGTAC

CGATAAGCTCGAATTTCGAT

（和顶点 $\overline{O}_3$ 结合在一起） （20-4）

因此，原来图中的顶点就可以用 $\overline{O}_1$、$\overline{O}_2$、$\overline{O}_3$、$\overline{O}_4$、$\overline{O}_5$、$\overline{O}_6$ 和 $\overline{O}_7$ 表示。注意，边 $O_{2\to3}$ 和边 $O_{3\to2}$ 并不同。使用长度为 20 的寡核苷酸可以确保我们有足够的空间来编码 7 个顶点，并由此得到所有 14 个边的表示形式。当代表顶点和边的寡核苷酸被放置的足够近时，它们之间会键合起来，而连接形成的 DNA 序列则代表了图中的路径。

由于键合只发生在 C 和 G 或 A 和 T 之间，当存在合适的路径时，代表边和顶点的 DNA 序列只会按照上面所说的方式链接。当然了，也可能会出现下面这样的更弱的键合：

（边 $O_{2\to3}$） （20-5）

GTATATCCGAGCTATTCGAG

CGATAAGCTCGAATTTCGAT

（顶点 $\bar{o}_3$）

在我们研究的问题中，它没有任何意义。幸运的是，这种微弱的键合通常会破裂，并不会对代表的部分路径的强键合产生任何干扰。

当饱含了多份代表图中顶点和边的寡核苷酸的 DNA "汤" 准备就绪后，这些 DNA 片段就可以迅速地连接成为哈密顿路径问题的潜在解。接着，研究人员可以通过选择合适长度的 DNA 片段，来过滤出有效的解（如果确实存在解的话）。

对于比较大的图，利用传统的计算机编写求解类似问题的程序，并不会花费太长时间，但程序的执行会比较耗时。DNA 计算则非常不同，DNA 程序的实际运行时间非常短，但是它的准备过程和最后解释的过程比较耗时。改进的实验技术应该可以最终减少这种方法比较耗时的部分，但是现在预测这种方法的实用性还为时过早。

阿德曼的小例子仅仅是用来说明他的新计算方法。对于这个特定的问题而言，显然手算会更容易。但即便是对于这样一个小问题，实验室工作需要整整一周时间。但正如阿德曼指出的，它的价值在于，"这里描述的方法可以按比例扩展，以适应更大的图[1]。"

该方法对于更大规模的哈密顿路径问题的一个主要优势在于，虽然每种寡核苷酸都需要很多份，但用来表示图形所需的寡核苷酸的数量与图的大小呈线性增长。在上面的小例子中，阿德曼使用了大约 3×10^{13} 份寡核苷酸来表示每一条边。这远远超出了必要的数量，而且很可能得到多份表示解决方案的 DNA 链。阿德曼估计，随着图的顶点数量的增加，成功解决问题所需要的每种寡核苷酸的数量呈指数级增长。

阿德曼总结了这种计算方法的优势，并给出了一些合理的改进思路："这样的规模下，在连接反应阶段每秒所执行操作的数量是当前超级计算机的上千倍[2]。"当然，其他的优点还包括效率的显著提高和存储空间的减少。

值得注意的是，DNA 计算并不局限于某一类特殊的问题。在本章的参考文献中，你将会看到一篇由波内、立顿和邓沃斯合写的论文，文中介绍了如何使用 DNA 计算机来攻破 DES 方案。在这个攻击中，他们使用 DNA 来编码每一个可能的密钥，然后同时使用所有的密钥来尝试解密。这就是 DNA 计算所允许的并行操作的威力。

1　ADLEMAN L M. Molecular computation of solutions to combinatorial problems [J]. Science, 1994, 266(5187): 1022.

2　ADLEMAN L M. Molecular computation of solutions to combinatorial problems [J]. Science, 1994, 266(5187): 1023.

早在 1995 年，立顿估计可以用 10 万美金的成本，制造出拥有数以万亿计的并行处理器的 DNA 计算机。这个标价让人想起了迪菲和赫尔曼之前对攻破 DES 方案所需要的成本的猜想（2 000 万美元）。但是，多亏了电子前沿基金会，当这台机器最终出现时，它仅花了 25 万美元。那么，未来的 DNA 计算机会有多便宜呢？你最终会拥有一个吗？

正如传统计算机最初是专门用来解决特定问题的特殊机器，后来才成为"通用"的可编程的机器，DNA 计算机的历史也是如此。2002 年，魏茨曼科学研究所的以色列科学家构造了第一台可编程的 DNA 计算机[1]。相比于传统的计算机，它在速度、效率和存储能力上有巨大的优势，但是并不能完成所有传统计算机可以完成的任务。谁说你不能拥有一切？反正不是克拉默等人！2008 年，克拉默等人制造了一台结合了生物组件和传统硅基芯片的混合设备[2]。通过这样的组合，生物组件可以在它们擅长的领域发挥优势，同时，我们仍然可以使用老式的硅基技术来处理更适合的任务。

很难预测这种技术将会走向何方。我们是否应该感到惊讶，这个全新的领域是由一个生物学的门外汉在他的业余时间思考并创造的呢？根据阿德曼的说法，这一点也不应该。随着越来越多的研究领域将它们的问题转化成数学问题，凭借一个人的能力来理解这个领域内的大部分问题，正变得更有可能性。阿德曼预测道[3]：

> 下一代我们将会产生传统意义上的科学家，一个真正的全才，可以学习物理、化学和生物学，并能同时对这 3 个学科做出贡献。

100 年以来，科学似乎正变得越来越复杂，但也许数学可以简化它。最终证明费马大定理的安德鲁·怀尔斯，也对数学本身做出了类似的评论[4]：

> 数学有时候会给人这样一种感觉，它包含的内容实在太广泛了，以至于一个数学家都不能理解另一个。但回想一下 18 世纪的数学，大部分现代的数学家可以理解全部内容，并且比 18 世纪的数学家更统一。事实上，之所以我们感到数学研究的问题很分散，仅仅是因为目前我们还不能充分地理解它。在接下来的 200 年里，我们现在所使用的方法和做出的证明将会被简化，人们将会把它看作一个整体，并且很容易地理解它们。我想表达的意思是，现在大多数高中生都会学习微积分，这在 17 世

1　BENENSON Y, ADAR R, PAZ-ELIZUR T, et al. DNA molecule provides a computing machine with both data and fuel [J]. the National Academy of Sciences, 2003, 100(5): 2191-2196 (submitted in 2002).

2　KRAMER M, PITA M, ZHOU J, et al. Coupling of biocomputing systems with electronic chips: electronic interface for transduction of biochemical information [J]. Journal of Physical Chemistry, 2009, 113(6): 2573-2579. 工作在 2008 年完成，文章在 2009 年发表。

3　BASS T A. Gene genie[J]. Wired, 1995, 3(8): 114-117, 164-168.

4　Fermat's Last Tango [VHS]. Clay Mathematics Institute, Cambridge, MA, 2001, bonus feature interview with Andrew Wiles.

纪是无法想象的，但是现在，这种情况非常正常。300 年后，同样的事情也将会发生在当前的数学问题上。

参考文献和进阶阅读

关于量子密码学

AARONSON S. Quantum Computing for High School Students [Z]. 2002.

BRASSARD G. Brief history of quantum cryptography: a personal perspective [C]// IEEE Information Theory Workshop on Theory and Practice in Information Theoretic Security, Awaji Island, Japan, October 17, 2005: 19-23.

BENNETT C H. Quantum cryptography: uncertainty in the service of privacy [J]. Science, 1992, 257(5071): 752-753.

BENNETT C H, BRASSARD G. Quantum cryptography: public key distribution and coin tossing[C]// IEEE International Conference on Computers, Systems, and Signal Processing, Bangalore, India, December 9-12, 1984: 175-179. 这篇论文常被当作量子密码学的起源，尽管它并不是 Bennett 和 Brassard 第一次在公开发表的文献中提出他们的思想。请参考文献 Bennett et al., 1982。

BENNETT C H, BRASSARD G. Quantum public key distribution reinvented [J]. Sigact News, 1987, 18(4): 51-53. 尽管 Doug Wiedemann 在重新发明量子密码学时不知道 Bennett 和 Brassard 在 1984 年发表的论文，但是 Bennett 和 Brassard 看到了他的论文。结果，他们写了这里引用的这篇论文。

BENNETT C H, BRASSARD G, BREIDBART S, et al. Quantum cryptography, or unforgeable subway tokens[C]// in CHAUM D, RIVEST R L, SHERMAN A T, Eds., Advances in Cryptology: Proceedings of Crypto '82, New York: Plenum Press, 1983: 267-275. 这是第一篇关于量子密码学公开发表的论文。

BENNETT C H, BESSETTE F, BRASSARD G, et al. Experimental quantum cryptography [J]. Journal of Cryptology, 1992, 5(1): 3-28.

BENNETT C H, BRASSARD G, EKERT A K. Quantum cryptography [J]. Scientific American, 1992, 267(4): 50-57.

BENNETT C H, BRASSARD G, MERMIN N D. Quantum cryptography without Bell's theorem [J]. Physical Review Letters, 1992, 68(5): 557-559.

BRASSARD G. A Bibliography of Quantum Cryptography. 这里提供了比本书中更

多的关于量子密码学的参考文献。

BROWN J. Minds, Machines, and the Multiverse: The Quest for the Quantum Computer [M]. New York: Simon & Schuster, 2000. 这是针对一般读者的。

EKERT A K. Quantum cryptography based on Bell's theorem [J]. Physical Review Letters, 1991, 67(6): 661-663. 这篇论文中用另一种方法来重新完成 Bennett 和 Brassard 所做的实现。它使用了量子纠缠。

EKERT A K, RARITY J G, TAPSTER P R, et al. Practical quantum cryptography based on two-photon interferometry[J]. Physical Review Letters, 1992, 69(9): 1293-1295. 这篇论文中用另一种方法来重新完成 Bennett 和 Brassard 所做的实现。

HUGHES R J, NORDHOLT J E, DERKACS D, et al. Practical free-space quantum key distribution over 10 km in daylight and at night [J]. New Journal of Physics, 2002, 4(1): 43. 这篇论文介绍了如何在野外环境中发送偏振光子并在 10 km 外检测到它。

JOHNSON G. A Shortcut Through Time: The Path to the Quantum Computer, Alfred A [M]. New York: Knopf, 2003. 这是关于量子计算的非技术性的介绍。

LYDERSEN L, WIECHERS C, WITTMANN C, et al. Hacking commercial quantum cryptography systems by tailored bright illumination [J]. Nature Photonics, 2010, 4, 686-689. 这是它的摘要:

> 量子力学古怪的性质使相距很远的两方可以产生一个共享密钥,并且它(在窃听攻击下)的安全性可以直接由物理定律保证。所谓的量子密钥分发(QKD)实现通常依赖于可以测量单一光子的相关量子属性的探测器。在这里,我们通过实验证明在 2 个商用 QKD 系统中,通过使用其强度经过特殊设定的光照,可以完全远程控制探测器。这使毫无痕迹地获得完整的密钥成为可能。我们通过现成的部件构造了这样一个窃听装置。这个漏洞似乎在大部分使用雪崩光电二极管检测单光子的 QKD 系统中都存在。我们相信我们的发现对增强实际的 QKD 系统的安全性是至关重要的,这可以使我们发现并修补技术上的不足。

同时,作者指出,"显然这是能修补的漏洞……只是时间问题"。

SHOR P W. Algorithms for quantum computation: discrete logarithms and factoring[C]// in GOLDWASSER S, Ed., the 35th Annual Symposium on Foundations of Computer Science, IEEE Computer Society Press, Los Alamitos, CA, 1994: 124-134. 这是下面这篇参考文献初步的版本。

SHOR P W. Polynomial-time algorithms for prime factorization and discrete logarithms on a quantum computer [J]. SIAM Journal on Computing, 1997,

26(5): 1484-1509.

WIESNER S. Conjugate coding [J]. SIGACT News, 1983, 15(1): 78-88. 这篇论文大约写成于 1970 年，Wiesner 太超前于他的时代了，以至于论文只能等到1983 年才发表。

关于抗量子密码学

尽管目前还没有实用的量子计算机，研究者已经着手于提前构造可以抵抗量子计算机攻击的密码方案。量子计算机并不能攻破所有的密码方案。例如，15.5节简单提到的 McEliece 方案以及基于格的密码方案（如 NTRU）在目前都被认为是可以抵抗量子计算机攻击的。下面是一些相关的文献。

BERNSTEIN D J, et al, Eds. Proceedings of Post-Quantum Cryptography: First International Workshop (PQCrypto 2006) [Z]. Leuven, Belgium, 2006.

BERNSTEIN D J, BUCHMANN J, DAHMEN E, Eds. Post-Quantum Cryptography [M]. Berlin: Springer, 2009.

BUCHMANN J, DING J, Eds. Proceedings of Post-Quantum Cryptography: Second International Workshop (PQCrypto 2008) [Z]. Lecture Notes in Computer Science, Springer, Berlin, 2008, 5299.

SENDRIER N, Ed. Proceedings of Post-Quantum Cryptography: Third International Workshop (PQCrypto 2010) [Z]. Lecture Notes in Computer Science, Springer, Berlin, 2010, 6061.

YANG B Y, Ed. Proceedings of Post-Quantum Cryptography: 4th International Workshop (PQCrypto 2011) [Z]. Lecture Notes in Computer Science, Springer, Berlin, 2011, 707.

关于 DNA 计算

ADLEMAN L M. Molecular computation of solutions to combinatorial problems[J]. Science, 1994, 266(5187): 1021-1024. 这是 DNA 计算的开端。

ADLEMAN L M. On constructing a molecular computer[C]// in BAUM E B, LIPTON R J, Eds., DNA Based Computers , Vol. 27 in DIMACS Series in Discrete Mathematics and Computer Science, American Mathematical Society, Washington, DC, 1996: 1-22. 在这卷期刊中还有另一篇相关论文，在后面会引用到。

ADLEMAN L M. Computing with DNA [J]. Scientific American, 1998, 279(2): 54-61. 同一作者在同一主题上的另一篇论文，但是是面向更广泛的读者的。

AMOS M. Theoretical and Experimental DNA Computation [M]. Berlin: Springer,

2005.

BASS T A. Gene genie [J]. Wired, 1995, 3(8): 114-117, 164-168. 这是一个关于 DNA 计算的生动描述，也让读者看到了 Adleman 的个性。

BENENSON Y, ADAR R, PAZ-ELIZUR T, et al. DNA molecule provides a computing machine with both data and fuel [J]. National Academy of Sciences, 2003, 100(5): 2191-2196.

BONEH D, DUNWORTH C, LIPTON R J, et al. On the computational power of DNA [J]. Discrete Applied Mathematics, 1996, 71(1-3): 79-94.

BONEH D, LIPTON R J, DUNWORTH C. Breaking DES using a molecular computer[C]// in BAUM E B, LIPTON R J, Eds., DNA Based Computers , Vol. 27 in DIMACS Series in Discrete Mathematics and Computer Science, American Mathematical Society, Washington, DC, 1996: 37-66. 这是它的摘要：

最近，Adleman 证明了可以使用分子操作来解决小规模的旅行推销员问题。在本文中，我们展示了如何使用相同的原理来攻破数据加密标准（DES 方案）。我们的方法基于 Lipton 所提出的一个编码技术。我们还详细地描述了一个在使用分子计算机时有用的操作库。我们估计，通过使用我们的方法，给定任意一对明密文对，可以在大约 4 个月的时间内恢复出 DES 方案的密钥。此外，在只给定一个密文以及给定明文的几种可能时，仍然可以在大约 4 个月的时间内恢复密钥。最后，如果可以使用选择密文攻击，那么通过一些预处理，可以在一天的时间内恢复密钥。

DEVLIN K. Test tube computing with DNA [J]. Math Horizons, 1995, 2(April): 14-21. 这个美国数学协会（MAA）创办的期刊中的论文对于本科生来说也是很容易接受的。这里引用的这篇论文尤其好，并提供了比这本书更详细的有关生物化学的描述。

IGNATOVA Z, MARTINEZ-PEREZ I, ZIMMERMANN K H. DNA Computing Models [M]. Berlin: Springer, 2008.

KARI L, GLOOR G, YU S. Using DNA to solve the bounded post correspondence problem [J]. Theoretical Computer Science, 2000, 231(2): 192-203.

LIPTON R J. DNA solution of hard computational problems [J]. Science, 1995, 268(5210): 542-545.

LIPTON R J. Speeding up computation via molecular biology[C]// in BAUM E B, LIPTON R J, Eds., DNA Based Computers , Vol. 27 in DIMACS Series in Discrete Mathematics and Computer Science, American Mathematical Society, Washington, DC, 1996: 67-74.

LOVGREN S. Computer made from DNA and enzymes[N]. National Geographic News,

February 24, 2003. 这是对论文 BENENSON Y, ADAR R, PAZ-ELIZUR T, et al. DNA molecule provides a computing machine with both data and fuel [J]. the National Academy of Sciences, 2003, 100(5): 2191-2196. 的报道。

PĂUN G, ROZENBERG G, SALOMAA A. DNA Computing: New Computing Paradigms [M]. New York: Springer, 1998.

索 引